諸亞儂

國立中正大學生物系畢業

美國南伊利諾大學碩士

美國南達柯達大學研究

曾任國立臺灣師範大學
生物系教授兼系主任

現任國立臺灣師範大學
生物系教授

生　物　學

諸 亞 儂　著

三民書局 印行

國家圖書館出版品預行編目資料

生物學／諸亞儂著.－－初版.－－臺北市：三民，
1991
面；　公分
含索引
ISBN 978-957-14-0090-7　(精裝)

1. 生物學

360　　　　　　　　　　　　　　　79001557

© 生 物 學

著作人　諸亞儂
發行人　劉振強
著作財產權人　三民書局股份有限公司
臺北市復興北路386號
發行所　三民書局股份有限公司
地址／臺北市復興北路386號
電話／(02)25006600
郵撥／0009998-5
印刷所　三民書局股份有限公司
門市部　復北店／臺北市復興北路386號
重南店／臺北市重慶南路一段61號
初版一刷　1991年2月
編　號　S 360031
行政院新聞局登記證局版臺業字第○二○○號

ISBN　978-957-14-0090-7　(精裝)
網路書店位址　http://www.sanmin.com.tw

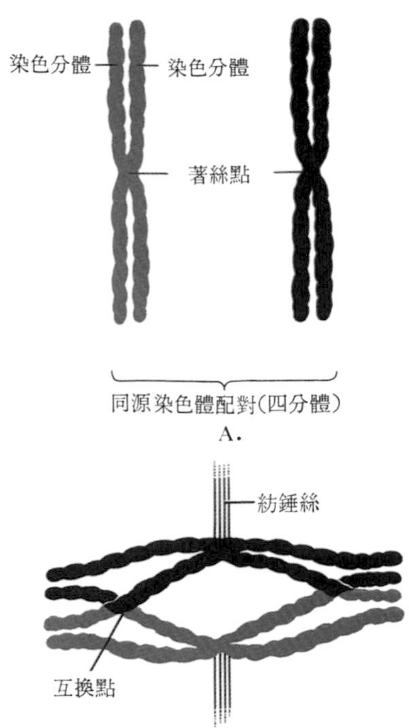

圖 5-6 聯會與互換。 A.減數分裂前期Ⅰ時，同源染色體配對形成四分體。 B.四分體的兩同源染色分體間，可以發生互換，互相交換一段。

圖 6-21 花貓的毛色黃黑相間

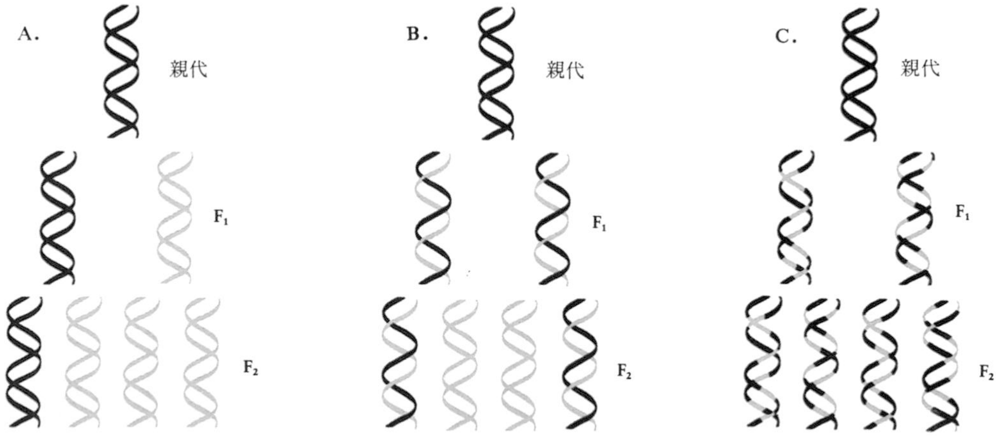

圖 7-7 DNA 複製的三種可能機制： A.全保留，親代的兩股不分離同至 F_1 中的一個分子，另一則二股全爲新的，F_2 中有一個分子全爲舊股，另三個全爲新股。B.半保留，F_1中皆有一新股，一舊股，F_2 中二個分子爲一新股，一舊股，另二分子皆爲新股。C.分散保留，親代的二股皆斷成碎片，子代的兩股皆分別有一部分新的，一部分舊的。

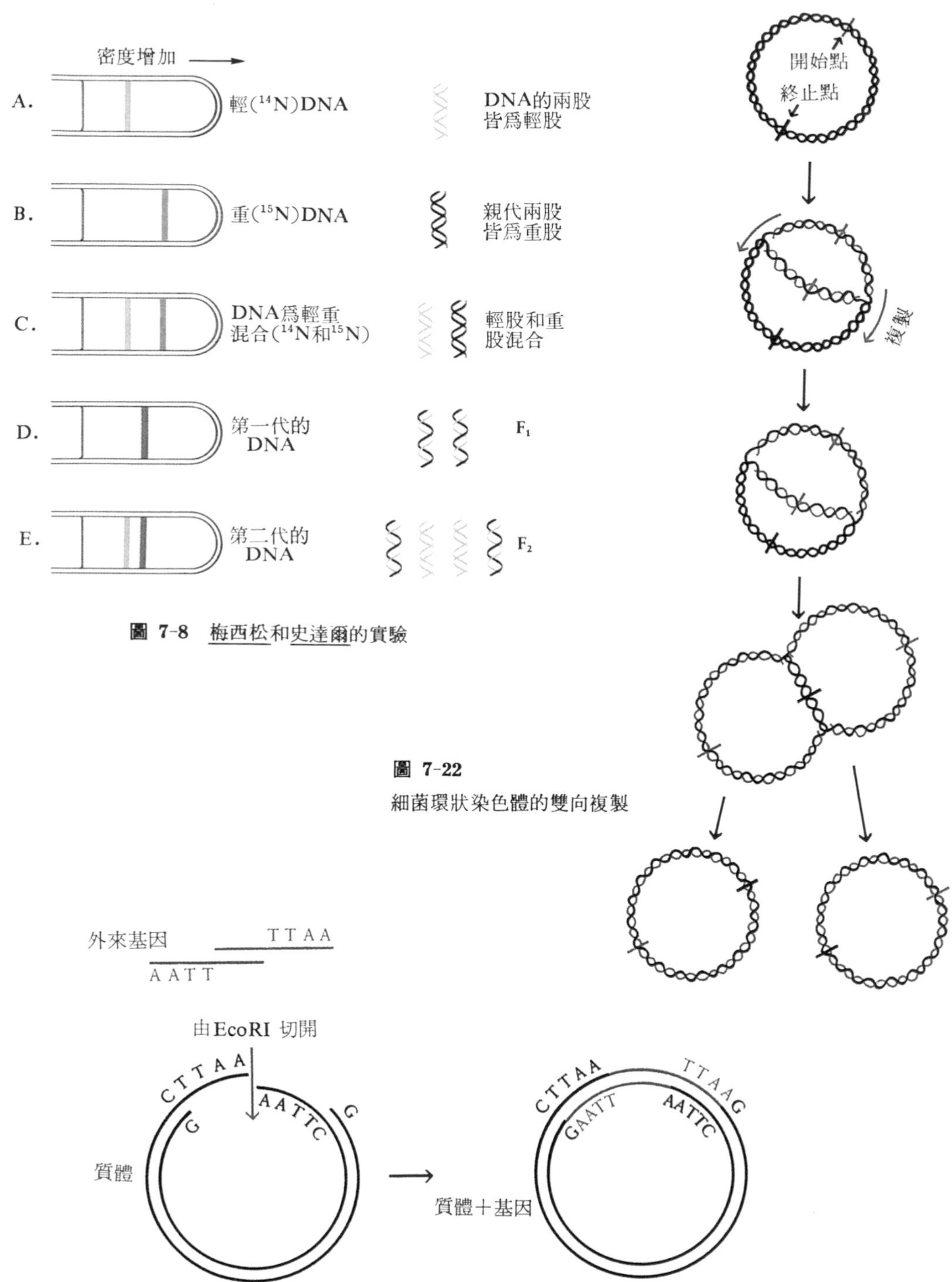

圖 7-8 梅西松和史達爾的實驗

圖 7-22
細菌環狀染色體的雙向複製

圖 7-30 限制酶 EcoRI 可以切開 pSC101，露出的兩端，可以與用同樣限制酶切開之任何 DNA 接合，如圖中左上方之外來基因。

圖 14-2 苔蘚植物的一種，頂端爲孢子囊，孢子囊下方有柄，柄的基部有足，利用足附於配子體，柄下方針狀的葉呈綠色爲其配子體，能行光合作用。

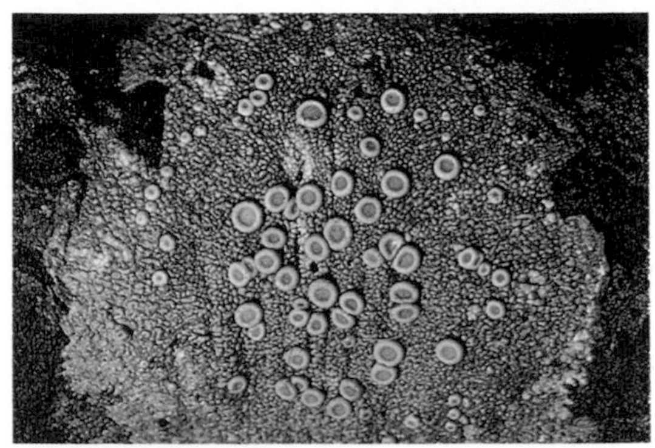

A.

B.

圖 13-15 地衣。A.示地衣的多數子囊果，B.一種具有多種顏色的地衣。

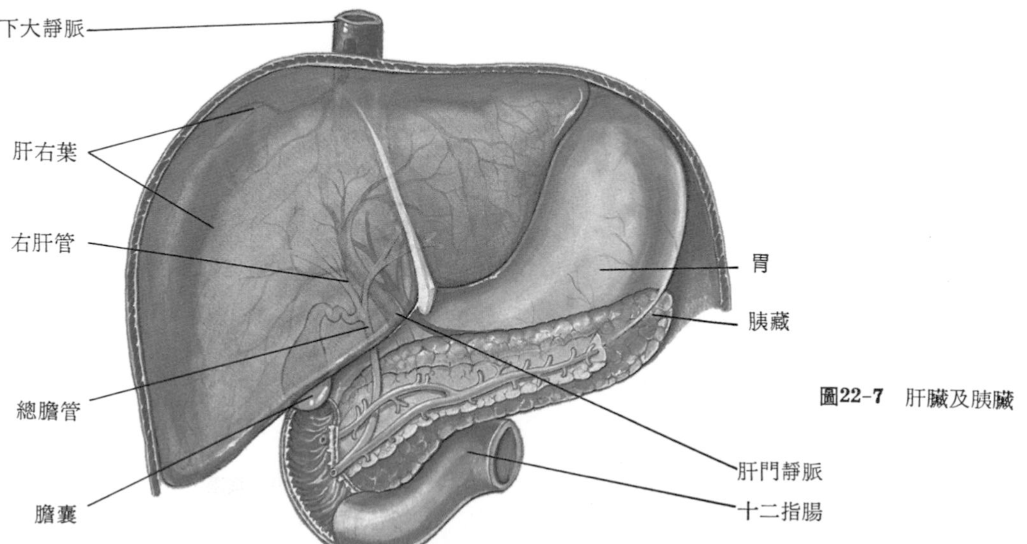

圖22-7 肝臟及胰臟

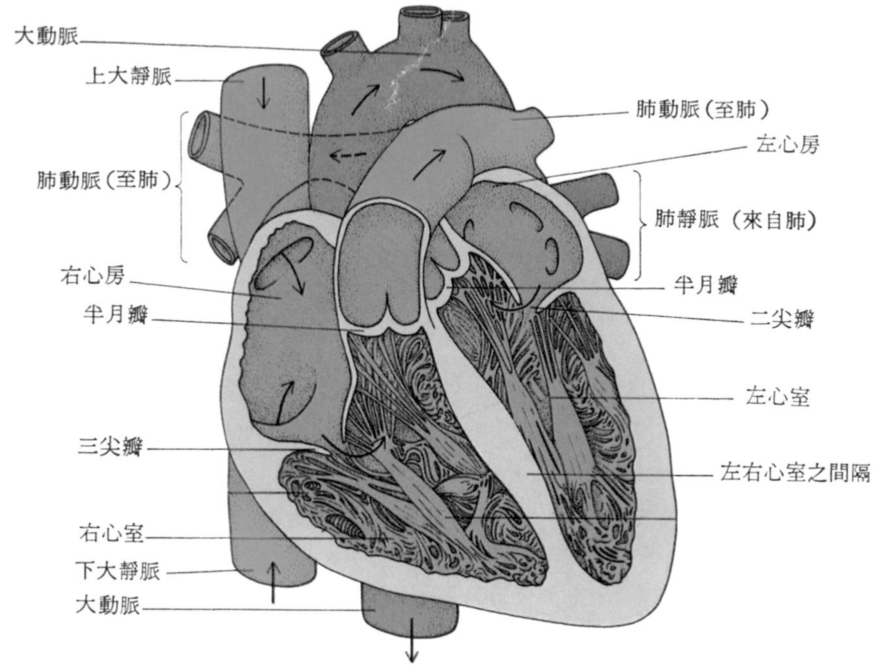

圖 23-8 心臟的切面及連於心臟的血管

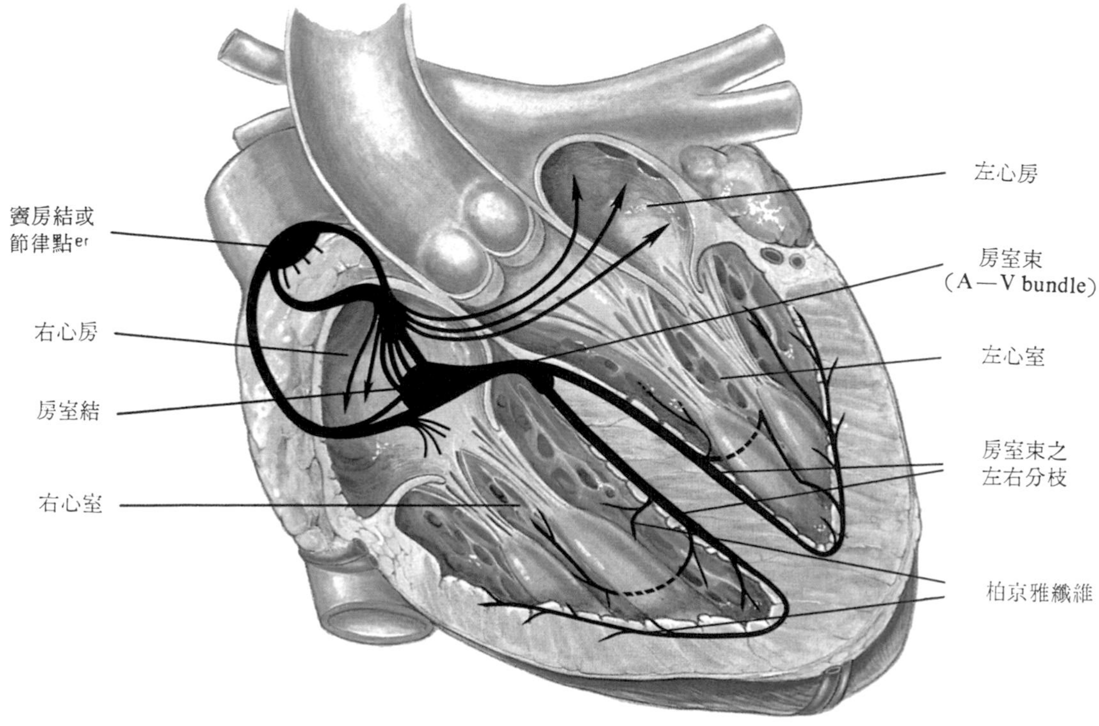

圖 **23-10** 心臟的傳導系統

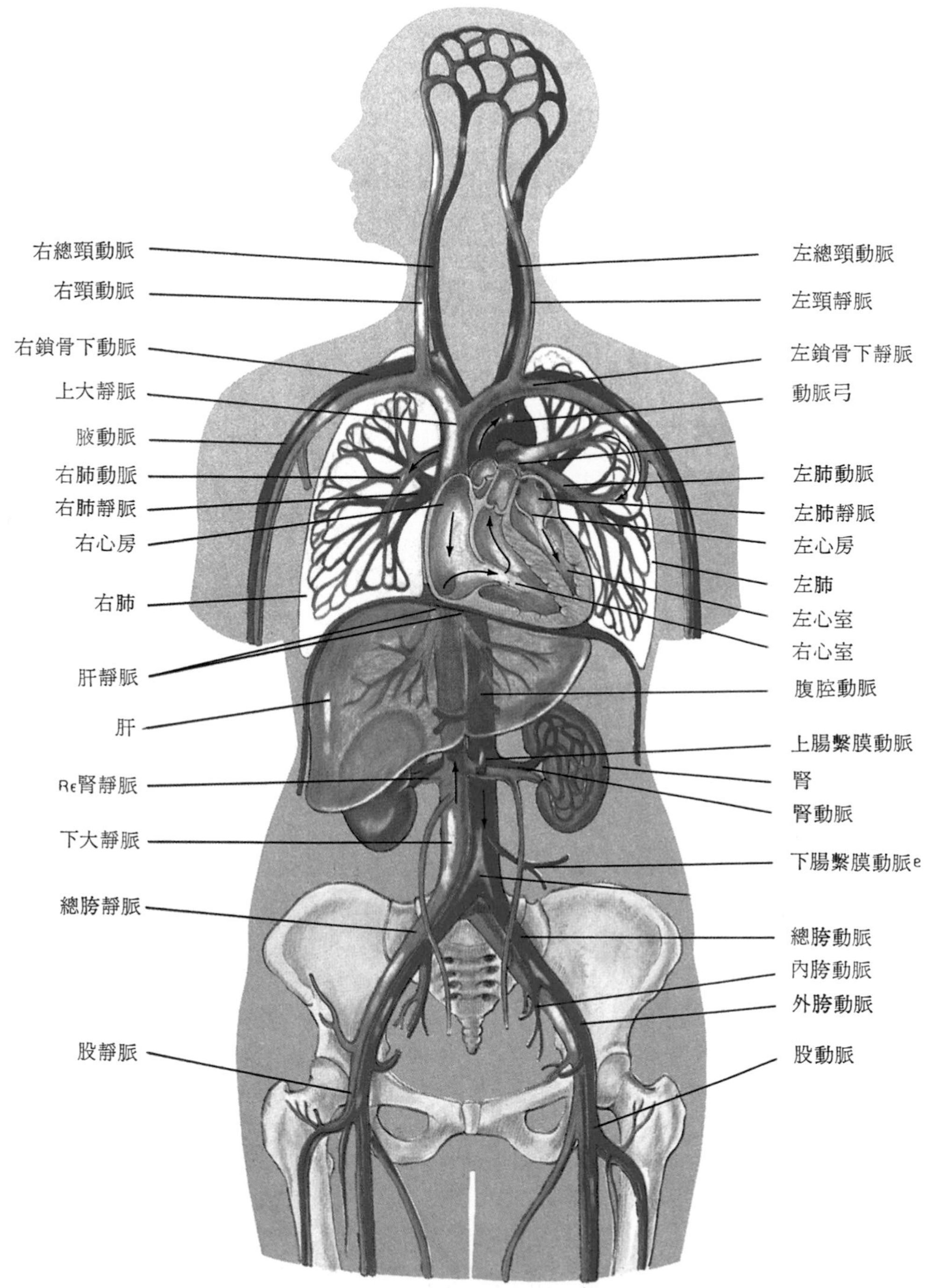

圖 **23-13** 血液循環經過之若干主要動脈及靜脈

圖 32-1

蛾停留於樹幹上。A. 樹幹上有地衣(未經污染地區)，B. 工業區被污染後樹幹色深。注意A、B 兩圖中皆各有一深色及一淺色蛾。

A.

B.

圖 37-3

美國阿拉斯加凍原中的植被

圖37-2 北美洲沙漠中的巨大仙人掌

圖 37-6 亞熱帶常綠濶葉林

A.

B.

圖 37-5 溫帶落葉林的季節變化。A. 夏季時濃密的綠色樹葉，B. 秋天時葉的顏色改變。

圖38-1　針葉林中的針樅受酸雨侵襲而死亡。左.在美國，右.在西德。

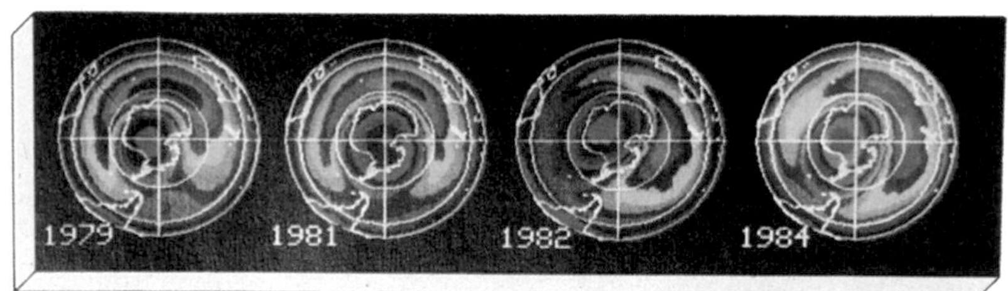

圖 38-2　自1979年至1987年南極上空臭氧層破洞增大之情形，圖中1979年～1984年臭氧層最薄處用粉紅色表示，1987年臭氧層最薄處爲中央黑色部分。

序　言

生物學的範圍至為廣泛，其發展可謂突飛猛進，內容則更是日新月異。國內生物學方面的中文書籍屈指可數，十分匱乏。有志研習生物科學的青年學子，雖然求知若渴，但欲深入了解生物學之內涵，則尤感困惑。

近年政府竭力倡導發展科學，但在出版科學讀物方面，僅止於中小學教科書的編撰，若民間能予以配合，實為青年學子之幸。作者承三民書局董事長劉振强先生之邀，撰寫本書，雖感工作艱巨，惟以多年來主編國中、高中生物教科書以及大學用生物方面書籍之經驗，乃大膽承諾。作者獨力完成此書，主在求內容前後一貫，名詞統一以及文字表達方式一致。惟生物學內容繁多，作者才疏學淺，漏誤之處，尚期讀者以及專家學者時賜指正。

諸亞儂　謹序

民國八十年一月

於國立臺灣師範大學生物系

生　物　學

序　　言

目　　次

第一篇　生物的一致性

第一章　何謂生物 …… 3

第一節　生物的特徵 …… 3
第二節　生物來自生物 …… 6
第三節　生物科學 …… 9
第四節　科學方法 …… 10

第二章　生物體的物質基礎 …… 13

第一節　物質與能量 …… 13
第二節　元素 …… 14
第三節　化合物 …… 16
第四節　混合物 …… 19
第五節　生命物質的成分：無機化合物 …… 20
第六節　生命物質的成分：有機化合物 …… 23

第三章　生物體的構造基礎 …… 31

第一節　細胞學說 …… 31
第二節　細胞表現的生命現象 …… 32

第三節 如何觀察細胞……33
第四節 細胞的構造……35
第五節 細胞間如何溝通……46
第六節 細胞的歧異……49
第七節 物質如何進出細胞……50

第四章 細胞與能量……57

第一節 化學反應與能量……58
第二節 光合作用……64
第三節 呼吸作用……68
第四節 醱酵作用……71

第五章 細胞分裂……75

第一節 有絲分裂……76
第二節 細胞質分裂……78
第三節 減數分裂……79
第四節 細胞分裂與生殖……83

第二篇 遺 傳

第六章 染色體與遺傳……89

第一節 孟德爾對遺傳的貢獻……89
第二節 半顯性和等顯性……95
第三節 複對偶基因和多效性……96
第四節 基因相互作用……98
第五節 多基因遺傳……100
第六節 聯鎖和互換……101

第七節　性染色體與遺傳……………………………………………… 106
第八節　巨大染色體……………………………………………………… 109

第七章　基因的構造與表現 ……………………………………… 113

第一節　構成基因的物質………………………………………………… 113
第二節　遺傳訊息的轉譯：基因表現………………………………… 121
第三節　基因突變…………………………………………………………… 126
第四節　基因表現的調節………………………………………………… 130
第五節　重組DNA ………………………………………………………… 133

第八章　人類遺傳 ………………………………………………… 141

第一節　人類的染色體…………………………………………………… 141
第二節　染色體異常……………………………………………………… 144
第三節　人類染色體上基因的定位………………………………… 147
第四節　重組DNA在醫學上的應用…………………………………… 148

第三篇　生物的歧異

第九章　生物的分類 ……………………………………………… 155

第一節　分類系統…………………………………………………………… 155
第二節　生物的命名……………………………………………………… 157
第三節　生物分類的標準………………………………………………… 158
第四節　界…………………………………………………………………… 160

第十章　病毒……………………………………………………………… 161

第一節　病毒的構造……………………………………………………… 161
第二節　噬菌體……………………………………………………………… 163

第三節 動物病毒…… 166
第四節 植物病毒…… 167
第五節 類病毒…… 168

第十一章 原核界 …… 169

第一節 藍綠藻…… 169
第二節 細菌的構造…… 172
第三節 細菌的營養…… 175
第四節 細菌的生殖…… 176
第五節 主要的細菌類別…… 177

第十二章 原生生物界 …… 181

第一節 藻類…… 181
第二節 黏菌…… 190
第三節 原生動物…… 191

第十三章 菌界…… 199

第一節 菌類的體制構造及代謝…… 199
第二節 生殖…… 200
第三節 分類…… 202
第四節 菌類的共生關係…… 210

第十四章 植物界 …… 213

第一節 植物的登陸…… 213
第二節 植物的分類…… 215
第三節 苔蘚植物門…… 216
第四節 維管束植物的演化…… 218
第五節 不結種子的維管束植物…… 221
第六節 種子植物…… 224

第十五章 動物界: 無眞體腔的動物 …… 231

第一節 動物的特徵 …… 231
第二節 海綿動物門(Phylum Porifera) …… 236
第三節 腔腸動物門(Phylum Coelenterata) …… 238
第四節 扁形動物門(Phylum Platyhelminthes) …… 242
第五節 線形動物門(Phylum Nematoda) …… 246
第六節 輪形動物門(Phylum Rotifera) …… 247

第十六章 動物界: 具眞體腔的原口類 …… 249

第一節 軟體動物門(Phylum Mollusca) …… 249
第二節 環節動物門(Phylum Artropoda) …… 254
第三節 有爪動物門(Phylum Onychophora) …… 257
第四節 節肢動物門(Phylum Arthropoda) …… 257

第十七章 動物界: 具眞體腔的後口類 …… 265

第一節 棘皮動物門(Phylum Echinodermata) …… 265
第二節 脊索動物門(Phylum Chordata) …… 270
第三節 脊椎動物亞門(Subphylum Vertebrata) …… 273

第四篇 植物體的構造與機能

第十八章 葉、莖與根 …… 291

第一節 葉 …… 291
第二節 莖 …… 295
第三節 根 …… 299

第十九章 種子植物的生殖 …… 301

第一節 有性生殖…… 301
第二節 果實與種子…… 303
第三節 種子的萌發…… 305
第四節 無性生殖…… 308

第二十章 植物的感應與激素…… 309

第一節 植物的快速反應…… 309
第二節 向性…… 311
第三節 植物激素…… 312
第四節 光周期性…… 314

第五篇 人體的構造與機能

第二十一章 皮膚、骨骼與肌肉…… 319

第一節 人體的組織…… 319
第二節 皮膚…… 322
第三節 骨骼…… 324
第四節 骨骼肌…… 327

第二十二章 消化 …… 333

第一節 消化系統…… 333
第二節 口腔內的消化…… 335
第三節 吞嚥及食道蠕動…… 336
第四節 胃內的消化…… 337
第五節 小腸內的消化…… 339
第六節 大腸的功能…… 344

第二十三章　體內物質的運輸 …… 347

第一節　血液 …… 347
第二節　血管 …… 350
第三節　心臟 …… 352
第四節　循環途徑 …… 357
第五節　淋巴系統 …… 360

第二十四章　體內的防禦 …… 363

第一節　非專一性防禦機制 …… 363
第二節　專一性防禦機制 …… 366
第三節　自動免疫與被動免疫 …… 371
第四節　過敏性 …… 372

第二十五章　氣體交換 …… 375

第一節　呼吸系統 …… 375
第二節　呼吸運動的機制 …… 378
第三節　氣體的交換 …… 379
第四節　氣體的運輸 …… 380
第五節　呼吸的調節 …… 381

第二十六章　排泄 …… 385

第一節　泌尿系統 …… 386
第二節　尿液的形成 …… 388
第三節　尿液的成分 …… 391
第四節　皮膚的功用 …… 391

第二十七章　神經系統 …… 393

第一節 神經元……………………………………………………… 393
第二節 中樞神經系…………………………………………………… 399
第三節 周邊神經系…………………………………………………… 402

第二十八章 感覺器官 …………………………………………… 409

第一節 皮膚中的受器………………………………………………… 409
第二節 化受器：味覺與嗅覺………………………………………… 410
第三節 聽覺器：耳…………………………………………………… 411
第四節 視覺器：眼…………………………………………………… 414
第五節 本受器及內受器……………………………………………… 416

第二十九章 內分泌系統 ………………………………………… 419

第一節 激素的化學成分……………………………………………… 420
第二節 激素作用的機制……………………………………………… 421
第三節 激素的種類及功用…………………………………………… 422

第三十章 生殖………………………………………………………… 433

第一節 男性生殖系統………………………………………………… 433
第二節 女性生殖系統………………………………………………… 436
第三節 男性的生殖激素……………………………………………… 438
第四節 月經周期與激素……………………………………………… 438
第五節 受精…………………………………………………………… 441
第六節 節育…………………………………………………………… 443

第三十一章 發生 ………………………………………………… 445

第一節 早期的發生…………………………………………………… 445
第二節 胚外膜及胎盤………………………………………………… 450
第三節 較晚時期的發生……………………………………………… 452

第四節　分娩 …… 452
第五節　發生過程的調節 …… 453
第六節　老化 …… 455

第六篇　演　化

第三十二章　演化的機制 …… 459

第一節　基因頻率的改變 …… 459
第三節　物種形成 …… 461
第三節　演化學說的發展史 …… 462
第四節　演化的證據 …… 465

第三十三章　化石的記載 …… 471

第一節　化石年代的決定 …… 471
第二節　生命的起源 …… 472
第三節　眞核生物的演化史 …… 475
第四節　人類的演化 …… 485

第七篇　生物與環境

第三十四章　行爲 …… 491

第一節　簡單的行爲 …… 491
第二節　生物律動與生物時鐘 …… 492
第三節　行爲遺傳學 …… 494
第四節　學習行爲 …… 496
第五節　遷徙 …… 498
第六節　社會行爲 …… 499

第三十五章　生態環境中的相互作用 …… 503

第一節　生產者、消費者及分解者…… 503
第二節　物質循環與能量流動…… 504
第三節　食物鏈和食物網…… 508
第四節　限制生物分布的因素…… 510
第五節　種間的相互作用…… 511
第六節　羣聚消長…… 515

第三十六章　族羣 …… 517

第一節　族羣密度…… 517
第二節　族羣成長…… 519
第三節　族羣成長的限制…… 521
第四節　人口成長…… 523

第三十七章　羣聚 …… 525

第一節　陸地棲所…… 525
第二節　水域棲所…… 535

第三十八章　人類對生物圈的衝擊 …… 541

第一節　大氣的改變…… 541
第二節　水質的改變…… 545
第三節　土地的改變…… 545
第四節　能量的輸入…… 548

中西名詞索引…… 551

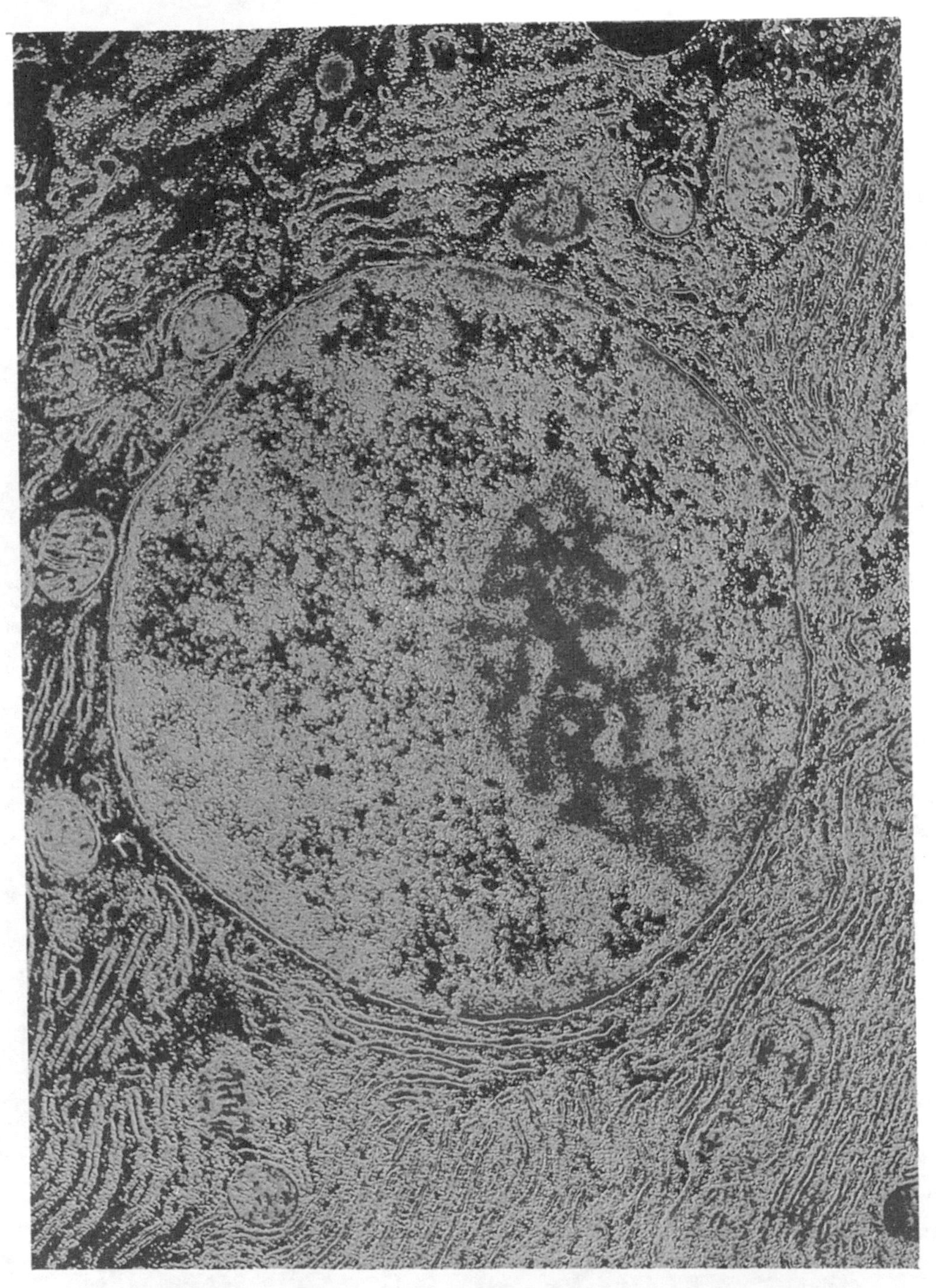

第一篇　生物的一致性

第一章　何謂生物

地球上的物體，可以分爲生物和無生物兩大類；生物是具有生命的物體，如鳥、樹等；無生物是沒有生命的物體，如水和岩石等。生物學乃是以生物爲對象，研究一切有關生命問題的科學。人們對生命現象，常會提出無窮盡的問題，例如地球上最早的生命如何發生？生物能否死而復生？植物爲什麼會開花落葉？所有爲尋求這些問題所獲得的知識，便構成了生物學的內容。

第一節　生物的特徵

眾所週知，倒落在地面的樹幹，是植物的遺骸，應屬無生物。但他們一度曾是欣欣向榮的生物，當初的大樹，藉著空氣、陽光以及水分等而維持生命；但死亡以後則變爲無生命的物體，兩者之間關係至爲密切。那麼，生物與無生物間，究竟有什麼差異？

所有的生物，都具有若干共同的特徵，人們可以藉著這些特徵來區別生物與無生物。實際上生物與無生物之間的界限有時是很難劃分的，例如病毒（virus，也稱濾過性毒），究竟是生物還是無生物，至今仍難下定論。

細胞　生物體皆由細胞（cell）構成，有些生物全體僅有一個細胞，有的則由很多細胞構成。細胞不但是生物體的構造單位，也是生物體的機能單位，細胞內可以進行種種化學活動，從而使生物表現出生命現象。

多細胞生物更由多種細胞形成組織（tissue）、由組織形成器官（organ）、再由多數器官集合成器官系統（organ system）。不同的器官系統，各有其特殊機能，彼此分工合作，整個個體乃得以生存。

生長 凡是生物都可以生長 (growth)。雖然無生物如冰柱也能加大，但這與生物的生長迥異。冰柱增大是由於表面凍結更多的水分所致，而生物的生長則是攝入養分，經過複雜的化學變化，將之轉變爲構成身體的物質，所以是身體內部的變化所致。

生物生長至某一程度，卽行成熟，自表面看來，這時似乎已停止生長。例如人體約在20歲左右成年，這時身高便不再增加；但這並不意味所有各方面的生長皆停止，實際上體內的物質仍不斷在更新或修補，這是另一種方式的生長。

壽命 生物雖然不斷生長，但總有完全停止的一天；因此，生物都有一定長短的生存期，也就是壽命 (life span)。生物的壽命通常可以分爲五個階段，卽出生、生長、成熟、衰老和死亡。生物在出生以後，便快速生長，此一時期的長短，則隨生物的種類而異。待個體長大，生長速度卽行減緩而達成熟。在成熟期，生長僅限於體內物質的更新或修補。最後，對損壞的物質也不能全部更新或修補，這便是衰老的開始，衰老的最終便是死亡。

至於生物的壽命究竟有多長，則因生物種類不同而有很大差異；卽使同種的生物，其壽命長短亦因個體而異。生物中壽命短者如瓢蟲，平均僅三星期；壽命長者如紅檜（俗稱神木），可活數千年之久。人的平均壽命目前已提高至70歲，將來可能還會延長。生物的壽命爲何有一定限度，若是生物能不斷的修補或更新體內的物質，是否可以長生不老呢？有關老化的問題，科學家正從事這方面的研究，將來若是能防止老化，則長生不老也是有可能的事。

生殖 生物的壽命雖然有限，但是，他們可以藉生殖作用 (reproduction) 而產生後代，使種族得以綿延不斷。所有的生物都能行生殖作用，雖然不同的生物，其生殖方法可能互有差異，但都會產生與本身相似的個體。經由生殖作用產生後代，是生物所特有的重要生命現象之一。

遺傳 生物所產生的後代，與親代十分相似。俗語云：「種瓜得瓜，種豆得豆」，便充分說明了這種特性。生物的後代雖然與親代相似，但是並不完全一樣，彼此間仍有差異。例如父母子女或兄弟姐妹間，都有不同之處，這種情形，叫做變異(variation)。親子之間，在遺傳上有相似或相異的現象，也是生物的重要特徵。

適應　生物所生活的環境時時在改變，這些改變，有時是突發的，例如火災、乾旱等；有些是要經過很長的時期以後才顯示出來的，例如氣候、土壤等。環境一旦改變，生活在這兒的生物就必須要能適應 (adaptation) 新環境， 才能繼續在新環境中生存，否則，就只能遷移至他處居住。要適應新環境，生物本身的構造和機能要先行改變，這種改變並不能立刻發生，而是要經過數代繁殖才會出現。前面述及生物產生的後代常有變異，若是某種變異恰好能適應新環境，於是，具有該變異的後代， 便可在新環境中繼續生存並繁殖。 長時期以後， 所有生活於此的該種生物，就都具有這種有利的變異特徵了。

一般人常以爲生物發生變異，是爲了要適應新環境，實則並非如此；某些動物和植物之所以能在新環境中生活，是因爲他們已經發生了變異。例如白尾鹿具有長腿，其長腿並不是因爲要跑得快才發展出來，而是當初在白尾鹿的後代中，出現長腿者，因爲腿長跑得快，所以具有這種變異的個體，受敵人捕殺的機會便少，乃得以生存並繁殖後代。短腿者因爲跑不快，以致無法活到生殖的年齡，乃漸漸淘汰；因此，現今的白尾鹿都具有長腿。

感應　生物對刺激會產生反應。所謂刺激，是指某種因素或環境的改變，此種因素或環境的改變，能引發生物的活動。刺激可能是光、溫度、水、聲音、壓力、化學物質或食物來源等，生物對刺激所產生的反應，叫做**感應** (response)。

不同的生物其感應的方式也不一樣，例如植物常會產生生長感應，其根向水生長、莖向光生長。動物的感應則更複雜，視覺、聽覺、味覺、嗅覺和觸覺等，皆是動物對環境刺激所產生的反應，較複雜者則包括逃避敵人、獵食、尋覓棲所等。

無生物在環境改變時， 也會發生變化。 例如水在低溫時便凍冰、 高溫時便氣化，但這和生物的情形不同，生物對刺激所產生的反應則具有生存的價值。

第二節　生物來自生物

生物皆由親代經生殖作用而產生，所以生物皆來自生物，這一學說，叫做生源說 (biogenesis)。

自然發生說　十九世紀以前，大部分的人都相信生物可以由無生物變成，或是一種生物可以轉變爲另一種生物，這一學說，叫做自然發生說 (spontaneous generation) 或稱無生源說 (abiogenesis)。早期的生物學家，曾有多人致力於自然發生方面的研究。例如范赫蒙 (van Helmont) 於1652年，將髒衣服與麥粒同置於缽中，二十一天後，便產生了鼠（圖 1-1C）。他認爲麥粒醱酵可以形成鼠，髒衣服中的汗液則供給形成過程中所需要的「生命要素」。此外，尙有許多有關自然發生的報導，例如魚和蛙在雲層中形成，然後隨雨水降落地面（圖 1-1A)。名荷兒可以變爲雁（圖 1-1B）；腐肉中會生蛆等。凡此種種說法，主要是由於觀察不週所致。但當時的生物學家們，卻對自然發生說深信不疑，歷時達數世紀之久。

瑞迪的實驗　瑞迪 (Redi) 倡導以實驗證明假設，他認爲自然發生說並無可靠的根據，乃於1668年用實驗來求證此說的正確性。他對腐肉生蛆的問題提出假設:「腐肉上的蛆，可能是蠅的幼蟲，並非由腐肉產生，若是蠅不接觸到肉，肉內便不會有蛆」。於是，便設計實驗（圖 1-2）：將牛、蛇、魚和鰻等動物的肉，分置於四個淸潔的瓶中，瓶口用細布封住，使瓶內的空氣可以流通，但能防止蠅的汚染，此一組卽爲實驗組。另取四個淸潔的瓶，分別裝入同樣的材料，但瓶口敞開，是爲對照組 (control)。結果，對照組的瓶中聚集了蠅，不久便出現蛆；而實驗組的瓶內，肉雖腐但不生蛆，因爲蠅的卵產在瓶口的布上。這一結果，強烈支持其假設，因而獲得結論：蛆是由蠅所產的卵孵化而來，並非自然發生。

微生物與自然發生　經過瑞迪和其他學者的努力，自然發生說終被推翻。但十八世紀時顯微鏡發明以後，生物學家觀察水滴、肉汁或糖液，發現其中常有細菌、

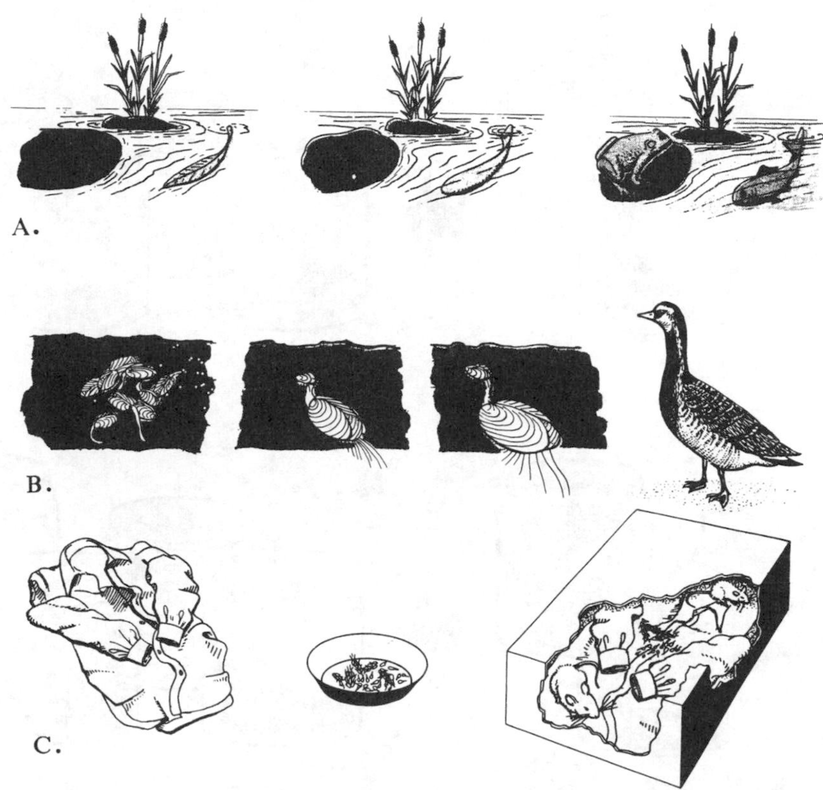

圖 1-1 有關生物起源的傳說。A. 泥土變爲魚，B. 名荷兒變爲雁，C. 麥粒變成鼠。

酵母菌、黴菌或其他小生物。這些生物來自何處？有的學者認爲較大的動物如鼠、蛆等，是由親代產生，但微生物則是自然發生。英國生物學家尼丹（Needham）將煮沸的肉汁注入玻璃瓶，蓋以軟木塞，數日後用顯微鏡觀察，發現肉汁內有許多微生物，他認爲這些微生物是自然發生的明證。二十五年後，義大利生物學家司巴蘭贊尼（Spallanzani）重複尼丹的實驗，卻無任何自然發生的跡象。他將種子的浸液煮沸，再小心將瓶口緊閉，結果，浸液內始終未有生物出現。他並以實驗證明尼丹所用的軟木塞不能將瓶口密閉，故外界空氣仍能進入，而令微生物在瓶內滋長。

深信自然發生說者認爲空氣是生物發生的必要條件，若是緊閉瓶口，便會阻止微生物的自然發生；但生源說者則認爲空氣是污染的來源，兩派爭執，不相上下。

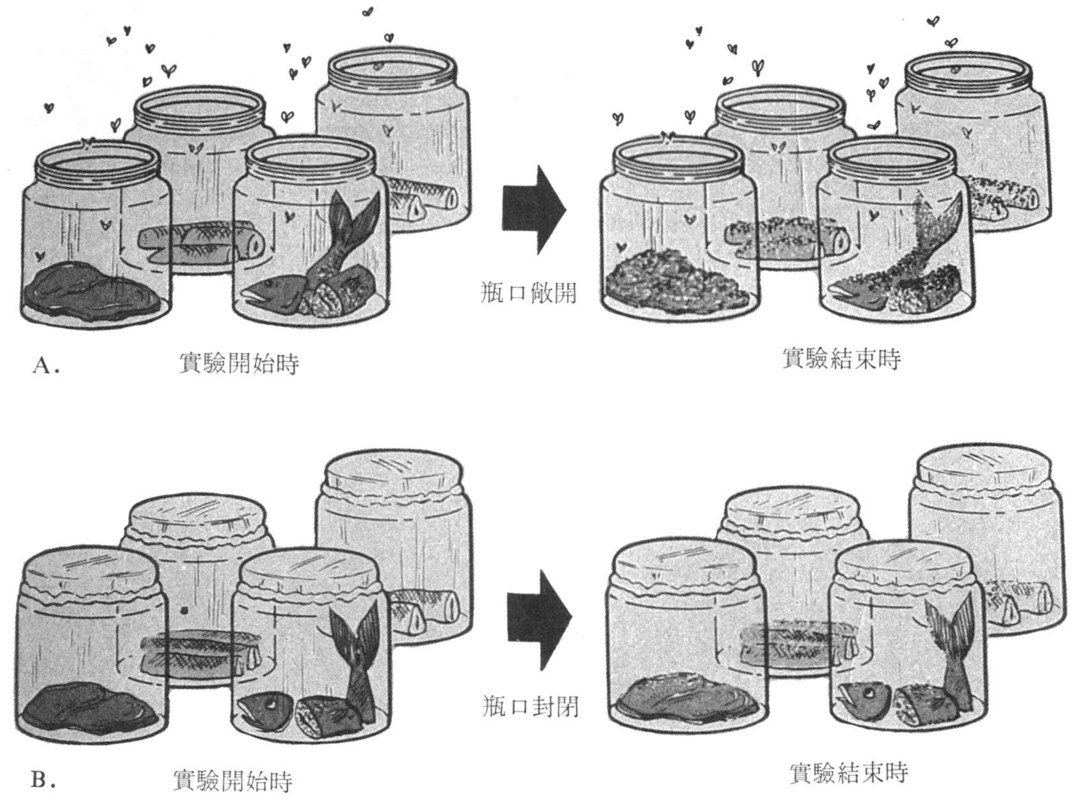

圖 1-2　瑞迪的實驗，其結果否定了自然發生說。A. 實驗組，瓶口敞開，瓶中聚集了蠅，不久便出現蛆。B. 對照組，瓶口用細布封閉，結果沒有蛆出現。

至1864年，法國生物學家巴斯德（Pasteur）用實驗擊敗了自然發生說。他用酵母菌和糖製成浸液，分裝於數十個燒瓶中，然後封閉燒瓶再煮沸，以殺死浸液中的細菌等微生物。他將這些燒瓶攜帶至不同地區，這些地區空氣中所含的塵埃量不一樣。有的燒瓶攜至含塵埃多的路邊打開，數天後，便有大量微生物生存其間。有些燒瓶攜至高山打開，數日後，其內生長的微生物很少。這些結果，支持巴氏所信：細菌或其他微生物，與塵埃共存於空氣中。巴氏另取數瓶浸液，將瓶頸改製成彎曲細長的鵝頸狀，頸的先端張開，如此空氣可以進入瓶內。再將浸液煮沸，使蒸氣升至瓶頸，以壓出空氣，並殺死頸管內可能有之微生物。燒瓶冷卻後，雖瓶口張開，浸液長久與外界空氣接觸，但卻無微生物出現（圖 1-3）。此乃因瓶頸彎曲細長，故能阻擋隨空氣進入的塵埃，而保持空氣清潔。深信自然發生說者未再提出爭論，因爲實驗結果，明確顯示煮沸並未破壞浸液支持微生物生長的能力，亦未阻擋空氣中可能維持細菌等滋生的成分 。 除非微生物自瓶外進入瓶內 ， 浸液中才會有微生物出現 ， 否則絕不可能在瓶內自然發生。

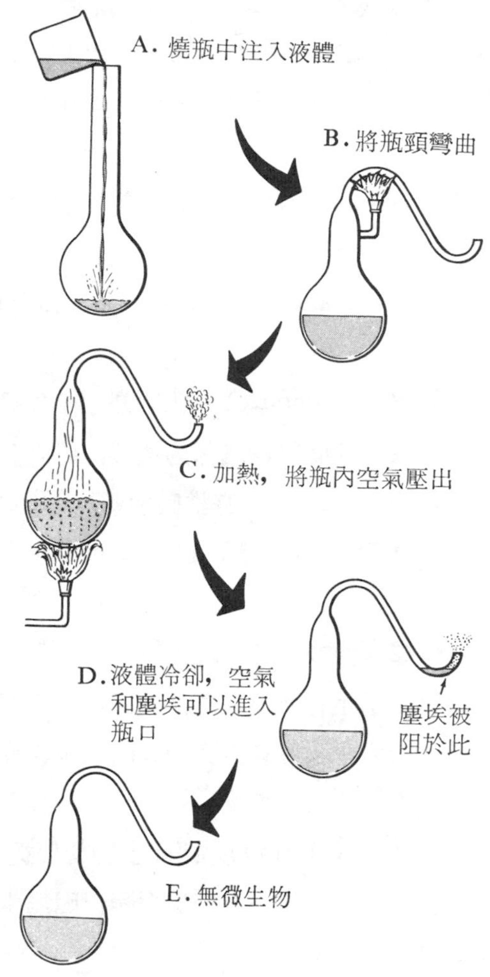

圖 1-3　巴斯德的鵝頸瓶實驗，否定自然發生說。

第三節　生物科學

古代的人們爲了尋找食物或其他的求生需要，必須認識及利用周圍的動植物， 以了解那些可食， 那些有害。二萬多年前，克洛曼農人在洞壁上刻畫動物，我國神農氏嚐百草，便是明證。這些是人們對生物利用方面的技術性常識，眞正的生物學，則始於公元前約三百年。當時，在希臘和羅馬有許多人描述動物和植物的構造， 並由亞里斯多德（Aristotle）將這些零星的知識加以整理，乃成爲有系統的生物學，故亞里斯多德被譽爲生物學的鼻祖。由此可知，生物學的興起甚早，自十九世紀以來，生物學更是迅速發展，其開拓之內涵也至爲廣泛，包括生物的形態、構造、機能、發生、遺傳、演化、以及生物與環境的關係等，可大別爲下列諸科:

形態學（morphology） 研究生物體的外部形態與內部構造，包括解剖學（anatomy）、組織學（histology）和細胞學（cytology）等，分別以器官、組織和細胞爲對象；此外，尙有發生學（embryology），專論生物體胚胎發生的過程。

生理學（physiology） 研究生物體的機能，其內容之發展，常須藉助物理與化學方面的知識，以探討生命的原理，通常又分爲動物生理學（animal physiology）、植物生理學（plant physiology）及人體生理學（human physiology）等。

分類學（taxonomy） 研究如何將種類繁多的生物，根據其構造和生理方面之特徵，以及彼此間親緣關係的遠近，將之分門別類。通常又分爲無脊椎動物學（invertebrate zoology）、脊椎動物學（vertebrate zoology）、植物分類學（plant taxonomy）和植物形態學（plant morphology）等。

遺傳學（genetics） 研究親子間的遺傳（heredity）與變異（variation）。近年來，更以分子生物學爲基礎，探討遺傳原理，其發展至爲迅速，尤以遺傳工程方面的成果，對醫學及農業方面的貢獻頗多，直接造福人羣。

演化論（evolution） 研究生物如何從古代原始的種類演變成目前各種各樣的生物。演化論與遺傳學有密切關聯，因爲生物有遺傳變異，所以會逐代改變，甚至形成新種。

生態學（ecology） 研究生物與環境間的關係，了解環境中的生物彼此如何相互作用，以及生物與自然環境的相互作用，並討論人類應如何維護自然界的生態平衡。

第四節 科學方法

生物學屬自然科學，所以研究生物學要用科學方法（scientific method）。科學方法被認爲是一種合乎邏輯、有一定順序、可用以解決問題或獲得答案的方法。由於科學方法合邏輯、有順序，故其研究成果能獲得大眾的信賴。但是，科學方法並非魔術，有時設計週密的實驗，也可能會失敗。不過，失敗是成功之母，若遇失敗，不妨仔細檢討，則不難找出新的解決途徑。

科學的目的在對觀察到的現象作合理之解釋，並建立一些通則，以預測事物間的關係。由於探討的問題性質可能不同，所以科學方法有時也互有差異，通常則包括觀察、提出問題、假設、實驗以及結論等步驟。

觀察 科學方法的第一步是對事物作愼密的觀察。觀察時，可以利用眼、耳、鼻等感覺器官直接覺察到，也可間接的使用儀器觀察，例如神經的傳導作用，肉眼無法觀察，必須藉助儀器。觀察事物時，最重要的是要保持客觀的態度。人們常常希望看到自已想要看到的或是認爲應該看到的事物，如此便會產生偏見而影響觀察結果。

問題 對事物經過週詳的觀察後，人們由於好奇心或求知慾，常常會提出問題，但只有好的問題才經得起考驗。因此，進行研究時，所提出的問題必須確切；同時，對問題的敍述，也要正確而淸楚。科學家提出的問題常常是「如何」、「爲什麼」等，例如「植物的根如何自土壤中吸收水分？」。

假設 提出問題後，便要查閱研究報告、期刊及書籍等，以收集與該問題有關的資料，了解前人對與此相關的問題所獲之答案，因爲研究工作是要以他人的成果爲基礎，再求進一步的發展；所以要根據已知的學識，再對本身提出的問題擬定可能的答案。

對問題所擬定的可能答案，叫做假設；假設也可以說是猜測，但卻不是隨意猜測。即使假設看來很合理，但仍要透過實驗來求證。若是實驗結果不支持該假設，就必須修正假設，甚至將之廢棄而重新擬定。

實驗 擬定假設後，非科學家便常止於此，因爲他們認爲假設便是問題的答案。

科學家則不然，他們要用實驗來求證，待獲得實驗結果的支持後，方認爲假設是正確的。實驗是科學方法中最大的特色，也是最困難的一步。實驗時常常要將實驗材料分成兩組，即實驗組和對照組。兩組處理的方法，除了要試驗的因素外，其他皆相同。例如要試驗光對種子萌芽的影響時，將種子分放在兩個培養皿中的濕紙上，加蓋，其中一個用鋁箔包裹使不透光，另一個則否。將兩個培養皿同放在實驗桌上，兩者所處的溫度及其他情況皆相同，僅光線的有無不一樣，此一不同的因素，稱爲變因。這兩個培養皿，未包鋁箔的是實驗組，包鋁箔的是對照組。

結論 假設經實驗求證，獲得支持後，便可對問題的答案下一結論（conclusion）。若是其他的科學家，分別重覆該項實驗，如此便漸漸的累積大量證據，繼續支持該假設，便可確立爲學說（theory）。例如虎克觀察到木栓細胞後，其他學者分別觀察不同的動植物，發現這些生物也具有細胞，經過了一百餘年的努力，乃確立細胞學說，認爲所有的生物皆是由細胞及其產物所構成。

由此可知，學說實際上是獲得科學家高度信賴的假設而已，但並非所有的學說都是正確無誤的，也並非所有科學家都接受所有的學說。科學家在發現新的證據後，常常要修改學說；有時新證據甚至不支持原有的學說，於是，便被迫而放棄該學說，再根據新證據另行提出新的學說。實際上新學說仍保有舊學說的本來目的，但是，卻較舊學說更爲廣泛、有效。

少數學說的內容十分正確，幾乎是屢試不誤，這類學說便成爲定律（law）。但即使是定律，也不一定永不改變，因爲將來的事情是無法絕對保證的。學說和定律有時可以互用，但定律的可靠性則較學說爲大。

第二章　生物體的物質基礎

一切物體，不論有無生命，都是由物質所構成。物質通常都含有能量（energy），生物必需藉物質所供應的能量才能維持生命。那麼，能量來自何處？植物自土壤和空氣中獲得那些物質並如何儲藏能量？動物攝食植物所獲得的能量有何功用？這些食物又如何變爲動物身體的一部分？

第一節　物質與能量

生命現象常涉及物質以及能量的變換，因此，物質與能量是解釋生命原理的基礎課題。

物質　**物質**（matter）是佔有空間且有質量的東西，可分固體、液體和氣體三類，此稱物質的三態（圖 2-1）。構成固體物的分子，通常都緊密相接，實際上其分子間仍有距離。液體的物質，其分子間的距離較大，活動也較自由。氣體的分子則相距更遠，活動也最自由。固體、液體和氣體彼此間的差異，既然是在他們分子間的距離和活動情形不同，所以改變物質的分子間距離，便可改變物質的三態。這種改變，叫做**物理變化**（physical change）。例如水在冰點以下便結成冰，即由液體變爲固體，冰遇熱便化爲水，若繼續加熱便成爲水蒸氣。物質也可以發生**化學變化**（chemical change），但是物質經化學變化後，本身便完全改變，例如木材燃燒後便變爲灰燼並釋出氣體，所以原來的物質已經消失而產生了新的物質。

能量　來自太陽的能量可以維持生命，並參與所有的生命活動。能量涉及所有的物質及物質改變，冰遇熱變爲水，熱便是能量。**能量**是做功的力量，可以使物質改變或移動，有動能（kinetic energy）和位能（potential energy）之分。**動能**有光、熱、電等不同的形式；動能也可以是輻射能，例如太陽的能量自太陽輻射至植物，供植物利用。**位能**是含蘊未放的能量，例如植物將太陽輻射能轉變成化學能而儲藏，**化學能**是位能的一種形式。位能和動能的關係密切，兩者可以互相轉變，例如鳥兒攝食種子，將植物儲藏的化學能轉變爲動能，以供其活動。又如煤塊中也含有能量，這些能量也源自太陽，當煤燃燒時，所含的位能就轉變爲光能和熱能。煤雖含有位能，但是在常溫下，並不會燃燒，必須先獲得一些外加的能量（圖 2-2），使其達到燃點，才會燃燒，這些外加的能量，叫做**活化能**（activation energy）。

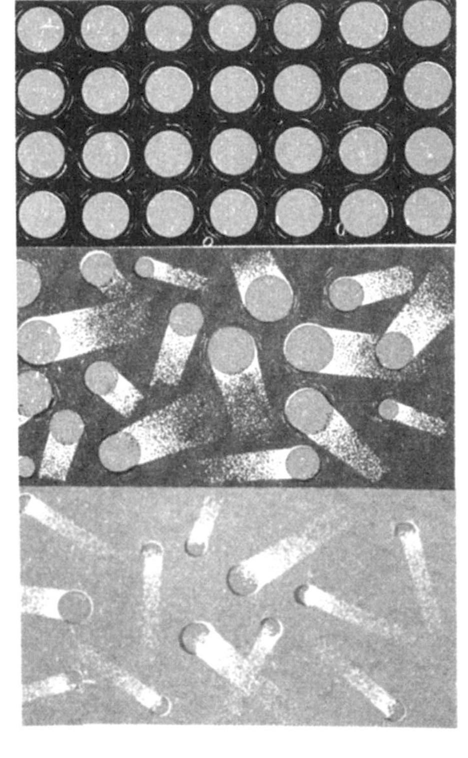

圖 2-1　物質的三態，自上至下固體、液體、氣體，圖示分子間的距離。

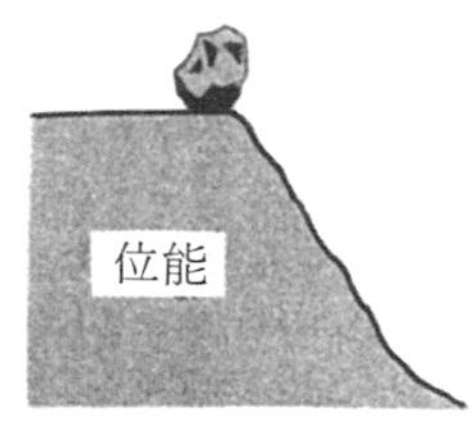

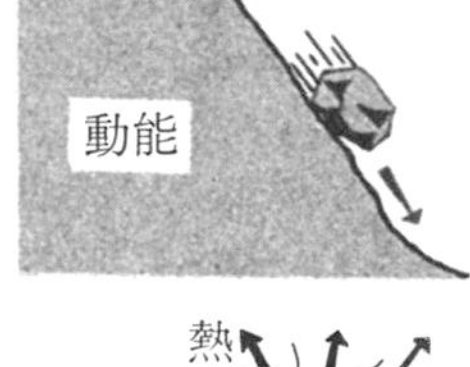

圖 2-2　加入活化能以後，位能變爲動能　上．石塊滾下，下．煤燃燒。

第二節　元素

物質是由**元素**（element）所構成，自然界的元素有92種，有的元素可以單獨存在，如金、銀、銅等；但是，大部分的元素需要和其他元素化合。地球上的物質，便是由這92種元素單獨、或與其他元素以不同方式化合而成。

碳、氫、氧和氮是構成生物體的四大元素；人體內的物質約有96%係由該四種元素所組成。鈣、鉀、磷、硫約佔體重的3%，其餘就是微量的碘、鐵、鈉、氯、鎂、銅、錳、鈷等元素了。

構成元素的單位是**原子**（atom），一切物質，不論固體、液體或氣體，都是由原子組成。早期的學者認爲原子是構成物質的最小單位，目前已知，原子可以被分割爲更小的粒子。

原子的結構 各種元素的原子，其結構的基本方式都相同。原子的中央部分有如太陽系中的太陽，稱爲**原子核**（nucleus），核內有**質子**（proton）和**中子**（neutron）；核的外圍爲空間，有**電子**（electron）在此空間循一定的軌道運行，故電子有似太陽系中的行星。質子帶正電荷，中子不帶電荷，電子則帶負電荷。各種元素的原子，其核內有一定數目的質子和中子，核的外圍，有與質子同數的電子，所以原子的正負電荷恰好相平衡而爲電中性。

氫的原子最小，構造也簡單(圖 2-3)，核內有一個質子，繞行於核外圍的軌道上有一個電子。除氫以外，其他元素的原子，其核內除

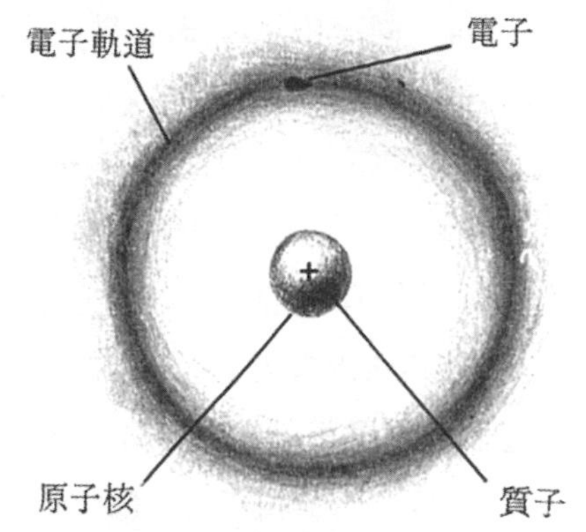

圖 2-3 氫原子的構造

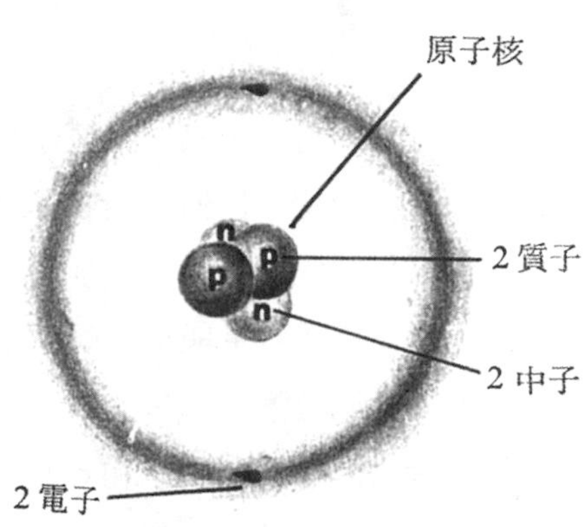

圖 2-4 氦原子的構造

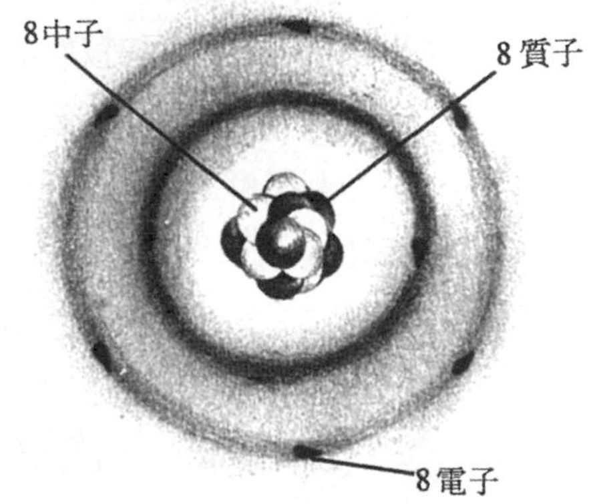

圖 2-5 氧原子的構造

質子外， 尙有中子。 例如氦原子， （圖 2-4），其核內有 2 個質子和 2 個中子，核外的軌道上有 2 個電子。氧原子的核內有 8 個質子和 8 個中子，外圍第一圈軌道有 2 個電子，第二圈有 6 個電子 （圖 2-5）。 又如氯原子 （圖 2-6），其核內有 17個質子和 18個中子，外圍軌道上的電子數，依序是 2 、 8 、 7 。核內質子的數目， 叫做**原子序** (atomic number)；質子和中子的總數， 稱爲**原子質量** (atomic mass)。

圖 2-6 氯原子的構造

同位素 有的元素，其原子有兩種或兩種以上不同的結構，不同之處，在於中子的數目不一樣。任何元素在其原子結構中，質子和電子的數目相等，但是，中子的數目可以改變，因此，一種元素可以有不同的原子質量；凡是原子質量與原來的原子質量不一樣者，稱爲該元素的**同位素**。

一般的碳有 6 個質子和 6 個中子， 故爲碳-12。但是， 碳的同位素——碳-14 (圖2-7)， 其原子核有 8 個中子， 質子數仍爲 6 個， 故其原子質量爲14。碳-14 在生物學研究上常用以作爲追踪的標記。 例如用含有碳-14的二氧化碳處理葉，然後探測碳-14在葉中的行踪，可以了解二氧化碳在光合作用中的變化情形。 氧的同位素氧-18， 其原子核含有10個中子、 8 個質子，氧-18在生物學研究上亦常用以作爲標記。

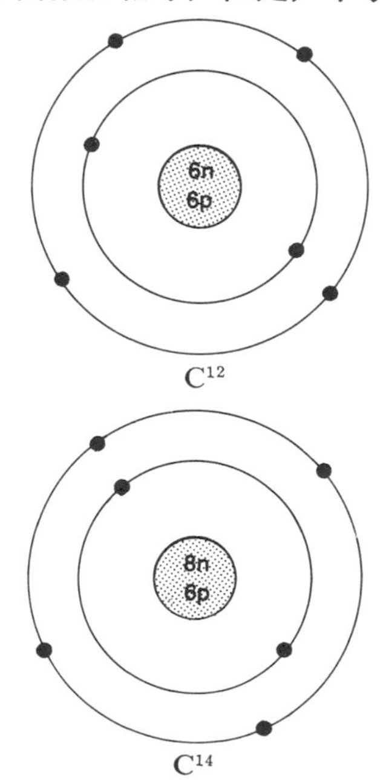

圖 2-7 碳的同位素碳-14 有 8 個中子(下)，普通的碳即碳-12 有 6 個中子。

第三節 化合物

由兩種或兩種以上的元素所組成之物質，叫做**化**

合物 (compound)。化合物有一定的化學組成，如果兩化合物中元素的種類相同，但組成的比例不一樣，則所形成的化合物也不相同。例如一氧化碳與二氧化碳都是氧與碳的化合物，但碳與氧的比例並不相同，前者是一比一，後者是一比二。

構成化合物之兩種或兩種以上的原子，彼此以化學鍵相連結，稱爲**分子** (molecule)，故分子是構成化合物的最小單位。用化學式可以表示組成分子的原子種類及比例，例如水的化學式是 H_2O，表示水分子是由二個氫原子和一個氧原子組合而成。化合物有其本身的特性，其性質與形成該化合物的元素絕然不同。例如水的性質與形成水的氫或氧之性質完全不一樣。形成水的氫原子和氧原子是藉化學鍵 (chemical bond) 的力量結合一起，在構成生物體的化合物中，**化學鍵**有**共價鍵** (covalent bond) 和**離子鍵** (ionic bond) 等，共價鍵頗具結合力，離子鍵則較弱，容易斷裂。

共價鍵　原子的化學活動，取決於其電子以及電子在軌道上的排列情形，而尤爲重要者，是最外圍軌道上的電子。在形成化合物時，兩種原子可以共用一對電子，共用的電子繞兩者的原子核運行，此共用的電子稱爲**共價鍵**。例如氫原子有一個電子，氧原子的第一圈軌道上有 2 個電子，第二圈有 6 個電子，形成水時，氫便和氧共用電子，彼此形成共價鍵(圖 2-8)。兩個氫原子分別與同一個氧原子共用一對電子。因此，氧的最外圈軌道上便有最大數目 8 個電子，氫原子的第一圈軌道上則有最大數目 2 個電子。

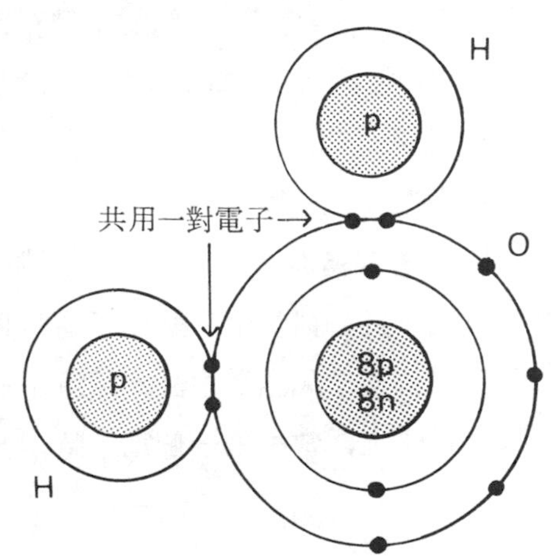

圖 2-8　水 (H_2O) 分子中，氫和氧的原子共用電子而形成共價鍵。

有的分子，是由同種元素的兩個原子組成，例如氫原子，常有兩個原子共用一對電子的趨向(圖2-9)。除氫以外，氧和氮也有這種現象。

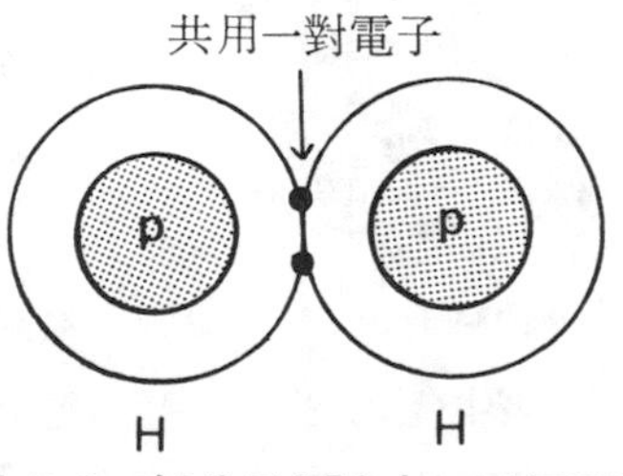

圖 2-9　氫分子(H_2)中，二個原子共用電子，形成共價鍵。

離子鍵　不同的原子間，可以藉電子的轉移而結合一起。有些原子會失去電子，這種原子稱爲**供者**；另有些原子，可以獲得電子，稱爲**受者**。由供者轉移一個或一個以上的電子至受者，乃形成了**離子鍵**。氯化鈉即食鹽（NaCl）在放大鏡下，可見其爲小方塊的結晶，食鹽的形成並不涉及共價鍵。當原子帶有正電荷或負電荷時，稱爲離子(ion)；氯化鈉結晶係由許多氯和鈉的離子組成，氯離子帶負電荷，鈉離子帶正電荷，因爲兩者所帶的電荷不同，於是便互相吸引而結合成爲結晶，這種化學鍵，叫做離子鍵（圖 2-10）。

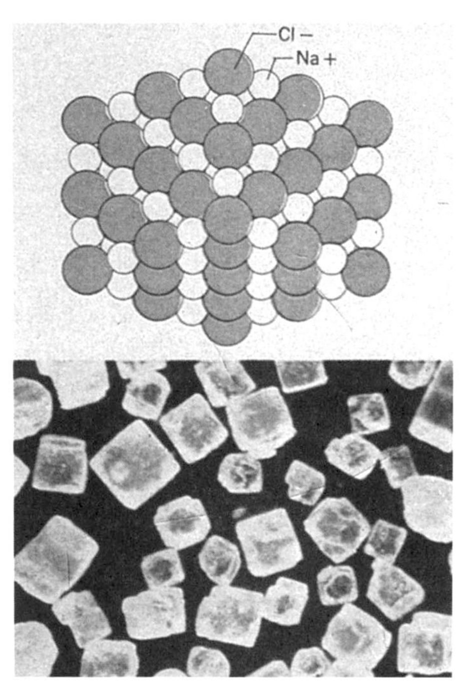

圖 2-10　氯化鈉結晶。上．構造模型。下．放大二十倍。

原子通常爲電中性，那麼，上述的離子或離子鍵如何產生？鈉原子有11個質子和11個電子，應爲中性。氯原子有17個質子和17個電子，故亦爲中性。但鈉原子爲供電子者，當失去一個電子時，其最外圈的電子便呈最高數 8 個。氯原子爲受

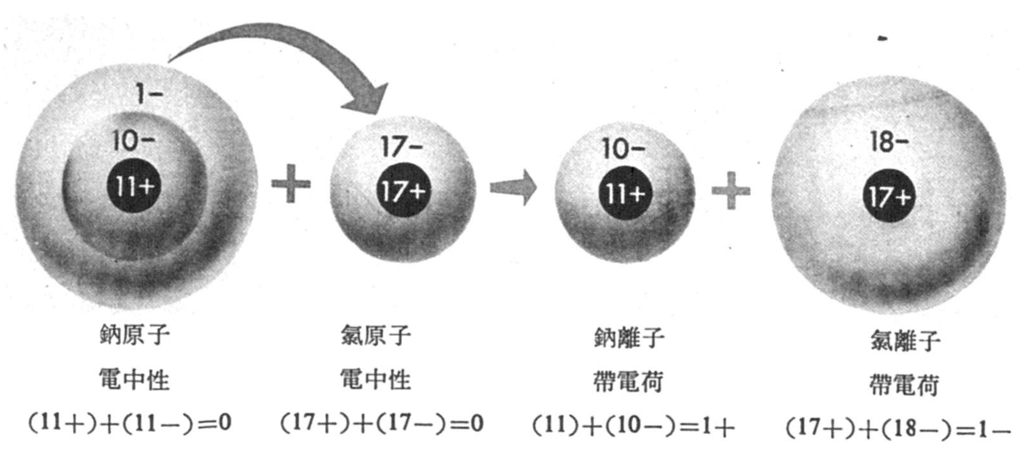

圖 2-11　鈉離子和氯離子的形成

電子者，當獲得一個電子時，其最外圈也達8個電子。當電子自鈉轉移至氯時，會改變該兩原子的電荷；鈉原子因失去一個電子，故有11個質子而僅有10個電子，因而變為帶+1 電荷的離子。氯離子有 18 個電子，但僅有 17 個質子，故電荷為－1（圖 2-11）。

離子見於地球各處，對生物十分重要，例如植物的根可自土壤中獲得鉀離子，這些離子隨根細胞吸收的水分進入植物體內以供利用。

第四節 混合物

混合物（mixture）是由兩種或兩種以上的物質混合一起而成，彼此不發生化學變化，亦無一定的組成比例。混合物仍保持其組成物原來的性質，其組成物可以用物理方法將之分離。例如糖溶於水，形成糖水（混合物），將糖水中的水分蒸發後，即剩下糖。

水與其他物質混合後，所形成的混合物，視其溶解物粒子的大小，而有**眞溶液**(true solution)、**懸浮溶液**（suspension）和**膠體溶液**（colloid)之分。**眞溶液**中其溶解物的分子或離子均勻分散在溶劑中，粒子非常微小，直徑小於 0.0001μm。大部分的酸、鹼、鹽類及非電解質如糖，加水後即成為眞溶液。

懸浮溶液的溶解物，其粒子是分子的大集團，例如將澱粉置於水中攪拌，澱粉的顆粒會分散在水中，但靜止片刻，澱粉顆粒便會沉澱，屬懸浮溶液。懸浮溶液多混濁不透明，因溶質的顆粒較大，所以不會溶於水中而僅懸浮其間。

若分散在溶液中的粒子呈中等大小(直徑介於 0.1～0.0001μm)，即沒有大到可以發生沉澱，亦非小至可以構成眞溶液，這種混合物，叫做**膠體**或**膠體溶液**。日常生活中的果醬、奶油、霧等皆為膠體。膠體有很多形式：固體的粒子分散於液體中，如膠水；固體粒子分散於氣體中，如煙；液體粒子分散於氣體中，如霧；油滴分散於水中，如奶油。膠體皆透明或半透明，而且很穩定，即在靜止時，組成該混合物的成分不會互相分離。膠體溶液的顆粒帶有相同的電荷，有互相排斥的趨勢；因此，粒子得以均勻分散，與分子或離子在溶劑中的情形一樣。

膠體呈液態時，稱為**溶膠體**（sol)，呈固態或半固態時稱為**凝膠體**（gel)。有些膠體上述二態可以互相轉變，例如將洋菜膠溶解於熱水中時，膠粒子便分散於熱水中而形成溶膠體。在膠液冷卻後，膠粒子凝集，水分乃形成微小的水滴散布於凝集的膠粒子中間，成為半固態的凝膠體；如再加熱，又可以從凝膠體變為溶膠體。但是，並非一切膠體都能發生凝膠體和溶膠體的可逆變化，例如卵白，一經加熱，由溶膠體變為凝膠體後，就不能發生可逆變化。

原生質（protoplasm）是一種膠體溶液，在細胞中，各種分子均保持分散於水中，故原生質呈溶膠狀態。表現生命現象的化學反應，都是在溶膠狀態的原生質中進行。原生質若是變為凝膠體，化學反應即無法進行，細胞即告死亡。但是，細胞的某些特性，例如肌肉收縮、變形運動等，則有賴細胞內溶膠體和凝膠體的迅速可逆轉變。

第五節　生命物質的成分：無機化合物

自然界的元素雖然有92種，但是，只有18種存於生物體內，其中碳、氫、氮、氧、磷、硫（為便於記憶，以 CHNOPS 示之）等六種元素幾佔生物體的99%（表

表 2-1　三種代表動物體內元素的含量

元　素	人	苜　蓿	細　菌
碳	19.37%	11.34%	12.14%
氫	9.31	8.72	9.94
氮	5.14	0.83	3.04
氧	62.81	77.90	73.68
磷	0.63	0.71	0.60
硫	0.64	0.10	0.32
CHNOPS 總數	97.90%	99.60%	99.72%

2-1）。

在生物體內，元素是以化合物或離子狀態存在。化合物可分無機化合物和有機化合物兩大類，生物體內的無機化合物包括水、酸、鹼、鹽以及某些氣體。

水　水是生物體內含量最多的物質，其比率隨生物種類而異，多者如水母，約佔體重的99%。人體內的水，約爲體重的$\frac{2}{3}$。水在細胞內所佔比率，亦隨細胞種類而不同，例如人的骨細胞，水佔20%，而在腦細胞則爲85%。

生物體內的水，有多種不同的功用：(1) 水是最佳的溶劑，大多數物質都能溶於水中，物質溶於水後，才能發生化學變化。生物經新陳代謝產生的廢物，也可溶於水中，廢物溶於水後，可自細胞或生物體排出。(2) 水與維持體溫有關。水有很大的吸熱和放熱能力，人體代謝所產生的熱能，便由體內的水分吸收，用以維持體內的溫度。當體內的熱量過多時，就會流汗，汗液內的水分在皮膚表面蒸散時，便會消耗體熱（在 20°C 時，蒸發 1 克水需 585卡的熱）。(3) 水在細胞中有極微的解離度，可以解離爲氫離子（H^+）和氫氧離子（OH^-），$H_2O \rightleftharpoons H^+ + OH^-$。$H^+$ 和 OH^- 兩種離子濃度的大小，可以決定該溶液的酸鹼度，H^+ 多於 OH^- 時爲酸性，OH^- 多於 H^+ 時爲鹼性。H^+ 和 OH^- 的相對濃度，對生物的生理作用非常重要，因爲控制細胞內化學反應的各種酵素，要在適當的 H^+ 和 OH^- 相對濃度下才發生作用。

酸、鹼和鹽　在細胞內，有許多無機物溶於水中，包括酸、鹼、鹽和氣體。於一般情況下，糖溶於水時，其分子均勻分散在水中，故糖屬於非電解質，因爲糖不解離爲離子。反之，當食鹽溶於水時，便解離爲離子而分散於水中 ($NaCl \rightleftharpoons Na^+ + Cl^-$)，帶正電者爲陽離子，帶負電者爲陰離子；這類物質，稱爲電解質。細胞內大部分的無機物爲電解質並呈離子狀態。HCl 溶於水時，產生 H^+ 離子，NaOH 溶於水時產生 OH^- 離子；凡溶於水中產生氫離子（H^+）的化合物，叫做**酸**，產生氫氧離子（OH^-）者，叫做**鹼**。NaCl 解離時，雖產生 Na^+ 和 Cl^- 離子，但卻無氫或氫氧離子，此等化合物，叫做**鹽**。

溶液中氫及氫氧離子的濃度，可以決定該溶液的酸鹼性。爲方便計，溶液的酸鹼度通常以 pH 示之，即以負指數表示氫離子濃度。純水是一種中性的液體，其氫離子濃度是 1×10^{-7} 克/升，故 pH 是 7。pH小於 7 的溶液是酸性，愈小酸性愈強。pH 大於 7 者是鹼性，愈大則鹼性愈強。在正常情況下，生物體內的 pH 都近於中性，酸鹼度的劇烈改變，會導致細胞死亡。有些化合物或離子可以維持溶液的正常 pH，這類物質，叫做緩衝物 (buffer)。細胞內磷酸和碳酸的離子，爲重要的緩衝物，碳酸離子的反應如下:

$$H^{+}+CO_3^{--}\rightleftharpoons HCO_3^{-}$$

HCO_3^{-} 則可與其他的 H^{+} 作用形成碳酸:

$$H^{+}+HCO_3^{-}\rightleftharpoons H_2CO_3$$

藉此等化學反應，可以移除體內過多的氫離子，以維持 pH 值。若體內有過多的氫氧離子時，此等氫氧離子乃與來自碳酸的氫離子結合而成水:

$$\begin{array}{r}H_2CO_3\longrightarrow H^{+}+HCO_3^{-}\\ H^{+}+NaOH\longrightarrow H_2O+Na^{-}\\ \hline H_2CO_3+NaOH\longrightarrow H_2O+NaHCO_3\end{array}$$

由此可知，碳酸——重碳酸緩衝系統，可以中和體內過多的氫或氫氧離子。

磷酸亦爲細胞中的重要緩衝物，可循下列三步驟解離:

1. $H_3PO_4\longrightarrow H^{+}+H_2PO_4^{-}$
2. $H_2PO_4^{-}\longrightarrow H^{+}+HPO_4^{--}$
3. $HPO_4^{--}\longrightarrow H^{+}+PO_4^{---}$

當 OH^{-} 離子多時，反應便自 1 至 3；當 H^{+} 離子多時，則自 3 至 1。

在生物體內的緩衝物，除上述的無機物外，有機物中的胺基酸、蛋白質亦是重要的緩衝物。

此外，某些離子及其濃度，對細胞的正常機能十分重要。例如蛙的心臟取出後，置於蒸餾水中，便會停止跳動，因爲水分可進入心肌細胞而使細胞脹大，欲防止細胞膨脹，可以用具有適當滲透壓的溶液，若改用與蛙心臟滲透壓相當的糖溶液代替蒸餾水，心臟便可跳動一段時間；若用氯化鈉溶液，則搏動的時間更久；但若是在相當滲透壓的溶液中，含有鈉、鉀、鈣、錳和氯等離子，則心臟可以在內維持搏動達數日之久。由此可知，這些離子對心臟的搏動，十分重要。

氣體　空氣、O_2、N_2 及 CO_2 等皆可溶於水中，因此，這些氣體皆見於細胞中。氧為細胞代謝所必須；氮是不活潑的氣體，雖存於細胞中，但並不參與代謝；二氧化碳為細胞的代謝產物，可以藉細胞的呼吸作用而排出，並供植物重複利用以行光合作用；二氧化碳與水形成之碳酸為體內的重要緩衝物，已如前述。

第六節　生命物質的成分：有機化合物

所有生物都可以產生有機化合物，這些有機物，與存於地球上的無機物差異很大。往昔的科學家認為有機物只能由生物產生，但這一設想為化學家吳樂（Wöhler）所否定，他於1828年，用硫酸銨及氰酸鉀等無機物合成尿素，尿素為有機物。其後，多達數千種的有機物都可用人工方法合成，其中包括維生素、激素、抗生素等複雜而重要的有機化合物。

不論是由生物產生，或是用人工合成的有機物，他們都有一共同的特點——都含有碳。碳原子具有構造上的特異處，故能成為有機物中的重要元素。其一，碳原子能與其他元素形成四個共價鍵（圖 2-12）；根據碳原子與其他原子共用電子對的數目，其共價鍵有單鍵、雙鍵及叁鍵。其二，碳原子能與其他碳原子連接而成長鏈，或成為環狀；以這些碳原子為骨架，再分別與其他元素相接，因此，可以成為大而複雜的有機分子。生物體內形成有機物的過程，叫做**生物合成**（biosynthesis）。有機物中原子和化學鍵的排列方式，可以用構造式表示之。

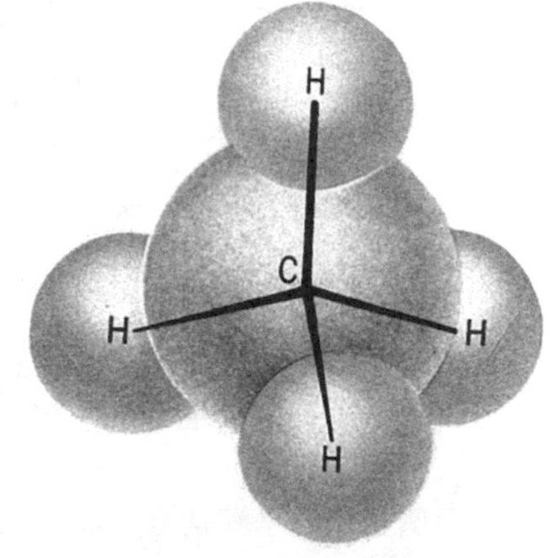

圖 2-12　碳原子與四個氫原子產生共價鍵，形成甲烷（沼氣）。

生物體內的水，佔體重的 50～95%，K^{+}、Ca^{+++} 和 Na^{++} 等離子不超過 1%，其餘皆爲有機物。這些有機物中，含量較多者爲醣類、脂質、蛋白質和核酸。本節討論前三者，至於核酸，則將於後面的章節中另行敍述。

醣 醣類 (carbohydrate) 由碳、氫、氧三種元素構成，其中氫和氧的比例爲 2：1（水的成分），故醣亦稱爲**碳水化合物**。醣類物質氧化時，可以釋出能量，是生物體內能量的主要來源。醣類可分單糖、雙糖和多糖，在生物學上重要的**單糖**爲葡萄糖、果糖和半乳糖，三者都含有 6 個碳，屬六碳糖，分子式都是 $C_6H_{12}O_6$，但構造式則有差異（圖 2-13)。葡萄糖爲綠色植物光合作用的產物，爲細胞中能量的主要來源。果糖和半乳糖，亦由綠色植物產生。葡萄糖是人體內含量最多的單糖；在醫學上，常以注射葡萄糖來補充病人體內的糖分。

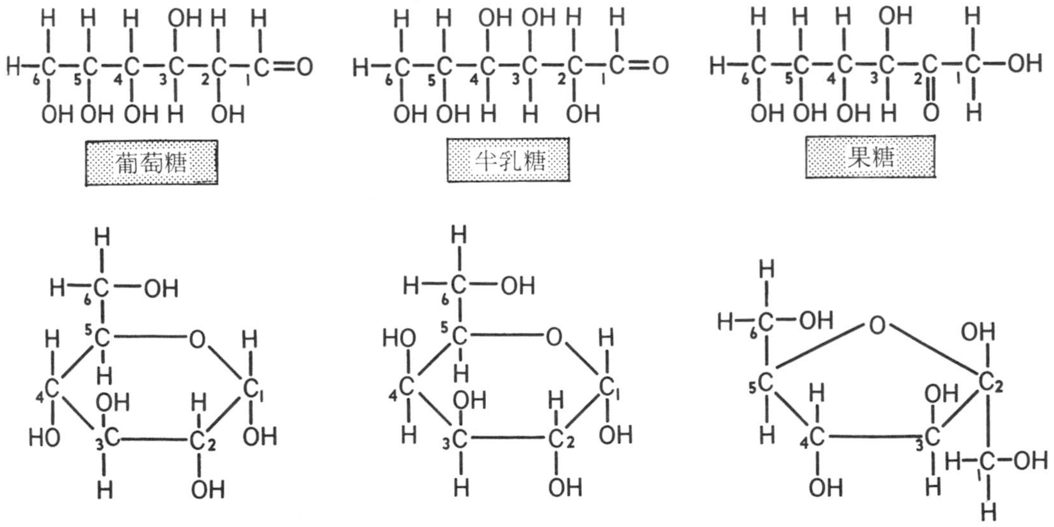

葡萄糖　半乳糖　果糖

圖 2-13 三種單糖（六碳糖）的構造式。上爲鏈狀，下爲環狀。三者所含之碳、氫、氧原子的數目相同，但構造式則不一樣。

兩個分子的單糖結合一起，除去一分子水，便形成**雙糖**（圖 2-14）。生物體內常見的雙糖有麥芽糖、蔗糖和乳糖。由多分子的單糖可組合而成**多糖**，由於其中單糖的數目無法確定，所以多糖的分子式寫成 $(C_6H_{10}O_5)X$，X 代表未知之分子

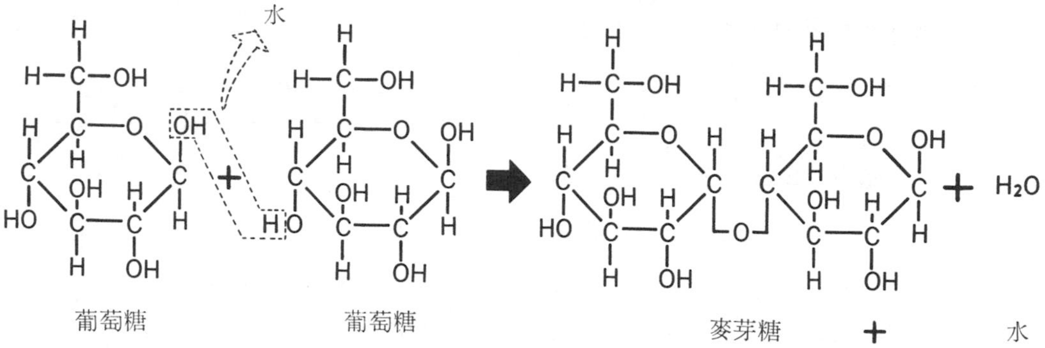

葡萄糖　葡萄糖　麥芽糖 + 水

圖 2-14　由單糖形成雙糖時會失去一分子水

數。生物體內的多糖有澱粉、肝糖和纖維素。澱粉(starch) 爲大多數植物所儲存的養分，例如馬鈴薯，其葉部光合作用所產生的葡萄糖，運至地下的塊莖，便轉變成澱粉而儲藏之。**肝糖** (glycogen) 爲動物澱粉，當血液中的葡萄糖有多餘時，便在肝內轉變成肝糖並儲於肝或肌肉中；需要時，肝細胞中的肝糖便分解而供利用。**纖維素** (cellulose) 是植物細胞壁的主要成分，生物中，只有某些細菌、原生動物或菌類可以分解纖維素；牛、羊等食草動物、白蟻等之所以能利用纖維素作爲能量來源，乃是因其消化道中有此等微生物共生，由微生物代爲分解所食下的纖維素食物。

不論雙糖或多糖，都必須先分解爲單糖 (圖 2-15)，才能爲細胞所利用，這時需要一分子的水，故此過程，叫做**水解** (hydrolysis)，水解與該物質的生物合成過程恰好相反。

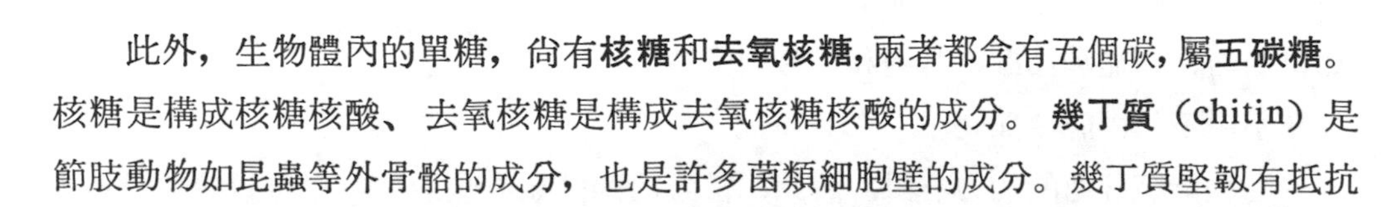

麥芽糖　水

HO− 葡萄糖 −O− 葡萄糖 −OH + H−O−H ⟶ HO− 葡萄糖 −OH + HO− 葡萄糖 OH

圖 2-15　麥芽糖水解，產生單糖。

此外，生物體內的單糖，尚有**核糖**和**去氧核糖**，兩者都含有五個碳，屬**五碳糖**。核糖是構成核糖核酸、去氧核糖是構成去氧核糖核酸的成分。**幾丁質** (chitin) 是節肢動物如昆蟲等外骨骼的成分，也是許多菌類細胞壁的成分。幾丁質堅韌有抵抗力，是一種特化的多糖。構成幾丁質的單位是六碳糖，其上有氮。有些昆蟲在蛻皮後，會攝食其脫落的外骨骼，以重複利用其內的糖和氮。

脂質 **脂質**（lipid）不溶於水，但溶於乙醚和酒精等溶劑。在生物體內較普遍者爲中性脂和磷脂。

中性脂或稱眞脂，是由碳、氫及氧三種元素構成，但氧的含量較醣類少，氫與氧的比例也不是 2：1。中性脂可以儲藏能量，其所釋出的能量是同重量醣類的兩倍（脂質爲 9.3仟卡/克，醣類爲 3.79仟卡/克）。中性脂由一分子甘油和三分子脂酸結合而成（圖 2-16），這一過程亦爲脫水合成，甘油分子失去的氫和脂肪酸失去的氫氧離子結合爲水，在合成一分子脂質時，乃釋出三分子水。

中性脂在生物體內也可以水解，這時，三分子水與一分子脂質化合使之分解，產生一分子甘油和三分子脂肪酸，同時會釋出能量。

脂肪酸中的碳原子具有雙鍵者爲**不飽和脂酸**，不飽和脂酸的熔點較低，所以在室溫下，含不飽和脂酸的中性脂呈液態，如花生油、玉米油等。反之，脂肪酸中的碳原子皆爲單鍵者，爲**飽和脂酸**，具飽和脂酸的中性脂在室溫下呈固態，如硬脂。

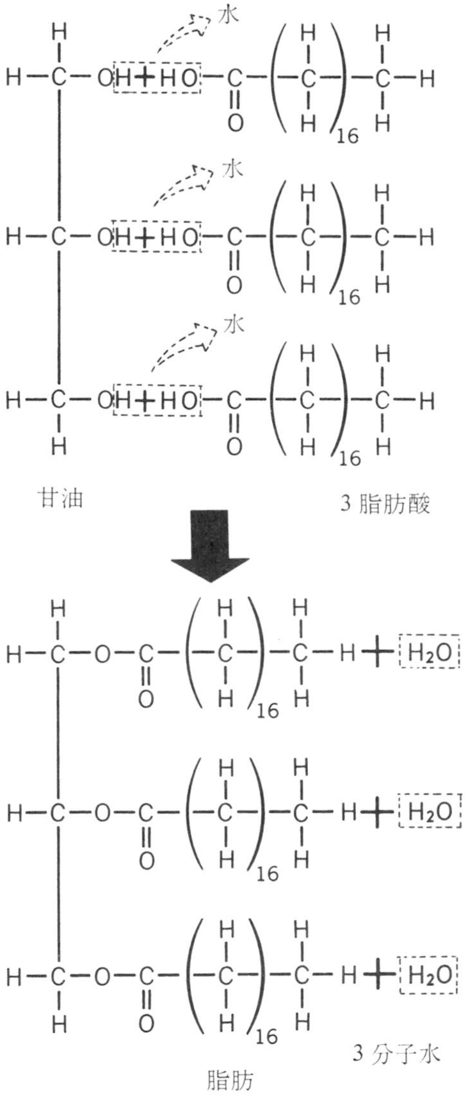

甘油 3 脂肪酸

脂肪 3 分子水

圖 2-16 中性脂的形成

動物儲藏肝糖的能力有限，因此，當體內的醣類有剩餘時，也可以轉變爲脂質而儲存。動物體內的脂質常形成脂肪球而儲於脂肪組織中。動物皮下的脂肪組織，可以形成一層絕緣物，有防止體熱散發之效。生活於海水中的哺乳動物如鯨和海象等，皮下脂肪特別厚，特稱**鯨脂**，可用以保溫。

磷脂是細胞內各種膜的主要成分，例如細胞膜（圖 2-17）、核膜和內質網等都含有多量磷脂。細胞內便以這種含脂質的膜分隔爲許多小室，於是，不同的化學反應便可在不同的小室內分別進行而互不干擾。磷脂除碳、氫、氧三種元素外，尚含有磷。

類固醇（steroid）則不含脂肪酸，其構造雖與其他脂質不同，但亦不溶於水，故可將之歸爲脂質類。性激素、腎上腺皮質素、膽鹽及膽固醇等皆爲類固醇。中老年人體內的膽固醇常會沉於動脈管內壁而使動脈硬化，導致高血壓或心臟的疾病，故應注意減食卵黃、動物內臟等含膽固醇較高的食物。

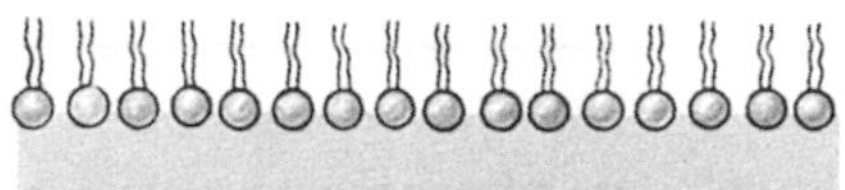

A.

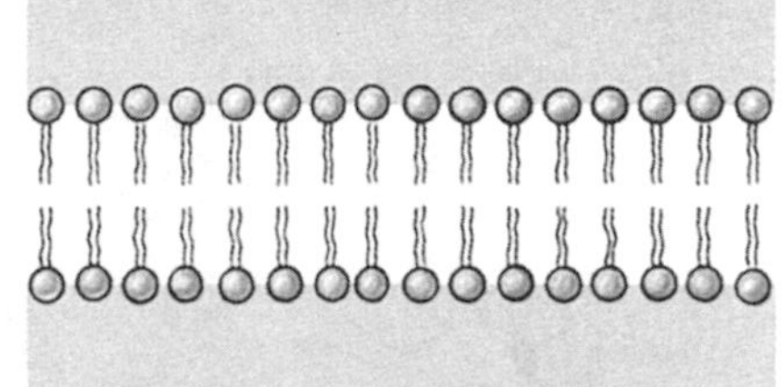

B.

圖 2-17　磷脂的排列。A. 磷脂，其似蝌蚪狀之分子，頭部（含磷酸）溶於水（親水），尾部（含脂肪酸）不溶於水（嫌水），在水面排列時呈一薄層，尾部皆突出水面。B. 當周圍有水時，磷脂的分子乃排成雙層，頭部在外，尾部在內。此種排列方式，在形成細胞膜時十分重要。

蛋白質　**蛋白質**（protein）爲生物體內含量最多的有機物，約佔身體乾重量的75%（表 2-2）。其分子中除含有碳、氫、氧、氮等元素外，尚有硫、鐵和磷等。生物體內的酵素、許多激素、血紅素、抗體，以及肌細胞中的肌原纖維（myofibril）等，皆由蛋白質構成。較高等的生物，體內的蛋白質約有數千種，這些蛋白質各有其特殊的功能，例如血紅素可以運輸氧氣、肌原纖維可以收縮。此外，蛋白質也是細胞內供應能量的物質。

構成蛋白質的單位是**胺基酸**（amino acid），存於生物體內的胺基酸（不論是細菌、植物乃至人）有20種。各胺基酸有一個胺基（$-NH_2$）和一羧基（$-COOH$）（圖 2-18），在形成蛋白質時胺基酸便互相連接，由一個胺基酸羧基的氫氧離子，與另一胺基酸胺基的氫離子結合而成水，於是，兩胺基酸之間便形成C—N鍵，稱爲

表 2-2　生命物質的平均成分

物　質	重量的百分比
水	80
脫水後的物質	20
無機鹽	1
醣	1
脂質	3
蛋白質	15
核酸	些微

肽鍵(peptide bond)（圖2-19），然後一個個胺基酸分別以肽鍵互相串聯。由兩個胺基酸相聯成**雙肽**(dipeptide)，由許多胺基酸便串聯成的長鏈，稱爲**多肽鏈**(polypeptide chain)。蛋白質可能由一個多肽鏈構成，也有的是由數個多肽鏈形成。

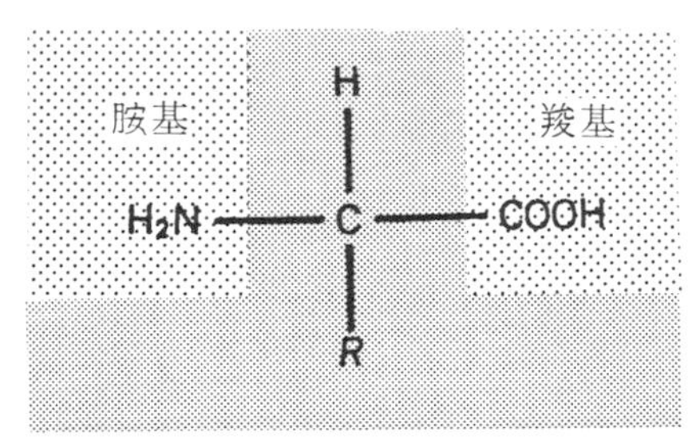

圖 2-18　胺基酸的一般構造，R代表任何其他分子可以與之連接處。

一個蛋白質分子所含胺基酸的數目，少者50個，多者達3000個。形成蛋白質時，由不同數目和種類的胺基酸，以不同的順序互相串聯，因此，蛋白質種類之多，幾乎

水

H—N(H)—C(H)(R)—C(=O)—OH + H—N(H)—C(H)(R′)—C(=O)—OH ➡ H—N(H)—C(H)(R)—C(=O)—N(H)—C(H)(R′)—C(=O)—OH + H_2O

胺基酸　胺基酸　雙肽（肽鍵）　水

圖 2-19　肽鍵的形成

是無限止的。各種生物均具有若干種特殊的蛋白質，例如見於人體的某些蛋白質，並不存於其他生物體內；人類攝食蛋白質食物後，必須先將之分解爲胺基酸，然後將這些胺基酸組合爲人類的蛋白質。不同種的生物，其蛋白質的差異程度，與彼此間演化關係的遠近有關，凡親緣關係較爲接近的生物，其蛋白質亦較爲相似。因此，根據生物間某種蛋白質的異同，可以了解他們相互間的演化關係。例如構成血紅素的胺基酸，其種類、數目和排列順序之差異愈少，則親緣關係便較爲相近；反之，差異愈多，表示親緣關係愈是疏遠。

蛋白質的構造，至爲複雜，可以將之區分爲數個階級；第一級稱爲**初級構造**(primary structur)（圖 2-20A），其決定要素是多肽鏈中胺基酸的排列順序。**次級構造**（secondary structure）包括多肽鏈之繞捲成螺旋形或其他形狀（圖 2-20B）。蛋白質中的多肽鏈並非呈平面，而是盤繞成立體構造。蛋白質的**三級構造**(tertiary structure) 爲多肽鏈本身疊合成球狀的構造（圖 2-20C)；在多數蛋白質中，雙硫鍵（—S—S—）是三級構造的重要共價鍵。蛋白質的特殊機能，主要便是由共價鍵所連結的三級構造所表現；當蛋白質受熱或化學藥品處理時，繞捲的三級構造便解開，同時，蛋白質即失去其特性，這種變化，稱爲蛋白質的**變性**（denature)。有的蛋白質由數個多肽鏈形成，這時，數條多肽鏈集結一起（圖 2-20D），此爲蛋白質的**四級構造**（quaternary structure)。

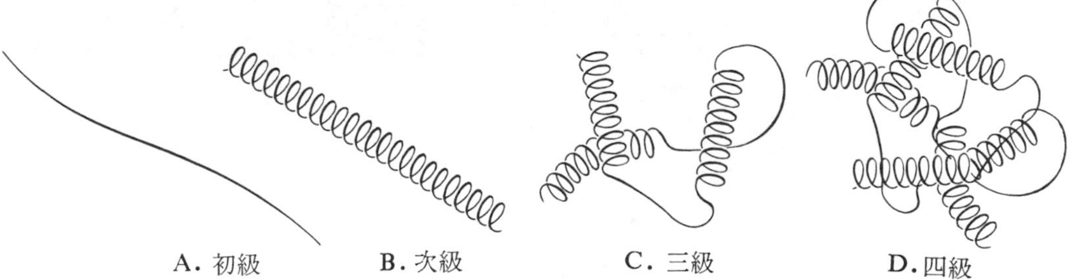

圖 2-20 蛋白質構造的階層。A. 初級構造，多肽鏈成直線。B. 次級構造，多肽鏈盤曲呈螺旋狀之立體構造。C. 三級構造，多肽鏈疊合成球狀。D. 四級構造，數個多肽鏈集合一起。

蛋白質可以分解爲胺基酸，胺基酸再氧化便會釋出能量。雖然蛋白質也是細胞內供應能量的物質，但是，細胞主要是從分解醣類或脂質而獲得能量，除非醣或脂質的供應不足，才分解蛋白質以獲得能量。

胺基酸在酸性環境下能接受氫離子，因而有中和酸性的作用（圖 2-21）；反之，胺基酸在鹼性環境下則可放出氫離子，因而有中和鹼性的作用。於是，胺基酸以及由胺基酸構成的蛋白質，在細胞內都具有緩衝作用（buffer action），以維持細胞內一定的酸鹼度。

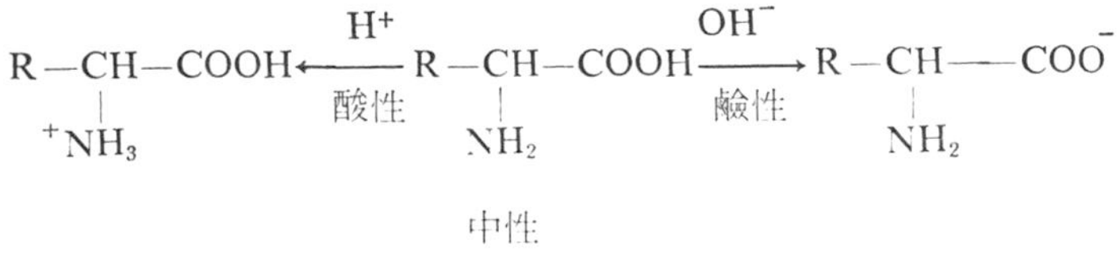

$$\underset{\substack{|\\ ^{+}NH_3}}{R-CH}-COOH \xleftarrow[\text{酸性}]{H^+} \underset{\substack{|\\ NH_2 \\ \text{中性}}}{R-CH}-COOH \xrightarrow[\text{鹼性}]{OH^-} \underset{\substack{|\\ NH_2}}{R-CH}-COO^-$$

圖 2-21 胺基酸在不同酸鹼條件下的分子狀態

第三章　生物體的構造基礎

由前章已知，構成各種原子的質子、中子或電子，彼此皆相同，但是由原子構成的各種元素則各異，例如氯爲綠色的氣體、汞爲重金屬液體、硫爲黃色粉末等。其差異並非在構成此等元素的次原子顆粒，而是在於這些粒子的數目和排列——即他們的組建（organization）。

由元素構成的化合物，其性質與構成該化合物的元素迥異。例如水的性質，與構成水的元素氫或氧之性質不一樣。又如胺基酸連接而成多肽鏈，有時由數條多肽鏈形成蛋白質，只有在到達此一組建，即第三或第四階層時，才會表現蛋白質所特有的性質，此與構成蛋白質的元素——碳、氫、氧或氮等的性質完全不一樣。

生物體內的物質，亦循此理化原則組成。生物與無生物間有顯著的差異，這種差異的基本原因，並不在構成生物體的原子或分子，而是在於這些成分的組建，當這些物質組建成細胞後，便會表現出生命特徵。這些特徵與構成細胞的成分——不論是分子或元素所表現者就完全不一樣。

第一節　細胞學說

「細胞」一詞，是在十七世紀時，由英國生物學家虎克所提出。虎克在1665年利用自製的顯微鏡，觀察軟木栓的薄片，發現許多蜂窩狀的小室（圖 3-1），乃稱這些小室腔爲**細胞**。實際上虎克所看到的小格子，僅是木栓細胞死亡後所遺留的部分，而細胞內部最重要的部分已不復存在。

1838年，德國生物學家許來登（Matthias Schleiden）提出他的研究結論，認爲所有的植物皆由細胞構成。翌年，生物學家許宛（Theodor Schwann）觀察動物的組織，發現動物也由細胞構成。1858 年，另一位德國生物學家菲可（Rudolf

Virchow）觀察到細胞有由一個分爲兩個的情形（圖 3-2），乃發表他的研究結果，認爲細胞皆由原先存在的細胞所產生。

自虎克開始，經由許來登，許宛以及菲可等生物學家在細胞方面所作的研究探討，乃確立**細胞學說**（cell theory）：（1）細胞是生物體的構造及機能單位。（2）細胞皆由原先存在的細胞經細胞分裂而產生。

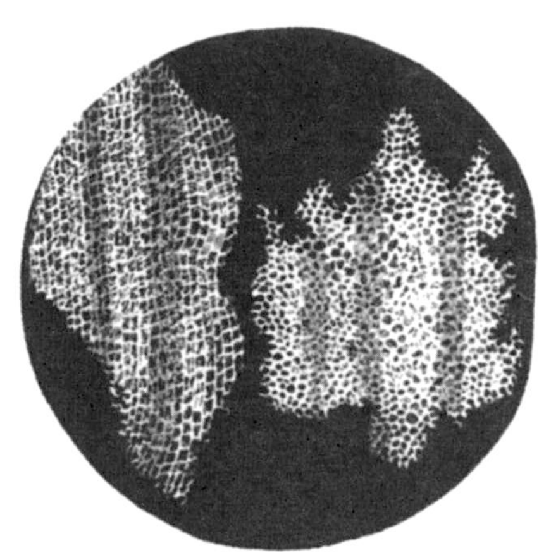

A.

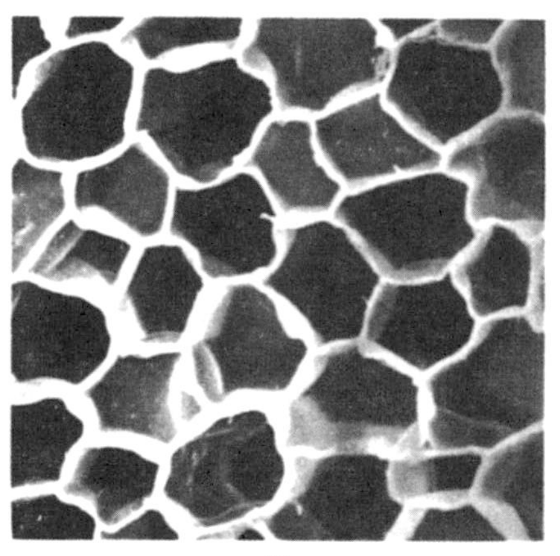

B.

圖 3-1 木栓細胞。A. 虎克所繪的木栓細胞，B. 掃描電子顯微鏡下所觀察到的木栓細胞。

第二節 細胞表現的生命現象

任何細胞皆需獲得營養、排除廢物、合成細胞內的新物質等。因此，細胞必須有其特殊的結構，才能完成這些任務。細胞並非是由構成生物體的物質隨意配合一起而成，而是由這些物質互相組建成的一個動態的、完整的實體；因此，細胞能表現各種生命現象。下列是發生於細胞內的數種生命現象，即使是經分化後的各類細胞，亦常涉及其中多項反應。

營養 養分可以供應細胞活動所需的能量，或者作爲構成細胞的成分。有的細胞能自行合成有機養分，其他的細胞則必須從環境中獲得現成的有機物。

消化 在細胞內，大分子的養分必須先分解爲較簡單的物質，細胞才能利用。此種分解過程通常藉

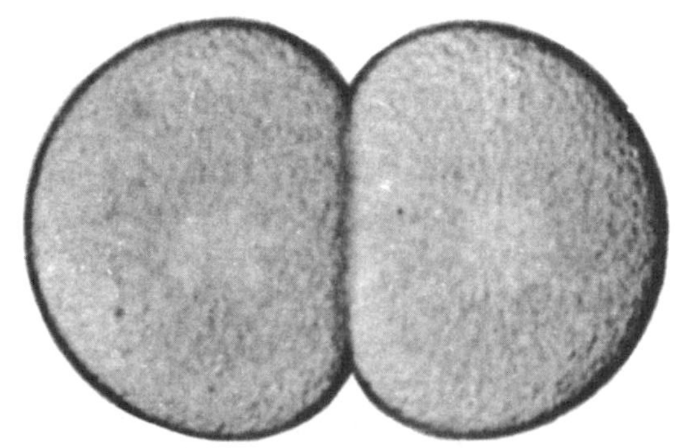

圖 3-2 細胞由一個分爲兩個，此爲海膽的受精卵將完成第一次細胞分裂。

酵素之助而完成。

吸收　細胞能自環境中攝入水分、有機養分、離子以及其他必需的成分，以維持細胞的生命。

生物合成　細胞能合成多種有機化合物，包括醣類、脂質和蛋白質。這種合成作用爲個體生長所必須，蛋白質更是構成酵素的成分。

呼吸作用　細胞的呼吸作用，可以使細胞內某些有機物，尤其是葡萄糖分解而釋出化學能，釋出的能量可供細胞活動。細胞要從環境中獲得 O_2，使物質氧化，所產生的 CO_2 是廢物，必須自細胞排出。細胞與環境間這種氣體的交換過程，叫做**呼吸作用**(respiration)。

排泄　細胞活動所產生的廢物，必須排至周圍的環境中，此一過程，叫做**排泄** (excretion)。

分泌　某些細胞，可以合成維生素或激素等物質。當這些物質自該細胞分泌而出後，會影響其他細胞的活動。

感應　細胞對環境中的刺激，如熱、光、壓力或化學物質等，能產生適當的反應。

生殖　細胞能由一個分裂爲兩個，此爲細胞的生殖。多細胞生物藉細胞分裂 (cell division) 而使體內細胞的數目增加，在單細胞生物則可藉細胞分裂而繁殖更多的個體。

第三節　如何觀察細胞

細胞通常都很微小，此種微小構造的測量單位見表 3-1。大部分細胞的直徑介於 10～30μm 之間，而人眼的解像力僅約 $\frac{1}{10}$mm 或 100μm。因此，觀察細胞必須藉助顯微鏡。目前顯微鏡有光學顯微鏡 (light microscope)、穿透式電子顯微鏡

表 3-1 顯微鏡測量的單位

1 厘米 (centimeter cm)=1/100 公尺 (meter m)
1 毫米 (millimeter mm)=1/1,000m=1/10 cm
1 微米 (micrometer μm)=1/1,000,000m=1/10,000 cm
1 微微米 (nanometer nm)=1/1,000,000,000m=1/10,000,000 cm
1 埃 (Angstron Å)=1/10,000,000,000m=1/100,000,000 cm

*往昔稱微米為 micron (μ), 稱微微米為 millimicron (mμ)

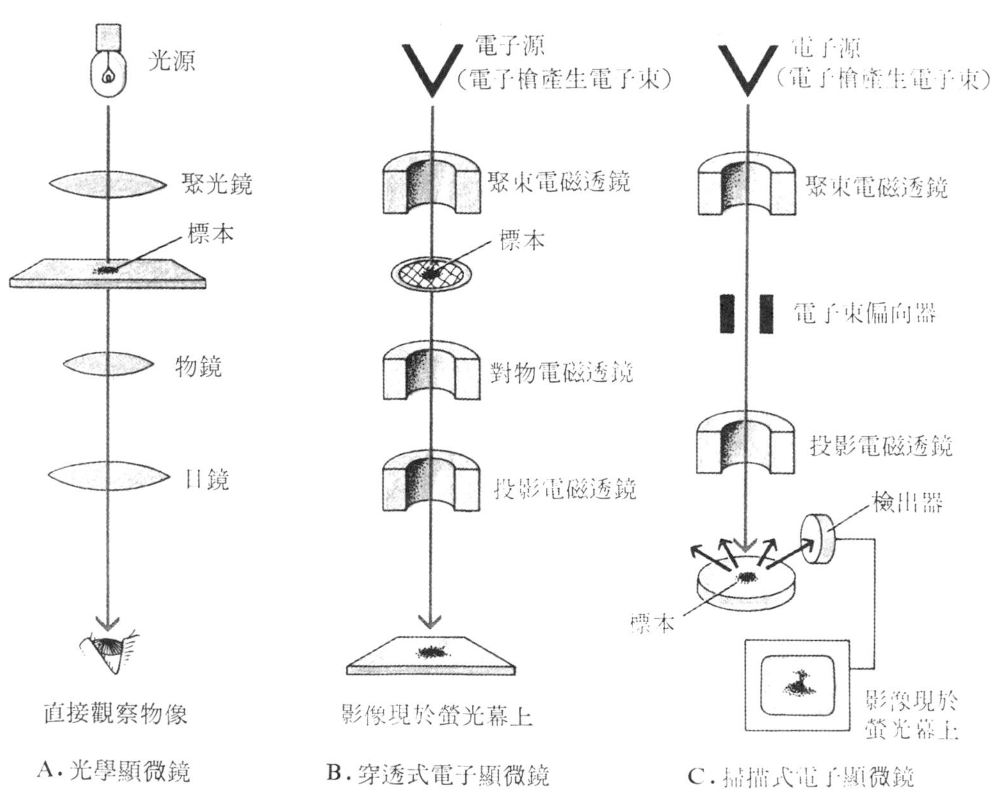

圖 3-3 顯微鏡的比較

(transmission electron microscope) 以及掃描式電子顯微鏡(scanning electron microscope) 等三類（圖 3-3）。

顯微鏡自發明迄今，經不斷的改進，目前最佳的**光學顯微鏡**，其解像力 (resolving power) 爲 0.2μm 或 200nm。因爲受到光線波長的限制，光學顯微鏡的解像力已無法再改進。

穿透式電子顯微鏡的解像力，可達光學顯微鏡的 400 倍。此種顯微鏡是以**電子束**代替光線。解像力達 0.5nm，約爲人眼的 200,000 倍，可以觀察到細胞內超顯微的構造，以及病毒等微小物體。

掃描式電子顯微鏡爲較新型者，其解像力雖然只有 10nm，但此型顯微鏡有其特殊效果，可用以觀察物體的表面，因此，看到的像有立體感（圖 3-4）。同時，製作此種顯微鏡所使用的標本亦無需經切片處理。

目前，有關細胞構造方面的知識，主要來自生物學家利用此三型顯微鏡的觀察結果。通常所稱顯微鏡的放大倍數，是指顯微鏡將物像放大的倍數，而解像力是指顯微鏡提供清晰物像的能力，故兩者密切相關。

A.

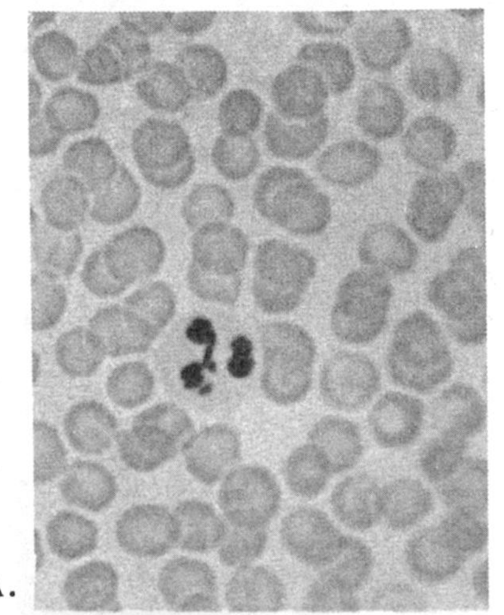

B.

圖 3-4　血球，A. 由光學顯微鏡所觀察到的血球（約 1,000x）；B. 由掃描電子顯微鏡所觀察到的血球（約 5,000x）。

第四節　細胞的構造

細胞的形狀、大小雖然由於種類不同而互有差異，但是，所有的細胞其基本構造都十分相似，其表面有細胞膜 (cell membrene)，內有細胞核 (nucleus) 及細胞

質 (cytoplasm)，細胞質中則含有多種胞器 (organelle) (圖 3-5)。

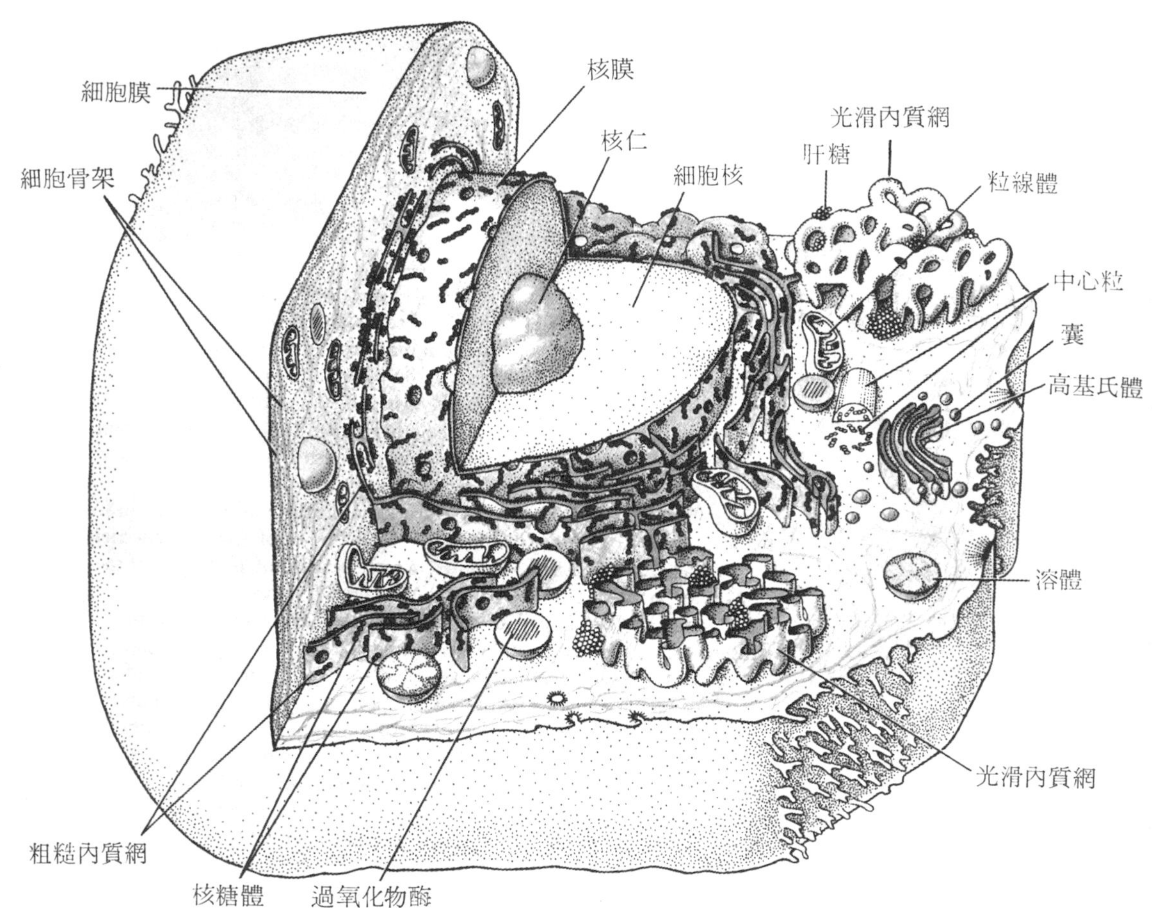

圖 3-5 電子顯微鏡下所觀察到的動物細胞

細胞核 **細胞核**通常呈球狀，位於細胞中央，是控制細胞活動的中樞，細胞中若缺少細胞核， 不久便會死亡。核的周圍有**核膜** (nuclear membrane)，核膜爲一雙層膜的構造，膜上有許多孔，可容物質在核與細胞質間流通 (圖 3-6) 。核內的原生質較濃， 富含蛋白質， 稱爲**核質** (nucleoplasm)。 核內最顯著的構造是**核仁** (nucleolus)，核仁是合成一種核酸稱核糖體 RNA (ribosomal RNA，簡稱 rRNA)

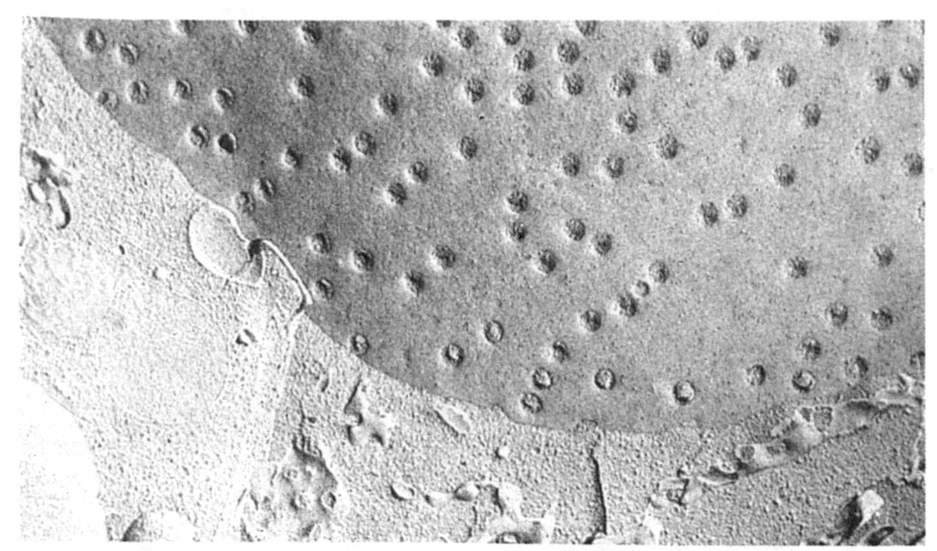

圖 3-6　核膜，圖中上半部爲細胞核的表面，在電子顯微鏡下，可清晰看到許多小孔。

的部位， rRNA 並在核仁中與來自細胞質的蛋白質組合成核糖體。在電子顯微鏡下，可以察見核仁是微細顆粒和纖維的集合體。核質中有散布成網狀的**染色質**(chromatin)，染色質爲細胞內的遺傳物質。當細胞分裂時，染色質便形成染色體(chromosome)。

細胞質　**細胞質**位於核的外面，是一種膠體溶液，常在細胞內流動，其內有多種胞器。所謂胞器，是指細胞質中微小的構造，各有其特殊機能，故似器官一般。在光學顯微鏡下，僅能察見粒線體等少數胞器；待電子顯微鏡發明後，始發現細胞質中尚有其他許多胞器。細胞質中大部分的空間爲**內質網**(endoplasmic reticulum)所充斥，其餘的空間則有**粒線體** (mitochondria)、**色素體** (plastid)、**高基氏體**(Golgi body)及**中心粒** (centriole) 等。

內質網爲廣布於細胞質中許多略呈平行的管道(圖 3-7)，管的一端與核膜相通，另一端則連於細胞膜。內質網本身爲一種雙層膜的構造，有的內質網表面有核糖體附著，稱**粗糙內質網** (rough endoplasmic reticulum)，有的則無，稱**光滑內質網** (smooth endoplasmic reticulum)，實際上兩者爲互相連通的管道。在蛋白質合成作用旺盛的細胞中，粗糙內質網較多；在合成脂質的細胞，例如腺細胞製造類固醇，則具有大量光滑內質網。肝細胞中亦有多量光滑內質網，其功用似與解毒作

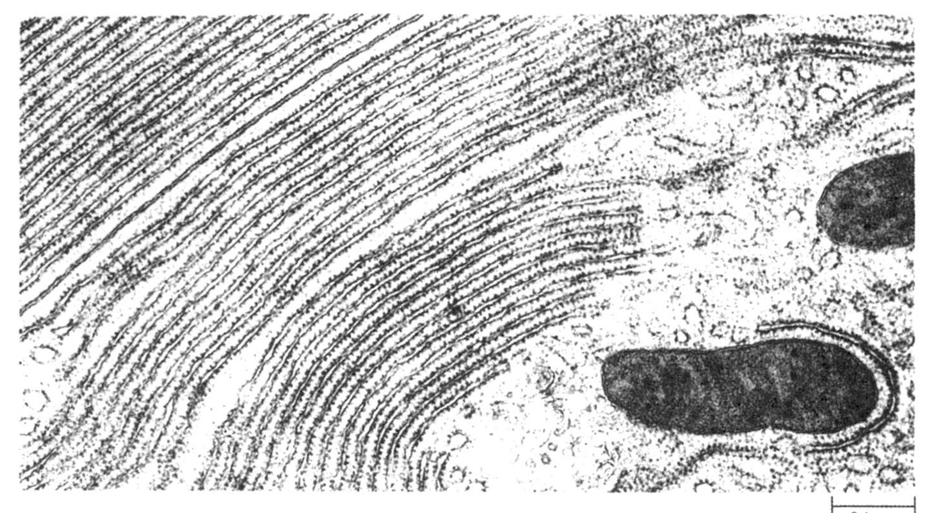

圖 3-7 粗糙內質網。圖中大部分略呈平行的管道爲粗糙內質網。表面有核醣體，右下角爲一個粒線體，其上方尚有另一個粒線體的一部分。

用有關，也可能與分解肝糖有關。光滑內質網亦爲粗糙內質網的物質運輸至高基氏體的通道。

粒線體爲細胞呼吸的中心，可以釋出能量供細胞活動，故有細胞內「能量工廠」之稱。內含酵素，可以使有機物分解並將其中能量移轉至另一種化合物，細胞中95%的能量係來自粒線體的化學活動。粒線體的形狀自球狀至桿狀，在電子顯微鏡下可見粒線體本身是一種雙層膜的構造(圖 3-8)，其內膜向內突出，稱爲**內膜褶** (cristae)，如此可以增加內膜的面積，內膜褶是粒線體中發生化學反應的部位。

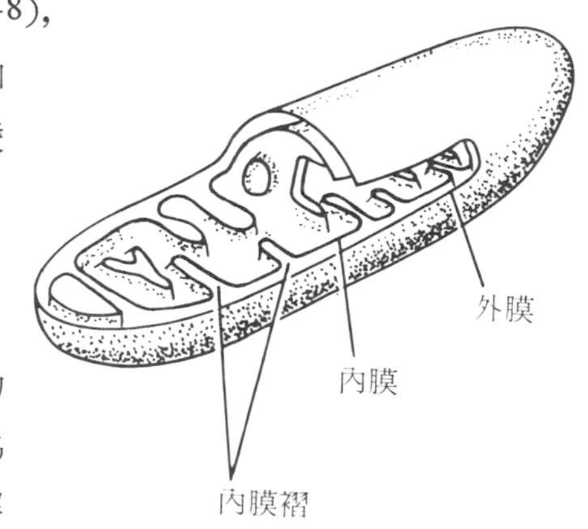

圖 3-8 粒線體的構造

溶體 (lysosome) 較粒線體小、呈球狀，是由高基氏體形成的小囊，內含各種水解酵素，能分解蛋白解、醣、脂質及核酸等大分子物質。若溶體的膜破裂，該細胞卽遭破壞，因爲溶體釋出的酵素可以將細胞中的重要物質分解殆盡。細胞死亡後，便可藉溶體破裂而釋出的酵素自行解體。白血球攝食細菌，攝入的細菌在白血球內形成小泡，溶體乃與之癒合，藉溶體的酵素，以分解細菌。同樣的情形，原生動物如草履蟲等的食泡，亦與溶體癒合後而完成食物的消化。有時細胞可以將溶體釋出，以分解細胞附近的物質。例如破骨細胞即可釋出其溶體，以與骨的碎片或其他成分癒合，使之腐蝕。另有跡象顯示，蝌蚪變態為蛙時，亦藉溶體的作用而完成縮尾。

高基氏體位於核的附近，包圍中心粒，是由多數扁囊一個個疊合而成（圖3-9），扁囊本身由膜形成。高基氏體可以暫時儲存由內質網合成並運來的蛋白質或其他物質。其作用有似一包裝工廠和運輸中心，可以將蛋白質或其他物質包裝在囊內，然後運至細胞表面。細胞膜與此等囊癒合，囊即破裂而將內容物釋出（圖3-10）。此乃細胞分泌激素、酵素或其他物質之道。高基氏體也能將酵素用膜包起而形成溶體，植物細

A.

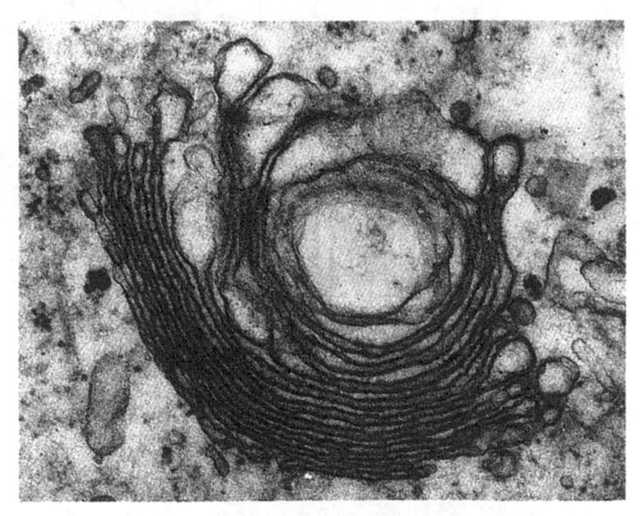

B.

圖 3-9　高基氏體。A.係按照B圖所繪。B.電子顯微鏡下所觀察到者。高基氏體為呈特殊排列方式之膜，物質在其內包裝於小囊內，然後再運至細胞表面。

胞的高基氏體尚涉及纖維素的分泌。

色素體見於植物的細胞內，亦爲膜所形成的胞器。膜有內外兩層，其內膜與粒線體一樣向內突出而形成囊狀膜。成熟的色素體共有三種：(1) **白色體**(leucoplastid)，爲儲藏澱粉的色素體，偶亦儲藏蛋白質或油脂，內含酵素，可以使葡萄糖轉變爲澱粉。白色體在儲藏根如蘿蔔和儲藏莖如馬鈴薯中特多。(2) **雜色體**(chromoplast)，含有藍色或紅色色素，可以使花瓣、果皮（如蕃茄）或根（如紅蘿蔔）等呈現色彩。(3) **葉綠體**(chloroplast)，含有葉綠素，其內有許多囊狀膜（圖3-11），葉綠素(chlorophyll)即分布在囊狀膜上。其主要機能爲行光合作用，以捕捉日光能並將之轉變爲化學能而儲於其產物中。有些葉綠體除含有葉綠素外，尚含有葉黃素或胡蘿蔔素，前者呈黃色，後者爲黃橙色。有些細胞的葉綠體會失去葉綠素而成爲雜色體，例如番茄果實成熟時，會由綠色變爲紅

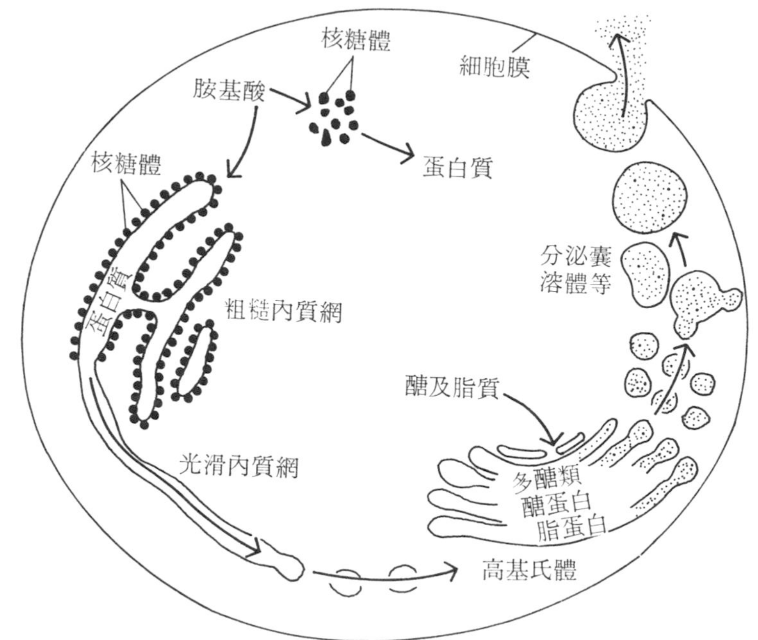

圖 3-10 蛋白質合成以及大分子物質的包裝。蛋白質合成後，經粗糙內質網至光滑內質網，然後形成小囊而自內質網釋出。此小囊與高基氏體的囊相癒合。在高基氏體內，醣加入某些蛋白質，形成醣蛋白；脂質加入另一些蛋白質，形成脂蛋白，最後大分子物質包於囊內自高基氏體釋出。

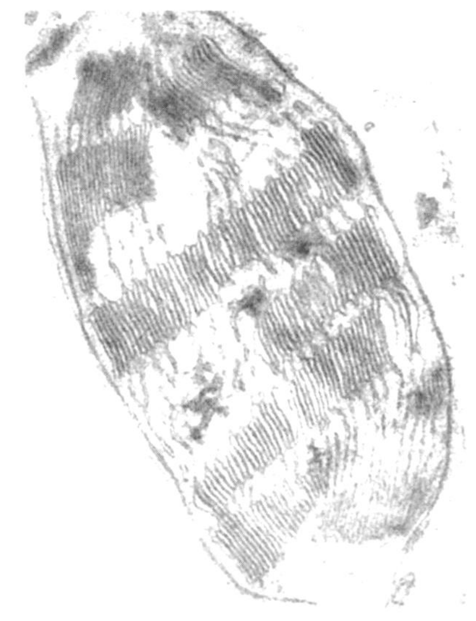

圖 3-11 葉綠體，在電子顯微鏡下，可見其內部有許多囊狀膜。

色。

液泡（vacuole）常見於植物細胞，未成熟的細胞含有多數小型液泡，待細胞漸長，便互相聚集成一大型液泡。泡內主爲水分，此外，尚有離子、礦物質、醣和蛋白質等。水溶性的色素如花青素便存於液泡中，而非含於雜色體內。**花青素**能表現紫、藍、猩紅及深紅等色，花瓣的美麗色彩以及秋天的楓葉，皆爲花青素的顏色。在功能上，液泡可以儲存不用的物質，或是雖不需要，但卻無法排出的物質。大型的液泡（圖 3-12）對細胞有支持作用，可以維持細胞的形狀。原生動物的**食泡**（food vacuole）和**伸縮泡**（contractile vacuole），皆爲液泡的一種。食泡內含有食物，可以消化食物；伸縮泡可以排除體內多餘的水分。

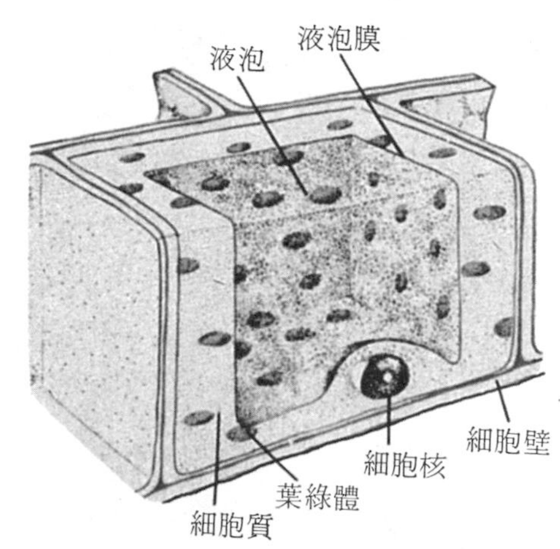

圖 3-12　植物細胞，示中央有大型液泡，其周圍有細胞質。

核糖體（ribosome）是微小的顆粒，爲數甚多，大腸菌中約有 15,000 個，其他生物的細胞內，核糖體的數目則爲大腸菌的許多倍。核糖體本身係由蛋白質及 rRNA 構成，此種 rRNA 在核仁中合成。核糖體爲細胞中合成蛋白質的場所，故有蛋白質工廠之稱。其在細胞質中的分布似與所合成蛋白質的種類有關，例如酵素、血紅素等蛋白質爲細胞本身所需用，有關此等蛋白質合成的核糖體分散於細胞質中；有的蛋白質如膠原、消化酵素、激素及黏液等需釋出至細胞外者，其核糖體則附於內質網上。

動物及低等植物的細胞核附近有中心粒。**中心粒**爲兩個圓柱狀的構造（長0.3～0.5μm，直徑 0.15μm），彼此以長軸互相垂直（圖 3-13）。兩個中心粒的周圍有一圈均勻的細胞質，此與中心粒合稱**中心體**（centrosome）。在細胞分裂開始時，兩中心粒便互相分離，分別向細胞的兩極移動，待分裂將完成時，各中心粒又複製爲二。當中心粒互相分離時，在兩者之間會出現**紡錘絲**（spindle fiber），各紡錘絲以中心粒爲其兩極，排列成橄欖球狀，叫做**紡錘體**（spindle），中心粒的作用有似此紡錘體的組建中心。實際上，在陸生植物的細胞內雖無中心粒，但細胞分裂時，仍會出現由紡錘絲排列而成的紡錘體。中心粒在電子顯微鏡下，可見其邊緣有九個等距離排列的小單位，每一小單位係由三個微管（microtubule）構成（圖3-14）。此等構造方式，與鞭毛和纖毛基部的**基粒**(basal granule) 一樣，但基粒的功用，則在控制鞭毛和纖毛的運動。

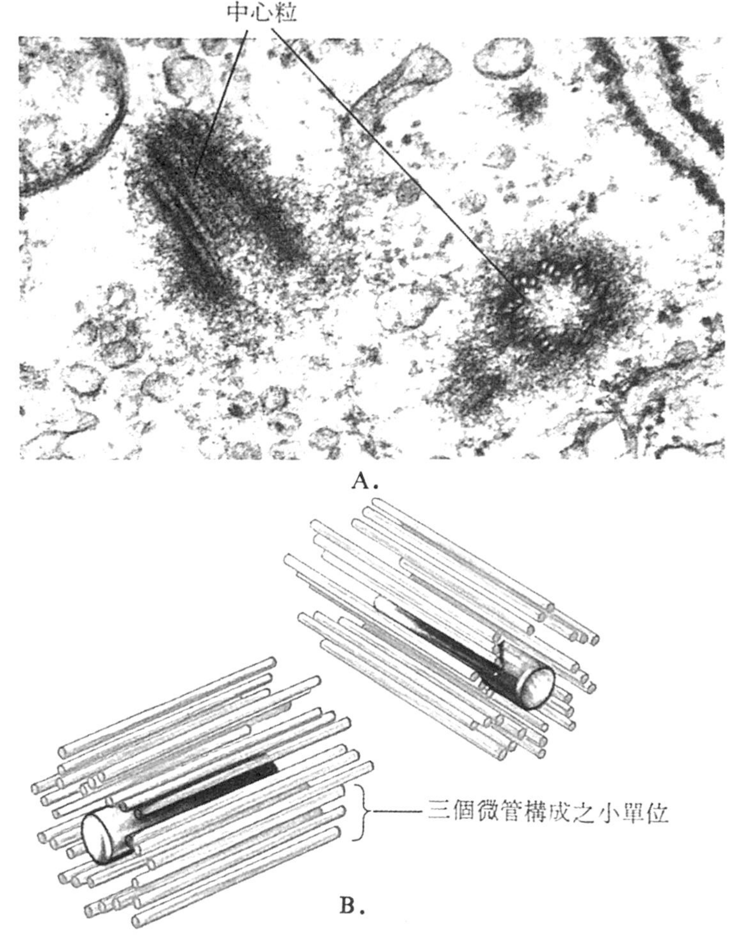

圖 3-13 中心粒。A.電子顯微鏡下所見的一對中心粒，彼此相垂直。一爲縱切，一爲橫切。B.線條圖，示中心粒的構造。

微管(microtuble)爲細長的小管，直徑20～25nm，構成微管的成分爲蛋白質，此種蛋白質頗似肌肉細胞中的肌動蛋白，稱爲**管蛋白**。微管散布在細胞質中，可以維持細胞形狀。當細胞分裂時，微管的數目增多，並組建成紡錘體。前述中心粒及基粒的邊緣構成各小單位的小管即是微管；在鞭毛和纖毛中，除了邊緣有九個小單位外，中央尚有兩個各自分離的微管（圖 3-15)。微管的功用除了維持細胞的形狀作爲細胞骨架（cytoskeleton）外，在鞭毛、纖毛或紡錘絲（牽引染色體向細胞的兩極移動）中，則尚與運動有關。

微體（microbody）包含數種由內質網形成、內含酵素的小囊，其中過氧化物酶體(peroxisome) 含有降解 (degrade)脂肪酸及胺基酸的酵素，反應的副產物是過氧化氫。過氧化氫爲有害的物質，小囊內的另一種酵素則可將之轉變爲水，或用以降解酒精。人們在飲酒後，幾乎半數的酒精都在肝細胞和腎細胞的過氧化物酶體中降解。乙醛酸循環體 (glyoxysome) 爲另一種微體，存於花生米等富含脂質的種子

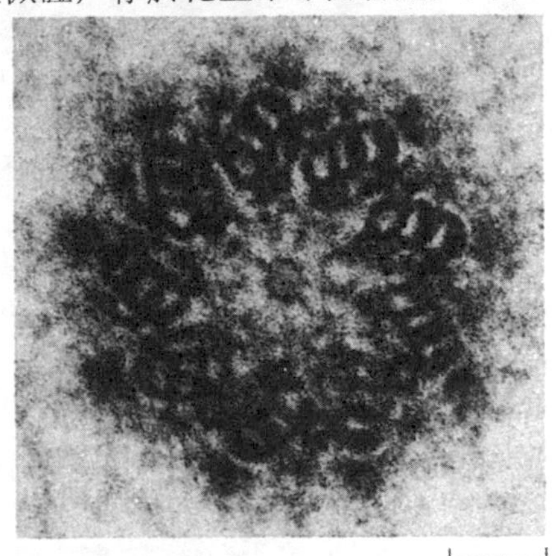

圖 3-14　中心粒橫切面，可見有九個等距離排列的小單位。

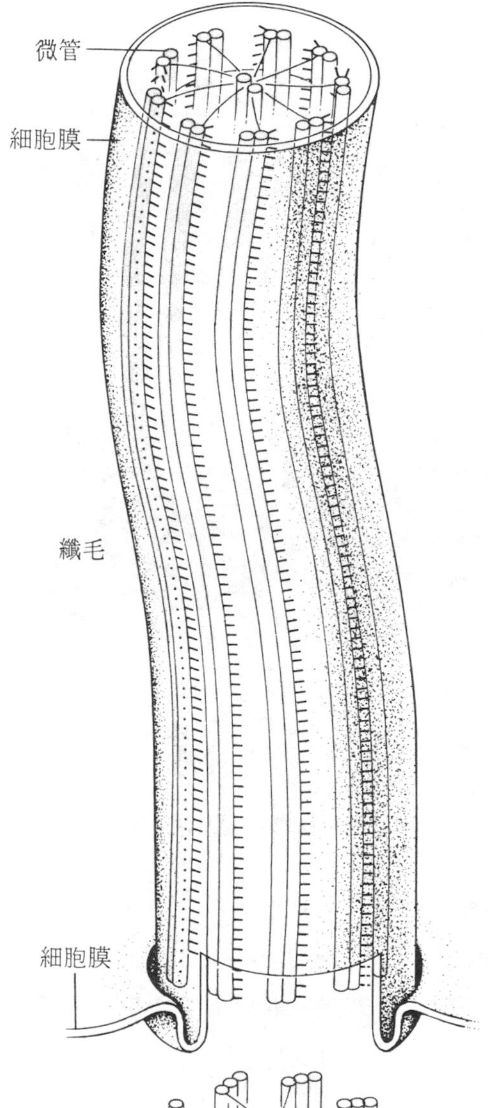

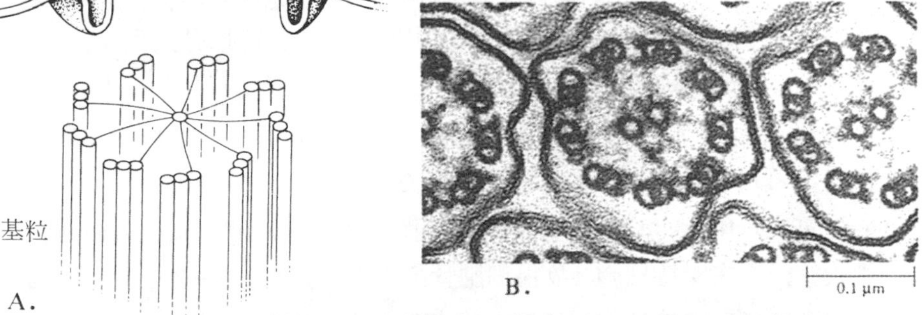

圖 3-15　纖毛和鞭毛的微細構造。 A. 纖毛及其基部的基粒， 纖毛內周緣有九個兩兩成對的微管， 中央有兩個微管， 基粒的中央無微管。 B. 鞭毛橫切面，與纖毛的構造相同。

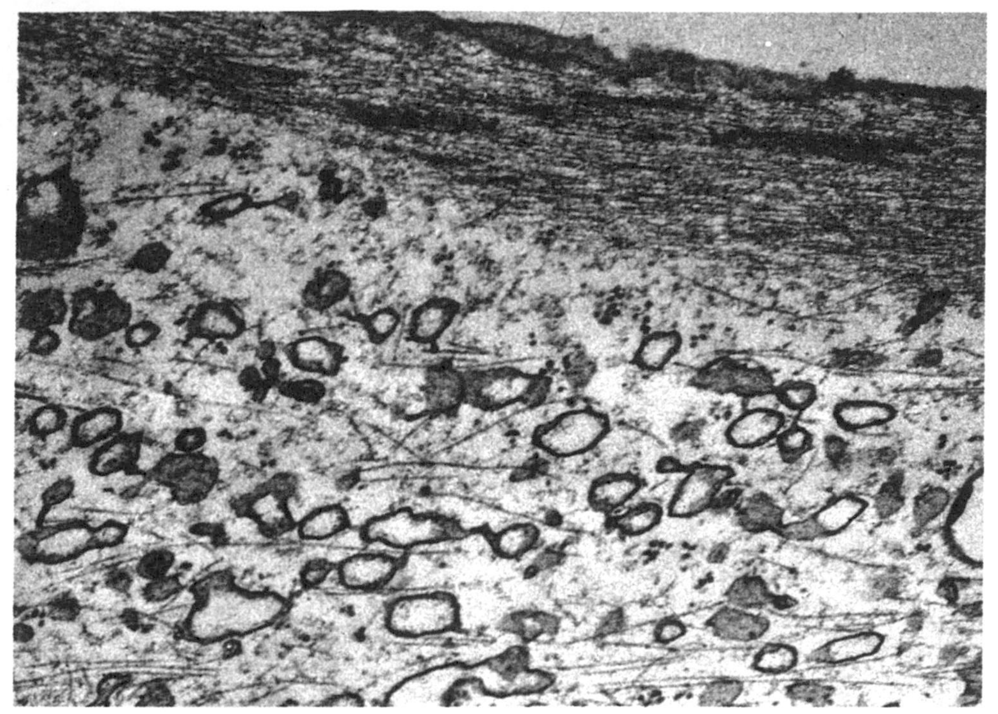

圖 3-16 絲狀物，圖中右上角爲細胞邊緣，可見許多絲狀物，細胞質中亦有散布的絲狀物。

中，所含的酵素，可助脂質轉變爲糖，以供種子萌發時幼胚迅速生長之用。

絲狀物 (filament) 的直徑介於 3～12nm 之間 (圖 3-16)，在細胞質中或分散、或成束、或連結成網狀，隨細胞種類而異。若是絲狀物成束，則在光學顯微鏡下可以察見，即所稱之**小纖維** (fibril)。絲狀物可以分爲兩類，一爲直徑在 8nm 以下者，稱爲**微絲** (microfilament)，另一爲直徑介於 8～12nm 之間，恰好介於微絲與微管之間，故稱爲**中間型纖維** (intermediate filament)。微絲由肌動蛋白質構成，可以收縮，使細胞改變形狀或運動。於各種肌細胞中甚多，原生動物的僞足或外質 (ectoplasm)(細胞質外層薄而均勻的部分)中均充滿着微絲。中間型纖維不能收縮，主在支持細胞，故爲細胞骨架的主要成分。在神經細胞的軸突(axon)中，中間型纖維與其長軸平行排列，而在細胞中則眾集成束；在皮膚、食道黏膜等常會耗損的皮膜細胞中，此種中間型纖維尤爲顯著。綜合以上所述，可知絲狀物的機能包括：收縮、僞足運動、細胞形狀的改變或維持等。

細胞膜　**細胞膜**或稱**質膜**(plasma membrane)，位於細胞表面，是細胞與環境的分野。凡是出入細胞的物質皆需通過細胞膜，故細胞膜有如細胞的門戶。

細胞膜的厚度僅 7～9nm，故光學顯微鏡無法觀察到。在電子顯微鏡下， 可見其爲一雙層膜的構造 （圖 3-17A）；此種雙層構造，主由磷脂和膽固醇的分子排列而成 （圖 3-17 B），蛋白質分子則埋於其中，有些蛋白質和磷脂向細胞外的一邊表面有醣附着。

細胞中所有的膜，包括形成各種胞器者，其構造皆與細胞膜相同；間或脂質的類型有差異，或是蛋白質和醣的數目、 類不一樣；此種差異，乃使不同細胞或不同胞器具有與膜相關的特殊性質。

細菌的細胞膜， 其成分與此相似，所不同者，爲細菌的細胞膜不含膽固醇。

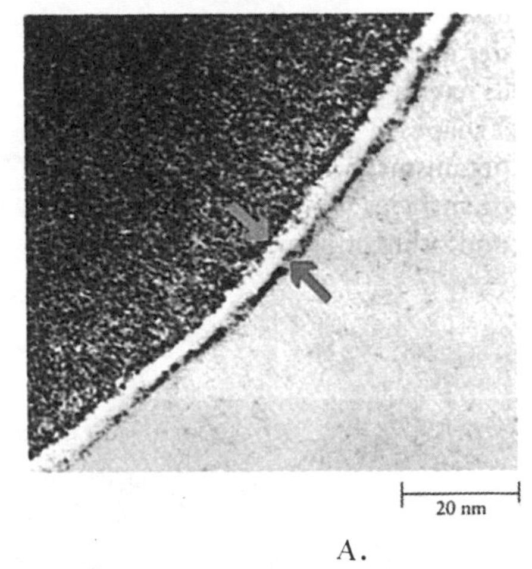

A.

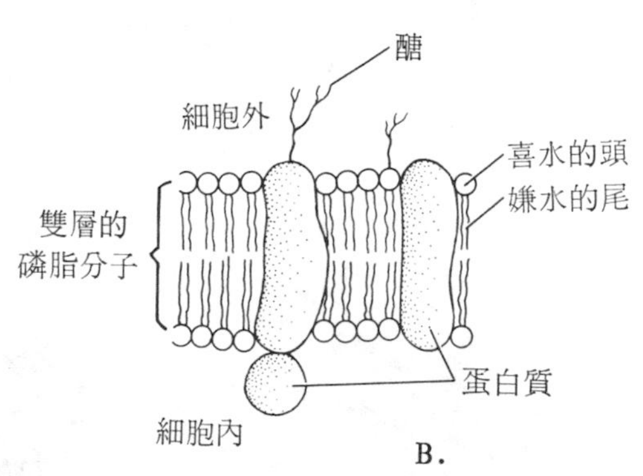

B.

圖 3-17　細胞膜。 A. 電子顯微鏡下可見爲雙層的構造。 B. 構造的模式圖，其磷脂分子喜水的頭向外，嫌水的尾向內，有些蛋白質的外表面有醣附著。

細胞壁　植物和動物的細胞， 其主要不同處在前者的細胞膜外圍有**細胞壁**(cell wall)，後者則付缺如。當植物細胞分裂時，在兩子細胞間會產生一薄層膠狀物， 由此形成**中板** (middle lamella)， 中板含果膠和其他多糖， 可以使相鄰的細胞連在一起。 然後在中板的兩側， 分別由該兩子細胞產生**初生細胞壁** (primary wall)。初生細胞壁的成分爲**纖維素**(cellulose)。纖維素形成小纖維 (microfibrile) 小纖維排列成層，上下層的小纖維其方向互成直角（圖 3-18)。植物生長時，主藉細胞的延長，此時初生細胞壁也會加大。有些細胞在成熟後，又可能會產生**次生細胞壁**（secondary wall）（圖 3-19）。次生細胞壁含木質素，木質素性堅硬。此時，細胞的生命物質常會死亡， 僅遺留下細胞壁而已。例如木材卽是植物莖部細胞的次生細胞壁；虎克所觀察到的木栓細胞，亦爲次生細胞壁。

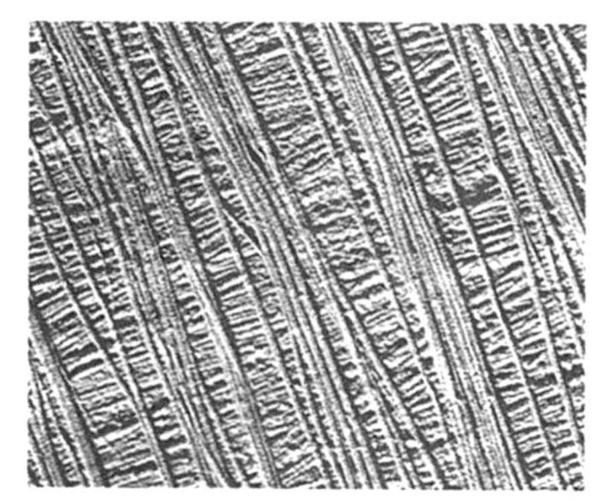

圖 3-18 植物細胞壁，主由纖維素構成，圖中的小纖維在上下層間成直角排列。

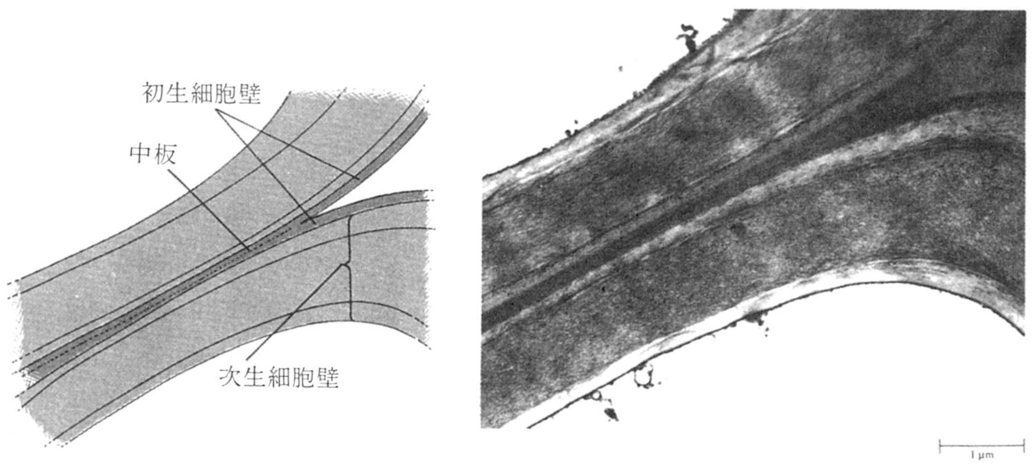

圖 3-19 電子顯微鏡下所觀察到的植物兩相隣細胞（管胞）的細胞壁，左圖係根據右圖所繪。次生細胞壁位於初生細胞壁的內側。

第五節 細胞間如何溝通

多細胞生物體內的細胞經分化以後，各有其特殊的形態及機能。凡是機能相同的一羣細胞乃構成組織，數種不同的組織更進一步形成器官。各器官的結構，能各自適於表現某種生理機能。

多細胞生物體內的細胞必須互相溝通，才能互相協調而使組織或器官發揮作用。溝通的方式，有時是藉化學物質如激素等的作用，此種方式，可以發生於距離較遠的細胞間。至於相鄰的細胞間，則有各種緊密連接的情形。

細胞與細胞間的連接　植物的細胞間有**原生質絲**（plasmodesma），此爲絲狀的原生質，自一個細胞通過細胞膜、細胞壁以及細胞間的膠狀物，而與相鄰的細胞互相連通（圖 3-20）。原生質絲是植物細胞間養分和訊息交流的通道。

動物的細胞間有三種毘連的構造。(1) **帶狀體**（desmosome）（圖3-21A），在

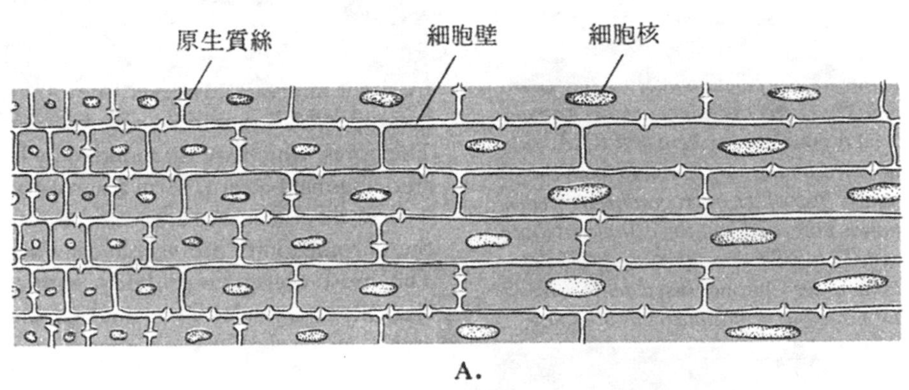

A.

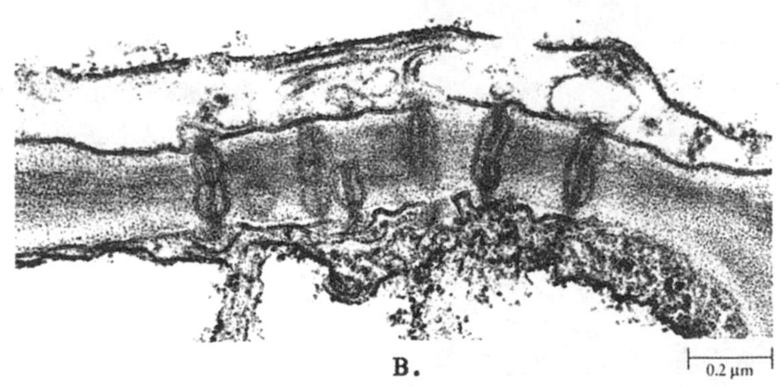

B.

圖 3-20　原生質絲。A. 植物細胞由於有細胞壁，故生長時細胞僅能向單一方向延長（圖中右方），細胞間有原生質絲。B. 圖中灰色水平方向者爲細胞壁，其內有原生質絲穿過。

相隣細胞間某些點的部位，有黏合的纖維狀物質，常見於承受機械張力的組織，如皮膚的細胞。(2) **緊密毘連物** (tight junction) (圖 3-21 B)，此種連接方式可以防止細胞間物質的滲漏，例如腸黏膜細胞間，即以此連接，可防腸的內容物滲漏至細胞間。(3) **缺口毘連** (gap junction) (圖 3-21 C)，爲許多小管道，直徑約 2nm，細胞可以透過此等管道，以互通養分或訊息。例如心肌的細胞可以藉此種連接而同時收縮。

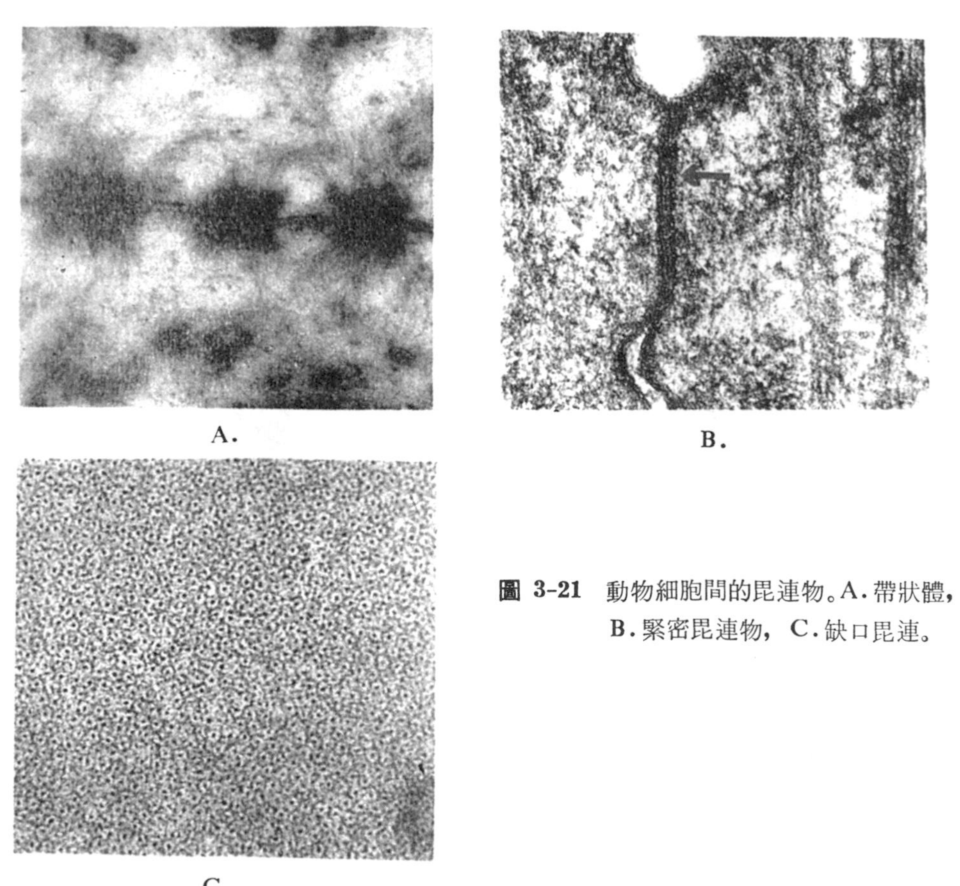
A. B. C.

圖 3-21 動物細胞間的毘連物。A. 帶狀體，B. 緊密毘連物，C. 缺口毘連。

化學溝通 細胞可以藉化學物質而傳遞訊息，例如神經衝動自神經元傳至另一神經元，即藉化學物質互相溝通。動物與植物的細胞可以釋出激素，激素在體內能作長距離輸送，自該細胞輸送至體內其他部位，以影響其目的細胞的活動。

第六節　細胞的歧異

所有的細胞，其構造並非完全一樣。不同的細胞間，彼此常有差異，例如色素體僅見於植物的細胞，動物細胞中則付缺如。

細菌和藍綠藻的細胞，其構造與動植物的細胞間差異更大。細菌的個體微小，有的會引起疾病；藍綠藻生活於水中或潮濕的地方，兩者的細胞核皆無核膜，細胞質中亦無粒線體、色素體、內質網、高基氏體、溶體或液泡等胞器。藍綠藻雖具有葉綠素，但卻不形成葉綠體。由於細菌和藍綠藻缺少核膜，故稱之爲**原核生物**(prokaryote)。其他的生物都具有細胞核，稱爲**眞核生物**(eukaryote)，以與原核生物相對立。玆將原核生物、動物及植物三者細胞構造的差異，歸納於下表:

	原核生物	**動　物**	**植　物**
細胞壁	有（含碳聚糖 peptidoglycan）	無	有（含纖維素）
細胞核	無核膜	有核膜	有核膜
染色體	單個，爲連續的 DNA 分子	成對，含 DNA 和蛋白質	成對，含 DNA 和蛋白質
內質網	無	有	有
粒線體	無	有	有
色素體	無	無	許多種細胞有
高基氏體	無	有	有
溶體	無	通常有	無
液泡	無	小或無	成熟細胞內通常一個，大型
9＋2 纖毛或鞭毛	無	通常有	無（高等植物）
中心粒	無	有	無（高等植物）

第七節 物質如何進出細胞

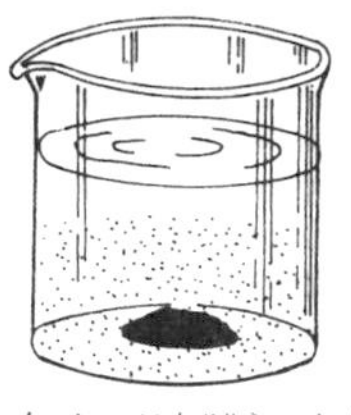
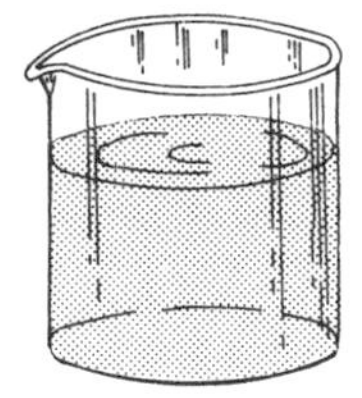

圖 3-22 糖（固體）在水（液體）中擴散，直至其分子均勻分散在水中。

細胞需要自外界攝入氧氣和養分等，以供細胞利用，所產生的二氧化碳及其他廢物，則要排至細胞外。進出細胞的物質，都必須先溶於水中，才能通過細胞膜。物質通過細胞膜時，有的無須能量供應，有的則要消耗能量。

擴散 物質通過細胞膜，與分子運動有關聯。液體和氣體分子可以自由運動，分子運動是由濃度高處向低處移動，直到均勻分散爲止。這種情形，叫做**擴散** (diffusion)。例如在盛水的燒杯中加入少許蔗糖，糖分子便在水中移動，直至均勻分散在水中（圖 3-22)。若是在兩種分子間用一層布隔開，則這層布對分子運動的影響如何呢？如圖 3-23 在漏斗口用布包住紮緊，在漏斗中置入糖溶液，將之放入盛水的燒杯中。在此情形下，會有較多的水分子自燒杯擴散至漏斗中，同時，漏斗中的糖分子會向燒杯中移動，直至糖和水的分子濃度在布的兩邊相等爲止。布有透過性，可容水分子和糖分子通過；若是以細胞膜替代布（圖 3-24)，則情形又如何呢？因爲細胞膜是一種選擇透性膜，只容某些物質通過，其他的物質則不能通過。水分子較小，可以通過細胞膜上的小孔，糖分子較大，不能通過。因爲在膜的兩邊水分子濃度不等，糖水中的水分子濃度小於純水中的水分子濃度，於是，就有較多的水分子從燒杯通過細胞膜而擴散到糖水中，結果漏斗中糖水體積就增加，漏斗中的液面便會增高，而燒

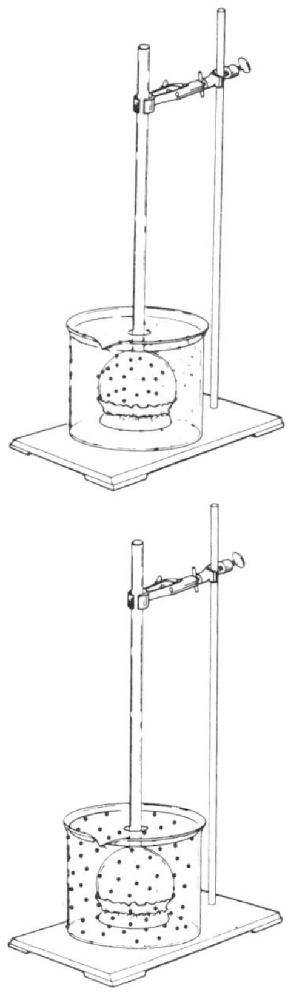

圖 3-23 分子通過透過性膜而擴散，漏斗口用布包紮緊，漏斗中裝糖溶液，置於盛水中的燒杯中，糖分子向漏斗擴散，水分子自燒杯向漏斗中擴散。

杯中的液面便會降低。

上述的最後一個例子是水分子通過細胞膜而擴散的情形，在生物學上對水分子通過細胞膜而擴散，特稱之為**滲透**(osmosis)；這時，水分子自濃度高處向濃度低處擴散；換言之，即水分子自溶質濃度低（即水分子濃度高）處向溶質濃度高（即水分子濃度低）處移動。若是溶質通過細胞膜，則稱為**透析**（dialysis）。不論是水或其他物質藉擴散作用通過細胞膜，皆為純粹的物理現象。此時，不需要能量的供應，分子的移動，主要是藉其本身的動能。因此，擴散作用為被動運輸（passive transport）。

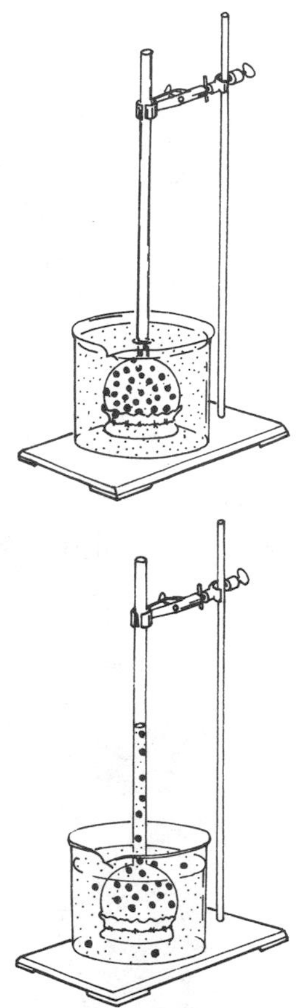

圖 3-24 分子通過選擇透性膜而擴散。用細胞膜代替布包在漏斗口，漏斗中盛糖溶液，燒杯中盛水，糖分子不能通過膜，較多的水分子自燒杯至漏斗中，漏斗中的液面便增高。

水分子藉擴散作用出入細胞，對動植物都有重大影響。植物細胞在低張溶液中，即該溶液的溶質分子濃度較細胞中低，而水分子濃度則較細胞中高，於是，外界水分便藉滲透作用而進入細胞。進入的水分對細胞壁會產生壓力，此種壓力，稱為**膨壓**(turgor)。由於植物細胞最外圍有細胞壁，故細胞不能脹大，於是細胞質便緊緊頂住細胞壁，細胞乃變得堅挺。另方面細胞壁此時會產生與膨壓相等大小的壓力，以阻止更多的水分進入，此種壓力，稱為**壁壓**(wall pressure)。植物根部通常對土壤環境為高張，只要環境中有充裕水分存在，膨壓便能繼續維持，這對植物的柔軟組織如葉、花瓣及草質莖等都非常重要，因為膨壓可以使這些部位保持堅挺，若無膨壓，植物便會枯萎。與膨壓情形相反的，是原生質分離，由於細胞本身對滲透壓無控制力，水分之進出細胞，全視細胞內外水分子的濃度而定。若是植物細胞位於高張溶液（溶質濃度較細胞質高）中，細胞內的水便會向外擴散，如果水分繼續擴散而出，細胞便會失去膨壓，其內容物便濃縮，因而原生質乃與細胞壁分離（圖 3-25)，此一現象，即為**原生質分離**（plasmolysis)。

至於動物細胞，因為不具細胞壁，故細胞在低張溶液中，不會產生膨壓，而外

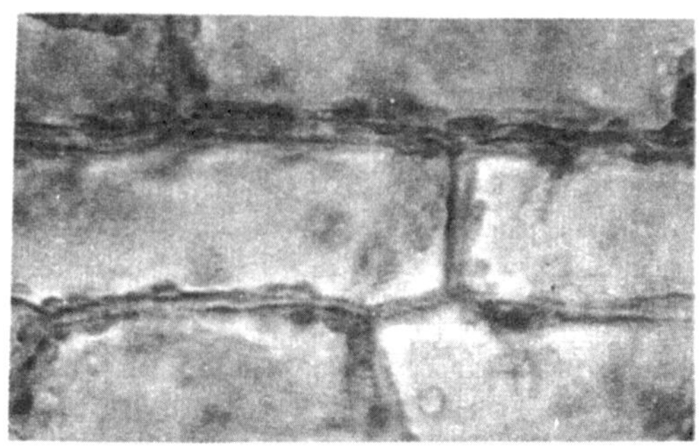

A.

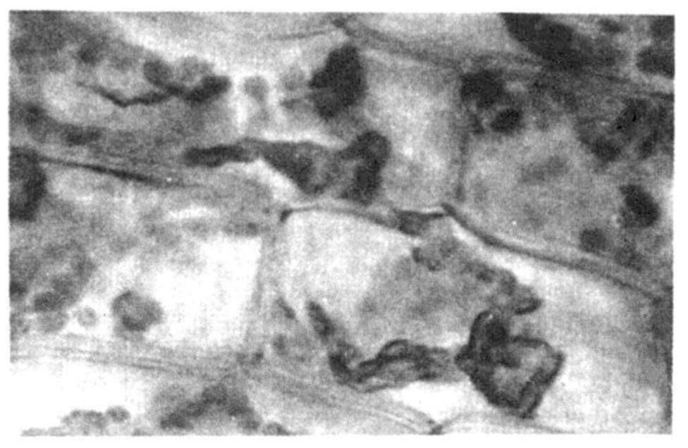

B.

圖 3-25 原生質分離。A. 植物細胞在等張溶液中，B. 植物細胞在高張溶液中，由於水分滲出，細胞乃濃縮而與細胞壁分離，此爲原生質分離。

界水分子可以繼續擴散而入，細胞終會脹破。例如將紅血球置於蒸餾水中，細胞便會膨脹，終至破裂（圖 3-26）。又如生活於淡水中的單細胞動物，外界的水分可以不斷進入細胞內，這類動物具有伸縮泡，伸縮泡是調節滲透壓的胞器，可以將體內

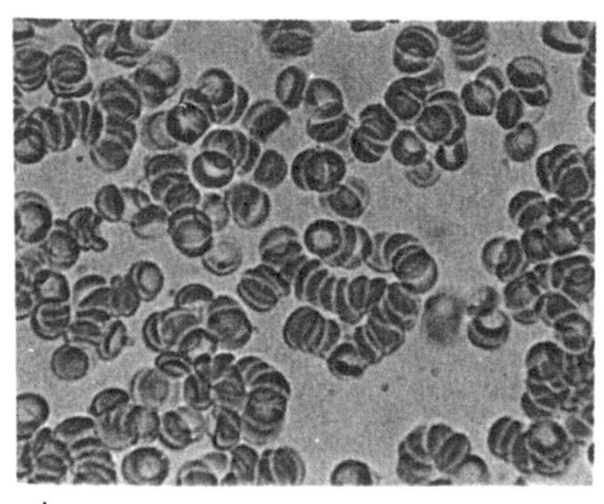

A.

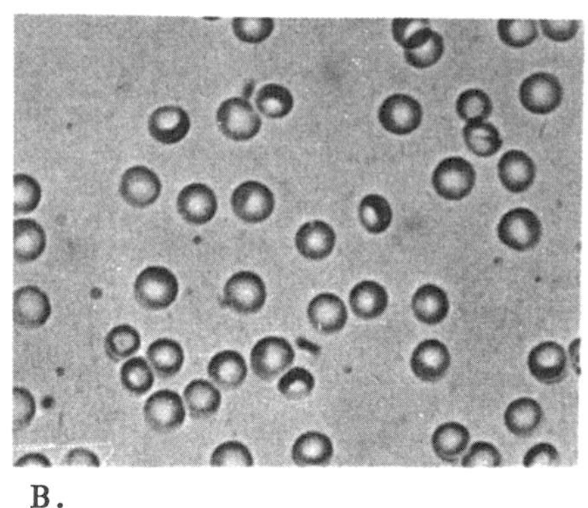

B.

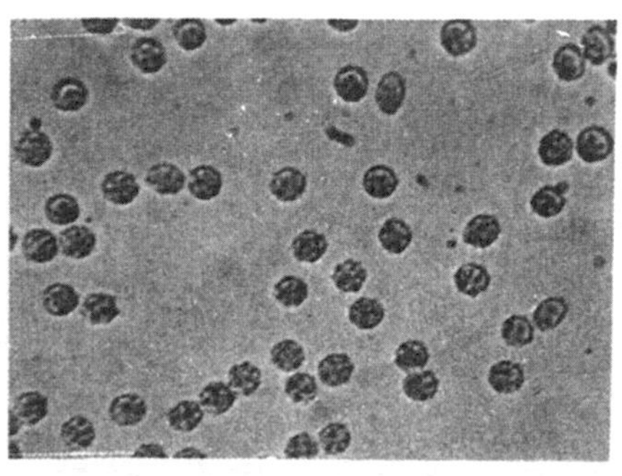

C.

圖 3-26 紅血球在三種不同濃度的液體中，A. 在等張溶液中， 細胞大小維持正常 B. 在低張溶液中細胞脹大。C. 在高張溶液中細胞縮小。

多餘的水分排出體外。

細胞內外，物質的擴散能否有效進行，與細胞的活動情形有關。例如細胞內經常進行氧化作用以獲得能量，同時會產生二氧化碳，因此細胞內二氧化碳的濃度便高於細胞外；反之，氧在細胞內因經常消耗，因此，空氣中、水中或血液中的氧便擴散入細胞。

主動運輸　有時，物質進出細胞膜，並非藉擴散作用。例如植物的根可以從土壤中吸收礦物離子，實際上，土壤中的礦物離子濃度，要比植物根細胞內者低，但這些離子卻可從土壤進入根細胞中。又如生活於海水中的昆布（俗稱海帶），其細胞中碘的濃度較海水中者高出千萬倍，但仍可從海水中吸收碘。這種情形，與前述分子自濃度高處向低處擴散的原理相違背。這時的物質通過細胞膜，必須消耗能量，凡物質通過細胞膜需要能量供應者，叫做**主動運輸**（active transport）。主動運輸並不受細胞膜兩邊物質濃度的影響，而完全靠細胞消耗能量，主動地選擇物質通過。

主動運輸有賴細胞膜中某些蛋白質分子作爲携帶者，這些携帶蛋白質的作用有似酵素，故稱爲**滲透酶**（permease）。滲透酶與一般酵素並不相同，因其並不促進所作用物質的化學變化。携帶蛋白質有**專一性**（specificity），一種蛋白質僅携帶一種物質。

鈉-鉀泵（sodium-potassium pump）爲主動運輸中了解較淸楚的例子。大部分細胞內外，常維持鈉離子和鉀離子的濃度差異：Na^+ 在細胞內維持低濃度，K^+ 在細胞內則維持高濃度。此種濃度差異，在神經細胞可用以傳導神經衝動。鈉-鉀泵需消耗能量，此等能量由 ATP（三磷酸腺苷，爲一種供應細胞活動所需能量的物質）供給。Na^+ 和 K^+ 離子的傳遞是由某種携帶蛋白質完成。這種蛋白質有兩種形式：一是其空腔向細胞內開口，而恰好容納 Na^+，另一是空腔向細胞外開口，恰好適合 K^+。圖 3-27 是鈉-鉀泵的模式圖，Na^+ 釋出時，先在細胞內與該携帶蛋白質結合，此時涉及 ATP，由 ATP 供給能量，同時，ATP 的一個磷酸（根）與携帶蛋白質結合。於是，携帶蛋白質便變爲另一種形式，Na^+ 乃被釋出細胞外，此一形式的蛋白質又可携帶 K^+，並釋出磷酸（根）而恢復爲原來

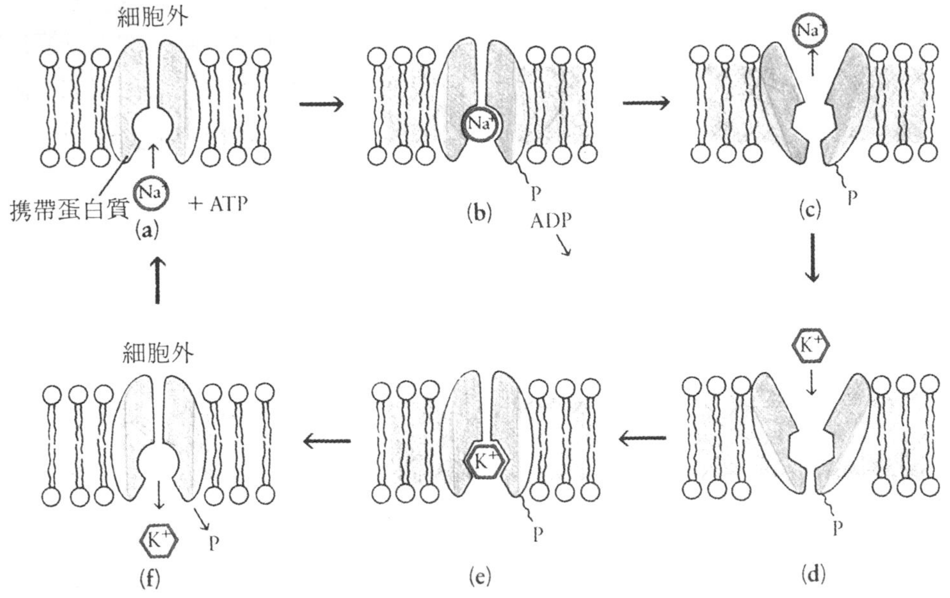

圖 3-27 鈉一鉀泵模式圖。(a) 細胞質中的一個 Na^+ 離子正好適合該攜帶蛋白質的空腔。(b) ATP 將其一個磷酸根與蛋白質結合，釋出 ADP，此一過程乃影響攜帶蛋白質，使其變形呈 (c)，此一改變可以將 Na^+ 釋至細胞外(d)。細胞外的 K^+ 離子與攜帶蛋白質結合 (e)，此時攜帶蛋白質的形物正好適合 K^+。(f) 磷酸根自蛋白質釋出，導致該攜帶蛋白質恢復原來之形狀，並將 K^+ 釋至細胞中，此時蛋白質又可再攜帶 Na^+ 至細胞外。

之形式，於是，便將 K^+ 釋放至細胞內。由此可知，在鈉-鉀泵的過程中，可以維持細胞膜內外 Na^+ 和 K^+ 的濃度差異。

除水、離子及其他小分子物質外，實際上大分子物質如脂質、蛋白質等，雖然不能直接通過細胞膜，但亦能出入細胞。大分子物質進入細胞時，先與細胞膜接觸，此處之細胞膜乃向內凹，然後在邊緣癒合，形成一個小泡，將大分子物質包在泡中（圖 3-28），此一過程，叫做**內呑** (endocytosis)。內呑時，若進入的物質爲固體，稱爲**呑噬** (phagocytosis)。例如白血球便以此法攝食細菌；變形蟲亦以此法捕食。若進入的物質爲已溶解者，則稱**胞飲** (pinocytosis)。有的單細胞生物即

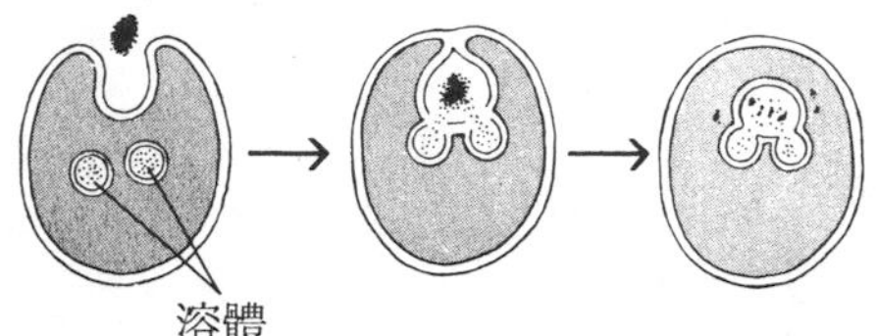

圖 3-28　內吞，細胞外的物質包入細胞膜凹入而成的囊中，囊自細胞分膜分離，形成一個液泡。

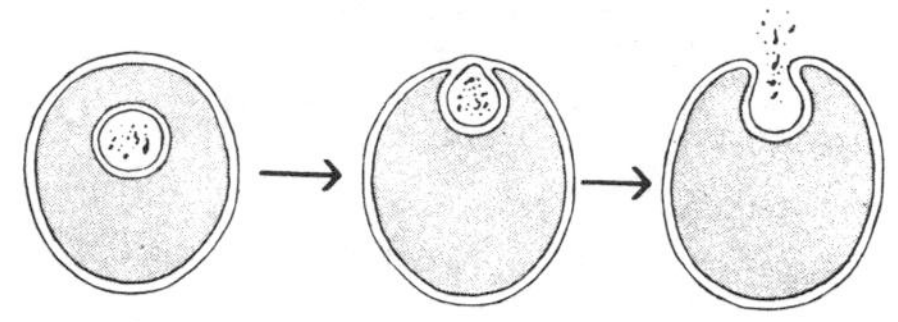

圖 3-29　外吐，液泡內的廢物，藉該泡與細胞膜結合而排出細胞外。

以此法攝食；人體卵巢內的卵成熟時，周圍的營養細胞可以供給卵細胞營養，卵細胞即以胞飲攝入養分。與內吞情形相反者，叫做**外吐**（exocytosis)。外吐時將物質自細胞向外運輸，運出的物質先在高基氏體的部位包裝於小泡中，小泡至細胞膜處（圖 3-29)，然後與該處細胞膜癒合，泡內的物質便釋放至外界。不論是內吞或外吐，皆需消耗能量，故屬**主動運輸**。

第四章　細胞與能量

人體的活動，在在需要能量供應，其他所有生物亦復如此。人們卽使在睡眠中，仍要消耗能量以維持心臟的搏動以及呼吸運動等，這些能量，係來自所攝入的食物。至於被食的動物或植物，其能量則直接或間接的來自太陽輻射能。太陽能如何由植物將之轉變爲儲於食物中的位能？細胞又如何將食物中的能量釋放出來？凡此皆與細胞的兩大主要機能——光合作用與呼吸作用有關。光合作用（photosynthesis）僅見於綠色植物的某些細胞中，可以將無機物中的水和 CO_2 經一連串化學變化而合成葡萄糖，並將日光能轉變爲化學能而儲於葡萄糖分子中。呼吸作用（respiration）亦爲一連串化學反應，可使葡萄糖釋出其所含的位能，以供細胞活動，並產生水和 CO_2；呼吸作用見於所有的活細胞。

生物界中，凡是能將無機物合成爲有機物者，稱爲**自營生物**（autotroph）。不能自行合成有機物、必須直接或間接以植物爲食者，稱爲**異營生物**（heterotroph）經由生物的食性關係，某些物質可以不斷循環利用；簡單的物質由生物將之合成爲複雜的物質，複雜的物質又可被分解爲簡單者。如圖 4-1，自營生物（樹）將水和 CO_2 經光合作用合成葡萄糖並釋出 O_2；異營生物（兎）利用葡萄糖及 O_2 以行呼吸作用，使葡萄糖分解並釋出水和 CO_2，釋出的物質又可供自營生物利用。由此可知，水和 CO_2 可以在生物間循環利用。然則在循環中，來自太陽的光能是如何被利用？部分光能由樹木用以合成葡萄糖，而兎的細胞在行呼吸作用時亦要消耗部分能量，以分解葡萄糖。由於消耗的能量不能重複利用，因此，生物界中必須經常有能量補充；這些新的能量係來自太陽，經由植物細胞的光合作用而轉變爲食物中的位能，異營生物則自食物中獲得能量。

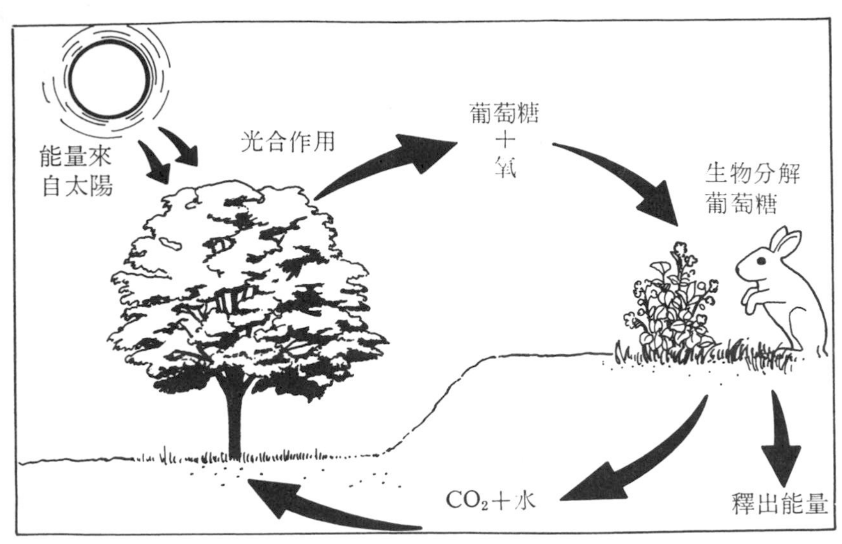

圖 4-1　能量在生物間循環

第一節　化學反應與能量

任何物質都或多或少含有能量，當一種物質經由化學反應變爲另一種物質時，通常也隨之而發生能量的變化。依照能量的改變狀況，可將細胞內的化學變化分爲兩類，即放能反應與吸能反應。**放能反應**（exergonic）是在反應過程中，由高能量物質轉變爲低能量物質，此時有能量釋放出來。放能反應通常屬於氧化作用，即反應物與氧化合，亦即物質被除去氫原子或電子者。**吸能反應**（endergonic）則恰好相反，是低能量物質在反應過程中加入能量，轉變爲高能量物質。吸能反應常爲還原作用，即反應物中的氧原子被除去，亦即加入氫原子或電子。例如

$$C_6H_{12}O_6+6O_2 \longrightarrow 6CO_2+6H_2O+\text{能量} \qquad \text{（放能反應）}$$

$$6CO_2+6H_2O+\text{能量} \longrightarrow C_6H_{12}O_2+6O_2 \qquad \text{（吸能反應）}$$

生物細胞的光合作用爲吸能反應，呼吸作用則爲放能反應。

代謝　生物體內，透過千萬種不同的化學反應而互換能量，所有這些化學反應，合稱**代謝**（metabolism）。某些化學反應，可以依序將之一步步串連起來，此一系列的反應，稱爲**反應途徑**（pathway）。每一途徑可能包含十多個或更多連續的反應步驟。

許多生物的反應途徑常有一致性，例如植物細胞都會消耗能量以製造細胞壁，但動物細胞內則無此反應。又如動物的紅血球能合成血紅素，但動物體的其他細胞則不會產生血紅素。由此可知，細胞或生物間的差異，不特表現於形態方面，而且也涉及生化方面。值得驚奇的是許多差異很大的生物，他們的代謝情形卻十分相似，例如人、水母、榕樹及蕈等，他們的許多代謝途徑十分相似。某些反應途徑如呼吸作用、糖分解等，幾乎在所有的生物皆一樣。

細胞內的代謝反應中，有的是消耗能量以合成各種各樣的分子，這些涉及合成物質的化學反應，稱爲**合成代謝**（anabolism），亦稱**同化作用**。細胞亦常分解大分子物質，這類反應稱爲**分解代謝**（catabolism），亦稱**異化作用**。分解代謝的目的有二：(1) 釋出能量供合成代謝或其他活動所需。(2) 供應合成代謝所需的原料。

生物不但可以進行眾多的化學反應，而且大部分的反應都在小小的細胞內進行。許多不同的反應可以在細胞內分別同時進行而互不干擾。這是由於細胞質的結構高度專化，含有粒線體、內質網及其他許多由膜構成的胞器，將細胞質分隔爲許多不同的部位，這種情形猶如隔成許多工作間，不同的化學反應，乃得在不同的工作間中進行。至於細胞內這些複雜的化學工作如何得以完成，此一問題的答案爲：酵素。

酵素　化學反應在開始進行時，通常都要先加入能量，這一加入的能量即活化能。在實驗室中，活化能常爲“熱”；但是在細胞中，許多反應常同時進行，若是加熱，則將影響所有這些反應，而且對細胞亦將有破壞作用。解決此一問題的方法，是利用酵素（enzyme）。酵素可以暫時與其作用的物質結合，以降低該物質反應時對活化能的需求，使反應得以在較低的溫度下迅速進行，至於酵素本身則永遠不會改變，而且可以重複利用。

目前已知的酵素約有 2,000種，每一種酵素可以催化某一特定的化學反應。不

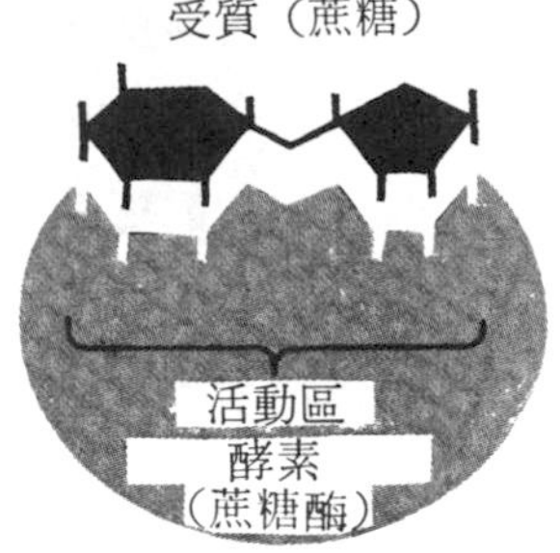

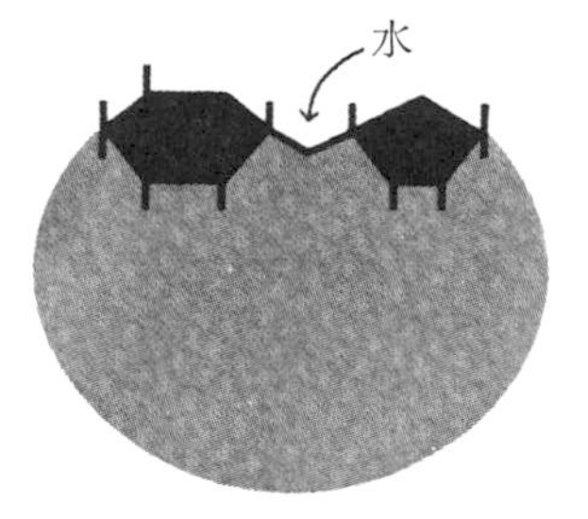

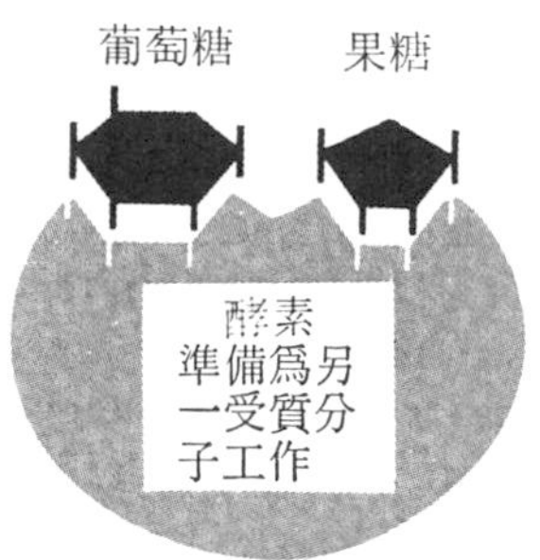

圖 4-2 酵素作用於受質的模式

同的細胞可以產生不同的酵素，但卻沒有細胞含有所有已知的酵素。大部分酵素溶於細胞質中，也有的酵素附於某些胞器，例如呼吸酵素(使乳酸變爲 CO_2 和水）即附於粒線體的內膜上；合成蛋白質的酵素，則爲核糖體的一部分。酵素作用的物質，稱爲**受質** (substrate)，例如圖 4-2 中的蔗糖爲受質，蔗糖酶爲酵素的一種，用以分解蔗糖；酵素通常以其所作用的物質而名之。

酵素爲分子大而且構造複雜的球蛋白，由一個或多個肽鏈構成（圖 4-3)。肽鏈摺疊而形成溝或袋狀，使受質正好適合位於其中，反應即在此進行；此部分稱爲**活動區** (active site)。在活動區實際僅涉及酵素中少數幾個胺基酸而已。1894年費雪 (Fisher) 提出酵素的活動區，並將酵素活動區與受質的關係，比喻爲鎖

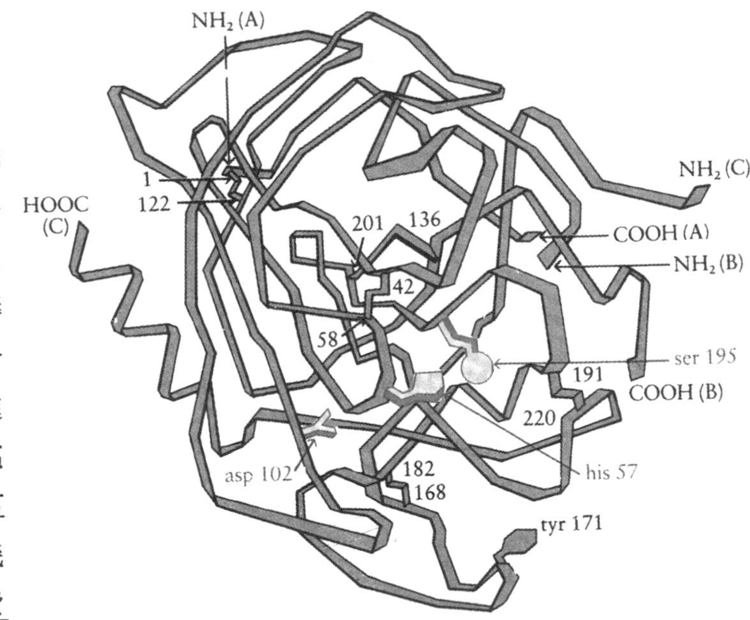

圖 4-3 酵素構造的模式，圖中的酵素（胰凝乳酶 chymotrypsin）具有三條多肽鏈（A，B，C)，各鏈兩端的羧基 (COOH) 和胺基 (NH_2) 均分別標出，數字代表鏈中某特殊胺基酸的位置，色深部分表示活動區。

與鑰；近年來，科學家根據對酵素構造的研究，發現酵素的活動區，較之鎖上的鑰匙孔要有彈性得多。酵素與受質間的結合，可以改變酵素的結構，使活動區能與受質緊密配合（圖 4-4）。

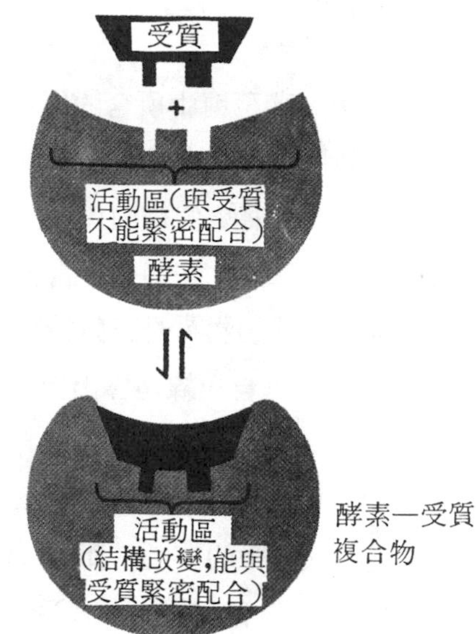

圖 4-4　酵素的活動區具有彈性，可以改變而與受質緊密配合。

有些酵素的活動，須藉非蛋白質、分子量低的物質之助，這些物質稱爲**輔因素** (cofactor)。例如鎂離子 (Mg^{2+}) 卽涉及所有將磷酸根從一種分子轉移至另一分子的酵素反應。K^+, Ca^{2+} 及其他離子則在其他反應中擔負類似的作用。此外，非蛋白質的有機物在酵素的催化作用中，亦擔負著決定性的任務，這些分子，叫做**輔酶** (coenzyme)，許多維生素可作爲輔酶或爲輔酶的一部分。

酵素的作用會受外界溫度和 pH 的影響，由酵素所催化的反應，可以由於溫度的升高而加快，但溫度升高有一定限度，根據圖 4-5，可知溫度每升高 10°C，反應速度幾乎倍增，但至約 40°C 時便迅速下降。溫度高時，酵素分子便會震動，因而使維持其三級構造的氫鍵及其他力量遭致破壞。分子經此途徑失去其立體結構之特性者，叫做**變性** (denature)。少數發生變性的酵素在冷卻時會重新恢復其活性，但絕大部分的酵素則永遠不再活動。酵素所適宜的 pH 值，則隨酵素的種類而不一樣，例如消化酵素中的胃蛋白酶 (pepsin)，在 pH 值很小時(強酸)活動；而這一 pH 值，則會使其他絕大多數

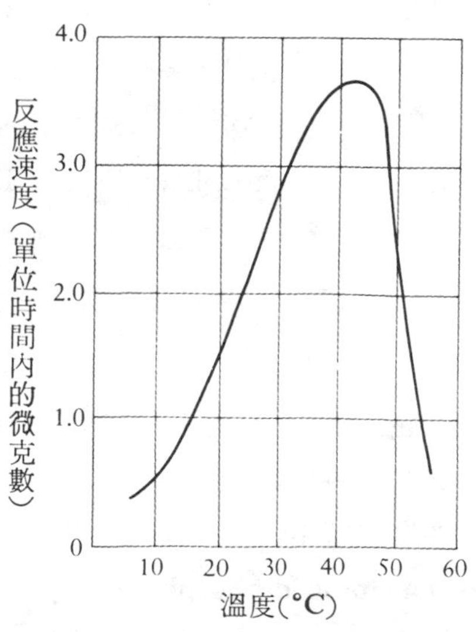

圖 4-5　溫度對酵素控制反應的速度之影響

的酵素變性。

ATP 葡萄糖中所含的能量（一莫耳葡萄糖可釋出 686 仟卡的能量），若是全部立刻釋出，則大部分能量將會形成熱能而消失；如此不但細胞無法利用，而且所產生的高溫將會使細胞死亡。所幸生物經由演化而具有巧妙的調節機制，將能量儲於某種特殊的化學鍵中，當細胞需要能量時，便由此釋出少量，以供利用。擔任此一重要任務的物質是三磷酸腺苷卽 ATP (adenine triphosphote)。ATP 在粒線體中形成，可自粒線體釋出至細胞各部。細胞需要的能量，絕大部分都是由 ATP 供給，故 ATP 是細胞內主要的**能量貨幣**。葡萄糖及其他醣類等含蘊的能量爲儲藏的型式，其能量可由一個細胞或一個個體，轉移至另一細胞或個體，由此可將葡萄糖等比作銀行中的存款，而 ATP 則猶如口袋中的現金。圖 4-6 爲 ATP 的構造式，係由腺嘌呤、五碳糖（核糖）以及三個磷酸根構成。其中三個磷酸根帶有強電荷，彼此連結一起，此爲 ATP 功能上的主要特點。三個磷酸根連結一起的情形，亦見於其他分子，這些分子在細胞的某些反應中，也擔負著與 ATP 相似的功能。例如鳥糞核苷三磷酸 (guanine triphosphate 簡稱 GTP)，爲另一種携能的物質，其與 ATP 所不同者，爲含氮鹽基是鳥糞嘌呤 (guanine)。

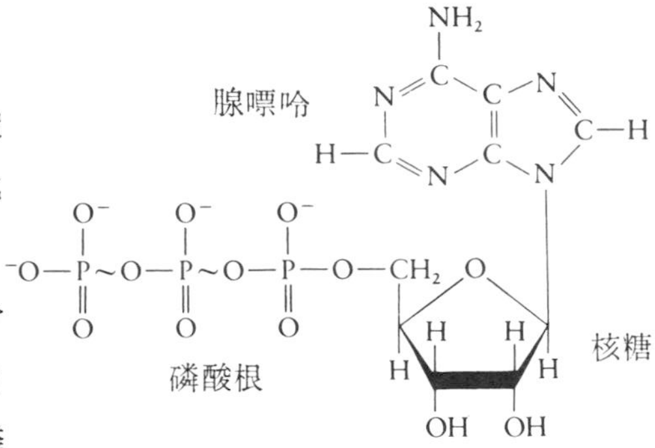

圖 4-6 三磷酸腺苷（ATP）的構造

ATP 以及其相關的三磷酸化合物之所以能達成供能任務，便與連結該三個磷酸根的共價鍵有關，該等共價鍵是以“～”符號代表，通常稱之爲**“高能鍵”** (high-energy)。高能鍵易於斷裂而釋出能量——一莫耳約七仟卡——，此量在細胞中適足以推動許多吸能反應。

在實驗室中，當 ATP 水解時，其分子中的第三磷酸根會被移除而形成二磷酸腺苷 (adenine diphosphate 簡稱 ADP)，此時會釋出能量:

$$ATP + H_2O \longrightarrow ADP + 磷酸根$$

在此過程中，一莫耳 ATP 可釋出七仟卡能量。當第二個磷酸根再被移除時，便形

成單磷酸腺苷(adenine monophospchat 簡稱 AMP)，並釋出與前相等的能量:

$$ADP + H_2O \longrightarrow AMP + \text{磷酸根}$$

在活細胞中， 有時 ATP 可以直接水解而產生 ADP 和磷酸根， 並釋出能量以供細胞活動。例如多眠中的動物蘇醒時，便藉此法以產生體熱。促進 ATP 水解的酵素，叫做 **ATP 酶**。

在一般的情況下， ATP 末端的第三個磷酸根並非單純地移除， 而是轉移至另一分子， 促進此一轉移的酵素稱爲**致活酶** (kinase)。 使某一物質加上磷酸根的反應，稱爲**磷酸化作用** (phosphorylation)。 磷酸化作用可以將 ATP 中磷酸根的能量轉移至磷酸化的物質中，於是此一物質便能量化，得以參與次一反應。例如在下列反應中，

$$W + X \longrightarrow Y + Z$$

若W和X的位能相加，小於Y加Z之位能，反應向右不會進行至任何可觀的程度，但化學家可藉外加之能量（熱）， 以推動此反應。 但在生物的細胞中， 則以加入 ATP 的方式進行:

$$W + ATP \longrightarrow W\text{-}P + ADP$$

在此反應中，產物的能量較反應物少，故反應能進行，當 ATP 的磷酸根移除時，能量便保存於新的化合物卽W-磷酸或 W- P 中。次一步驟的反應乃爲:

$$W\text{-}P + X \longrightarrow Y + Z + P$$

在此反應中，產物的能量亦較反應物少，因此反應能够進行。茲以甘蔗細胞內蔗糖的形成爲例說明之:

$$\text{葡萄糖} + \text{果糖} \longrightarrow \text{蔗糖} + \text{水}$$

在此反應中，產物的能量，一莫耳爲 5.5仟卡，較反應物的位能爲大。但細胞可以藉 ATP 的加入，使葡萄糖和果糖的分子磷酸化，其反應爲

$$\text{葡萄糖} + \text{果糖} + 2ATP \longrightarrow \text{蔗糖} + 2ADP + 2P$$

由於 2ADP 的位能一莫耳約爲 14.4 仟卡，較2ATP的位能爲小，產物的能量較反應物一莫耳少 8.5 仟卡，因此上式的反應可以持續進行，甘蔗乃得以產生蔗糖。

至於 ATP 來自何處？在細胞的分解代謝中，例如葡萄糖分解所釋出的能量，可用以使 ADP“再充電”而變爲 ATP。因此，ATP/ADP 爲一普遍性的**能量轉換系統**，在放能和吸能的反應間來回穿梭。

第二節　光合作用

綠色植物行光合作用，可以將水和二氧化碳合成爲葡萄糖，並將光能轉變爲化學能而儲於葡萄糖中，葡萄糖和能量皆供生物維持生命之用。故光合作用被認爲是無機物與有機物之間的橋樑，也可說是無生物與生物間的連繫。

光合作用在葉綠體中進行，整個過程可分爲光反應和暗反應兩個階段。

葉綠體　葉綠體和粒線體一樣，是一種雙層膜的構造（圖 4-7），其內膜平整，與粒線體的內膜形成褶曲的情形不同。在葉綠體內部，另有**囊狀膜**（thylakoid)，此亦爲一種由膜形成的構造。囊狀膜的周圍，充滿著一種膠狀的濃厚液體，叫做**葉綠體基質**（stroma)，內含酵素，可固定 CO_2 以合成葡萄糖。囊狀膜中，則含有與基質不同成分的液體。

在光學顯微鏡下，可見葉綠體內有許多綠色小點，叫做**葉綠餅**（grana)，葉綠餅由一疊疊囊狀膜構成。葉綠餅中有的囊狀膜則延伸而與其他葉綠餅相連。囊狀膜上有葉綠素（chlorophyll)，尤以葉綠餅處爲數最多。高等植物的葉綠素有 a 和 b 兩種，**葉綠素 a** 在光合作用時，直接參與光能的轉化，**葉綠素 b** 爲光合作用的輔助色素，可以吸收並轉送光能予葉綠素 a 。葉綠體內除含葉綠素外，尙有胡蘿蔔素和葉黃素，這些色素都有輔助葉綠素吸收光能的作用。葉內雖含有花青素（anthocyanin)，但**花青素**爲水溶性，故存於液泡內，且與光合作用無關。有些植物到了秋天，葉內的葉綠素便分解而消失，這時，花青素、葉黃素及胡蘿蔔素等的顏色便顯現出來，葉乃變爲紅色或橙紅色。

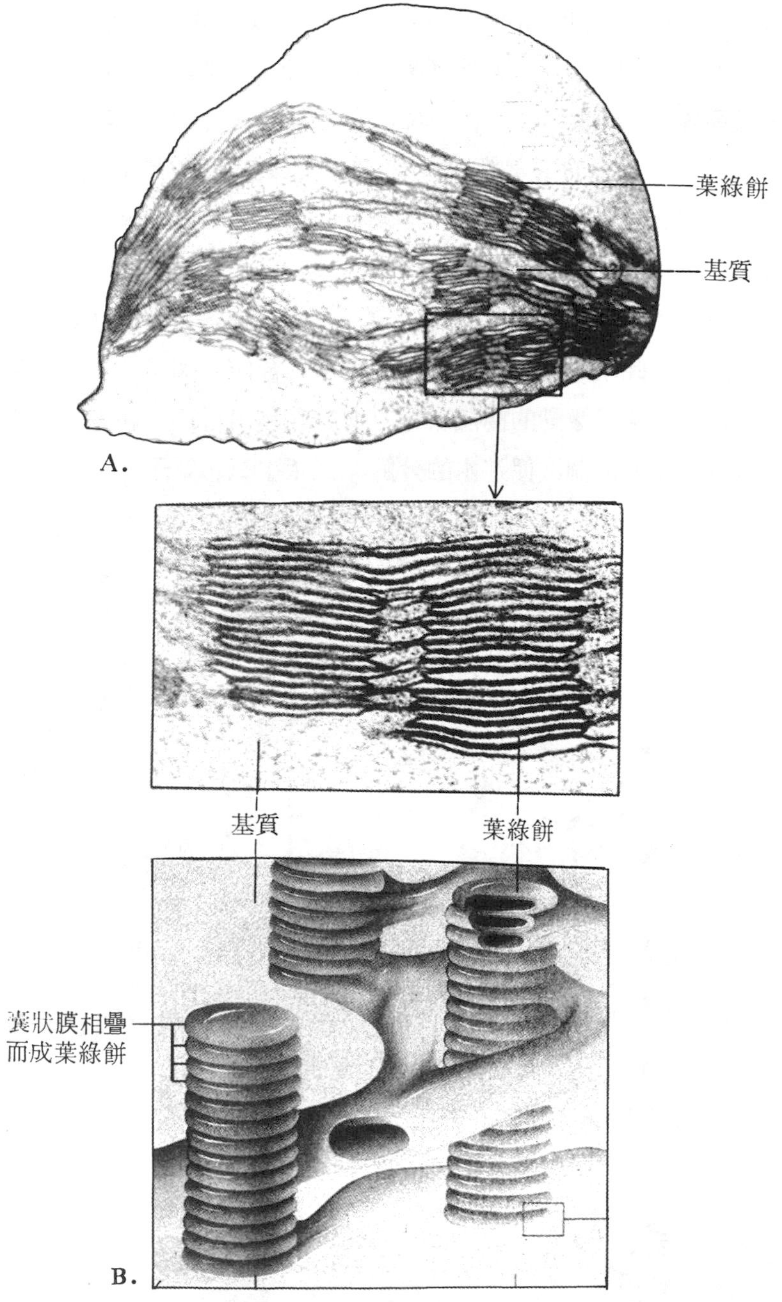

圖 4-7　葉綠體。A. 切面，示葉綠體的構造，B. 葉綠餅放大（上），囊狀膜密集而成葉綠餅，葉綠餅間有囊狀膜相連的模式圖（下）。

光反應 光反應 (light reaction) 必須在光照下才能進行，或稱捕能反應 (energy-capturing reaction)。**光反應**始於葉綠素，葉綠素分子與相關的電子接受者組成稱爲**光系統** (photosystem) 的單位，各光系統含有數百個葉綠素分子。光系統有Ⅰ和Ⅱ兩種，兩者所含的葉綠素 a 不同。光系統Ⅰ含 P_{700}（P代表色素），其吸收光譜的高峯爲 700nm，較一般葉綠素 a 者略長。光系統Ⅱ含 P_{680}，最大吸收量是在波長 680nm。

光系統Ⅰ主司氧化性輔酶 ($NADP^+$) 的還原作用，光系統Ⅱ與水分子的分解有關聯。在光照下，此兩系統同時進行工作且相互合作（圖 4-8）。當光系統Ⅱ吸收光能後，葉綠素 a 便呈激動的高能狀態，很容易釋出電子；在電子釋出的同時，也引發了分解水分子的機制，促進水的分解，以產生氧、質子 (H^+) 和電子 (e^-)。

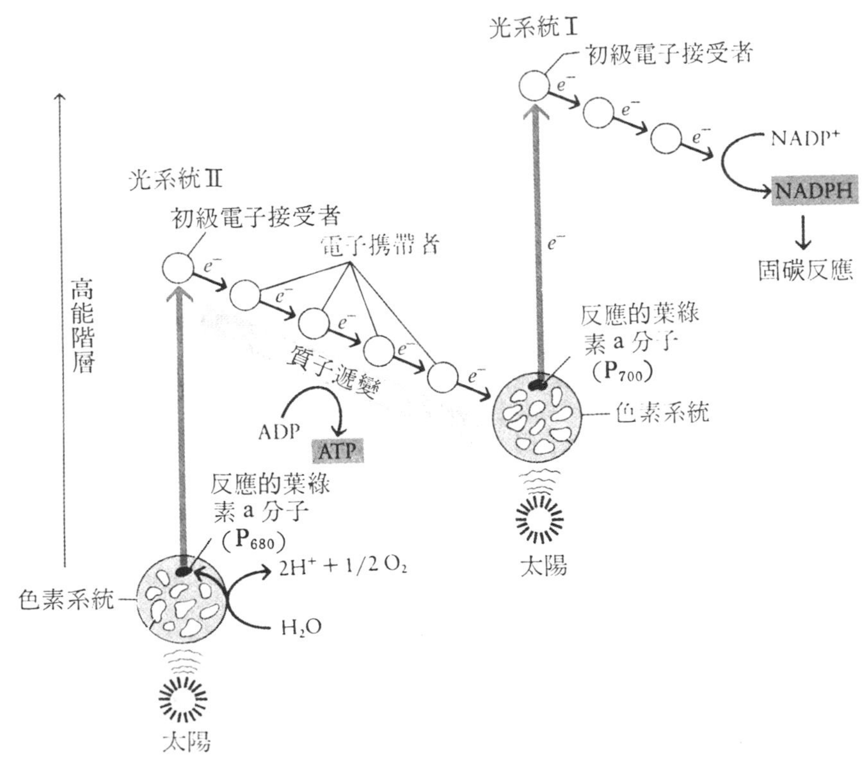

圖 4-8 光系統捕捉光能

於是，葉綠素便接受由水分子分解而產生的電子，恢復爲原來的非激動狀態而可以再行吸收光能。至於由葉綠素釋出的電子，則經過一連串的電子傳遞，自高能介質到低能介質，最後送至光系統 I 。在此電子傳遞的過程中，所釋出之能量，可用以合成 ATP。光系統 I 受光激動後，釋出的電子經過一連串傳遞後，由**氧化性輔酶** (NADP+) 接受，成爲**還原性輔酶** (NADPH)。由此可知，在光反應中，光能轉變爲電能——電子傳遞——，電能再轉變爲可資利用的化學能，而儲於 ATP 和 NADPH 的分子中。然後再進行次一步驟即暗反應。

暗反應 暗反應 (dark reaction) 爲使 CO_2 固定的反應，將 CO_2 與事先存在的有機分子結合。經由加羧酶 (carboxylase) 的催化，CO_2 和雙磷酸核酮糖 (ribulose bisphosphate，一種五碳糖) 化合，成爲六碳化合物，此六碳化合物很快就分解成兩分子磷酸甘油酸 (phosphoglyceric acid)，磷酸甘油酸經由去氫酶 (dehydrogenase)的催化，並由 NADPH 與 ATP 供給能量，於是便轉化爲磷酸甘油醛(phosphoglyceraldehyde) (一種三碳糖)。大部分三碳糖再轉化爲磷酸酮糖 (ribulose phosphate)，再用以固定二氧化碳，少部分三碳糖則相結合，並轉化成葡萄糖，此乃光合作用的最終產物。這一循環過程，叫做**卡氏輪迴** (Calvin cycle) (圖 4-9)。

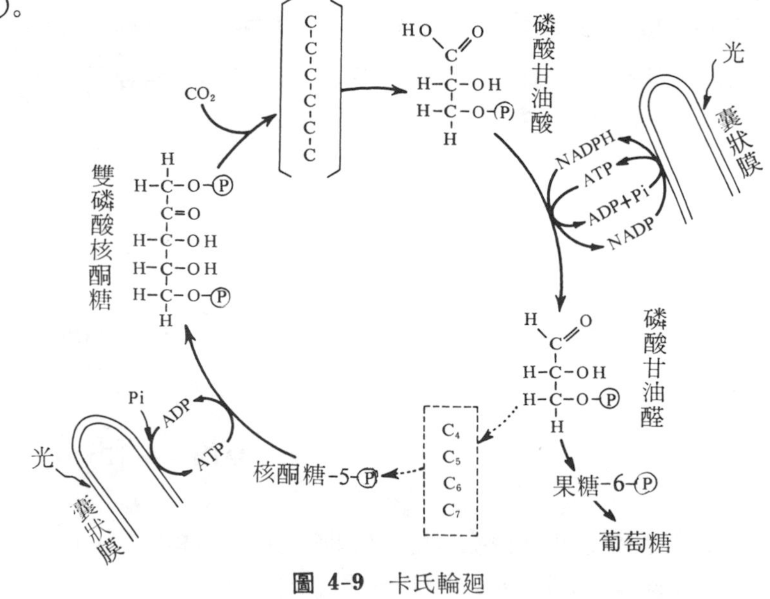

圖 4-9 卡氏輪迴

第三節 呼吸作用

綠色細胞能行光合作用以製造養分，相對的，所有細胞包括綠色細胞在內都要分解養分以獲得能量，用來維持細胞的活動，例如細胞中合成澱粉、蛋白質，細胞分裂以及肌肉收縮等，皆需有能量的供應；這些能量，主要來自葡萄糖。葡萄糖經分解後所釋出的能量，先儲於 ATP 中，待細胞需要時，再自 ATP 釋出而供利用。葡萄糖在釋出能量的過程中，要攝入氧，另方面又會產生二氧化碳，因此，稱之爲細胞呼吸（cellular respiration）。細胞呼吸包括無氧時期（anaerobic stage）及有氧時期（aerobic stage）兩個階段。

無氧時期 呼吸作用的第一階段並不涉及氧，故稱**無氧時期**。這一時期在粒線體外面進行，主要爲葡萄糖分解爲丙酮酸（pyruvic acid）（圖 4-10），因此無氧時期亦稱**糖酵解**（glycolysis）。1分子葡萄糖分解後，可產生2分子丙酮酸，這時，需要2分子 ATP 供給活化能。因此，糖分解時，1分子葡萄糖雖可產生4分子 ATP，但減去活化能的供應，故淨得2分子 ATP。此一反應中，亦釋出四個氫原子，這些氫原子與一種輔酶——菸鹼醯胺腺雙核苷酸（nicotinamide adenine dinncleotide 簡稱 NAD）結合，NAD 爲受氫者，乃與氫結合而成爲 $NADH_2$。

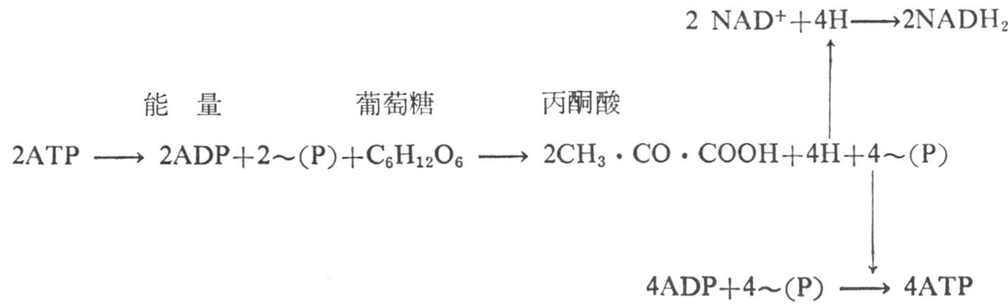

圖 4-10 細胞呼吸的第一階段，反應中需要2分子 ATP 供給活化能，反應結果可產生4分子 ATP. ～(P) 代表高能鍵。

在細胞呼吸的第一階段，葡萄糖所含的能量釋出約 7 %，其餘則保留於丙酮酸的化學鍵中。

有氧時期　細胞呼吸的第二階段需要利用氧，故稱爲**有氧時期**。這時丙酮酸分解而釋出能量，同時產生水和 CO_2。

第一階段產生的丙酮酸乃進入粒線體中，丙酮酸是一種不穩定的化合物，進入粒線體後，其酸基 (carboxyl group) 中的碳原子與氧原子形成 CO_2 而釋出，這是細胞呼吸產生廢物中的一部分。丙酮酸釋出 CO_2 後，遺留下的乙醯基 (acetyle group CH_3CO)，即刻爲一種稱爲輔酶A(coenzyme A CoA) 的化合物所接受，輔酶A爲一種大分子物質，其一部分爲核苷酸 (nucleotide)，一部分爲一種維生素 B。輔酶A接受乙醯基後，乃形成**乙醯輔酶A** (acetyl CoA)。

自圖 4-11 中，可知丙酮酸分解後，釋出 2 分子二氧化碳，並形成 2 分子乙醯輔酶A；此外，並釋出 4 個氫原子。此等氫原子，與無氧時期產生的氫原子一樣，可以與 2 分子的 NAD 結合，形成 2 分子 $NADH_2$。

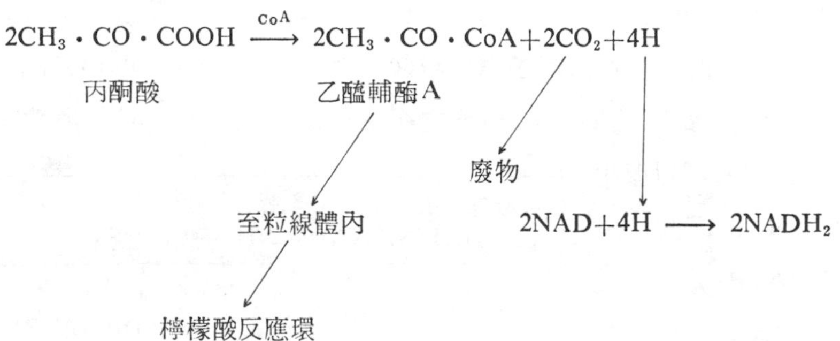

圖 4-11　細胞呼吸第二階段（有氧時期）的第一步，2 分子含 3 碳的丙酮酸形成 2 分子含 2 碳的乙醯輔酶A，4 個氫原子與 2 個輔酶(NAD)結合，形成 2 分子 $NADH_2$，2 分子 CO_2 則爲廢物釋出。

至此，乙醯輔酶A乃進入**檸檬酸反應環** (citric acid cycle)。乙醯輔酶A乃與原先存於粒線體中的 4-碳化合物——草醋酸 (oxaloacetic acid) 結合，形成 6-碳化合物，此即檸檬酸 (citric acid)。在檸檬酸反應環中，六個碳中有兩個碳被氧化而爲 CO_2，草醋酸則重又產生而可重複利用。自圖 4-12，可見檸檬酸經由一連串的反應，產生 2 分子 CO_2 和 8 個氫原子，遺留下的 4-碳化合物則可與另一個乙醯輔酶A結合，再重複此週期變化，檸檬酸反應環之名乃緣於此。至於在反應環中，每次產生 CO_2 時所釋出的 4 個氫原子，皆可由 NAD 所接受而形成 $NADH_2$。

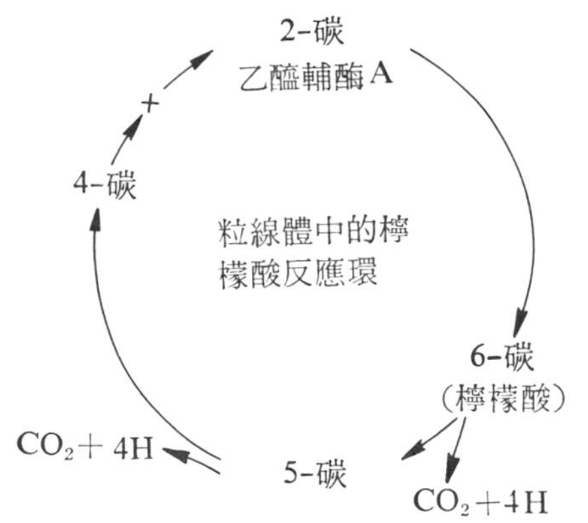

圖 4-12　檸檬酸反應環，示檸檬酸的形成，在細胞呼吸中，1 分子葡萄糖可以產生 2 分子丙酮酸，再形成 2 分子乙醯輔酶A，因此 1 分子葡萄粒在此反應環中可產生 4 分子 CO_2（釋出）以及 16 個氫原子。

總計一分子葡萄糖分解時，在連串反應中，共產生24個氫原子，這些氫原子可形成12個分子的 $NADH_2$。氫原子十分活潑，能與氧結合而形成水；當氫原子直接與氧原子結合時會發生爆炸，但是這種情形，在細胞中並不會發生。細胞呼吸所產生的氫原子，會進入一連串的化學反應，在反應途徑的每一步驟中，氫原子會失去能量。氫原子自 $NADH_2$ 至其他特殊的輔酶，這些輔酶分子位於粒線體的內膜表面，氫的電子在反應途徑的每一步驟中傳遞，稱爲**電子傳遞鏈**(electron transport chain)(圖 4-13)。在傳遞中的各步驟，每二個電子，所含之能量可以使三分子 ADP 轉變爲三分子 ATP。一分子葡萄糖可以產生12個分子 $NADH_2$，因此，將可形成 36 個 ATP 分子。最後，電子係由氧接受，再與質子（氫離子）結合而成水。呼吸作用時，氧的任務在除去氫。每一葡萄糖分子會產生12分子的水，其中 6 分子水在檸檬酸反應環中重複利用，故實際淨產生 6 分子水。

呼吸作用的第 1 和第 2 階段共產生 24H，形成
$12NADH_2 \rightarrow 12NAD + 24H$電子（高能量）

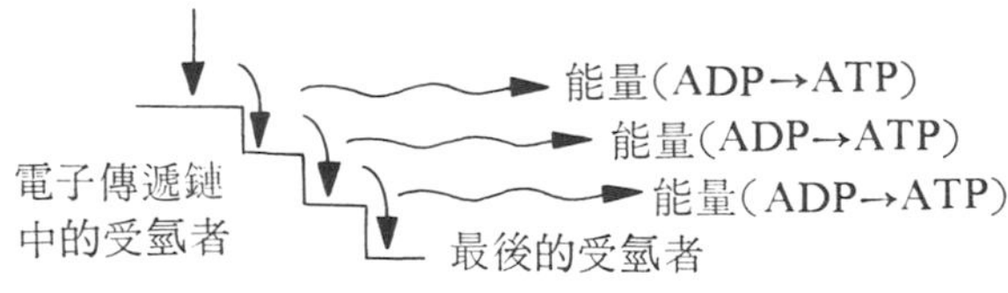

$24電子 + 24H^+ \rightarrow 12H_2$

$12H_2 + 6O_2 \rightarrow 12H_2O$

圖 4-13　細胞呼吸的最後連串反應，24個含高能的氫電子通過電子傳遞鏈，2 個氫的電子便有足够的能量使 3 分子 ADP 變爲 3 分子 ATP，在電子傳遞的最後，電子、氫離子與氧結合成水。

綜上所述，呼吸作用可用

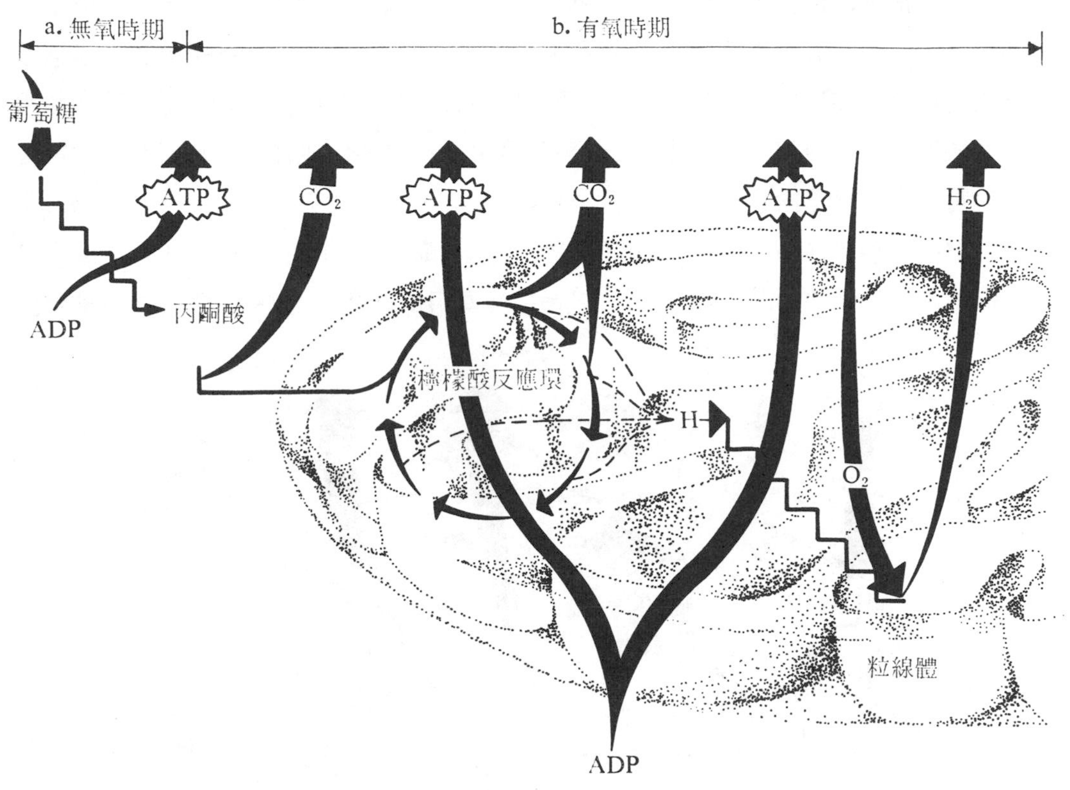

圖 4-14　細胞呼吸中各化學反應的綜合圖

圖 4-14 示之；其反應方程式如下：

$$C_6H_{12}O_6+6O_2\longrightarrow 6CO_2+6H_2O+\text{能量 (38ATP)}$$

雖然一分子葡萄糖在呼吸作用時可產生 38 個 ATP 分子，但此僅約為其所含能量的60%，其餘大部分能量皆形成熱能。在定溫動物，這些熱能乃用來維持體溫。

第四節　醱酵作用

從上節可知，欲使葡萄糖釋出大部分的能量為何需有氧的存在。實際上即使在缺氧的情況下，例如細胞呼吸的第一階段即無氧時期，葡萄糖仍能釋出少許能量。有些生物即循此方式獲得能量，這種無氧呼吸叫做**醱酵** (fermentation)。無氧呼吸與前述呼吸作用的無氧時期不同，不過兩者皆不涉及氧的情形則一樣。醱酵作用開始時與呼吸作用相同，即葡萄糖分解爲 2 分子丙酮酸，並釋出少許能量，然後丙酮酸可以有兩種不同途徑繼續分解。

其一是酵母菌 (yeast) 及其他某些生物，丙酮酸分解會釋出 CO_2 並產生乙醇(ethyl alcohol) (圖 4-15)，乙醇即爲其最終產物；這一過程叫做**酒精醱酵**

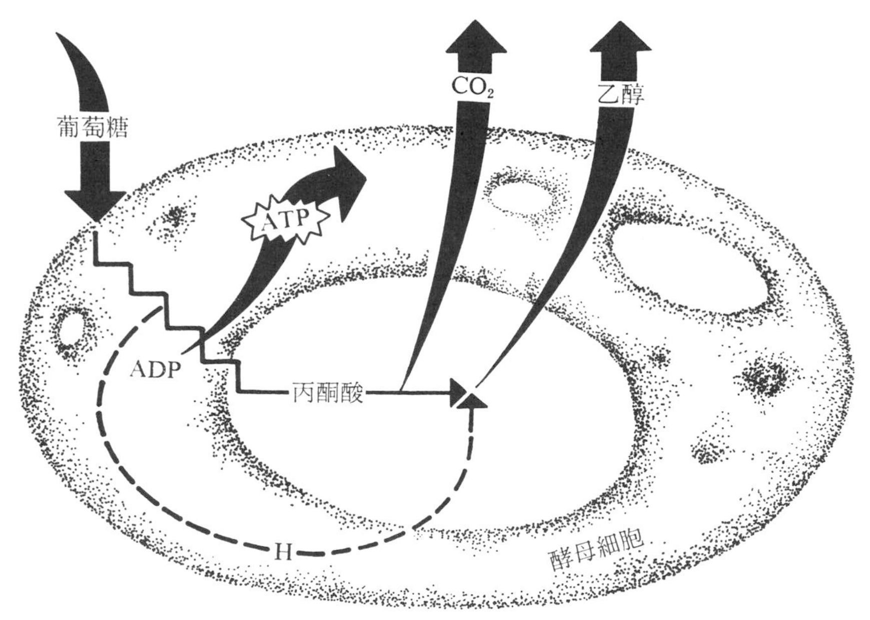

圖 4-15 酒精醱酵中各化學變化的綜合圖

(alcoholic fermentation)，可用下列方程式表示：

$$C_6H_{12}O_6 \longrightarrow \underset{(乙醇)}{2C_2H_5OH} + 2CO_2 + 能量\ (ATP)$$

在工業上，常利用酵母菌的醱酵作用，使糖變爲酒精。酵母菌不含分解酒精的酵素，這些酒精是酵母菌等生物所產生的廢物。實際上酒精仍含有很高的能量，由此可知，無氧呼吸並未充分利用葡萄糖中的能量以製成 ATP。

醱酵作用時丙酮酸分解的另一方式是，在動物體內有些組織如肌肉，當無氧存在時，丙酮酸乃變爲乳酸(lactic acid)，乳酸爲其最終產物，故稱**乳酸醱酵**(lactic acid fermentation)，其過程可用下式示之:

$$C_6H_{12}O_6 \longrightarrow \underset{(乳酸)}{C_3H_6O_3} + 能量\ (2ATP)$$

由此可知，與有氧呼吸比較，醱酵作用所釋出的能量很少（圖 4-16），大部分葡萄糖的能量均儲於其最終產物——乙醇或乳酸的化學鍵中。

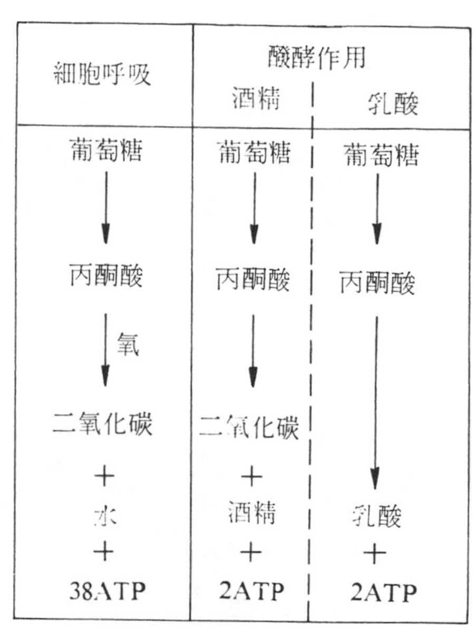

圖 4-16　細胞呼吸與酒精、乳酸醱酵在最終產物及釋出能量方面的比較。

第五章　細胞分裂

細胞自環境中獲得養分，並將之合成爲細胞的成分，於是便漸漸長大；待細胞長至一定大小，便會分裂，即由一個細胞分爲兩個。這兩個子細胞通常大小相似，子細胞又再長大並行分裂。單細胞生物即利用此法繁殖後代，多細胞生物則利用細胞分裂使個體長大，或用以補充受損的組織。

行分裂的細胞，都有一定的生長和分裂程序，這種情形，叫做**細胞週期** (cell eycle) (圖 5-1)。該週期包括五個主要階段：G_1，S，G_2，有絲分裂 (mitosis) 和細胞質分裂 (cytokinesis)。這一週期所需時間，自數小時至數天不等，端視細胞種類及周圍環境如溫度、營養等情況而定。

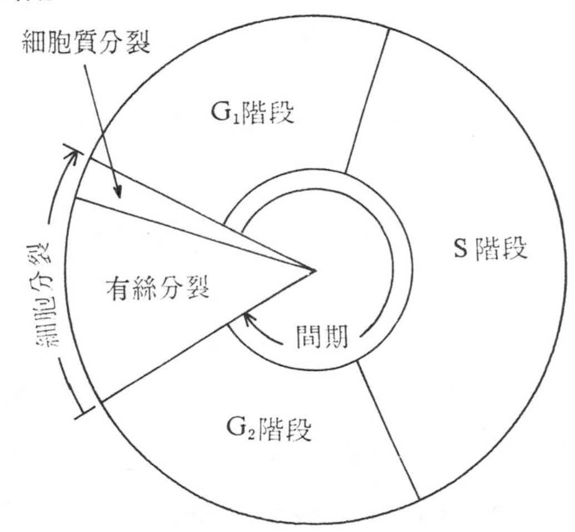

圖 5-1　細胞週期包括有絲分裂、細胞質分裂及間期，間期則由 G_1、S 及 G_2 三個階段構成。

細胞在開始分裂以前，必須先進行 DNA 複製、合成染色體中的蛋白質、產生子細胞中的胞器，並合成有絲分裂與細胞質分裂時所需的構造。這些準備工作均發生於細胞週期中的 G_1、S 和 G_2，故將這幾個階段合稱爲**間期**(interphase)。DNA 複製發生於 S (synthesis) 階段，染色體中的蛋白質也在此時合成。G (gap) 階段見於 S 階段以前和以後，此時並不合成 DNA。G_1 階段爲細胞內生化活動最旺盛的時期，細胞體積顯著增大，細胞內的酵素、核糖體、粒線體及其他構造也幾乎數目倍增。當細胞缺少營養或接觸到抑制物時，便會停止生長而止於 G_1 階段。在 G_1 時所合成的物質，可以抑制或促進S階段與細胞週期中的其他階段，其機制目前尚不了解，但在生物學上對癌細胞控制的研究卻十分重要，因爲癌細胞與正常細胞之不同處，即在其能以消耗寄主組織爲代價而不斷分裂。當細胞一旦進入S階段，便可平穩的通過細胞週期中的其他各階段。在 G_2 階段，細胞中乃形成有絲分裂時染色體分離，以及細胞質分裂時兩子細胞分離所需的各種特殊構造。

有些細胞終生可以進行細胞分裂，例如植物根尖部分生長點的細胞，以及人體骨髓內形成紅血球的細胞。另一極端的情形，是某些高度分化的細胞如神經細胞，一旦成熟便失去分裂能力。第三種情況是有些細胞，在某種特殊情況下始保持其分裂能力。例如人體肝臟的細胞，在平時不分裂，但若肝臟的某一部分由於外科手術切除時，餘下的部分（即使僅保留三分之一），其細胞可以繼續分裂，直至達到肝臟的原來大小始停止。

第一節 有絲分裂

有絲分裂一詞，係指細胞核由一個分爲兩個；**細胞質分裂**則指細胞體分裂。兩者幾乎是同時發生，並且互相協調，但彼此卻是明顯獨立的過程。

有絲分裂的主要任務是染色體複製，於是兩子細胞乃各具有一套與原來細胞相同的遺傳物質。有絲分裂雖是一連續的過程，但爲敍述方便起見，通常將之分爲四個時期，即**前期**（prophase）、**中期**（metaphase）、**後期**（anaphase）和**末期**（telophase）（圖 5-2）。其中前期爲時最久，假設某細胞有絲分裂需時十分鐘，其中六分鐘爲前期。今以動物細胞爲例加以說明。

前期 在間期時，細胞核內的遺傳物質稱染色質（chromatin）。染色質散布在核質（nucleoplasm）中，在細胞開始分裂以前，便行複製。至**前期**時，染色質漸漸捲曲並濃縮成染色體，在顯微鏡下，可以察見各染色體實際上已包含經複製而成的兩條**染色分體**（chromatid），兩者縱向並列，僅著絲點（centromere）的部分相連一起（圖 5-3）。除高等植物外，一般細胞在核的附近有中心粒，**中心粒**亦經複製而有兩對，每一對包含一成熟的中心粒及一較小新形成的中心粒，彼此互相垂直。兩對中心粒漸漸分離，向細胞的兩極移動，在兩者間並產生**紡錘絲**（spindle

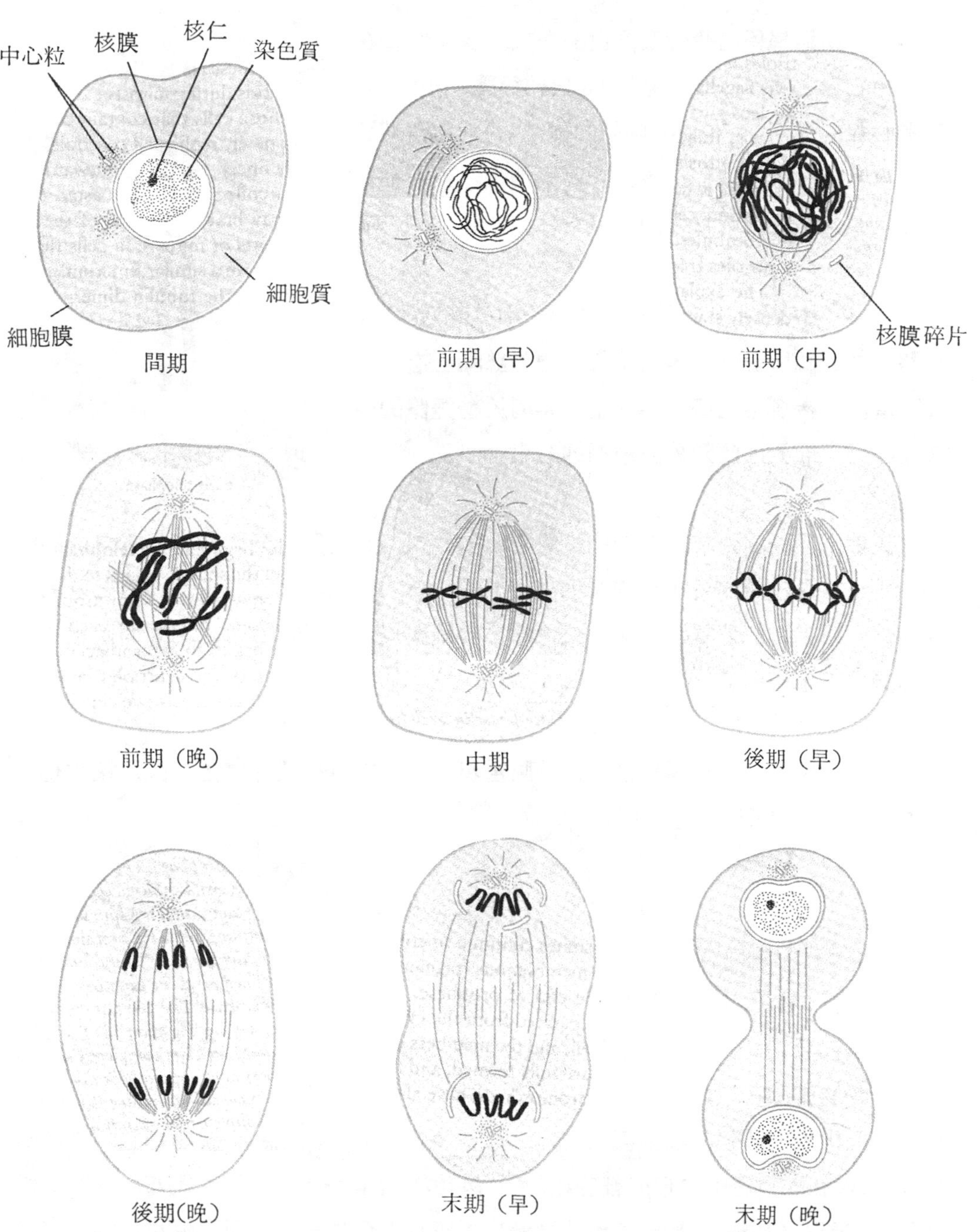

圖 5-2　有絲分裂的各期（動物細胞）

fiber)， 紡錘絲係由微管及蛋白質構成。各紡錘絲在兩對中心粒之間排列成紡錘狀，故稱**紡錘體**(spindle)。在中心粒的周圍， 有輻射排列的纖維， 稱為**星狀體**(aster)。 此外， 核仁、核膜皆漸漸消失，至前期終了時，染色體與細胞質之間已無分界。

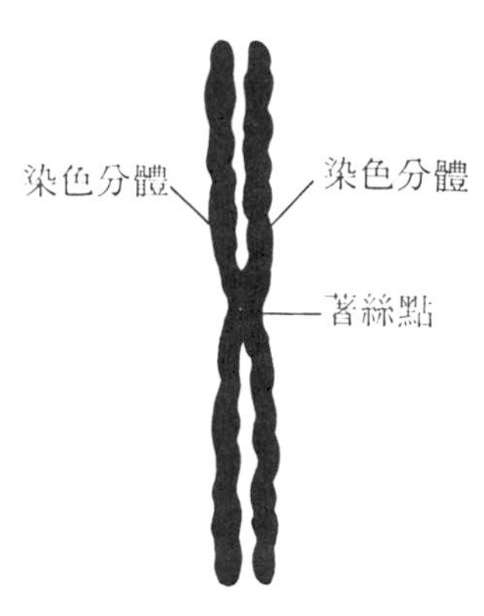

圖 5-3 複製後的染色體

中期 中期時，各染色體在紡錘體中央來回移動，此乃由紡錘絲所操縱，因為染色體的著絲點上有紡錘絲附著。最後各染色體均能準確的排列於紡錘體的中央（卽赤道面），此乃象徵中期的結束。

後期 後期開始時，各染色體的著絲點分裂，於是染色分體乃各具有自身的著絲點而成為染色體。各複製的染色體由於紡錘絲的牽引，乃互相分離並向細胞的兩端移動。移動時，著絲點在先，染色體的臂則殿後。至後期終了，相同的兩組染色體乃分別移至細胞的一極。

末期 末期時，紡錘絲消失，核膜重現，包圍於各組染色體的外圍，核仁也再出現。於是，核分裂乃告完成。

第二節 細胞質分裂

隨著核分裂的完成，細胞質便發生分裂。細胞質分裂通常將細胞分隔為幾乎相等的兩個部分，此一分隔發生於紡錘體中央。細胞質分裂在動物和植物的細胞略有差異，動物細胞在末期較早時，紡錘體中央卽赤道面的部分，其細胞膜便形緊縮，起初表面出現一凹陷，繼續再向內陷，終至將細胞分隔為二。在植物細胞，細胞質分裂時， 在紡錘體中央形成**細胞板**(cell plate)（圖 5-4）。 細胞板乃由高基氏體所產生的一系列小囊所形成，這些囊最後相癒合而形成一扁平而以膜為界的空間，此卽細胞板。當更多的小囊癒合時，增長中的細胞板之邊緣，乃與細胞膜相癒合。

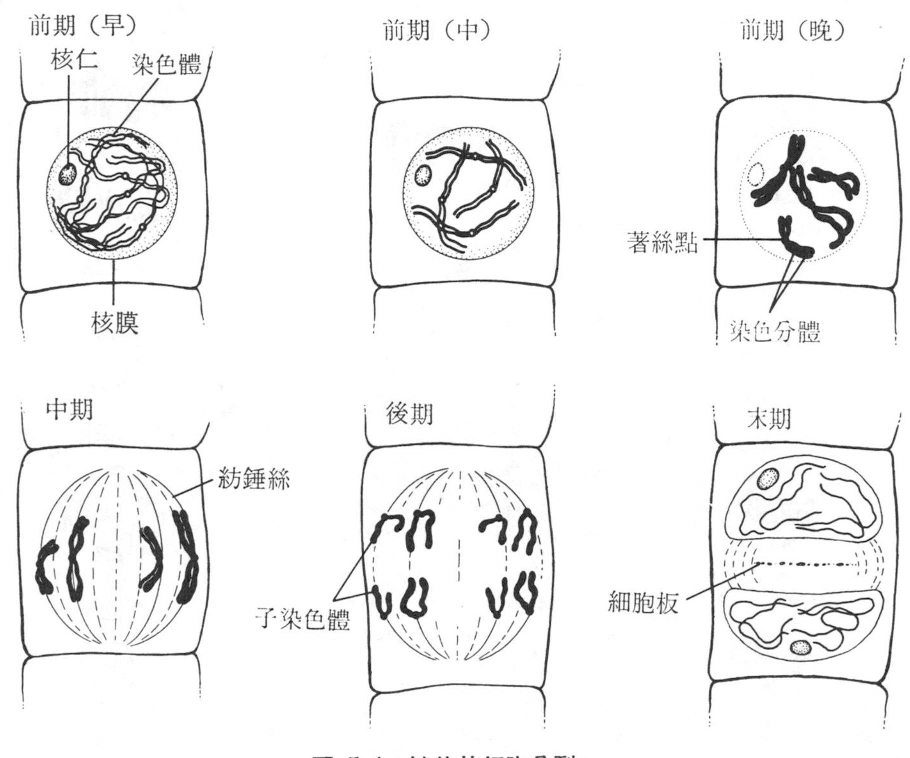

圖 5-4　植物的細胞分裂

由此， 兩子細胞乃由此空間將之隔離； 空間中漸漸積聚果膠（pectin）， 形成**中膠層**。兩子細胞在細胞膜的外側，分泌纖維素及其他多糖，形成細胞壁。

前一節及本節的敍述，雖然強調細胞分裂的過程，但另一方面必須了解，細胞分裂時細胞中的其他各項活動， 仍然持續進行， 在整個細胞週期中， 細胞均不斷的合成各種所需的成分、 分解養分、 與環境間交換物質， 以及對各項刺激產生反應。

第三節　減數分裂

生物行有性生殖時，會產生雌雄配子，雌配子稱爲卵，雄配子叫做精細胞或精子。此時，細胞必須經過減數分裂（meiosis），於是， 配子中的染色體數目，僅有

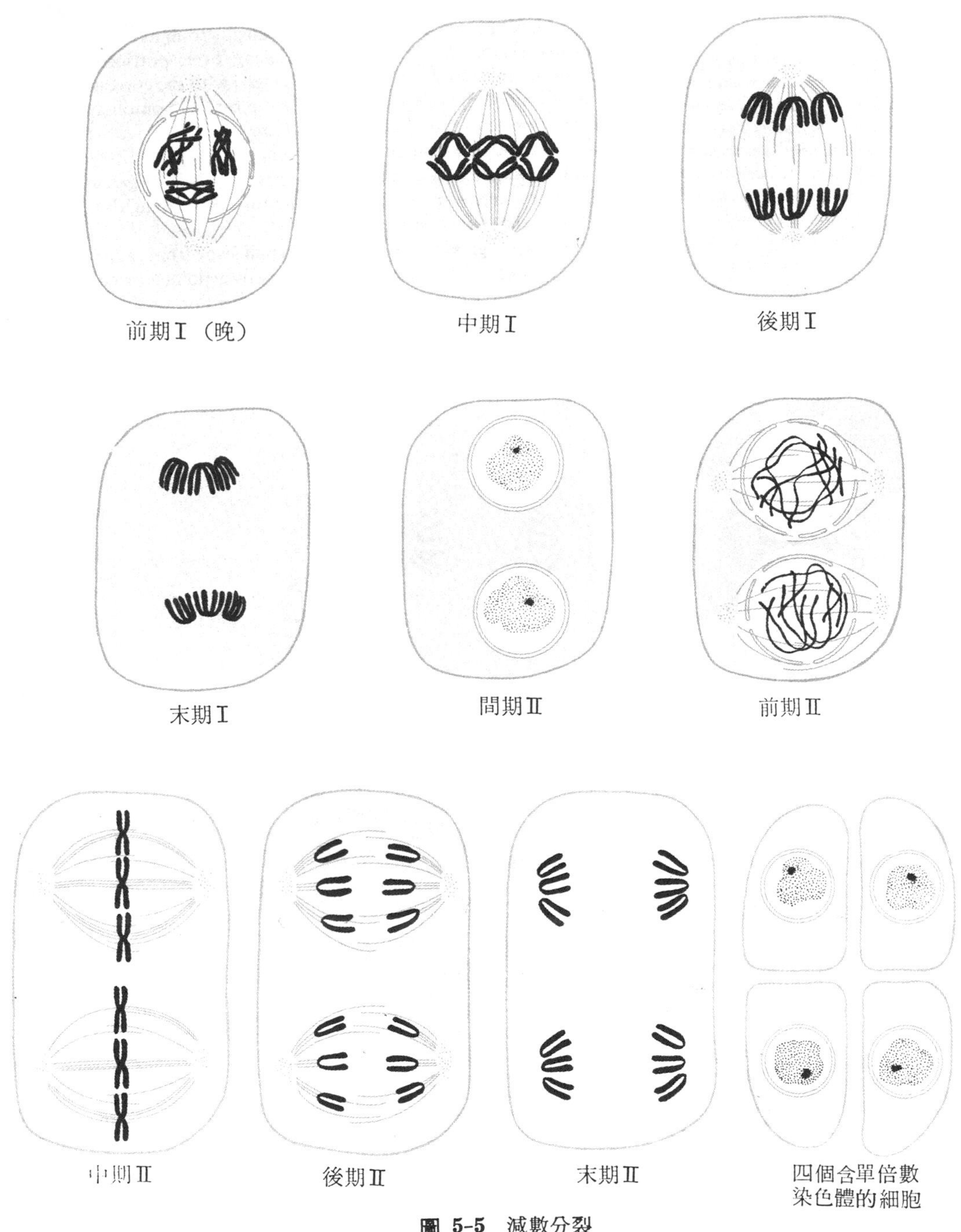

圖 5-5 減數分裂

原來細胞的一半，　爲**單倍數染色體** (haploid number of chromosome)。 待雌雄配子結合後，　受精卵內，　乃又恢復爲原來的**二倍數染色體** (diploid number of chromosome)。由此可知，減數分裂可以確保經有性生殖產生的後代，細胞內的染色體數目與親代一樣。

減數分裂包括兩次連續的核分裂，分別稱爲**第一減數分裂** (meiosis I) 和**第二減數分裂** (meiosis II)。第一減數分裂時，同源染色體(homologous chromosome)即成對的染色體互相分離，第二減數分裂時，複製後的染色分體互相分離。由此，一個細胞經減數分裂後，可以產生四個子細胞；而每一子細胞中染色體的數目，就只有原來細胞的一半，即每對中的一個。第一和第二減數分裂的過程，皆可分爲前期、中期、後期和末期，今以具有四對染色體的植物細胞爲例說明之 (圖 5-5)。

減數分裂 I　前期 I 時，染色質纏絡形成染色體，且已複製爲兩個染色分體，而以著絲點相連。繼之，同源染色體乃互相配對，於是，四條染色分體，縱向並列，稱爲**四分體** (tetrad) (圖 5-6A)。在同源染色分體間，有時會互相交換相同的一段，這一情形，叫做**互換** (crossing over) (圖5-6B)。至前期 I 終了時，紡錘體形成、核膜、核仁消失。若是動物細胞，則尚有中心粒及星狀體。中期 I 時，同源染色體便以四分體排列於紡錘體中央，四分體的數目，與染色體的對數相等，例如有四對染色體的細胞，減數分裂時，形成的四分體，便是四個。後

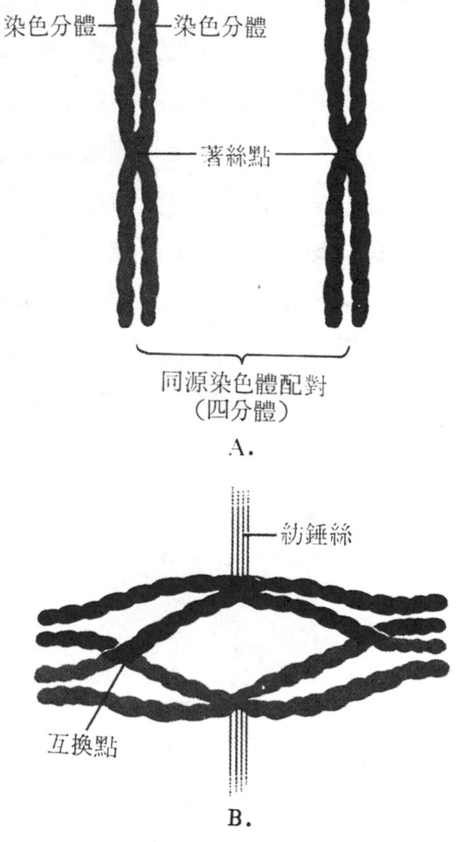

圖 5-6　聯會與互換。 A.減數分裂前期 I 時，同源染色體配對形成四分體。 B.四分體的兩同源染色分體間，可以發生互換，互相交換一段。(參看彩色頁)

期Ⅰ時，紡錘絲將成對的染色體分別向細胞的兩極牽引，於是同源染色體便互相分離，但複製的染色分體，仍以著絲點相連一起。至末期Ⅰ時，染色體乃移至細胞兩極。大部分動物和植物的細胞，在第一和第二減數分裂中間，並無顯著的間期，染色體亦不分散成染色質，核膜亦不形成。

減數分裂Ⅱ　第二減數分裂時，染色體不再複製。在末期Ⅰ時，若染色體分散成染色質，則前期Ⅱ時，又纏絡成染色體；核膜若存在，此時便又消失。新的紡錘體開始形成，其方向與第一減數分裂成直角。中期Ⅱ時，染色體排列在紡錘體中央，此時的染色體皆爲**二分體**（dyad）。至後期Ⅱ，著絲點分裂，各染色體乃有其自身的著絲點。經複製的染色體乃互相分離，分別向細胞的兩極移動。末期Ⅱ時，紡錘體消失，核膜重現，包圍各組染色體，於是形成細胞核。繼之，細胞質分裂，形成細胞壁，將細胞質分隔爲四個子細胞。在植物，各子細胞乃分化爲孢子。

在動物，包括人類在內，減數分裂一般發生於生殖腺，卽睪丸及卵巢內。在雄性，睪丸內的精原細胞發育爲**初級精母細胞**（primary spermatocyte），初級精母細胞經第一、第二減數分裂而產生四個**精細胞**（spermatid），每一精細胞再經分化而成爲蝌蚪狀的**精子**（sperm）（圖 5-7）。在雌性，卵巢內的卵原細胞（oogo-

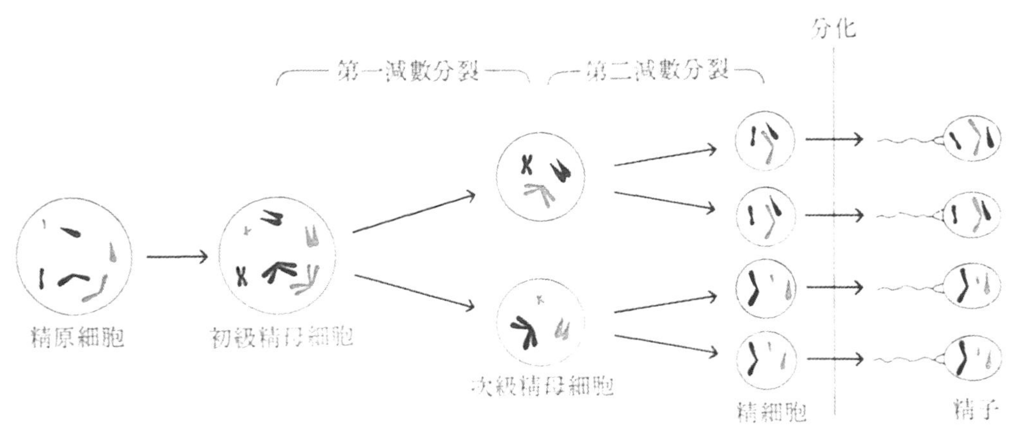

圖 5-7　精子的形成

nium）發育爲**初級卵母細胞**（primary oocyte），初級卵母細胞經第一減數分裂而成爲兩個細胞，此時，細胞質的分裂並不均等，故產生的兩個細胞，一大一小，大者稱爲**次級卵母細胞**（secondary oocyte），小的叫做**極體**(polar body)，極體幾乎不含細胞質。次級卵母細胞經第二減數分裂分爲兩個，亦是一大一小，大的稱爲**卵**(ovum)，保有絕大部分的細胞質，小的是極體（圖 5-8）。由此可知，在雌性，減數分裂僅產生一個卵，卵內所含的細胞質，可以提供早期胚胎發育所需的養分。

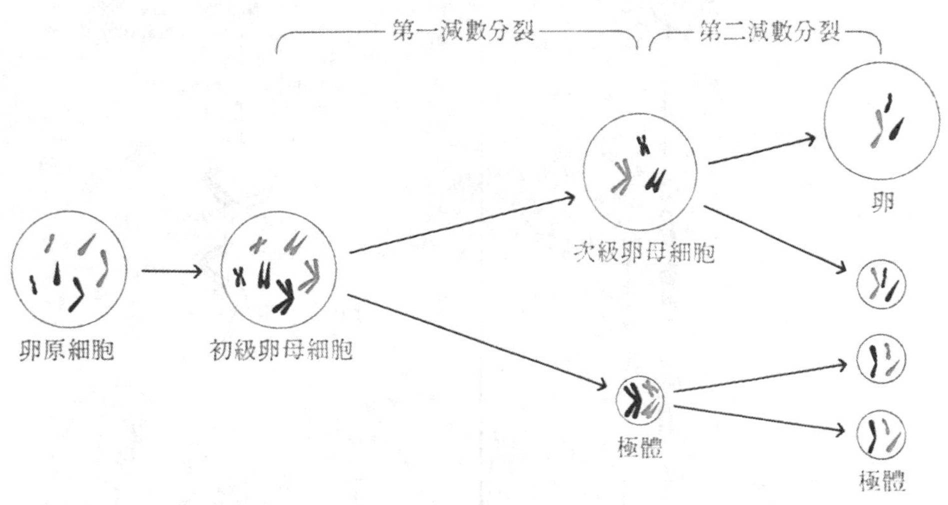

圖 5-8　卵的形成

第四節　細胞分裂與生殖

細胞分裂不論是有絲分裂或減數分裂，皆是細胞的生殖（圖 5-9），細胞分裂與個體的生殖也有密切的關聯。個體的生殖，其方法雖由於生物種類不同而各異，但可歸納爲無性生殖和有性生殖兩大類。

無性生殖常見於原生動物、藻類、菌類等較低等的生物，包括二分法（binary fission)、孢子生殖（spore production)、出芽（budding) 和營養繁殖（vegetative reproduction）等。所有這些方法，親代僅有一個，其細胞經由有絲分裂而產生後代。因爲有絲分裂時，遺傳物質會複製，因此，無性生殖產生的後代，具有與親代

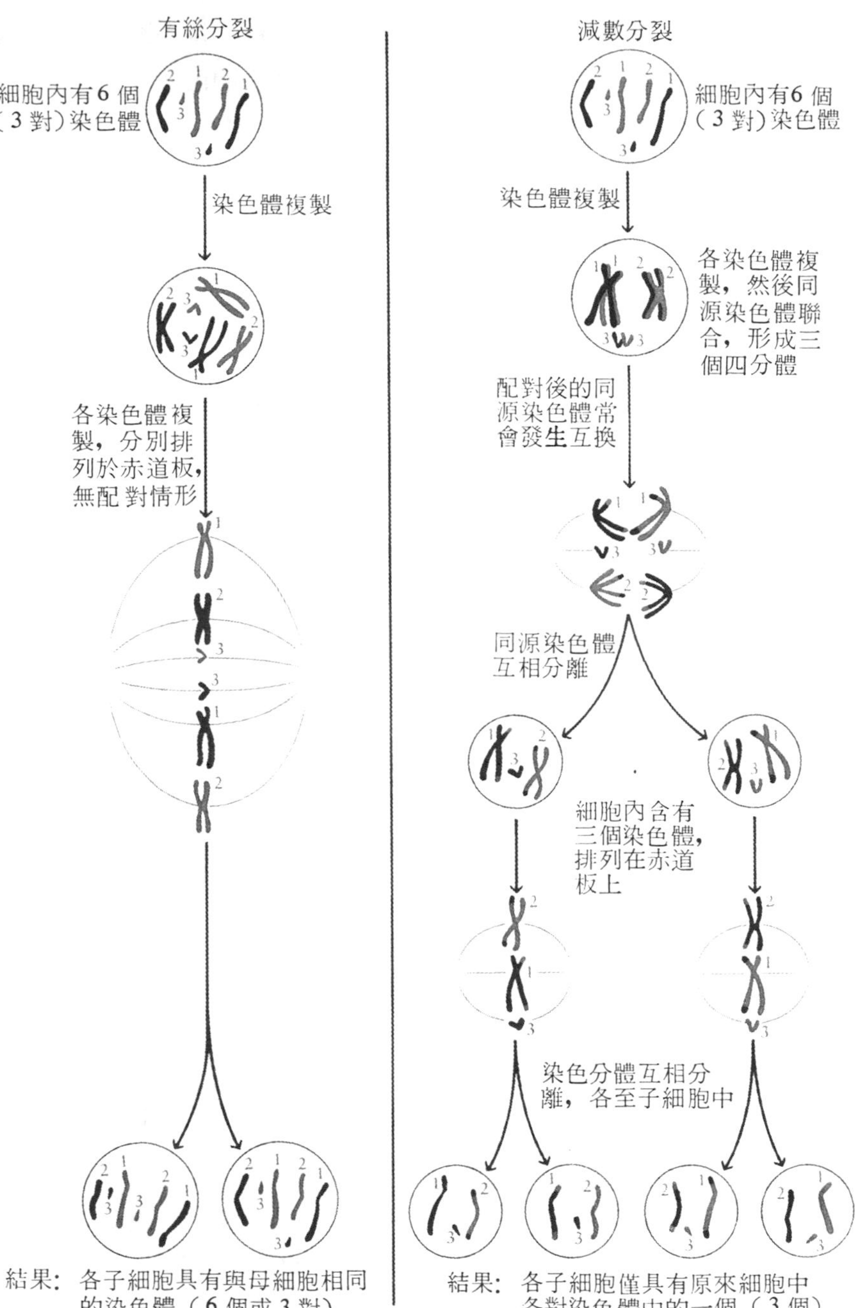

圖 5-9 有絲分裂與減數分裂的比較

完全一樣的遺傳特徵。

有性生殖則涉及雌雄親代，雖然在雌雄同體（株）的生物，可能自體受精而只有一個親代；但生殖時，皆涉及減數分裂和受精。多細胞的生物，卵受精後形成的合子(zygote)，在發育過程中，要經過許多次的有絲分裂而形成多細胞的胚胎。

第二篇　遺　傳

第六章　染色體與遺傳

細胞分裂不但可以確保子細胞與母細胞染色體的數目相同，同時也確保兩者染色體的大小和形狀一樣。染色體由 DNA 和蛋白質構成，DNA 是構成遺傳基因的物質，因此，生物經由生殖作用，可以將遺傳特徵經由染色體而傳給後代。

無性生殖產生的後代，與親代間沒有差異；但有性生殖則不然，所產生的子代與親代並不完全一樣，彼此有相似、也有相異的地方。研究親子間爲何相似，又爲何相異的科學，叫做**遺傳學**（genetics）。

遺傳學的始祖孟德爾（Gregor Mendel），是奧國的一位修士，他在修道院的庭園中種植植物，以從事生物學的研究。孟氏的最大成就是以實驗證明生物的遺傳性狀，係由**因子**（factor）所控制，這種因子可以歷代相傳。因子一詞以後經定名爲**基因**（gene）。孟氏的研究報告於 1866 年發表，但當時卻未受到學術界的重視，直到1900年，有三位科學家，分別在不同的國家作遺傳實驗，得到與孟氏相同的結果，於是，孟氏的研究成果始被重新發現而獲得肯定。

第一節　孟德爾對遺傳的貢獻

孟德爾選擇豌豆（garden pea 學名 *Pisum sativum*）作爲遺傳實驗的材料，因爲豌豆具有許多明顯的對偶性狀，例如莖有高（180 公分左右）有矮（30 公分左右）、種子有黃色和綠色等；同時，豌豆易於栽培且生長快速，種植約一季便會開花結實；更重要的是豌豆的花瓣緊閉（圖 6-1），故行自花受粉，如此可以保持爲純品系（true breeding），其後代的性狀不致改變，但是在進行遺傳實驗時，則可用人工方法使之異花受粉。

孟氏不但選擇的材料適於作遺傳研究，同時能針對問題設計實驗，以了解遺傳的基本原理。實驗時，孟氏對交配所得的後代，不僅觀察第一代，而且亦觀察第二代； 更重要的是孟氏記錄後代的特徵及數據，然後用數學方法加以分析， 並利用符號作代表，清晰的描述其實驗。因此，其他的科學家可以重複實驗並查證之。

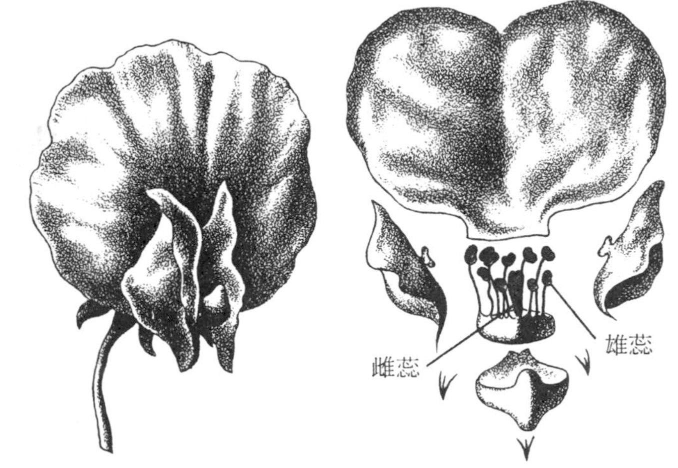

圖 6-1 豌豆花，左爲花的外貌，右爲將花瓣打開，示其生殖部位。

分離法則 孟氏選擇豌豆的七種性狀分別作遺傳實驗，實驗時，將具有對偶性狀的豌豆作爲**親代**（parent generation)，但親代必須爲純品系，孟氏任豌豆自花受粉繁殖數代而該性狀不改變者，即認其爲**純品系**。在進行雜交時，將親代之一的花藥除去（作爲雌性親代），而將另一親代的花粉（作爲雄性親代）撒在前者的柱頭上，然後緊閉花瓣。七種性狀分別作雜交後， 孟氏發現其第一代——孟氏稱之爲**第一子代**（first filial generation F_1)，僅出現對偶性狀中之一而已， 例如高莖豌豆與矮莖者雜交後， 第一子代皆爲高莖，此種在第一子代表現的性狀， 稱爲**顯性**（dominant)， 另一隱而未現者，稱爲**隱性**(recessive)。孟氏任第一子代的豌豆自花受粉，所產生的後代，稱爲**第二子代**（second filial generation F_2)。結果， 第一子代未出現的性狀，在第二子代又再出現，其結果見表 6-1。

若是分析表 6-1 的結果，當可發現在 F_2 中，顯性和隱性的比例約爲 3：1 。爲何隱性性狀在 F_1 完全不現，而至 F_2 又以一定的比例出現? 孟氏對此一問題所提出的答案，可說是很大的貢獻。孟氏認爲此一情形是由於遺傳性狀係由各自分離的小顆粒所決定，並稱此小顆粒爲因子，現稱爲基因，控制對偶性狀的兩個基因，稱爲**對偶基因**（allele)，其中一個爲顯性，一個是隱性。對任何性狀言， 在個體中該性狀的基因係成對存在，其中之一來自父方，另一來自母方；當產生配子時，此

表 6-1 孟德爾作豌豆單性雜交的結果

性狀	親代			第二子代		
	顯性	×	隱性	顯性	隱性	總數
種字形狀	圓	×	皺	5474	1850	7324
種子顏色	黃色	×	綠色	6022	2001	8023
花的位置	腋生	×	頂生	651	207	858
花的顏色	紫色	×	白色	705	224	929
豆莢形狀	飽滿	×	癟	882	299	1181
豆莢顏色	綠色	×	黃色	428	152	580
莖的高度	高	×	矮	787	277	1064

成對的基因又復分離。

上述的交配過程，稱爲**單性雜交** (monohybrid cross)，孟氏以符號及圖解加以說明。至於基因的符號，是以該性狀英文稱呼的第一個字母代表，大寫爲顯性，小寫爲隱性。例如莖的高 (tall) 矮 (dwarf)，孟氏取顯性卽高莖的第一個字母，T 代表高莖基因，t 代表矮莖基因。但現今的遺傳學家則以突變性狀的英文稱呼之第一個字母代表基因，在自然界中，普遍常見的性狀爲**野生型** (wild type)，如豌豆的高莖，較少見者爲**突變體** (mutant)，如豌豆的矮莖；據此，則以矮莖的英文稱呼第一個字母代表之，D代表高莖，d 代表矮莖。個體所表現的遺傳特徵，稱爲**表型** (phenotype)，例如高莖。任何性狀的基因組合，叫做**基因型** (genotype)，凡組成基因型的兩個基因相同者，稱爲同型合子 (homozygous)，相異者稱爲異型合子 (heterozygous)。有關單性雜交的過程，可用圖解說明之 (圖 6-2) 。

孟氏在作豌豆的單性雜交時，曾將親代的性別互換，例如取高莖豌豆的花粉撒在矮莖豌豆的柱頭上；相對的，亦將矮莖豌豆的花粉撒在高莖者的柱頭上，此項交配，叫做**互交** (reciprocal cross)。孟氏作豌豆互交，二者的結果並無差異。

孟氏根據單性雜交所獲的結論，後人稱之爲**孟氏第一定律** (Mendels' first

law)， 或稱**分離法則** (principle of segregation)， 其要點爲： 遺傳性狀係由基因所控制，任何基因都有顯性與隱性兩種型式。個體中，對任何一種性狀言，均有兩個基因成對存在，當產生配子時，該兩基因便互相分離而各至一配子中。

按照孟氏的解釋， F_1 的表型雖爲高莖， 但基因型則爲 Dd。F_1 的基因型究爲 DD 或 Dd， 孟氏曾作另一項交配，根據該交配的結果，可以斷定 F_1 的基因型，此項交配，叫做**試交** (testcross)。試交係將欲測試的個體與一同型合子的隱性性狀者交配，若後代中有隱性性狀出現，即說明該個體爲異型合子。例如將 F_1 的高莖豌豆，與一同型合子的矮莖豌豆交配，若後代中有矮莖者出現，即表示 F_1 具有一矮莖基因，其基因型爲 Dd (圖 6-3)。孟氏的實驗結果，肯定其假設是正確的。

P　高莖 DD × 矮莖 dd

配子　(D)　(d)

F_1　高莖 Dd

$F_1 \times F_1$　高莖 Dd × 高莖 Dd

配子　(D) (d)　(D) (d)

F_2

	(D)	(d)
(D)	DD 高莖	Dd 高莖
(d)	Dd 高莖	dd 矮莖

表型	基因型	基因型頻率	表型比例
高莖	DD	1	3
	Dd	2	
矮莖	dd	1	1

圖 6-2　孟德爾所做豌豆莖的高矮實驗，所得表型和基因型的比例。

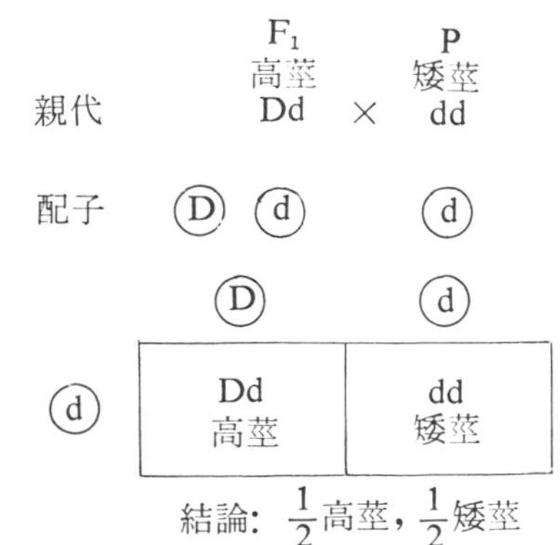

圖 6-3　豌豆莖的高矮之單性雜交，將 F_1 作試交，其後代高莖和矮各半。

自由配合法則　孟氏繼豌豆的單性雜交後，又選擇親代有兩種性狀爲對偶的豌豆作交配， 這種交配， 叫做**兩性雜交**。(dihybrid cross) 例如將種子爲黃色圓形者與綠色皺皮者作爲親代，觀察其第一和第二子代。根據單性雜交，已知種子的黃色和圓形皆爲顯性，故 F_1

的種子，皆爲黃色圓形。任 F_1 自花受粉，所得 F_2 共有 556 個種子，其中315黃色圓形、101黃色皺皮、108綠色圓形、32 綠色皺皮，比例約爲9：3：3：1。

這一實驗結果，與單性雜交所得者並不衝突，在 F_2 中，黃色和綠色種子仍以 3：1 的比例出現（416黃：140綠）；圓形皺皮者亦然（423圓：133皺）。因爲種子顏色和形狀各爲獨立的性狀，故在後代中出現時，可以互相配合一起。至於控制種子顏色的基因（G，g）與種子形狀的基因（W, w）係屬**非對偶基因**(nonallele)，孟氏認爲非對偶基因在形成配子時，可以互相組合而同至一配子中。例如基因型爲 GgWw 者，形成配子時，G 與 W, w 分別配合，g 亦與 W, w 分別配合，於是，便產生 GW Gw gW 和 gw 四種配子。兩性雜交的結果，可以圖 6-4說明之。

根據孟氏所作豌豆兩性雜交所得的結論，後人稱之爲**孟氏第二定律** (Mendel's second law)，或**自由配合法則** (principle of independent assortment)。其要點爲：(1) 形成配子時，一對基因的分

P　黃色圓形 GGWW　×　綠色皺皮 ggww

(GW)　(gw)

F_1　黃色圓形 GgWw　×　黃色圓形 GgWw

雄配子：(GW) (Gw) (gW) (gw)　雌配子：(GW) (Gw) (gW) (gw)

F_2

	(GW)	(Gw)	(gW)	(gw)
(GW)	GW GW	Gw GW	gW GW	gw GW
(Gw)	GW Gw	Gw Gw	gW Gw	gw Gw
(gw)	GW gW	Gw gW	gW gW	gw gW
(gw)	GW gw	Gw gw	gW gw	gw gw

表　型	基因型	基因型頻率	表型比例
黃色圓型	GGWW	1	9
	GGWw	2	
	GgWW	2	
	GgWw	4	
黃色皺皮	GGww	1	3
	Ggww	2	
綠色圓形	ggWW	1	3
	ggWw	2	
綠色皺皮	ggww	1	1

圖 6-4　豌豆種子黃色圓形者與綠色皺皮者作兩性雜交的結果

離，對另一對基因的分離沒有影響。(2) 非對偶基因在形成配子時，會互相配合而同至一配子中。

至於兩性雜交中，F_1 是否爲異型合子，孟氏亦曾作試交。他將黃色圓形種子的 F_1，與綠色皺皮的同型合子交配，後代中有黃色圓形、黃色皺皮、綠色圓形以及綠色皺皮四種表型，比例爲 1:1:1:1（圖 6-5）。這一結果說明 F_1 的表型雖爲黃色圓形，但其基因型中，一定有該兩種性狀的隱性基因存在，故爲異型合子，其基因型爲 GgWw。

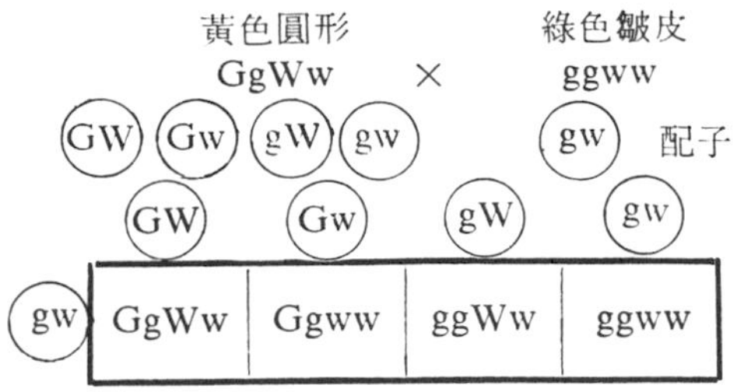

表　型	基因型	基因型頻率	表型比例
黃色圓形	GgWw	1	1
黃色皺皮	Ggww	1	1
綠色圓形	ggWw	1	1
綠色皺皮	ggww	1	1

圖 6-5　兩性雜交所得黃色圓形種子的F_1，再作試交，結果後代有四種表型，比例爲 1:1:1:1

分離法則與自由配合法則，可以廣泛適用於其他動植物以及人類的遺傳性狀（表 6-2），此爲遺傳學上的兩大基本定律。

表 6-2　若干人類性狀的遺傳

顯　性	**隱　性**
深色髮	金　髮
早年禿頂	正　常
皮膚、毛髮中有黑色素	白化症
正　常	皮膚中缺汗腺
正　常	視神經萎縮
長睫毛	短睫毛
厚嘴唇	薄嘴唇

牙齒缺琺瑯質	正　常
身材矮	身材高
多指（趾）	正　常
短　指	正　常
血型 A，B，AB	血型 O
亨丁多氏舞踏症 (Huntington's Chorea)	正　常
正　常	黑矇性白痴（amaurotic idiocy，Tay-Sachs disease）
正　常	着色性乾皮病（xeroderma pigmentosum）
正　常	糖尿病
高血壓	正　常
正　常	黑尿症（alkaptonuria）
正　常	苯酮尿症（phenylketonuria）

第二節　半顯性和等顯性

孟德爾以後，生物學家利用其他的動植物作遺傳實驗，發現有些遺傳性狀其對偶基因的關係， 並不和前述的豌豆七種性狀一樣， 表現顯性和隱性。 例如金魚草(snapdragon) 的花有紅色和白色，其異型合子（RR′） 的花， 則爲介於紅白之間的粉紅色。這種情形，叫做**半顯性**（semidominance)，或稱**中間型遺傳**（intermediate inheritance)。

尙有一些遺傳性狀的對偶基因，當組合一起時，彼此所影響的性狀皆可表現出來，叫做**等顯性**（codominance)。例如人的 ABO 血型，基因 I^A 可以產生A抗原（位紅血球表面），基因 I^B 可產生B抗原， 基因型爲 I^AI^B 者， 兩種抗原皆可產生。

不論半顯性或等顯性，其對偶基因的關係雖無顯隱之分，但遺傳方式仍與孟氏遺傳定律相符合，故同樣的可利用前述的遺傳法則加以解釋（圖 6-6）。

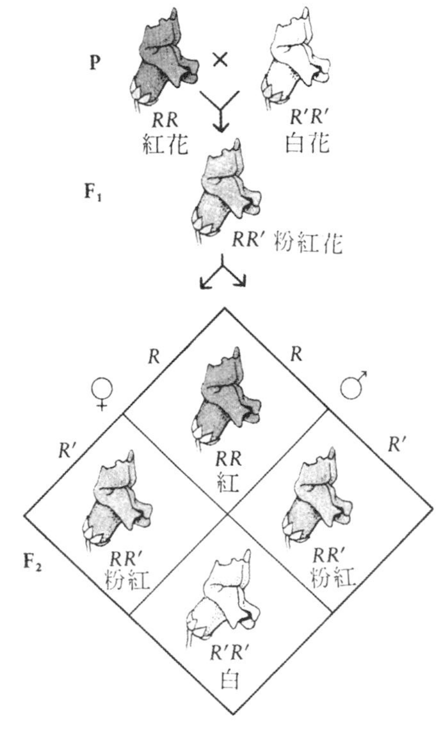

圖 6-6 金魚草的花色遺傳，紅色與白色基因爲半顯性，單性雜交的結果，仍可用孟氏遺傳法則解釋。

第三節　複對偶基因和多效性

有些遺傳性狀的對偶基因有兩個以上，這種情形，叫做**複對偶基因**(multiple allele)。例如人類的 ABO 血型，其對偶基因除 I^A 和 I^B 外，尙有 i（i 不會產生抗原），I^A 和 I^B 分別對 i 爲顯性。紅血球表面有抗原A者，血型爲A型，具有抗原B者爲B型，兩種抗原皆具有者爲 AB 型，不具此等抗原者爲O型。複對偶基因中的任何兩個，都可以組合一起，在個體內控制 ABO 血型的基因只有二個，這兩個基因或相同，或相異。有關 ABO 血型的表型與基因型的關係如表 6-3。

表 6-3　ABO 血型的表型與基因型

表　型	基因型	抗　原
A	I^AI^A, I^Ai	A
B	I^BI^B, I^Bi	B
AB	I^AI^B	AB
O	ii	無

複對偶基因雖有二個以上，但仍可用孟德爾的遺傳法則來說明其遺傳方式。例如夫婦血型皆爲異型合子 I^Ai， 所生的子女，基因型的種類和比例爲 $1I^AI^A$: $2I^Ai$: $1ii$， 表型種類和比例爲 3 A型 : 1 O型（圖 6-7）。

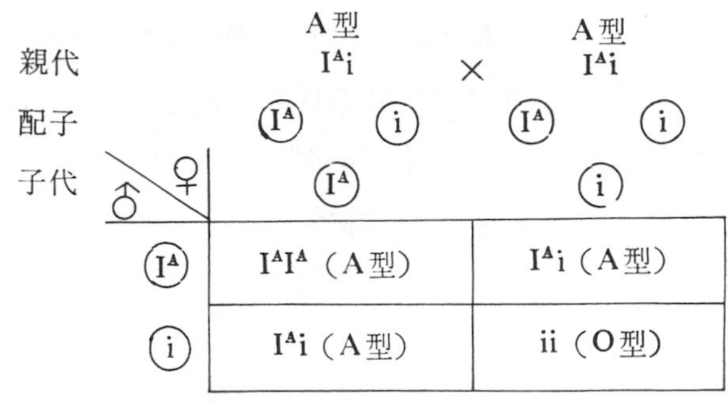

圖 6-7　夫婦血型均爲異型合子A型，子女血型有A型和O型，比例爲 3 : 1。

人類的 Rh 血型，有陽性和陰性之別， 陽性者具有抗原，陰性者無抗原； 其對偶基因 D(Rh^+)爲顯性，d(Rh^-)爲隱性。但也有學者認爲 Rh 血型的遺傳， 係屬複對偶基因，有的學者則認爲 Rh 血型係由三對基因 (CcDdEe) 所控制。

由於 Rh 血型所引起的血型不親和 (blood type incompability)， 影響健康至鉅 。 若母親爲 Rh^-， 父親爲 Rh^+，不論父親的基因型爲 DD 或 Dd ， 孩子均有可能爲 Rh^+。 由於胎盤的缺陷，或是母親分娩時出血，一部分胎兒的血液便至母體 ， 導致母體產生對抗 Rh 因子的抗體。 當母親

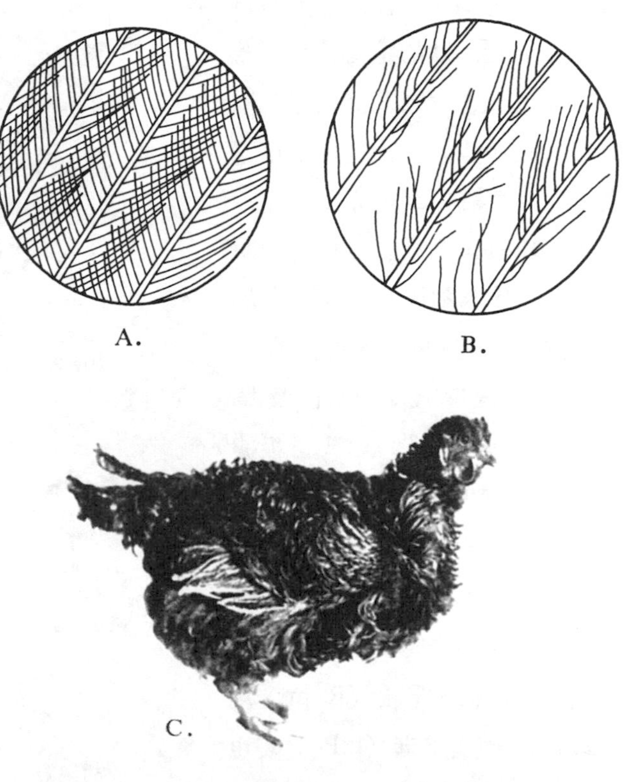

圖 6-8　鷄的羽毛。A.正常鷄的羽毛放大　B.翻毛鷄的羽毛放大　C.翻毛鷄。

再懷孕時，抗體可自母體經胎盤至胎兒，若該胎兒爲 Rh^+，則此等抗體可以使胎兒的紅血球發生凝集，嚴重時，會使胎兒死亡。

一個基因有時會影響數種不同的性狀，此種情形，叫做**多效性**（pleiotropy）。例如鷄的翻毛基因，使羽毛向上翻（圖 6-8），因此體溫易散失；爲確保體溫的恒定，於是許多生理現象都會發生變化，其代謝速率增加，心搏加速，食量增加而導致嗉囊擴大。凡此皆可增加體熱的產生，使體溫不致下降而維持恒定。

第四節　基因相互作用

有的遺傳性狀係受二對基因的控制，這兩對基因在影響該一性狀時，彼此會相互作用。基因相互作用的典型例子，是鷄冠形狀的遺傳，鷄冠形狀有玫瑰冠、豆冠、胡桃冠及單冠等（圖 6-9）。玫瑰冠對單冠爲顯性，豆冠對單冠亦爲顯性。若將玫瑰冠與豆冠者作爲親代，產生的後代爲胡桃冠，將 F_1 互相交配，F_2 則有四種表型：胡桃冠、玫瑰冠、豆冠及單冠，比例是 9:3:3:1。根據 F_2 此一比數的總和 16，可以推測鷄冠形狀的遺傳涉及兩對基因（R，r 及 P，p）。若是兩種顯性基因同時存在（R-P-），便產生胡桃冠；僅有 R 者（R-pp）爲玫瑰冠，僅有 P 者（rrP-）表現豆冠，無顯性基因存在時（rrpp）則爲單冠。根據 F_2 的表型種類

圖 6-9　鷄冠形狀

及比例，可知 F_1 的胡桃冠，其基因型爲 RrPp，而親代的玫瑰冠與豆冠，其基因型分別爲 RRpp 及 rrPP。當 F_1 產生配子時，該兩對基因間可以自由配合，故有四種配子。四種雌配子與四種雄配子互相組合，F_2 乃有九種不同的基因型，四種不同的表型，其表型的比例爲9:3:3:1（圖 6-10）。

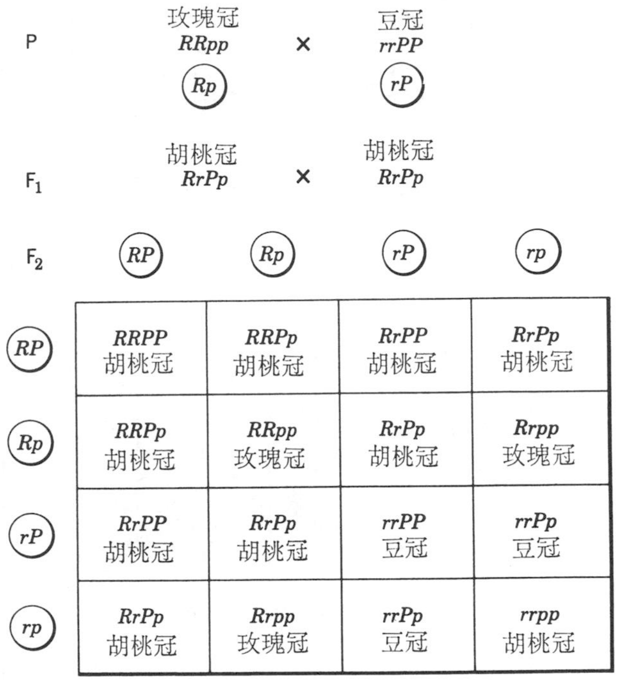

P 玫瑰冠 *RRpp* × 豆冠 *rrPP*

(*Rp*) (*rP*)

F_1 胡桃冠 *RrPp* × 胡桃冠 *RrPp*

F_2 (*RP*) (*Rp*) (*rP*) (*rp*)

	(*RP*)	(*Rp*)	(*rP*)	(*rp*)
(*RP*)	*RRPP* 胡桃冠	*RRPp* 胡桃冠	*RrPP* 胡桃冠	*RrPp* 胡桃冠
(*Rp*)	*RRPp* 胡桃冠	*RRpp* 玫瑰冠	*RrPp* 胡桃冠	*Rrpp* 玫瑰冠
(*rP*)	*RrPP* 胡桃冠	*RrPp* 胡桃冠	*rrPP* 豆冠	*rrPp* 豆冠
(*rp*)	*RrPp* 胡桃冠	*Rrpp* 玫瑰冠	*rrPp* 豆冠	*rrpp* 胡桃冠

結論：$\frac{9}{16}$胡桃冠，$\frac{3}{16}$玫瑰冠，$\frac{3}{16}$豆冠，$\frac{1}{16}$單冠

圖 6-10 玫瑰冠與豆冠的鷄交配

基因相互作用時，其中一對基因的表現，常會受另一對基因的影響而改變，這種情形，叫做**上位作用**（epistasis）。同時 F_2 的表型種類及比例，也常會改變而爲 9:3:3:1 的變相。例如香豌豆（sweet pea，學名 *Lathyrus Odoratus*）的花有白色和紫色，若將不同品系開白花的香豌豆互相交配，F_1 皆開紫花；F_1 自花受粉，F_2 有紫花和白花兩種表型，比例爲 9:7。9:7 實際上是 9:3:3:1 的變相，其中後三項的表型相同，故合共爲 7，即佔$\frac{7}{16}$。根據比數總和 16，可以推測香豌豆花的顏色，係受二對基因的控制（P, p 及 C, c），其中顯性基因 P 爲紫色基因，C 爲產生顏色能力的基因，當此二顯性基因同時存在時，花才會呈現紫色；若是僅有 P 或 C 存在，花不會產生顏色。在此情形下，cc 爲上位基因，可以抑制紫色基因的表現。根據 F_2 的表型比例，可以推測 F_1 的基因型爲 CcPp，而親代的基因型分別爲 CCpp 及 ccPP，其遺傳方式仍可用自由配合法則解釋之（圖 6-11）。

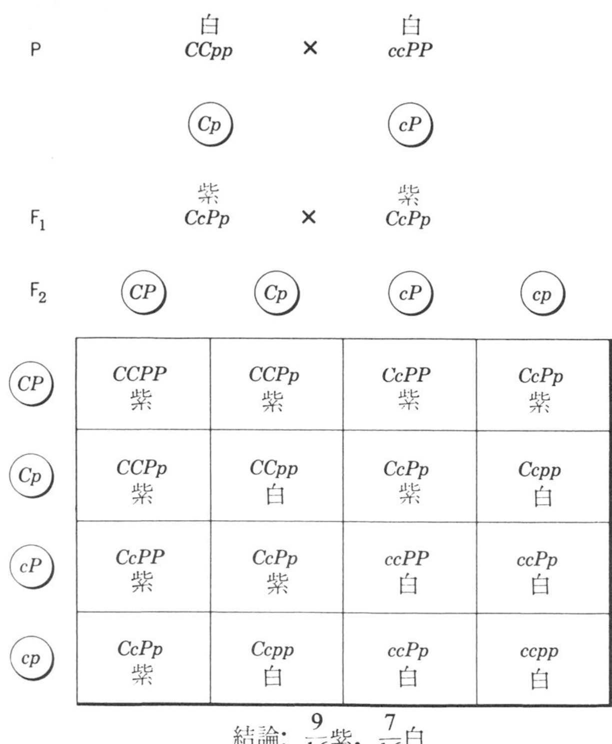

圖 6-11 香豌豆不同品系之白花互相交配，F_2 的表型兩種，比例爲 9：7。

第五節　多基因遺傳

某些有關量的遺傳性狀，例如人的身材高矮、膚色的深淺、植物果實的重量等，在個體間並無明顯的對偶現象，而呈現多種不同程度的差異。這些性狀係受二對(或二對以上)基因的影響，這兩對基因對該性狀的影響力相等，且有**累加作用** (cumulative effect)，例如顯性基因A使果實重量增加一兩，基因B亦然，基因型AABB 者乃較aabb者重量增加四兩。此種遺傳叫做**多基因遺傳** (polygene inhevitance)，或稱爲**量的遺傳** (quantitative inheritance)。

小麥種子的顏色，屬多基因遺傳。深紅色種子的基因型爲$R_1R_1R_2R_2$，白色者爲 $r_1r_1r_2r_2$，兩者交配，F_1 的種子顏色介於深紅與白色之間；F_1 互相交配，F_2 的種子顏色有多種深淺不同的情形，自親代的深紅色至白色呈一連續差異，其比例爲 1：4：6：4：1 (圖 6-12)。

人類皮膚中黑色素的含量，亦屬多基因遺傳。黑人的含量最多 (AABB)，白人的含量最少 (aabb)，黑白混血者 (AaBb)，的膚色乃介於黑白之間。若夫婦皆爲黑白混血 (AaBb)，則子女的皮膚顏色，表現最黑 (AABB) 或白色 (aabb) 的機會都最少，分別是$\frac{1}{16}$。

人類的身材高矮，可能涉及十對以上的基因，矮爲顯性，高爲隱性，基因型中的顯性基因越多，個子越矮。如果調查族羣中身材的高矮及人數，當可發現高度從最高至最矮呈一連續差異，最高與最矮者數目最少，中等身材者最多，故屬常態分布。此外，人的智慧亦屬多基因遺傳，由十多對基因所控制，在族羣中，智慧高低與身材高矮的情形一樣，亦呈常態分布。

親代:	$R_1R_1R_2R_2 \times r_1r_1r_2r_2$ （深紅）　（白）	
F_1:	$R_1r_1R_2r_2$（中間紅）	
F_2:	基因型	表型
1	$R_1R_1R_2R_2$	深紅
2 } 4	$R_1R_1R_2r_2$	深中間紅
2	$R_1r_1R_2R_2$	深中間紅
4 } 6	$R_1r_1R_2r_2$	中間紅
1	$R_1R_1r_2r_2$	中間紅
1	$r_1r_1R_2R_2$	中間紅
2 } 4	$R_1r_1r_2r_2$	淡紅
2	$r_1r_1R_2r_2$	淡紅
1	$r_1r_1r_2r_2$	白

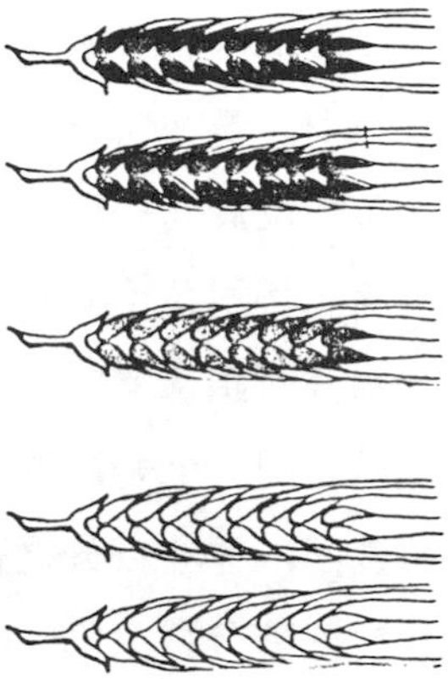

圖 6-12　小麥種子顏色的遺傳涉及兩對基因（R_1r_1 及 R_2r_2）

第六節　聯鎖和互換

孟德爾雖然認爲遺傳性狀係由基因所控制，但是對基因究竟是什麼或位於何處等問題，卻是茫無所知。有關基因位於何處的問題，係由細胞學家洒吞（Sutton）與巴夫來（Boveri）提出答案，他們在1902年發表報告，認爲遺傳基因應位於染色體上，這一說法，稱爲**染色體遺傳學說**（chromosome theory of inheritance）。

生物細胞內的染色體數目一定，少者如馬蛔蟲僅有一對，多者如某些蟹及蝴蝶則超過100對，通常則數十對；但生物的遺傳性狀則種類繁多，例如人類有 23對染色體，可是人體的遺傳性狀，則不下千百種。因此，生物學家認爲一個染色體上，含有很多基因，這些基因呈直線排列在染色體上，有如珠子串在線上一般。

根據孟氏第二遺傳定律，形成配子時，非對偶基因可以自由配合。豌豆有七對染色體，孟氏選擇的七種對偶性狀，恰好分別位於七對染色體上，因此，減數分裂時，這七對基因，可以隨染色體而互相配合（圖 6-13）。若是該等基因位於同一染色體上的話，則情況又將如何呢？通常位於同一染色體上的基因，在減數分裂時，這些基因將會隨該染色體而至同一配子中，這種情形，叫做**聯鎖** (linkage)。位於同一染色體上的基因，乃構成一聯鎖羣 (linkage group)。任何生物其聯鎖羣的數目，與其染色體的對數相同。但是，位於同一染色體上的基因，並非百分之百的聯鎖在一起，當減數分裂染色體聯會時，同源染色分體間會互相交換一小段，此種情形，叫做**互換** (crossing over)(圖 6-14)。聯鎖和互換係由莫干 (Morgan) 利用果蠅作實驗，對其結果所提出的解釋。

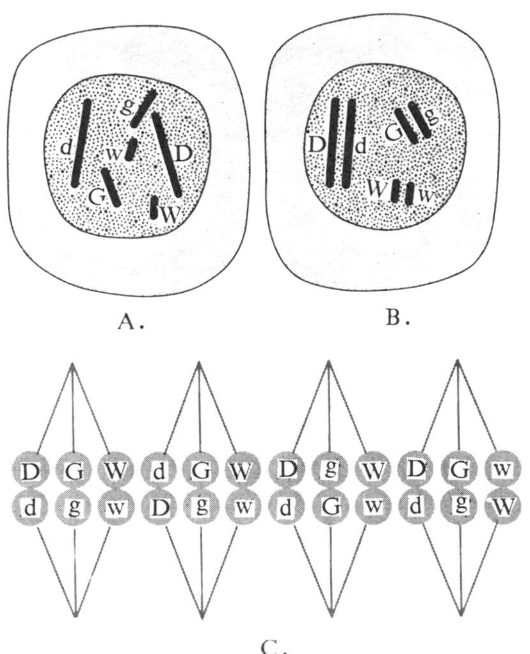

圖 6-13 染色體在減數分裂時自由配合的情形，A. 細胞內有三對染色體，B. 減數分裂時染色體聯會，C. 三對染色體排列在赤道板時，可以自由配合。

莫干將灰身長翅（兩者皆為顯性）的果蠅，與黑身殘翅（兩者皆為隱性）者交配，後代皆為灰身長翅；再將 F_1 的雌雄果蠅互相交配，F_2 雖有灰身長翅、灰身殘翅、黑身長翅及黑身殘翅等四種表型，但並不成 9 : 3 : 3 : 1 之比。莫干將 F_1 作試交，後代的四種表型，亦非1 : 1 : 1 : 1，其中與最早親代相同的表型，卽灰身長翅及黑身殘翅者各佔40%，另兩種新的組合，卽灰身殘翅與黑身長翅者

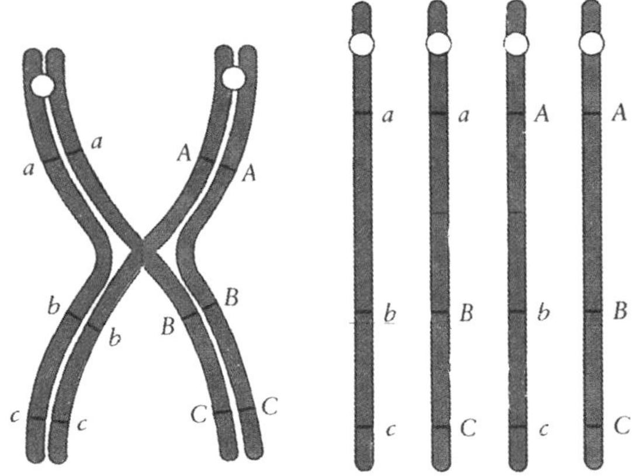

圖 6-14 減數分裂前期 I 時，同源染色體聯會後，同源染色分體在兩基因間會分別斷裂，然後互相交換斷裂的部分而互相接合，圖中在 A 與 B、a 與 b 間分別斷裂，然後交換而接合，右為交換後的四條染色體。

各佔10%。

莫干認爲控制果蠅體色及翅長殘的基因位於同一染色體上（圖 6-15），當 F_1 產生配子時，該兩基因便聯在一起而至同一配子中，但其聯鎖並不完全，減數分裂時，該對染色體會在兩基因間斷裂，然後互相交換斷下的部分。染色體經互換後，其上的基因組合便與原來不一樣，稱爲**重組**（recombination）。在試交所得的後代中（圖 6-16），表型與親代相同者（灰身長翅及黑身殘翅），叫做親代型（parental type）。另兩種新的表型（灰身殘翅及黑身長翅），叫做重組型（recombination type）。重組型所佔的百分比，即爲該兩基因間的互換率；互換率可以代表該兩基因在染色體上的距離。根據實驗結果，可知果蠅體色及翅長殘的基因在染色體上相距20互換單位（crossover unit）。根據試交的結果，可以將基因在染色體上的位置畫出來，繪成的圖，叫做**染色體區域圖**（chromosome map）。例如A，B，C三個基因位於同一染色體上，A與B之間的互換率是 5 %，B與C之間的互換率是 3 %，A與C之間的互換率是 8 %，則B應在中間；若A與C間的互換率爲 2 %，則C應位於中間（圖 6-17）。圖 6-18 爲果蠅四對染色體的區域圖。

根據染色體發生互換的情形，可知各基因必定位於染色體上某一特定的部位，該部位叫做**基因座**（locus）；更有進者，個體內控制某一性狀的兩個基因，必定位於某對染色體上相同的部位，

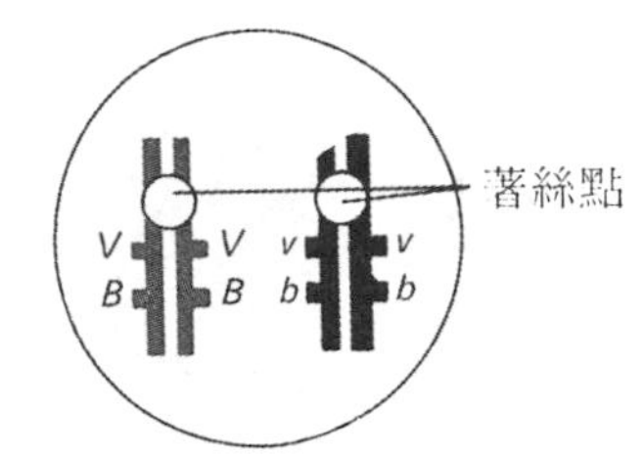

減數分裂時，同源染色體聯合

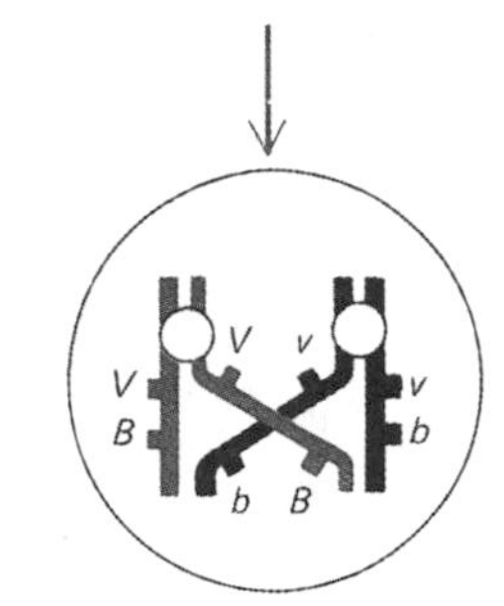

同源染色分體間發生互換

第一減數分裂產生兩個子細胞

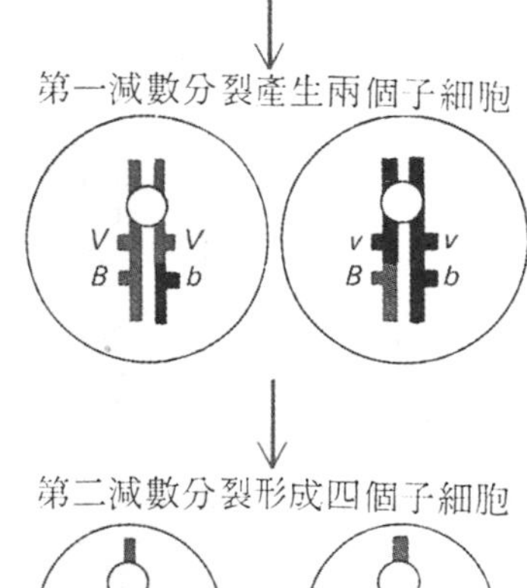

第二減數分裂形成四個子細胞

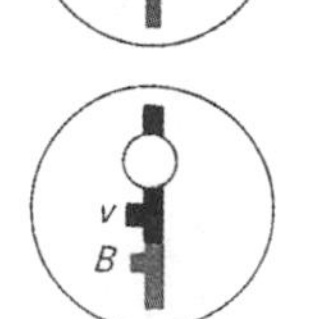

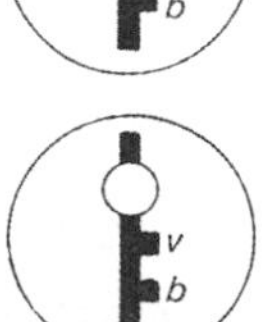

四個配子中，二個含有互換的染色體，二個則含有聯鎖的染色體

圖 6-15　染色體互換及基因重組（Vb 及 vB）

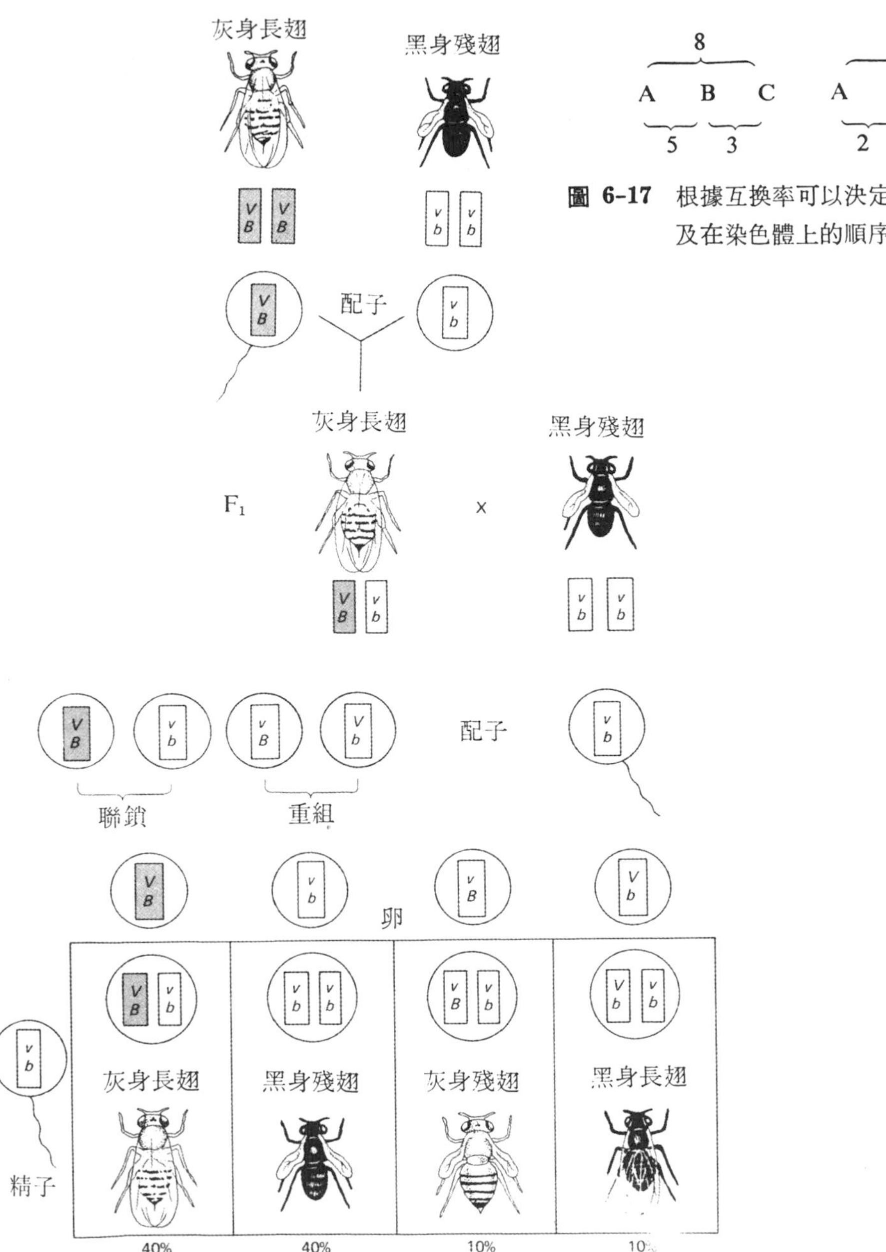

圖 6-17　根據互換率可以決定基因間的距離及在染色體上的順序

圖 6-16　果蠅灰身、黑身以及長翅殘翅的基因位於同一染色體上，產生配子時乃涉及聯鎖與互換。

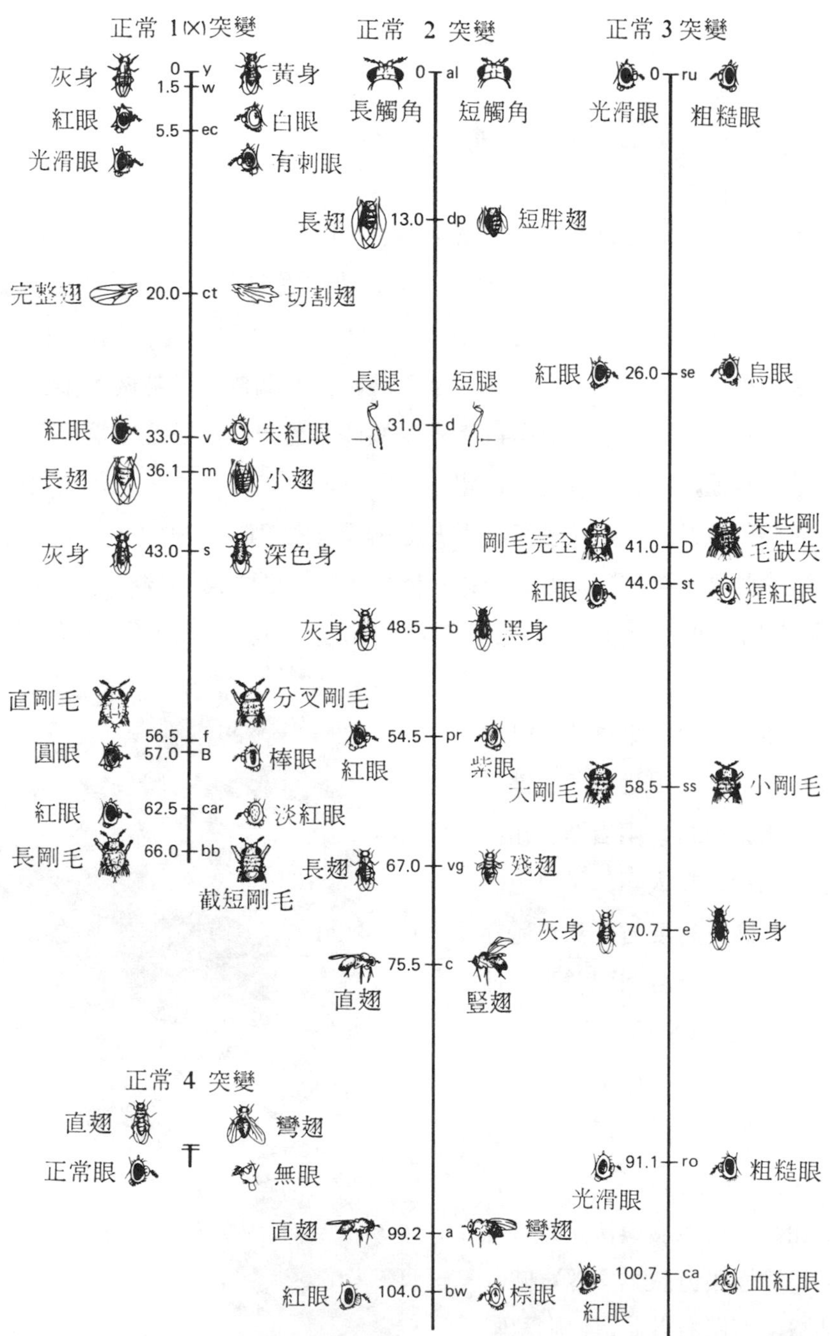

圖 6-18 果蠅四對染色體的區域圖

否則染色體互換時，就不會連帶的互換對偶基因。

第七節　性染色體與遺傳

絕大多數的動物為雌雄異體，植物中亦有少數種類為雌雄異株。這些動植物其染色體中有一對雌雄不一樣，這一對染色體與性別決定有關，叫做**性染色體**（sex chromosome）。例如人類的23對染色體中，在女性，有一對染色體稱為X染色體，兩者的大小、形狀相同；而男性僅有一個X染色體，另一個較小，叫做Y染色體；該對染色體可以決定人類的性別。其他許多動物的性染色體，亦是雄性為 XY，因此，產生的精子有兩種，一種除普通染色體（autosome）外，尚有一個X染色體，另一種則有普通染色體及一個Y染色體，故雄性為**異配性別**（hemigametic sex)。但鳥類及蝶、蛾等動物其染色體恰好與前述的情形相反，雌性為兩個不一樣（稱 XY 或 ZW），雄性則兩個相同（稱 XX 或 ZZ)，因此，這類動物，雌性為**異配性別**。

Y染色體　X與Y染色體，雖然大小、形狀不一樣，但仍有一小部分為同源，減數分裂時，兩者乃利用同源部分互相配對。在人類，Y染色體與決定男性有關，只要有Y染色體存在，就必定為男性；目前已發現，性染色體為 XXY，XXXY，XXYY，XXXXY，XXXXXY 及 XYY 者（性染色體數目異常），皆為男性。在果蠅，雄的性染色體亦為 XY；但是，果蠅的 Y 染色體與決定雄性無關，當果蠅的性染色體為 XXY 時，則為雌果蠅，而僅有X時，性別為雄。僅有X染色體的雄果蠅無生殖能力，

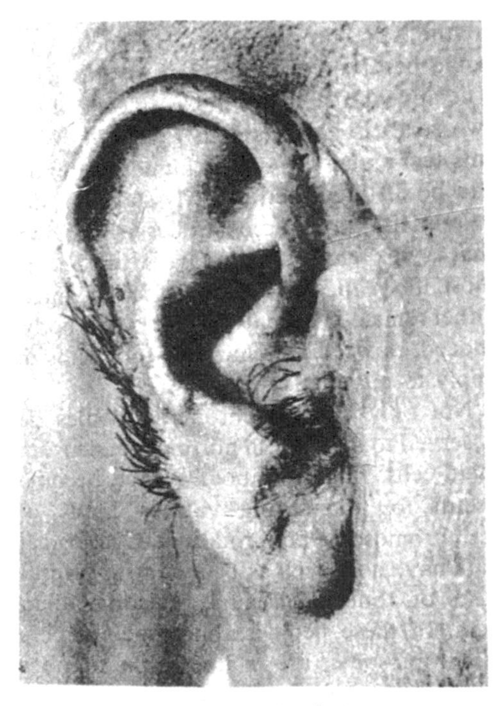

圖 6-19　耳朵有毛

因爲Y染色體與雄果蠅的生殖能力有關。Y染色體所含的染色質絕大部分爲異染色質（heterochromatin），因爲基因是由眞染色質（euchromatin）構成，因此，Y染色體上的基因很少。有些基因只有Y染色體才有，而X染色體上則無該等基因的基因座，例如人的耳朵有毛（圖 6-19）、趾間有蹼等性狀的基因，皆位於Y染色體上，遺傳時，一定由父親傳給兒子；這種情形，叫做**Y染色體遺傳**(Y chromosome inheritance)。

染色質體　人類及其他哺乳動物的某些組織如口腔上皮，其細胞在間期時，細胞核的染色反應在男女不一樣；女性的細胞核內有一個染色很深的顆粒，男性則付缺如（圖 6-20）。該顆粒稱爲**染色質體**（chromatin body），因爲是由巴爾（Barr）所發現，故亦稱**巴爾氏體**（Barr body）。細胞核內巴爾氏體的數目等於X染色體的數目減一；因此，根據巴爾氏體的數目可以推測細胞內X染色體的數目。遺傳學家賴旺（Lyon）認爲細胞內僅一個X染色體活動，巴爾氏體乃爲不活動的X染色體。活動的X染色體，與普通染色體一樣，在間期時便形散開，故光學顯微鏡下不能察見。在性染色體爲 XX 的個體，其細胞內究竟是那一個X染色體活動，則完全是機會，其活動與否在胚胎早期便已決定，以後由該細胞所產生的子細胞，便皆爲該一X染色體活動。根據這一假設可用以解釋花貓的毛色遺傳。貓的毛色有黃色（Y）基因和黑色（Y′）基因，該基因位於X染色體上，因此只有雌貓爲異型合子

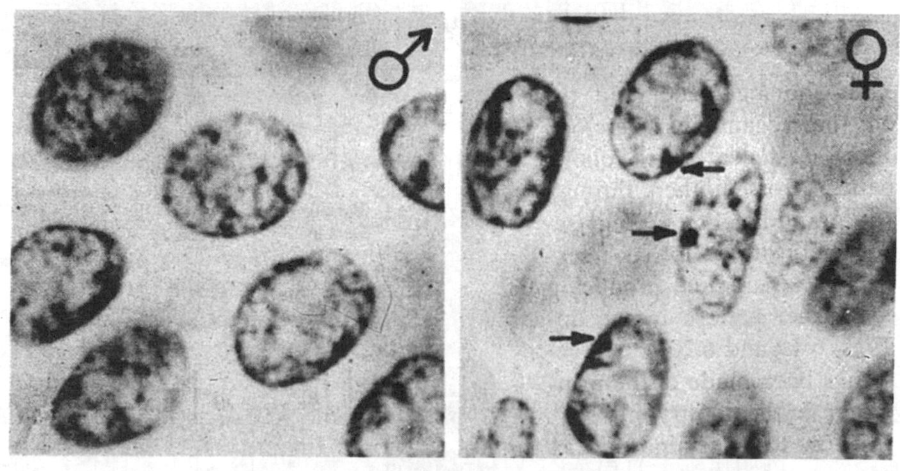

圖 6-20　人的表皮細胞，示細胞核內巴爾氏體的有(右) 無(左)。

(YY′)，其表型爲黃黑相間的花貓(圖6-21)； 因爲身體上有的部位是帶Y基因的X染色體活動，毛乃呈黃色；有的部位則是帶 Y′ 基因的X染色體活動，毛便呈黑色。同時，只有雌貓才有兩個X染色體， 因此， 花貓皆爲雌性。但是偶會發現雄貓的毛色爲黃黑相間，此或因爲該雄貓的性染色體爲 XXY（黃黑相間的雄貓爲不孕性)。

圖 6-21 花貓的毛色黃黑相間
（參看彩色頁）

性聯遺傳 雖然Y染色體上的基因很少，但X染色體上則常有許多基因。絕大多數位於X染色體上的基因， Y 染色體上並無該基因的基因座。 在性染色體爲 XY 時， 該基因卽使是隱性， 當X染色體上有該等基因存在時， 性狀便可表現出來，這種情形， 叫做**性聯遺傳** (sex linkage)。人類的紅綠色盲、血友病，果蠅的白眼、黃身、棒眼等，皆屬性聯遺傳（棒眼爲顯性）。至於鳥類、蝶、蛾等動物，因爲性染色體雌者爲 XY，雄者爲 XX，性聯遺傳的方式雖與其他動物相同，但是，受基因影響的個體，其性別則與前述的情形恰好相反。

不完全性聯遺傳 位於性染色體上的基因， 除上述兩種情形外， 尙有少數基因， 在X與Y染色體上均有其基因座；因此， 在性染色體爲 XY 的個體，隱性基因就必須在X與Y染色體上皆有該基因存在，性狀才會表現出來。這類基因對兩性的影響相同，這種情形， 叫做不完全性聯遺傳 (incomplete sex linkage)。人類的全色盲、果蠅的截短剛毛皆屬此種遺傳。

受性別影響的遺傳性狀 有些基因，雖然位於普通染色體上，但表現時，卻受性別的影響。 例如在雄羊有角基因 (H) 爲顯性， 無角基因 (h) 爲隱性； 而在雌者則無角基因（h）爲顯性，有角基因（H）爲隱性。因此，異型合子（Hh）的個體，在雄羊便表現有角，而雌羊則爲無角。這種情形是因爲基因的作用受性激素（sex hormare）的影響。人類的早年禿頂（35歲以前開始）亦屬此種遺傳，該基因在男子爲顯性。

第八節　巨大染色體

果蠅及其他許多昆蟲，其幼蟲時期的某些細胞不行分裂，但染色體仍不斷複製。複製後的染色體並不互相分離，因而逐漸增大，稱爲巨大染色體（giant chromosome）。

果蠅幼蟲唾腺細胞的巨大染色體，經染色後會顯現明暗交替的橫紋（圖6-22）。不但如此，其同源染色體經常配對緊密並列，且橫紋亦整齊配合，形似一個染色體。果蠅巨大染色體的此一特徵，在遺傳學上爲另一有用的工具，可用以測知染

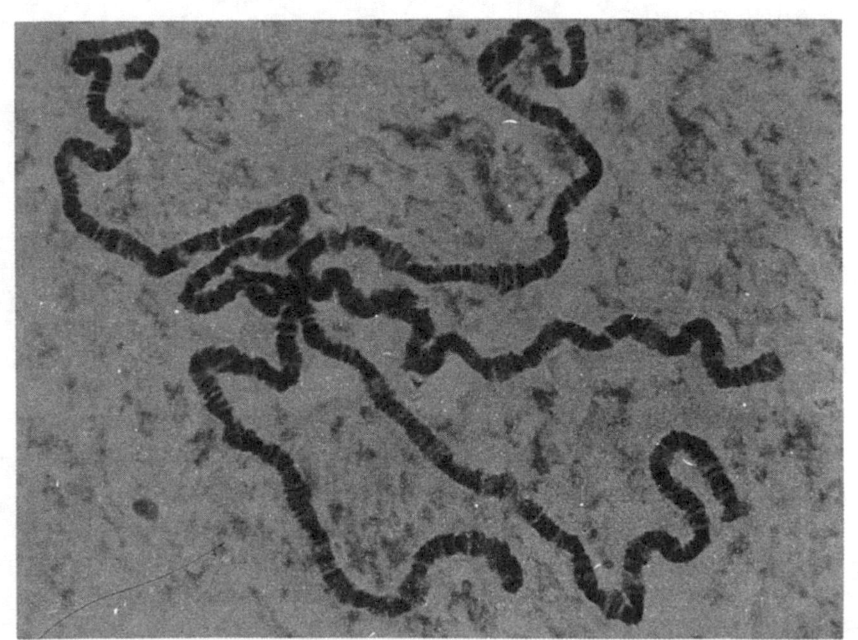

圖 6-22　果蠅的巨大染色體，此等染色體，較其他體細胞的染色體大一百倍，其上有橫紋。

色體本身發生改變的情形。因為染色體的長短或染色體上基因順序發生改變後，同源染色體配對的情形會顯現特殊的方式。例如染色體常發生斷裂，斷下的部分有時會消失不見，此一情形，叫做**缺失**(deficiency)。當一個染色體發生缺失時，其正常的同源染色體與之配對時，該一部位便會形成一個圈環（圖 6-23）。根據此一圈環便可推測其染色體發生變化的情形。當缺失的遺傳物質多時，或同源染色體發生相同的缺失，會導致個體死亡。

圖 6-23 翅缺刻為異型合子的果蠅，其巨大染色體中X染色體配對時，其中之一形成一圈環。於是，兩染色體其他部分的橫紋，皆可整齊相對。果蠅X染色體該部分缺失，會導致翅有缺刻。

有時染色體上某一小段會發生**重覆**(duplication)，該重覆的部分與原來的一小段相隣縱列。重覆的染色體與其正常的同源染色體配對時，重覆的部分也會形成圈環。當染色體發生重覆後，該部分所影響的性狀便會加強。例如果蠅的棒眼（圖 6-24），便是由於X染色體上的某一小段發生重覆，於是複眼中所含的小眼數目便減少，重覆愈多，小眼數目愈少，眼睛就更小。

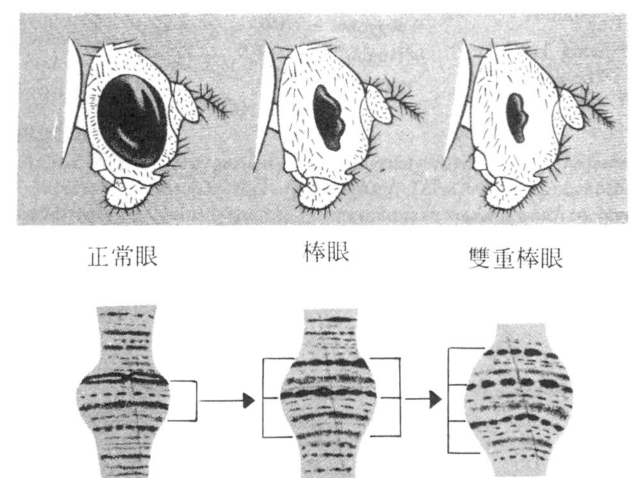

圖 6-24 果蠅的棒眼，因X染色體上某一部分發生重覆，重覆愈多，眼睛愈小。圖中下方為X染色體，方塊表示該部分可以發生重覆，成為二個方塊（中），甚或三個方塊（右），上方示眼睛大小與該部位重覆的關係。

有時染色體會在二處發生斷裂，於是中間的部分便斷下，斷下後又倒轉180°，再與原來的斷裂處接合（圖 6-25A）。於是該小段染色體上的基因順序就發生顛倒，這種情形叫做倒位（inversion）。發生倒位的染色體，與其正常的同源染色體配對時，也會形成一個圈環（圖6-25 B），使染色體上的基因都能互相配對。

另有一種情形，爲染色體斷下一小段，然後與其他的染色體相接；或是非同源染色體分別斷下一小段，然後互相交換該一小段而接合，此情形叫做易位(translocation)（圖 6-26）。染色體發生倒位或易位後，個體經減數分裂產生的配子中，其重組型配子會全部或部分不能存活。

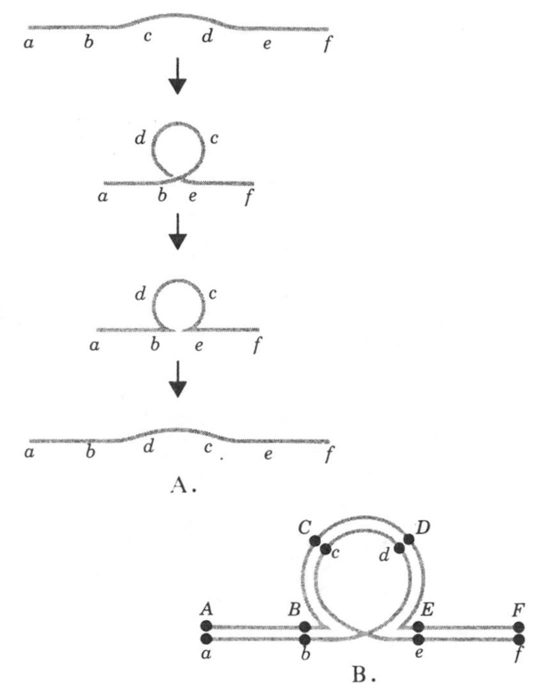

圖 6-25　染色體倒位，(A) 倒位的機制，(B) 倒位的染色體與正常染色體配對時的情形。

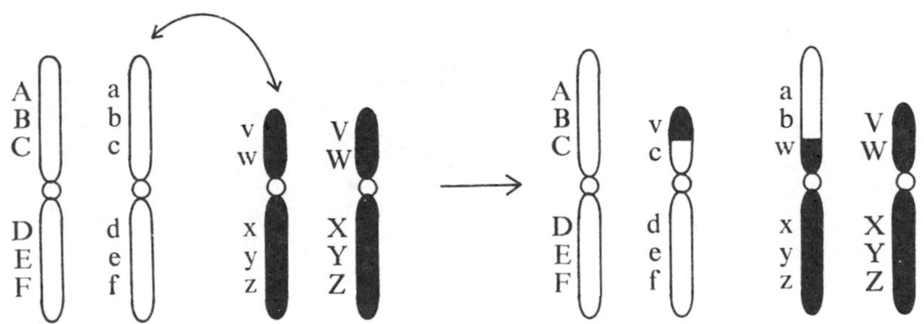

圖 6-26　染色體易位。黑、白兩對染色體，其中之一互相交換一部分。

第七章　基因的構造與表現

染色體係由蛋白質和 DNA 構成，兩者的比例幾乎是相等。基因既然位於染色體上，那麼，構成基因的物質究竟是蛋白質還是 DNA，或者兩者皆是？蛋白質的構造複雜而且種類繁多，昔時許多生化學家都相信蛋白質是構成基因的物質，認爲酵素以及其他許多與細胞活動有關的蛋白質，是根據染色體中的蛋白質轉錄而來；但是，以後的實驗則證明這一合乎邏輯的假設是錯誤的。

第一節　構成基因的物質

論及遺傳物質的發現，應追溯至 1928年英國醫生格里夫茲（Griffith）從事發展肺炎疫苗的研究。引起肺炎的球菌具有莢膜，另有些無莢膜的球菌則無致病力，不會引起肺炎（目前已知無莢膜球菌爲突變體，但在當時卻無此概念）。格氏嚐試以用熱殺死的莢膜球菌注入鼠體，看看鼠是否能對肺炎產生免疫力，但結果卻使他十分困惑。當他將用熱殺死的莢膜球菌與活的無莢膜球菌同時注入鼠體時，結果鼠便死亡，但死的莢膜球菌與活的無莢膜球菌分別注入鼠體，則皆對鼠無害（圖 7-1）。格氏在死的鼠體內發現有活的莢膜球菌，注入的已死莢膜球菌當然不能復活，這些活的莢膜球菌，必定是由於某些物質自死的莢膜球菌至活的無莢膜球菌，使其具有產生莢膜的能力而變成有致病力的球菌，生物學家稱這種現象爲**性狀轉變**(transformation)。

至於引起性狀轉變的物質是什麼，則在 1944年由阿弗利（Avery）等人作進一步的研究而獲得答案。他們仍以肺炎球菌爲實驗材料，不過將細菌培養在試管中而非注入鼠體，同時自加熱殺死的莢膜球菌萃取出 DNA，將此 DNA 與活的無莢膜球菌培養在一起，發現無莢膜球菌的性狀會改變，成爲有莢膜具致病力的肺炎球

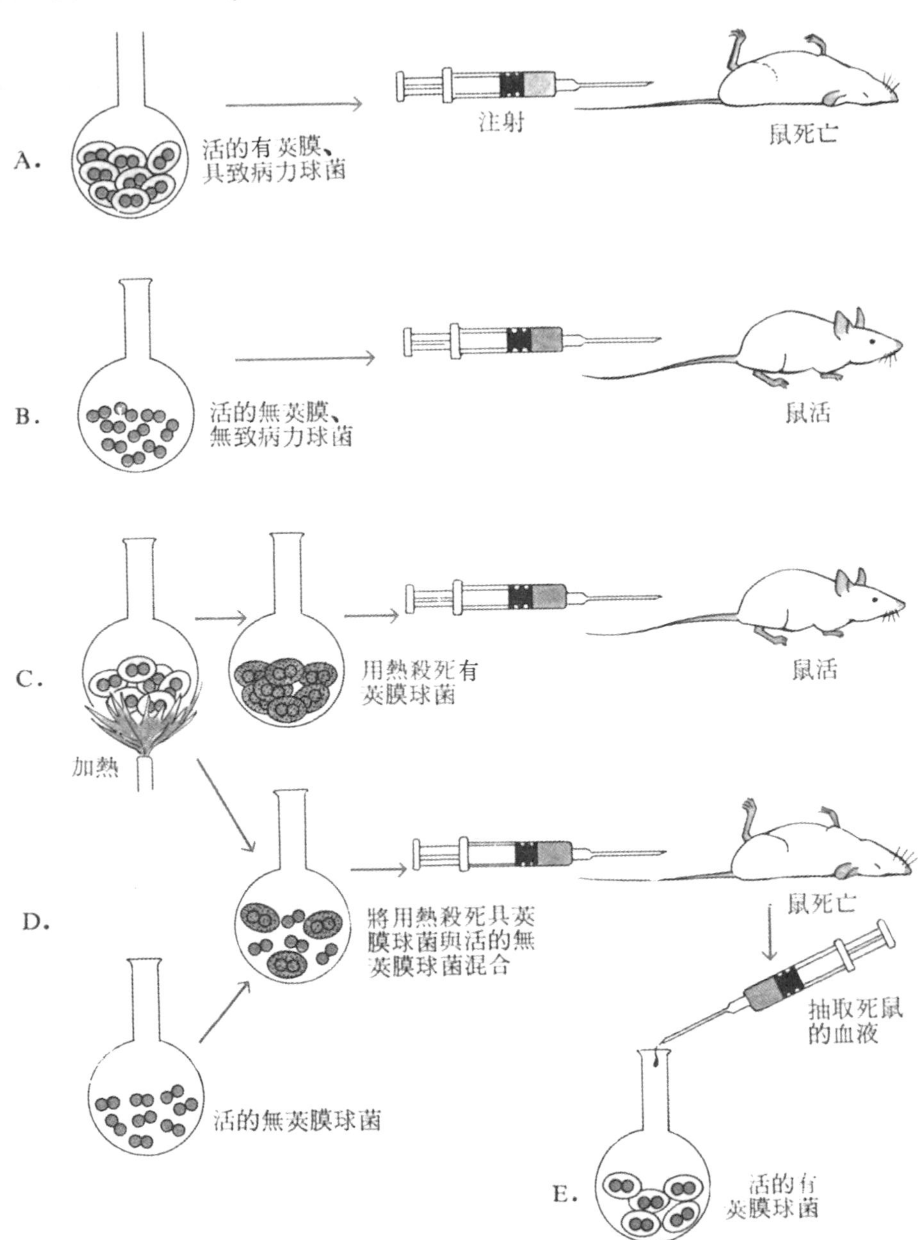

圖 7-1　格里夫茲的實驗方法。(A) 注射有莢膜肺炎球菌，鼠死亡。(B) 注射活的無莢膜肺炎球菌，鼠無影響。(C) 注射用熱殺死的有莢膜肺炎球菌，鼠無影響。(D) 用熱殺死的有莢膜球菌與活的無莢膜球菌混合後注射，鼠便死亡。(E) 死鼠的血液中含活的有莢膜球菌。

菌。此一實驗，確定 DNA 是引起性狀轉變的物質 (transformation substance)，是細菌的遺傳物質。

以後生物學家證明病毒的遺傳物質，亦是 DNA (圖 7-2)。在僅有RNA的病毒，則RNA是其遺傳物質。眞核類生物 (eukaryote) 的遺傳物質也都是 DNA。由此可知，DNA 爲構成基因的物質，在生物界是普遍一般性的。

DNA 的構造　早在1869年，德國化學家米契爾 (Miescher) 即已自細胞核中萃取出白色、略帶酸性、含有磷酸的物質，並稱之爲核酸。這種物質以後改稱爲去氧核糖核酸 (deoxyribonucleic acid 簡稱 DNA)，以與另一種核酸 RNA 相區別。至1920年代，另一位德國生化學家李文 (Levene) 證

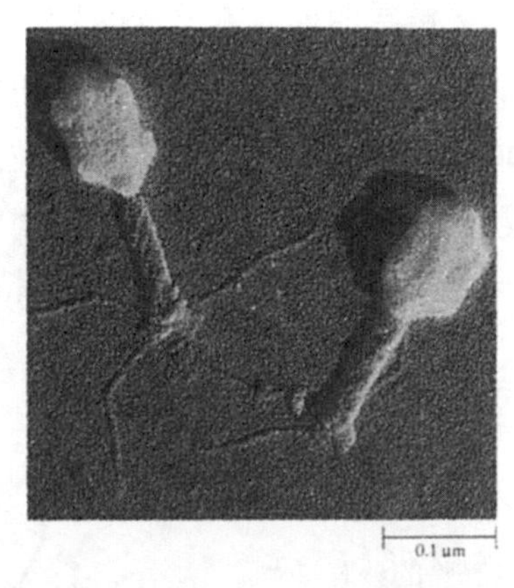

A.

32P實驗　35S實驗

病毒

細菌

注入

振盪

分離
(用離心機)

放射性　無放射性　無放射性　放射性

B.

圖 7-2　證明 DNA 爲病毒的遺傳物質。(A)病毒的電子顯微鏡觀，圖爲噬菌體 T_4。(B) 用磷或硫的同位素將 T_4 的 DNA 作上標記，感染細菌，證明進入細菌的是 DNA。

明 DNA 可以分解為四種含氮鹽基，卽腺嘌呤（adenine）、鳥糞嘌呤（guanine）（兩者為嘌呤類 purine）、胞嘧啶（cytosine）、胸腺嘧啶（thymine）（兩者為嘧啶類 pyrimidine）），五碳糖和磷酸。李文並證明含氮鹽基以苷鍵（glycosidic bond）連於糖，糖又以酯鍵（ester bond）連於磷酸。由一分子含氮塩基、一分子糖以及一分子磷酸，組成一分子核苷酸（nucleotide）（圖 7-3）。

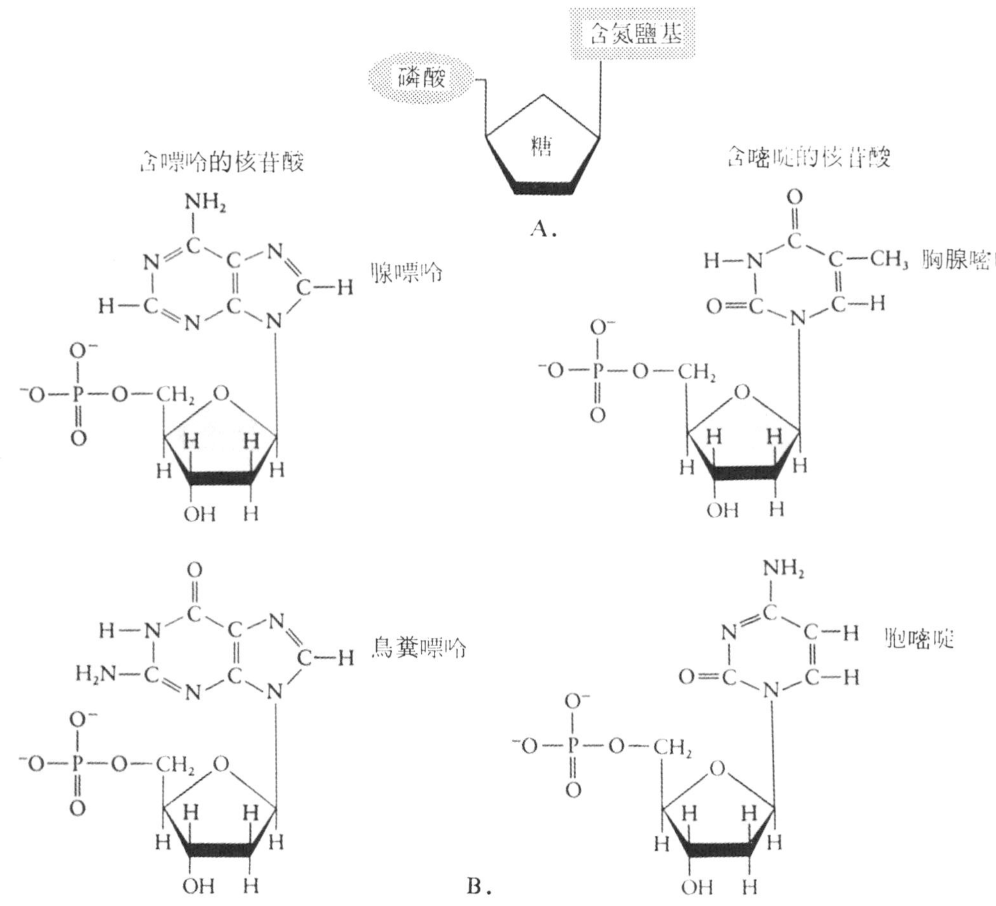

圖 7-3 核苷酸。A. 構成核苷酸的三種成分：含氮鹽基、去氧核糖及磷酸。B. 四種核苷酸。

至 1950 年代，華生（Watson）和克立克（Crick）提出有關 DNA 的構造模型。認為 DNA 的分子甚長，為雙股構造，並旋轉成螺旋梯狀，故稱雙螺旋（

double helix)（圖 7-4）。每一股是由許多核苷酸依次連接而成，由一個核苷酸的磷酸與次一核苷酸的去氧核糖相連，兩股的方向恰好相反（圖 7-5）。由糖和磷酸構成梯的直槓，左右兩股的含氮鹽基則構成梯的橫槓。兩股的含氮鹽基，必定是嘌呤與嘧啶相連接，而且必定是A與T、G與C相對，彼此以氫鍵相接。其螺旋狀旋轉則每轉一圈的長度爲 34Å， 內含十對含氮鹽基 ， 各含氮鹽基上下間的距離相等，故爲 3.4Å，至於直徑則自一股的磷酸至另一股的磷酸爲 20Å。

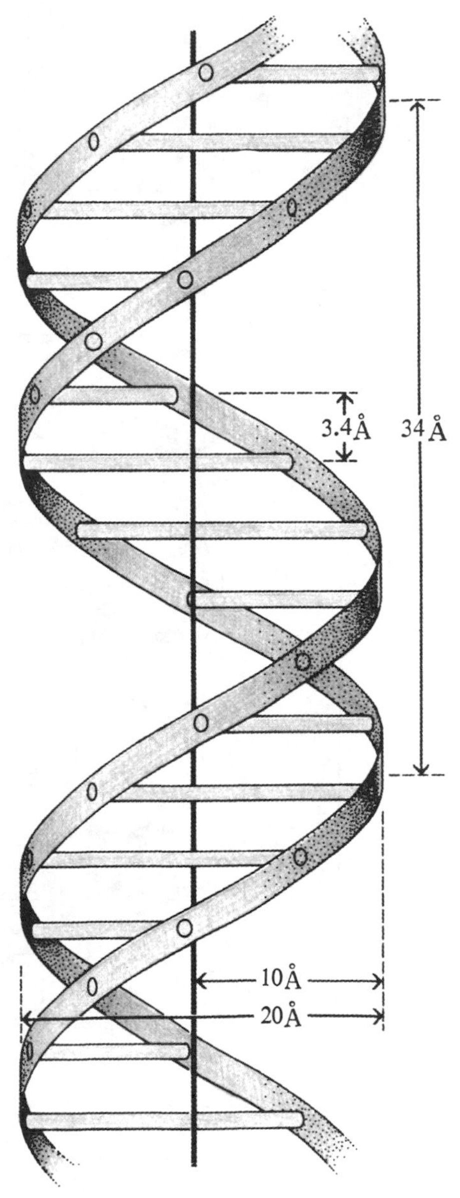

圖 7-4　DNA 的雙股螺旋構造

DNA 的複製　作爲遺傳基因的物質 ， 最重要的特徵是必須具有複製的能力，卽產生兩個與原來完全一樣的物質。根據 DNA 的構造，其特有的配對方式，華生和克立克認爲這是 DNA 可以複製的機制。複製時（圖 7-6），DNA 分子的兩股，由於氫鍵斷裂而互相分離，再以該兩股分別作爲鑄模 (templete)，並利用細胞中的原料按照鑄模而合成一新股。形成新股時，若舊股上的含氮鹽基爲T，則由原料中含有A的核苷酸與之配對。於是，舊股上的含氮鹽基分別有適當的核苷酸相配，這些作爲原料的核苷酸含有三個磷酸，配對以後，其中兩個磷酸便斷下而釋出能量，以使一個核苷酸的核糖，與相隣核苷酸的磷酸間產生鍵而連接，如此便形成一新股，因而產生兩個與原先完全一樣的 DNA 分子。 如此代代相傳， 在正常情

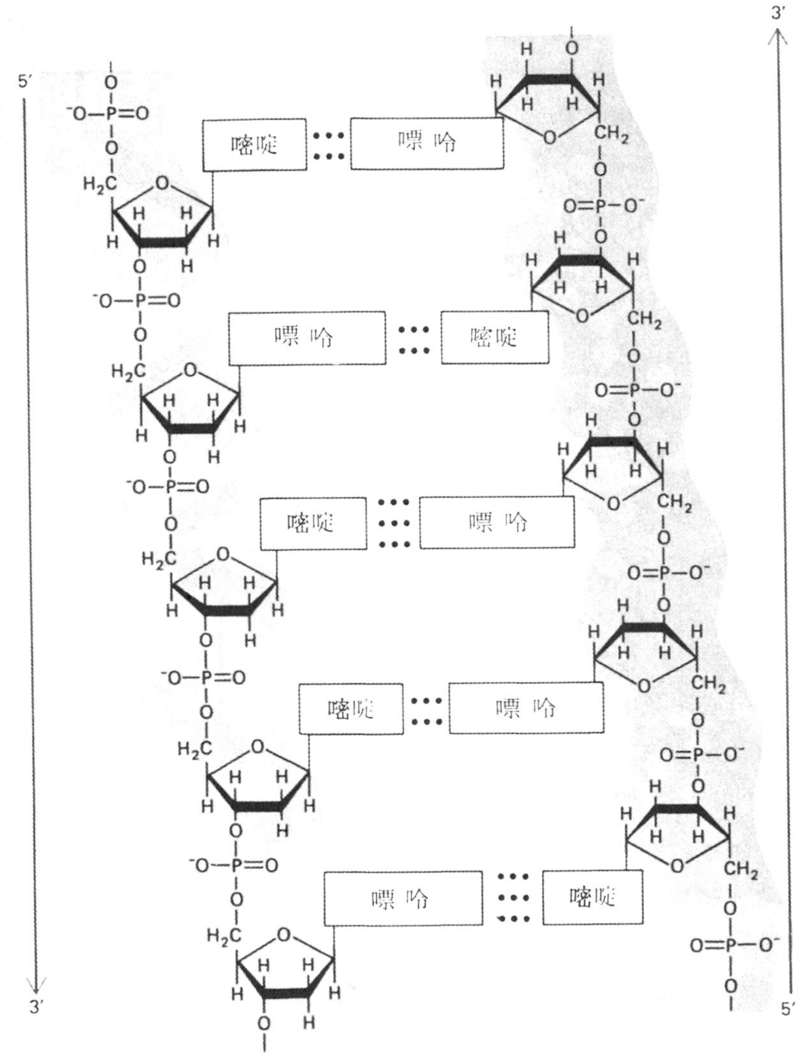

圖 7-5　DNA 分子一部分的構造圖，示二條多核苷酸鏈由氫鍵相接，兩股的方向相反。

況下，一般都不會改變。這種複製的方法，叫做半保留 (semiconservative)。至於 DNA 的複製方法，究竟是否係半保留，因爲 DNA 也可能以其他方式複製（圖 7-7）。其中之一是全保留 (conservative)，複製時，後代之一保留兩舊股，另一後代則產生兩條新股，形成兩個完全一樣的 DNA 分子。另一種方式是分散保留

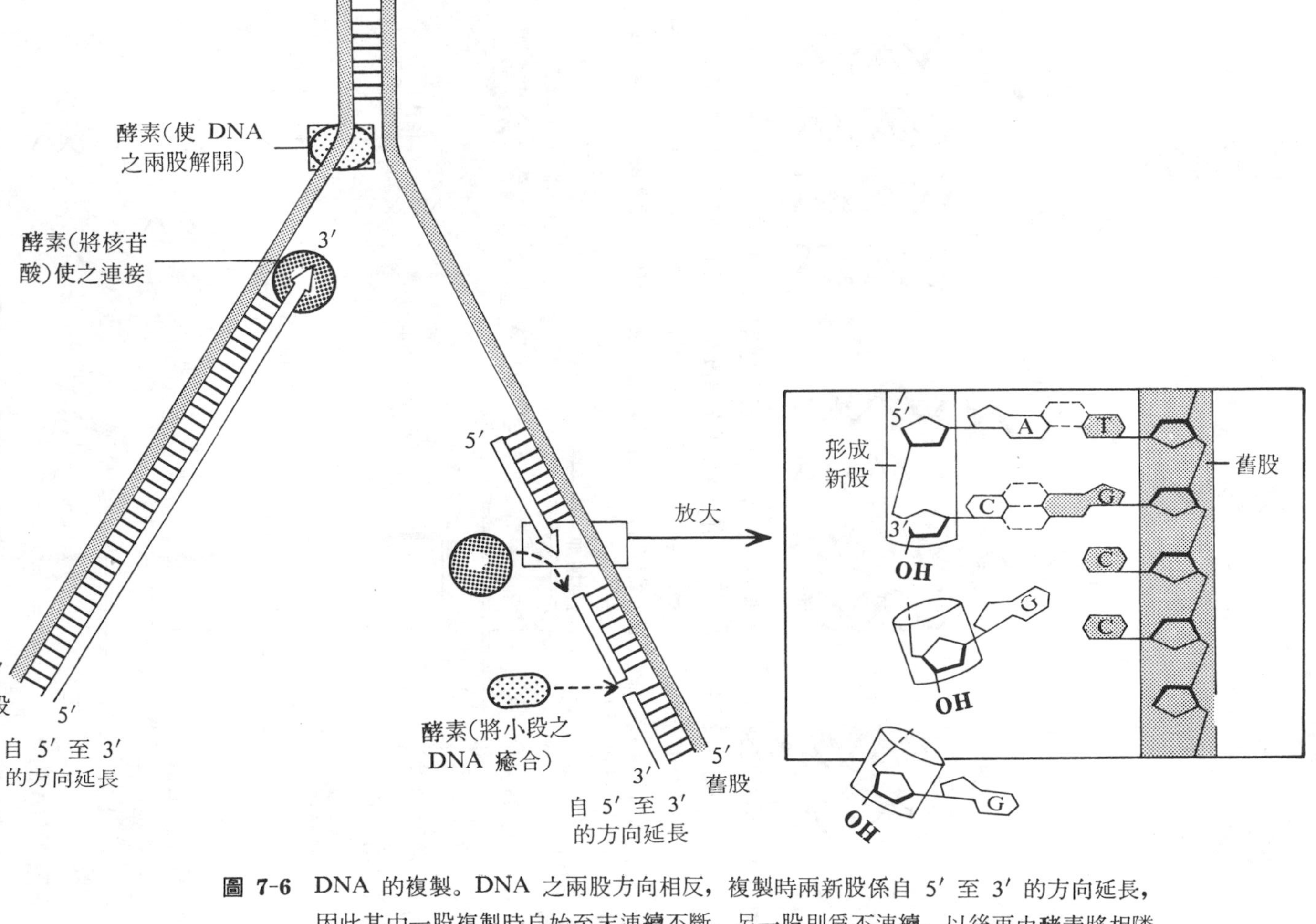

圖 7-6　DNA 的複製。DNA 之兩股方向相反，複製時兩新股係自 5′ 至 3′ 的方向延長，因此其中一股複製時自始至末連續不斷，另一股則爲不連續，以後再由酵素將相隣的片段癒合連接。

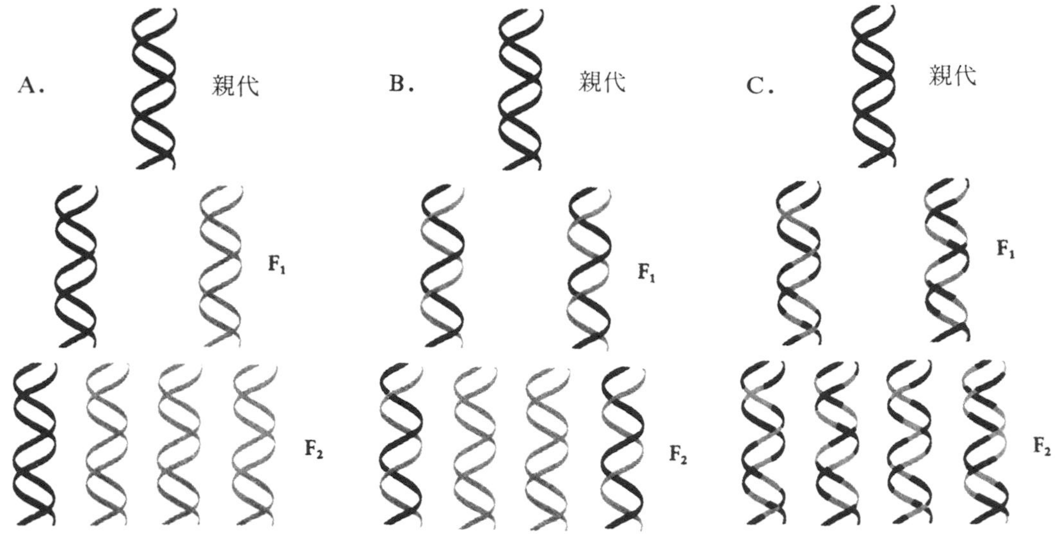

圖 7-7 DNA 複製的三種可能機制：A. 全保留，親代的兩股不分離同至F_1中的一個分子，另一則二股全爲新的，F_2 中有一個分子全爲舊股，另三個全爲新股。B. 半保留，F_1 中皆有一新股，一舊股，F_2中二個分子爲一新股，一舊股，另二分子皆爲新股。C. 分散保留，親代的二股皆斷成碎片，子代的兩股皆分別有一部分新的，一部分舊的。(參看彩色頁)

(dispersive)，這時 DNA 分子斷裂成片段，各片段之兩股，分散至後代的 DNA 分子中，然後以此爲鑄模，複製各片段之另一股，於是，後代的 DNA 分子，各股中皆分別有新的或舊的片段。

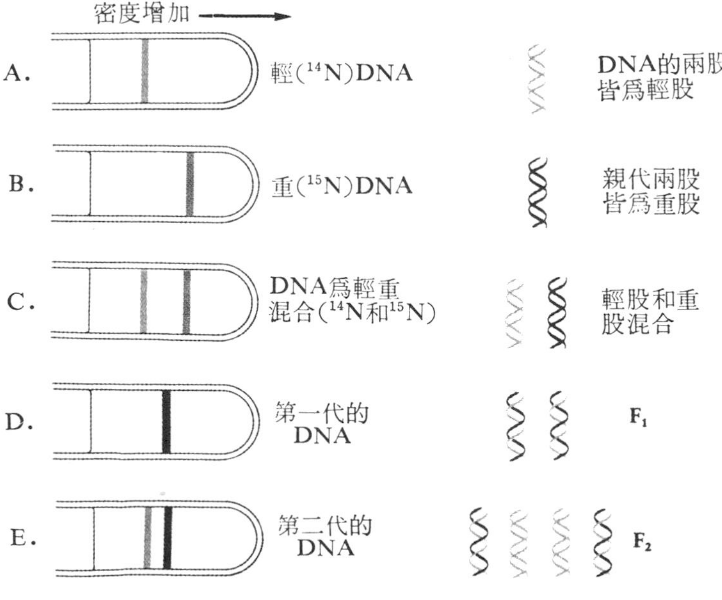

圖 7-8 梅西松和史達爾的實驗(參看彩色頁)

有關 DNA 的複製係半保留的假

設，是由梅西松（Meselson）和史達爾（Stahl）用實驗獲得證明（圖 7-8）。他們用氮的同位素 ^{15}N 作標記，以資識別舊股和新股。將大腸菌（*E. Coli*）培養於含 ^{15}N 的培養基上，繁殖數代，其後代的 DNA 所含之氮便皆爲 ^{15}N。然後將此等含 ^{15}N 的大腸菌自 ^{15}N 的培養基移至 ^{14}N 的培養基，待細菌分裂一次（此時 DNA 複製一次），取此 F_1 的 DNA，置於盛氯化銫（$CsCl_2$）溶液的離心管中，用高速離心。待大腸菌在 ^{14}N 培養基中分裂第二次（DNA 複製兩次），此 F_2 的 DNA 亦高速離心。由於 DNA 中所含的氮不一樣（^{14}N 或 ^{15}N），DNA 在離心管中的位置便會有差異，兩股皆含 ^{15}N 者位於管的底部，兩股皆爲 ^{14}N 者位於管的上方，一股爲 ^{15}N、一股爲 ^{14}N 者則介於前兩者之間。經高速離心所得結果，第一子代恰好位於親代用同位素氮處理前及處理後之中央，故其 DNA 之一股爲 ^{15}N、一股爲 ^{14}N。第二子代中，一半其 DNA 的兩股全爲 ^{14}N，另一半則一股爲 ^{14}N、一股爲 ^{15}N。這一結果，與所預期的情形完全符合，由此可以證明 DNA 的複製確爲半保留，即保留一舊股，另行產生一新股。

第二節　遺傳訊息的轉譯：基因表現

作爲遺傳物質的重要條件，是必須具有攜帶訊息的能力。根據華生和克立克所提的 DNA 構造模型，顯示 DNA 可以達成這項任務。DNA 的遺傳訊息（genetic information）包含於其含氮鹽基的順序中，任何鹽基順序皆攜有遺傳訊息。DNA 分子中的鹽基對，其數目在最簡單的病毒約有5,000對，人類的 46 個染色體所含的 DNA，估計約有 50 億對。因爲任何順序的鹽基皆可攜有遺傳訊息；因此，遺傳訊息的變異是十分驚人的。

基因與蛋白質　基因所控制的性狀在表現時，必須透過蛋白質。這些蛋白質，有的是構成細胞的成分，稱構造蛋白質，如血紅素，有的則是酵素。由此可知，DNA 所攜帶的遺傳訊息，與細胞中蛋白質的合成有密切的關聯。基因由 DNA 構成，特定的蛋白質是某一基因的產物；那麼 DNA 如何影響蛋白質的合成？DNA 所含的遺傳訊息與蛋白質間的關係又如何？若將生物體內構成蛋白質的二十種胺基酸，比之爲生命的語言，則 DNA 分子中的四種鹽基，猶如此語言的密碼，於是遺傳密碼（genetic code）一詞，乃隨之出現。

遺傳密碼　物理學家蓋模（Gamow）認爲，若是一個鹽基決定一種胺基酸，則 DNA 僅能決定四種胺基酸；若是兩個鹽基決定一種胺基酸，便有 4^2 或16種不同的組合，但仍不敷決定20種胺基酸之用。因此，至少需三個鹽基決定一種胺基酸，於是 4^3 或64種組合，應足可用來決定20種胺基酸。這三個一組的鹽基，叫做**遺傳密碼**。以後生物學家對此項假設逐步獲得證實，在64種不同的遺傳密碼中，絕大部分用來決定胺基酸，其中有二個密碼除了決定胺基酸以外，兼可作爲合成蛋白質開始時的**起始密碼**（iniator），另有三個則僅用作蛋白質合成終止時的**終止密碼**（terminator）。

RNA　DNA 分子所攜有的遺傳密碼，如何轉譯爲蛋白質，則涉及另一種核酸，即核糖核酸（ribonucleic acid），簡稱 RNA。RNA 與 DNA 有若干相異處，在所含的成分方面，RNA 含有核糖而非去氧核糖；四種鹽基中，有與胸腺嘧啶相近之脲嘧啶而無胸腺嘧啶（圖 7-9）。在構造上，RNA 爲單股，而非如 DNA 之爲雙股。在分布方面，DNA 通常位於細胞核內，而RNA則大部分在細胞質中。某些跡象顯示，RNA與蛋白質的合成有關，例如 RNA 多位於細胞質中，而蛋白質的合成也多於細胞質中進行；又如當細胞中產生大量蛋白質時，核糖體的含量也增加，而核糖體中幾乎一半的成分爲 RNA。生物學家用實驗證明 RNA 在蛋白質合成時的任務，例如用含 DNA 的病毒感染細菌，這時，細菌便根據病毒的 DNA 合成 RNA，然後再合成病毒的蛋白質。

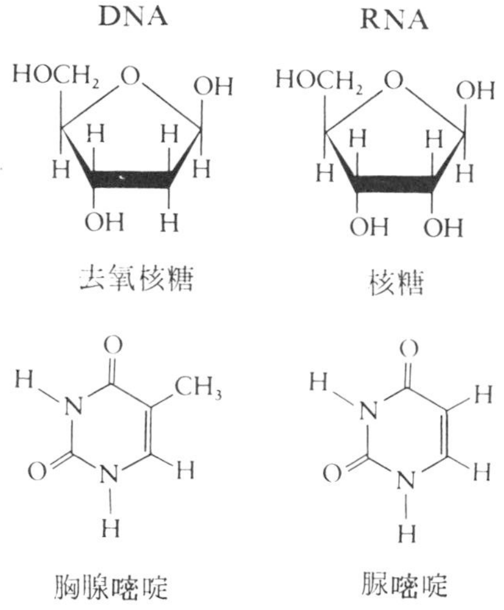

圖 7-9　DNA 與 RNA 的核苷酸中，有二種成分不一樣，其一爲 RNA 中含有核糖，而非DNA之去氧核糖，另一爲 RNA 中有與胸腺嘧啶甚爲相近的脲嘧啶。

RNA 是直接根據 DNA 所合成，這一過程，叫做**轉錄**（transcription）。合成 RNA 時，是以 DNA 的一股作爲鑄模，然後利用細胞中含有三磷酸的核糖核苷酸爲原料，分別與 DNA 一股的鹽基相配對，所合成的新股，便是 RNA（圖 7-10）。在 RNA 的合成過程中，尙須藉 RNA 聚合酶（RNA polymerase）之助，以促進反應的進行。細胞中的 RNA 有三種：**傳訊 RNA**（messenger RNA，簡稱 mRNA）、**轉送 RNA**（transfer RNA，簡稱 tRNA）和**核糖體 RNA**（ribosomal RNA，簡稱 rRNA），三者皆根據 DNA 轉錄而來。

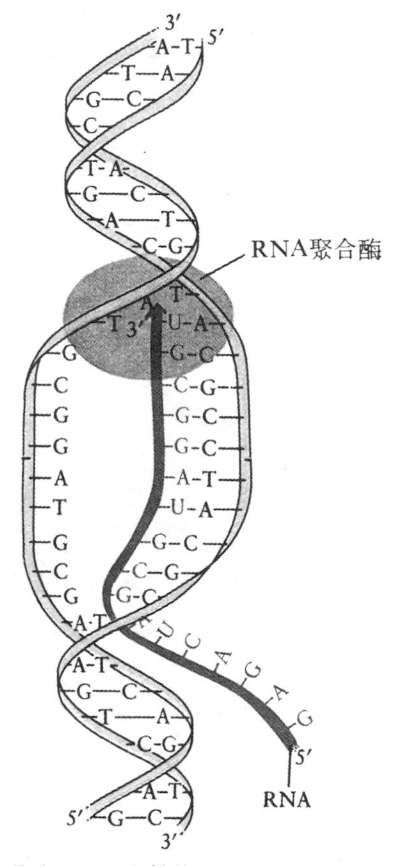

圖 7-10　RNA 轉錄遺傳密碼。RNA 聚合酶附著於 DNA 之某一點，該部位之 DNA 兩股便解開，然後以其中的一股爲鑄模，利用核苷酸爲原料而合成 RNA，當 RNA 聚合酶沿 DNA 分子移動時，DNA 解開之兩股間，又再形成氫鍵，將新形成的單股 RNA 擠出。

mRNA 負責轉錄 DNA 的遺傳訊息，約含 1,000～10,000 個核苷酸，其分子的始端轉錄遺傳基因 DNA 的起始密碼，合成蛋白質時，乃以此附於核糖體上，分子的其他部分其鹽基順序呈直線排列。mRNA 中，各鹽基皆準確的錄自 DNA；每三個一組的鹽基以決定胺基酸者，在 mRNA，則稱爲**密碼子**（codon）（表 7-1）。

tRNA 可以將核酸的語言轉譯爲蛋白質的語言。tRNA 的分子小（含 75～85 個核苷酸）且折曲成苜蓿葉狀（圖 7-11），其 3′ 的一端可以附著特定的胺基酸，這種接合作用是由酵素所催化，該酵素可以辨認特定的 tRNA，以及該 tRNA 所攜帶的胺基酸。在 tRNA 對折的部位，有由三個鹽基構成的一組，叫做**補密碼**（anticodon）。補密碼可以與 mRNA 的適當密碼子互相配對。細胞中有二十種不同的胺基酸，各種胺基酸至少可由一種 tRNA 所攜帶。tRNA 的一端（3′）其最末的三個鹽基一定爲 CCA，這是附著胺基酸的部位；另一端（5′）爲G，至於其他的鹽基順序，則由於 tRNA

表 7-1　遺傳密碼

第一個(5')鹽基	第二個鹽基 U	C	A	G	第三個鹽基
U	UUU Phe	UCU Ser	UAU Tyr	UGU Cys	U
	UUC Phe	UCC Ser	UAC Tyr	UGC Cys	C
	UUA Leu	UCA Ser	UAA Ochre（終止密碼）	UGA Opal（終止密碼）	A
	UUG Leu	UCG Ser	UAG Amber（終止密碼）	UGG Tryp	G
C	CUU Leu	CCU Pro	CAU His	CGU Arg	U
	CUC Leu	CCC Pro	CAC His	CGC Arg	C
	CUA Leu	CCA Pro	CAA GluN	CGA Arg	A
	CUG Leu	CCG Pro	CAG GluN	CGG Arg	G
A	AUU Heu	ACU Thr	AAU AspN	AGU Ser	U
	AUC Heu	ACC Thr	AAC AspN	AGC Ser	C
	AUA Heu	ACA Thr	AAA Lys	AGA Arg	A
	AUG Met（起始密碼）	CG Thr	AAG Lys	AGG Arg	G
G	GUU Vaa	GCU Ala	GAU Asp	GGU Gly	U
	GUC Vaa	GCC Ala	GAC Asp	GGC Gly	C
	GUA Vaa	GCA Ala	GAA Glu	GGA Gly	A
	GUG Vaa（起始密碼）	GCG Ala	GAG Glu	GGG Gly	G

*表中三個一組的核苷酸順序或密碼子，係 mRNA（非 DNA）中的核苷酸順序

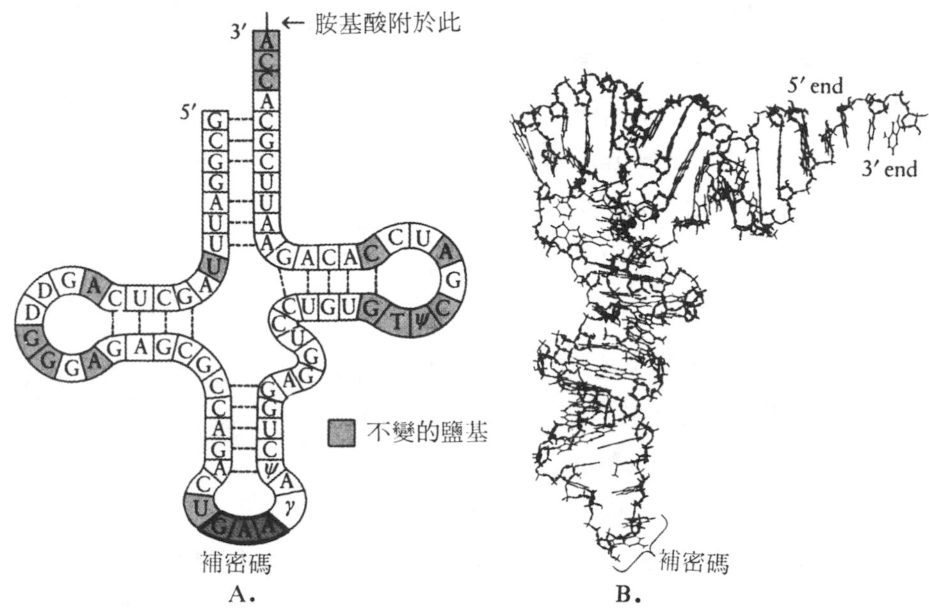

圖 7-11　tRNA 的構造。A. tRNA 雖為單股，但折曲呈苜蓿葉狀，有的鹽基可以互相配對；其中有的鹽基在所有各種 tRNA 中皆不變（圖中灰色者）。B. 為 tRNA 模型的照片。

不同而互異。

核糖體中約有一半為 RNA，另一半為蛋白質。核糖體本身由大小不同的二個次單位 (subunit) 構成（圖 7-12），小的次單位為 mRNA 附著的部位，大的次單位則有兩個 tRNA 附著的部位。在合成蛋白質時，兩個次單位便組合一起。

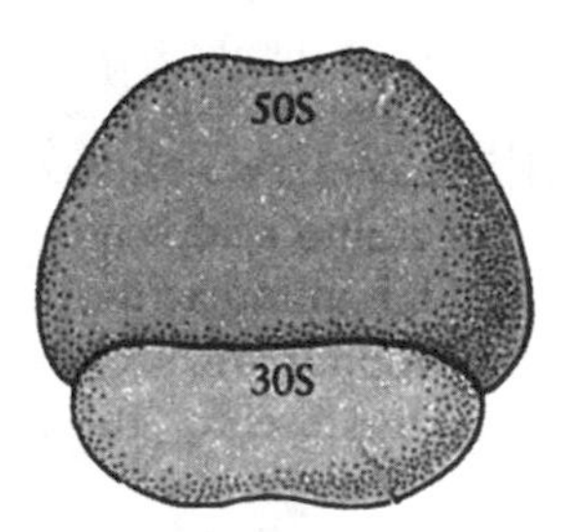

圖 7-12　大腸菌的核糖體，包含50S和 30S 兩個次單位，50S 和 30S代表相對密度，示超速離心時的沉澱速度。

蛋白質合成　蛋白質的合成，稱為**轉譯**(translation)，這時，將遺傳訊息自一種語言，轉變為另一種語言；其整個過程包括：開始、延長及終止三個時期。開始期為核糖體小的次單位附於 mRNA 的 5′ 端，暴露其第一個密碼子，即起始密碼。然後第一個 tRNA 便參與工作。第一個密碼子常是 AUG (5′ 至 3′)。第一個 tRNA 的補密碼則為

UAC (3′ 至 5′)，所以第一個胺基酸便譯為胺基甲硫醇丁酸 (methionine) 的變相：N-甲醯胺基甲硫醇丁酸 (N-formylmethionine) 或簡稱 fMet (圖 7-13)，該胺基酸以後會被除去。然後，大的次單位便附於小的次單位，第一個 tRNA 與其所附的 N-甲醯胺基甲硫醇丁酸乃位於大的次單位上 P (peptide) 的位置中 (圖 7-14A)，於是開始期便告完成。

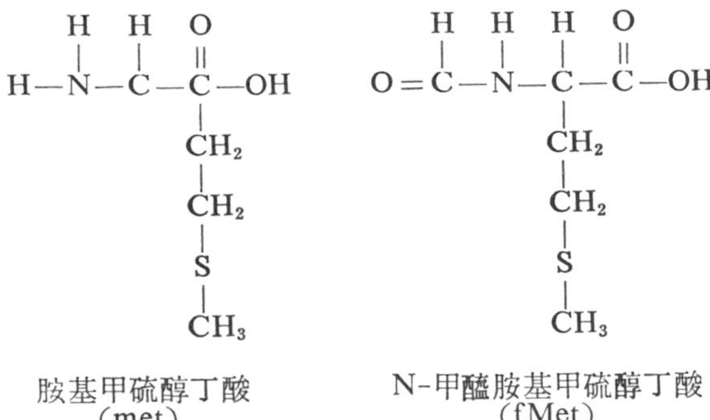

圖 7-13 胺基甲硫醇丁酸與 N-甲醯胺基甲硫醇丁酸的構造。

在延長期 (圖 7-14B)，mRNA的第二個密碼子與核糖體上 A (amino acid)的位置相對，而另一個 tRNA 具有與此密碼子相配對之補密碼，便攜其所附之胺基酸而至核糖體A的位置。當核糖體上的兩個位置皆為 tRNA 所佔時，該兩 tRNA 所攜來的胺基酸間，便產生肽鍵，於是，第一個胺基酸便與第二個胺基酸相接。此時，第一個 tRNA 便離去，而第二個 tRNA 便移至核糖體上P的位置，再由第三個 tRNA 攜其所附的胺基酸至A的位置，其補密碼乃與 mRNA 的第三個密碼子相配對，於是與前述的過程一樣，從而接上第三個胺基酸，依此類推。當核糖體沿 mRNA 移動時，mRNA 上的結合位置便行騰空，再由另一個核糖體與此 mRNA 間重覆進行另一個蛋白質分子的合成工作。此種由一羣核糖體與同一 mRNA 相結合的情形，稱為**多核糖體** (polysome)。

mRNA 分子的終端，其密碼子為終止訊號，當轉譯工作進行至此一終止密碼時，即行停止 (圖 7-14C)，而核糖體的兩個次單位也會互相分離，多肽鏈的合成至此便告完成。

第三節　基因突變

蛋白質的合成，既是按遺傳密碼以決定其胺基酸的種類及順序；因此，DNA

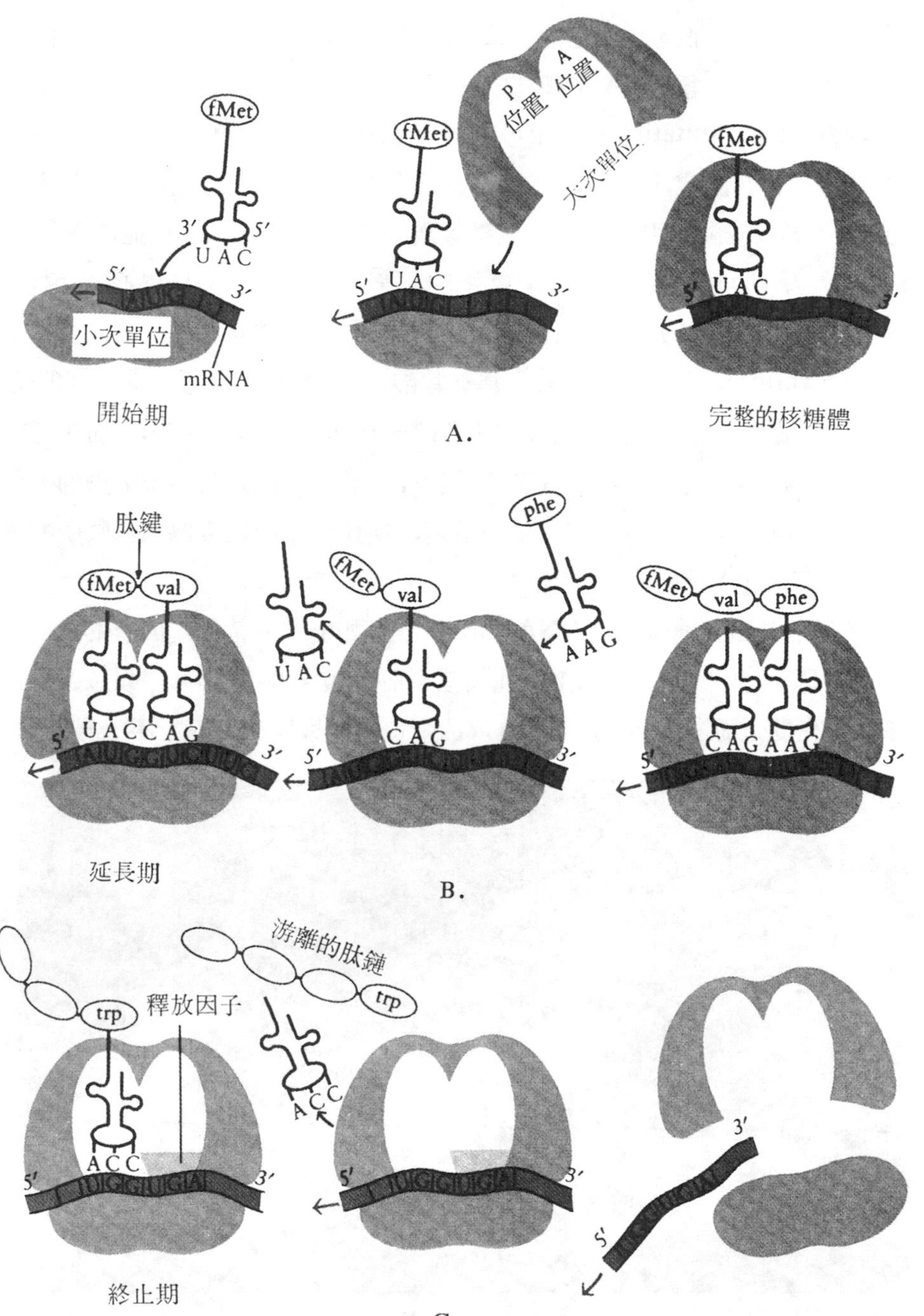

圖 7-14 蛋白質合成的三個時期

上的鹽基若是改變，很可能決定的胺基酸便與原來者不一樣；於是，合成的蛋白質隨之而發生變異。此種 DNA 上鹽基的改變，能自親代遺傳給子代，在遺傳學上叫做**基因突變**（gene mutation）。基因突變有時僅是 DNA 上的一個鹽基改變而已，例如鐮形血球性貧血症，患者的血紅素與常人不同，乃導致紅血球呈鐮刀形（圖 7-15），且易於破裂而引起貧血。血紅素爲一種複合蛋白質，由血球素（globin）與原血紅素基（heme）結合而成；含有二條稱爲 α 和二條稱爲 β 的多肽鏈，共有 586個胺基酸（圖 7-16）。鐮形血球與正常者不同處，爲其 β 鏈上第六個胺基酸爲纈草胺酸（valine），而正常的血紅素爲麩胺酸（glutamic acid），其他的胺基酸則皆無差異。在 mRNA 上決定麩胺酸的密碼子爲 GAA 或 GAG，而決定纈草胺酸的密碼子爲 GUA 或 GUG（圖 7-17），其差異僅是密碼子中央的一個鹽基而已，該鹽基A爲U所替代而已。這一改變，使血紅素中數百個胺基酸中的一個發生變化，因而引起機能上的重大變異。

大多數的基因突變是由於 DNA 的鹽基發生如上述的替代，但有的基因突變，則是由於 DNA上 的鹽基比原來增加或減少而引起（圖 7-18），以致遺傳密碼在譯讀時，便隨之而發生變動，所合成的蛋白質便與原來者完全不一樣，這種情

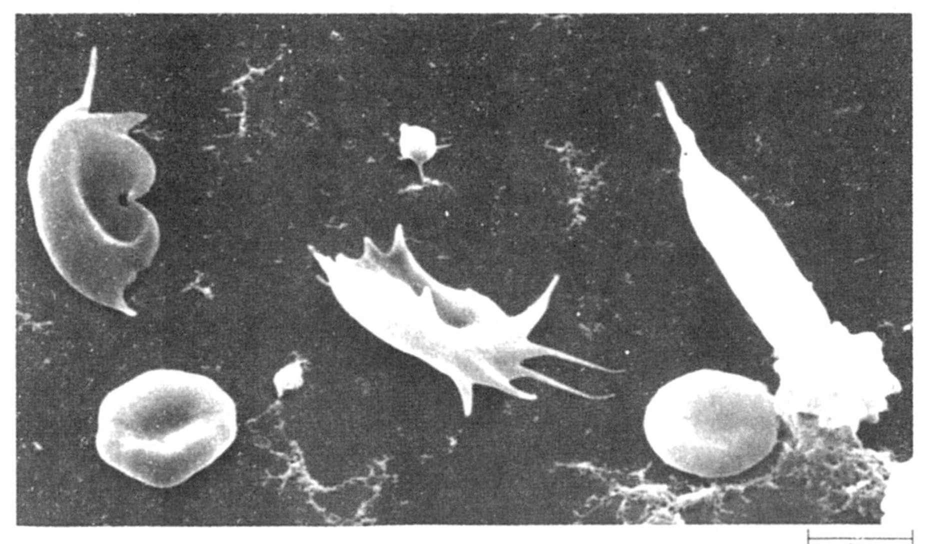

圖 7-15 掃描電子顯微鏡下呈鐮刀形的紅血球，圖中也有正常扁圓形的紅血球。

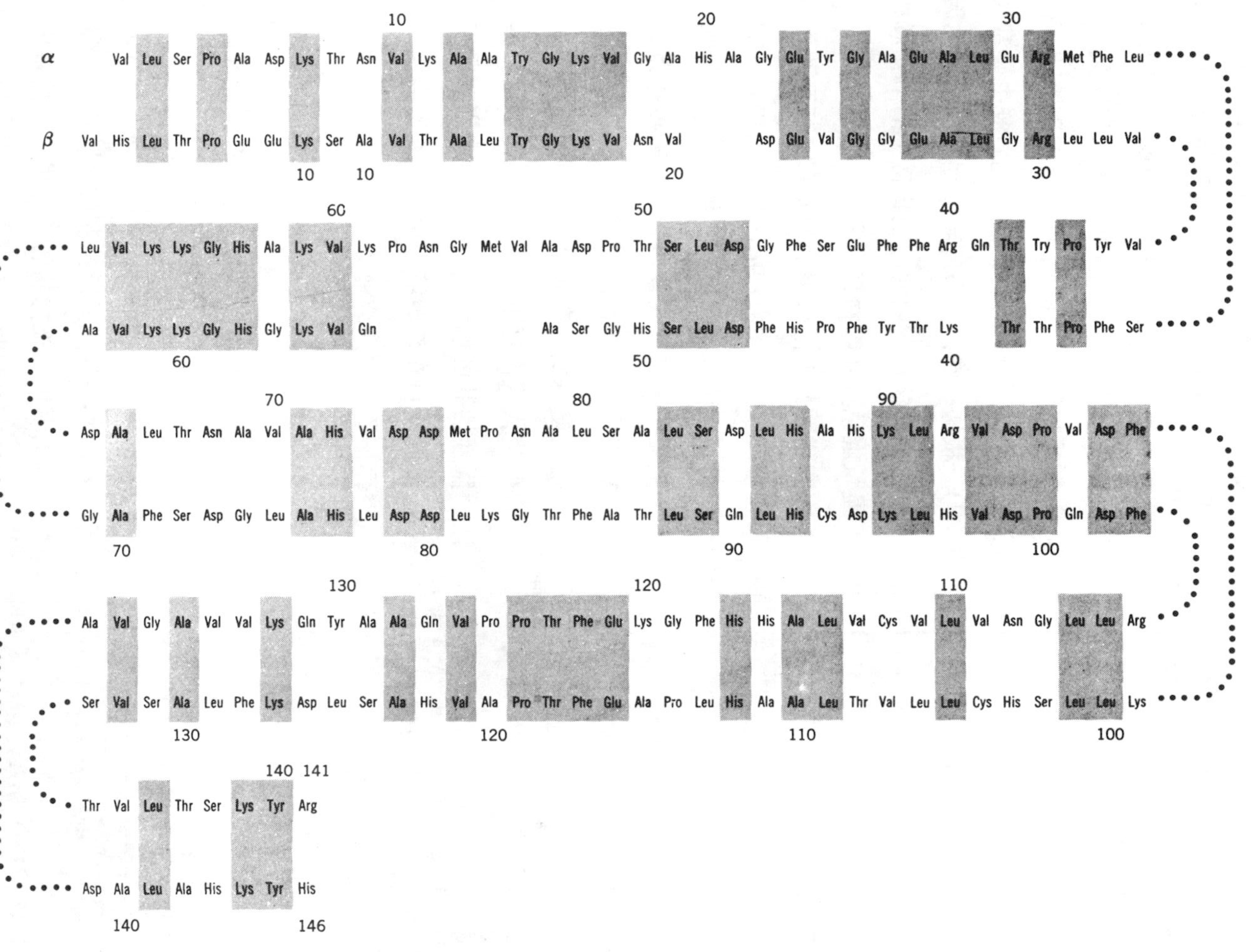

圖 7-16　正常成人血紅素的 α 和 β 多肽鏈上胺基酸的順序，方塊中者爲兩鏈位置相當且種類相同的胺基酸。

血紅素A 麩胺酸		血紅素S 纈草胺酸	
DNA	mRNA	DNA	mRNA
C	G	C	G
T	A	A	U
T	A	T	A
C	G	C	G
T	A	A	U
C	G	C	G

圖 7-17 正常血紅素（血紅素A），其基因有一個鹽基被取代時，乃變為不正常的血紅素(血紅素S)

C—A—T—C—A—T—C—A—T—C—A—T DNA
G—T—A—G—T—A—G—T—A—G—T—A
C—A—U—C—A—U—C—A—U—C—A—U mRNA
his ⟶ his ⟶ his ⟶ his 多肽鏈
A.

C—A—T—C—A—C—A—T—C—A—T—C
G—T—A—G—T—G—T—A—G—T—A—G
C—A—U—C—A—C—A—U—C—A—U—C
his ⟶ his ⟶ ile ⟶ ile
B.

C—A—T—C—A—T—C—C—A—T—C—A—T
G—T—A—G—T—A—G—G—T—A—G—T—A
C—A—U—C—A—U—C—C—A—U—C—A—U
his ⟶ his ⟶ pro ⟶ ser
C.

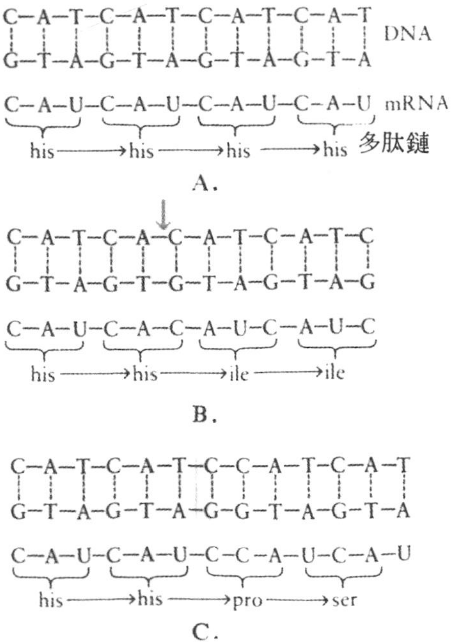

圖 7-18 DNA 鹽基發生缺失或重覆時，皆會使合成的蛋白質與原來不一樣。A. 正常，B. 發生缺失，箭頭所指的T—A對。C. 重覆，增加灰色方塊所示的C—G對。

形，叫做**鏈架移動** (frame shift)。

基因突變在自然界可以自然發生，在實驗室中也可用人工方法如物理或化學因素誘導而產生。物理因素包括紫外線、x及伽偶等放射線，這些因素可以直接傷害 DNA，或間接導致 DNA 複製不正常(圖 7-19)。化學物質如亞硝酸、五溴脲嘧啶等，可以使 DNA 複製時，含氮鹽基的配對發生異常（圖 7-20)。根據研究，許多導致基因突變的理化因素，也可以引起癌症。由此，在日常生活中要倍加注意，盡量避免與此等物質接觸。

基因突變雖然大部分對個體有害，甚至致死，但偶而也會產生對個體有利的突變。例如大麥的一種突變，可以增強其對黑穗病的抵抗力，所以誘導突變不失為改良動植物品種的可行方法。在演化上，基因突變亦是重要的機制；隱性的突變基因，在族羣中可以由異型合子的個體代代保存下去。一旦環境改變，具有隱性性狀的個體，或許可以適應新環境；如此便可在新環境中生存並繁衍後代，因而能避免遭遇滅種的厄運。

第四節 基因表現的調節

細胞中的基因，實際上僅有小部分經常活動而表現其所控制的性狀，絕大部分的基因則常被抑制而不表現。有的基因，只有在身體某一部位的細胞中方始表現，例如人體產生黑色素 (melanin) 的基因，

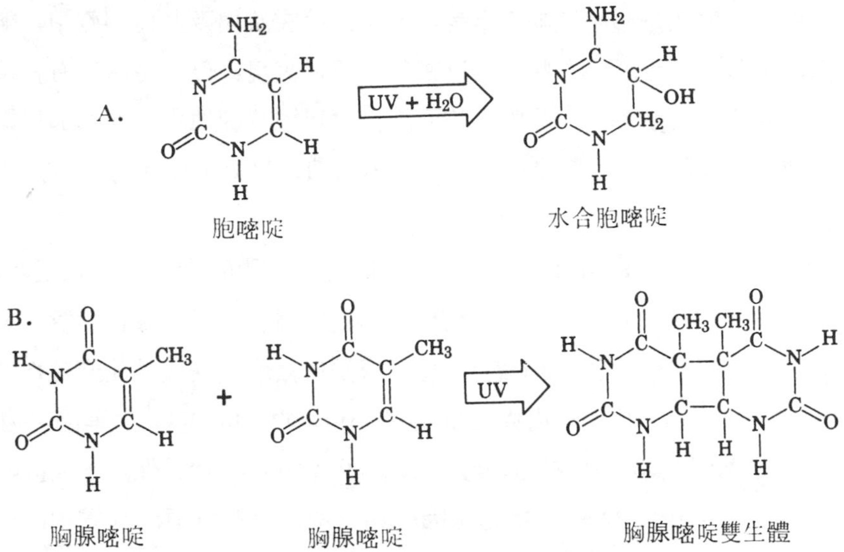

A.

胞嘧啶　$\xrightarrow{UV + H_2O}$　水合胞嘧啶

B.

胸腺嘧啶　+　胸腺嘧啶　$\xrightarrow{UV}$　胸腺嘧啶雙生體

圖 7-19　紫外線（UV）照射引起突變的原因。A. 胞嘧啶水解後，可能造成配對錯誤，B. 胸腺嘧啶雙生體，會阻礙 DNA 複製。

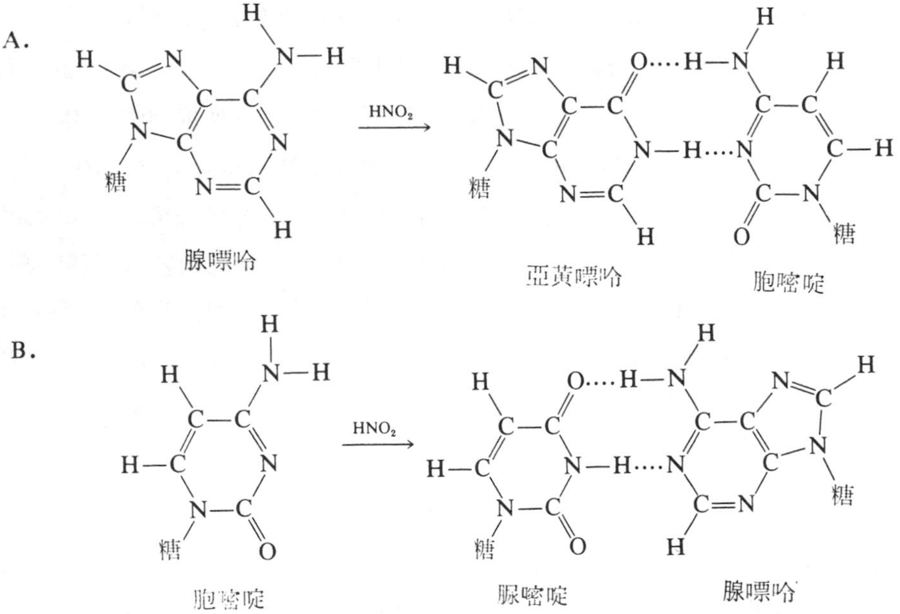

A.

腺嘌呤　$\xrightarrow{HNO_2}$　亞黃嘌呤　胞嘧啶

B.

胞嘧啶　$\xrightarrow{HNO_2}$　脲嘧啶　腺嘌呤

圖 7-20　亞硝酸導致突變。 A. 亞硝酸使腺嘌呤變爲亞黃嘌呤， 亞黃嘌呤與胞嘧啶配對，使 AT 對變爲 GC 對。B. 使胞嘧啶變爲脲嘧啶，脲嘧啶與腺嘌呤配對，導致 GC 對變爲 AT 對。

只有在皮膚、毛髮的細胞中活動而產生黑色素，而在肌肉及其他細胞中，雖然具有這種基因，但是卻不表現。有些基因只在某一時期表現，例如昆蟲只有在蛻皮時，有關蛻皮的基因，方始表現。細胞中基因表現可以因時因地視情況而加以調節，實是有其必要；如果基因經常活動而產生大量蛋白質，則對細胞本身而言，無疑是一種浪費。

至於基因表現究竟是如何調節的，此一問題，在1961年，由賈柯（Jacob）和莫諾（Monod）提出答案。他們以大腸菌為實驗材料，大腸菌自環境中獲得葡萄糖而加以利用，若是環境中缺少葡萄糖，於是便攝取乳糖或其他醣類作為能量來源。根據實驗結果，他們提出**操縱組模式**（operon model）之理論。在此模式中，包含構造基因（structural gene）、操作子（operator）、促進子（promoter）及調節基因（regulator gene）。**構造基因**或為一個，或有數個，模式中的構造基因相隣排列，當構造基因活動時，細胞中便轉錄其遺傳訊息而合成蛋白質。

操作子位於構造基因的一端，其作用有如開關，可以控制構造基因的活動與否。**促進子**與操作子相鄰，是 RNA 聚合酶附著的部位，當 RNA 聚合酶附於此處時，細胞中便開始轉錄構造基因的遺傳訊息而合成 mRNA。**調節基因**可以轉錄轉譯一種蛋白質，該蛋白質可以抑制構造基因的活動，故稱**抑制物**（represser）。

大腸菌對乳糖利用的調節模式，叫做**乳糖操縱組**（lactose operon）（圖 7-21）。其構造基因有三個，可以決定三種酵素：β-半乳糖苷酶（β-galactosidase）、β-半乳糖苷滲透酶（β-galactosid permease）和 β-半乳糖乙醯基移轉酶（β-galactoside transacetylase）。β-半乳糖苷酶可以分解乳糖使產生葡萄糖和半乳糖；β-半乳糖滲透酶可以使外界的乳糖進入細胞中；至於乙醯基移轉酶的功用則不明。由調節基因所產生的抑制物可以與操作子結合，結合以後，構造基因便不表現；但當培養基中有乳糖存在時，乳糖便與抑制物結合，使抑制物失去和操作子結合的能力；於是，構造基因便活動。在此情形下，乳糖便是**誘導物**（inducer）。

近年來，生物學家發現，促進子除了與 RNA 聚合酶結合外，其另一部分可與 CAP-cAMP 複合物（CAP-CAMP Complex，CAP 為 Catabolite Activator Protein 的簡稱，cAMP 為 Cyclic Adenine Monophosphate 的簡稱）結合。當該複合物與促進子結合時，RNA 聚合酶才能與促進子的另一部分結合。這種複合物

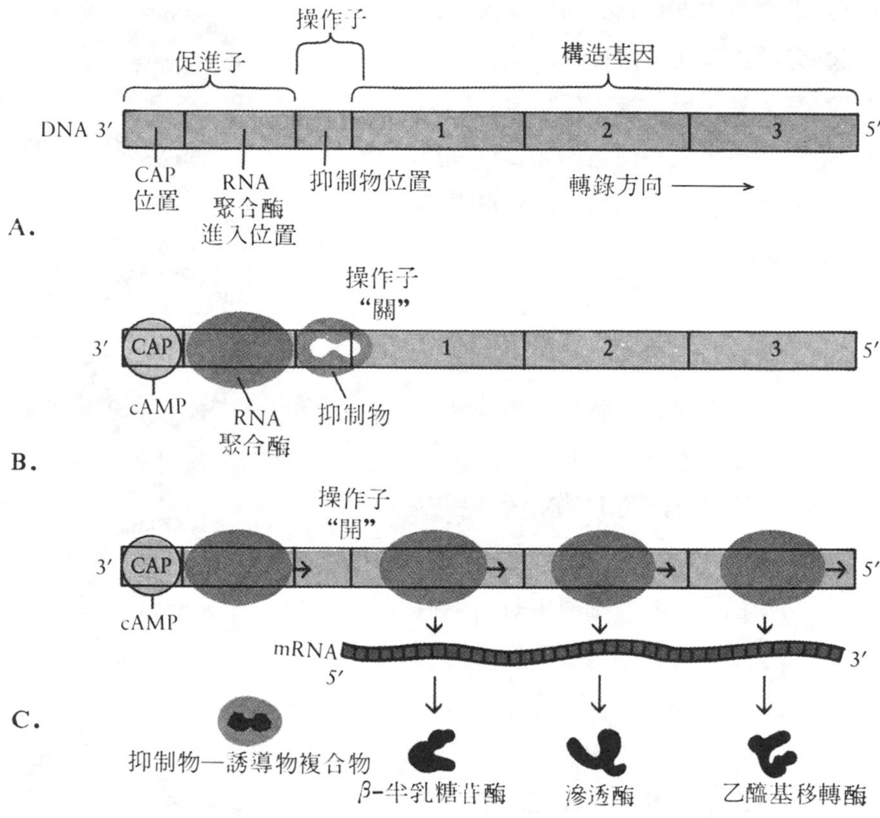

圖 7-21 乳糖操縱組

的形成，與細胞內葡萄糖的含量有關，當葡萄糖的含量高時，cAMP 便驟減，缺少 cAMP 時，複合物便無法形成，CAP 便不會與促進子結合。由此可知，大腸菌是否利用培養基中的乳糖，與細胞中葡萄糖的含量有關。

至於高等生物細胞內基因表現的調節方式，生物學家認為一定比細菌要複雜得多，只是目前尚不完全了解。

第五節 重組 DNA

十多年前，當遺傳學家對生命奧秘有較圓滿的解釋時，他們又引發另一項革命性的任務，即對基因進行諸多操作技術。例如能複製、分解並改變遺傳物質，並將基因自一種生物移入另一種血緣關係甚遠的生物細胞內。這項新技術主在使遺傳物質可以重組且複製，此種重組的遺傳物質，稱爲**重組DNA** (recombinant DNA)。

細菌的遺傳物質　遺傳學家在這項新工作方面的成果，主要來自對微生物尤其是大腸菌的研究。細菌沒有核膜，其染色體爲一環狀的 DNA；複製時，從 DNA 的某一點開始，然後雙向進行，呈 θ 的圖形(圖 7-22 ）。雖然細菌染色體上具有細菌生長、生殖所必須的全部基因，但其細胞質中尙有較小的 DNA 分子，這些分子，叫做**質體** (plasmid) (圖 7-23) 。質體上亦含有基因，少者 2 個、多者達30個，其 DNA 亦呈環狀，能自行複製，其複製常與細胞分裂同時進行，並分配至子細胞中。質體可分 F 質體和 R 質體，F 質體與體表線毛 (pillus) 的產生有關，含有 F 質體的細菌稱 F^+，F^+ 的細菌可藉線毛附於 F^- 的細菌（即無 F 質體者），然後將其 F 質體經附著的線毛移轉至 F^- 的細菌。這種經由細胞接觸而將 DNA 自一個細胞移轉至另一細胞的情形，叫做**接合生殖** (conjugation)。在行接合生殖時，其質體是藉轉圈的方式複製並移轉（圖 7-24）。

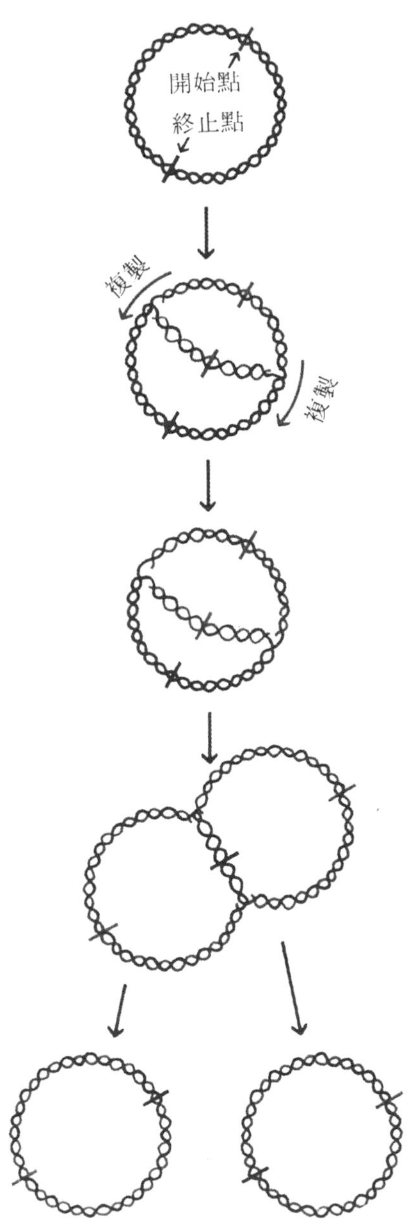

圖 7-22　細菌環狀染色體的雙向複製（參看彩色頁）

F 質體和 R 質體，皆能與細菌染色體接合。F 質體一旦與染色體接合，便不能

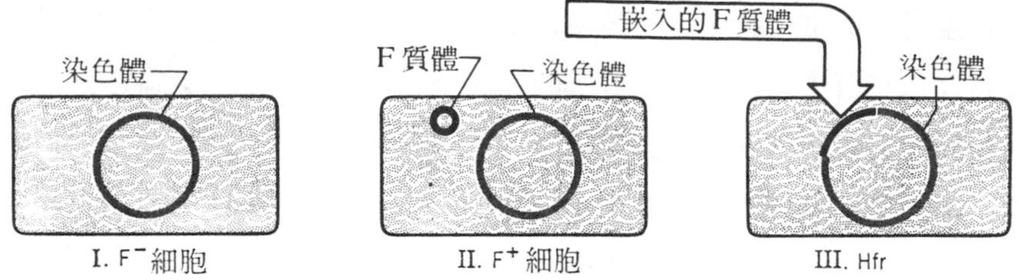

圖 7-23　大腸菌有的無質體 (F^-)，有的有質體 (F^+)，有的質體嵌入染色體中 (Hfr)。

單獨複製，而必須隨染色體複製而複製。細菌染色體中，若插入F質體，則此細菌稱爲 Hfr (高重組頻率， High frequency of recombination 的簡稱)。當 Hfr 與 F^- 細菌行接合生殖時(圖 7-25), Hfr 的染色體全部或一部分能轉移至 F^- 細菌，這時 Hfr 的染色體在F質體處斷裂，然後邊移轉、邊複製。DNA 5′ 端先進入 F^- 細菌，在供者與受者的染色體之間，其同源的部分，便可發生重組。

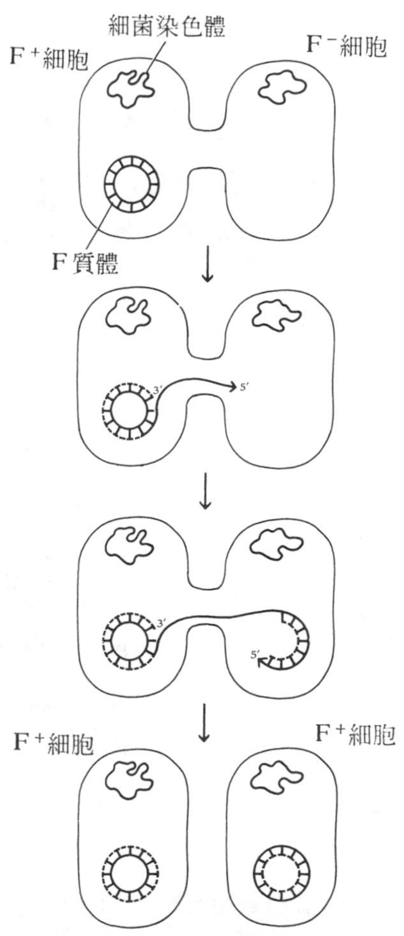

圖 7-24　接合生殖時F質體自 F^+ 細胞移轉至 F^- 細胞係經由轉圈複製，其 DNA的一股自 5′ 的一端開始進入 F^- 細胞，在兩細胞中，各以一股 DNA 爲鑄模，合成另一股(圖中虛線者)；F^-細胞乃轉變爲F^+細胞。

細菌對抗生素具有抵抗力，是由基因所控制，這些基因，可以自一個細菌移轉至另一個細菌。移轉時，是藉R質體爲媒介。R質體並不具有產生線毛的基因，有時一個細菌中所含的R質體可多達上百個。在細胞分裂時，能自親代傳給子代；當行接合生殖時，也可移轉至另一細菌。

細菌的質體或染色體中，有 **IS 因子** (insertion sequence element) 插入其中。IS 因子爲小段的 DNA，約有 800～1400 鹽基對。IS 因子可以轉位 (transposable)，即自染色體的一處移至另一處，甚至自一個染色體移至另一個染色體。 IS 因子可以導致F質體插入細菌染色體中，(圖7-26)，或使兩個不同的質體互相接合 (圖 7-27)。

近年來，遺傳學家發現細菌中含有轉位基因 (transposon)。轉位基因是能對抗生素產生抵抗力的基因，在該段 DNA 的兩旁，各有一個 IS 因子。此整條的遺傳物質 (轉位基因及 IS) 可以自染色體的一處移至他處，甚至自一個染色體移至另一染色體。轉位基因係藉 IS 因子而移動，在細菌體內，可以自一個質體至另一個質體，或自質體至細菌染色體，再返回質體。

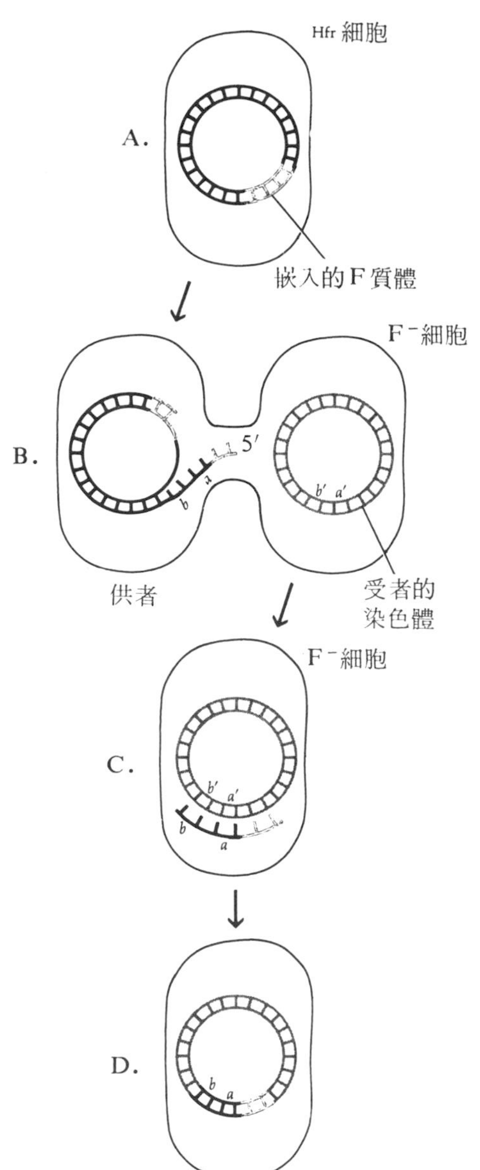

圖 7-25 細菌的接合生殖。A. F^+ 細胞的F質體嵌入染色體中，成為 Hfr 細胞。 B. 在F質體處染色體斷裂，DNA 開始轉圈複製，自 5′ 的一端開始。 C. 單股 DNA 包括F質體和染色體進入 F^- 細胞。D. 供者的 DNA 可以與受者的 DNA 重組。

病毒與性狀引入 病毒的遺傳物質，或爲 DNA，或爲 RNA。當病毒感染寄主時，便將核酸注入寄主細胞。含 DNA 的病毒，其 DNA 進入寄主細胞後， 便以此 DNA 爲鑄模，產生相同的 DNA，同時，也以此 DNA 爲鑄模而合成病毒的蛋白質。 最後 DNA 與蛋白質互相組合而成許多新的病毒。這些病毒會破壞寄主細胞，另行感染新的寄主細胞而重覆此一循環。在此過程中，寄主細胞的 DNA 會成爲碎片， 當病毒的 DNA與蛋白質組合時，可能將寄主的DNA碎片一起包入蛋白質的外殼中。若此病毒感染新的寄主時，便會將舊寄主的遺傳物質碎片同時携入，携入的 DNA，可以與新寄主的 DNA 間發生重組。此種由病毒將遺傳物質自一個細胞攜至另一細胞的情形，叫做**性狀引入**(transduction)。

噬菌體 λ 的 DNA，當包於蛋白質外殼中時，爲直線狀（圖 7-28 A），但當被釋放至寄主細胞中時，其 DNA 的兩端即行癒合而呈環狀（圖 7-28 B）。當 DNA 呈直線時，其兩股在 5′ 的一端各突出 12個核苷酸，

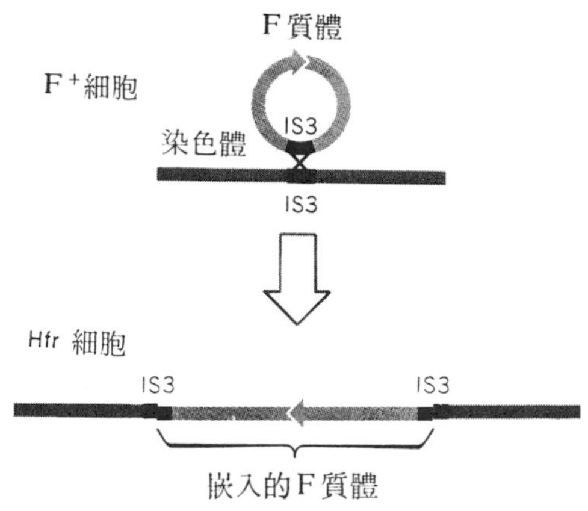

圖 7-26　IS 因子導致F質體嵌入染色體中

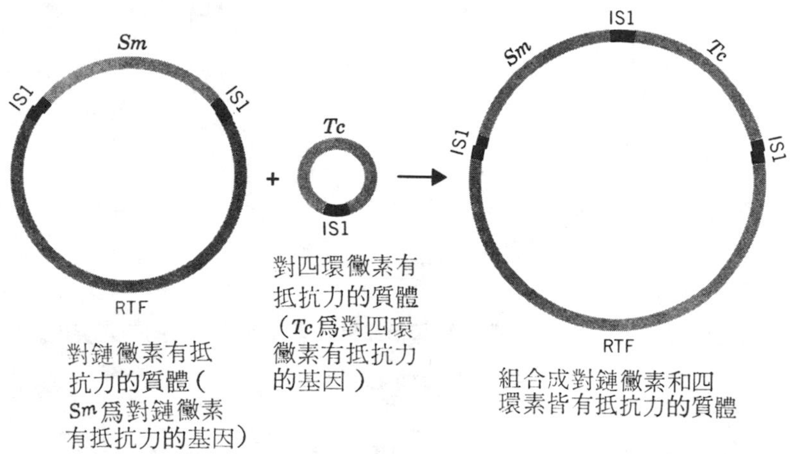

圖 7-27　IS 因子導致兩種質體組合一起

兩者的鹽基恰好可以配對。因此當被釋至寄主細胞時，DNA 的兩端便互相癒合。又噬菌體 λ 的 DNA 能插入大腸菌的染色體中，因爲細菌染色體與噬菌體的 DNA 中，各有一小段 DNA 能互相附著，此附著作用是藉一種特定的酵素——接合酶(integrase) 的作用。該酵素可以辨認兩者的鹽基順序，使他們互相附著，並進行切割及癒合的反應（圖 7-29）。由此可知，噬菌體 λ 的 DNA 與質體的相似處爲：(1) 本身可以複製，(2) 可以與細菌染色體接合。

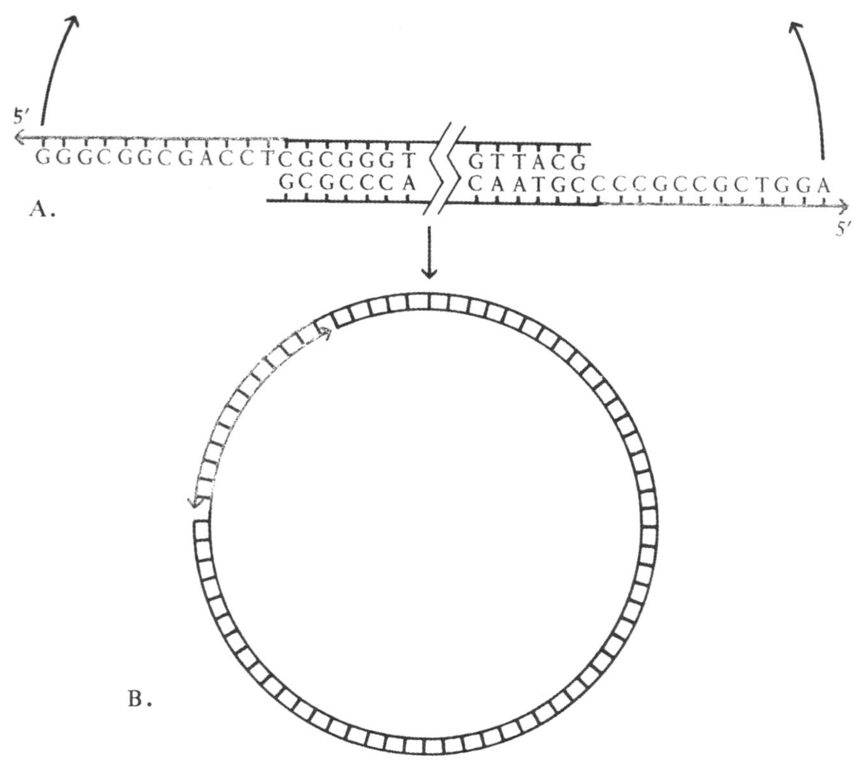

圖 7-28　噬菌體 λ 的染色體。A. 呈直線狀，其兩股在 5′ 的一端突出。B. DNA 的二端互相接合而呈環狀。

DNA 重組與基因繁殖　根據以上所述，可知細菌的接合生殖、性狀轉變及性狀引入，皆可導致 DNA 的同源部分發生重組。F 質體、噬菌體 λ、IS 因子及轉位基因可以導致另一種方式的基因移轉，使不同的遺傳物質互相接合。由此可知，在自然情況下，遺傳物質的重組經常發生。至此，在實驗室中操作基因的技術似已呼之欲出。首先，是一種稱爲**限制酶**（restriction enzyme）的發現。這種酵素能將 DNA 的特定部位切開。具有該酵素的細菌本身則能保護其 DNA，而不爲此酵素所切割。目前自不同品系的細菌中，已有約 100種限制酶分離而出。不同的限制酶各自切割 DNA 上之特定的部位。另一重要處爲有的限制酶切割 DNA 時，在 DNA 的兩股上切割部位稍有差異。例如大腸菌的限制酶 EcoRI 切割的 DNA

分子：GAATTC

5′…GAATTC…3′
3′…CTTAAG…5′

切割時，都在 DNA 兩股的G與A之間

↓
5′…GAATTC…3′
3′…CTTAAG…5′
↑

結果形成

…G　　　　AATTC…
…CTTAA　　　　G…

其兩端的…TTAA 和 AATT… 可以互相接合；不但如此，該兩端也能與由相同限制酶切割的任何生物之 DNA 的兩端相接合。

在發現大腸菌的 EcoRI 後不久，生物學家又自大腸菌分離出很小的質體，叫做 pSC101，這種質體，可使細菌對四環黴素有抵抗力。pSC101 的分子中，僅有一處有 GAATTC 的鹽基順序，因此，只有該處能被 EcoRI 所切割。切開後，若在該質體中嵌入一段其他的 DNA，則並不妨礙細菌攝入該質體；細菌攝入該質體後，其對四環黴素的抵抗力，以及 DNA 的複製等，皆不受影響。

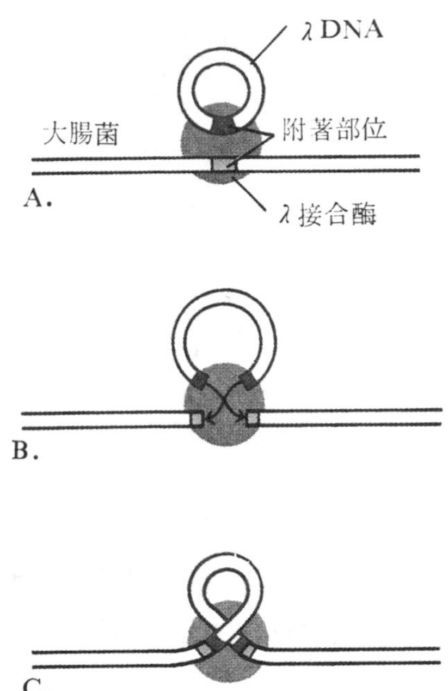

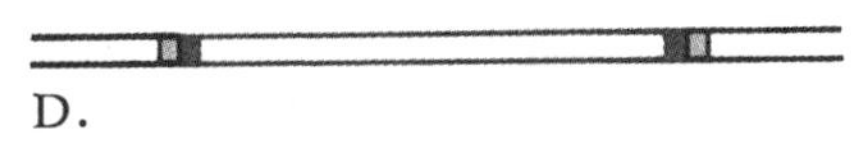

圖 7-29　λ DNA 嵌入大腸菌的染色體中。A. λ接合酶辨認出λ和大腸菌DNA上的附著部位，使他們攜在一起。B. 此酵素促進兩者的 DNA 斷裂。C. 兩者互相接合。D. 使λ的 DNA 嵌入細菌染色體中。

圖 7-30 便是依據上述原理，製成重組 DNA。圖中以 EcoRI 切取一外來之基因，其切開之兩端 TTAA 及 AATT，可以與用相同限制酶切開之 pSC101 質體的兩端接合，乃形成了重組 DNA。若將此重組的質體置於培養細菌的培養基中，便可爲細菌所攝取，並在細菌體內增殖。這些重組的質體，可以自細菌分離而出，再以 EcoRI 處理，便可釋出所繁殖的基因。大量的基因，可供遺傳學研究之

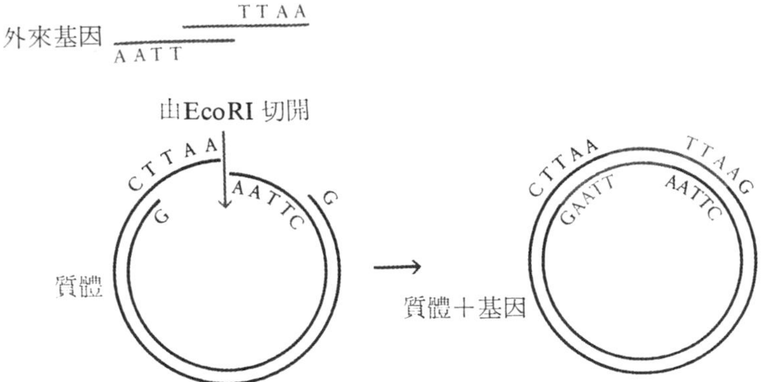

圖 7-30 限制酶 EcoRI 可以切開 pSC101，露出的兩端，可以與用同樣限制酶切開之任何 DNA 接合，如圖中左上方之外來基因。（參看彩色頁）

用。此外，這種外來基因在細菌體內，亦可使細菌按其遺傳訊息合成蛋白質；因此，可以大量生產這種物質，例如胰島素目前便利用這種技術而生產。

第八章　人類遺傳

生物學家利用動植物爲實驗材料進行遺傳研究，所獲得的結論，可以應用於人類。但是，對動植物研究所作的交配繁殖實驗，卻不能施之於人。另方面，人類的生長成熟爲時很長，對遺傳實驗言，是很不適宜的。人類遺傳的許多數據資料，通常是基於家系的調查。實際上，除了皇室以外，一般人對自己遠祖的外貌特徵以及疾病等問題，都知道得很少，家譜記載亦欠週詳，所以這方面的資料至爲匱乏。人類遺傳的大部分資料係來自醫學界，因爲了解遺傳對醫學頗有助益；因此，醫師們常常愼密檢查病人，從而累積大量有關遺傳疾病的資料。

第一節　人類的染色體

眞核生物的染色體係由 DNA 及蛋白質構成， 在細胞間期時， 染色體分散成染色質。現今根據電子顯微鏡及生化方面的分析，得知染色質的構造，猶如一粒粒珠子串在線上（圖 8-1）。由蛋白質構成橢圓形的珠子，珠子直徑110Å，高60Å，外面繞有 $1\frac{3}{4}$圈 DNA， 兩者構成核體（nucleosome)；繞在珠子表面的 DNA 含146對核苷酸，前後珠子間的 DNA 長度自8～114對核苷酸（圖 8-2）。細胞分裂時，此一構造便纏絡成直徑 300Å 的染色質纖維（圖 8-3）， 再由此纖維纏絡成染色體（圖 8-4）。

生物學家根據生物細胞內染色體的大小，將之順序排列，稱爲**核型**(karyotype)。人類的染色體共23對，其核型共分A～G七組，每組包含數對染色體；另外尙有性染色體，其中X染色體可列入 C 組。由圖 8-5 可知同一組中的染色體，外形常十分相似， 故不易區別。 近年來， 生物學家用特定的方法將染色體染上顏色，便會顯現出橫紋，橫紋的方式在各對染色體上都不一樣（圖8-6)，可藉以區別之。

圖 8-1　在電子顯微鏡下所觀察到的染色質

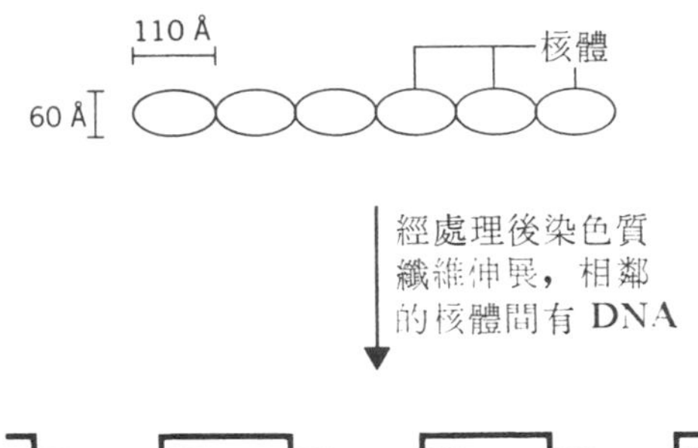

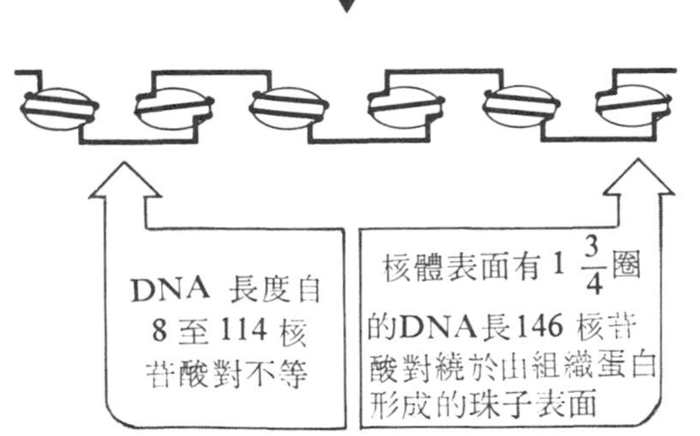

圖 8-2　染色質的構造

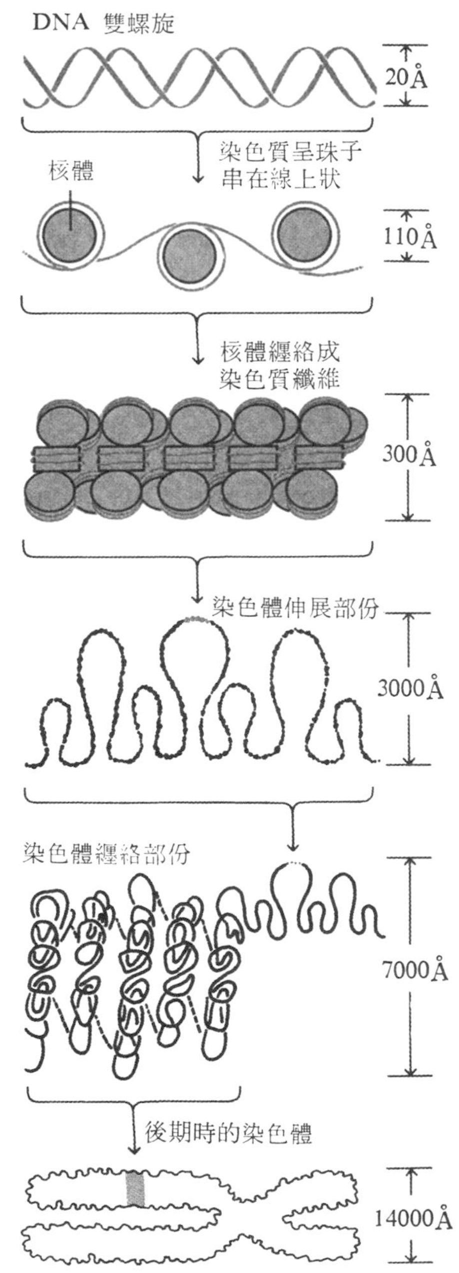

圖 8-3　由 DNA 纏絡成染色體的各時期

圖 8-4　人類的第12對染色體，該染色體已複製，邊緣可看到染色質纖維（直徑 300Å）。

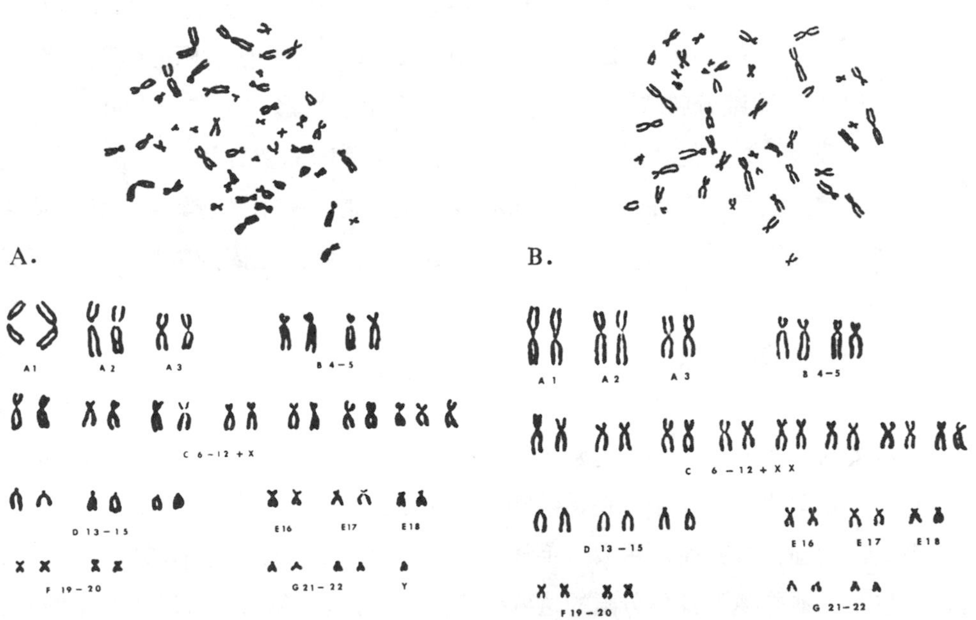

圖 8-5　人類的染色體。A. 正常男性細胞的染色體及核型；B. 正常女性細胞的染色體及核型。

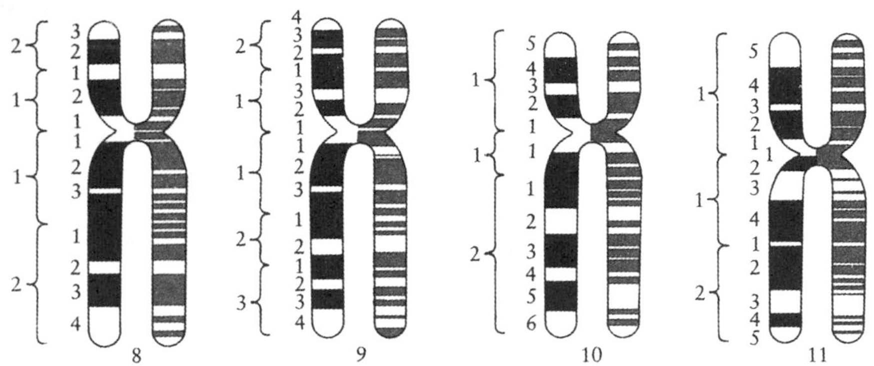

圖 8-6　人類染色體經染色後現出的橫紋，色深的一邊爲細胞分裂中期的染色分體，色淺的一邊爲前期的染色分體。第 8，9，10 及 11 爲四對大小、形狀均相似的染色體，但出現的橫紋則各異，可藉以區別之。

第二節　染色體異常

某些遺傳疾病是由於染色體數目或構造異常而引起。數目不正常，在人類通常是某一對染色體多一個或少一個。這種情形可能是由於減數分裂時，成對的染色體未曾分離而各至一配子中，因此，產生的配子，其中之一便有兩個該種染色體，另一則付缺如。減數分裂時同源染色體不互相分離的情形，叫做**無分離**（nondisjunction（圖 8-7）。這類配子受精後，合子中染色體的數目便與正常者不一樣。

除染色體的數目異常外，構造方面亦會發生異常。所謂構造異常，係指遺傳物質發生缺失、重複、倒位或易位等情形。於是，染色體上基因的數目或順序便與正常者不一樣。

染色體異常時，常會導致遺傳疾病。

數目異常　在人類，染色體數目異常，有的是普通染色體，有的是性染色體。最常見者爲第21對染色體多一個，這時會引起唐氏症 (Down syndrome)。患者的智能不足，面圓、口張開、舌大，手掌紋路似猩猩，小指僅一處有橫紋 (圖 8-8)，唐氏症以及其他許多涉及無分離的遺傳疾病，似乎常與嬰兒出生時母親的年齡有關，其原因尚不明。一般認爲女性的卵母細胞在出生以前便已存於卵巢中，因此卵子乃

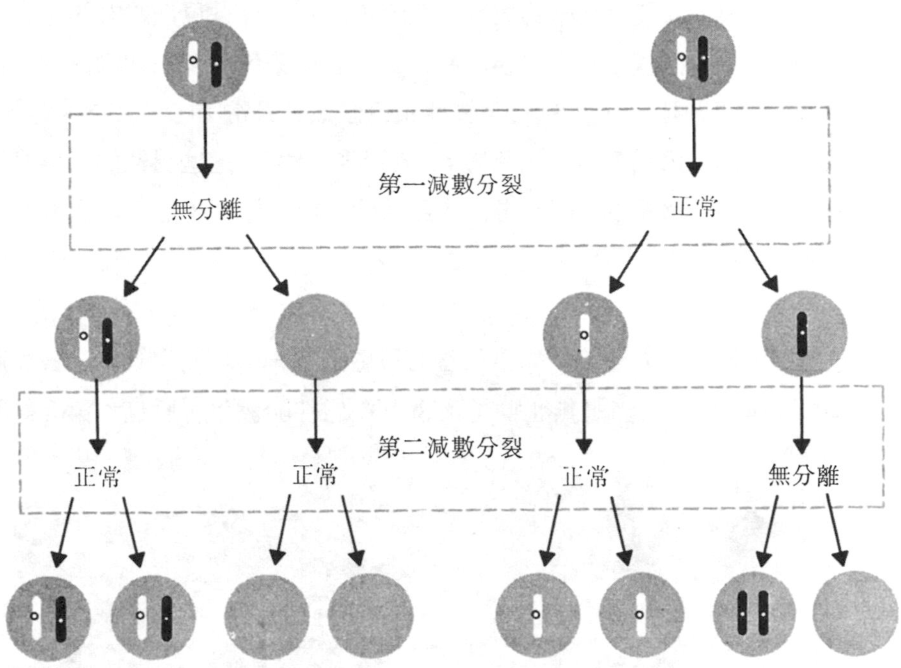

圖 8-7　第一和第二減數分裂時發生無分離的結果

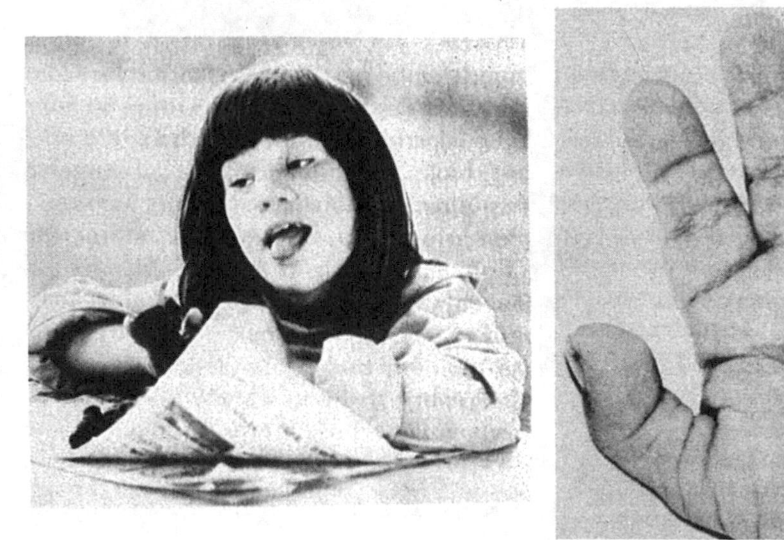

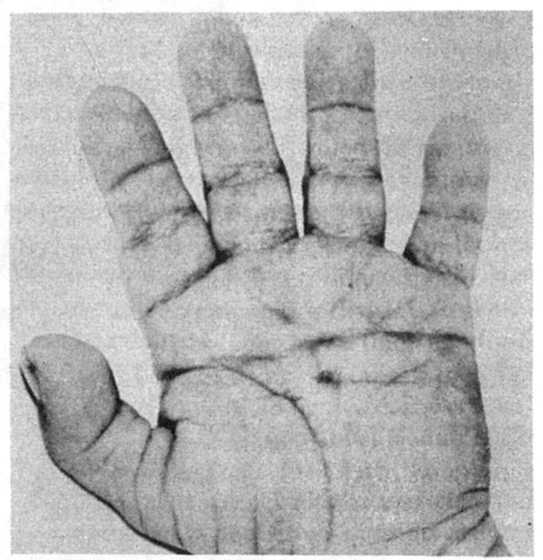

A.　　　　　　　　B.

圖 8-8　唐氏症患者。A. 面部特徵；B. 手的特徵。

隨著女性年齡而增加其發生異常的機率。實際上，目前也發現，約有20%唐氏症患者，其額外的一個染色體係來自父親。在人類，普通染色體多一個的情形，已發現者有第 13 對或第 18 對多一個者。至於性染色體數目異常，其中 XXY XXXY 甚至 XXXXY 者，因爲具有Y染色體，故皆爲男性。這些男性的性器官發育不全，常不孕。至於 XXX 或 XO 者，皆爲女性，前者伴有智能不足的情形，後者性發育受阻，不孕。

染色體構造異常　人類第11對染色體的短臂上某一小段發生缺失，會引起魏氏腫瘤 (Wilm's turmor)，患者眼無虹膜（圖 8-9），常伴隨發生腎臟癌。第 5 對染色體

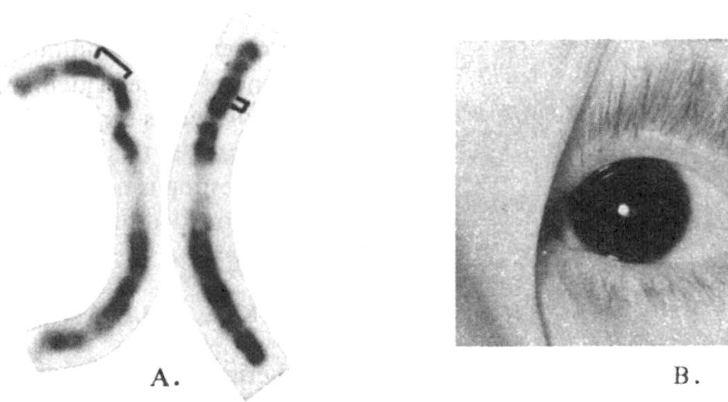

圖 8-9　魏氏腫瘤患者。A. 第11對染色體發生缺失（右方者）；B. 眼無虹膜。

的短臂某部發生缺失，會引起貓叫症，患者的頭小，聲音似貓叫（圖 8-10）。第 3 對染色體同時發生重覆與缺失時，會導致流產，偶有懷孕足月而出生，但嬰兒在吸乳或吞嚥方面都會有困難，因而夭折；圖 8-11 爲一活至六歲的兒童，但仍不能適當吸食，必須用匙餵食；不會坐，不能翻身，也不能吃固體食物；面部的特徵也有許多不正常，如鼻短寬而蹋，上頷突出，以及耳的位置較低等。

染色體不論數目或構造是否異常，目前在醫學上，可以在母親懷孕時作羊水細胞檢查。先以超音波確定胎兒位置，然後用細針自孕婦的腹部插入羊膜腔（圖 8-12），抽取胎兒周圍的羊水。因爲羊水中有胎兒體表剝落的細胞，將此等細胞作組織培養，然後檢查細胞中的染色體，若發現有異常情形，便可施行人工流產。

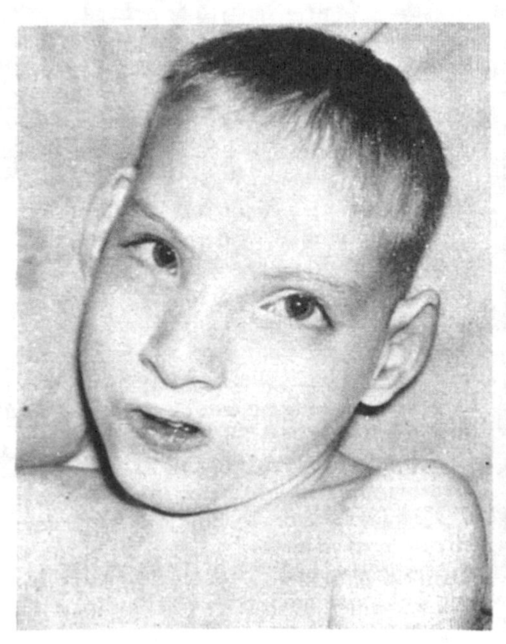

圖 8-10　貓叫症患者

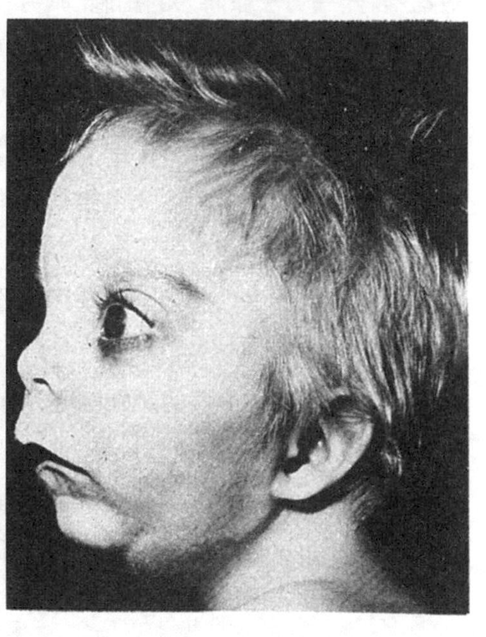

圖 8-11　第 3 對染色體發生重覆與缺失，圖中患者六歲。

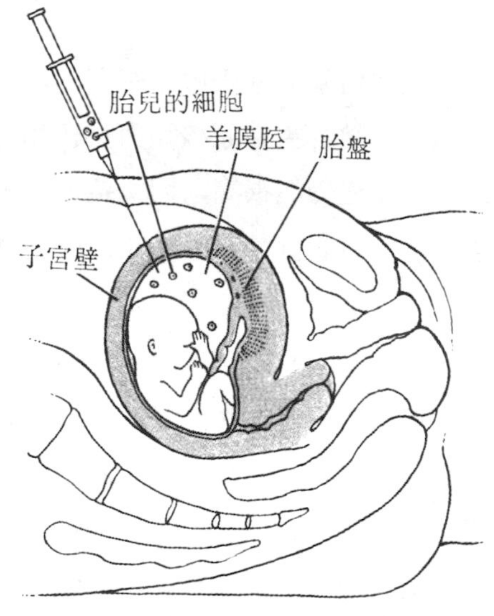

圖 8-12　自孕婦的子宮抽取羊水

第三節　人類染色體上基因的定位

在遺傳學上，果蠅、玉米及其他動植物，可以根據三點試交的結果，將基因在染色體上的位置定出來。但是在人類，因爲無法作交配實驗，故必須發展出其他的新技術，以決定基因在染色體上的位置。

人一鼠雜種細胞　決定人類的基因位於某一染色體上時，廣泛使用的方法爲雜種細胞。此一方法係將人的細胞，與另一種生物通常為鼠的細胞培養在一起，產生的雜種細胞含有人與鼠的全部染色體，當細胞分裂產生的子細胞中，人的染色體會逢機減少，有時雜種細胞內，僅有一個人類的染色體（圖 8-13)。這一細胞若能產生任何人體的蛋白質或酵素，即表示該基因應位於此一僅存的染色體上。這一染色體可以藉橫紋技術以鑑定究竟是第幾對染色體。

上述的這項技術，目前又再加以改進，其法是將單一的人類染色體的片段，放入培養的鼠細胞中。於是，對基因位置的決定，在時間上便更加快速。

放射性追踪　上述的雜種細胞，僅限於用來測知產生蛋白質的基因，因而在使用上便受到限制。放射性追踪法則將帶有放射性的 mRNA 或 DNA，置入培養的細胞中，若該帶放射性的核酸，與人類染色體上的 DNA 發生雜合 (hybridize)，則根據測得的放射性可顯示其存在。根據此法測知血紅素 α 基因位於第 16 對染色體，血紅素 β 基因位於第11對染色體。

第四節　重組DNA在醫學上的應用

雖然重組 DNA 的技術已經很成功，但是，要將外來基因置入細菌內，用以產生大量蛋白質，至今仍會遭遇困難。這一問題的癥結，主在原核類與眞核類基因調節的機制不一樣。雖然如此，科學家對這方面的期望仍然很高，因為這種技術的用途有：(1) 遺傳疾病的產前檢查；(2) 大量生產蛋白質供醫學上使用；(3) 利用正常基因替代缺陷基因以治療遺傳疾病。

產前檢查遺傳疾病　在產前先行檢查胎兒是否患有遺傳疾病，以便及早處理。例如鐮形血球性貧血可以藉檢查羊水中的細胞而加以診斷。此時需以限制酶切割胎兒細胞的 DNA，在 β 血球素基因的附近(相距約 5,000 鹽基對處)，有另一突變，此一突變處可被一種限制酶所切割。切割時，正常的 β 血球素基因，所切下的 DNA 長約7,000或7,600核苷酸對，而鐮形血球性貧血的基因，切下的斷片較長，含有 13,000核苷酸對，因為正常者的 DNA 有該限制酶所能切割的部位，而鐮形

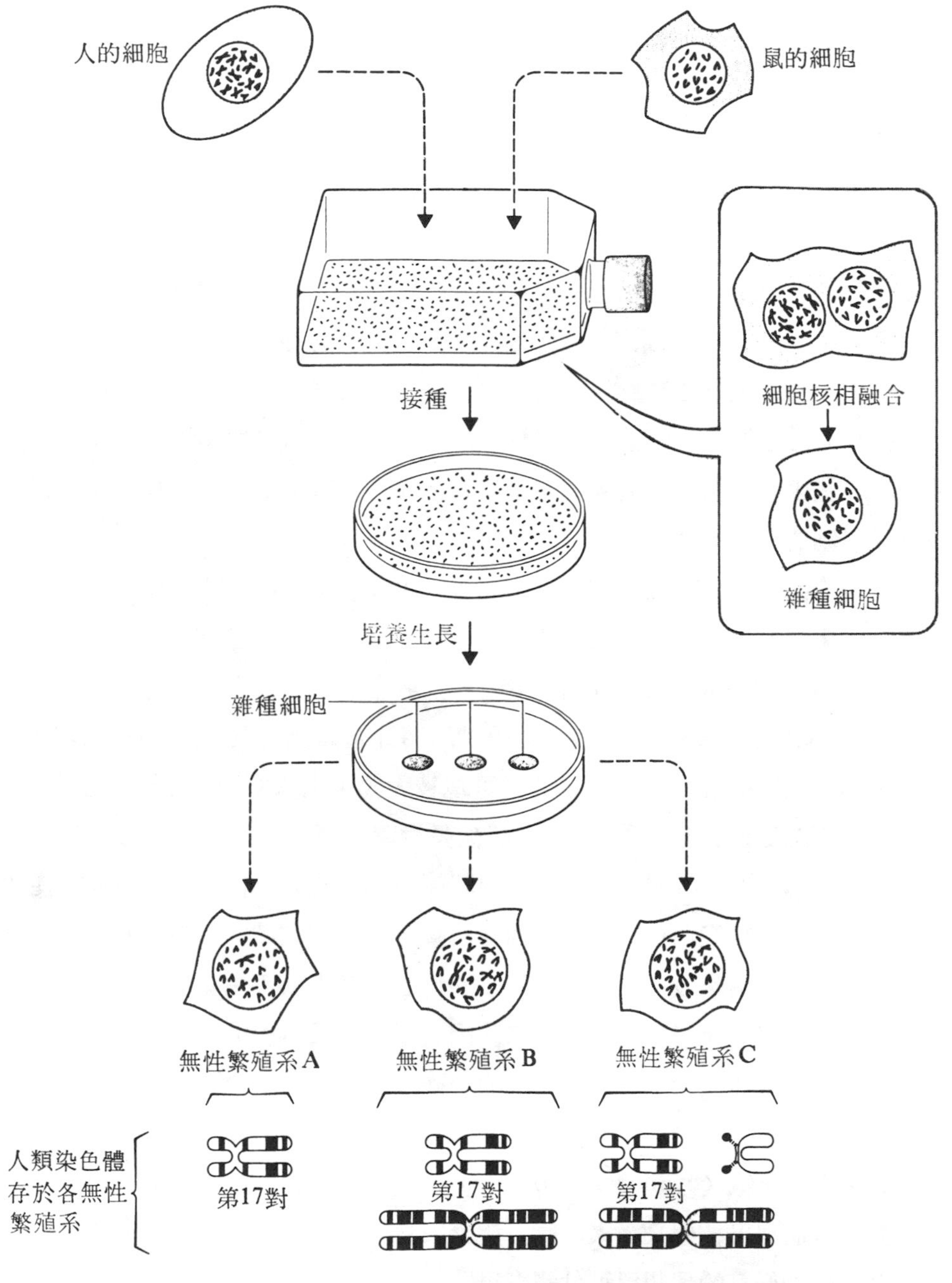

圖 8-13　利用鼠一人的雜種細胞，以決定人類的基因位於那一個染色體上。

血球性貧血者則無此一部位。

最早以此技術作診斷的夫婦，皆帶有一個鐮形血球的基因，爲異型合子，所生的第一個孩子患有鐮形血球性貧血。第二次懷孕時，便以此技術作檢查。結果，所切割的 DNA，該對夫婦皆爲一短一長，第一個孩子僅有長的DNA；而第二個胎兒則與父母一樣，亦爲一短一長；說明第二個孩子爲異型合子，不會表現該遺傳疾病。

設計的基因 許多在醫學上有用的蛋白質，其中僅少數來自人類本身，大部分則源自動物，例如胰島素來自牛或猪。雖然這些動物蛋白質對人類的健康貢獻頗大，但總不及人體蛋白質有效，況且有些人對動物蛋白質會發生過敏反應。在重組 DNA 研究的早期，生物學家便認爲若是決定人體蛋白質的 DNA 片段，能放入細菌內，該基因在細菌內如果能發生作用而合成蛋白質，則此種來自細菌的蛋白質，將可無限制的大量供應。

1977 年，生物學家即選擇抗生長激素(somatostatin)的基因作試驗。這種激素僅含有14個胺基酸，於是，根據其胺基酸的順序，設法合成決定此種激素的基因，並包含一起始密碼。將此人工合成的基因，置於含 DNA 聚合酶及適當核苷酸的培養基上，該基因便會複製。然後利用限制酶將此基因及抗藥物的質體分別切開，再將此基因與質體接合。接合後的質體可以被大腸菌攝入（因大腸菌表現對藥物的抵抗力），但該細菌並無跡象顯示合成抗生長激素。於是，生物學家在該質體上抗生長激素基因的上游，接以乳糖操縱組的調節基因；於是，便有抗生長激素產生，但是產量極少，因爲細菌會將此外來的蛋白質分解，其被破壞的速度幾與合成的速度相仿。最後生物學家設法防止此哺乳類的抗生長激素被細菌酵素所破壞，乃將抗生長激素的基因連接在 β- 半乳糖苷酶基因（即乳糖操縱組的第一個構造基因）上，在連接的部位，加入胺基甲硫醇丁酸的密碼子。將此質體置入細菌內，於是，細菌便合成 β- 半乳糖苷酶—抗生長激素 （β-galactosidase-somatostatin）的雜合蛋白質，然後用溴化氰（cyanogen bromide）處理此蛋白質，乃在胺基甲硫醇丁酸處將之切割，因而釋出抗生長激素。此一激素與自然產生的抗生長激素有相同的效果。換言之，生物學家的理想已可付諸實現。

近年來，生物學家成功地將卵蛋白、人類胰島素、生長激素及數種酵素的基因，置入細菌中，皆能有效地合成蛋白質。在產生干擾素及病毒蛋白質以用於免疫方面，亦有相當的成就。

基因治療 重組 DNA 在醫學上的應用，其最大奢望是能設法用正常基因來替代疾病基因，以矯正遺傳缺陷。這是非常複雜的工作，第一，製備的基因要能爲眞核細胞攝入，然後與染色體組合，且能表現。實際上初期的試驗反比想像中容易，外來基因可以在眞核細胞中重組。生物學家最早試驗成功者，是將兔的 β 血球素基因與 SV40（一種病毒）的 DNA 接合，利用此病毒感染培養的猴細胞，結果，猴細胞會產生兔的 β 血球素（SV40 不能用於人的細胞，因其在他種生物能導致癌）。

至於將基因置入個體內的實驗，亦已初步成功。生物學家用鼠白血病的病毒感染猴的胚胎（4～16 細胞時期），然後再將此胚胎植入另一母猴子宮內繼續發育。發現該病毒可與幼猴的染色體組合，成爲一病毒原（provirus）。更有甚者，幼猴的某些組織中，有活動的病毒產物。當帶有病毒原的幼猴成長後，互相交配，有50%的後代出生時，其染色體即帶有病毒原，顯示該病毒原能與生殖細胞的染色體組合。

生物學家將兔的 β 血球素基因注入鼠的受精卵，由該卵發育而成的鼠，其紅血球內含有兔的 β 血球素。有趣的是該基因僅在紅血球中表現，在鼠的其他組織中，則無兔的 β 血球素。顯示該基因組合於染色體中的正確位置，並受細胞的控制。

綜上所述，可知在此快速進步的領域中，基因治療已接近成功的階段。

第三篇　生物的歧異

第九章　生物的分類

將生物命名並分門別類的學科，叫做**分類學**(taxonomy)。 生物學各領域的研究，常與分類學有密切關聯。

第一節　分類系統

林奈 (Carolus Linnaeus) 於十八世紀時創分類系統，以後其他的生物學家再略加修改，一直沿用至今。

種　林奈以種 (species) 作爲分類的基本單位。種的定義很難定，一般認爲種是同一族羣中的個體，彼此在構造和機能方面的特徵相似。同種的個體，在自然情況下能互相交配繁殖並產生有生殖能力的後代。實際上，種的定義有時會令人感到困惑，例如不同品系的狗可以有極大的差異，但卻都是同種。又如許多不同種的果蠅，卻只有專家才能辨別他們的差異。爲此，生物學家在尋求標準以區別種的時候，乃強調**生殖隔離**(reproductive isolation) 的觀念。所謂生殖隔離， 是指族羣中的個體，無法與同種的另一族羣之個體互相交配。

分類階層　林奈初創分類系統時，分類階層有種、屬、門三類，以後在屬與門之間，又增加科、目及綱。由密切相關的種集合成屬 (genus)， 親緣關係相近的屬歸爲同一科 (family)，由科集合爲綱 (class)， 綱再集合爲門 (phylum)。分類的最高階層爲界 (kingdom) (圖 9-1)。各分類階層之下， 有時又有較小的階層，如亞門 (subphylum)、亞目 (suborder)。各階層之上， 又可以有較大之階層，如首綱 (superclass)、首科 (superfamily)等。種名及屬名要用斜體字，其他各階層名

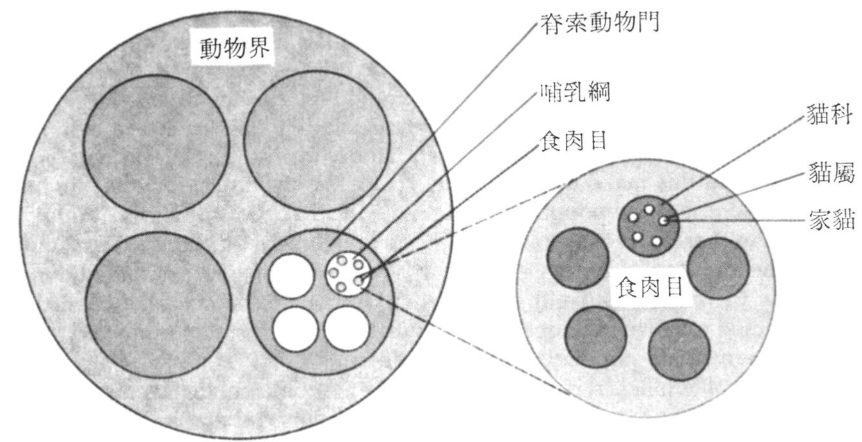

圖 9-1　生物分類時的主要分類階層

A.

C.

B.

D.

圖 9-2　屬於貓科的動物。**A.** 家貓，**B.** 山獅，**C.** 豹貓，**D.** 豹。

稱則無須用斜體字，但第一個字母要大寫。

在分類階層中，只有種爲一實體，其他皆是人爲的。各階層所包含的生物種類乃由科學家基於分類標準以及判斷力而確定；因此，分類情況常因人而有差異。例如有的分類學家除獵豹（cheetach）以外（因其爪不能縮進），其他的獅、虎、家貓等皆歸於貓屬(Genus *Felis*)；但有的分類學家認爲貓屬僅包含小型的種類，如家貓、山獅及豹貓等，而將大型的種類如獅、虎、豹等（圖 9-2）另立一豹屬(Genus *Panthera*)。

實際上，對生物本身的特徵，分類學家並無歧見，但是在衡量不同種類間的異同時，則常有爭論之處。因此，某一分類學家所用之科名，另一分類學家可能稱之爲目。目前，不同的分類學家將動物分門，其數目從10至35不等，植物則自 4 至12門。

亞種　種雖然是分類上的基本單位，但並不是最小的階層，種的下面尚有**亞種**(subspecies)。同種的個體，由於地理隔離，常會表現某些持久的特徵，可藉以識別；若是該兩族羣間並未發生生殖隔離，則並非眞正的不同種，而是不同的亞種或稱變種（varieties）。不同亞種的個體雖然彼此差異不大，但這種差異已足以影響其行爲、生化或其他特徵，這些特徵對生物學的研究都十分重要。例如某些亞種間可能正進行生殖隔離，經一段時日後，將變爲不同的種，因此這些個體可供作研究基因庫及種的形成過程等之材料。

第二節　生物的命名

生物學上對生物的命名，係根據林奈所創的二名法（binomial nomenclature）所定的名稱，叫做**學名**(scientific name)。每一學名包含兩部分，即屬名及種名，屬名在前，種名在後。屬名的第一個字母用大寫，種名爲一形容詞。種名本身若是單獨出現，則毫無意義，因爲許多不同種的生物，他們的種名常相同。例如 *Drosophila melanogaster* 是遺傳實驗常用的一種果蠅；*Thamnophis melanogaster* 則是一種蛇，兩者的種名一樣。因爲種名本身並不能表示出是何種生物，所以種名總是隨在屬名的後面出現；屬名在文中若不會發生語義不明的情形，便可只寫第一字母，例如 *Drosophila melanogaster* 可以寫作 *D. melanogaster*。

任何人對某種生物首作描述者，都有權命名該種生物。命名者不能以自己的名字命名生物，但可用朋友或同好者的名字來命名。例如大腸菌（*Eschevichia coli*）即以德國醫生 Theodor Escherich 的姓來命名(coli 則爲腸的意思)。又如游舵(一種似舵鳥的鳥）的學名爲 *Rhea darwanii*，即以 Charles Darwin 的姓作爲種名。

學名是研究生物學的必須工具，許多種類的生物連俗名都付缺如，但也有時一種生物有幾個不同的俗名，或一種生物在不同的地區俗名不一樣，若是涉及不同語言的話，則在溝通時就益加困難。因此，爲求一致以便利研究，生物學家皆認爲應使用二名法來命名生物。

第三節　生物分類的標準

欲從生物的諸多特徵中，選擇若干作爲分類的標準，實非易事。例如鳥類最重要而又不變的特徵是什麼，答案可能是具有喙、翼及羽毛、產卵、定溫、無齒等。然而某些哺乳類如鴨嘴獸，亦有喙、產卵、無齒等特徵。

雖然哺乳類皆無羽毛，但羽毛亦非辨別鳥類的絕對性狀。依照傳統的分類學識，羽毛的存在可用以確定該生物是否爲鳥類；某些已絕跡的爬蟲，可能體被羽毛，但卻並非意謂其是鳥類，更有甚者圖 9-3 的鷄則又是現代鳥類中的一個例外。

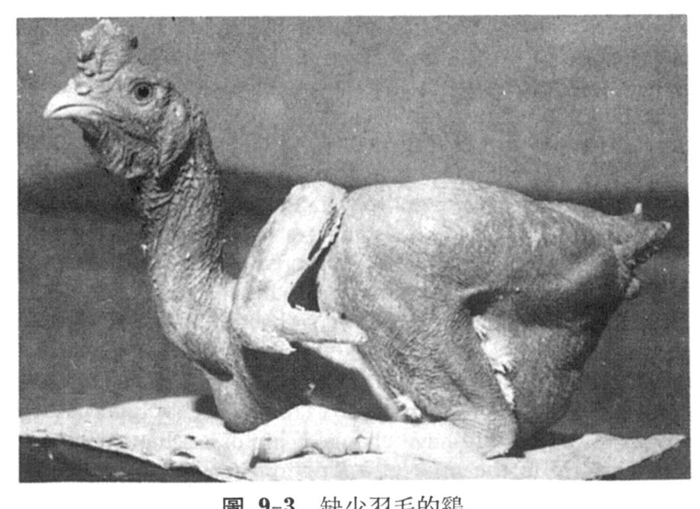

圖 9-3　缺少羽毛的鷄

生物分類通常是依據多種特徵，而非單獨的一種性狀而已。例如分類學家提出「凡是鳥類皆有喙和羽毛，無齒」(此純爲假設)，於是，觀察生物中是否有可以被稱之爲鳥類而不適合此一定義者，如果沒有，此一定義便可確立。若是以後又發現許多例外，則此一定義便要加以修改，甚至廢棄。有些情況，分類學家又必須設法說服大眾，例如如何說明蝙蝠只是外表似鳥，但卻不屬於鳥類。

生物的分類，常常根據演化上的親緣關係。關係親密者，常十分相似，而關係疏遠者，彼此差異便大。屬於同一分類階層中的生物，都來自某一共同祖先；因此，選擇共同的特點乃十分重要。例如海豚與魚，都具有流線型的身體，此一相似的特點，並不及海豚與魚之間的相異處來得重要：海豚呼吸空氣、體溫恒定、有體毛、餵哺幼兒等。這些特徵，顯示海豚與哺乳動物相同，故與人類同屬於哺乳綱。

雖然海豚與人的親緣關係較爲相近，而與魚則較爲疏遠；但人、海豚與魚三者在胚胎發生時，皆具有脊索、鰓裂及背神經索。這些事實，顯示三者具有共同的祖先，只是此一共同祖先，較人與海豚的共同祖先來得久遠。因此，在分類上，三者同屬於較高的分類階層——脊索動物門 (Phylum Chordata) (圖 9-4)。

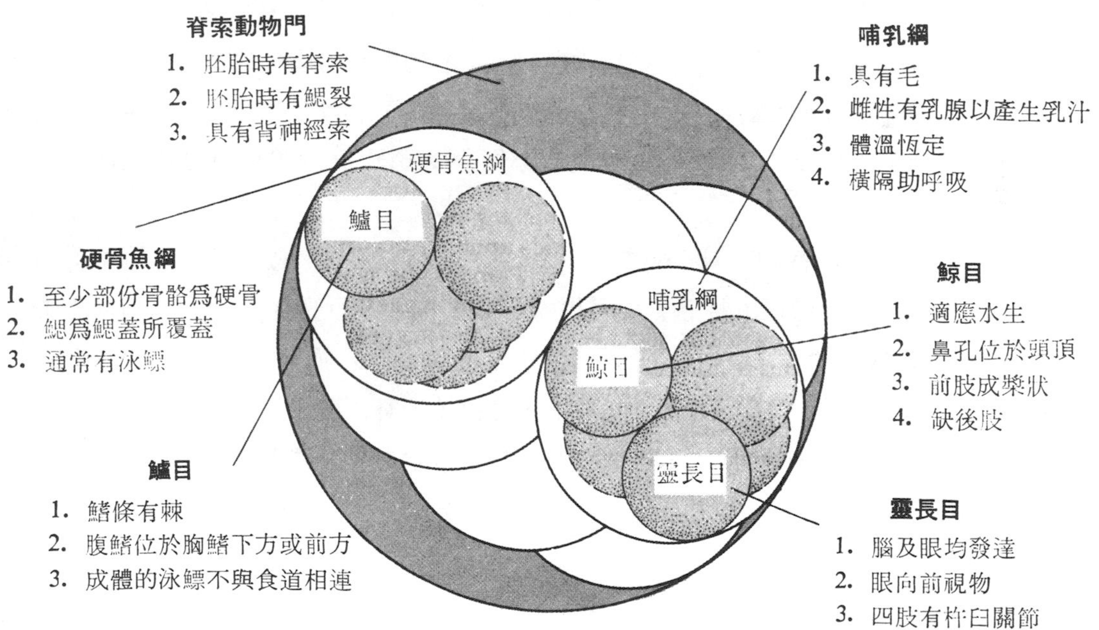

圖 9-4　階層愈低具有的共同特點愈多

然則科學家爲何能作此合理的決定呢？這主要是因分類階層的順序十分重要。首先，分類學家觀察較大階層的共同特徵，認爲他們來自較久遠的共同祖先；然後觀察他們在較小階層的共同特徵，而認爲他們來自較近的共同祖先。若是再發現他們具有更小階層的共同特徵，則說明他們來自更近的共同祖先。

以上所述，是基於構造上的同源（homology）。目前分類學家在分類時，已不再侷限於構造上的特徵，同時也考慮到行爲、某種蛋白質如血紅素的胺基酸順序、蛋白質的免疫性質以及核酸的鹽基順序等，這些特徵，也可作爲分類的標準。

第四節　界

自亞里斯多德以來，生物學上便將生物分爲植物界（Kingdom Plantae）和動物界(Kingdom Animalia)，這一區分已深深的印入人們的腦海中，因爲表面看來，似無其他的替代方法。但是，在約一世紀以前，德國生物學家赫格爾(Ernst Haekel)便建議應另立第三界卽原生生物界(Kingdom Protista)，以概括所有的單細胞生物。因爲這些生物中有的常介於動植物之間，也有的與動物或植物都有顯著差別。現今的生物學家對原生生物界所包括的種類，意見亦不一致，有的認爲原生生物界僅包括單細胞及羣體的種類，有的生物學家則將黏菌及多細胞藻類亦歸入此一界中。

1969年，魏塔格（R. H. Whittaker）建議將菌類另立一界卽菌界（Kingdom Fungi)。他認爲實無理由將菌類歸爲植物，因爲菌類不行光合作用，細胞壁的成分爲幾丁質（chitin)，與節肢動物外骨骼成分幾乎相同，而與植物細胞壁所含的纖維素有顯著差別，又菌類在構造上有進化的組織階層，而與任何藻類皆不一樣。魏塔格亦建議將原屬於植物的細菌及藍綠藻，另立一界卽原核生物界（Kingdom Monera)。現今大部分的生物學家皆同意將生物分爲上述的五個界。

第十章 病　毒

病毒爲介於生物與無生物之間的物體，在構造上，尙未達到細胞的階級。病毒不能運動，亦不能獨立行代謝活動，只有在寄主細胞內始能繁殖；因此，在分類上，病毒不能歸於五大界中的任何一界。

有些生物學家認爲病毒的祖先，爲古代海洋中行異營性自由生活的原始生物。這些原始生命以海洋中的有機養分爲食，以後這些養分耗盡，有的原始生物便演變爲行自營生活的個體；也有的演化出酵素系統而行異營，他們以自營生物爲食而獲得能量。但最早的病毒，則並非以此兩種方式中之任一種生活，而是演化出寄生的生活方式。

也有的生物學家認爲病毒是由細胞級的祖先演化來，在演化的過程中，細胞中的構造，除細胞核以外，其他皆消失。另一假設則認爲病毒爲細胞生物的核酸碎片，有的病毒來自動物細胞，有的來自植物細胞，更有的來自細菌；其來源與病毒對寄主細胞的專一性有密切關聯，卽病毒感染何種生物，便是由該生物的細胞演化而來。

第一節 病毒的構造

病毒通常都很微小，大型的病毒，直徑約100nm（nanometer）；因此，單個的病毒，要用電子顯微鏡才能觀察到。病毒的形狀，則由於種類不同而互有差異（圖10-1）。動物病毒多數呈圓形或橢圓形，但也有呈多角形者。植物病毒多數爲長桿狀，但也有呈圓形者。寄生細菌的病毒，通常具有多角形的頭部及細長的尾，故呈蝌蚪狀；但也有的呈圓形或線狀者。

病毒的中心部（core）爲核酸，外殼（capsid）爲蛋白質。其核酸爲 DNA 或

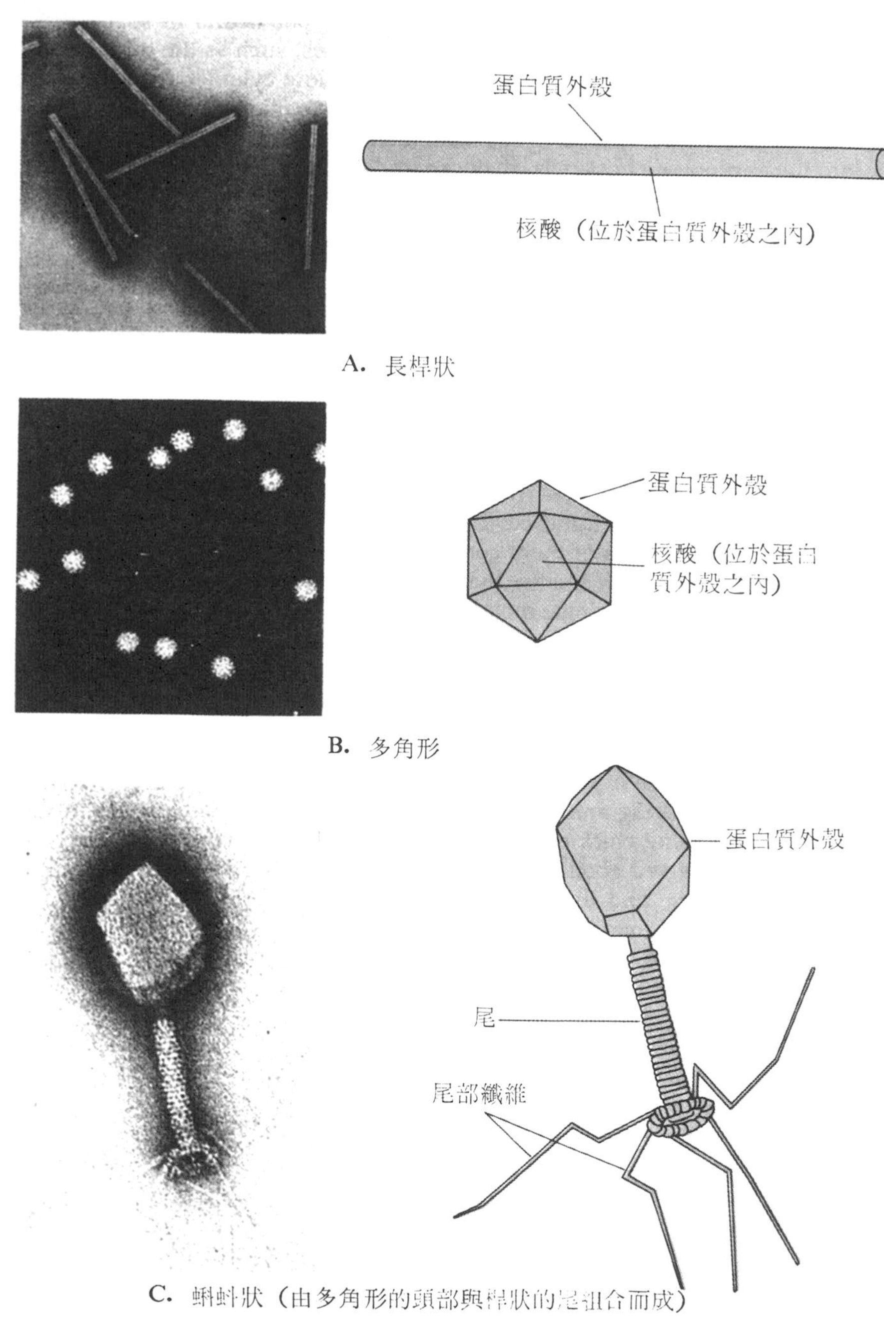

圖10-1 各種不同形狀的病毒及其構造

RNA，但絕無兩種皆兼有者。因此，病毒有 DNA 病毒和 RNA 病毒之分，此兩種核酸，可分別作為其遺傳物質。有些動物病毒，在蛋白質外殼之外，尚有一層外套膜（envelope），其成分為脂質和蛋白質（圖10-2)。

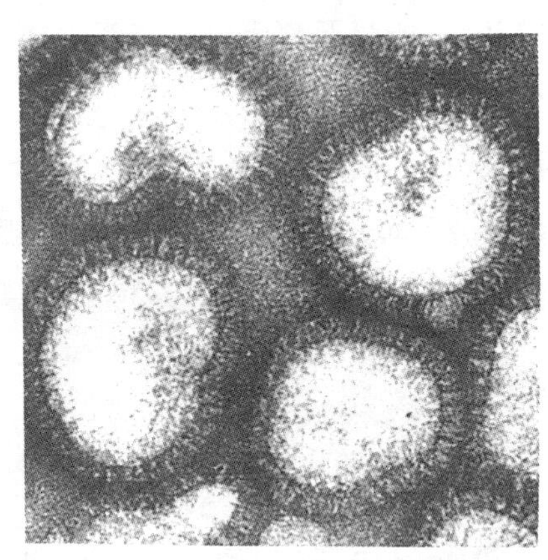

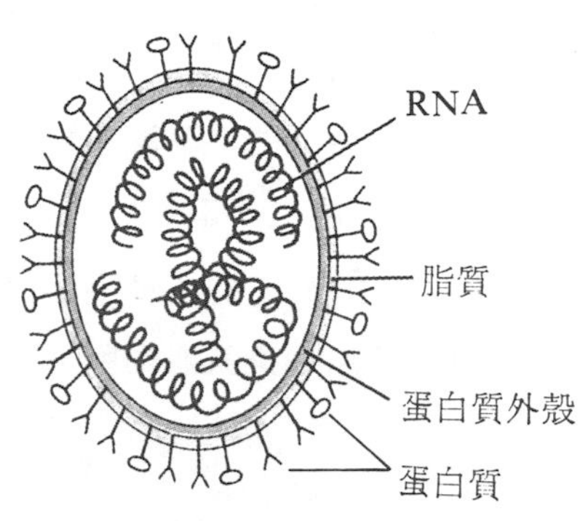

圖10-2 感冒病毒，其蛋白質外殼之外，有由脂質及蛋白質形成之外套膜。

病毒能形成結晶，結晶時病毒不活動，若將此結晶置入適當的寄主細胞中時，便會繁殖並使寄主發生疾病。

第二節 噬菌體

感染細菌的病毒，叫做**噬菌體**（bacteriophage 或 phage)。有些種類的噬菌體，在尾部末端具有尾板（base plate）和尾絲（tail fibre）等突起，可用以吸附在細菌的表面。有毒的（virulent）或稱溶菌性（lytic）噬菌體，在寄主細胞內繁殖後，會破壞寄主細胞。溫和的（temperate）或稱潛溶性（lysogenic）噬菌體，則不會將寄主細胞殺死，其核酸會與寄主細胞的 DNA 組合一起。當寄主細胞的 DNA 複製時，病毒的核酸也會隨著複製，兩者乃建立了共存關係。

溶菌性病毒的繁殖 噬菌體感染寄主時，包括下列數個步驟:

1. 附著：病毒附於寄主細胞表面的特定部位，不同種或不同品系的細菌，表面有不同的接受部位，某種病毒只能附著於某種（或品系）的細菌。

2. 穿透（penetration）：當病毒附於寄主細胞表面後，便將核酸注入寄主細胞。
3. 複製：病毒的核酸進入寄主細胞後，細菌 DNA 便減解（degrade）；因此，病毒的基因便可利用細胞的核糖體、能量及酵素等，以產生病毒的核酸及蛋白質。
4. 組合：新合成的核酸與蛋白質便組合成新的病毒。
5. 釋出：溶菌性病毒會產生溶菌酶（lysozyme），此種酵素可以分解寄主的細胞壁；於是，寄主細胞乃因而破壞並釋出噬菌體（圖10-3）。這些新的病毒，可以感染其他細胞。

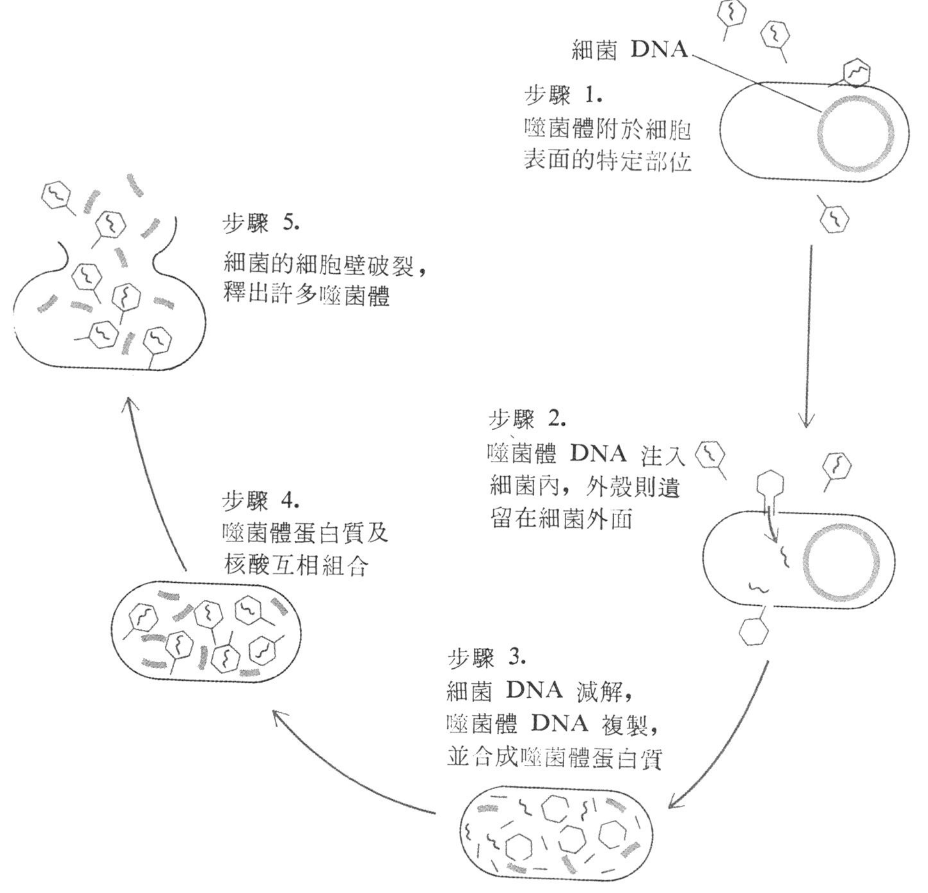

圖10-3 溶菌性病毒的繁殖（溶菌性感染）

潛溶性病毒與寄主的共存 溫和的病毒或稱潛溶性病毒，並不經常使寄主細胞溶解，其 DNA 有時可與寄主 DNA 組合一起，當細菌 DNA 複製時，病毒 DNA（此時稱噬菌體原 prophage ）亦複製（圖 10-4)，此時病毒的基因，可能永遠被抑制而不表現，但寄主細胞則保持正常。此種與病毒建立共存關係的細菌，叫做**潛溶性細菌** (lysogenic bacteria)。

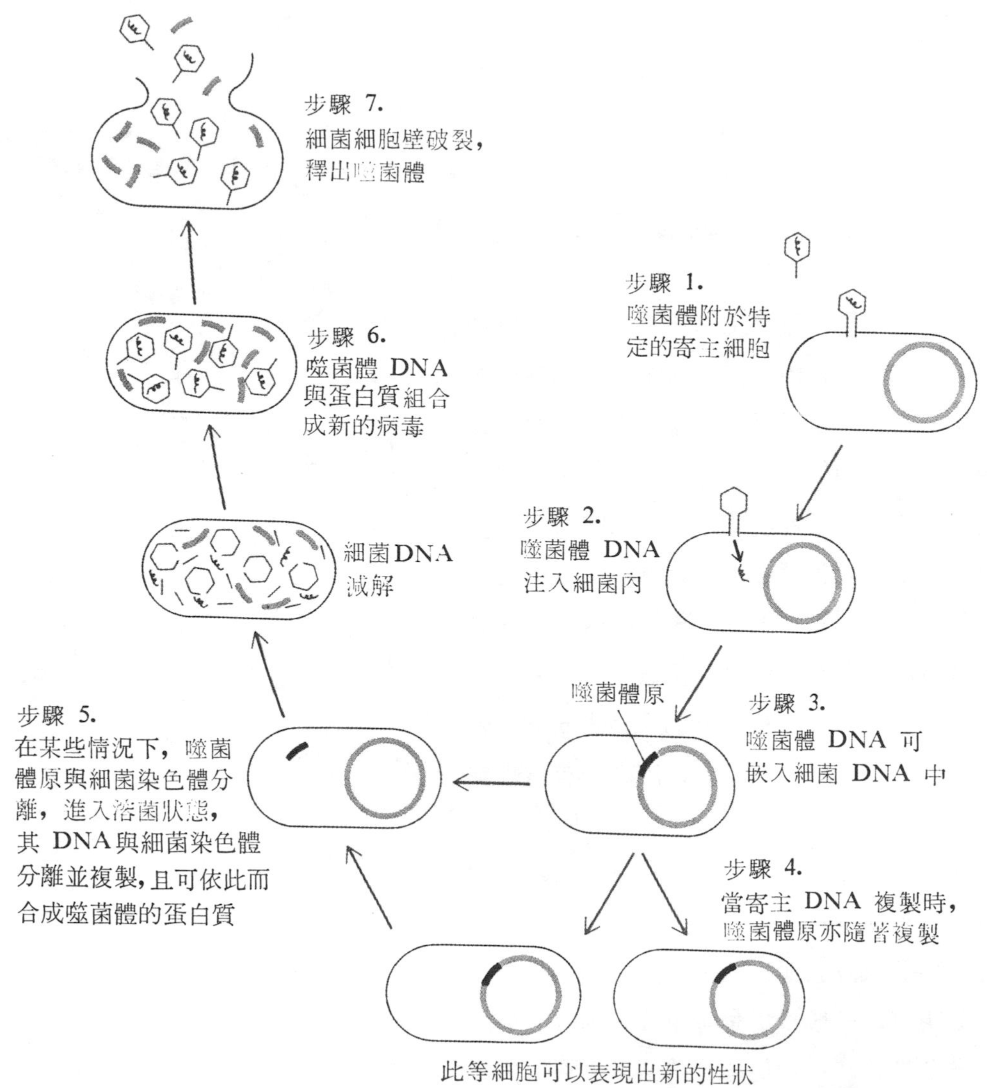

圖10-4 潛溶性感染的過程

有時某些外界因素，如藥物處理或物理刺激，可以打破此種共存關係，於是便導致病毒核酸進入溶菌狀態，因而釋出新的噬菌體，其 DNA 可能攜有一部分寄主的 DNA，當此病毒感染另一細菌時，便將舊寄主的 DNA 攜入，此即**性狀引入**（transduction）（圖 10-5），這時，新舊寄主的遺傳物質可以發生重組。

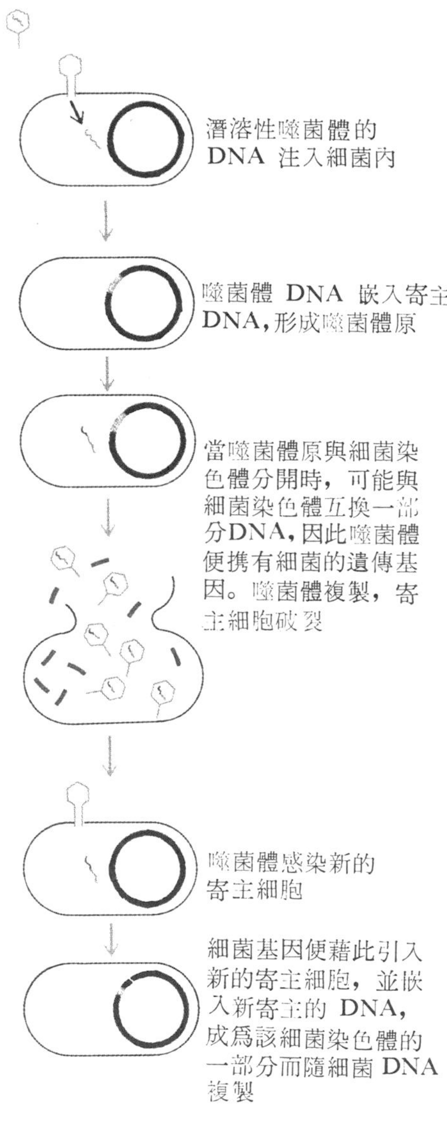

圖10-5　性狀引入，噬菌體可以將細菌染色體自舊寄主攜至新寄主細胞內。

第三節　動物病毒

動物病毒感染寄主細胞時，首先，亦是附於細胞表面，附著時，必須附於細胞表面特定的接受位置，這些接受位置，隨動物的種類、甚至組織的不同而異。例如某些病毒僅能感染人的細胞，因爲只有人的細胞表面才有此等病毒附著的位置。痲疹病毒及痘病毒可以感染人體內的許多組織，因爲這些組織皆具有此等病毒的接受位置；而小兒痲痺病毒僅能附於少數種組織的細胞表面——某些脊髓細胞、喉及腸細胞，因爲只有這些細胞，才有小兒痲痺病毒的接受位置。

動物病毒附於寄主細胞後，再藉細胞的吞噬作用而整個進入細胞內。在寄主細胞內，外殼及外套卽行除去。除去的步驟尚不十分明瞭，一般認爲是寄主細胞的酵素可將之分解破壞，或者是部分破壞，再利用由病毒控制所合成的酵素，將之全部分解。

當病毒的核酸裸露後，其基因卽開始表現，例如合成一些病毒所需要的酵素。病毒蛋白質在寄主細胞內合成後，會使寄主細胞受損，這些蛋白質可能改變細胞膜的滲透性、抑制寄主核酸或蛋白質的合成等，病毒數目多時，甚至會使寄主細胞死亡。至於細胞在受病毒感染後的反應，其中之一是產生干擾素。干擾素爲一種可以抑制病毒複製的蛋白質，可以自受感染的細胞釋出，用以保護附近尚未受病毒感染的細胞。目前干擾素已可利用重組 DNA 大量產製。

病毒可以引起多種動物發生癌症，引起癌的病毒，其 DNA 可以與寄主細胞的 DNA 組合，然後使寄主細胞變爲癌細胞。此等病毒的核酸可能決定某些酵素，而改變寄主細胞的重要蛋白質。某些引起癌的病毒具有一或少數基因，此等基因叫做致癌基因(oncogene)，可以使寄主細胞變爲癌細胞，通常在數天或數週內，便會迅速形成瘤。

第四節　植物病毒

1892年，俄國植物學家伊凡諾斯基發現煙草鑲嵌病（圖10-6），能由於患病植物的液汁與健康植物之葉片摩擦而感染。接著，他將液汁以細瓷濾器過濾，因爲細菌不能通過濾器，故可藉以除去液汁中的細菌；但當液汁再接種到葉片時，葉片仍會出現病症。根據這些實驗，說明煙草鑲嵌病的病原體，比細菌還要小；因其能通過濾器，當時就稱之爲濾過性毒。

圖10-6　患煙草鑲嵌病的葉，呈現黃色和綠色的斑點。

植物受病毒感染的情形非常普遍，但是，由於受研究材料的限制，至今知道的仍很有限。組織培養的細胞是研究病毒的理想材料，但植物組織培養的細胞，因爲具有細胞壁，而且其細胞難以均勻分散；因此，不能作爲研究病毒的理想材料，以致科學家對植物病毒在植物細胞內的增殖情形，反不如對動物病毒了解的那麼清楚。

第五節 類病毒

類病毒 (viroid) 比病毒更小， 僅具有短短的RNA, 無任何外殼 (圖10-7), 其所含 RNA 的量，可能足以決定一種構造簡單、中等大小的蛋白質。類病毒與數種植物的疾病有關，例如可引起菊的發育受阻；類病毒也可能會引起動物的疾病。最近科學家又發現另一種病原，叫做鋸體 (prion)。 鋸體較類病毒更小，似乎只具有嫌水性蛋白質(hydrophybic protein)， 科學家正繼續致力於探討其是否含有 DNA。

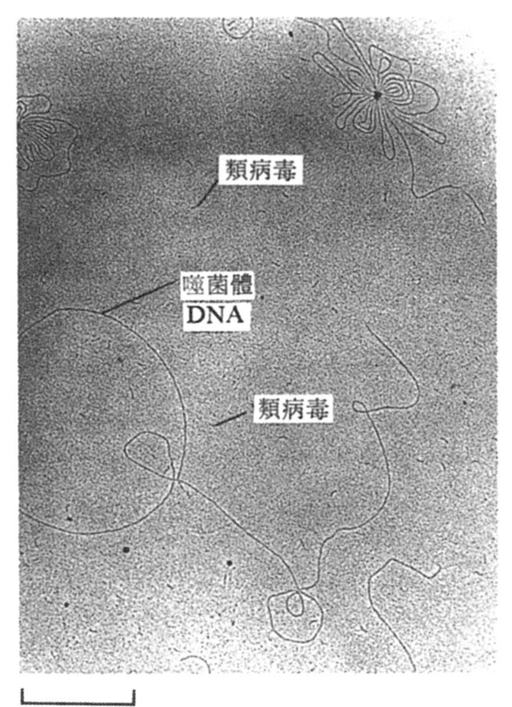

圖10-7 類病毒含有單股呈環狀的 RNA， 圖爲 在電子顯微鏡下，與噬菌體 DNA 作大小之比較。

第十一章　原核界

在演化上，原核界的生物是最古老的；在現今，原核生物是數目最多的一類。他們能够自古代繁衍迄今，其成功的要素，從生物學的觀點言，則無疑是因爲他們的細胞分裂速度快，以及代謝的多歧性。原核類能生存於許多爲其他生物所不能忍受的環境中，例如南極的冰塊，海洋深處，乃至幾近沸點的溫泉中，有些種類能生存於缺乏游離氧的環境中，而以無氧呼吸的方式獲得能量。

從生態學的觀點言，原核類則擔任分解者的角色，可以分解動植物的遺骸而釋出能供植物利用的元素。原核類在固氮作用方面，也扮演着重要的角色。大氣中雖然富含氮，但眞核生物並不能直接利用空氣中的氮，必須藉原核生物中有些種類所行的固氮作用，使氣態的氮轉變爲無機化合物如氨（NH_3）或胺離子（NH_4）$^+$以後，始能利用。

在構造上，原核類沒有核膜，細胞壁的成分爲肽聚糖（peptidoglycan）。通常可以分爲兩大類或亞界（subkingdom）：藍綠藻與細菌。

第一節　藍綠藻

藍綠藻（cyanobacteria 昔稱 blue green algae）見於池、湖、潮濕的土壤、腐木或樹皮上，也有的生活於海洋中，少數甚至生活於溫泉中。少數種類的藍綠藻爲單細胞，但大多數則形成大型的球狀羣體或絲狀體（圖11-1），同時其細胞略現分工的情形，其中有的細胞專行固氮作用，其他的細胞專行生殖，有些細胞則可以附於其他物體上。

藍綠藻行無性生殖，通常爲分裂生殖。有時羣體會碎裂，每一碎片能繁殖而形成一新的羣體。有些種類的厚壁孢子能耐不良環境，並休眠達數年之久，直到環境

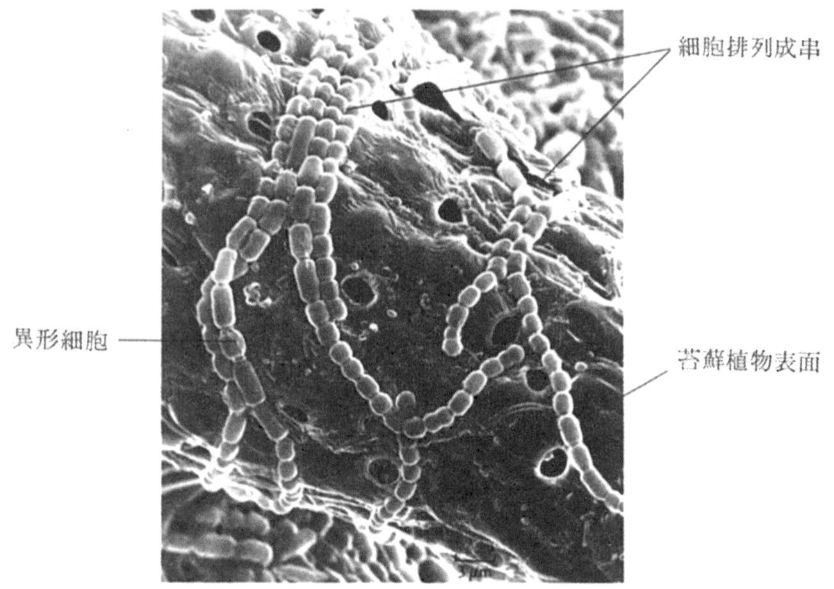

圖11-1　形成絲狀體的藍綠藻，生長於苔蘚植物表面。

適宜才萌芽生成。

藍綠藻的構造　藍綠藻無核膜，亦無其他由膜形成的胞器，例如粒線體和葉綠體等。不過藍綠藻具有一種內膜，叫做**光合層**(photosynthetic lamella)(圖11-2),

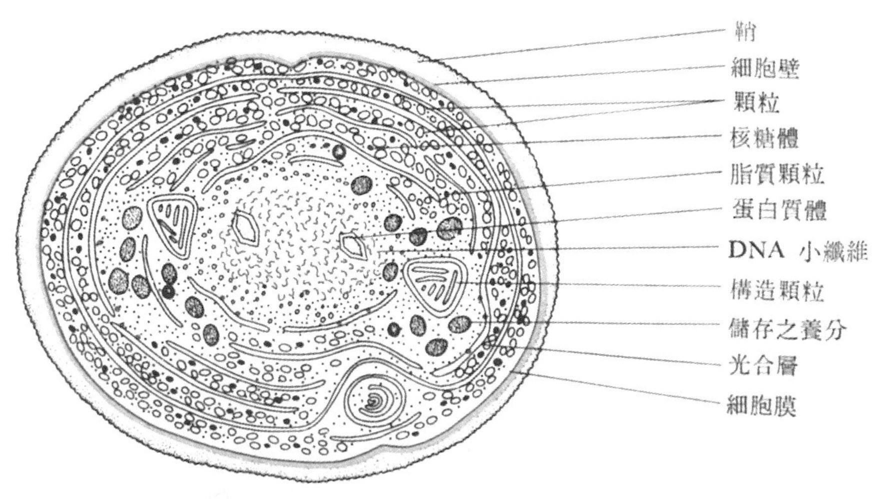

圖11-2　藍綠藻的構造

而細菌則無。光合層含有葉綠素以及行光合作用所需要的酵素。細胞壁強韌，不含纖維素，其成分爲由多糖與多肽形成的肽聚糖。在細胞壁的外圍，有由細胞所分泌的膠狀物，叫做**鞘**。膠狀物常含有色素，也可能含有毒素，以防魚或其他生物捕食。藍綠藻不具鞭毛，但某些呈絲狀的種類，能來回顫動，另有些能緩慢滑動。

大部分藍綠藻爲行光合作用的自營生物，其所含的葉綠素 a，與見於眞核類者相同。除葉綠素外，尙含有數種其他色素，包括類胡蘿蔔素（carotenoid），此種色素亦見於某些細菌及眞核生物；藻藍素（phycocyanin），爲一種藍色的色素，僅見於藍綠藻；有些則含有藻紅素（phycoerythrin），此種紅色素亦見於紅藻。不論葉綠素或其他色素，皆不含於色素體內，故與藻或植物的情形不同。其色素係沿細胞膜內側分散於細胞邊緣，或堆積於細胞質中。藍綠藻中，實際上僅約半數爲眞正的藍綠色，其顏色由於所含色素的差異而改變，故有呈褐、黑、紫、黃、藍、綠，甚或紅色。紅海便是因爲有大量紅色的藍綠藻生存其間，致海水呈紅色，因而以紅海名之。

生態上的重要性　在生態系中，藍綠藻是生產者，可以供給其他生物養分。此外，許多種類的藍綠藻有固氮作用，這一作用，可使土壤肥沃；東南亞一帶的稻田，可以多年耕種而無需施加氮肥，便是由於有藍綠藻生存其間的緣故。藍綠藻可以

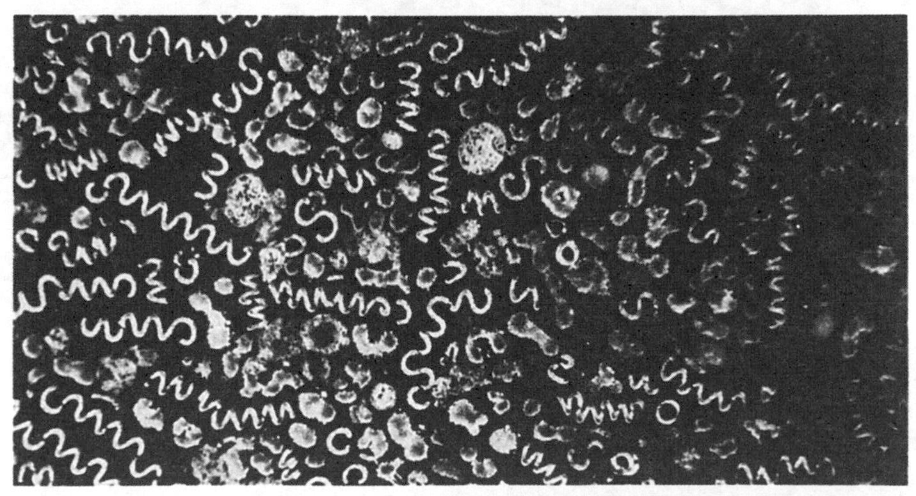

圖11-3　圖中有兩種藍綠藻，一呈螺旋狀（*Anabaena spiroides*），另一不規則狀（*Microcystis aeruginosa*），兩者皆有毒。

與許多生物共生，包括原生生物、菌及植物。藍綠藻與菌共生，可以形成地衣。有的藍綠藻能忍受極高的鹽度、溫度和酸鹼度，這些環境，往往會使其他生物死亡。藍綠藻也能生存於污染的湖、池中，並在其中大量繁殖，使水變得混濁，以致陽光不能穿透。由於藍綠藻過度擁擠和環境陰暗，藍綠藻也會因此死亡。死亡的藍絲藻又爲細菌所分解，此時會消耗水中大量氧氣，因而導致魚類死亡。有些藍綠藻會產生有毒的代謝產物，使水中的魚或其他生物死亡（圖11-3）。

第二節 細菌的構造

細菌的大小，長自不及 1μm 至 10μm，寬自 0.2 μm 至 1μm。雖然細菌非常小，但全球細菌的總重量，卻超過其他生物重量的總和。細菌在生物學上成功之道爲：體小、驚人的繁殖速率、快速的突變，以及能生存於任何地區。當環境十分惡劣時，許多種類的細菌會形成孢子，且能保持此一狀態達數年之久，直至環境適宜。

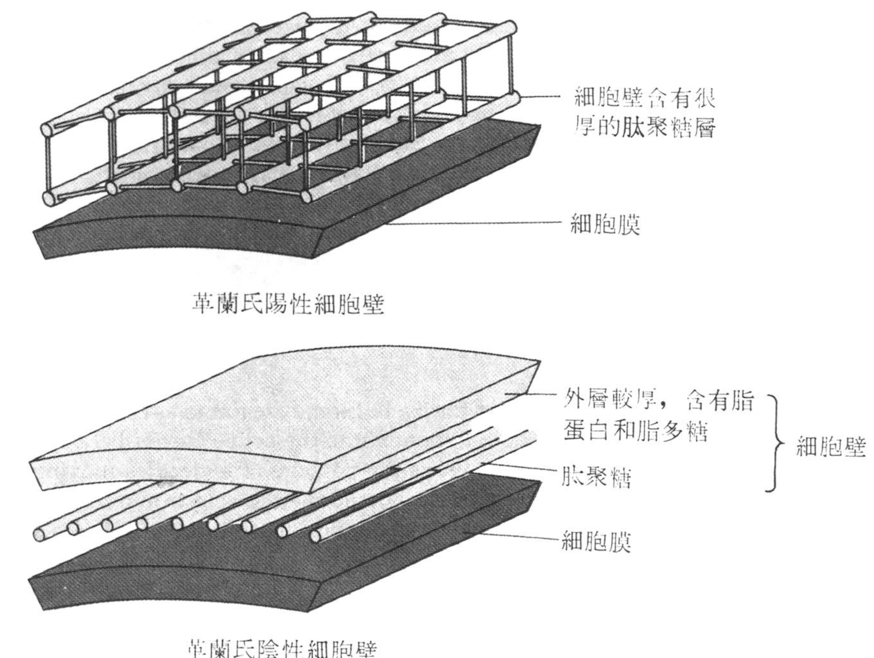

圖11-4 革蘭氏陽性及陰性的細胞壁所含肽聚糖有差異，前者並且沒有脂質層。

大部分細菌爲單細胞，有的形成羣體或疏鬆聯合的絲狀體。細胞膜爲控制水分進出細胞的部分，電子傳遞系統所需的酵素，皆附於細胞膜上（眞核生物則見於粒線體中）。細胞壁強韌，位於細胞膜外圍，可以支持細胞，維持細胞形狀。細胞壁的強韌，與其所含之成分——肽聚糖的性質有關。若以革蘭氏染色法處理細菌，可以將細菌區分爲革蘭氏陽性和革蘭氏陰性兩大類。這兩類細菌對染色反應之所以有差別，主要卽因細胞壁的結構不同所致（圖 11-4)。陽性者細胞壁較厚，其成分主爲肽聚糖；陰性者的細胞壁，其肽聚糖很薄，外圍尙有一層較厚的外膜，該外膜含有脂蛋白 (lipoprotein) 和脂多糖 (lipopolysaccharide)，此係脂質—多糖的複合物 (lipid-polysaccharide complex)。

少數細菌，在細胞壁之外，尙有一層莢膜（圖11-5）。莢膜有保護作用，某些

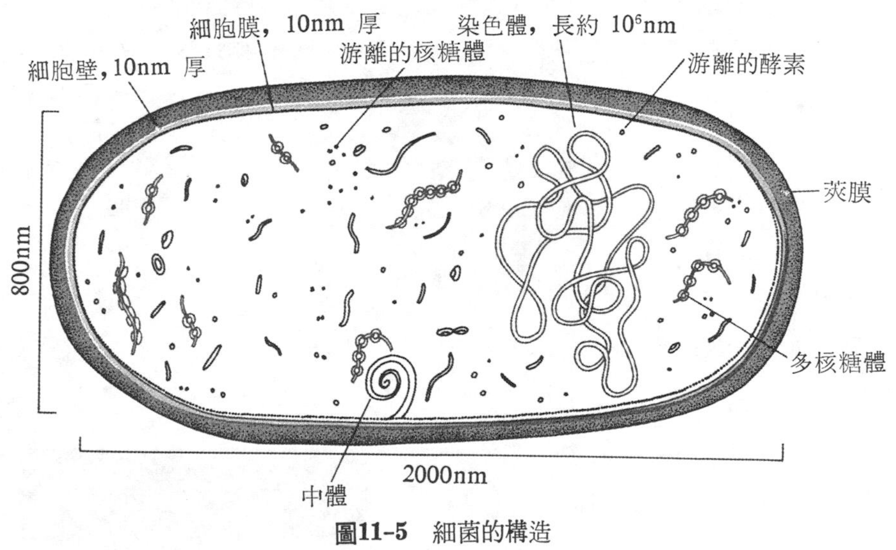

圖11-5　細菌的構造

病菌，其莢膜的存在，往往與致病力有關。

細菌的細胞質中，含有核糖體及儲藏的顆粒，顆粒中含有肝糖、脂質及磷酸化合物等。細菌雖無由內膜構成的胞器，但有的細菌其細胞膜向內褶曲，這種複雜的延伸物，叫做**中體** (mesosome)。一般認爲中體與代謝、生殖有關，呼吸酵素可能與其連結一起，並於此處行細胞呼吸；在細胞分裂時，中體可能與形成分隔兩子細胞的隔壁有關。

細菌染色體爲一單獨、呈環狀的 DNA 分子。若將 DNA 拉長伸展，其長度約爲細菌本身長度的100倍。除染色體外，細胞質中尚含有較小的 DNA 分子，稱爲**質體**（plasmid）。質體的複製，與染色體無關。質體含有基因，這些基因可以使細菌對抗生素產生抵抗力。

有些細菌具有鞭毛（flagellum）（圖11-6），鞭毛可以推動身體。有的僅有一條或一束鞭毛，位於細胞的一端；有的則有許多鞭毛，分布整個身體表面，其排列與種類有關，故可作爲鑑別種類的標準。

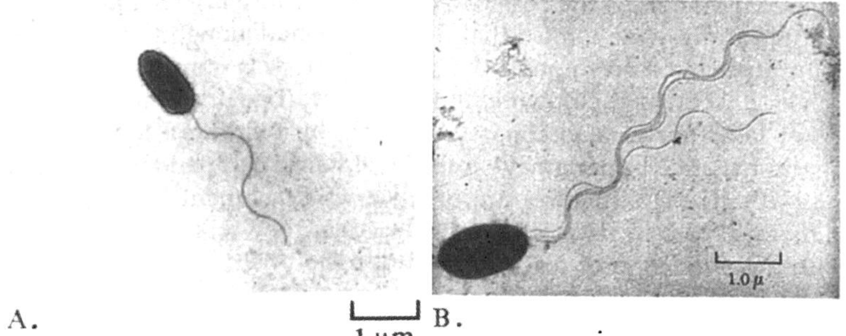

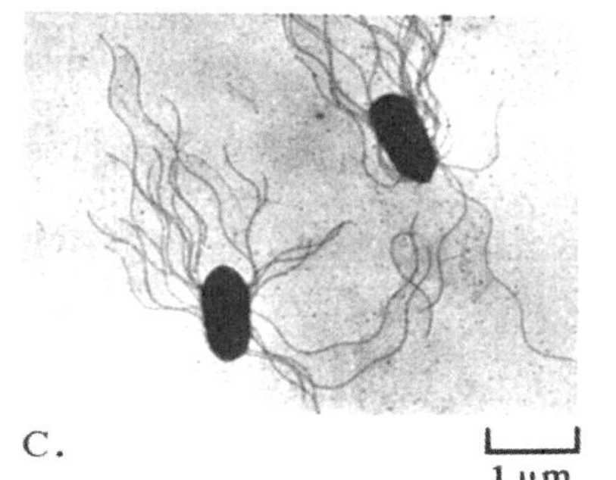

圖11-6　具鞭毛的細菌。A. 一端有一條鞭毛，B. 一端有一束鞭毛，C. 細胞表面有許多鞭毛。

革蘭氏陰性的細菌，常有很多毛狀突起，叫做**線毛**(pilus)(圖11-7))，此爲其附着的胞器，可用以附着其他物體的表面，例如受其感染的細胞，線毛亦與接合生殖有關。

細菌在不適宜的環境下，會形成孢子，這時，細胞失去水分，略形皺縮。當形成孢子時，孢子的外殼是在細胞內形成，故稱內孢子（endospore)(圖11-8)。該外殼包圍 DNA及少量細胞質，

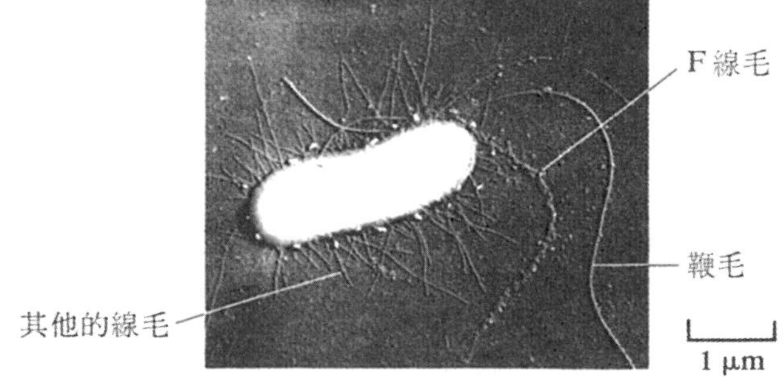

圖11-7　大腸菌的線毛，F線毛與DNA的轉移有關。

孢子能保持休眠狀態，直到環境適宜再行萌芽生長。孢子並非細菌的生殖方法，因爲一個細胞僅形成一個孢子，故個體的數目並未增加。有些種類的細菌，其孢子能耐一小時或數小時的煮沸，也有的可耐數百年的冰凍，當環境適宜時，孢子便又吸收水分破壁而出，長成一活動的個體。

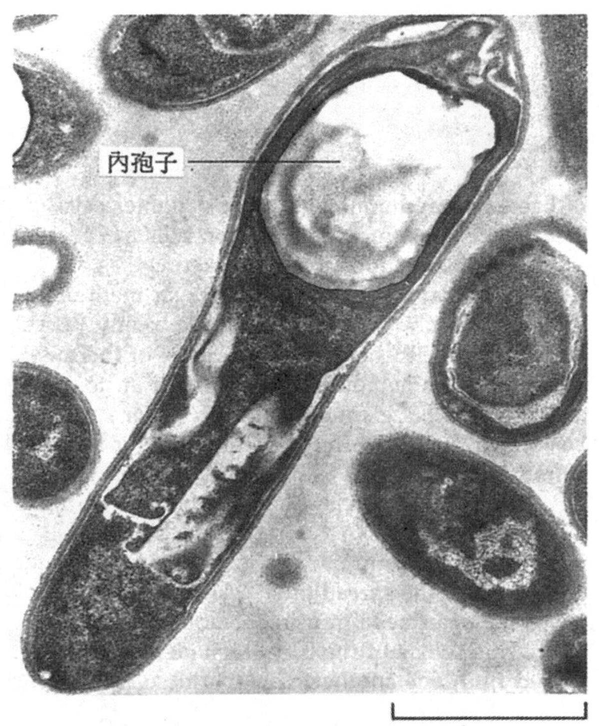

圖11-8　細菌的內孢子

第三節　細菌的營養

大部分細菌爲異營，即自其他生物獲取現成的有機物。這些異營細菌，大多數爲腐生，他們從動植物的遺骸中獲得營養。另有些異營種類，則與其他生物共生。行共生的細菌，有的是片利共生(commensal)，即對寄生無益亦無害，例如人的皮膚表面、消化管中，都有許多細菌，對人體並無害處；有的則爲寄生，寄生的細菌，會引起寄主的疾病。

有些細菌爲自營，自營細菌中，有的能行光合作用，包括綠硫菌、紫硫菌、紫非硫菌等。他們含有似植物的葉綠素，但無葉綠體。細菌的光合作用與藻類、藍綠藻及植物者不同，第一，其葉綠素吸收的光爲光譜上近紅外線的部分，第二，細菌光合作用不產生氧氣，因爲此時並非利用水作爲供給電子者，例如硫化菌係利用硫化氫(H_2S) 供給電子。有些自營的細菌則行化學合成，他們使無機物氧化以獲得能量，例如使氨氧化而成亞硝酸根，或使亞硝酸根氧化成爲硝酸根。這類細菌從環境中吸收 CO_2、水和簡單的氮化合物，以此製成複雜的有機物。某些行化學合成的細菌，在氮循環中擔任着重要的角色。

大部分自營或異營的細菌，都需要氧氣以行細胞呼吸，這些細菌爲**需氣菌**

(aerobic)。有些則為**兼性需氣菌** (facultative anaerobes)，在有氧時，利用氧以行細胞呼吸，缺氧時也能行無氧呼吸。有的則為**專性嫌氣菌** (obligate anaerobe)，只有在無氧呼吸時，才能行釋能的代謝；而在有氧時則生長緩慢，甚至被氧殺死。

在行無氧呼吸時，細菌藉對醣或胺基酸等的無氧分解而獲得能量，並積儲未完全氧化的中間產物，如乙醇、甘油和乳酸。對醣類的無氧代謝叫做**醱酵** (fermentation)，而對蛋白質和胺基酸的無氧代謝則叫做**腐敗** (putrefaction)。食物，屍體等腐敗時，常伴隨着惡臭，此乃由於腐敗時產生含氮或硫的化合物之故。

第四節 細菌的生殖

細菌通常以橫的二分法行無性生殖，這時，細胞膜和細胞壁向內生長，形成一橫的隔壁，將細胞分隔為二。雖然細菌分裂時並不產生紡錘體，但其染色體仍會分配至子細胞中，因為其子染色體與細胞膜之間有連繫。細菌的分裂速度十分驚人，有的種類在適宜的培養環境下，每20分鐘便分裂一次。以這樣的速度繁殖，一個細菌在六小時內可以產生 250,000 個後代。這可說明為何病菌侵入人體後，會使寄主迅速表現病徵。實際上細菌並不能長久以此速度繁殖，因為其繁殖很快會由於缺少食物或是堆積的多量廢物而受到抑制。至於感染人體或其他生物的細菌，則因寄主的防禦機制而使其繁殖受到抑制。

雖然細菌不會藉配子結合而行有性生殖，但在個體間亦可互換遺傳物質。這種遺傳重組可以藉三種途徑進行: 性狀轉變(transformation)、接合生殖(conjugation)及性狀引入 (transduction)。**性狀轉變**時，環境中的 DNA碎片，可以被另一細菌攝入。**接合生殖**時，兩個不同交配型（相當於性別）的個體，彼此靠近，並

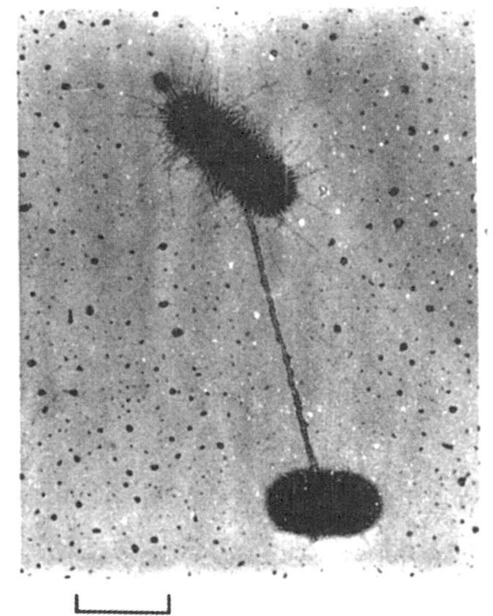

圖11-9 大腸菌在接合生殖時，F線毛連接不同交配型的兩個個體。

產生一接合管（圖 11-9），遺傳物質便經由此管自一個體至另一個體。例如大腸菌，其 F^- 及 F^+ 品系的個體間可以行接合生殖，F^+ 者其細胞質中有 F 質體，F 質體可使細菌表面產生中空的線毛，接合管便是由線毛形成。**性狀引入**乃是藉噬菌體將一細菌的遺傳物質攜至另一細菌內。

第五節　主要的細菌類別

細菌的分類至爲困難，因爲細菌彼此間的演化關係無法知曉。根據目前的細菌分類標準，可將之分爲19羣；其分類依據爲細菌的形狀、構造、生化性質、遺傳特徵、營養需求、習性及對某種藥物的敏感性等。

下列的分類，係將典型的數羣細菌合稱眞細菌類，同時也述及數類其他的細菌。

眞細菌類　眞細菌（eubacteria）包括所有典型的細菌，他們具有細菌的一般特徵。眞細菌可按其染色性質、代謝型式以及形狀等分類。其形狀有球狀、桿狀及螺旋狀三種（圖 11-10），球狀的細菌，稱爲**球菌**（coccus）；有些種類爲單個球菌，有的爲兩個一羣，或是形成長鏈（如鏈球菌），或形成不規則如一串葡萄般（如葡萄球菌）。桿狀的細菌，稱爲**桿菌**（bacillus），或爲單個，或成長串。螺旋狀的細菌稱爲**螺旋菌**（spirillum）。

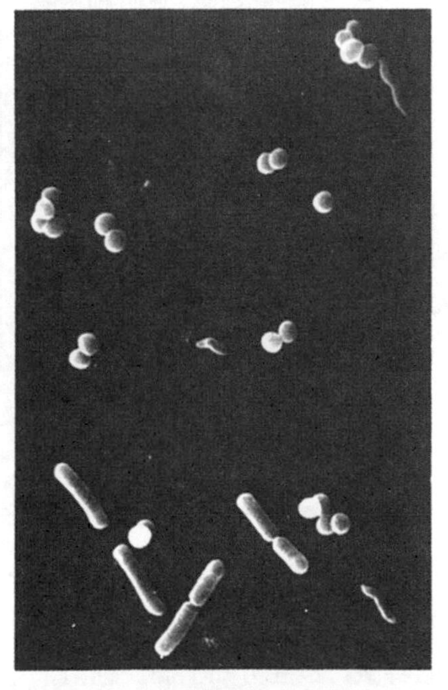

圖11-10　三種不同形狀的眞細菌、球菌、桿菌和螺旋菌。

大部分眞細菌並不致病，他們行腐生，爲生態學上重要的分解者。鏈球菌（*streptococcus*）爲革蘭氏陽性，見於口腔及消化道中，有些種類對人體有害，會引起猩紅熱、傷口發炎等病症。葡萄球菌(*staphylococcus*)亦爲革蘭氏陽性，常存於鼻腔及皮膚，有些種類在寄主免疫力降低時會引起疾病。乳酸桿菌(*lactobacillus*)及梭狀桿菌(*clostridium*)亦都是革蘭氏陽性，乳酸桿菌可以使糖醱酵而產生乳酸，見於牛乳及其他乳製品中。梭狀桿菌中，破傷風桿菌(*clostridium tetani*)引起破傷風，臘腸毒桿菌(*clostridium botulinum*)棲於土壤中，引起臘腸毒菌病，爲致命的食物中毒。

黏液細菌類 黏液細菌(myxobacteria 或 slime bacteria)爲單細胞，短桿狀，似眞細菌中的桿菌，但無細胞壁，可以分泌黏液，有滑動能力。大部分黏液細菌爲腐生，在土壤、腐木中，使有機物分解。有些種類能使纖維素及細菌的細胞壁分解，少數以眞細菌爲食。

某些種類的黏液細菌，其生殖情形較其他細菌複雜，這時細菌會聚集成團，然後發育爲生殖構造，叫做**子實體**(fruit body)(圖11-11)。在此過程中，許多細胞變爲靜止細胞(resting cell)(相當於孢子)，這些細胞外面有一層壁保護，乃形成一孢囊(cyst)。待環境適宜，孢囊的壁破裂，靜止細胞又復趣活動。

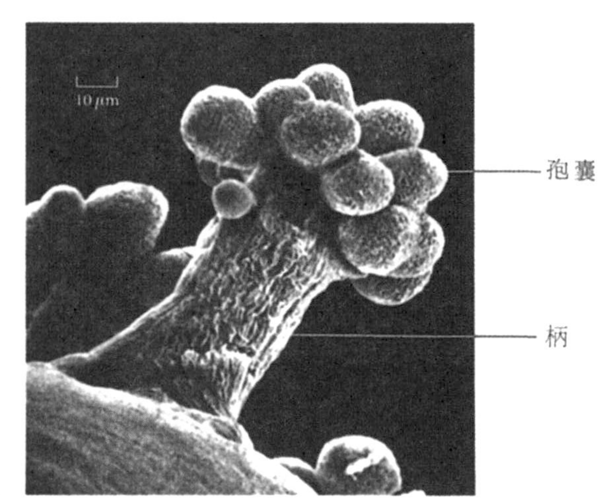

圖11-11 黏液細菌形成的子實體

放線菌類 放線菌(Actinomycetes)很似黴菌(屬於菌界)，因其細胞相聚而成分枝的絲狀體。許多種類會產生黴菌一樣的孢子，稱爲分生孢子(conidium)。但是與黴菌不同的是放線菌無核膜，細胞壁的成分爲肽聚糖，以及具有其他某些細菌的特徵，故在分類上屬於細菌。

放線菌爲土壤中的重要分解者，大部分種類爲腐生，少數爲嫌氣性。鏈黴菌(*Streptomyces*)會產生抗生素，醫學上的鏈黴素(streptomycin)、紅黴素(erythromycin) 以及四環黴素(tetracyclin)等皆來自鏈黴菌。

螺旋體類 螺旋體 (spirochetes) 爲細長呈螺旋狀的細菌，細胞壁有彈性，能扭曲，運動時藉一種叫做軸絲 (axial filament) 的構造而移動身體。有些種類自由生活於淡水或海水中，其他爲片利共生，少數爲寄生。螺旋體在醫學上的重要性，首推梅毒螺旋體 (*Treponema pallidum*) (圖11-12)，此爲引起梅毒的病原體。

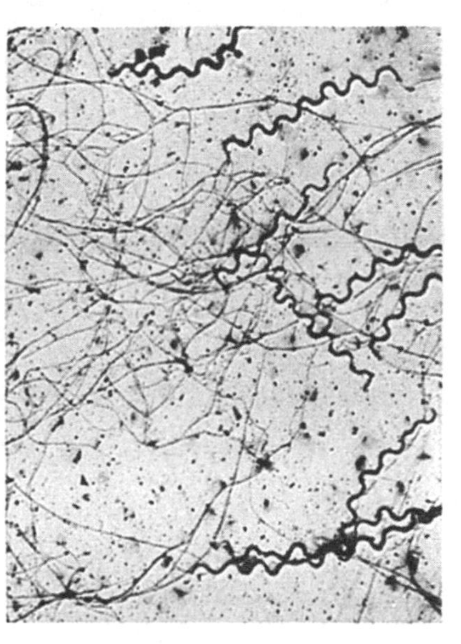

圖11-12 梅毒螺旋體

黴漿菌類 黴漿菌 (Mycoplasma) 又稱菌質，或稱 PPLO (爲Pleuropneumonia-like organism 的縮寫)。沒有細胞壁 (圖11-13)，個體甚小，與病毒一般，能通過細菌濾器。生物學家假設，黴漿菌爲現存能獨立生活，最簡單的生命物體。

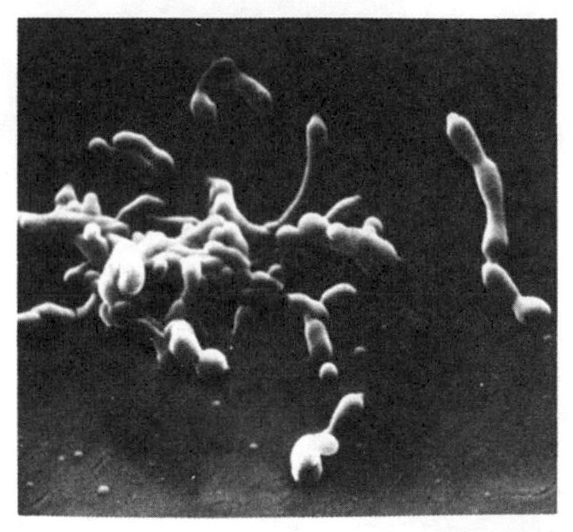

圖11-13 黴漿菌，由於沒有細胞壁，故呈不規則狀。

黴漿菌有的爲好氣性，有的爲嫌氣性，生活於土壤或溝渠中，也有的寄生於動植物。有些種類棲於人的黏膜，但一般並不引起疾病。因爲黴漿菌不具細胞壁，因此，對作用於細胞壁的抗生素如青黴素 (penicillin)，便有抵抗力；但是對抑制蛋白質合成的四環黴素，則頗爲敏感。

立克次菌類 立克次菌 (rickettsias) 爲小型、短桿狀、革蘭氏陰性的細菌，細胞壁硬，不會運動，亦不形成孢子，藉二分法繁殖。立克次菌不能獨立行代謝，故必須寄生其他生物的細胞中。寄主通常爲節肢動物如蚤、蝨及蟎，但不會引起寄主的特殊疾病。少數使人(或其他動物)罹患疾病者，皆以節肢動物爲媒介，例如流行性斑疹傷寒 (epidomic typhus)、恙蟲病 (scrub typhus)等，皆由節肢動物傳播。

披衣菌類　披衣菌 (Chlamydias) 與立克次菌不同處爲呈球狀而非桿狀，亦不需以節肢動物爲媒介，而是藉個體間互相接觸而傳染。由於披衣菌必須寄生於細胞內，往昔被認爲是大型的病毒。目前將之歸於細菌，乃是因他們兼具DNA和RNA，具有核糖體，能自行合成蛋白質和核酸，對多種抗生素敏感。雖然他們具有許多酵素，亦能行代謝反應，但必須仰賴寄主細胞的 ATP，故稱爲能量寄生細菌(energy parasite)。披衣菌幾乎感染各種鳥類及哺乳類，但寄主通常不會受到顯著的傷害。偶而披衣菌會引起急性的感染疾病如砂眼，砂眼有時會導致失明。

第十二章　原生生物界

原生生物界皆爲眞核類的生物，大部分是單細胞，少數種類具有簡單的多細胞構造。營養方法有的爲自營，有的爲異營，生活淡水或海水中，也有的生活於濕地。

在構造上，原生生物雖然大部分爲單細胞，但細胞中具有許多特化的構造，可以進行種種生理機能，因此，每一細胞皆能自給自足，可謂是構造最複雜的細胞。

原生生物的分類，與原核生物一樣，尙有許多地方需詳加硏討。本界中究竟包含多少門，門與門之間的關係又如何，仍有許多爭論之處。

第一節　藻　　類

在原生生物界創立之初，即引起了藻類中綠藻在分類上位置的問題，因爲綠藻中有的爲單細胞，有的爲多細胞。藻類共分六門，其中裸藻門、金黃藻門及甲藻門的生物爲單細胞，綠藻門兩者兼而有之，而紅藻門及褐藻門幾乎皆爲多細胞生物。有的生物學家將綠藻列入植物界，但有的生物學家則將所有藻類皆歸於原生生物界。

藻類的分類，主要根據鞭毛的數目及位置、生化特徵尤其是色素、儲存的養分，以及細胞壁的成分等。藻類皆含有葉綠素，許多種類除葉綠素外，尙含有其他色素；這些色素會遮蓋葉綠素的綠色，而使個體表現褐色、紅色或黃色等，藻類中各門的名稱便常根據其個體所顯示的顏色來稱呼。

裸藻門 (Phylum Euglenophyta)　裸藻門約有1,000種，皆爲單細胞，大部分生活淡水中。眼蟲爲本門中最常見的種類（圖12-1），體內有葉綠體，葉綠體中含有葉綠素 a 和 b，此等色素與綠藻所含者十分相似，惟其葉綠體有三層膜而非雙層膜。據此推測，古代的眼蟲攝入綠藻細胞，因而獲得葉綠體；長時期以後，與其共生的綠藻，體內大部分構造消失，僅保留葉綠體與細胞膜，因而眼蟲體內的葉綠體有三層膜。眼蟲儲藏的養分爲類澱粉 (paramylum)，此爲一種多糖，僅見於本門的生物。

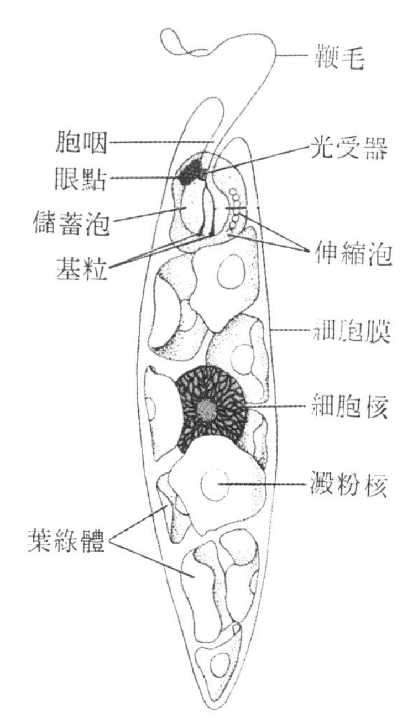

圖12-1 眼蟲

眼蟲的身體延長，前端有二條鞭毛，一短一長，短的不活動，鞭毛基部位於儲蓄泡 (reservoir) 的底部，儲蓄泡附近有伸縮泡 (contractile vacuole)，伸縮泡收集體內多餘的水分，釋放至儲蓄泡排出。眼蟲無細胞壁，但體表有薄膜(pellicle)，薄膜有彈性，因此使其能作蠕動 (wriggling)。體前端有紅色的眼點 (stigma)，可用以感光，此爲位於儲蓄泡上的一束色素。眼蟲行無性生殖，自體前端至後端縱分爲二。某些品系的眼蟲，若生活於適當溫度及營養豐富的培養基上，細胞分裂的速度會較葉綠體的分裂快，於是便產生無葉綠體的細胞，據此推測，目前某些行異營的眼蟲類，便是由自營的眼蟲經此種方式所產生。

金黃藻門 (Phylum Chrysophyta) 本門中包含兩大綱，即矽藻綱 (10,000種)和金褐藻綱(1,500種)，以及另一種類較少的黃綠藻綱(600種)。主要特徵爲：⑴除含葉綠素 a 外，尚有葉綠素 c，該色素與綠藻及一般植物的葉綠素 b 十分相似。⑵除黃綠藻外，其他皆含有一種黃褐色的類胡蘿蔔素，叫做藻黃素(fucoxanthin)，因此，使此類生物呈現特有的顏色。⑶細胞壁不含纖維素，而有矽質沉澱物，因而很堅硬。⑷儲存的養分爲脂質而非澱粉，因其含有脂質，故當淡水中含有大量此等藻類時，便會有異味。據推測，由於金黃藻含有脂質，將來可能是燃料的來源。

矽藻是浮游生物中重要的一員，亦是小型海洋生物的食物來源。細胞壁形成上殼和下殼，兩者嵌合，狀似肥皂盒(圖12-2)。根據電子顯微鏡的觀察，得知其殼上的條紋實際上乃是微小而形狀不規則的小孔或通道(圖12-3)，爲其身體與外界溝通的部位。由矽藻殼堆積而成的矽藻土，頗具經濟價值，可用以作爲銀器擦劑，製牙膏的原料，液體的過濾特別是蔗糖的精製，以及作絕緣物。

金黃藻行無性生殖，但矽藻則偶行有性生殖，即產生配子，雌雄配子結合而成合子，合子行分裂，子細胞再產生殼。矽藻爲二倍體，僅配子爲單倍數染色體。

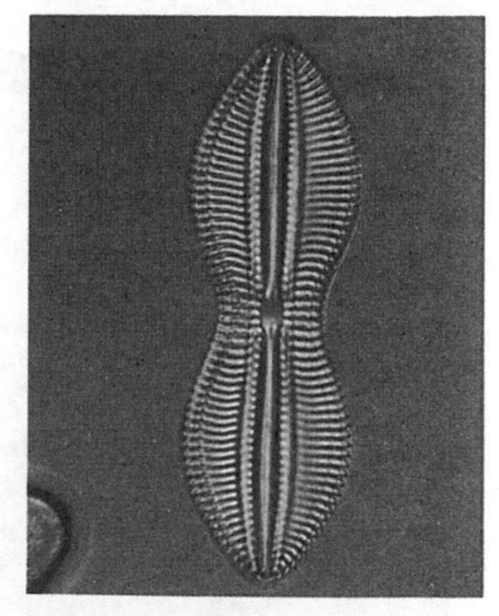

圖12-2　矽藻，側面觀，示其殼上的花紋。

甲藻門(Phylum Pyrrophyta)　甲藻亦稱渦鞭藻(Dinoflagellate)，約有1,100種。爲單細胞藻類，大部分生活海水中，與金黃藻一樣，亦爲浮游生物中的重要分子。細胞壁形成纖維素鞘(theca)，狀似甲或冑，有些種類則無鞘(圖12-4)。具有二條鞭毛，分別位於縱溝及橫溝中，位於橫溝中的鞭毛似一腰帶，位於縱溝中的鞭毛則與之垂直。許多種類能發螢光，如夜光蟲。體通常呈紅色，赤潮即因海洋中有大量呈紅色的甲藻存在，因這些甲藻有毒，其毒性甚強，爲神經毒，當數目多時，會導致成千上萬的魚蝦死亡。

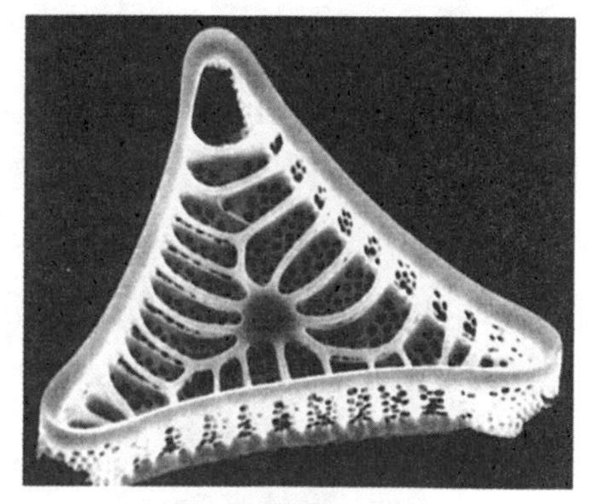

圖12-3　矽藻的殼在掃描電子顯微鏡下，示其穿孔的情形。

綠藻門(Phylum Chlorophyta)　綠藻爲藻類中最分歧的一羣，約有7,000種。雖然大部分綠藻生活水中，但也有些種類見於溶雪的表面或樹幹等棲所，或與其他生物共生。水生的種類中，大部分生活於淡水中，少數生活於海水中。許多種類的

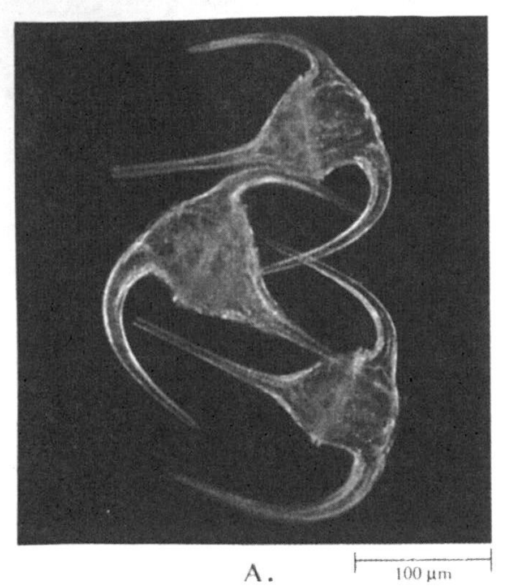

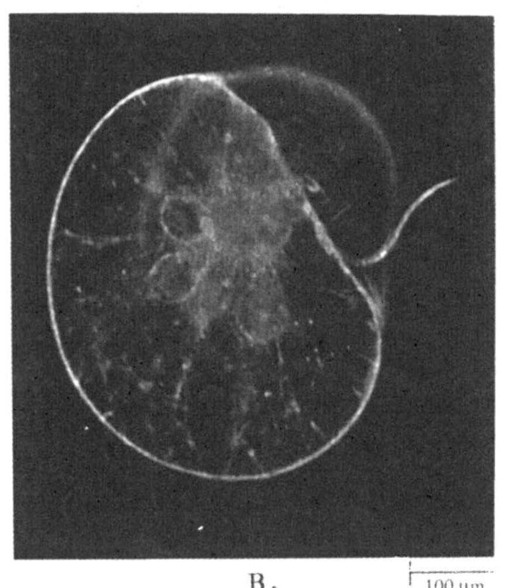

圖12-4　甲藻。A.角鞭毛蟲.(*Ceratium*)，具有纖維素鞘，B.夜光蟲(*Noctiluca*)，身體裸露，生活海洋中，能發螢光。

綠藻體小，爲單細胞。例如單胞藻（*Chlamydomonas*）(圖 12-5A）在光學顯微鏡下，僅爲一綠色小點而已。但多細胞的種類，大者可長達數十公尺。

一般認爲植物係由綠藻演化來，這一理論根據爲植物與綠藻皆含有葉綠素 a 和 b，以及 β 胡蘿蔔素，儲藏的養分爲澱粉，細胞壁含有纖維素等。

在綠藻中，可以追溯出由單細胞生物演化爲多細胞生物的可能途徑。其一爲由單個細胞聚合而成的**羣體** (clony)，羣體與多細胞生物體不同之處，爲羣體中的細胞在機能方面，保持高度的獨立性。最簡單的羣體爲盤藻（*Gonium*)，其羣體係由似單胞藻的細胞聚合而成，有 4～32 個細胞（數目隨種類而異）排列在同一平面上(圖12-5B)，各細胞之鞭毛各自擺動，使整個羣體行進，羣體中的每一細胞皆可分裂而產生新的羣體。實球藻(*Pandorina*)係由 16～32 個細胞緊密聚合而成的羣體(圖12-5C)，羣體呈卵圓或橢圓形，且有前後端之別，位於前端的個體，其眼點較另一端者爲大。當細胞達到一定大小時，羣體便落至水底，每一細胞皆能分裂而形成子羣體，當母羣體破裂時乃釋出子羣體。團藻(*Volvox*)爲一中空的球狀羣體（圖12-5D)，由 500～60,000 個小型細胞形成，羣體亦有前後端。羣體中的細胞，有

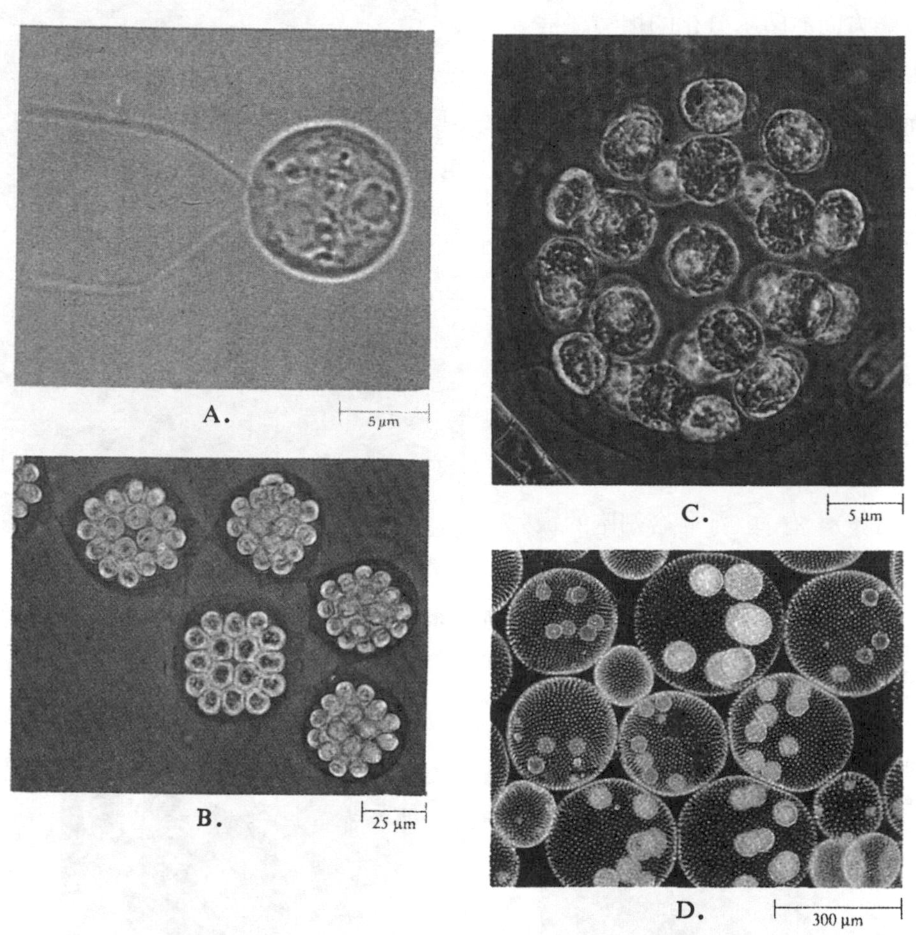

圖12-5 綠藻。A. 單胞藻，爲單細胞，B. 盤藻，羣體呈盤狀，C. 實球藻，羣體呈球狀，D. 團藻，圖中有的羣體內尚有子羣體。

的爲營養細胞， 有的專行生殖，故 在機能方面略有特化的情形。 這些行生殖的細胞，在羣體幼小時， 與營養細胞並無差異， 但當羣體成熟時便會有別， 其細胞較大、色較綠，於是，便行分裂而產生子羣體。子羣體留於母羣體內，直到母羣體破裂而將之釋出。有些種類可行有性生殖，其生殖細胞形成配子，雌雄配子結合而成合子，再由合子發育而爲羣體。

根據前述單胞藻、盤藻、實球藻及團藻等四種綠藻，可以了解他們在大小及複雜性方面呈現一穩定演進的情形，而且在機能方面亦顯示分化的趨勢。推測由古代似團藻的生物，很可能再經分化而爲多細胞的生物。

演化的途徑之二爲細胞核重複分裂，但細胞質不分裂，亦不產生新的細胞壁，於是便形成似現今法囊藻(*Valonia*)的生物（圖12-6)。法囊藻外表爲單細胞，但實際上含有許多細胞核，此種構造型式，既非單細胞，亦非多細胞，而是屬於**聯合細胞**(coenocyte)。有些屬聯合細胞的綠藻如剛毛藻屬（*Cladophora*）則形成絲狀體。

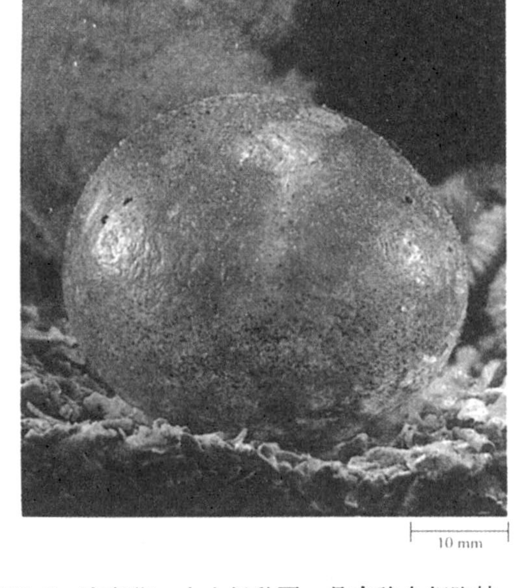

圖12-6　法囊藻，大小似鷄蛋，具有許多細胞核，核與核之間無間隔，熱帶水域中常可發現。

第三個演化途徑是細胞核分裂

A.

B.

圖12-7　屬於多細胞的綠藻。A.水綿，B.石蓴。

後，隨着便細胞質分裂並形成細胞壁，但分裂後的細胞彼此互相連接，此種細胞分裂的結果，乃形成絲狀體，膜狀體或立體狀，經此途徑演化乃成多細胞綠藻，如水綿及石蓴等（圖12-7）

綠藻的生活史有多種不同的情形，單胞藻的生活史中（圖 12-8），其單倍體細

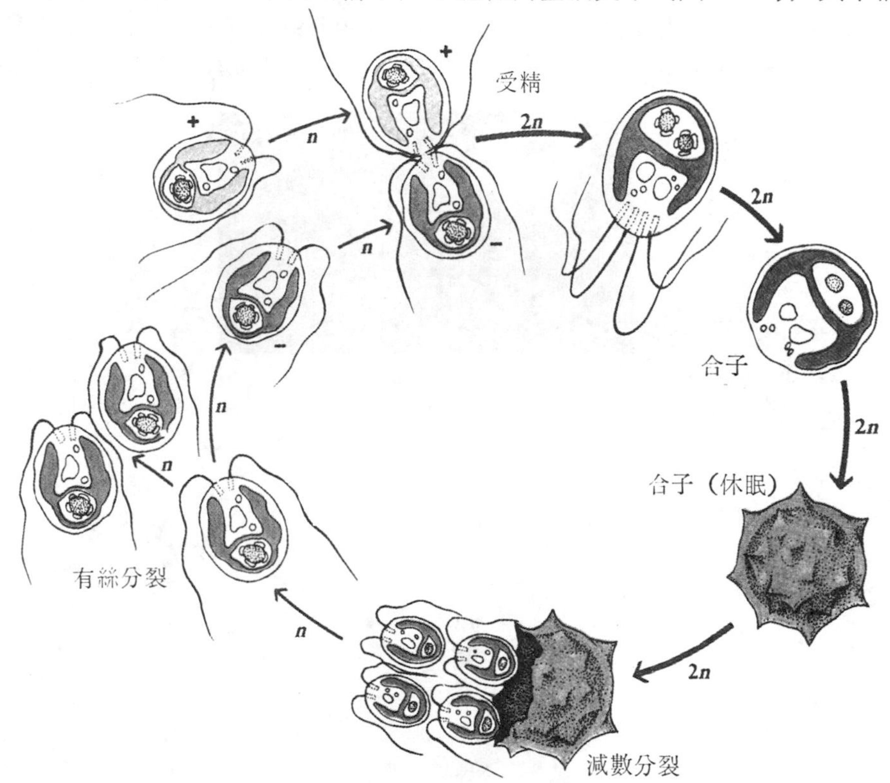

圖12-8 單胞藻的生活史。生活史中大部分時間爲單倍體，圖中較細箭頭所示，不同交配型的細胞（用＋和－表示）互相結合，形成合子，合子爲二倍體，合子行減數分裂，產生四個單倍體細胞，這些細胞行無性繁殖時，乃行有絲分裂。

胞能行無性生殖，細胞經兩次有絲分裂，產生四個單倍體細胞；但是當主要養分如硝酸鹽的供應缺少時，細胞便行有性生殖。來自不同交配型的單倍體細胞如同配子，可以互相結合形成二倍體的合子。合子表面有保護層，呈休眠狀態，用以度過不良環境，直至環境適宜，乃經減數分裂而產生四個單倍體的細胞。不同的交配型，通常用符號＋和－代表，單胞藻的兩種配子，大小和構造皆相似，叫做同形配子（isogamete），同形配子互相結合，叫做**同配生殖**（isogamy）。另有些種類的單胞藻，其

中一種配子較大，另一種較小，叫做異形配子(anisogamete)，但兩者皆能運動。異形配子互相結合，叫做**異配生殖** (anisogamy)。尙有些種類行有性生殖時，較大的一種配子不能運動，叫做**卵式生殖** (oogamy)。藻類中（亦包括其他生物）此種配子間的不同情形，皆見於不同種的單胞藻間。

較複雜的生活史，則表現世代交替 (alternation of generation)，世代交替見於多細胞綠藻及所有植物。生活史中其二倍體產生孢子的世代，與單倍體產生配子

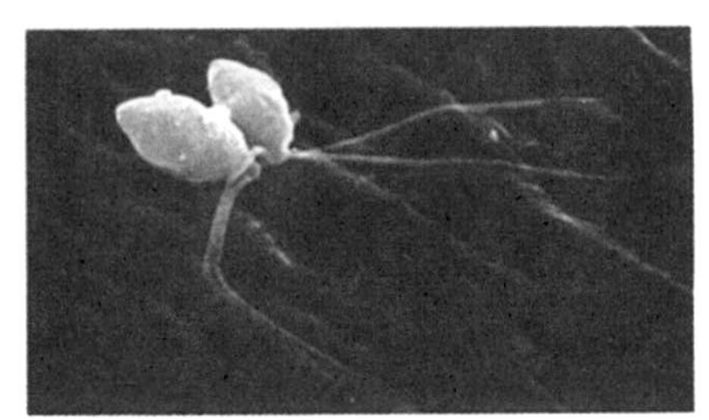

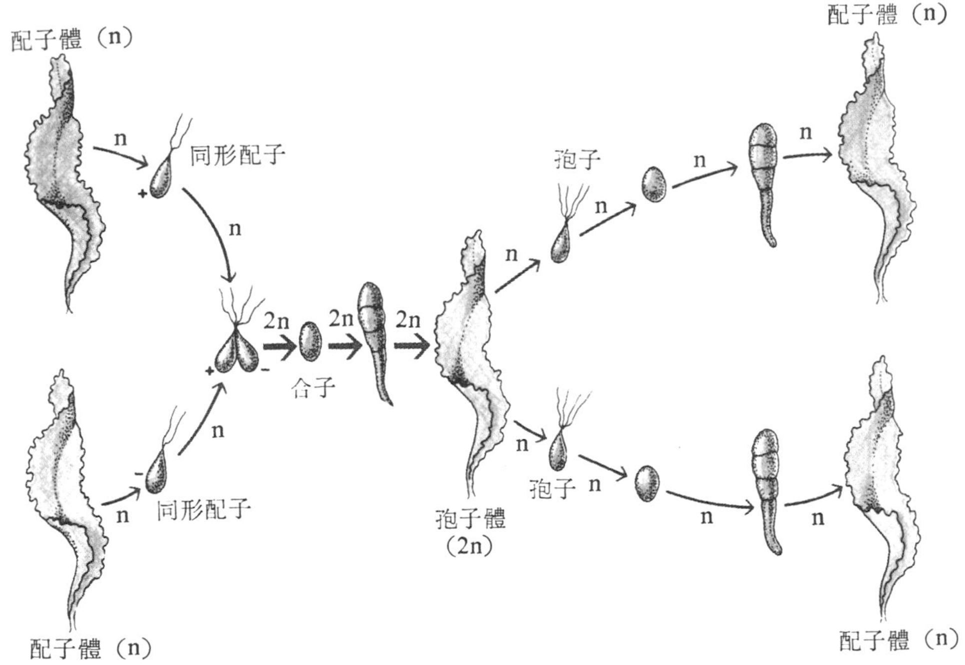

圖12-9　石蓴的生活史。配子體產生配子，配子結合後形成合子，合子發育爲孢子體，孢子體的細胞，皆具二倍數染色體，孢子體經減數分裂，產生孢子，孢子爲單倍體，由孢子發育爲配子體，配子體的細胞含單倍數染色體，石蓴的配子體與孢子體外形無差異。圖中上方爲雌雄結合的照片。

的世代交互輪替。產生配子的個體，叫做**配子體**（gametophyte)，其細胞及配子皆具有單倍數染色體（n)，雌雄配子相結合而成含二倍數染色體(2n)的合子，合子發育爲**孢子體**（sporophyte)。孢子體的所有細胞皆含有二倍數染色體。孢子體的某種構造內，其細胞經減數分裂而產生孢子（n)，孢子萌發便形成配子體。

綠藻中有些種類如石蓴，兩種世代的個體其外表無差異，稱爲**同形**（isomorphic)（圖12-9)。另有些綠藻，兩種世代的個體互異，稱爲**異形**(heteromorphic)。有時，同一種藻的二個世代之個體，因相異而有被誤認爲不同的種類者(圖12-10)。

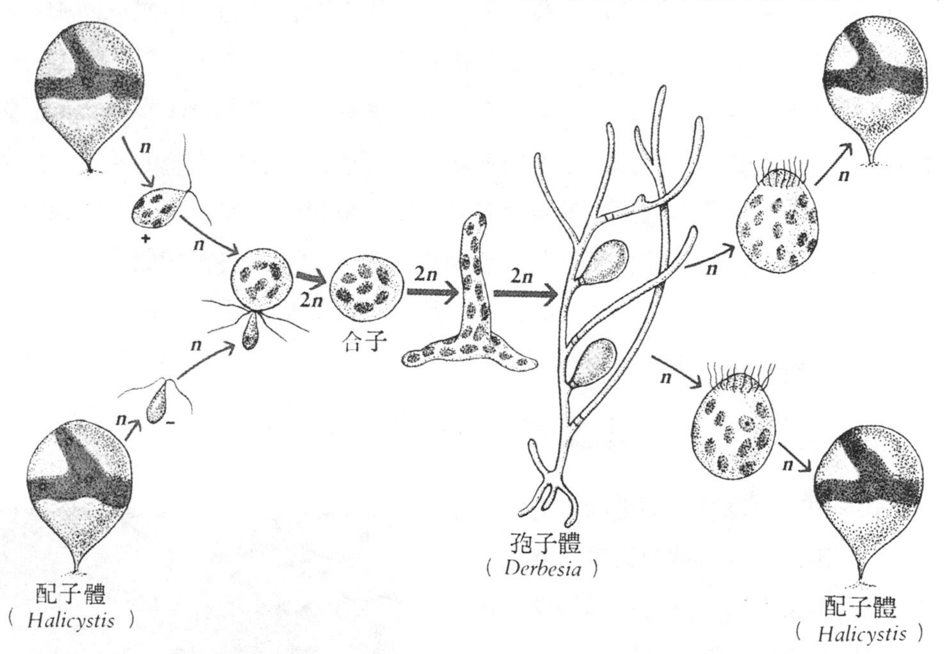

圖 12-10 一種似法囊藻的綠藻之生活史，其配子體與孢子體的形態互異，故被誤稱爲兩種不同的生物，前者稱爲 *Halicystis*，後者稱爲 *Derbesia*。

褐藻門(Phylum Phaeophyta) 褐藻幾乎全爲海產，是溫帶和極地的重要海藻，含有葉綠素 a 和 c，以及藻黃素；儲藏的養分是一種特殊的多糖，叫做昆布精(褐藻澱粉 laminarin)，有時爲油脂，但絕不儲藏澱粉；細胞壁含有纖維素。

褐藻通常大型，具有特化的組織，有些昆布可長達60公尺。凡藻類（或植物）的個體，雖爲多細胞但未相對的特化者，稱爲**葉狀體**（thallus)。昆布的葉狀體具有固著器（holdfast)（“根”）、莖節（stipe)（“莖”）和葉片（blade)（“葉”)；括弧內的名稱用符號標示，因其僅表面似植物的該等器官，但內部構造則不一樣。

現存的褐藻中，無單細胞的種類，大部分的生活史涉及世代交替，有的孢子體和配子體爲同形，有的則爲異形。

紅藻門 (Phylum Rhodophyta) 本門植物約有 4,000 種，絕大部分生活於海水，僅 2 %淡水生，生長時通常附於岩石或其他藻類上。紅藻呈現紅色，顯示其吸收藍光，藍光在水中的穿透力最強，因此，紅藻能生長於較其他藻類稍深的水中。在清徹的熱帶海水中，有些紅藻生長於海面下 175 公尺的地方。雖然紅藻中有的種類長達數公尺，但卻從未達到大型的褐藻那般大小。

紅藻含有葉綠素 a 和 d，類胡蘿蔔素，以及某些藻青素 (phycobilin)。藻青素及葉綠素亦見於藍綠藻，因此，紅藻的葉綠素很可能演化自藍綠藻的祖先。大部分紅藻的細胞壁內層含有纖維素，外層含有木聚糖 (xylan)，如洋菜。有些種類的細胞壁有鈣質沉澱，這些藻類稱珊瑚藻，他們與珊瑚礁的形成有密切關聯。

紅藻的生活史涉及世代交替，其配子體與孢子體的形態相同。雌雄配子皆不能運動，雄配子隨水流而至雌配子體。

第二節 黏 菌

黏菌是一羣較爲特殊的生物，有時被認爲是低等的菌，也有時被列入原生動物門。

大部分黏菌生活於陰冷潮濕的腐葉朽木或其他有機物上。其營養時期叫做變形體 (plasmodium) (圖 12-11)，有各種不同的顏色，其色素的功能尚不了解，一般認爲與接受光有關，因爲只有具色素的種類在形成孢子時需要光。變形體爲一團薄而流動的原生質，能作變形運動，亦可利用僞足攝入細菌或其他有機物爲食。變形體爲聯合細胞，在生長早期，核可以重複分列。當食物及水分的供應充裕時，變形體可以繼續生長，大者可重達50克。但若缺少食物或水分時，其原生質便分離且各聚集成塚，然後每一團原生質發育爲一子實體，子實體

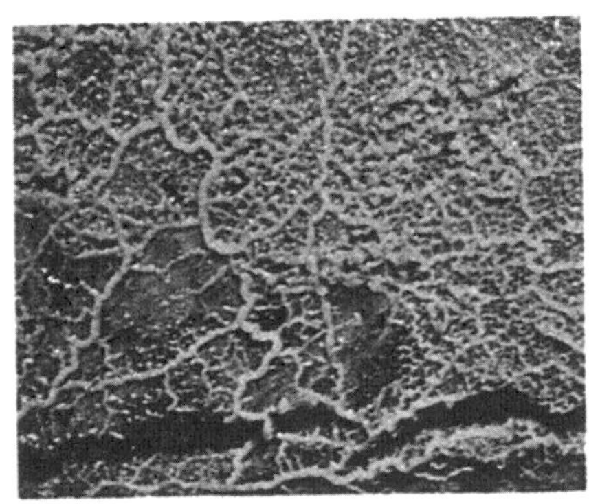

圖 12-11 黏菌的變形體

具有一個柄，柄的先端有孢子囊。(圖12-12)囊內的細胞進行減數分裂並產生細胞壁，形成含單倍數染色體的孢子。孢子可耐不良環境，當環境適宜時，孢子便萌發而產生 1 ～ 4 個具有鞭毛的配子，配子癒合形成合子，合子乃發育為一新的變形體。

圖12-12　黏菌的子實體

第三節　原生動物

往昔將原生動物列為動物界中的一門，目前則歸為原生生物界中的一個亞界。原生動物皆為單細胞、行異營的生物，根據運動的方法可分為五個門，其中三門包括自由生活和寄生的種類：⑴利用鞭毛運動（鞭毛門），⑵利用僞足運動（肉足門），⑶利用纖毛運動（纖毛門）。另兩門則全為寄生的種類：⑴蛋蚳門，以纖毛運動，⑵孢子蟲門，運動能力十分衰退。

鞭毛門(Phylum Mastigophora)　鞭毛蟲為原生動物中最原始的一類，具有一至多條細長的鞭毛，以助身體運動。通常行無性生殖，以二分法繁殖；有些種類可以產生配子而行有性生殖。少數鞭毛蟲的身體表面可以突出而形成僞足，用以運動及捕食。本門中大部分種類行寄生，例如引起人類睡眠病的睡病原蟲(*Trypanosoma gambiense*)(圖12-13)。生活於白蟻腸中的鞭毛蟲，體表有許多鞭毛，可利用僞足攝取白蟻腸中的木屑(圖12-14)，木屑分解後產生的養分，

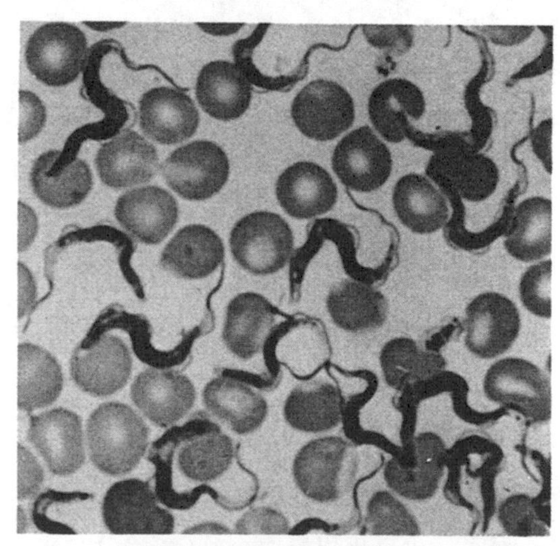

圖12-13　睡病原蟲，體呈紡錘形，寄生於血液中。圖中的圓形物為紅血球。

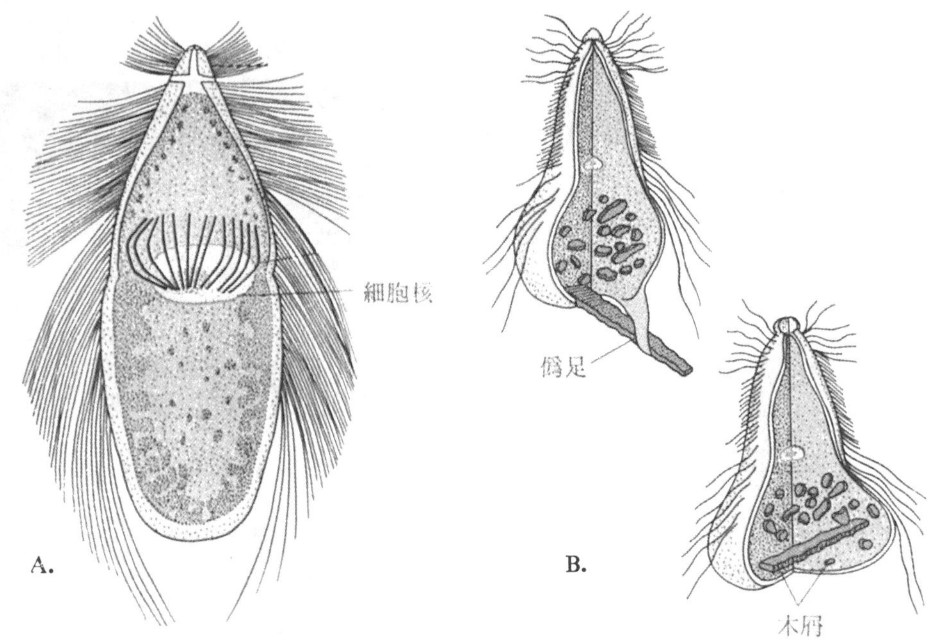

圖12-14　白蟻腸中的鞭毛蟲——毛椎蟲 (*Trichouymph*), A.構造, B.攝飲木屑。

亦可供白蟻利用，兩者皆蒙其利，故屬互利共生。也有許多種類的鞭毛蟲行自由生活，如襟鞭毛蟲(圖 12-15)，襟鞭毛蟲具有一條鞭毛，鞭毛基部其外圍有細胞質形成的襟所包圍，襟可以黏住食物，以助攝食。身體基部有柄，利用柄附著他物。

肉足門 (Phylum Sarcodina) 一般認爲肉足類是由具有僞足的鞭毛蟲失去鞭毛而演化來。肉足類的身體表面僅有細胞膜，故體表會突出而形成僞足 (pseudopodium)，以致身體無一定形狀 (圖12-16)。僞足爲其運動胞器，也可用以攝取食物(圖12-17)。食物在體內形成食泡，食泡與溶體癒合，由

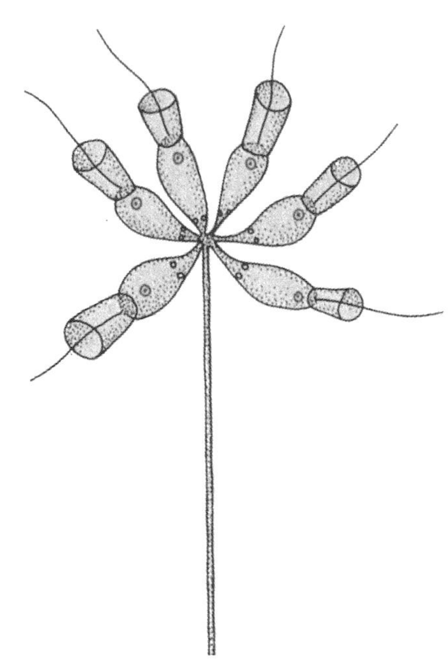

圖12-15　襟鞭毛蟲的一種，呈羣體。

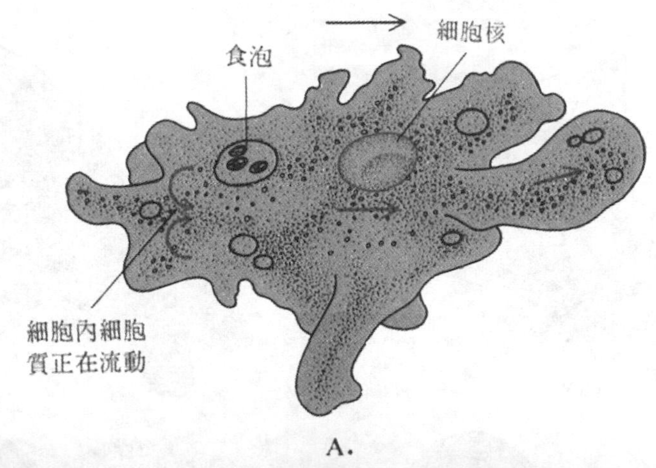

A.

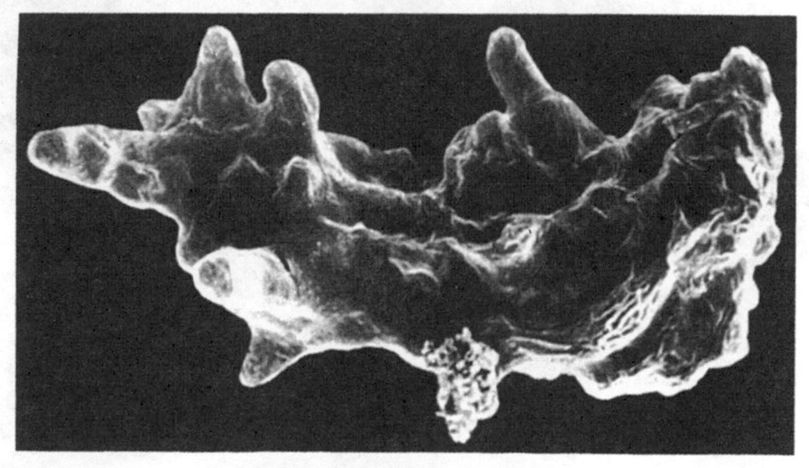

B.

圖12-16　變形蟲。A.示構造，B.掃描電子顯微鏡下的外形。

溶體釋出的酵素乃使食物消化。食泡中的養分由細胞質吸收，剩餘的食物殘渣在身體移動時，乃由後端排至外界。

有些自由生活的種類，可以分泌殼，身體位於殼中，如衣沙蟲（*Difflugia*）、蕈頂蟲（*Arcella*）及有孔蟲（forams）等（圖 12-18），僞足可自殼上的孔伸出。古代某些種類的有孔蟲，其化石與石油存於同一地層中，故可作爲探勘石油的指標。有的種類行寄生，例如寄生人體的赤痢病原蟲（*Entamoeba histolytica*），會引起赤痢。肉足動物的生殖方法有無性生殖和有性生殖兩種，無性生殖爲二分法，即細胞經有絲分裂成爲二個。有些種類如變形蟲，僅行無性生殖，有的種類則兼行有性

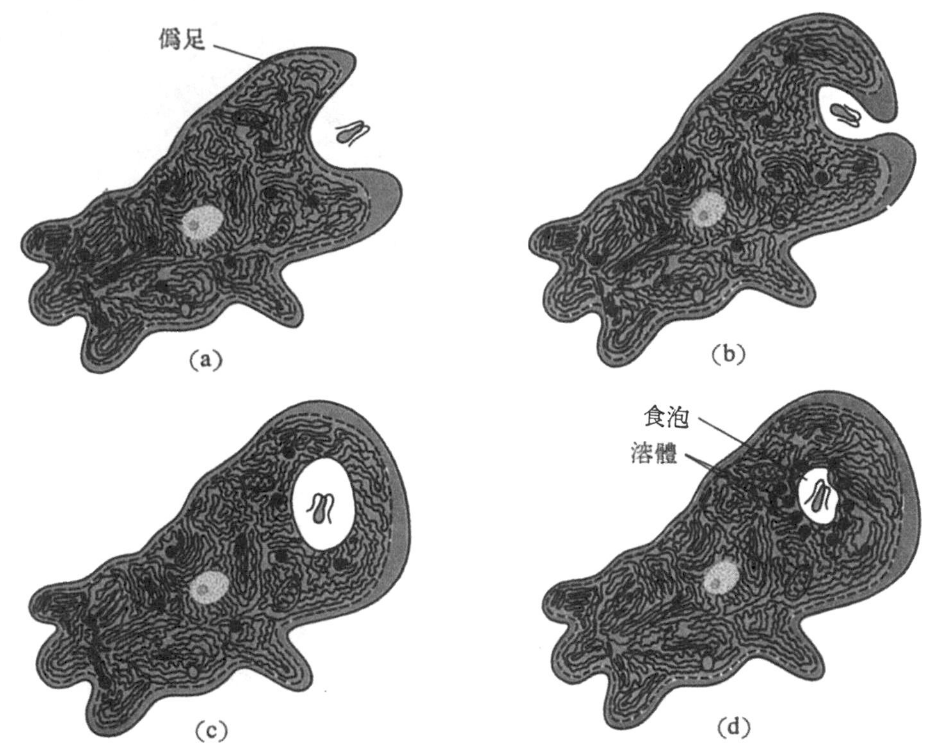

圖12-17 變形蟲攝食，自 a 至 d 示攝食過程。

生殖，卽細胞經減數分裂而產生配子，再由雌雄配子結合而發育爲新個體。

纖毛門 (Phylum Ciliata) 纖毛類爲原生動物中構造最特化和複雜的一類。草履蟲 (*Paramaecium*)爲本門的典型代表(圖12-19)，身體表面有一層薄膜(pellicle)用以維持身體的形狀。自體表伸出許多細短的纖毛，各纖毛基部有一基粒 (basal granule)，各基粒之間有小纖維相連，因此，運動時各纖毛能互相協調而同時運動。少數種類細胞質的外層 (卽外質)中，有許多小囊，叫做**刺絲泡** (trichocyst)，當受刺激時，刺絲泡便釋出刺絲，用以痲醉或黏住他物。

纖毛蟲的細胞核有**大核** (macroncleus) 和**小核** (micronucleus) 兩種，大核與代謝有關，小核則與生殖有關。大核中所含 DNA 的量約爲小核的 50～100倍，一般認爲大核具有多套染色體，若沒有大核個體卽無法生活。

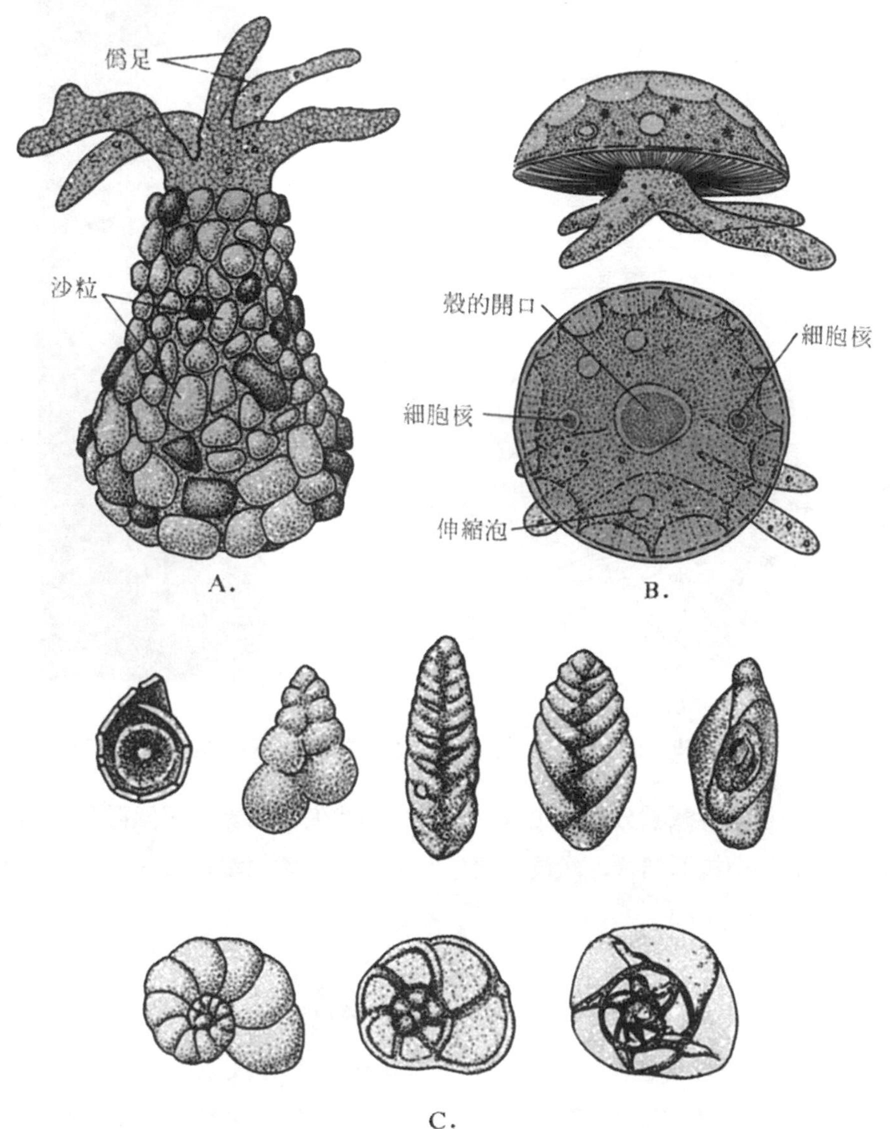

圖 12-18　有殼的變形蟲。A. 衣沙蟲，生活於淡水中，殼上有沙粒，B. 蕈頂蟲，上爲側面觀，下爲自下方正面觀，其殼透明，C. 各種有孔蟲的殼。

纖毛蟲的生殖方法有無性生殖和有性生殖兩種（圖12-20），無性生殖爲二分法，細胞由一個分爲兩個，此時，小核行有絲分裂，大核則直接分裂。有性生殖則爲**接合生殖**（conjugation），這時，兩個不同交配型的個體以口溝部分互相接合，

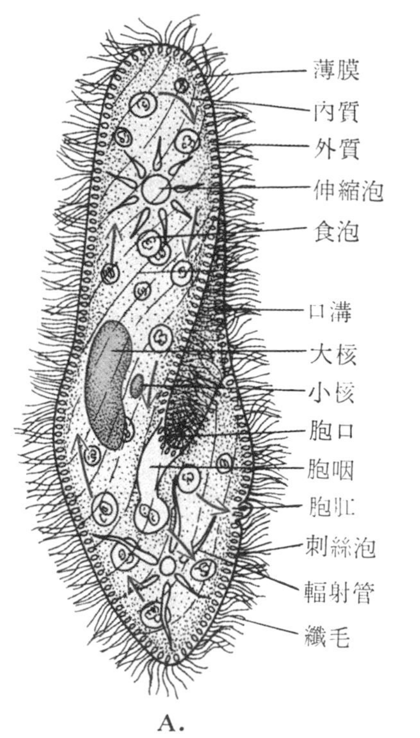

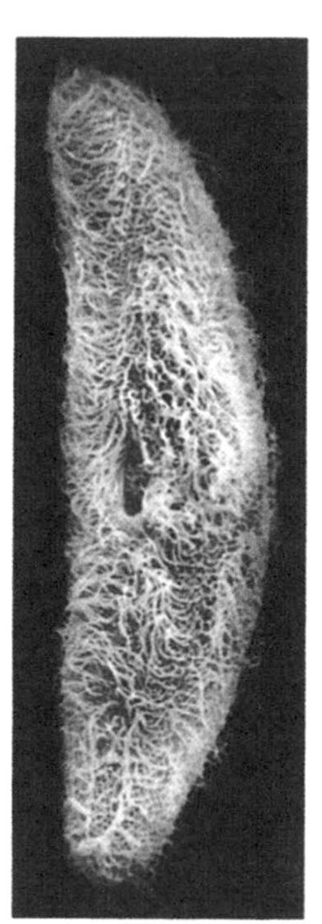

圖12-19　草履蟲。A.構造，B.掃描電子顯微鏡下的外觀。

大核消失，小核則行減數分裂爲四個，其中三個消失，剩餘的一個再分裂爲二，兩個體互相交換一小核而結合，然後兩個體互相分離。各個體再由一分爲二，再分爲四。

蛋蛞門 (Phylum Opalinida)　蛋蛞類生活於蛙和蟾蜍等的消化管內，偶而見於魚和爬虫的腸中。構造簡單，體表有分佈均匀的纖毛（或稱鞭毛），核至少二個，多者可達百餘個（圖 12-21），但無大核小核之分。有性生殖係產生配子，因此，有的學者認爲蛋蛞類與鞭毛類的關係密切。

孢子虫門 (Phylum Sporozoa) 孢子虫皆爲寄生，無運動胞器，生活史複雜。典型的代表爲瘧疾原蟲（*Plasmodium*），會使寄主發生瘧疾。人類的瘧疾由瘧蚊傳染，當瘧蚊吸血時，將瘧疾原蟲傳入人體（圖12-22），此時期的瘧疾原蟲，叫做

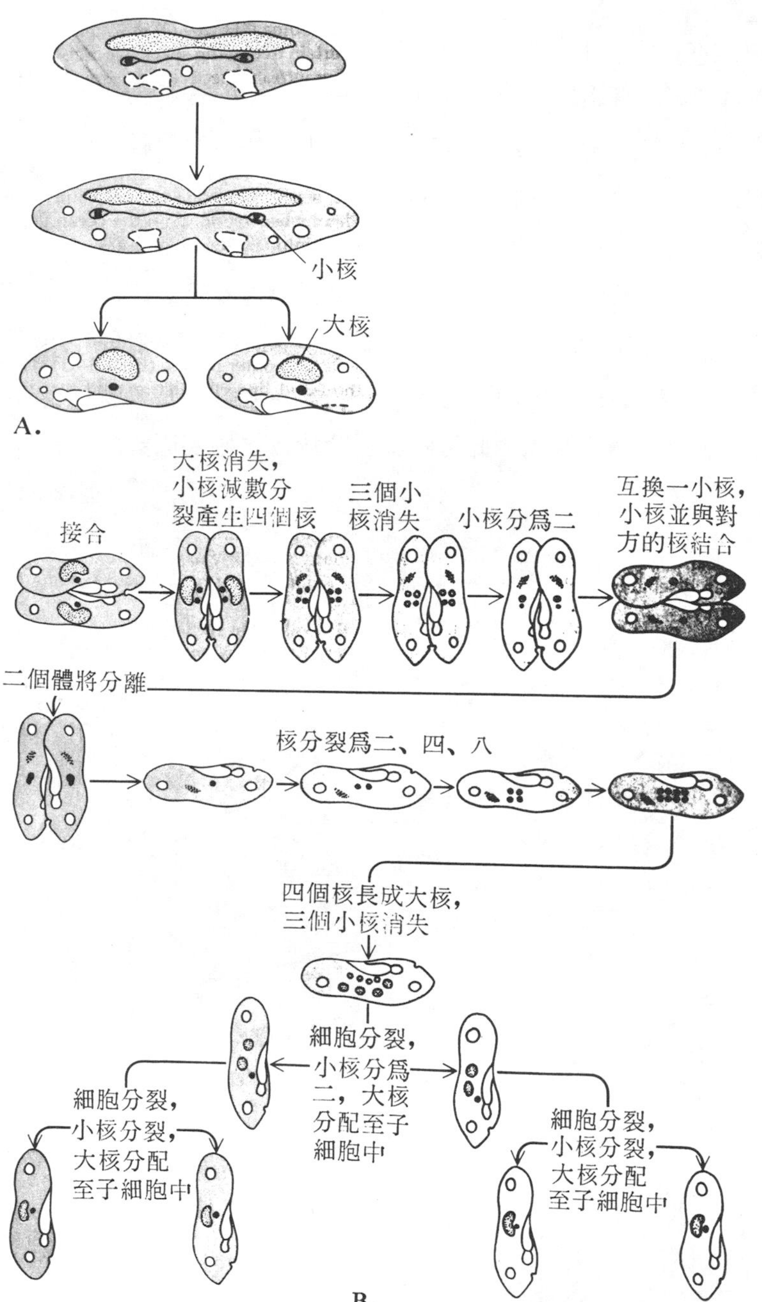

圖12-20　草履蟲的生殖。A.無性生殖，橫的二分，B.接合生殖，二個體分離後，均分別進行分裂，圖中僅表示其中一個之分裂。

子孢子 (sporozoite)。子孢子進入肝細胞，在肝細胞中繁殖一段時間後，便自肝細胞釋出，然後至血液中，在紅血球內行無性生殖，產生約20個左右的新個體，便破紅血球而出，釋出的個體，叫做**裂殖子**(merozoite)。各裂殖子又分別進入健康的紅血球，重複生長繁殖。當許多紅血球同時破裂時，寄主會有惡寒，繼之發熱的症狀。當瘧蚊吸食患者血液時，瘧疾原蟲又隨血液至蚊體，在蚊的胃內行有性生殖。受精卵穿過胃壁，附於胃壁最外層，形成卵囊(oocyst)，卵囊破裂便釋出子孢子，子孢子移至唾腺，當蚊吸血時，子孢子便又傳入人體。由此可知，驅除瘧蚊，瘧疾原蟲的生活史便無法完成。

圖12-21　蛋蛞，爲蛙及蟾蜍腸中常見的原生動物。

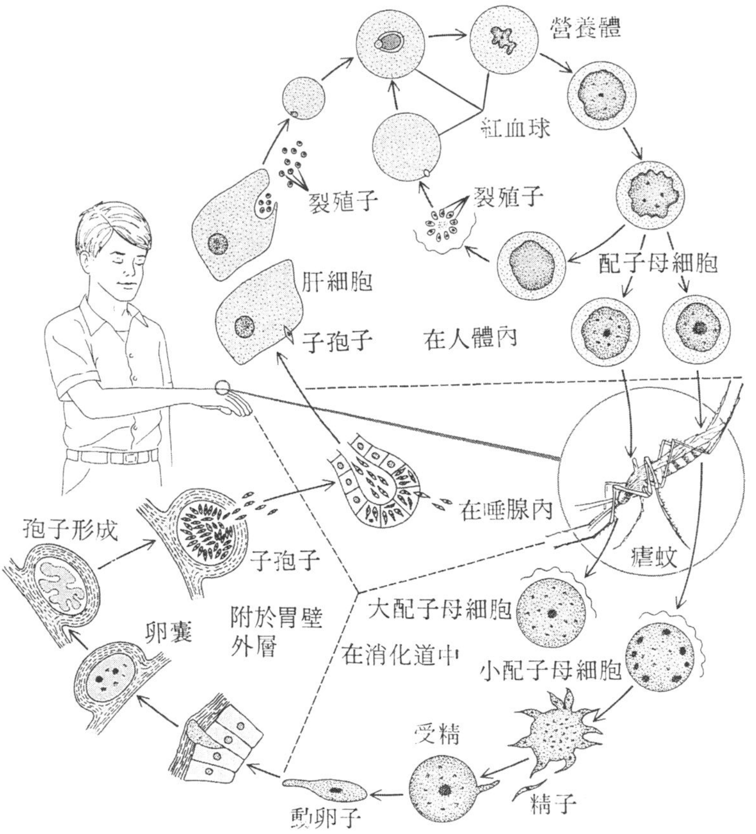

圖12-22　瘧原蟲的生活史

第十三章　菌　　界

在分類上，往昔將菌類歸於植物界；但目前生物學家認爲應將之另立一界，主因菌類不含葉綠素，而葉綠素是植物的最基本特徵之一；再者，其細胞壁的成分亦與植物有差異。

第一節　菌類的體制構造及代謝

菌界包括蕈及黴菌等，約有25,000種，彼此的大小，形狀等常有很大差異。少數種類的菌爲單細胞，如酵母菌，但大多數種類則爲多細胞，由多數細胞形成長而分枝的絲狀物，稱爲菌絲(hypha)（圖13-1），由菌絲形成的個體，稱爲菌絲體(mycelium)。有的種類，其菌絲爲聯合細胞 (coenocyte)，即核與核間無隔壁；有的則有隔壁（圖13-2），各細胞含一或二個細胞核。

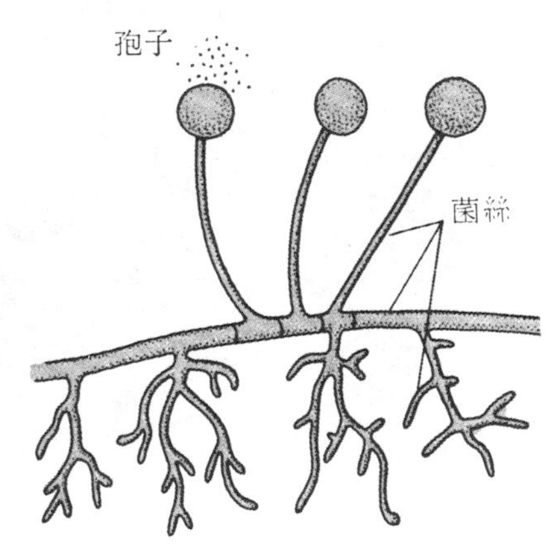

圖13-1　黴菌的構造

菌類的細胞壁，含有纖維素，幾丁質或其他多糖。纖維素見於植物的細胞壁，幾丁質在植物則付缺如，而爲昆蟲與其他節肢動物外骨骼中的主要成分。菌類因爲不具葉綠素，故營養方法爲異營，透過細胞壁及細胞膜自外界吸入溶解的養分。食物通常爲有機廢物及生物遺體等，有的菌則行寄生。菌類與細菌都能分解生物的遺體，因此，在生態系中，扮演着分解者的任務。有的菌類，毀損食物、衣服，使人類在經濟上蒙受極大損失。

菌類喜潮濕陰暗的環境，實際上，只要有有機物存在，菌類便可生長，例如腐敗的水果上、樹林中的濕地，皆可發現。菌類不但可自賴以生存的有機物中獲得水分，也可自空氣中獲得水分。當環境乾燥時，便呈休眠狀態、或產生孢子以抵抗乾旱。菌類對滲透壓並不若細菌那般敏感，因此可以在高濃度的鹽或糖液如果醬中生長。菌類能忍受的溫度範圍，亦較細菌爲廣；因此，存於冰箱中的食物，亦難倖免黴菌的侵襲。

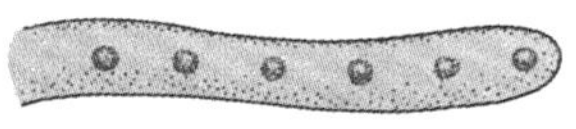

A. 聯合細胞

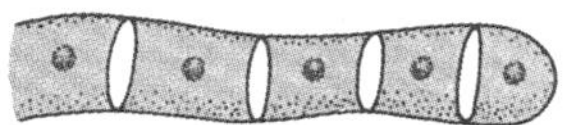

B. 菌絲有隔壁，各細胞具有一個核

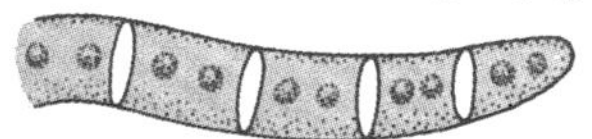

C. 菌絲有隔壁，各細胞具有二個核

圖13-2 菌絲的構造

第二節 生 殖

菌類兼行無性生殖及有性生殖。無性生殖有的爲碎片生殖（fragmentation），即由菌絲斷裂爲多數碎片，各碎片再生長爲完整的個體。有的行出芽生殖(budding)，如酵母菌（圖13-3）。有的則產生孢子。孢子係由菌絲自附着物向空中突出，其頂端部分形成孢子；有時頂端膨大成孢子囊，囊內產生孢子。孢子可隨風傳播，散

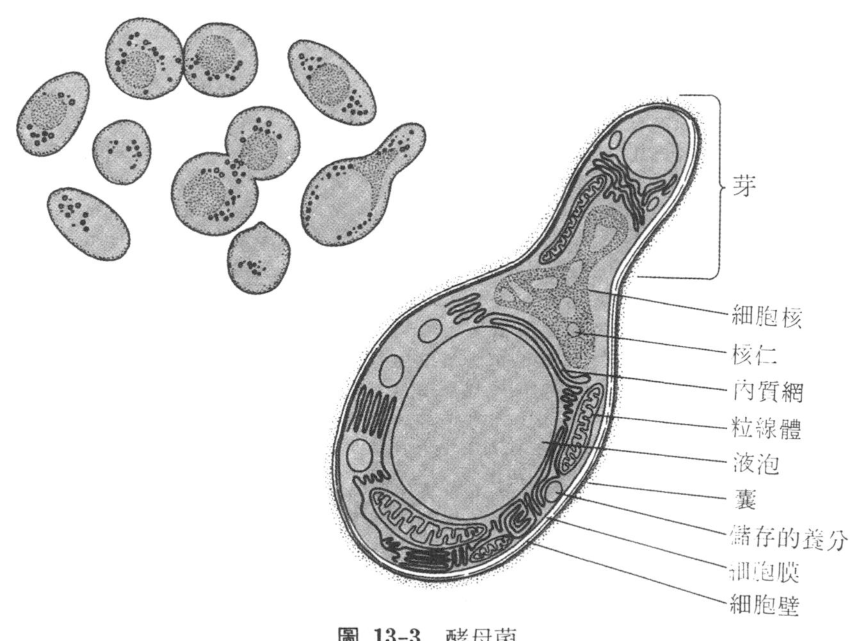

圖 13-3 酵母菌

落在適宜的環境中，便萌芽生長（圖13-4）。陸生的菌，孢子皆不能運動；水生的菌，其孢子具有鞭毛，可以利用鞭毛在水中游動。

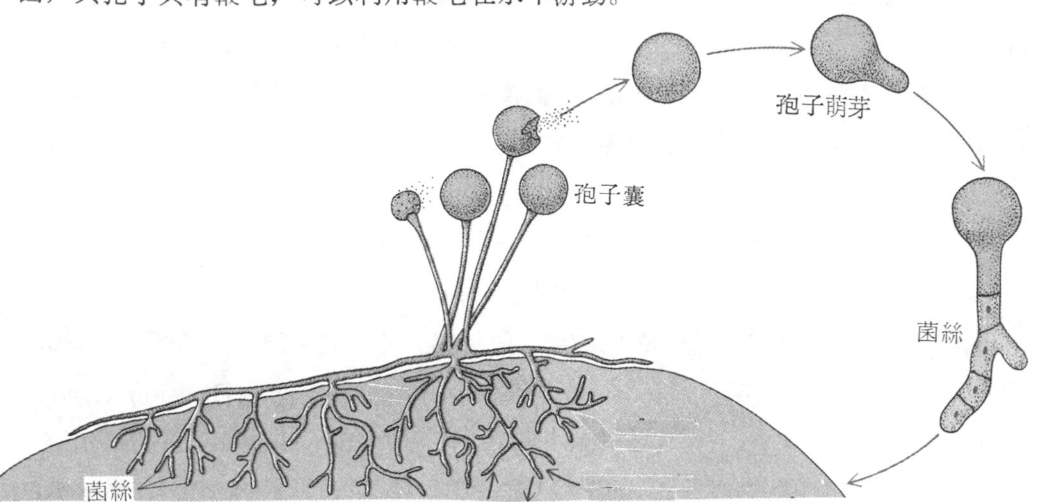

圖13-4　典型黴菌的生活史

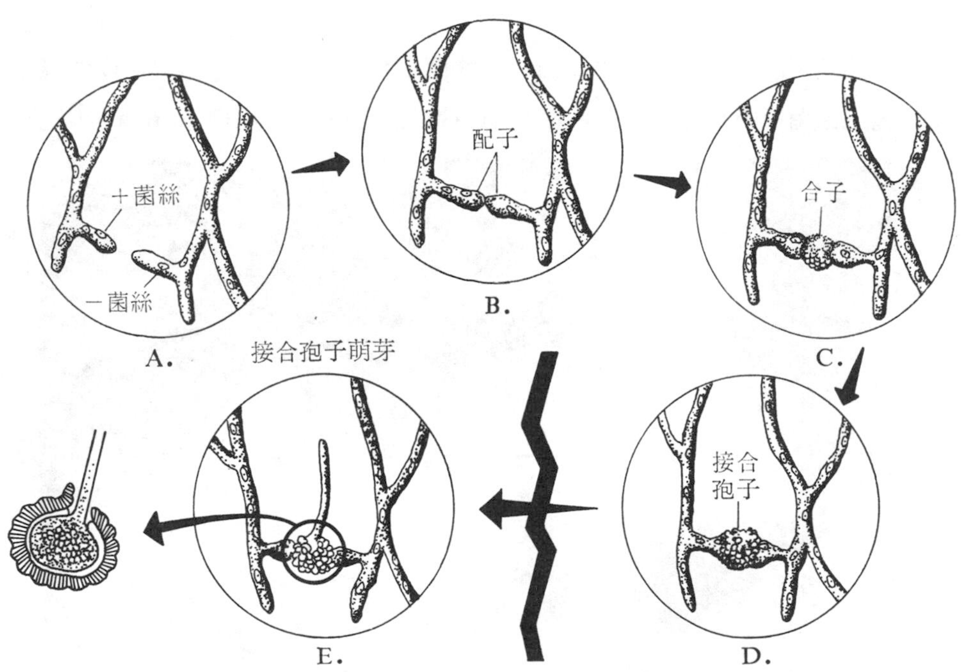

圖13-5　黴菌的有性生殖，配子囊相癒合。

有性生殖時，兩不同交配型的個體，其菌絲互相靠近，在該兩菌絲的頂端乃形成配子囊（gametangium）配子相結合的途徑有三：（1）配子自配子囊釋出；（2）配子之一穿入對方的配子囊；（3）配子囊相癒合。配子結合後，乃形成含二倍數染色體的合子，然後經減數分裂而產生孢子，這些孢子稱接合孢子（zygospore）（圖13-5），接合孢子皆含單倍數染色體。

第三節　分　　類

菌界的分類，各家的意見頗不一致，通常將之分爲五大門：壺菌門（Division Chytridiomyota）、卵菌門（Division Oomycota）、接合菌門（Division Zygomycota）、子囊菌門(Division Ascomycota)及擔子菌門(Division Basidiomycota)。此一分類，係根據構造特徵及生殖方式尤其是有性生殖。此外，尚有半知菌門（Division Deuteromycota），半知菌或稱不完全菌（fungi imperfecti），其有性生殖目前尚不明瞭。

原始的菌可能爲單細胞，由這類原始的菌演化爲現代的壺菌、卵菌及接合菌三大類。這三類菌皆爲聯合細胞，除了生殖構造外，其菌絲的細胞核間皆無隔壁，而

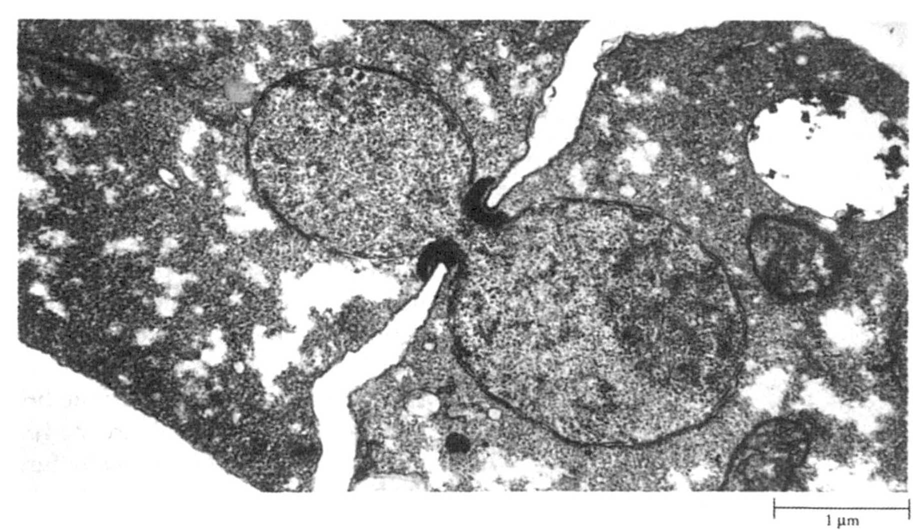

圖13-6　示子囊菌的一種——紅麵包黴，其細胞核正通過菌絲中隔壁上的小孔。

壺菌及卵菌在基本構造上與其他的菌有顯著差異，因此，有的學者認爲應將之列入原生生物界。至於子囊菌及擔子菌，其菌絲則有橫的細胞壁分隔，這些隔壁具有孔，可任細胞質甚至細胞核相互流通（圖13-6）。一般認爲子囊菌及擔子菌係由共同的祖先演化來，而他們的祖先，又與接合菌分別由更早的共同祖先演化來。

壺菌門 壺菌爲菌類中最古老的一羣，生長於淡水及海水中，也有的生活於潮濕的土壤，有時寄生於藻類、植物或其他的菌；也有的行腐生，以死的藻或花粉等爲食。

大多數壺菌呈小型的葉狀體，由孢子囊及假根 (rhizoid)兩部構成。假根爲呈根狀的部分，用以附着他物（圖13-7），並可自附着物吸收營養；在構造上，假根中無細胞核。壺菌成熟時，由聯合細胞構成的孢子囊便分裂而產生許多有鞭毛的孢子，孢子游泳一段時間後便不活動而形成孢囊，然後再萌發長成一新個體。

其他的壺菌在構造及生殖方面遠較此爲複雜。有性生殖時產生有鞭毛的配子，壺菌爲菌類中惟一產生有鞭毛的配子者。

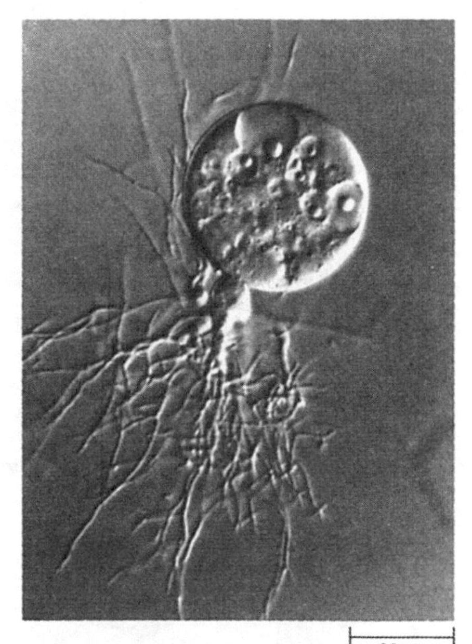

圖13-7 壺菌的構造，上方球狀物爲孢子囊，下方爲假根。

卵菌門 本門的種類，其配子特化爲卵及精子，故名。配子皆無鞭毛，不能運動。卵菌在缺少養分時便行有性生殖，產生藏精器 (antheridium) 及藏卵器 (oogonium)（圖13-8），藏精器在發生過程中，朝向藏卵器伸長而相靠近，接着藏精器長出受精管(fertilization tube) 穿入藏卵器中，精子便通過受精管而至藏卵器中。卵受精後，在適宜環境下便萌芽而形成菌絲體。卵菌也可形無性生殖，其無性孢子具有二條鞭毛。許多卵菌爲水生，故稱之爲水黴 (water mold)，不過陸生的卵菌，也產生具有鞭毛的孢子，藉水分而游動。

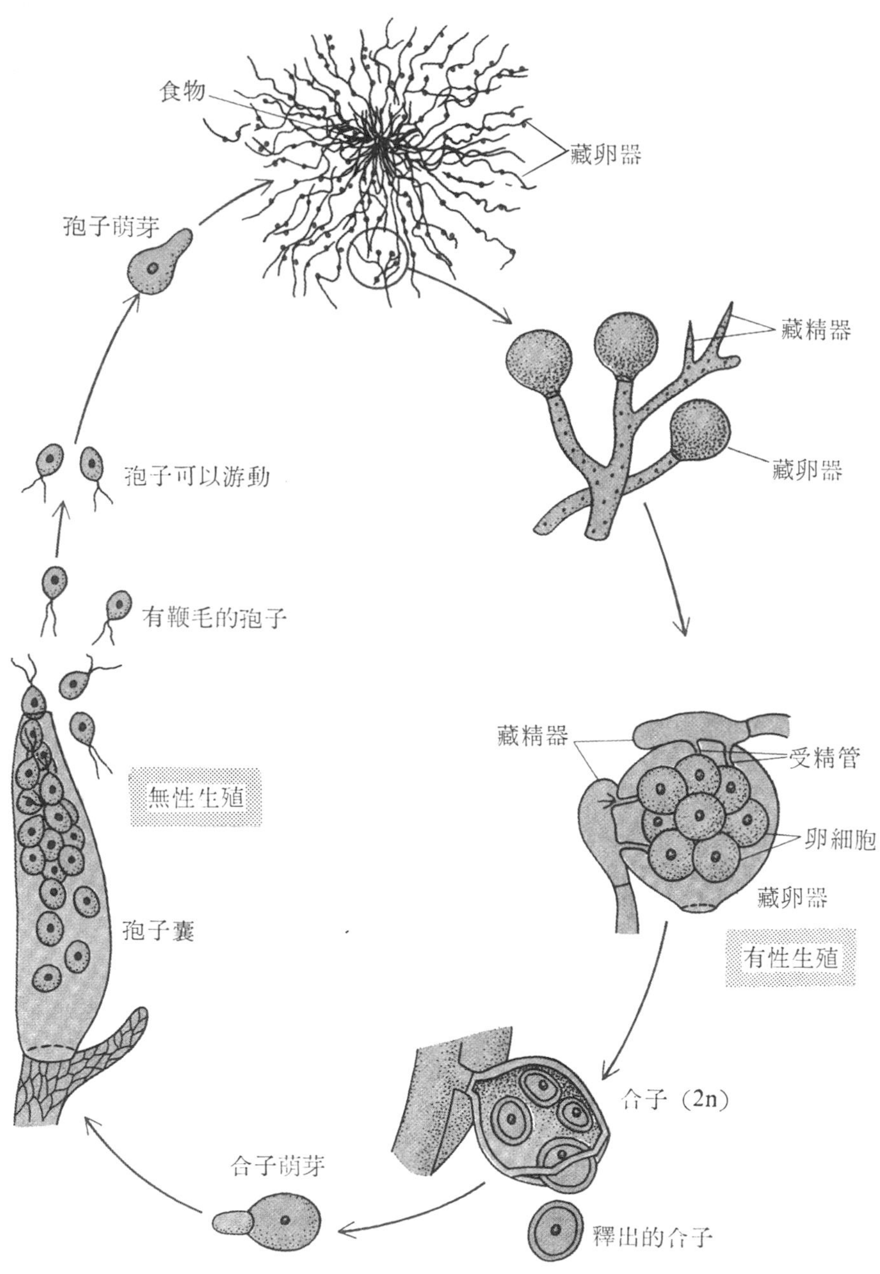

圖 13-8　一種卵菌（水黴）的生活史

卵菌的另一特徵爲其細胞壁的成分與其他菌不一樣，主含纖維素，僅少數種類含有幾丁質。

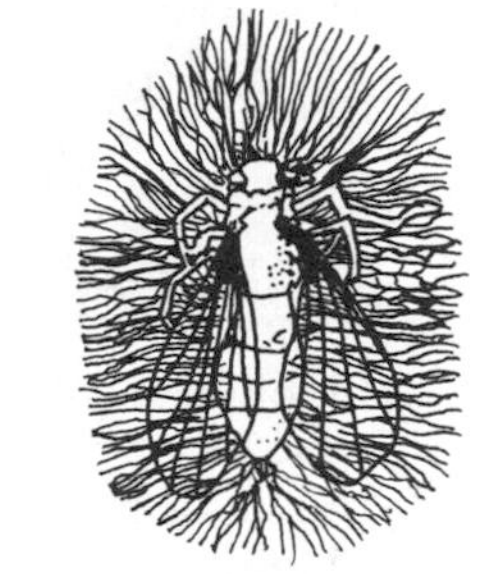

圖13-9　蠅屍密生水黴菌菌絲的情形

卵菌通常行腐生，生活於動植物的遺骸上。(圖13-9) 有些種類行寄生，水黴常附於魚、昆蟲的幼蟲或植物種子的表面。陸生的種類，常引起植物的嚴重疾病，例如馬鈴薯晚疫病(potato blight) 及葡萄霜霉病 (downy mildew grapes) 的病原，皆爲卵菌，前者使愛爾蘭 (Ireland) 發生大饑荒，後者使法國在十九世紀後葉的釀酒工業受到極大的損失。

接合菌門　接合菌皆陸生，大多數生活於土壤中，以動植物的遺骸爲食，有些

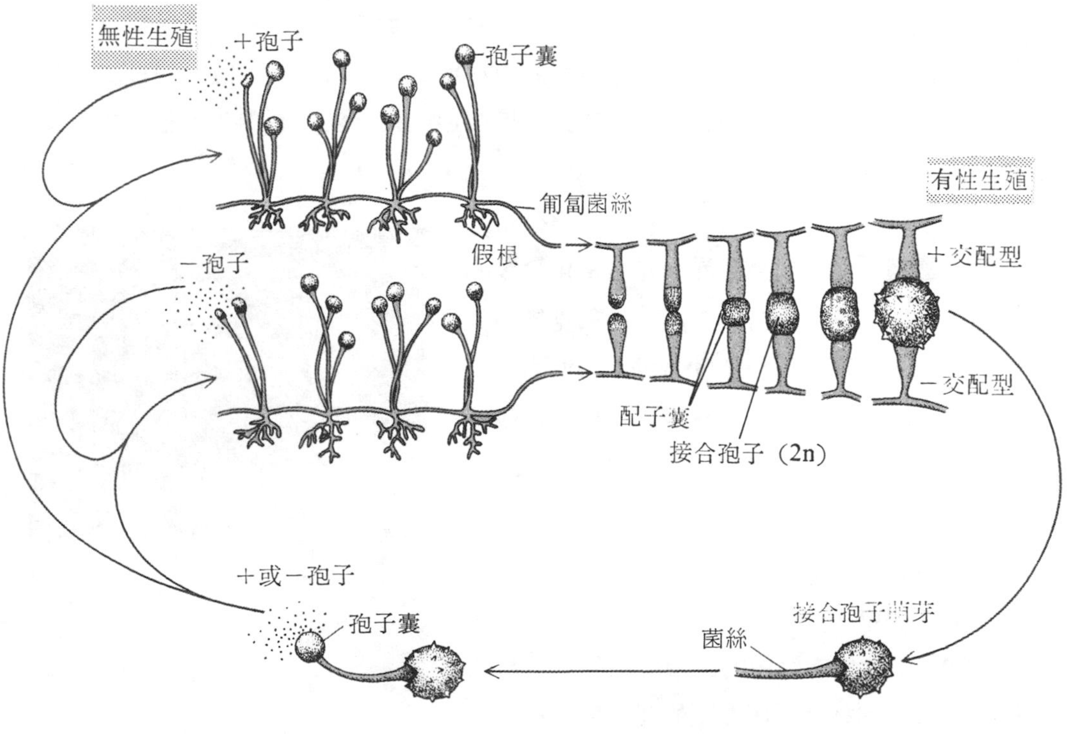

圖13-10　黑黴菌的生活史

則寄生於植物、昆蟲或土壤中的小動物。與壺菌、卵菌不同者，為接合菌的生活史中，不產生任何有鞭毛的細胞；有性生殖時，產生接合孢子（zygospore），此乃由合子發育而來，為具有厚壁、富抵抗力的孢子。

本門中最常見者為黑黴菌（*Rhizopus stolonifer*, black bread mold)(圖13-10左），其孢子掉落於麵包、水果或其他有機物表面，便萌芽而產生菌絲，菌絲伸出假根（rhizoid）附於附着物，並分泌酵素分解食物，然後吸收養分。有些菌絲向空中直立，特化為孢子柄，其先端膨大形成孢子囊。孢子囊成熟時便變為黑色，黑黴之名乃由此而來。孢子囊最後破裂，釋出許多孢子，各孢子又可萌芽生長。

有性生殖時（圖13-10右），兩不同交配型的個體(＋及－)，可以藉釋出的激素互相吸引，使特化的菌絲漸漸接近，相接近的菌絲在近頂端處產生横的隔壁，此兩頂端的細胞卽為配子囊，囊內各含有許多細胞核。兩配子囊相癒合，囊內的細胞核亦兩兩相結合，此一多核的細胞卽為合子。合子表面產生厚壁變為休眠的接合孢子，此種孢子可以耐熱、冷及乾旱等惡劣環境，待休眠畢，其內僅保留一個細胞核。當接合孢子萌芽時，核乃經減數分裂而形成四個，四個核中僅一個可以生存。此接合孢子萌芽而產生菌絲，直立的菌絲頂端形成孢子囊，囊內產生孢子而重複其生活史。

子囊菌門　本門為菌界中包含種類最多的一羣，約有三萬種，另有二萬五千種見於地衣中；包括酵母菌、白粉菌(powdery mildew)、可供食用的羊肚菌（圖 13-11）、以及遺傳及生化上的重要研究材料紅麵包黴(*Neurospora crassa*)。本門中有許多種類為抗生素的來源，亦有許多會亦有引起植物的嚴重疾病，例如栗疫病(chestnut blight)、黑麥(rye)的麥角病(egot disease)，皆由本門中的菌類所引起。白粉菌損壞果實、木材等，使人類的經濟蒙受損失。

圖13-11　羊肚菌(*Morchella deliciosa*)

子囊菌的菌絲有横的隔壁。隔壁上有小

孔，可容細胞質和核通過。生活史中包括無性生殖和有性生殖(圖 13-12)，無性生殖時，在菌絲頂端形成單個或成串的孢子，這些孢子，叫做分生孢子(conidium)。有性生殖時，不同交配型的菌絲漸漸靠近而癒合，兩者的核先不結合，故由此長出的菌絲，其細胞皆為雙核 (dikaryotic)，即含有二個核。由這些菌絲發育成的子實體，叫做子囊果 (ascocarp)。最後細胞內的兩個核相結合，此為其生活史中眞正的二倍體時期。此二倍數的核迅即行減數分裂而產生四個細胞核，各核再經一次有絲分裂而成八個。每一核及其周圍的細胞質乃形成一個孢子，此為子囊孢子 (ascospore)，成熟後，子囊壁破裂而釋出孢子。

酵母菌為小型、呈卵圓形的細胞。無性生殖為出芽，有性生殖時由二個細胞結合而成合子，合子能出芽以行無性生殖，亦可經減數分裂而產生四個含單倍數染色體的核，合子的壁乃形成子囊，囊內的細胞核乃形成子囊孢子，最後自子囊釋出。許多種類的酵母菌能適應高濃度的糖溶液，可以使果汁發酵而製酒。

擔子菌門　本門約有 25,000 種，最常見者皆為蕈。蕈生長在地面的部分為肉質的子實體，稱為擔子果(basidiocarp)。此部可分蕈傘及蕈柄，蕈柄下方埋於附着物中有許多菌絲(圖13-13 下)。蕈傘的下表面有蕈褶，每一蕈褶上著生許多擔子柄 (basidium)，柄的先端，產生四個擔孢子 (basidiospore)，故其孢子與子囊菌者位於囊內的情形不一樣。擔孢子散落在適宜的環境中便萌芽生長為菌絲，菌絲內面有橫的隔壁，壁上也穿孔。有性生殖時，兩不同交配型的菌絲相遇，頂端便癒合而形成含雙核的菌絲。蕈褶上菌絲（擔子柄）頂端的細胞，其雙核相結合（圖 13-13 上），再經減數分裂而形成四個擔孢子。

半知菌門　本門菌類的有性生殖均付缺如，大多數以分生孢子行無性生殖。約有25,000種，有的寄生動物或植物。人類的香港腳及鵝口瘡 (thrush) 亦由本門菌類感染皮膚或黏膜而引起。少數半知菌具有經濟價值，例如青黴菌中的*Penicillum notatum*，是最早被發現可提取抗生素者，有些種類的青黴如 *Penicillum roquefortii*，為生產乾酪所必需。曲黴 (*Aspergillus tamarii*)則為國人用以釀酵製造醬油的菌。

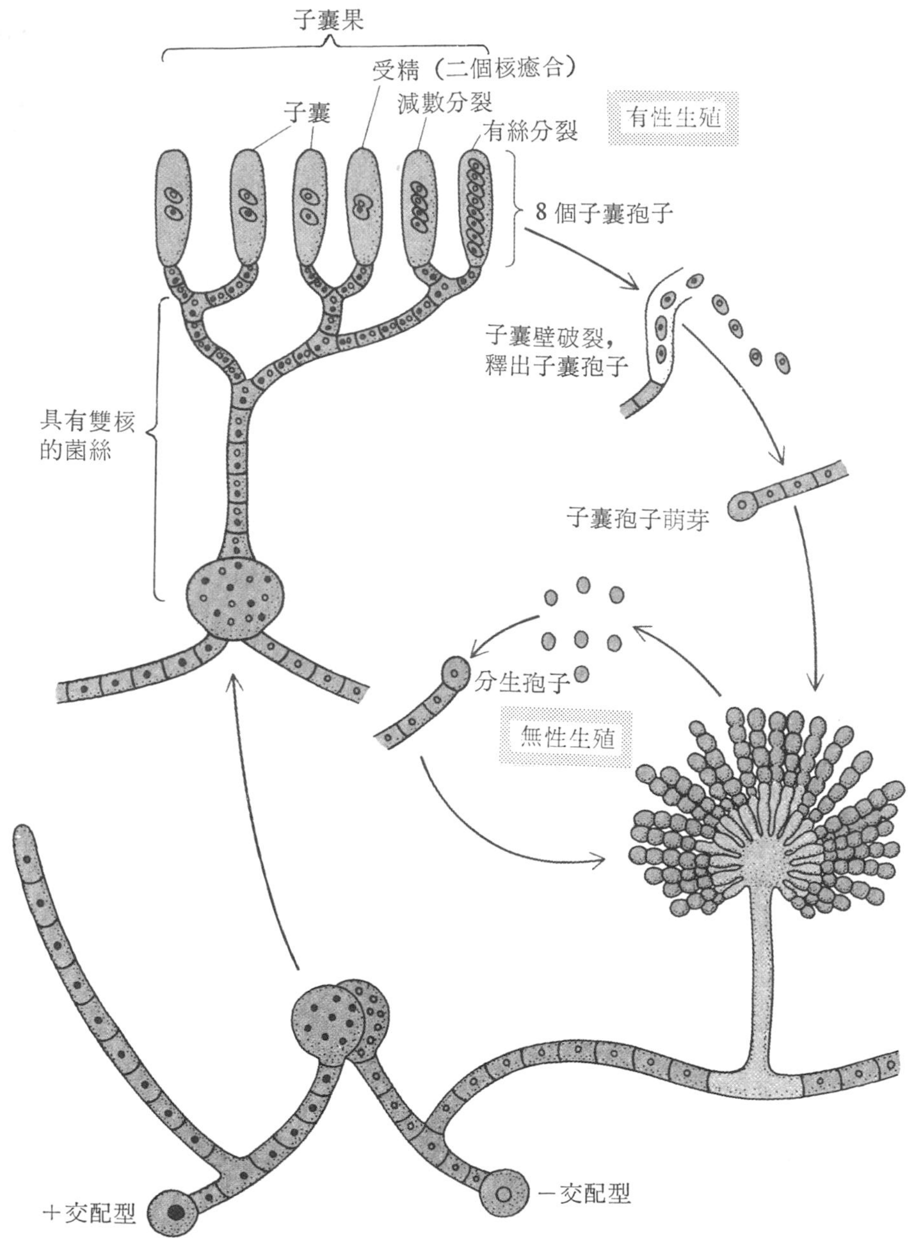

圖13-12 子囊菌的生活史

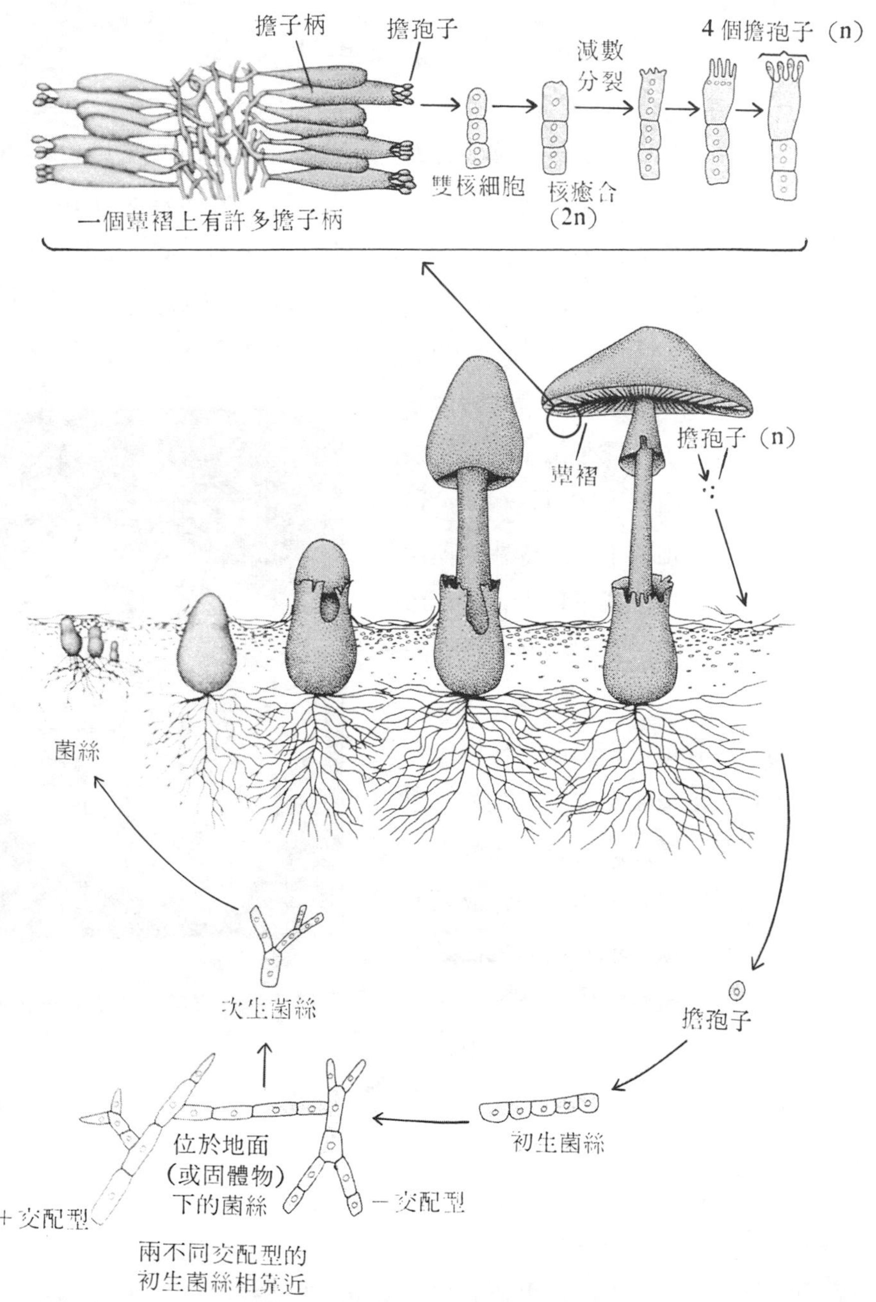
擔子柄
擔孢子
減數
分裂
4 個擔孢子 (n)
雙核細胞
核癒合
(2n)
一個蕈褶上有許多擔子柄
擔孢子 (n)
蕈褶
菌絲
次生菌絲
擔孢子
初生菌絲
位於地面
(或固體物)
下的菌絲
+交配型
−交配型
兩不同交配型的
初生菌絲相靠近

圖13-13 蕈的生活史

第四節 菌類的共生關係

大部分的菌行腐生，另有許多種類行寄生。此外，菌類尚涉及其他型式的共生 (symbiosis) 關係。所謂共生，係指兩種生物生活一起。寄生爲共生中的一種，兩者中一方獲益，一方受害；若是雙方均獲益，則稱互利共生 (mutualism)；若一方獲益，另一方未受害也未獲益，則稱片利共生 (commensalism)。

地衣 (lichen) 地衣自外表看來，似一單獨的植物體，實際上地衣是由藻類或藍綠藻與菌共生在一起所組成（圖 13-14），這類菌通常是子囊菌。地衣中的藻或藍綠藻，也可獨立生活，但菌則不能單獨生存，且僅見於地衣中。因此，地衣常根據其中所含的菌作爲分類標準。

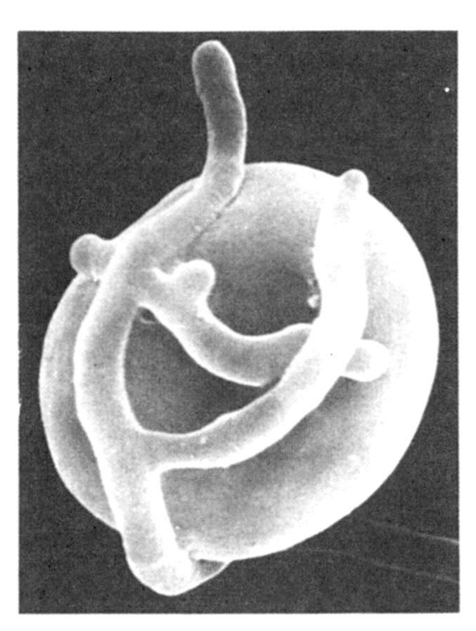

圖13-14 菌類的菌絲圍繞一單細胞的藻組織地衣

地衣廣布全球各地，在寒冷的極地或乾旱的沙漠中，皆有地衣生存其間，地衣可以生長於貧瘠的土壤，光禿的岩石或樹幹上（圖 13-15），無需有機養分的來源，故與地衣的成員——菌不一樣；地衣可以生活在十分乾燥的地方。此又與其成員之一——藻或藍綠藻不同。地衣只需陽光、空氣及少許礦物質便可生活。他們雖然可以從附着物中吸收礦物質，但礦物質主要自空氣及雨水中獲得。地衣可以迅速自雨水中吸收物質，對空氣中的有毒物質尤其是二氧化硫十分敏感，吸入這些物質後，其葉綠素便遭破壞。因此，地衣可以作爲空氣中含污染物的指標。

地衣通常行碎片生殖，碎片中含有菌絲及光合作用細胞。此外，地衣中的孢子散落後長成的菌絲，若有機會與適當的光合植物的細胞相遇，也可形成地衣。

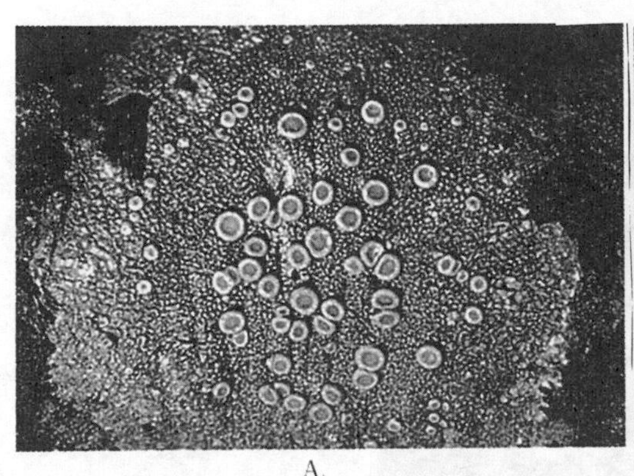
A.

B.

圖13-15 地衣。A.示地衣的多數子囊果，B.一種具有多種顏色的地衣。（參看彩色頁）

菌根（mycorhizae） 菌根爲菌與維管束植物的根共生一起而形成。菌根的重要性，最早由培植蘭花因而發現。蘭花種子萌芽生長後，其根部必須有菌類感染，否則便不繼續生長。許多森林樹木，幼苗移植後，即使土壤中富含各種養分，卻不能繼續生長，除非在根部周圍的土壤中加入菌。

有的菌根稱爲內菌根(endomycorrhizae)，其菌絲穿入根細胞中(圖13-16A)，菌絲亦伸展至根周圍的土壤中。內菌根見於80%的維管束植物，所含的菌通常是接合菌。另一種菌根爲外菌根（ectomycorrhizae），菌絲在根的周圍形成一層鞘，但不穿入細胞（圖13-16B）。外菌根見於某些種類的喬木及灌木，包括松(pine)、白楊（beech）及柳（willow），所含的菌爲擔子菌，有些則爲子囊菌。

至於菌與植物根之間的實際關係，目前尚不了解；可能根細胞中的糖、胺基酸或其他某些有機養分可供菌利用，而菌則可以將土壤中的礦物質及腐敗物質，轉變爲可資利用的成分，並將之携入根中。

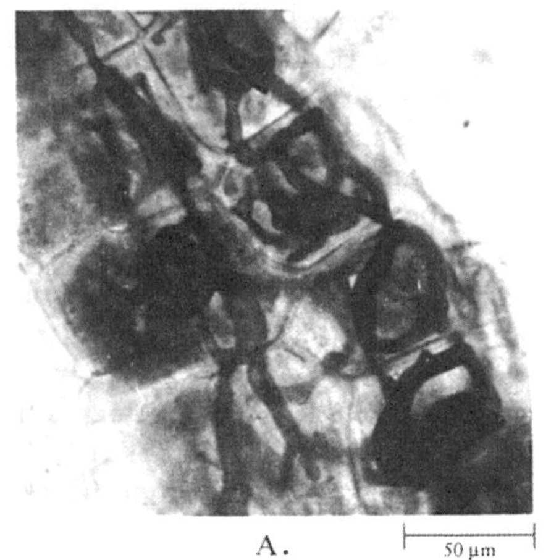

A.

B.

圖13-16 菌根。A.內菌根，示捲曲的菌絲位於一年生草本植物的根細胞內，B.外菌根，菌絲分泌的激素導致植物的根呈特殊型式的分枝。

第十四章　植物界

植物是能行光合作用的多細胞生物，具有若干能適應陸地生活的構造特徵。因此，在演化過程中能自水中登上陸地。

第一節　植物的登陸

植物係由生活於遠洋的浮游單細胞藻類演化來，當初的遠洋環境，與現今的情況相同：光線充足、空氣中的氧、氫和碳也很充裕、水分更不虞匱乏。這些成分，可供每一個浮游細胞利用。單細胞藻類有時經細胞分裂後，並不互相分離，因而形成絲狀體。這些絲狀體不斷增殖，數量增多後，會消耗遠洋海水中的氮、磷、硫及其他礦物元素，以致這些物質供應不足。但在沿岸的海水中，礦物質可以由河流沖刷而來，或由海浪侵襲海岸而刮下礦物質，因此這些物質的含量豐富。同時，沿岸的環境遠較遠洋變異多，於是，生活於此間的生物便漸漸演化爲可以登陸生活的植物。

植物的祖先　植物來自綠藻的說法，有多方面的證據。在生化方面，綠藻與植物一樣，亦具有葉綠素 a 和 b，以及 β 胡蘿蔔素，作爲光合作用的色素；儲存的養分亦爲澱粉；細胞壁也含有纖維素。在細胞分裂方面，植物及少數種類的綠藻，細胞分裂時，在赤道板的部位形成細胞板，將細胞質分隔爲二；所有其他的生物則由細胞膜向內凹陷而分爲二。

演化爲植物的綠藻，可能爲一構造較複雜的多細胞海藻，構造上具有一固著器(holdfast) 以及行光合作用的部位，故有如近代沿岸的海藻。生殖方面則行卵式生殖、生活史中有兩種形態相異的個體交互輪替，此爲所有植物皆具有的兩項生殖特徵。此種綠藻，大約在五億年前登上陸地，並可能有菌類共生而助其登陸。

原始植物　若某種構造或生化上的特徵普遍存在於一羣近代的生物，則可推測此一特徵亦必存於他們的共同祖先。植物的共同特徵之一爲植物體在地面的部分表面有角質層（cuticle），角質層由表皮細胞所分泌，爲一種稱爲角皮質（cutin）的臘狀物質構成，具有保護作用，且可防止體內水分的散失，故與植物登陸有密切關聯。

同樣的理由，可以推測原始植物具有明顯的世代交替。此一特徵，亦見於藻類；不過，與藻類不同者是原始植物的配子體具有生殖器，產生卵者稱藏卵器（archegonium），產生精子者稱藏精器（antheridium）。生殖器具有一層保護細胞以保護其內的卵或精子（圖14-1）。同樣的情形，原始植物的孢子體，其產生孢子的構造——孢子囊，亦具有一層保護細胞，以保護其內產生孢子的細胞。由於生殖

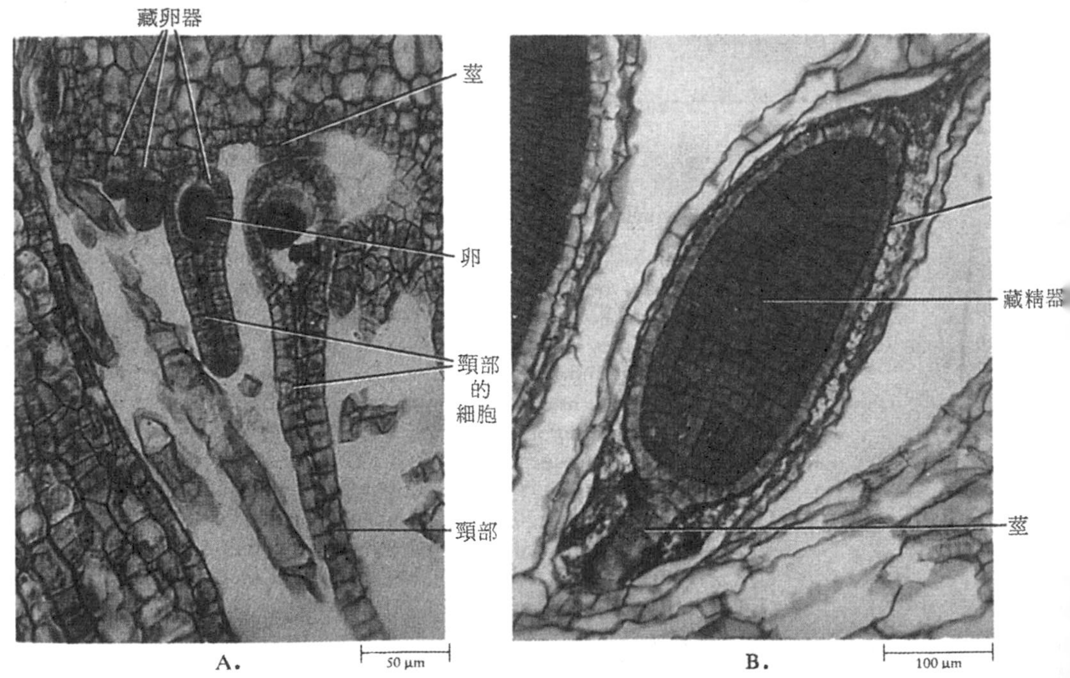

圖14-1　地錢的生殖器。A.藏卵器，圖中爲不同的發育時期，藏卵器呈瓶狀，瓶底有一個卵。B.藏精器，內部的細胞發育爲精子，精子成熟便游泳至藏卵器，經頸部至瓶底而與卵相遇。

細胞位於生殖器內，卵便在藏卵器內受精，並在此發育，因此，胚胎及幼期的孢子體都可以得到保護（藻類的合子則獨立生存）。

植物登陸後不久，便分歧爲兩大類，一類演化爲苔蘚植物，此類包括現代的苔(moss)、角蘚 (hornwort) 及地錢 (liverwort)，另一類演化爲維管束植物，此類包括所有陸地上較高大的植物。苔蘚與維管束植物間最主要的差異爲後者具有維管束，維管束可以運輸水、礦物質以及養分至植物體的各部。最早的苔蘚類化石存於距今約三億五千萬年的泥盆紀，這種化石苔蘚植物，與現今的種類十分相似。最古老的維管束植物化石，則見於四億年前的志留紀。

第二節　植物的分類

現今的植物可以分爲十大門（表14-1），各門中的植物皆來自同一祖先。這種

表14-1　現今植物的分門

類　　別	種　數
苔蘚植物門 (Division Bryophyta)	16,000
苔綱 (Class Hepaticopsida)	6,000
角苔綱 (Class Antherocerotopsida)	100
蘚綱 (Class Muscopsida)	9,500
松葉蕨門 (Division Psilophyta)	數種
石松門 (Division Lycophyta)	1,000
木賊門 (Division Sphenophyta)	15
蕨類植物門 (Division Pterophyta)	12,000
松柏門 (Division Coniferophyta)	550
蘇鐵門 (Division Cycadophyta)	100
銀杏門 (Division Ginkgophta)	1
麻黃門 (Divion Gnetophyta)	70
顯花植物門 (Division Anthophyta)	235,000
單子葉綱 (Class Monocotyledones)	65,000
雙子葉綱 (Class Dicotyledones)	170,000

分門的方式有時只求方便，因此不一定代表種族發生。例如將維管束植物分為不結種子的一類與產生種子的一類；產生種子者有的種子裸露，稱裸子植物，有的種子有保護構造，乃屬被子植物，被子植物亦稱開花植物。

第三節　苔蘚植物門

苔蘚植物因為缺少根以吸收水分，又無維管束輸送水分，因此，必須由植物體突出地面的部分吸收水分，故苔蘚植物只能在潮濕陰暗的環境中生長。大部分苔蘚植物生長於熱帶，也有生存於溫帶者，甚至少數種類生活於極地。

構造　大部分苔蘚植物都體小、構造簡單，其高度不超過15公分。在濕度高的環境中，直接自空氣中吸收水分。苔蘚類與地衣一樣，可以作為空氣污染的指標。

苔蘚類雖然不能充分適應陸地生活，但卻具有某些特殊的構造以利在陸地上生存。例如苔蘚類雖不具有根，但有由細胞延長而形成的假根（rhizoid），用以附著他物。苔蘚植物具有小型葉狀的構造（圖14-2），此為其行光合作用的部位。這種似葉的部分，僅由一層或數層細胞構成，缺少一般葉的特殊組織；據此推測，苔蘚類的葉狀部分，與維管束植物的葉分別自不同的構造演化來。苔蘚類的植物體經特化後，具有支持、儲藏等功能，因此，他們與其他植物相似的程度，遠超過藻類。

圖14-2　苔蘚植物的一種，頂端為孢子囊，孢子囊下方有柄，柄的基部有足，利用足附於配子體，柄下方針狀的葉呈綠色為其配子體，能行光合作用。（參看彩色頁）

生殖　苔蘚植物亦具有世代交替（圖14-3），與維管束植物不同者，爲其生活史中的配子體較孢子體大。當孢子（n）萌芽後，乃發育爲水平的絲狀體，稱爲原絲體（protonema），再由原絲體發生直立的分枝，此卽配子體。配子體上可以產生藏卵器及藏精器，當有足够的水分存在時，精子便自藏精器釋出。由於化學物質的吸引，具有鞭毛的精子便游向藏卵器。若是缺少水分，精子便無法游泳，生活史乃因而中斷。

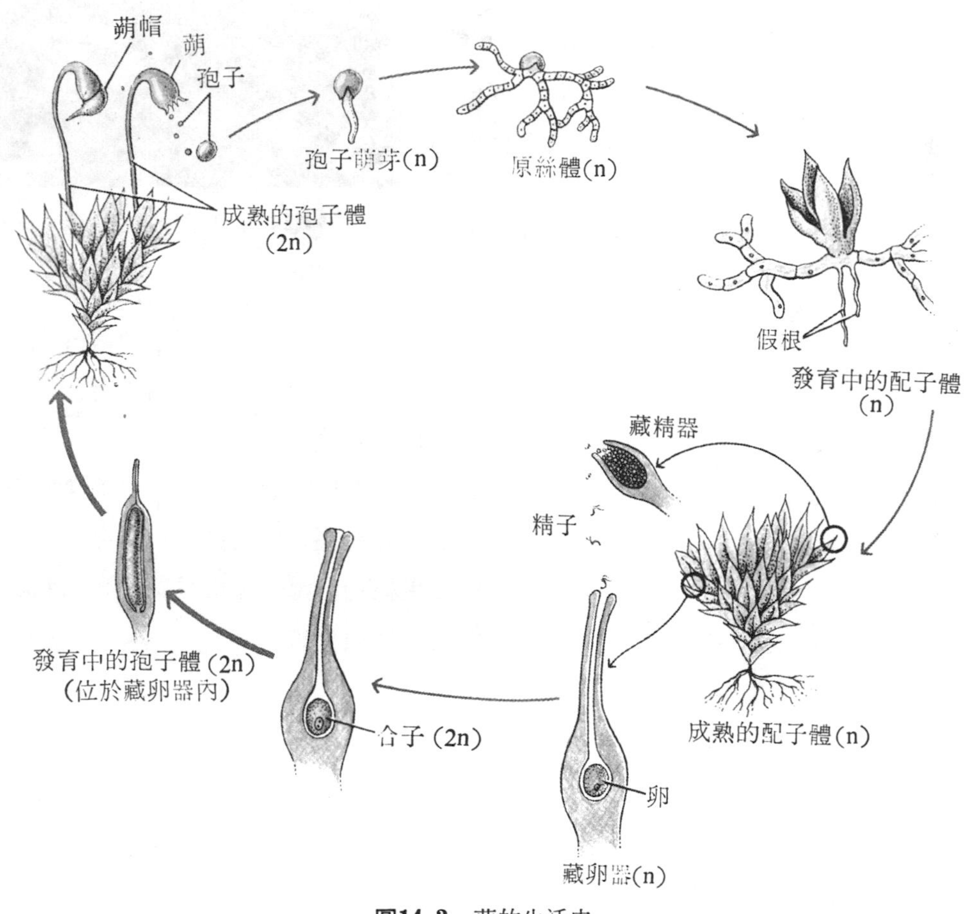

圖14-3　蘚的生活史

精子與卵在藏卵器中結合，合子並在此處發育爲孢子體。孢子體終生附於配子體，並自配子體獲得養分。典型的孢子體具有足、柄以及一大型的孢子囊，孢子可由孢子囊釋出。

苔蘚植物亦可行無性生殖，其中碎裂生殖頗為常見；許多種類並會產生胞芽(gemma)（圖14-4），由胞芽發育為新個體。

圖14-4　地錢的胞芽

第四節　維管束植物的演化

現已絕跡的雷尼蕨（*Rhynia major*）（圖14-5），是最早的維管束植物。雷尼蕨生存於四億年前，外形看來與現今的維管束植物不很相像，似較苔蘚類尤為原始。但雷尼蕨與苔蘚類有一重要不同處，即其莖的中央有維管束。維管束可以將水及溶於水中的物質自根向上運輸，也可將光合作用的產物運輸至身體各部。

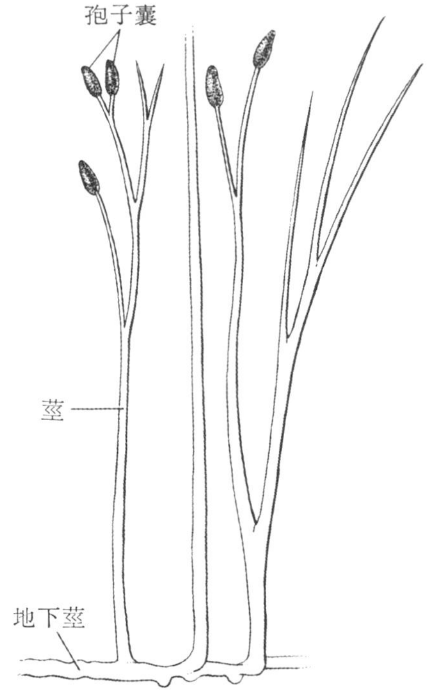

圖14-5　雷尼蕨

根據雷尼蕨的構造，可以追溯若干演化的主要途徑。學者們認為，今日所有的維管束植物，都是由雷尼蕨一類的原始維管束植物演化來。

根的演化　雷尼蕨是一種無根、無葉的陸生植物，其植物體由反覆分叉的莖枝構成，在分叉點以上的兩枝長度相等，故無主幹與分枝之別。有些分叉的莖枝埋在地下，具有根的功用，稱地下莖或根莖(rhizome)，由此地下莖可能演化為植物的根。雷尼蕨生長在地面上的莖枝，其表皮上有氣孔，故推知其莖枝能行光合作用。

地下莖在構造上雖與高等植物眞正的根不一樣，但兩者仍有一相似處，即維管束的排列都是以木質部爲中心（圖14-6）。此一特徵，可說是現今維管束植物的根係由原始維管束植物的地下莖演化來的證據。

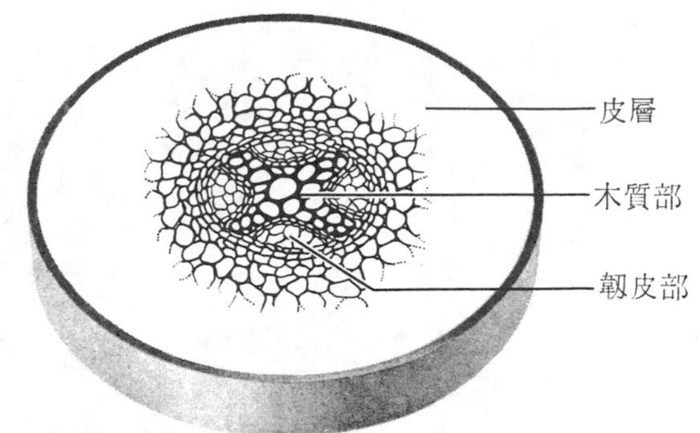

圖14-6　原始維管束植物的莖枝，與高等植物根的横切面構造相同，中心都是木質部。

葉的演化　雷尼蕨沒有葉，而以莖枝兼行光合作用。在演化過程中，這類原始維管束植物的莖枝，可能因生長旺盛而發生突起，突起漸漸長大，爲了支持突起並供應水分至突起中，故有維管束自莖枝延伸入突起內，由此便演化爲小型葉 (microphyll)（圖 14-7）。至於巨型葉 (megaphyll) 的演化，則可根據泥盆紀及石炭紀地層中的化石植物，將其葉脈的分布情形，與原始維管束植物莖枝分叉的情形作一比較，推知這種葉片，很可能就是由原始維管束植物的莖枝演化來，其演化過程包括（圖14-8）：(1) 扁平化，使原來立體的叉狀莖枝集中成單一的平面；(2) 網狀化，在各分枝的維管束組織間，逐漸塡滿綠色的光合組織；於是，便形成一鴨掌狀的葉片。

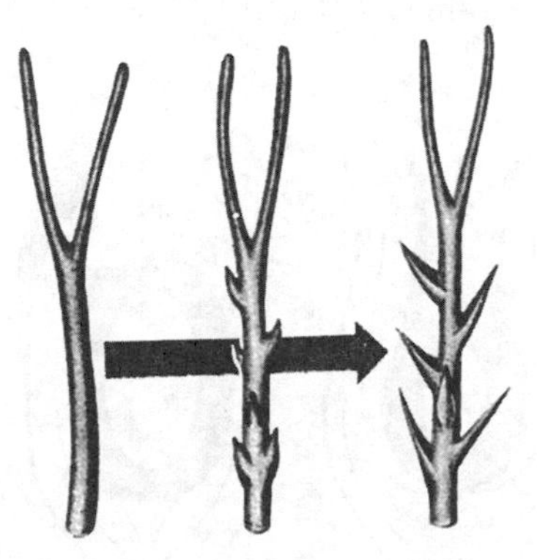

圖14-7　小型葉的演化

莖的演化　另一重要的演化，爲維管束的漸趨複雜。維管束由韌皮部 (phloem) 和木質部 (xylem) 構成，前者包括篩管 (sieve tube) 和伴細胞 (siene cell)，運輸養分；後者包括導管 (vessel) 及假導管 (tracheid)，運輸水分及礦物質。原始維管束植物的莖枝，在演化過程中，其內部的維管束漸趨發達，以加強其輸導和支持的功能。原始維管束植物莖枝內的維管束，其中心爲木質部，外圍爲韌皮部（圖

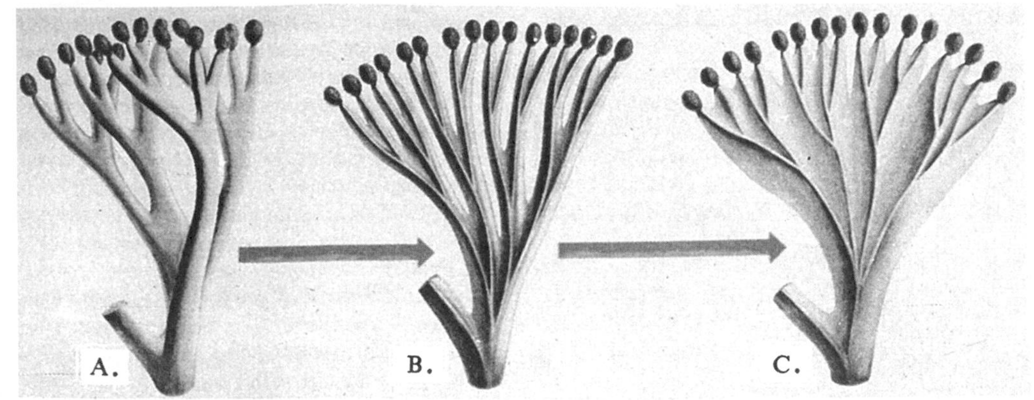

圖14-8 巨型葉的演化過程。(A)立體的分枝，(B)莖枝平面化，(C)莖枝間塡滿組織。

14-6)；而現今高大的高等維管束植物，其莖內的維管束常由皮層將之分爲許多羣（圖14-9），韌皮部與木質部呈同心圓排列，韌皮部在外，木質部在內。此種排列方式，可以作爲巨大植物體的支柱。

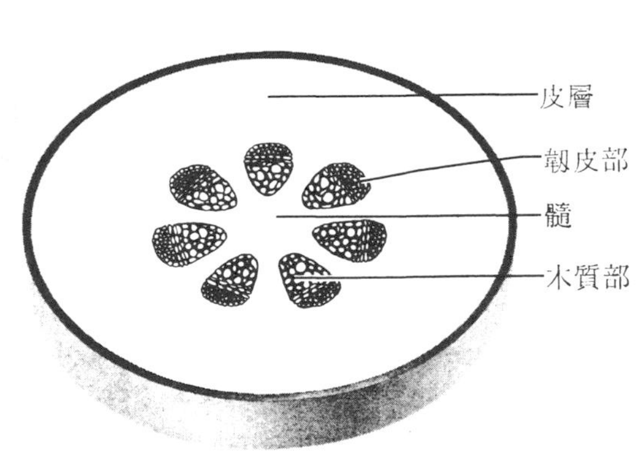

圖14-9 高等植物莖內維管束的排列

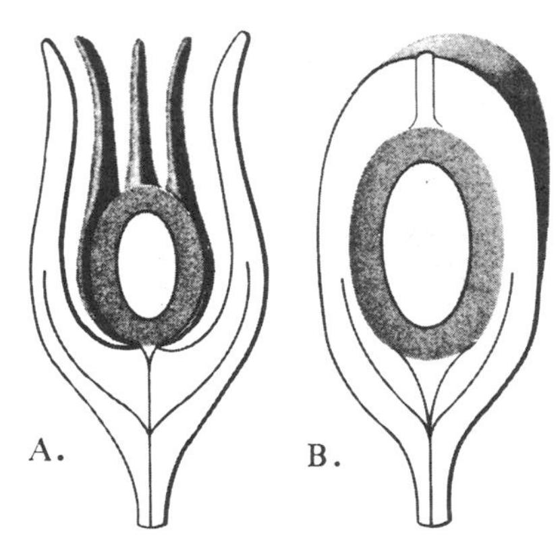

圖14-10 種子的演化。(A)化石證據 (B)現代植物的種子。

配子體的演化 另一演化趨向爲配子體退化，現今的維管束植物，其配子體均較孢子體小。在較進化的種類——裸子植物與被子植物，配子體十分退化，且不能獨立生活，原始維管束植物的配子體則可獨立生活。

孢子的演化　最早的原始維管束植物只產生一種孢子，孢子萌芽而長成配子體，該配子體可以產生藏卵器及藏精器。較高等的維管束植物產生的孢子有大小兩種，故稱異形孢子（heterospore)。較小的孢子爲雄孢子，萌發爲雄配子體，雄配子體有藏精器。較大的孢子爲雌孢子，雌孢子發育爲雌配子體，雌配子體具有藏卵器。植物在演化過程中，配子體漸漸退化，藏精器或藏卵器亦漸減小，至被子植物即完全消失。

種子的演化　維管束植物適應陸上生活最重要的演化是產生種子。目前所發現最早的種子，爲泥盆紀晚期約三億五千萬年前的化石。根據這種化石，得知那時有一種近似蕨類但可產生種子的植物，每一雌孢子囊中有一個至數個雌孢子，雌孢子囊外，又有由孢子體延伸出來的小枝包裹（圖14-10A），這些小枝漸漸癒合而演化爲一完整的包被（圖14-10B)。種子植物與所有其他陸生綠色植物的孢子不同者，是雌孢子不會散播出來，而一直位於包有珠被的孢子囊中，故可得到充分的保護；雌孢子包被在珠被中，發育爲雌配子體。由此可知，演化爲種子的三大步驟是：(1) 異形孢子的形成；(2) 雌孢子囊外形成珠被；(3) 雌孢子留在雌孢子囊內生長成熟，發育爲雌配子體。

種子爲一複雜的構造，表面有種皮，種皮可以保護種子內的胚（幼小的孢子體），種皮由親代孢子體的組織衍生而來，在種子休眠時可保護種子內部使不致乾燥，種子休眠，有時可長達數年，直至環境適宜才萌發生長。

第五節　不結種子的維管束植物

現今不結種子的維管束植物共有四門（圖 14-11)：松葉蕨門（松葉蕨 whisk fern)、石松門（石松 club moss)、木賊門（木賊 horse tail）以及蕨類植物門（蕨 fern）。其中蕨的種類最多，今將蕨的特徵敍述於下。

根據化石的記載，得知蕨大概在四億年前便已出現；目前種類仍舊很多，約有12,000種，生長於熱帶、溫帶甚至不毛之地。精子具有鞭毛，藉水分爲媒介而游泳

圖14-11
不結種子的維管束植物代表。A.松葉蕨，B.石松，C.木賊，D.未成熟的蕨，E. 成熟的蕨（孢子體）。

以與卵相結合，因此，蕨類需生長在潮濕的地方。

蕨的莖匍匐地下，稱地下莖或根莖（rhizome）。葉呈羽狀，故面積廣，可獲得較多的陽光，所以蕨類能生長於森林底層。孢子囊位於葉的下表面，有時生長於特殊的葉上，該葉稱孢子葉（sporophyll），孢子葉可能與其他綠色葉一樣，也可能變態爲不行光合作用的柄（爲變態的葉）。蕨的孢子囊常成叢在一起，叫做孢子囊堆（sorus）（圖14-12）。

蕨的生活史（圖14-13），與一般維管束植物一樣，孢子體較爲顯著，配子體則小型。大多數爲同型孢子，由孢子發育而成的配子體，可以獨立生活，爲一扁平狀的個體，稱爲原葉體（prothallus）。其上有藏卵器及藏精器， 精子 捲曲 有多 條鞭毛，利用鞭毛在水中游泳而至藏卵器以與卵結合。

圖14-12
蕨葉下表面有孢子囊堆

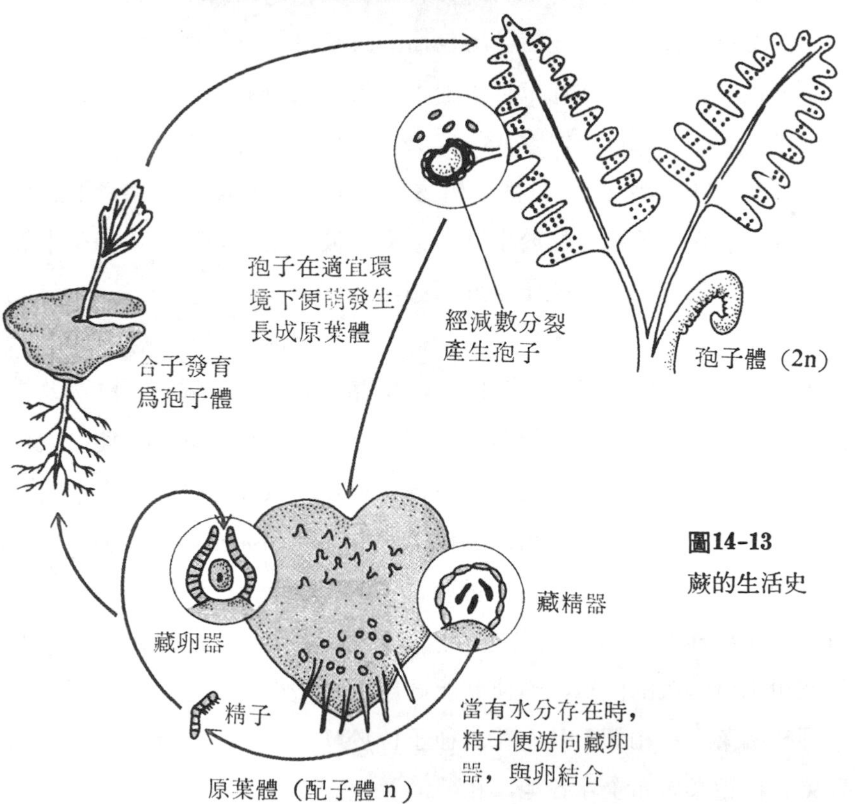

圖14-13
蕨的生活史

第六節　種子植物

種子植物的主要特徵爲：(1) 產生種子；(2) 雄配子藉花粉管而與卵相遇以完成授粉。種子可以使該種生物快速而廣泛的傳播，並能耐乾燥以及不適宜的溫度。花粉管可以使雌雄配子直接相遇，因而無需水分爲媒介；在其他植物的生殖過程中，精子必須藉外界的水分爲媒介，始能游動至卵。由此可知，上述的兩項特性，乃使種子植物成爲廣泛分布的陸生植物。

常見的種子植物爲其孢子體，配子體很小、且不能獨立生活。孢子有大孢子 (megaspore) 和小孢子 (microspore) 兩種，由大孢子發育爲雌配子體（胚囊），小孢子發育爲花粉，再由花粉萌芽長成雄配子體。雌配子體含有八個核，其中一個爲卵核。雌配子體位於胚珠 (ovule) 內，卵於此處受精，由受精卵發育而成的幼胚仍位於種子中而得到保護。因此，種子所包括的三種構造，分別屬於三個不同的世代：幼胚爲新一代的孢子體；胚乳來自雌配子體的營養組織（在裸子植物），或來自授粉後的三倍體細胞（在被子植物）；種皮則來自原來的孢子體。

種子植物約有 250,000 種，分裸子植物與被子植物兩大類，兩者的主要差異爲前者的種子裸露、後者的種子位於果實內。有些被子植物如稻、麥、玉米等通常所稱的種子，實際上爲其果實，種子含於其內。

松柏植物門　裸子植物在二疊紀時出現，現存者有蘇鐵、銀杏、麻黃及松柏等四大門。前三門包含的種類少，松柏門則種類多，且與人類的關係密切。人們用於建築及造紙等所需的木材，百分之七十五來自松柏類，故此等植物在人類的經濟上十分重要。少數種類的種子可供食用，如松子；有些種類如杜松，其種子所含的芳香油，可作爲製酒（如杜松子酒）的芳香劑。

大部分松柏類爲喬木，有些則爲灌木。大多數爲常綠，常綠的種類，其葉呈針狀，可以減少水分蒸散的面積，亦使其能適應炎夏嚴冬並防雷電等機械傷害，同株的葉並不同時凋落。松柏類不具有花，種子位於鱗片內側，許多鱗片排列成螺旋狀，形成球果。松柏類廣布全球各地，在經濟及生態上均甚重要。

松爲松柏類的典型代表，同株上有雌雄兩種球果（圖14-14）。雄球果 (stami-

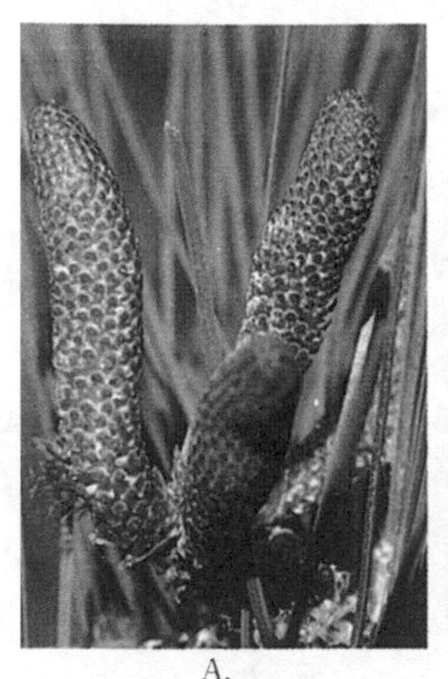
A.

B.

C.

圖14-14 松的球果。A.雄球果，B.未成熟的雌球果，C.成熟的雌球果。

nate cone）的每一鱗片外側著生二個小孢子囊（microsporangium）或稱花粉囊（pollen sac），小孢子囊內有多數小孢子母細胞，這些細胞經減數分裂而各產生四個小孢子（microspore）或稱花粉（pollen）。小孢子含有單倍數染色體，是最早的雄配子體。成熟的小孢子其兩側形成翅（或氣囊），其內充滿空氣。小孢子在孢子囊內時便開始萌芽，經細胞分裂而成爲四個細胞，其中二個漸漸退化，餘下的二個，較小的一個爲生殖細胞（generative cell），較大的一個爲管細胞（tube cell）當花粉成熟時，小孢子囊便裂開並釋出花粉，花粉隨風傳播他處。

雌球果（ovalute cone）的每一鱗片內側著生二個胚珠，各胚珠與大孢子囊相合生。大孢子囊含有一個大孢子母細胞，該細胞經減數分裂而產生四個細胞即大孢子，其中只有一個有生殖能力。該有生殖能力的大孢子再經細胞分裂而產生多數細胞，其中一個發育爲卵，在卵周圍的其他細胞，其功用在供給幼胚發育時的營養，故與被子植物胚乳的功能相當，但僅具有單倍數染色體（n），而被子植物的胚乳則含三倍染色體（3n）。此一由大孢子發育而成的構造，即爲雌配子體。

自小孢子囊釋出的花粉，散落在雌球果的鱗片間，大孢子囊的分泌液與花粉相接觸後，花粉即被吸引至大孢子囊頂端，這時，花粉便萌發而產生花粉管，花粉管穿入大孢囊。開始時，管細胞位於花粉管的頂端，產生 RNA 以合成分解酵素。生

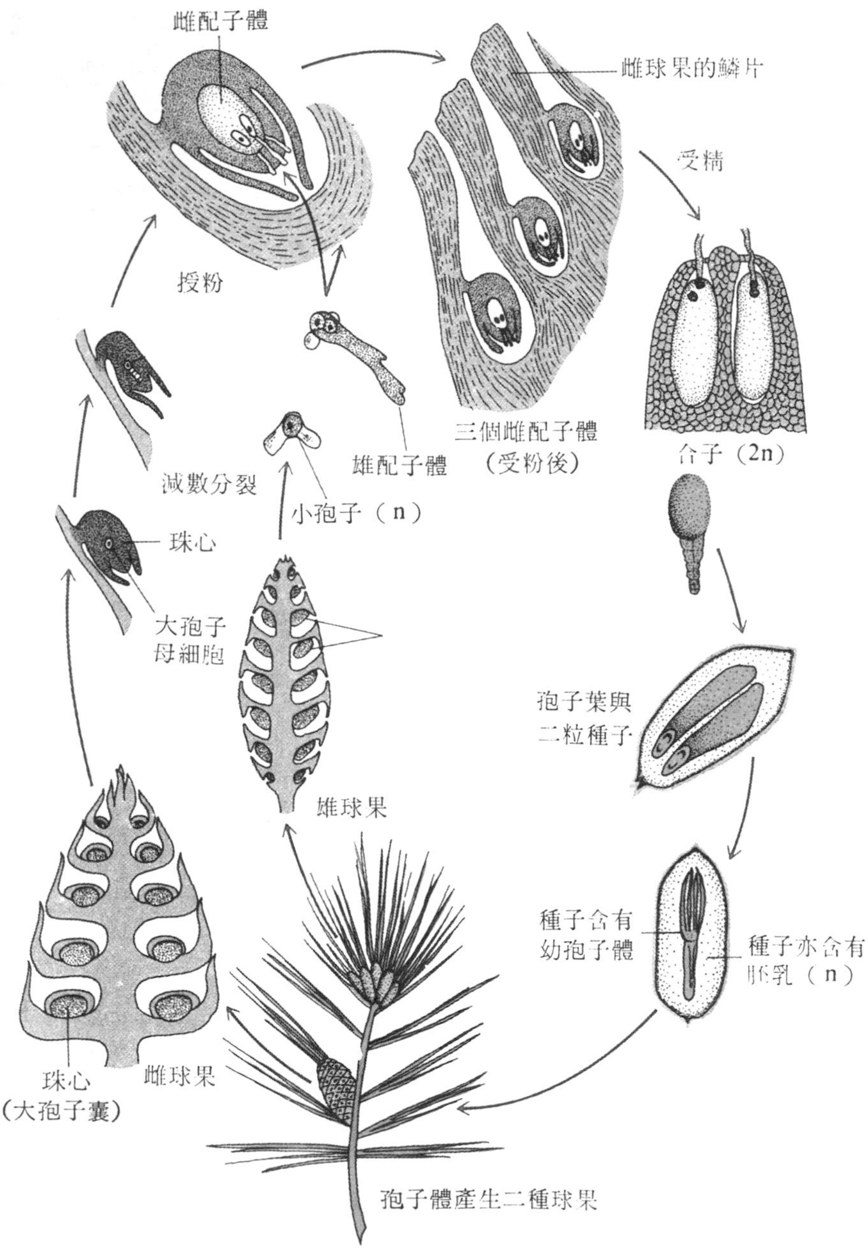
雌配子體
雌球果的鱗片
受精
授粉
三個雌配子體
(受粉後)
合子 (2n)
減數分裂
雄配子體
小孢子 (n)
珠心
大孢子
母細胞
孢子葉與
二粒種子
雄球果
種子含有
幼孢子體
種子亦含有
胚乳 (n)
珠心
(大孢子囊)
雌球果
孢子體產生二種球果

圖14-15　松的生活史

殖細胞則分裂爲二個精細胞。花粉管最後到達卵，乃釋出精細胞，但只有一個精細胞與卵結合。此整個過程，約需一年，茲將過程總結於圖14-15中。

蘇鐵門 蘇鐵主要產於熱帶及亞熱帶，其經濟價值遠不及松柏類。在熱帶地區常用爲景觀的裝飾植物，某些種類的種子及肉質的莖可供食用。

松柏類在同株植物上，可以產生雌雄兩種球果，但蘇鐵的孢子體上僅能產生其中之一，卽雌或雄的球果（圖14-16）。雌球果較雄球果大，某些種類的雌球果可長達一公尺、重40公斤。生活史與松相似，不過其花粉經細胞分裂後則產生二個可以游泳的精子。

A.

B.

圖14-16
蘇鐵的球果 A.雌株，圖示大孢子囊著生於雌球果 B.雄球果。

銀杏門 銀杏原產我國；現生者僅一屬一種。在日本常種植於公園中作爲觀賞，或作行道樹。銀杏爲落葉喬木，其葉呈扇狀（圖 14-17），至秋天脫落，對昆蟲、黴菌均有極強的抵抗力，尤能耐污染的環境，其木材常用以製造防蟲的橱櫃。銀杏與蘇鐵的精子皆能游泳，卵受精後，內種皮變爲堅硬，外種皮則成柔軟果肉狀並有酸臭味。大、小孢子囊分別長於不同的孢子體。銀杏是古代一度數目多且分布廣的植物，遺留有許多化石。生物學家認爲銀杏之衰退係因其種子藉恐龍攝食而傳播，待恐龍絕跡，銀杏的種子便無法有效傳播，故分布範圍漸漸縮小，以致趨向滅絕。

麻黃門　麻黃爲小型木本或藤本植物，現生者有三科，其中二葉樹科僅二葉樹(*Welwitschia*)一種(圖14-18)，分布於西南非洲的沙漠，具有很深的主根，藉以獲得水分。此一地區可能四、五年不雨，僅在夜間有霧，二葉樹便以霧爲其水分的來源。其葉上的氣孔在夜間張開而藉此獲得水分。二葉樹終生僅有一對厚而堅韌的葉，樹齡高者達二千年，直徑超過一公尺。麻黃科中的麻黃(*Ephedra*)，在經濟上較爲重要，醫學上的麻黃素(ephedrine)即自麻黃中提取。買麻藤科的植物則分布於新舊大陸的熱帶地區。

圖14-17　銀杏，圖示其葉及似果實狀的種子。

圖14-18　二葉樹，圖中有多數雌球果。

顯花植物門：被子植物 植物中眞正開花者皆爲被子植物。被子植物爲植物界中種類最多者，約有二十五萬種以上，有喬木、灌木、藤本或草本，分別適應不同的棲息環境。有些種類爲水生，但大部分爲陸生。少數種類僅含少許甚至無葉綠素，因而行部分或全部寄生（圖14-19）。捕蟲植物捕食昆蟲或其他小型動物，但此類植物並非眞正的行全動性營養，因其消化作用並不似動物般完全。他們捕食動物的目的在自動物體獲得氮，因其生長的土壤中缺少氮。

圖14-19 一種行寄生的顯花植物——水晶蘭（Indian pipe）。

許多被子植物自種子萌芽至生長成熟再產生新的種子，爲時僅一個月，有的則需20～30年方始成熟。有些種類僅存活一個生長季節，有的壽命可長達數百年。在構造方面，彼此的根、莖、葉等常有很大差異，但所有的被子植物皆開花，此爲本門植物最基本的共同原則。

以下數點爲被子植物的特徵，可與裸子植物相區別：

1. 具有豐富而顯著的木質部導管（裸子植物僅有假導管）。
2. 形成花及果實。
3. 除孢子葉外，尙有花萼、花瓣、或兩者兼備。
4. 產生雌蕊，花粉管必須穿過雌蕊方能到達胚珠及卵（裸子植物的花粉落在胚珠表面，花粉管直接伸入）。
5. 胚乳的細胞具三倍數染色體（3n）（在裸子植物則爲單倍數染色體）。

顯花植物根據子葉數目、花的形態以及莖、葉的解剖等，可分爲單子葉植物與雙子葉植物兩大類，前者約有50,000種，如米、麥及玉米等屬之。雙子葉植物約有225,000種，大部分蔬菜、果樹及供作木材的被子植物等皆爲雙子葉植物；此外，醫學上用作強心劑的毛地黃(*Digitalis*)、可以治高血壓的印度蛇木(*Rauwolfia*),乃至咖啡樹、茶樹、椰子樹等,皆爲雙子葉植物。此兩類植物相異之處有下列各點:

單子葉植物	雙子葉植物
1. 子葉一枚,其分解及吸收的作用遠超過儲藏的功用	子葉二枚,大而儲有豐富的養分,可供胚及幼苗利用,直至其能行光合作用以自製養分
2. 成熟的種子具有胚乳	成熟的種子中胚乳常缺如
3. 葉脈爲平行脈,葉的邊緣光滑	葉脈爲網狀脈,葉的邊緣呈裂片或鋸齒狀
4. 通常無形成層	有形成層
5. 構成花的部分,其中萼片、花瓣、及雄蕊常爲 3 或 3 的倍數	爲 4 或 5,或爲 4,5 的倍數
6. 一般爲草本,僅少數如竹等爲例外	草本、木本皆有
7. 莖內的維管束散生	莖內的維管束,在皮層與髓之間排列成環狀或延伸至莖的中心
8. 根爲鬚根	通常有主根

第十五章　動物界：無眞體腔的動物

目前動物界中，已經定名的種類在一百萬種以上，其他尙未鑑定或尙未發現者，爲數亦甚可觀。人們較爲熟稔的動物，如獸、鳥、蛇、魚等，都具有脊椎骨，稱爲脊椎動物。在動物界中，脊椎動物僅佔 5 %，其餘皆不具脊椎骨，稱無脊椎動物。無脊椎動物中較低等的種類皆不具體腔或僅有假體腔，即無眞體腔者，是演化程度較爲低等的動物。

第一節　動物的特徵

原生動物皆爲單細胞，目前將之列入原生生物界。其餘的動物，皆爲多細胞，稱爲後生動物（Metazoa）。後生動物自低等至高等，彼此間有很大差異，但大多數動物，仍具有若干共同的特徵，例如:

(1) 皆爲眞核類，其細胞核具有核膜與核仁。

(2) 細胞有分化現象，細胞經分化後，各有特殊機能。並由細胞形成組織、組織形成器官，更由機能相同的器官，聯合起來形成器官系統。

(3) 皆爲異營(heterotrephic)，即攝入現成的有機物作爲食物，在生態學上，稱爲消費者。

(4) 動物皆能運動，僅少數種類如海綿，其成體則固著不能移動。

(5) 大多數動物具有完備的感覺器官及神經系統，能對外界的刺激產生適當反應。

(6) 動物通常行有性生殖，受精卵必須經過胚胎發生的過程而爲成體。

親緣關係　有關動物起源的問題，一般認爲可能是由原生動物中的鞭毛蟲演化而來。至於動物界中各門之間的演化關係，皆無可靠的證據，目前的說法亦僅是推測。

動物界中，可分為兩大亞界(Subkingdom) 其一為側生動物亞界 (Subkingdom Parazoa)，包括海綿動物門。另一為眞後生動物亞界 (Subkingdom Eumetazoa)，包括所有其他的多細胞動物。此一區分，主因海綿的構造簡單，決非其他各門動物的直接祖先。眞後生動物由於身體對稱方式的不同，又可分為輻射對稱動物及兩側對稱動物。前者的身體呈輻射對稱 (圖 15-1A)，包括腔腸動物門及櫛板動物門；

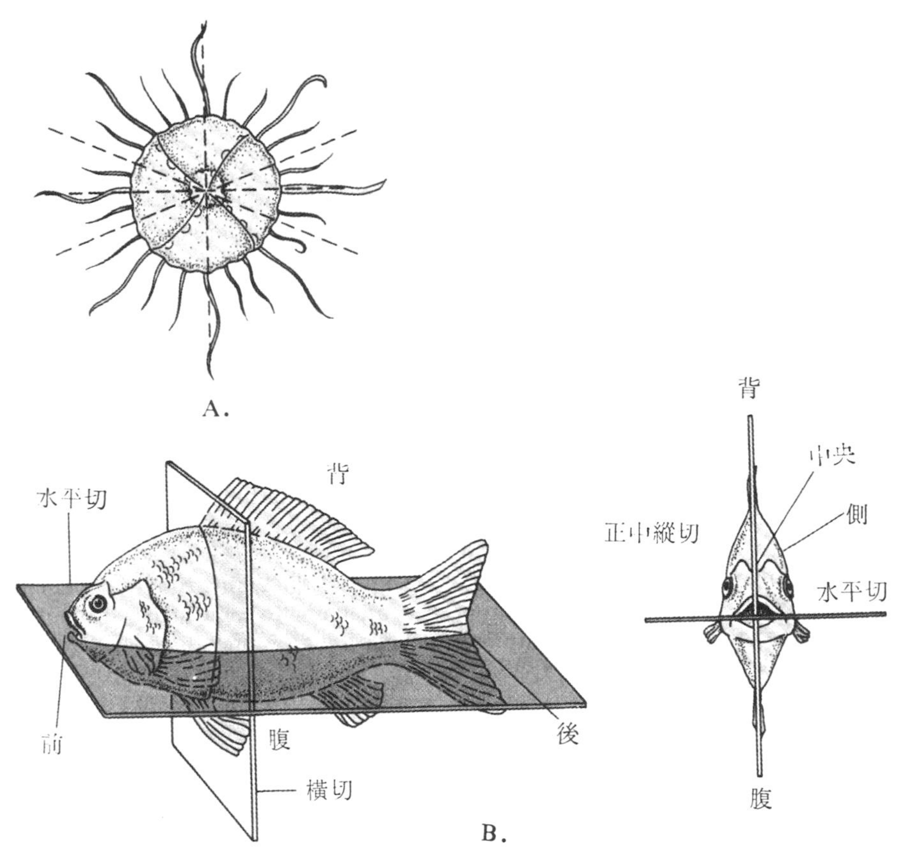

圖15-1　動物身體的對稱方式。A.輻射對稱　B.兩側對稱

後者身體呈兩側對稱 (圖15-1B)，所有其他各門的動物皆屬之。

體腔的有無　身體呈兩側對稱的動物，體腔的有無，為分類時的重要依據。構造較簡單的動物，不具體腔，屬無體腔動物（acoelomate）。所謂體腔，係指介於腸壁與體壁間的空腔，故身體呈一管套於另一管（a tube within a tube)的型式。無體腔動物，在腸壁與體壁間充滿著組織；其消化管向外僅有一個開口，即口，如扁形動物。有的動物，腸壁與體壁間雖具有空腔，但此空腔係源自囊胚腔，故稱假體腔，這類動物屬假體腔動物（pseudocoelomate)，其消化管的管壁由內胚層發育來，體壁外層的表皮由外胚層發育來、肌肉則由中胚層發育來；消化管向外之開口有二，一端爲口，另一端有肛門，如線形動物。另有的動物，其體腔在發生過程中，係由中胚層中的空腔發育來，稱爲眞體腔動物（eucoelomate)。其腸壁內層由內胚層發育來，外層則由中胚層發育來；體壁外層由外胚層發育來，內層則由中胚層發育來，故體腔周圍皆爲中胚層，爲眞體腔。圖 15-2A 的演化樹，即以體腔爲依據，表示動物界中各門間的親緣關係。

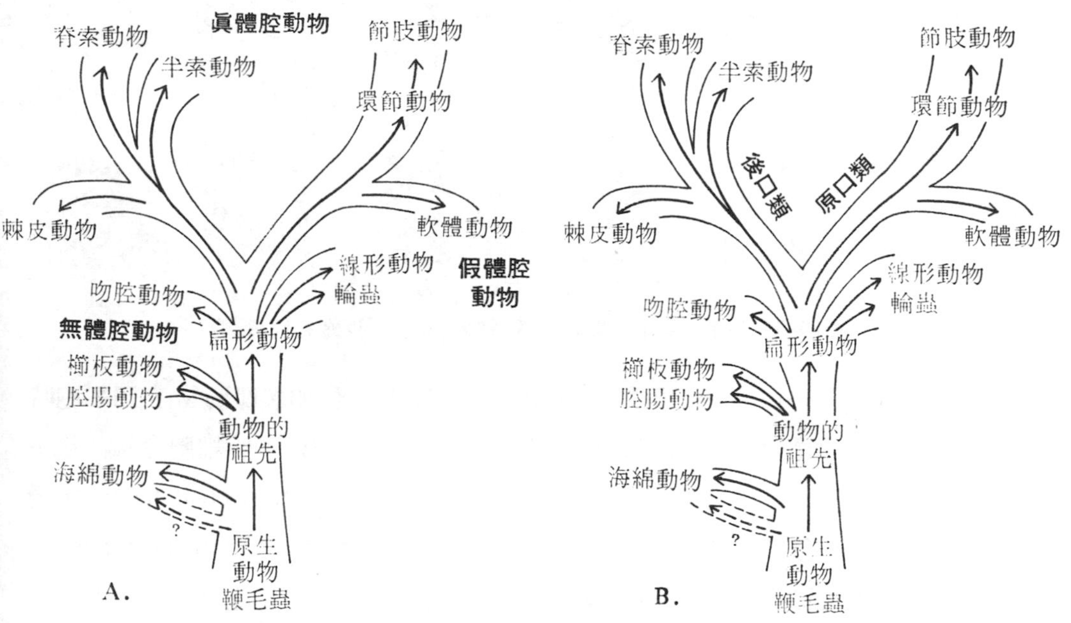

圖15-2　動物的演化樹。A. 依據體腔的有無。B. 依據發生過程中原口的命運。

原口動物與後口動物　圖 15-2B 爲依據胚胎發生的特徵所繪的演化樹。圖中將動物分爲原口類（Protostomia）及後口類（Deuterostomia）兩大羣，此兩羣代表兩大演化途徑。在囊胚期，一部分細胞經由囊胚的開口即原口（blastopore）向內遷移。在環節、軟體及節肢動物，原口將來成爲成體的口，故稱這類動物爲原口動物。有的分類學家，將扁形動物以及具假體腔的動物亦歸爲原口類。在棘皮動物及脊索動物，其原口發育爲肛門，口則另外發生，故稱後口動物（Deuterostomia）。

原口類與後口類的另一差異處是卵裂（cleavage）。受精卵在第三次卵裂時，其紡錘體的縱軸若是與動植物極間的縱軸平行，分裂後的細胞便排列成輻射狀，稱爲輻射卵裂（radial cleavage）（圖 15-3A）。第三次卵裂時，其紡錘體的縱軸若是與動植物極之間的縱軸呈一角度，分裂後的細胞便排列成螺旋狀，稱螺旋卵裂(spiral cleavage)（圖15-3B）。輻射卵裂爲後口類所具有的特徵，螺旋卵裂爲原口類的特徵。

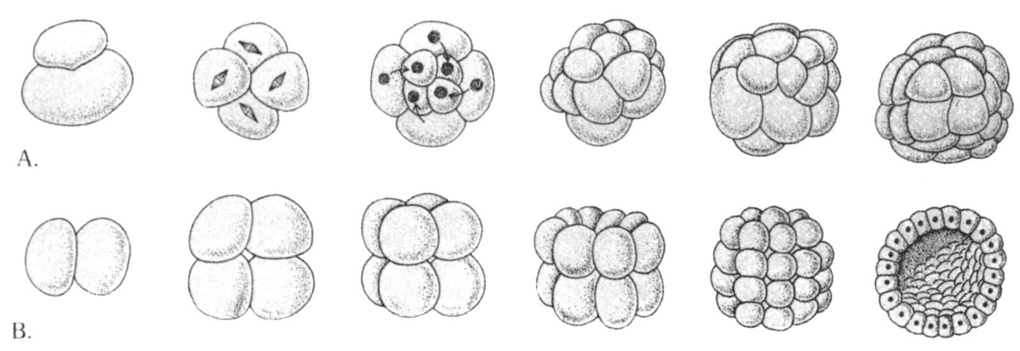

圖15-3 胚胎發生中之卵裂。A.輻射卵裂 B.螺旋卵裂。

原口類在胚胎早期，各細胞將來的命運便已確定。例如環節動物在四細胞時期，每一細胞便已確定發育爲幼蟲身體特定的四分之一部位；若將細胞分離，每一細胞皆不能發育爲完整的幼蟲，這種情形叫做定裂（determinate cleavage）。在後口類，胚胎早期各細胞的命運尚未確定，叫做不定裂（indeterminate cleavage）。若將四細胞時期之海膽胚胎分離爲四個單獨的細胞，則各細胞皆能發育爲完整的幼蟲，故各細胞皆具有發育爲完整個體的潛力。

原口類與後口類間的另一不同處，則爲體腔形成的方式(圖 15-4)。在原口類，其中胚層裂開，裂開處漸漸擴展而形成體腔，這種方式形成的體腔，叫做分裂體腔（schizocoel），因此，原口類的動物，也可稱之爲分裂體腔動物。在後口類，其中胚層自腸壁兩側向外突出，突出的中胚層其內部發生裂縫，裂縫漸漸擴展而形成體腔，這種方式形成的體腔，叫做腸體腔（enterocoel），故後口動物亦稱爲腸體腔動物。

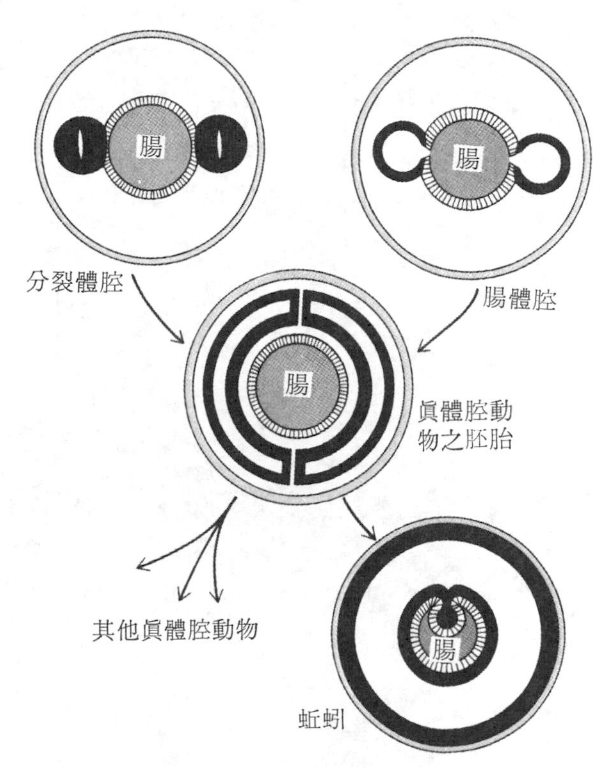

圖15-4　體腔的形成

同源及同功器官　同功器官是指胚胎發生來源相同的器官，這些器官的構造及發生過程相似；因此，同源器官具有共同的遺傳潛力，可用以表示彼此的演化關聯。例如人的臂、鳥翼、以及貓的前肢等，皆爲同源（homologous）（圖15-5），此等構造的機能雖然各異，但具有相同型式的骨、肌肉、神經及血管；同時發生來源亦一樣。

相反的，同功器官則爲外表相似且功用相同，但基本構造及發生過程則完全不一樣。因此，具有同功器官的動物，並不表示他們有任何演化上的關聯。例如鳥的翼與昆蟲的翅爲同功（analogy），兩者皆能使個體飛翔，但他們的發生過程並無相同處，同時構造亦迥異。

同源與同功亦可應用於分子階層，例如不同動物的血紅素（haemoglobin）或細胞色素C（cytochrome C），皆可稱之爲同源蛋白質。不同種的動物，其血紅素中胺基酸的排列順序可能非常相似，這一情形乃表示彼此具有共同的遺傳方式及非常密切的演化關係。相反的，血紅素與血青素則爲同功分子，因爲兩者皆可攜帶氧，故功能相同，但分子構造則有極大差異。

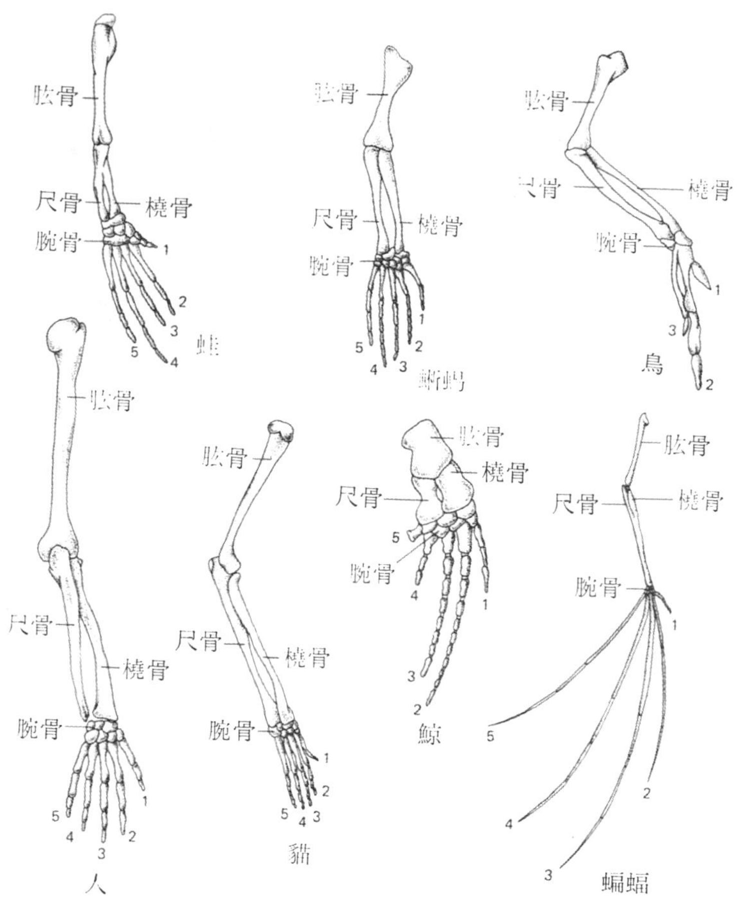

圖15-5　同源器官，蛙、蜥蜴、鳥、人，貓、鯨及蝙蝠之前肢骨骼。

第二節　海綿動物門(Phylum Porifera)

海綿動物皆水生，絕大多數生活於海水中，體呈褐、綠、紅、黃或紫色，身體一端附著他物，有的則形成羣體（圖 15-6)。海綿可能是由具有鞭毛的原生動物演化來，但海綿本身則未再演化爲其他動物。

海綿在其囊狀的身體表面有許多小孔，在構造簡單的種類，水自小孔進入身體中央的空腔——海綿腔 (spongocoel)，最後自游離端的大孔——出水孔 (osculum) 排出 (圖15-7)。海綿的體壁由二層細胞構成 (圖 15-8)，外層的表皮細胞扁平、呈多角形，具有收縮的能力；有的表皮細胞特化爲孔細胞，具有孔道，外連體表的小孔，內通海綿腔。內層爲襟細胞 (choanocyte)，具有一根鞭毛，鞭毛基部具有由原生質突出而形成的襟，藉鞭毛擺動而使海綿腔內的水流動，當水流動時，水中的微小有機物，便爲襟細胞的襟黏住並將之攝入細胞內，然後在細胞內形成食泡而消化之。在兩層細胞間有膠狀物，稱中膠層 (mesoglea)，其內有針骨 (spicule)或海綿絲 (spongin)，針骨與海綿絲可以支持身體。膠質內尚有變形細胞 (amoebocyte)，此等細胞能作變形運動，襟細胞內的食物僅作部分消化，然後至變形細胞內繼續消化，未消化的食物殘渣，則隨水經出水孔排出。有的變形細胞可以分泌針骨、海綿絲，或與生殖有關。

圖15-6　海綿

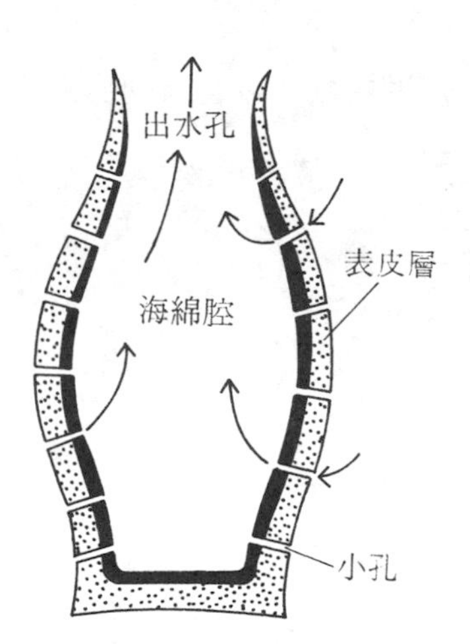

圖15-7　海綿水流出入之通道

海綿可經出芽生殖而產生新個體，芽自母體脫落而成一新個體，或與母體相連而形成羣體。海綿亦可行有性生殖，由變形細胞形成精子或卵，精子隨水而進入另一海綿體內，與位於膠質中的卵相結合。受精卵並在該處發育，形成幼蟲後乃隨水而排至外界。幼蟲具有鞭毛，可在水中游泳，游泳一段時間後，便附著固體物上而發育爲成體。

海綿有極強的再生力，每一碎片皆能再生爲完整的個體。海綿並有再組合的能力，若將海綿解離，通過細紗布，這些細胞仍能融合成團並分化爲一新個體。

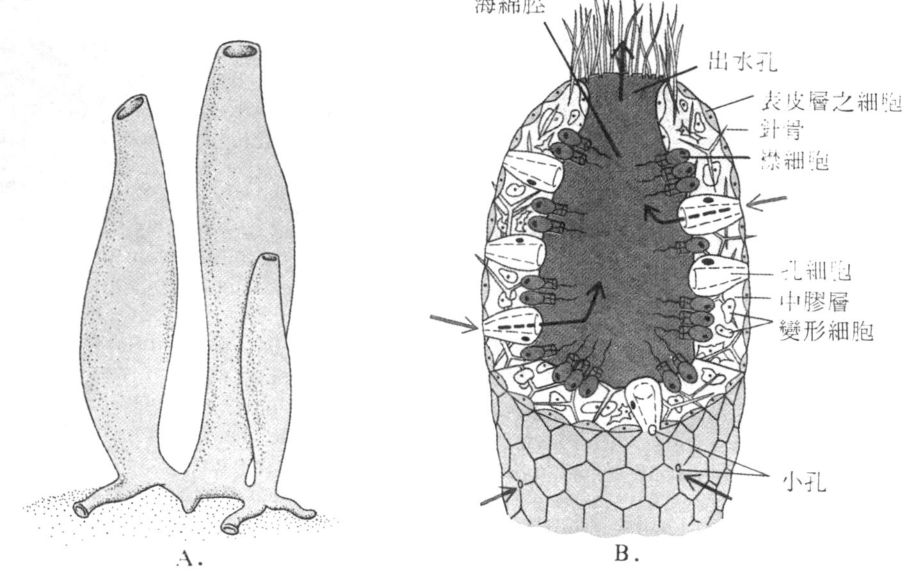

圖15-8 海綿的構造。A. 羣體的一部 B. 縱切示細胞之排列。

第三節 腔腸動物門 (Phylum Coelenterata)

腔腸動物的身體呈輻射對稱，口位於身體的一端，周圍有觸手，自口向內通入一空腔，稱消化循環腔 (gastrovascular cavity)，食物從口攝入腔內，未消化的食物仍由口排出。

在構造上，腔腸動物遠較海綿動物進化。體壁由兩層細胞構成，外層稱表皮層 (epidermis)，內層稱內皮層 (gastrodermis)，兩者皆由數種不同的細胞構成；兩層間亦有中膠層。所有腔腸動物的體壁細胞中，皆有一種刺細胞 (cnidoblast)，內有刺囊 (nematocyst)，用以攝食，此爲本門動物所特有的構造。

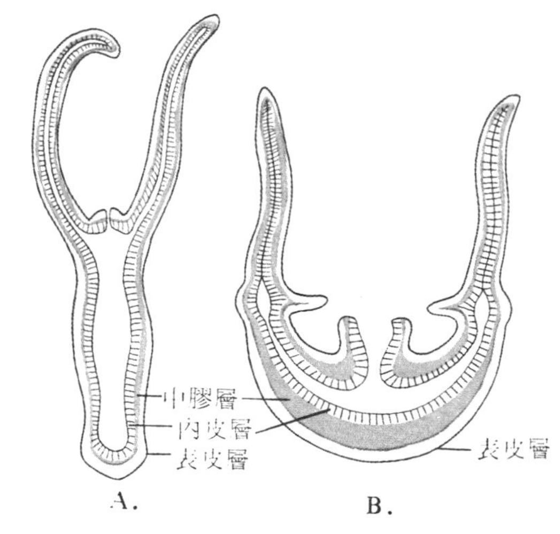

圖15-9 腔腸動物之體型。A. 水螅型 B. 水母型。

腔腸動物的身體有兩種型式，即水螅型與水母型(圖15-9)。水螅型可以水螅爲代表，水母型有似一倒置略爲圓短的水螅；前者行固著生活，後者則可自由游動。許多種類的腔腸動物行單獨生活，但也有不少種類呈羣體。本門動物行有性生殖時，由受精卵發育而成的幼蟲，叫做實囊幼蟲(planula larva)，表面具有纖毛，可以在水中游泳。

水螅綱 (Class Hydrozoa)　水螅綱的動物，通常身體一端附著他物，有的獨立生活，有的形成羣體。水螅爲本綱的代表動物，生活於淡水中，體長不及一公分。體的基部附於樹葉、木塊或石塊等固體物上，能於附著物表面滑動。游離端具有口，口的周圍有一圈觸手，由口通入消化循環腔（圖 15-10)。體壁外層有保護作

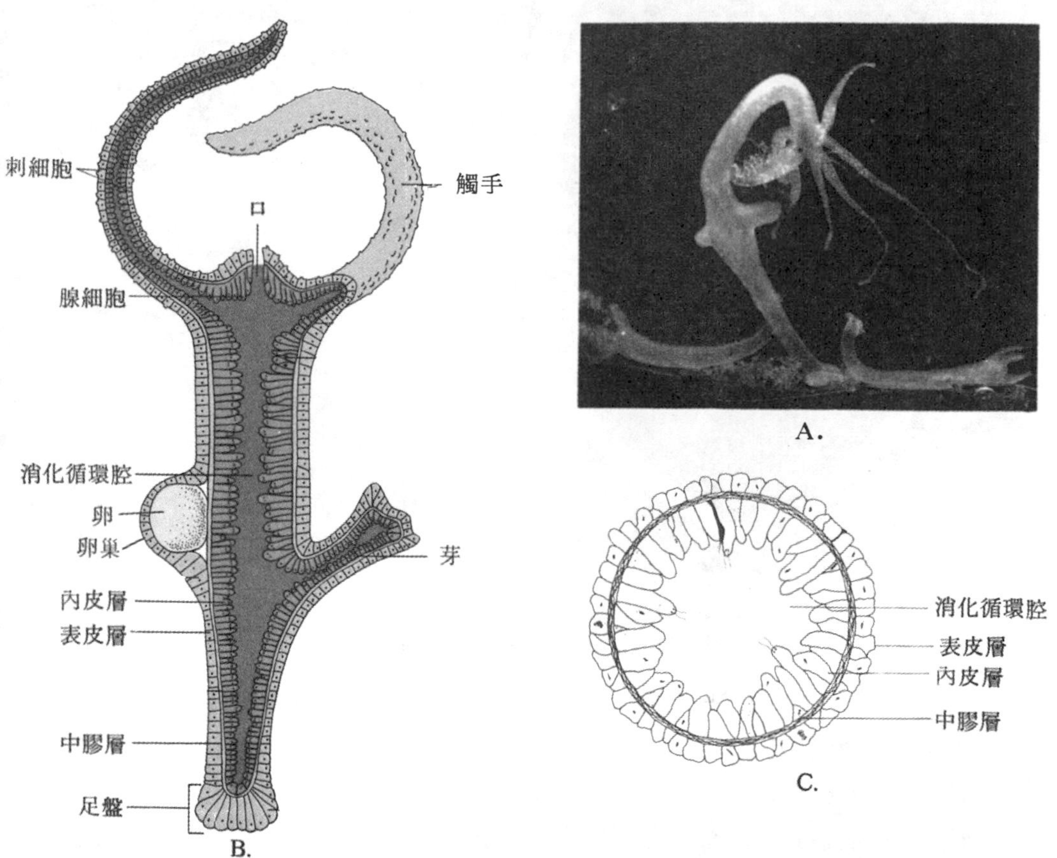

圖15-10　水螅。A.外形，圖中的水螅正在捕食。　B.縱切，C.橫切。

用，內層主與消化有關。表皮層中有刺細胞，內含刺囊。當刺細胞受刺激時，刺囊便將捲曲在內的細絲翻出（圖 15-11）。刺囊有多種，有的刺囊有黏液，細絲彈出後能黏住他物，有的刺囊其細絲能捲住他物，也有的刺囊其細絲能穿入其他動物的組織，並將囊內的毒液注入，使之痲醉。刺細胞在觸手上特多，可助觸手捕食。食物由觸手送入口，由口至消化循環腔，在腔內消化呈漿狀，然後由內皮層的細胞攝入，在細胞中形成食泡而繼續消化，未消化的食物殘渣仍由口排出。

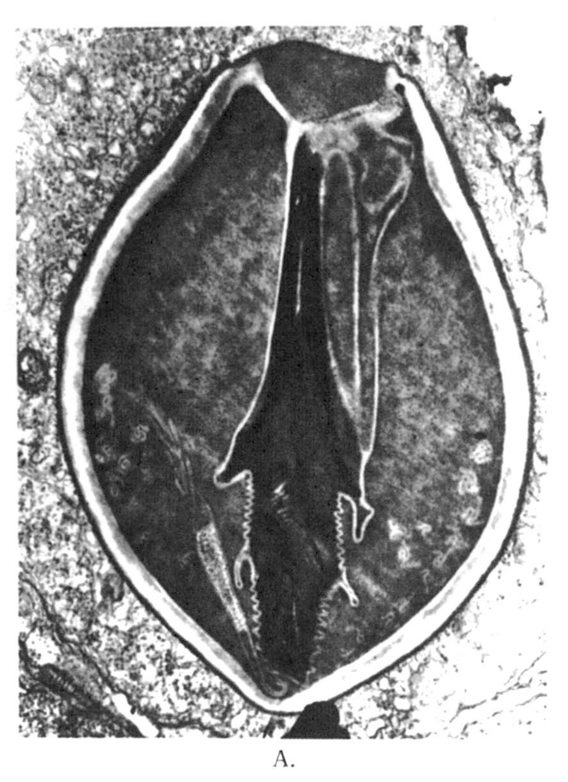

A.

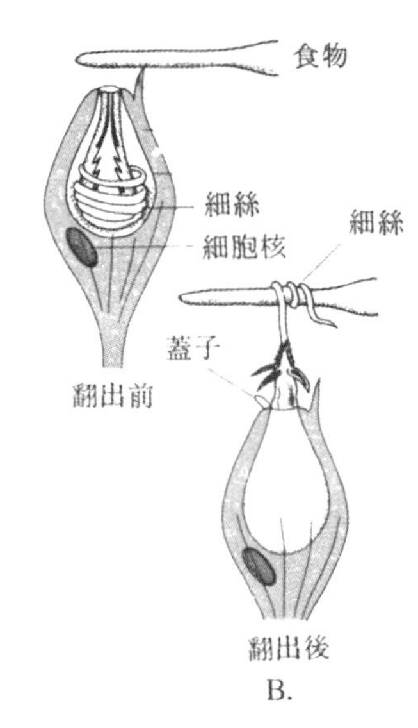

B.

圖15-11 刺囊。A. 電子顯微鏡下所觀察到之刺囊，細絲未翻出 B. 刺囊的細絲翻出。

當環境適宜時，水螅便會在體側產生芽，芽成熟後，便脫離母體而獨立生活。當環境不適宜時，如秋天溫度降低或水漸乾涸而不流動時，便行有性生殖，在體側產生睪丸或卵巢，卵與精子在卵巢內結合，發育一段時間後，在胚胎表面產生厚壁，並自卵巢脫出而掉落水底，至明春發育為一新個體。

形成羣體的種類，其羣體在開始時，亦爲單一的個體，經出芽生殖產生的新個體並不與母體分離，再繼續出芽，乃使羣體漸漸增大。有的種類在同一羣體中，有數種不同的個體，有的專司營養，有的專行生殖，也有的專司保護。羣體中具有二種或二種以上的個體者，稱爲多型性 (polymorphism)，藪枝螅 (*Obelia*) 便是一例 (圖 15-12)。

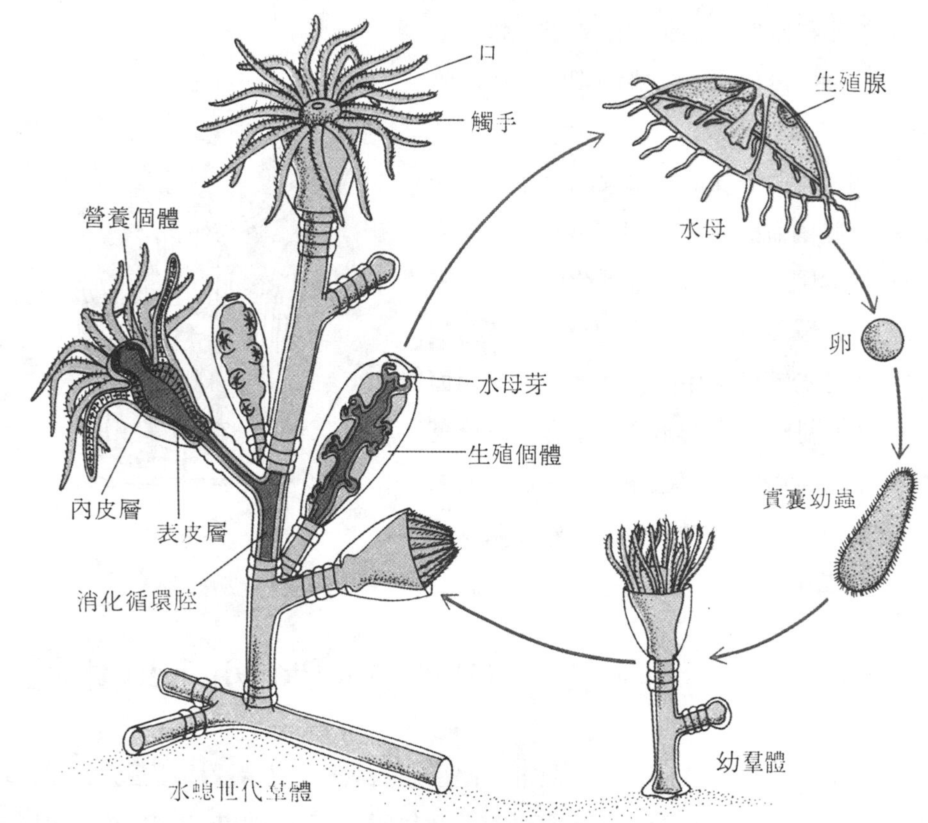

圖15-12　藪枝螅的生活史

藪枝螅的水螅世代呈羣體，具有行營養及生殖作用的兩種個體。羣體行無性生殖，可由出芽生殖使羣體加大，亦可由生殖的個體產生水母芽，水母芽成熟後便是水母。水母在水中游泳，雄的產生精子，雌的產生卵，精子與卵結合後發育爲實囊幼蟲，游泳一段時間後，便附著他物長成水螅型的個體。

缽水母綱 (Class Scyphozoa)　本綱動物，其水母世代的個體較爲顯著，而水螅世代的個體甚小，或被認爲是幼蟲時期。國人食用的海蜇，便是屬於本綱的動

物

珊瑚蟲綱 (Class Anthozoa) 海葵、珊瑚皆屬本綱。生活史中僅有水螅型個體，而無水母時期。個體單獨或呈羣體，生活時，一端附於他物。幼蟲時則能游泳，故藉幼蟲而分布至他處。

本綱動物的表皮層自口向消化循環腔延伸，懸垂腔內而構成咽（圖15-13)。腔內有多個直立的隔膜，藉以增加消化的面積。至於石珊瑚，雖然可以攝入食物，但許多種類則主藉生活於其細胞中的藻類行光合作用而獲得養分。造礁珊瑚的羣體，包含數以億萬計的微小、杯狀、石灰質骨骼，而活的個體，僅見於珊瑚礁的最表層。此外，裝飾用的珊瑚，也屬本綱。

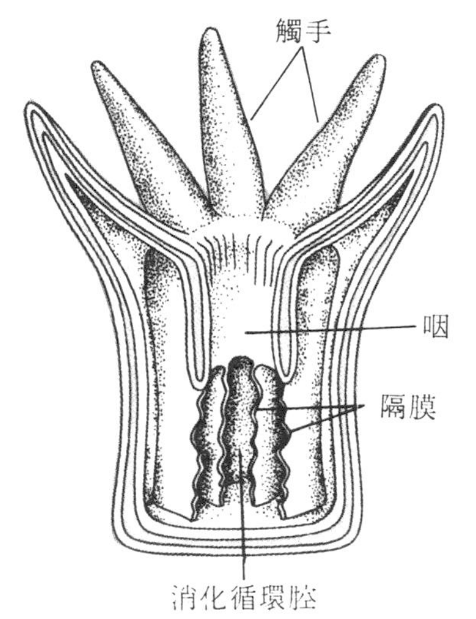

圖15-13 珊瑚蟲綱之動物縱切

第四節 扁形動物門 (Phylum Platyhelminthes)

扁形動物的身體背腹扁平，故名。體呈左右對稱，左右對稱的動物，身體有前後端，感覺器官集中於前端，形成頭部，稱為頭部專化(cephalization)。動物在行進中，若前端遇刺激，便能立刻感受到而迅速避開，。扁形動物已初現頭部專化的情形，前端有眼及其他感覺器官。其體壁與腸壁間充滿組織，故屬無體腔動物。體內的器官系統已相當發達，具有消化、排泄、神經以及生殖等系統。

渦蟲綱(Class Turbellaria) 本綱動物大部分生活於海水中，渦蟲(*Planaria*)則常見於池塘或河流中，為本綱的代表動物。

渦蟲頭部背面有一對眼，兩側突出的構造稱為耳(auricle)，耳實際為嗅覺器，口位於腹面中央（圖15-14)。渦蟲為肉食，攝食時，將咽自口伸出，用以吸入食物

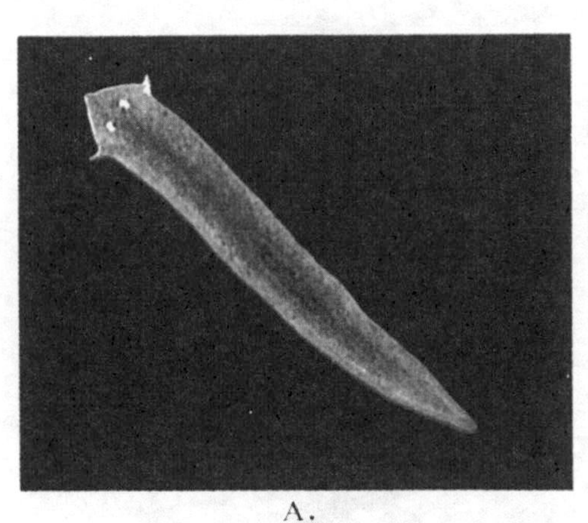

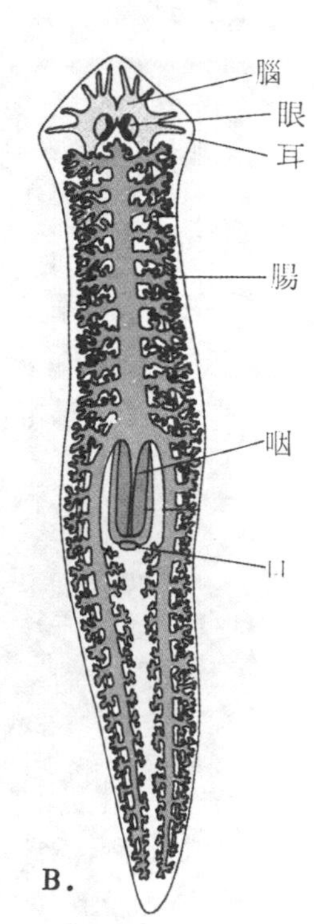

A.

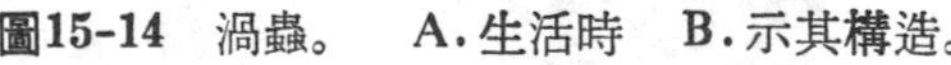
圖15-14　渦蟲。　A.生活時　B.示其構造。

的碎片，腸有甚多分枝，幾乎布滿全身。食物在腸中消化，未消化的食物殘渣仍由口排出。由於腸的分布廣，因此養分便自腸經擴散作用而供應身體各部。渦蟲能耐饑餓達數月之久，此時，分解自身的組織，故體漸縮小。身體兩側，自前至後各有一條排泄管，排泄管有分枝，分枝末端有一焰細胞 (flame cell)，細胞向管內的一側有一束纖毛，纖毛擺動時，可使管內的廢物流動。

渦蟲的再生力強，無性生殖時，個體在中央縊縮而漸分為前後兩段，各段藉再生作用而長出失去的部分。渦蟲為雌雄同體，生殖系統構造複雜，有性生殖時必須兩個個體行交尾以互換精液，故為異體受精。

吸蟲綱 (Class Trematoda)　吸蟲皆為寄生，其構造與渦蟲類似，惟體表具有一或二個吸盤 (圖15-15)，用以吸著寄主。口位於前端口吸盤的中央，與渦蟲的口位於腹面中央之情況有別。

寄生人體血液中的血吸蟲，廣布於我國、日本與埃及，肝吸蟲在我國、日本及

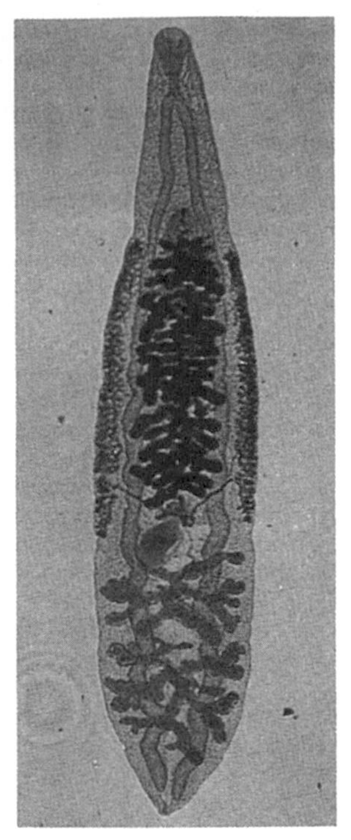

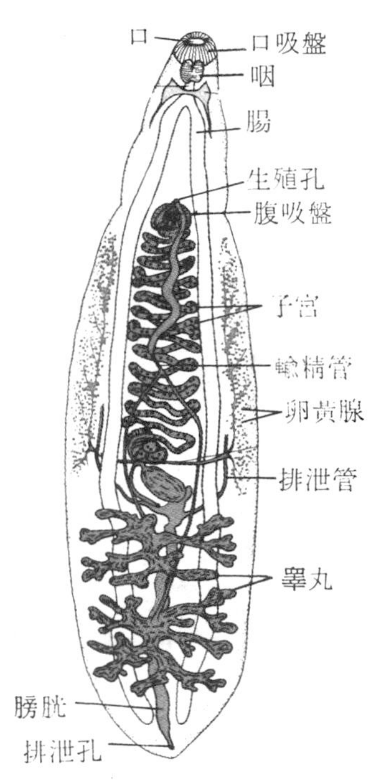

圖15-15 華肝吸蟲

韓國亦頗常見。吸蟲的生活史皆甚複雜，需要一種或二種中間寄主，其中一種必定爲軟體動物中的螺（圖15-16）。由於螺的分布有地區性，因此本綱動物的最終寄主亦受地理限制。

條蟲綱（Class Cestoda） 條蟲無口亦無消化系統，因此皆寄生於寄主腸中，因爲腸內的養分充裕，利用體壁吸收之，寄主爲包括人類在內的各種脊椎動物。體長似帶，故名，長者可達十餘公尺。前端爲一小型頭結（scolex），上有吸盤，用以吸著寄主腸壁。頭結後方爲細小的頸部，頸部後方爲一長串節片，多者可達 4000 節。每一節片皆含有雌雄生殖系統，體後部的節片則充滿受精卵，這些節片會逐次脫落，並隨寄主糞便排至外界，其頸部則可橫裂而產生新節片。

條蟲的生活史中亦需中間寄主，例如無鈎條蟲（圖15-17），其卵必須由牛攝入

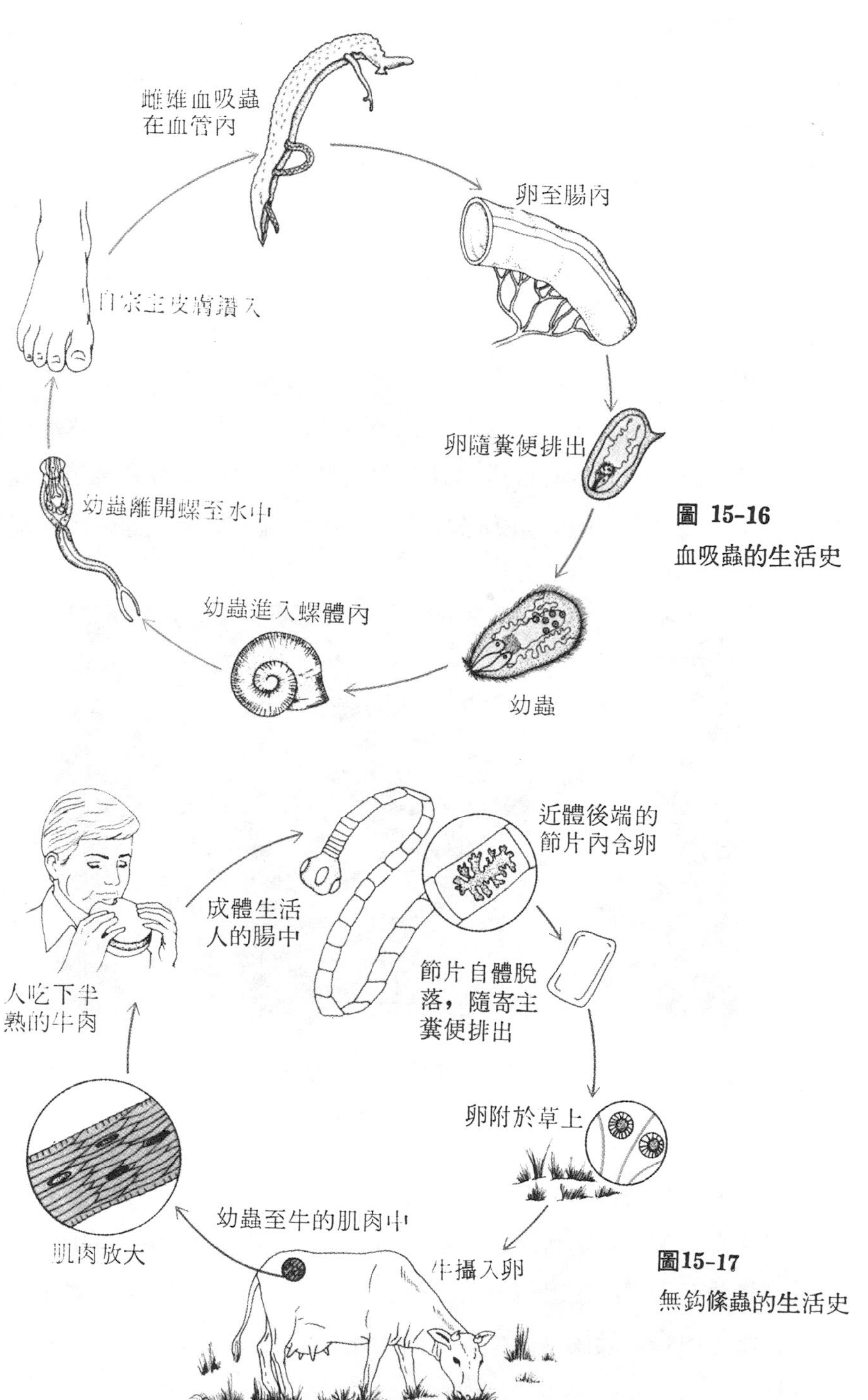

圖 15-16
血吸蟲的生活史

圖15-17
無鈎條蟲的生活史

在牛的肌肉中形成幼蟲，人若誤食含有幼蟲的牛肉，便被感染，故無鈎條蟲亦稱牛肉條蟲。另兩種寄生人體之條蟲爲有鈎條蟲及裂頭條蟲，前者的頭結除吸盤外尚有鈎，幼蟲寄生猪肉中，故亦稱猪肉條蟲。裂頭條蟲的頭結，在背腹各有一縱溝，用以吸著寄主腸壁之絨毛。幼蟲寄生數種淡水魚的肌肉中，故亦稱魚肉條蟲。

第五節　線形動物門 (Phylum Nematoda)

本門動物亦稱圓形動物，身體細長如線，兩端尖削。雌雄異體，具有假體腔，消化管前端有口、後端有肛門。種類多，分布廣，生活淡水、海水或土壤中（圖15-18)，一小撮泥土中，常有百萬個以上的線蟲。其他尚有許多寄生的種類，寄生動物或植物體內，寄生人體者如蛔蟲、蟯蟲、血絲蟲、旋毛蟲等皆爲常見的種類。

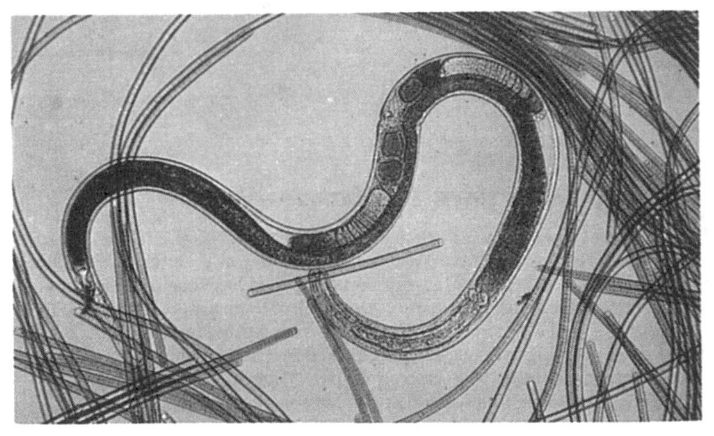

圖15-18 生活於水中的一種線蟲，周圍有許多藍綠藻。

寄生人體的蛔蟲長約25公分，成體生活於腸中，雌雄交尾後，雌者排出卵（每天約排卵二十萬個）。卵隨寄主糞便排至外界，在環境衛生較差的地區，卵常有機會隨水或食物至人體，在腸中孵化爲幼蟲。幼蟲要穿過腸壁，隨血液在體內循遊，經心、肺等內臟，最後返回小腸，始蛻變爲成體，在遷移途中，常會對肺或其他組織造成傷害。

旋毛蟲的成體寄生人、猪或鼠的小腸中，幼蟲則寄生同一寄主的骨骼肌中（圖15-19），人類通常因誤食含有幼蟲的猪肉而被感染。雌者經卵胎生產出的幼蟲，穿

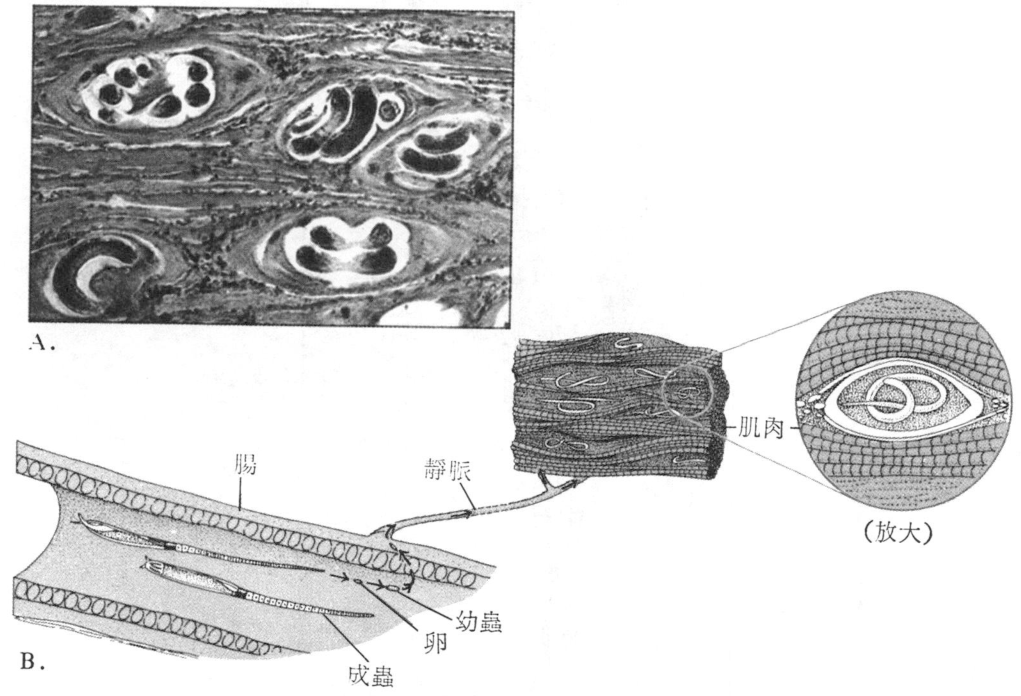

圖15-19　旋毛蟲。A. 幼蟲在骨骼肌中　B. 當寄主攝食含幼蟲之肌肉，即在腸中發育爲成體，雌者產出幼蟲，幼蟲經血管至肌肉中。

過腸壁經血管至骨骼肌，在肌肉纖維間形成胞囊（cyst），其生活史必須有適當的寄主將胞囊攝入後始能繼續，人體肌肉中的幼蟲通常無機會釋出，最後死亡。但其胞囊會漸鈣化，並永久停留肌肉中，導致肌肉僵硬疼痛。

第六節　輪形動物門（Phylum Rotifera）

本門動物俗稱輪蟲，體微小，必須用顯微鏡才能觀察到，在溝水、池水中頗爲常見。體前端有一對盤狀構造，邊緣有纖毛（圖15-20），纖毛經常擺動，狀似輪盤

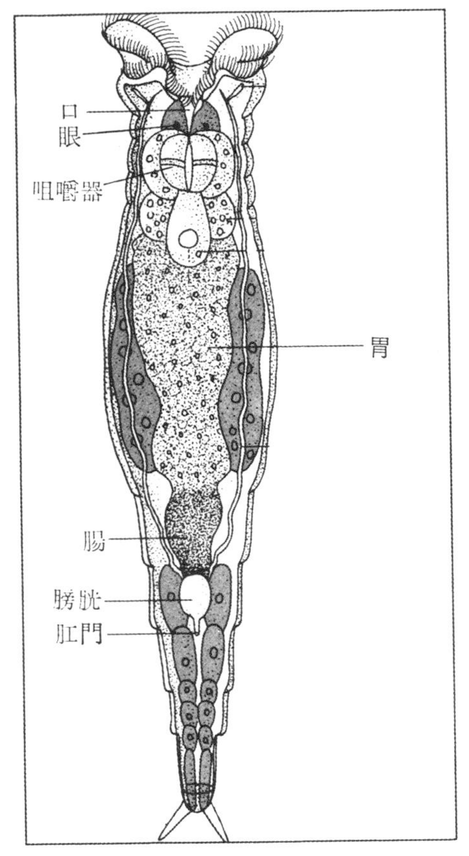

圖15-20 輪 蟲

在轉動，故名。具有假體腔，消化管的前端有口、後端有肛門。咽的一部特化爲咀嚼器（mastax），內有小骨片，可用以磨碎食物。輪蟲爲雌雄異體，雄者體小且構造退化，有的種類僅有雌性個體。輪蟲的卵可經單性生殖（parthenogenesis）即不須受精而發育爲新個體。

第十六章　動物界：具眞體腔的原口類

本章所討論的動物皆具有眞體腔，發育過程中囊胚時期的原口成爲成體的口。眞體腔的動物由於消化管的管壁具有肌肉，因此消化管可藉本身肌肉的收縮而產生局部的運動，使食物在管內移動而無需藉體壁肌肉收縮之助。消化管完全，即向外之開孔有口、也有肛門。

第一節　軟體動物門 (Phylum Mollusca)

軟體動物種類之多，僅次於節肢動物，蝸牛、蚌、烏賊等皆屬之。他們在形態上雖頗多差異，但仍有若干共同特點（圖16-1），在身體前端有頭、腹面有足、背

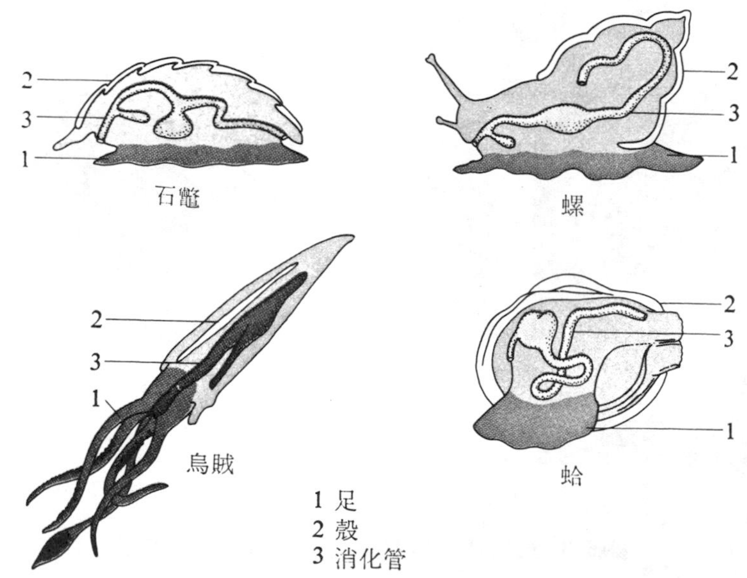

圖16-1　軟體動物中屬於不同綱之四種動物，示其足、殼及消化管的位置。

面有內臟團 (visceral mass)。內臟團的背面有套膜 (mantle) 覆蓋，套膜可分泌殼，用以保護身體。套膜與內臟團間的空腔，叫做外套腔，腔內有鰓、肛門以及排泄孔等開口。口腔內有齒舌 (radula)，其表面有齒，可自口伸出，用以攝食。有些種類可利用齒舌在岩石等固體物上鑽孔，然後居於其中。

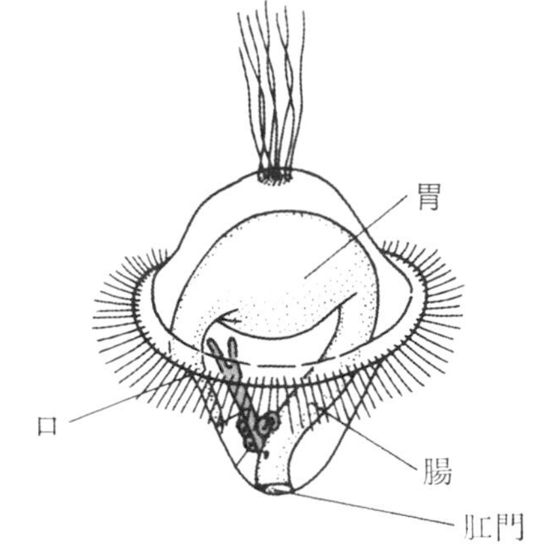

圖16-2　擔輪幼蟲

軟體動物在發生過程中有擔輪幼蟲 (trochophore larva) (圖16-2)，身體包含上下兩個呈半球狀的構造，中央有一輪纖毛，利用纖毛可以在水中游泳。環節動物亦具有此種幼蟲，因此，動物學家認爲兩者係由共同的祖先演化而來。1952年在哥斯達利加 (Costa Rica) 太平洋沿岸深達 4,000 公尺的海溝中所發現的新帽貝 (*Neopilina*) (圖16-3)，由於他們具有 5 對鰓、5 對縮足肌、6 對腎管等，根據這種器官分節的情形，動物學家認爲原始軟體動物的身體是分節的，因此與環節動物的關係至爲密切。

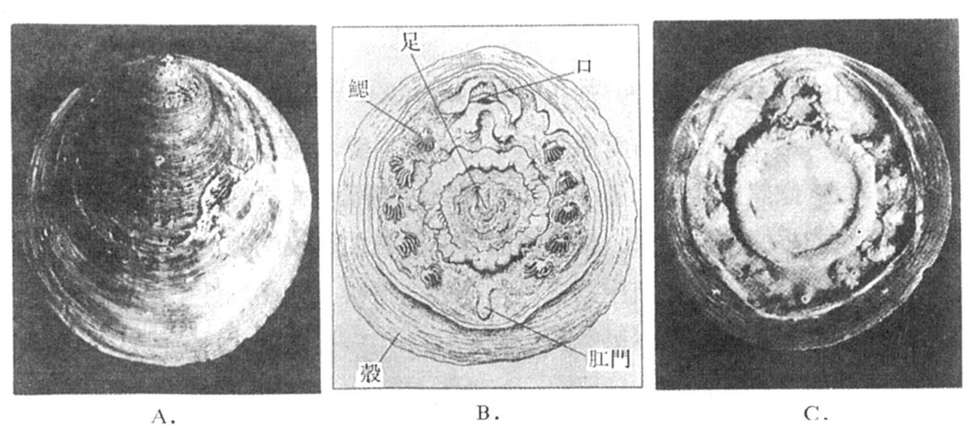

圖16-3　新帽貝。A. 背面 (殼)，B. 及 C. 腹面。

雙經綱 (Class Amphineura)　本綱動物自腦至身體後端，有二對神經索，故名。他們是軟體動物中最原始的一類，石鼈 (Chiton) 可爲其代表。石鼈居於海邊的岩石地帶，以海藻爲食。最顯著的特徵爲身體背面的殼形成八塊、自前至後縱列 (圖 16-4)，前後的殼相連處形成關節，身體乃能向腹面彎曲甚至對摺。腹面有一大型的足，不但可用以運動，並可用以牢固的吸住他物。

圖16-4　石　　鼈

腹足綱 (Class Gastropoda)　本綱動物包括蝸牛及螺等，種類之多，僅次於昆蟲。棲息環境包括海水、淡水及陸地。螺居於水中，用鰓呼吸。蝸牛居於陸地，無鰓，其套膜的一部分上面布滿血管而特化成肺，用以呼吸空氣。

絕大多數腹足綱動物的殼呈螺旋狀 (圖 16-5A)，但也有的殼呈扁平，如鮑魚 (圖16-5B)，也有的種類殼退化消失，如夏日庭園中常見的蜒蚰 (圖16-5C)。本

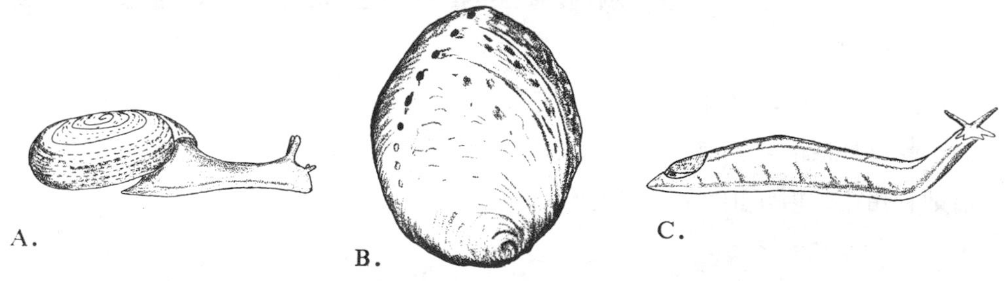

圖16-5　腹足綱的動物。A.蝸牛　B.鮑魚　C.蜒蚰。

綱動物的頭部特化，具有觸角及眼等感覺器官。發生過程中有扭轉(torsion)（圖 16-6)，使身體呈螺旋狀而非兩側對稱。實際上幼蟲呈兩側對稱，但是由於扭轉，其內臟團的後端乃旋轉 180° 而繞至身體前方，於是身體後端的構造便扭曲至前方而呈不對稱狀。

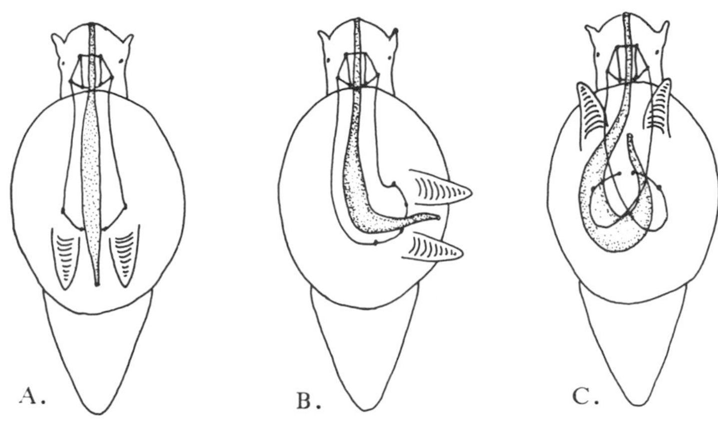

圖16-6　扭轉的過程，圖中自A至C示鰓、消化管及神經在扭轉前後的位置。

斧足綱 (Class Pelecypoda)　斧足綱包括蚌、蛤等動物，棲於水底，足呈斧狀。身體左右各具一枚殼(圖16-7)，兩殼在背面相連，身體位於兩殼中間。殼在腹面可以張開，容足伸出，以足插入泥沙中行走。後端可以伸出兩條水管，位於背方者爲流出管 (excurrent siphon)，容水排出，在其下方者爲流入管 (incurrent siphon)，外界的水由此進入。本綱動物皆爲濾食、無齒舌或其他攝食構造，食物爲水中的有機物，隨水自流入管至外套腔，這些食物碎屑由鰓所分泌之黏液黏成串，藉鰓表面之纖毛運動移行至口。

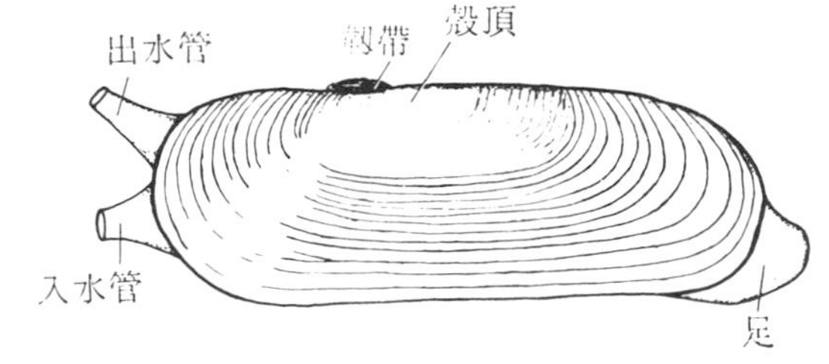

圖16-7　蛤的外形

國人食用的蠔，亦屬斧足綱，生活時，利用左側的殼附於其他物體上，故身體不能移動。蛀船蛤居於海中的木船底部（圖 16-8)，或木樁內，殼小可用以鑽木。海扇則利用兩殼相互拍擊而在水中快速運動。

頭足綱 (Class Cephalopoda)　前述的軟體動物，一般皆行動緩慢，但頭足綱

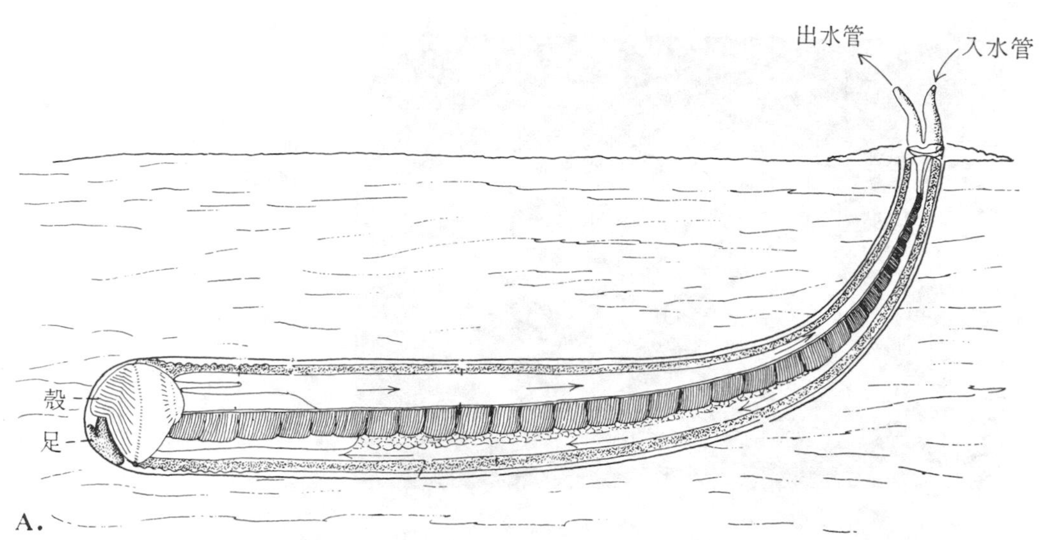

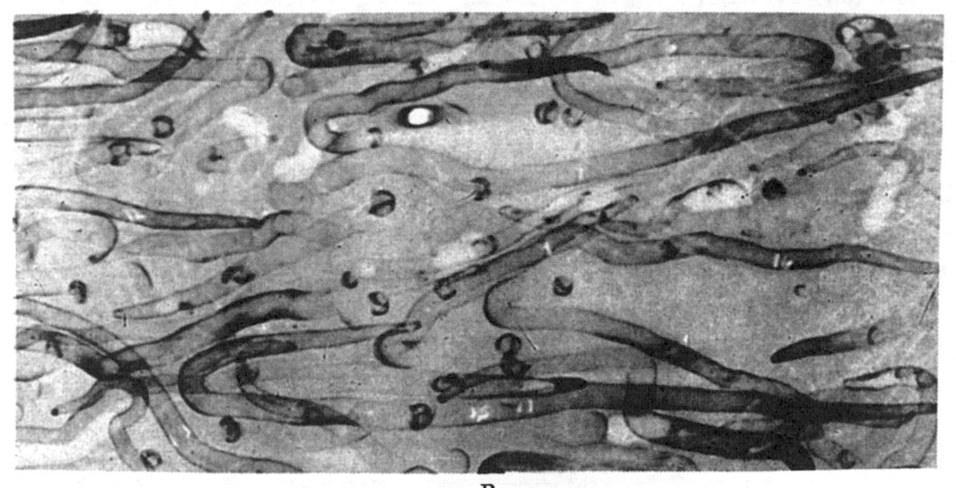

圖16-8　蛀船蛤。A.示其構造，B.利用X光拍攝其生活於木材中之情形。

動物則相反，他們爲運動快速、掠食。鸚鵡螺爲本綱中較原始的種類，具有一個大型呈螺旋狀的殼。殼內分爲許多腔室，身體位於殼口處最大的一室內（圖16-9），其他各室充滿氣體時體便浮起，氣體少時體便下沉。烏賊的殼退化，藏於背面皮膚下，章魚則無殼。

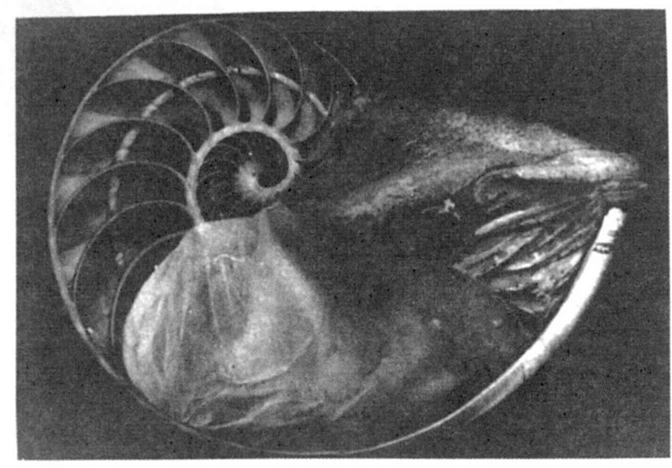

圖16-9
鸚鵡螺，殼的一半已切去，示內面分成許多室。身體位於最末也是最大的一室中。

本綱動物的足，位於頭部前端口的周圍，邊緣並延伸成腕（arm），腕可以捕食，數目隨種類而異，章魚有四對卽八個等長的腕、烏賊有五對腕卽十個腕，其中第四對特長。腕的內側有吸盤，可用以吸住食物。鸚鵡螺的腕，多達94個，無吸盤。

烏賊與章魚的另兩項特徵爲：(1)皮膚內有色素細胞(chromatophore)，藉胞內色素的擴散或集中，可以改變體色以躲避敵人。(2)體內有墨囊，囊內有墨汁，遇敵時噴出墨汁，以遮蔽敵人視線，並有麻醉作用。

第二節　環節動物門（Phylum Artropoda）

環節動物門包括蚯蚓、沙蠶和蛭等（圖16-10），主要特徵是身體分節，不特外表有環狀的節，其節與節間，在體腔內亦有隔膜，許多器官也常有分節情形，例如排泄器官，幾乎每節中有一對（圖16-11）。身體分節可以便利運動而利生存，動物界中，身體分節者，除環節動物外，尙有節肢動物及脊索動物。所謂分節乃指發生過程中，在中胚層中所出現，脊索動物只有在胚胎時出現分節。

多毛綱（Class Polychaeta）本綱動物皆海產，有的自由游泳，有的固著生

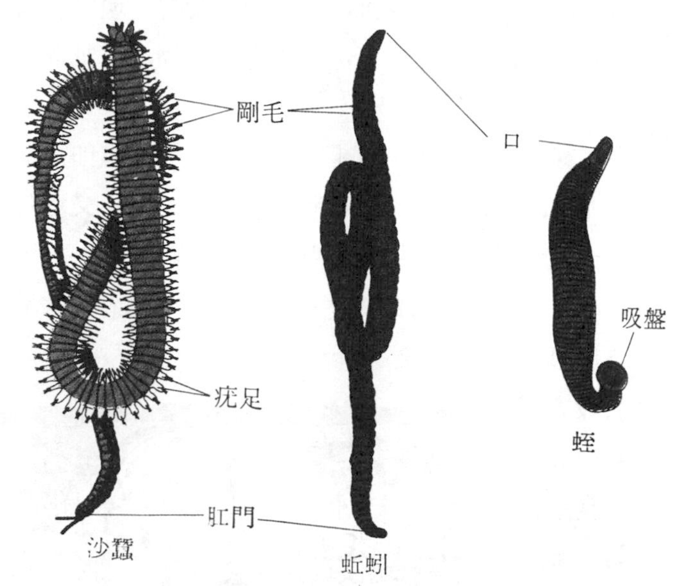

圖16-10　分屬於環節動物門不同綱之三種動物

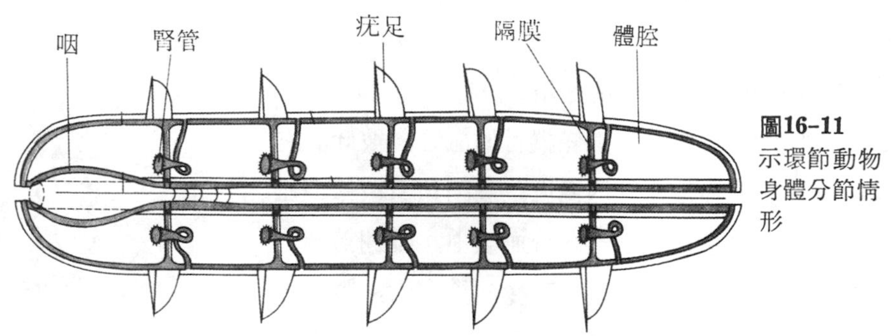

圖16-11 示環節動物身體分節情形

活。身體各節有一對疣足 (parapodium)，此為其運動構造。疣足上有為數甚多的剛毛，故名。身體前端有口前葉，其上有眼點，觸手等。受精卵發育為擔輪幼蟲，再變態為成體。

貧毛綱 (Class Oligochaeta)　本綱動物生活於淡水或濕地，無疣足，但每節仍保留有剛毛，剛毛可助運動，蚯蚓為本綱的代表動物。

蚯蚓生活於濕地，體前端無眼或其他感覺器官，僅在體壁皮膚內有感覺細胞。

表皮下方有一層環肌，環肌下方有縱肌，體向前移動時，環肌收縮、縱肌寬舒，使體向前伸，同時用剛毛抵住地面或穴壁，然後縱肌收縮、環肌寬舒，將體後端向前移。

蚯蚓在泥土中，終日吞食泥土，以土中的腐敗植物、蟲卵或其他小動物為食，故糞便中含有多量泥土，稱為糞土。蚯蚓將糞便排於地面，又終日在土壤中不斷穿鑿、嚙食，都可使土壤變鬆，因而增加土壤中的空氣，並改進土壤的排水，有利植物生長；其糞便中尚含有未消化的食物，故能使土壤中的有機物增加而變肥沃。

蚯蚓的口，位於第一節腹面，肛門位於最末節腹面，消化管自口至肛門直行，依次為咽、食道、胃及腸（圖16-12），胃分嗉囊及砂囊兩部，嗉囊壁薄，可貯存食物，砂囊壁厚富肌肉，可磨碎食物。腸的背面向內凹，可增加腸的面積。

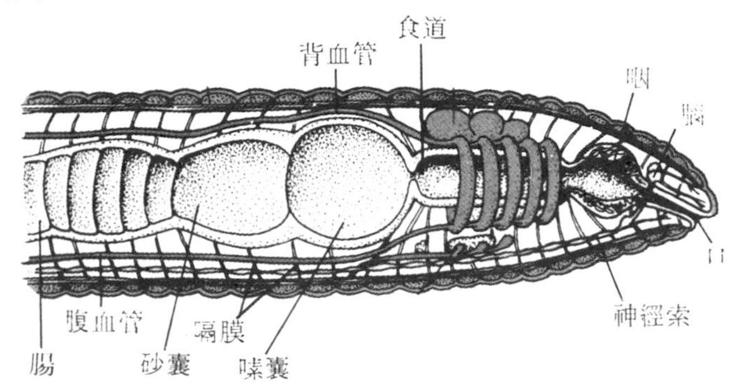

圖16-12 蚯蚓的內部構造

蚯蚓具閉鎖循環系，有數條縱行的血管，彼此間有數條橫血管相連，血液在管內循流，屬閉鎖循環系。血液紅色，但血球無色，血紅素存於血漿中。蚯蚓前端消化管的背面有腦，腹面中央自前至後有神經索，腦與神經索為其神經中樞。雌雄同體，但必須異體受精，受精卵產於由黏液形成的卵袋（cocoon）中，遺留於土壤，卵在袋內發育為成體，無幼蟲時期。

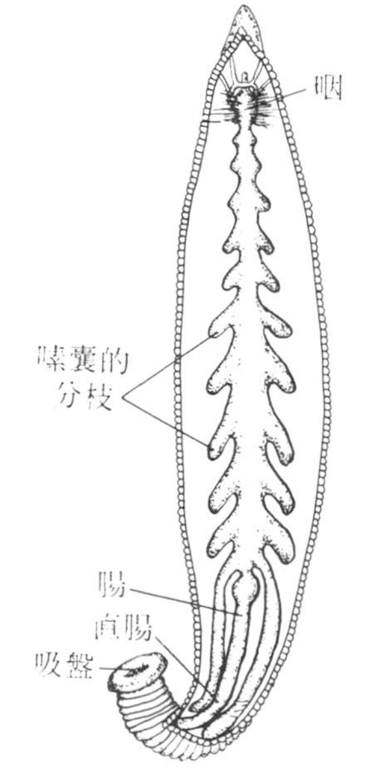

圖16-13 蛭的消化管

蛭綱（Class Hirudinea） 蛭俗稱螞蟥，無疣足、亦無剛毛，生活於淡水中，很多種類吸食脊椎動物的血液。體的前後端各有一吸盤，前端的吸盤中央有口，口中有齒，用吸盤吸著寄主皮膚，再以齒咬破皮膚而吸食血液，吸入的血液藏於嗉囊中（圖 16-13）。由於蛭的唾液中含有一種稱水蛭素 (hirudin) 的抗凝血物質，於是寄主的血液便會源源流出。十七、十八世紀時，歐洲的醫生常利用醫用水蛭爲病人放血。

第三節　有爪動物門 (Phylum Onychophora)

本門動物生活於熱帶雨林中，種類少（約70種）。在演化上，他們被認爲是環節動物與節肢動物間的橋樑，所以非常重要。櫛蠶是本門的代表動物（圖16-14），

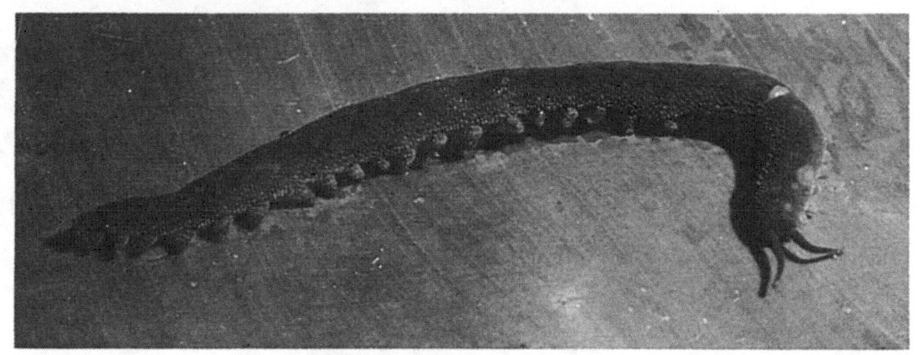

圖16-14　櫛　蠶

身體兩側有多對附肢，附肢無關節，與環節動物的疣足類似。各附肢的先端有爪，故名。體腔分節，內臟亦有分節情形，凡此皆爲環節動物的特徵。櫛蠶具有開放循環系，呼吸器官爲氣管系，體表有氣門，這些又與節肢動物相同。

某些動物學家認爲古代的有爪動物演化爲昆蟲、馬陸及蜈蚣；有的認爲此類動物在演化過程中由環節——節肢這一演化主幹分枝而出。但不論如何，有爪動物兼有環節與節肢動物的特徵，實爲非常有意義的造物。

第四節　節肢動物門 (Phylum Arthropoda)

節肢動物是動物界中種類最多的一門，分布也很廣，水中，土壤以及空中幾乎都有他們的踪跡；此外，尙有許多寄生的種類。身體各節具有一對附肢，附肢有關

節，故名。附肢的功用各異，如觸角有感覺作用，大顎、小顎用以攝食，步足用以行走、游泳肢則有如槳的功用，可使體游動。體表有由表皮所分泌之外骨骼，用以保護身體。但外骨骼會妨礙運動，因此，外骨骼本身具有關節以便利身體彎曲。外骨骼也會妨礙生長，因此，在生長過程中，會發生蛻皮(molting)，即定期將外骨骼脫落。節肢動物的身體雖分節，但相鄰的節常聯合成部，例如蝦、蟹有頭胸部和腹部，昆蟲則有頭、胸及腹三部。有時各部的節互相癒合而無法分辨，例如昆蟲的頭部。

水生的節肢動物用鰓呼吸，陸生者用氣管呼吸，亦有用肺呼吸者。頭部通常有構造發達的感覺器官，例如觸角、複眼等。

三葉蟲亞門(Subphylum Trilobita) 三葉蟲爲最原始的節肢動物，在古生代初期，即已生存於當時的海洋中，至古生代末期則全部滅絕，生存時期長達三億年之久。大多數長度介於三至十公分間，身體扁平卵圓形（圖16-15），背面自前至後，有二條縱溝，將身體分成中央一葉及左右各一葉，故名三葉蟲。頭部有一對觸

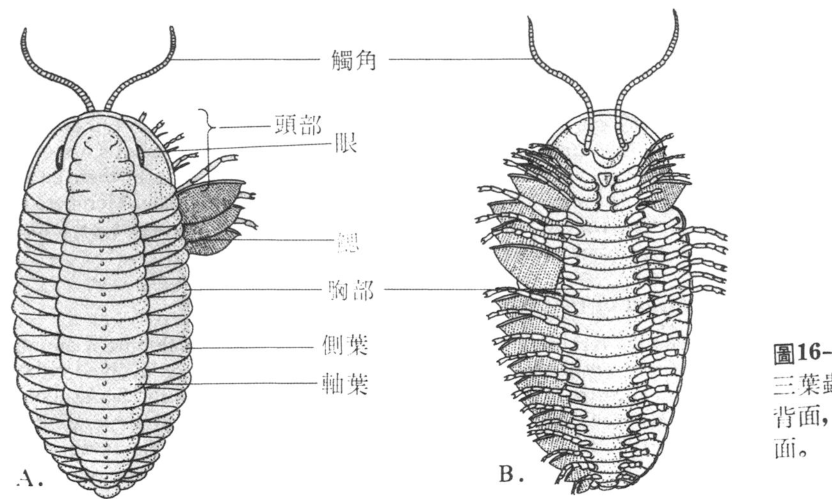

圖16-15 三葉蟲。A．背面，B．腹面。

角及一對複眼，其他各節有一對附肢，各附肢分爲內外兩枝，內枝爲步足，外枝有鰓。他們利用附肢在海底爬行，但行動緩慢，當海洋中出現了運動快速的動物，如烏賊等以後，三葉蟲因無法與之匹敵而漸趨滅絕。

鋏角動物亞門 (Subphylum Chelicerata)　本門動物包括鱟、蜘蛛和蠍等，體分頭胸部與腹部，第一對附肢稱鋏角 (chelicerae)，可用以握住食物並送入口中。第二對附肢稱鬚腳 (pedipalp)，其功用由於動物種類不同而各異，鬚腳後方通常有四對步足。

蜘蛛的頭胸部有六對附肢 (圖16-16)，第一對鋏角呈尖牙狀，用以刺入捕食之

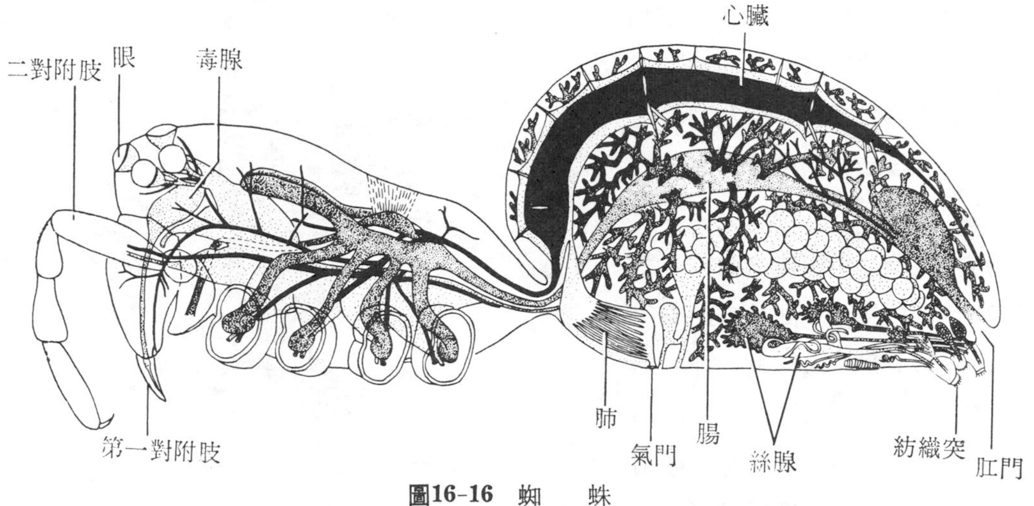

圖16-16　蜘　　蛛

動物，先端有孔，體內毒腺分泌之毒液即由此流出，使食物痲醉。少數種類如黑蜘蛛之毒性甚強，可致人於死。第二對附肢即鬚腳用以握住食物，鬚腳並特化而有味覺作用。其他四對附肢皆爲步足，腹部則無附肢。

蜘蛛生活陸地，用氣管或肺呼吸。體表有氣門，空氣自氣門進入，在氣管或肺部交換氣體。腹部末端有三對突起，稱紡織突(spinneret)，先端有許多小孔，體內絲腺所分泌之絲液，便自此等小孔流出，遇空氣便凝結爲絲。蛛絲可用以築巢，或形成卵袋，卵即產於袋內，亦可用以結網捕食。蜘蛛皆肉食，食物爲昆蟲或其他小型節肢動物。

甲殼亞門(Subphylum Crustacea)　本亞門包括蝦、蟹等動物，傳統的分類將甲殼動物與昆蟲、蜈蚣等歸於有顎亞門，因爲他們具有大顎。目前的分類趨向則將甲殼類獨立爲一亞門，因爲：(1)他們的附肢爲雙枝型 (biramous)，即附肢先端分

爲兩枝，此爲除三葉蟲以外僅甲殼動物具有之特徵。(2) 具有二對觸角，其第一及第二對附肢皆爲觸角，有觸覺及嗅覺的功用。

龍蝦的身體分頭胸部及腹部（圖16-17），頭胸部除兩對觸角外，第三對附肢爲大顎，大顎位於口的兩側，用於嚙咬及磨碎食物。大顎後方口的兩旁尙有二對附肢，分別爲第一、第二小顎，用以握住食物。小顎後方尙有三對顎腳，可助捕食。此外，頭胸部尙有五對步足。腹部有七節，前六節有附肢，稱爲游泳肢，除用以游泳外，雌者尙可携卵，產出的卵卽附於此處以獲得保護。雄性的第一對游泳肢尙可用以將精子送入雌者的生殖孔。第七節無附肢，形狀扁平，稱爲尾節。第六對的游泳肢向後與尾節並立，合稱尾扇，可使體向後游泳。

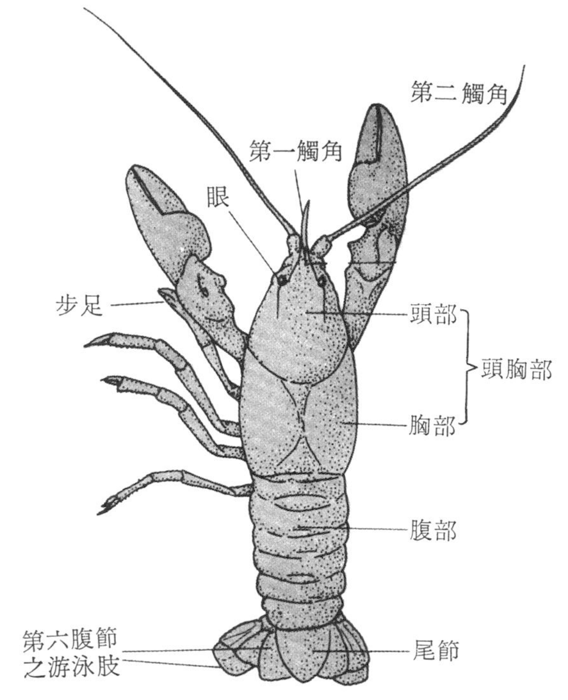

圖16-17 龍蝦外形，背面觀

除蝦、蟹等大型種類外，本亞門尙有許多身體微小的動物，如水蚤、劍水蚤等（圖16-18）。這些小型甲殼類常爲其他動物的食物，是食物鏈中非常重要的一環。藤壺、龜爪、茗荷兒等(圖16-19)，皆身體固著，生活於海水中，至1830年，動物學家發現其幼蟲時期，始將之納入甲殼類。

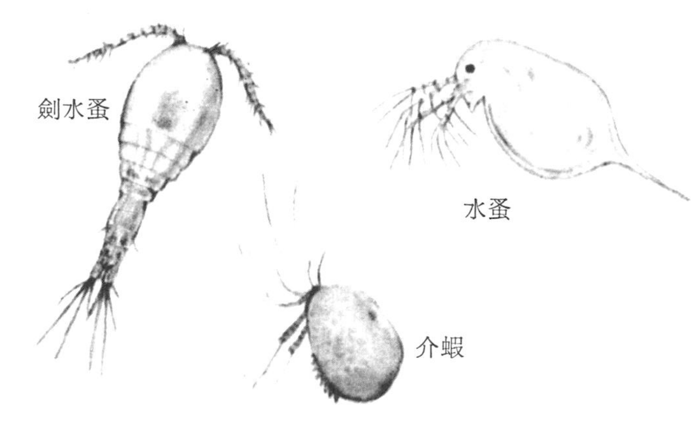

圖16-18 小型甲殼類

A.

C.

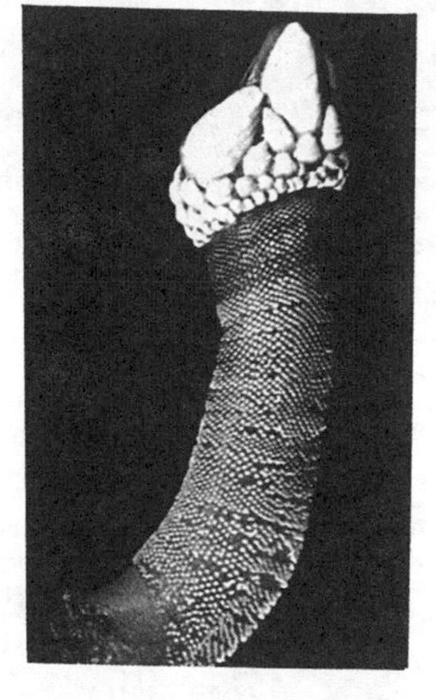

B.

圖16-19　行固著生活的節肢動物。
A.藤壺　B.龜爪　C.名荷兒。

單枝亞門 (Subphylum Uniramia)　昆蟲、蜈蚣、馬陸等皆屬本亞門，他們的附肢不分枝，爲單枝型；同時僅有一對觸角。

昆蟲綱的動物，不但種類多而且分布亦廣，在演化上可謂是非常成功的一類，同時也是人類的最大競爭者。昆蟲的演化成功有很多因素，其中重要的一項是昆蟲的體制。昆蟲的體制由於種類不同而有不同的特化方式，因此，能分別適應不同的生態棲所。例如昆蟲能飛翔，於是便可向空中發展。

昆蟲的身體，分頭、胸、腹三部（圖16-20），頭部除一對觸角外，尙有複眼及單眼。口的上下及兩側，有由上唇、下唇、大顎、小顎所構成的口器。口器爲攝食

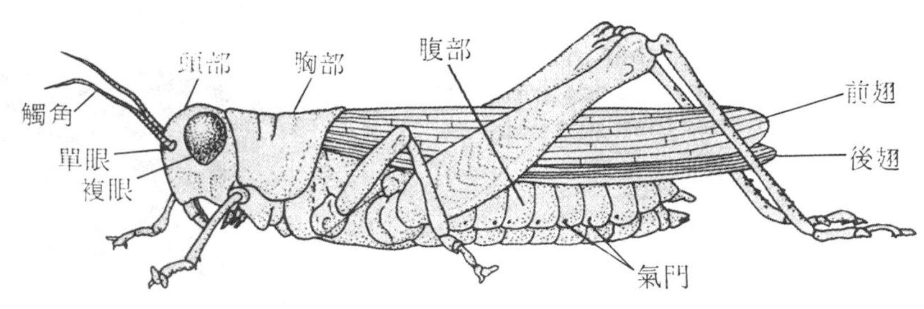

圖16-20　蝗蟲的外形

的構造，其方法有的爲咀嚼，有的爲刺入、或爲吸食、舐食等。胸部由三節構成，每節有步足一對，中節及後節分別有一對翅。腹部則無附肢。

昆蟲的排泄器官爲自中腸與後腸間突出的二條至多條馬氏小管（Malpighian tubule)，血液中的廢物進入馬氏小管再至腸中，混於糞便而排出。昆蟲爲雌雄異體，行體內受精，發生過程中須蛻皮數次，幼蟲經變態而爲成蟲。有的種類其變態過程爲卵──→幼蟲──→蛹──→成蟲，稱爲完全變態。

蜜蜂、蟻和白蟻等行社會生活，（圖16-21），同巢中的個體各有專責，彼此分工合作，個體間藉飛舞方式及一種稱費洛蒙（pheromone）的化學物質相互溝通。

圖16-21
白蟻，在巢之中央爲蟻后，其腹部膨大，頭部在右方，蟻王在左下方，其餘大部爲工蟻，左方有少數幾個兵蟻。

蜈蚣屬**唇足綱**、馬陸屬**倍足綱**，皆陸棲。體分頭部及軀幹部，軀幹部由多數節構成，各節有步足（圖16-22)，蜈蚣通常有 30 節，但亦有超過 100 節者。蜈蚣肉食，食物主爲昆蟲，以軀幹部第一節之毒爪捕殺食物，毒爪的基部有毒腺，分泌之

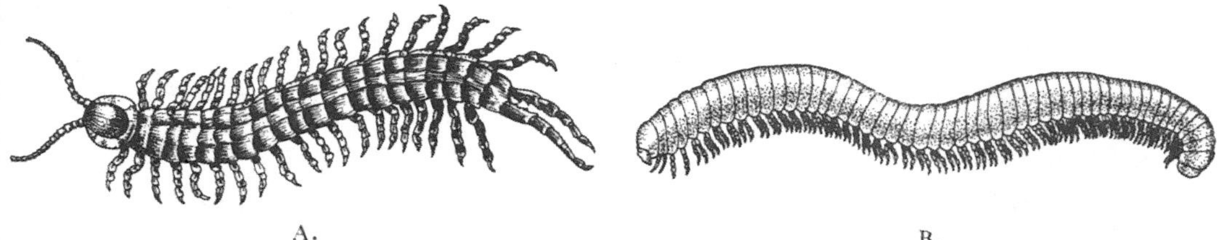

圖16-22　蜈蚣A.與馬陸B.

毒液便由該對爪的先端流出。馬陸的軀幹部，除前三節每節有一對附肢外，其他皆每節有兩對。草食，常以枯枝落葉爲食。

第十七章　動物界：具眞體腔的後口類

本章包括棘皮動物與脊索動物，兩者的外形有很大差異，例如棘皮動物呈輻射對稱，而脊索動物則呈兩側對稱。但是兩者的發生則相似，皆爲輻射卵裂（胎胚早期時細胞的命運未定、口非由原口形成而係另外發生）。

第一節　棘皮動物門 (Phylum Echinodermata)

本門動物皆海產，包括海星、海膽等約 6,000 種，共分五綱。成體呈輻射對稱，但幼蟲時則爲兩側對稱。骨骼由石灰質骨片構成，覆有表皮，故爲內骨骼。骨片表面有棘，棘亦覆有表皮，故名棘皮。

水管系係本門動物所特有之構造，此爲體內連續的管道，管上發生的分枝乃形成管足。當管足內充滿水時，便伸至體外，管足爲其運動器官，亦可助攝食。體內有完全的消化系統。

圖17-1　不同種類的海星

海星綱 (Class Asteroidea) 海星或稱星魚，身體包括中央盤狀部及五個輻射的腕，腕的長短則隨種類而異（圖 17-1)。盤狀部向下的一面中央有口，故此面稱口面。骨骼由一連串骨片疏鬆連結而成，故腕略可彎曲。各腕在口面有一條縱溝，從溝底可以伸出管足（圖17-2B），各管足連於腕內的輻射管，各輻射管連至環管，環管位於盤狀部，並與石管相連，石管經反口面的篩板 (madreporite) 與外界相通（圖 17-2A)。 篩板上有多數小孔，可容海水出入其水管系。

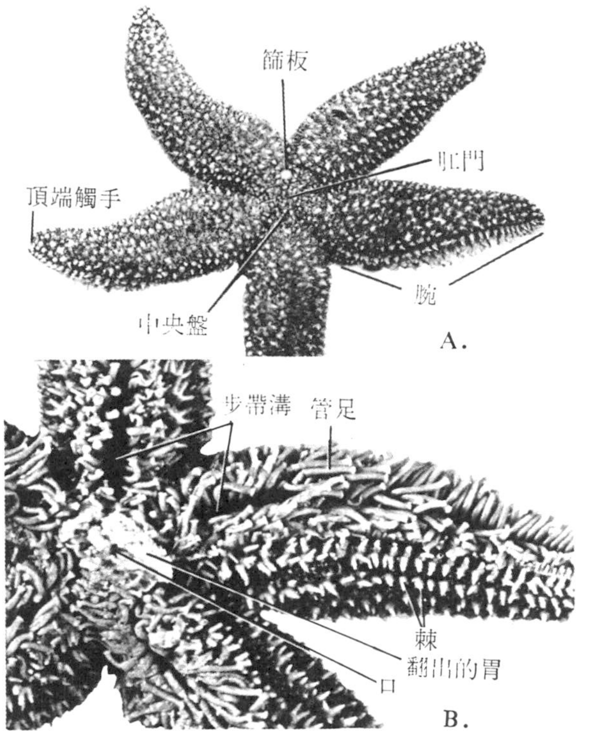

圖17-2 海星的外形。A.反口面 B.口面。

海星以軟體動物、甲殼類等爲食，偶亦捕食小魚。當攝食具

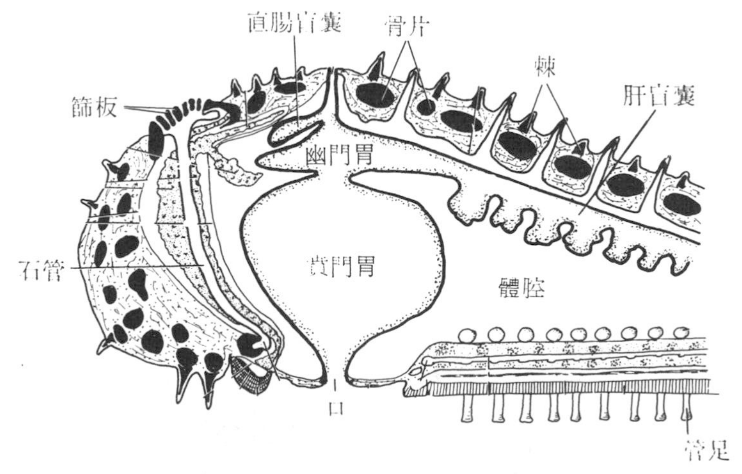

圖17-3 海星中央盤及一腕之垂直切面，示其消化系統。

有雙殼的軟體動物如蛤時，先將食物置於盤狀部下方，腕向背面彎起，管足附於殼面，可以將兩殼拉開，胃自口翻出，並自殼縫伸入，使食物先行消化成漿狀再行吸入。胃分賁門胃及幽門胃（圖(17-3)，幽門胃與各腕內的消化腺相連，消化腺可以消化食物並吸收養分。腸很短，肛門位於反口面。

蛇尾綱（Class Ophiuroidea） 本綱包括陽遂足及筐魚等（圖17-4），外形與海

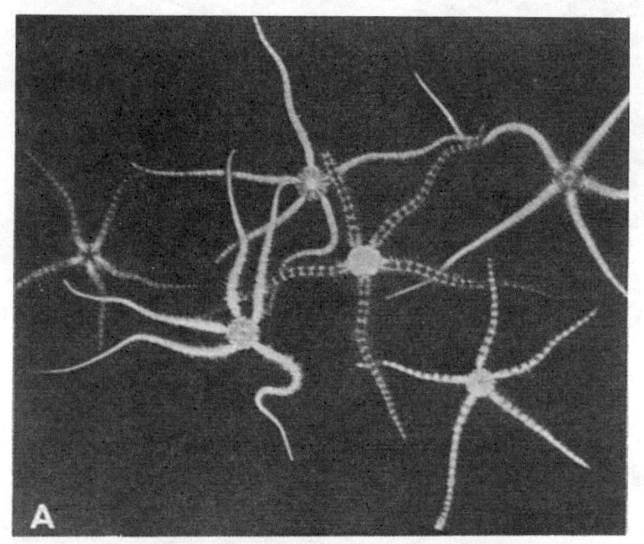

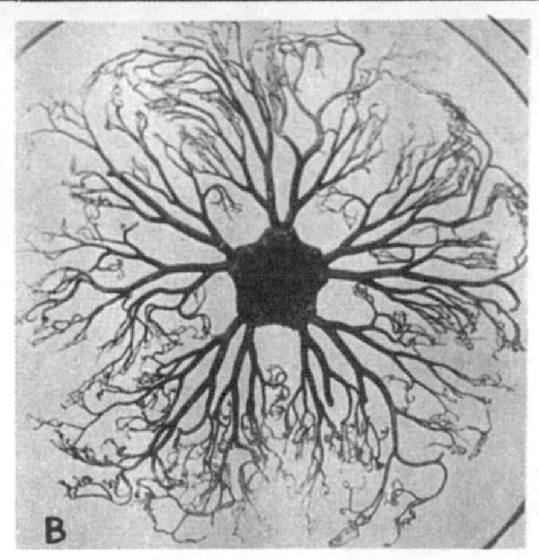

圖17-4 A.陽燧足 B.筐魚

星相似，惟腕較爲細長，可利用腕爬行，故運動快速。管足細小，主行感覺作用而非用以運動。

海膽綱 (Class Echinoidea) 本綱包括海膽(圖17-5)及海餅等(圖 17-6)，棘

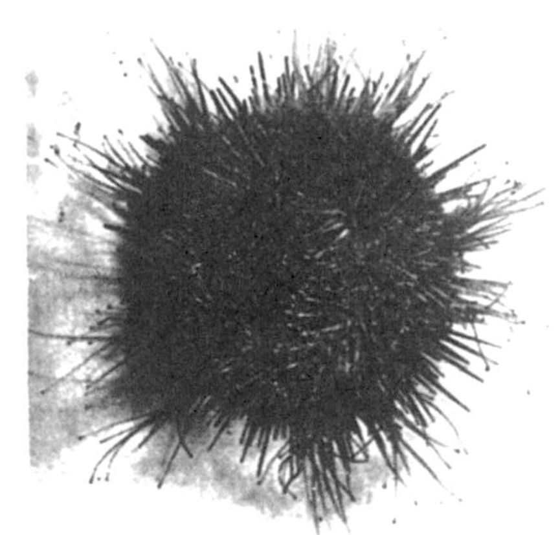

A. B.

圖17-5 海膽。A.口面，身體表面有棘和伸出的細長柔軟之管足。B.殼的側面觀，殼表面的瘤狀物爲與棘相接處。

佈滿全身，無腕，骨片互相癒合成一硬殼。有些種類的棘有毒，棘與骨片間形成關節，故棘能擺動而助運動。海膽生活於岩岸，以海藻爲食。海餅體扁似餅，常埋於泥沙中，以有機碎片爲食。

圖17-6 海餅側面觀

海參綱(Class Holothuroidea) 海參底棲，有的埋於泥沙中，體似黃瓜(圖17-7)，口位於前端，周圍有觸手，肛門位於後端。海參有一奇特現象，叫做切臟自衛 (evisceration)，當遇敵或環境不適時，便將消化道、呼吸樹(呈樹枝狀之管道、位體內)

生殖腺等釋出，此等失去的部分，可以再生。

圖17-7　海　參

海百合綱 (Class Crinoidea) 本綱包括海羊齒及海百合等(圖 17-8)，現存者種類甚少但化石種類則甚多。海羊齒可以游泳，海百合則利用長柄附著他物。他們生活時口面向上，腕五個，各腕分枝爲二且有羽狀分枝，各腕向上，故體形似白菜。海羊齒在中央盤向下的一面有捲鬚，海百合的

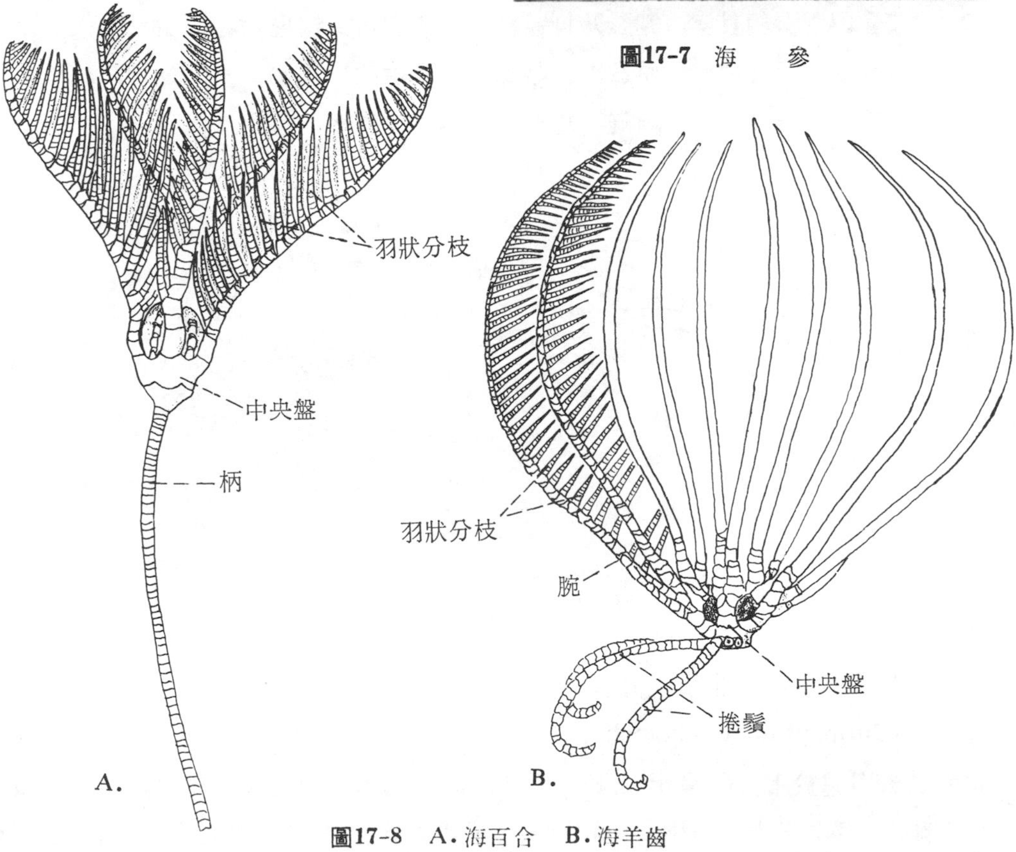

圖17-8　A. 海百合　B. 海羊齒

捲鬚則位於柄上。

第二節 脊索動物門(Phylum Chordata)

脊索動物皆爲兩側對稱、有眞體腔、身體分節、具有內骨骼。此外，脊索動物尙具有三大共同特徵：（圖17-9）

1. 身體背部有縱走的脊索，脊索強固易屈，有支持身體的功用。
2. 脊索背面有中空的神經索。
3. 發生過程中有鰓裂，在身體前端咽部位置的體壁，出現一系列交互排列的鰓弧和鰓溝；咽的兩側則向外突出形成咽囊，並打通而形成鰓裂。有時鰓囊與鰓溝相貫穿，鰓裂乃打通體壁。鰓裂可以濾取食物，由口進入消化管的水，可經由鰓裂而逸出，藉此濾取水中的小生物。有的動物，如魚類，其鰓裂邊緣有許多細絲，絲上有血管，是爲鰓，可用以呼吸。

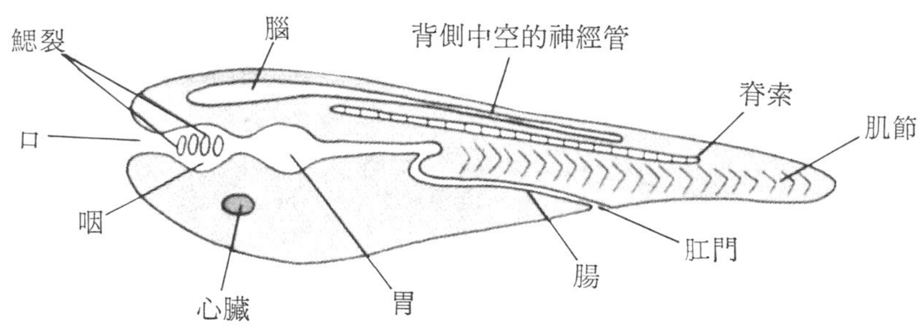

圖17-9 脊索動物的主要特徵

脊索動物共分三亞門，即尾索動物亞門 (Subphylum Urochordata)、頭索動物亞門 (Subphylum Cephalochordata)、以及脊椎動物亞門 (Subphylum Vertebrata)。茲分述於下：（一）尾索動物亞門，海鞘爲本亞門之代表動物，主要特徵爲僅幼蟲時期的尾部具有脊索。海鞘海生，成體固著(圖17-10)，常附著於岩石或其他物體上。幼蟲呈蝌蚪狀（圖17-11），可以游動，前端膨大，有鰓裂，尾部有脊索和神經索。幼蟲活動一、二日後，便停留下來，用前端吸著岩石或他物，尾漸漸消失，其內的脊索及大部分神經索均退化，故成體僅保留三大特徵之一——鰓裂而已。成體的游離端有兩個開口，分別容水出入（圖17-12)。體內有大而呈桶狀的咽，咽的壁上有許多排列

圖 17-10　海鞘

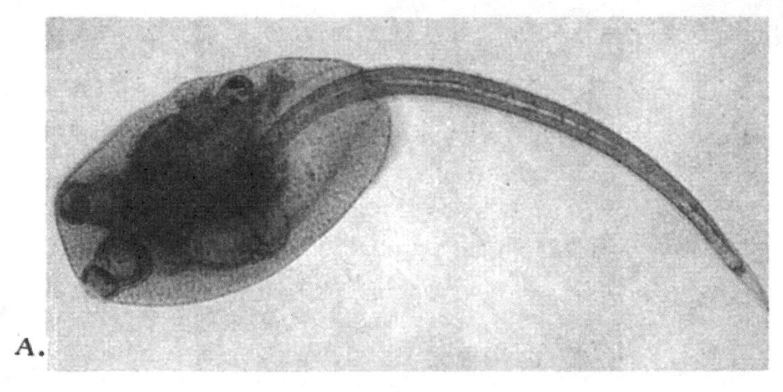

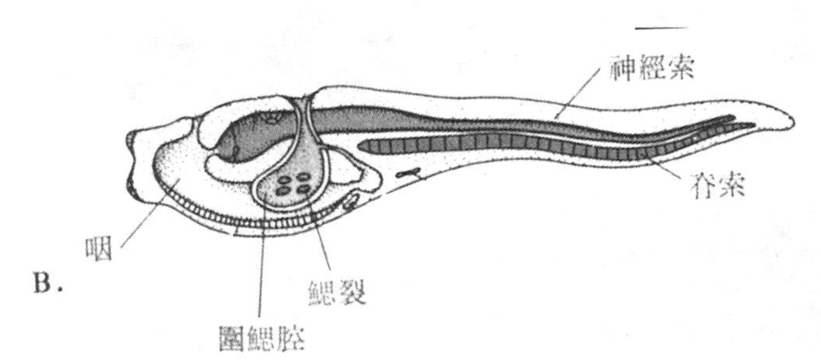

圖17-11　海鞘的幼蟲期。A. 游泳中，B. 示其主要的內部構造。

成方格狀的鰓裂，當水通過咽時，便自水中濾取食物，水則自鰓裂濾出經出水管至外界。（二）頭索動物亞門，以文昌魚爲本亞門代表。文昌魚外形似魚（圖17-13)，體小（長約 5 ～10公分）而透明，兩端尖削，廣佈於淺海，或游泳或埋於近低潮線之泥沙中。脊索動物的三大共同特徵均甚發達：脊索向前延伸至頭部先端，咽部有許多對鰓裂、神經索伸展至整個體長。文昌魚外形雖似魚，但較魚類原始，他們沒有成對的鰭，也沒有領、腦和特化的感覺器官。文昌魚的攝食方法與海鞘一樣爲濾食，水自口進入，咽可濾取水中的小生物，水則由鰓裂至咽周圍的圍鰓腔(atrium)，再從身體腹面位於肛門前方的圍鰓腔孔排出。（三）脊椎動物亞門，本亞門與其他脊索動物相異處爲：脊索僅見於胚胎時期，成體時則有脊柱以替代脊

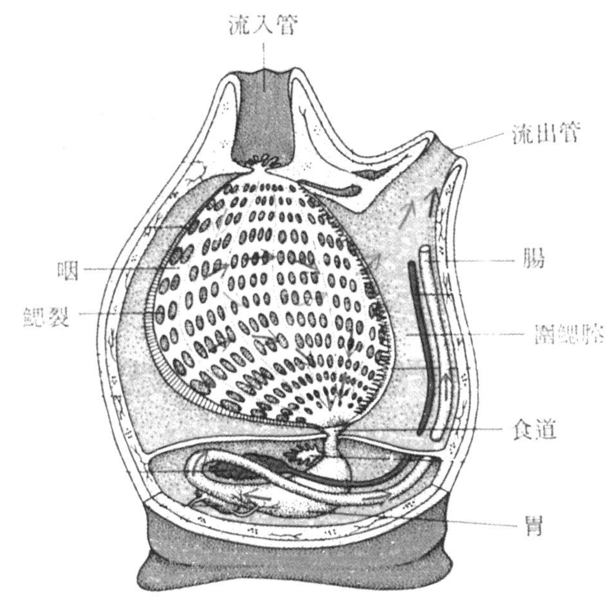

圖17-12　海鞘的構造

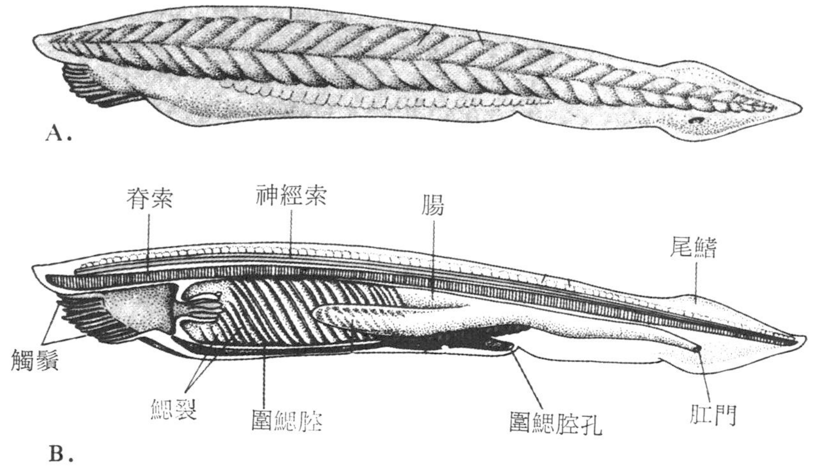

圖17-13　文昌魚。A.外形，B.內部構造。

索；神經索分化爲腦及脊髓；所有脊椎動物包括人類在內於胚胎時期皆具有鰓裂，陸生脊椎動物在成體時鰓裂消失，而魚類及少數兩生類具有鰓。

第三節　脊椎動物亞門(Subphylum Vertebrata)

脊椎動物在種類、數量以及彼此的歧異方面雖遠不及昆蟲，但是他們能分別適應不同的生活環境，所以分布也很廣。現今生存的四萬多種脊椎動物可概分爲魚首綱 (Superclass Pisces) 及四足首綱 (Superclass Tetrapoda)。 魚類包括無頷綱、軟骨魚綱及硬骨魚綱，四足類包括兩生綱、爬蟲綱、鳥綱及哺乳綱。

無頷綱 (Class Agnatha) 本綱動物皆無上、下頷，故口不能張大以獵食，包括已滅絕的介皮魚類 (ostracoderm) (圖17-14) 以及現存的盲鰻 (hagfish)、八目鰻 (lamprey) (圖17-15)。介皮魚爲最早的脊椎動物，生存於奧淘紀、志留紀至泥盆紀。生活於淡水，體小型，無偶鰭，體表被有厚甲以司保護，由於口不能張大，故行濾食。

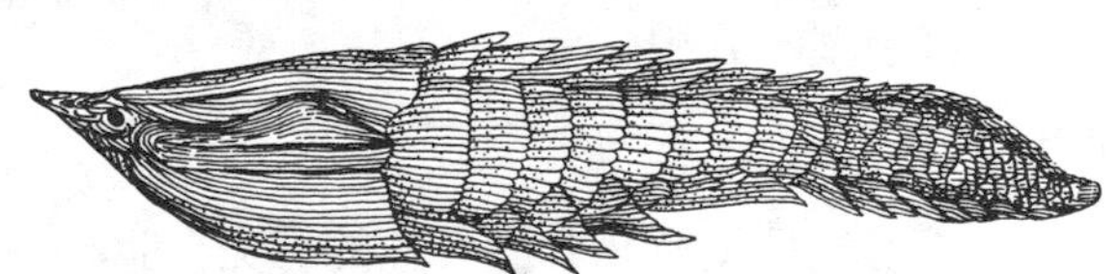

圖17-14　介皮魚，無頷、無偶鰭，身被厚甲。

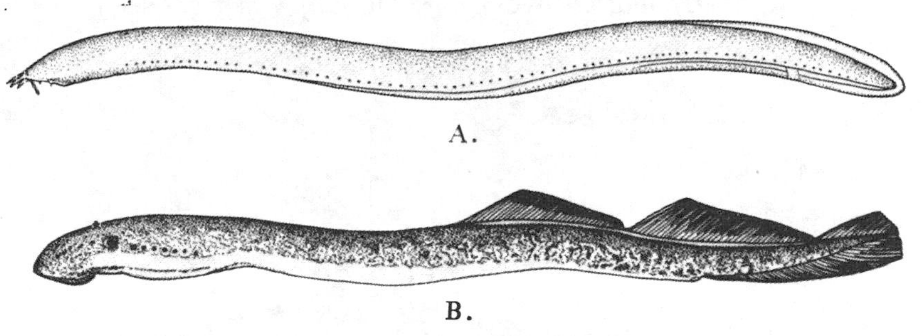

圖17-15　圓口類。A.盲鰻　B.八目鰻。

盲鰻及八目鰻爲少數現存的無頷魚，體長面圓，體表無厚甲或鱗片，故皮膚光滑，無偶鰭，亦無上下頷。口位於前端腹面，口的周圍爲一圓形吸盤，利用吸盤吸着其他動物的體表，再用口吸食血液或其他組織。盲鰻皆海生，喜食腐肉，常鑽入死魚體中，至肉盡時始離去。八目鰻生活海洋或湖泊，行寄生，利用吸盤吸住其他魚的體表，吸食血液，並可分泌防止血液凝固之物質，使寄主血液源源流出。八目鰻至生殖時，成體離開海洋或湖泊，至河流上游，在礫石中築巢，產出卵或精子，成體隨即死去。由受精卵發育而成的幼體，至河流下游，埋於泥底行濾食，約經七年始變態為成體，再返回海洋或湖泊。

必需一提的是在志留紀及泥盆紀時，某些種類的介皮魚演化為盾皮魚（屬盾皮綱Class Placoderma，皆已絕跡）他們具有上、下頜，並有對鰭，體小型，具甲冑（圖17-16），生活於淡水，他們可能是軟骨魚和硬骨魚的祖先。這些具上、下頜的魚類，無疑的卻導致了介皮魚類的絕跡。

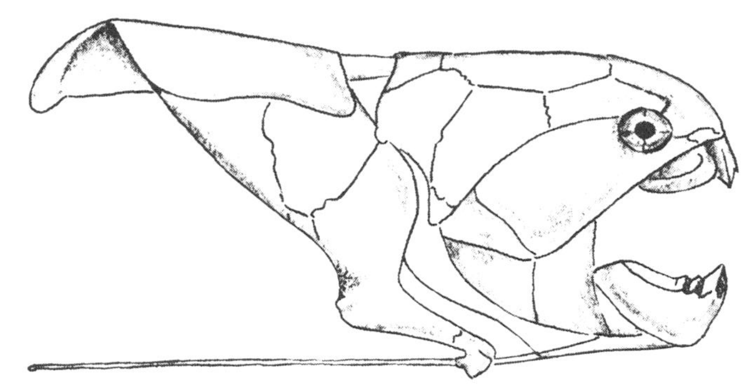

圖17-16 盾皮魚，有上、下頜，故口可以張大；有偶鰭，體表有甲。

軟骨魚綱（Class Chondrichthyes） 介皮魚與盾皮魚主要生活於淡水，僅少數種類移至海洋，但軟骨魚類在泥盆紀時卽成功的生活於海洋，現今絕大多數的軟骨魚皆為海產，僅少數又再返回淡水。

軟骨魚綱包括鮫、魟及鱝，骨骼皆為軟骨性，具有兩對對鰭——胸鰭及腹鰭。鮫的身體呈流線型（圖17-17），他們必須活潑游泳，否則便會沉入水底，因為軟骨魚的體內皆沒有鰾以調節身體的浮沉；此

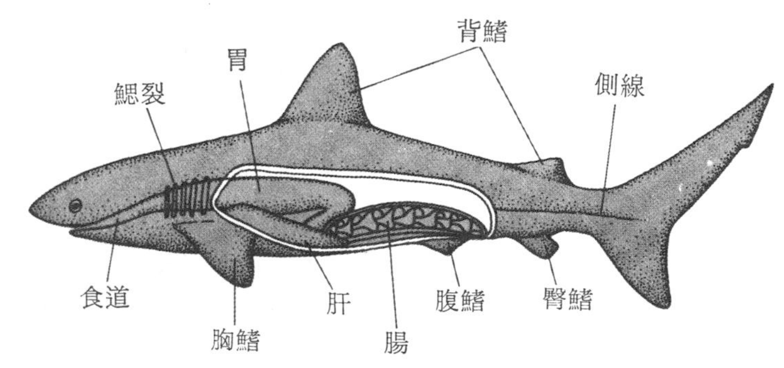

圖17-17 鮫的構造

外，其大型的胸鰭，可予行進中的魚體以上升的浮力。魟及鱝等則以底棲爲原則(圖17-18)，他們運動遲緩，常部分埋於泥沙中。軟骨魚類皆行體內受精，有的種類卵生，很多則爲卵胎生，卽卵在母體內發育成熟後始產出，但不吸收母體的養分；少數種類甚至爲胎生，發育時，自母體血液獲得養分。鮫的皮可製皮革，其肝爲製魚肝油的原料，是人們獲取維生素A的重要來源。

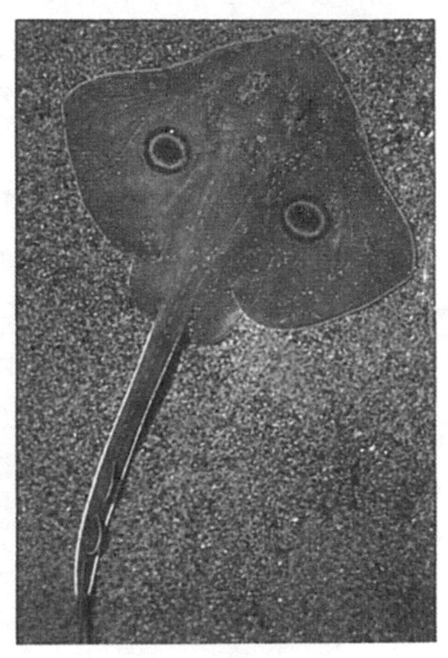

圖17-18 鱝

硬骨魚綱 (Class Osteichthyes) 生物學家深信硬骨魚與軟骨魚同在泥盆紀時由不同的盾皮魚演化來。硬骨魚的祖先可能生活於淡水中，具有肺。泥盆紀時，池水常發生季節性乾涸，生活其中的魚有的便經由適應而用肺呼吸以求生存。至泥盆紀中葉，硬骨魚乃分歧爲兩大類，一類爲條鰭亞綱 (Subclass Actinopterygii)，他們以後演化爲現今的各種硬骨魚。另一類爲肉鰭亞綱 (Subclass Sarcopterygii) 亦稱內鼻亞綱 (Subclass Choanichthyes)，這一類包括肺魚及總鰭魚，兩者皆具有肺。現存的肺魚僅有三屬，分布於非洲、澳洲及南美。總鰭魚爲陸生脊椎動物的祖先，應已絕跡，不過1938年在非洲海域，曾捕獲到活的種類，這種活化石爲腔棘魚 (coelacanth) (圖

圖17-19 腔棘魚，本圖攝於南非附近可摩洛島 (Comoro Island) 深水中。

17-19)，長達二公尺，重約60公斤，無肺，其偶鰭與身體相連處有肉質的柄，利用偶鰭可以在海底爬行。但古代生活於淡水中的總鰭魚，可以用鰾呼吸空氣，由於當時池水或河水常常乾涸，他們爲了尋找水源，便用鰭爬上陸地，自一個水潭爬行至另一水潭，漸漸地，偶鰭便演化爲兩生類的四肢。動物學家期望根據對腔棘魚偶鰭的研究，以了解魚鰭如何演變爲四足動物的肢。

在演化過程中，魚類的肺乃演變爲硬骨魚的泳鰾(swim bladder)，泳鰾可以分泌氣體至鰾中或吸收氣體，藉以調節其內的氣體量，身體乃得以在水中浮沉。硬骨魚具有硬骨，頭部兩側的體壁向後延伸形成鰓蓋以保護鰓。通常行體外受精、卵生，因爲卵發育爲成體的機會少，因此產卵量必須多。許多種類會築巢產卵，甚至看顧卵。

兩生綱 (Class Amphibia) 最早登陸的四足動物屬迷齒目 (Order Labyrinthonti)，他們是頸短、尾粗笨似蠑螈的動物 (圖17-20)，四肢堅強足以在陸上支持其身體。迷齒類由總鰭魚演化來，仍保留若干魚類的特徵，例如身體腹面及尾部有鱗片，尾部有部分奇鰭。由迷齒類再演化爲其他原始的兩生類、現今的蛙及蠑螈、乃至爬蟲類——祖龍。

圖17-20 迷齒目的一種，爲古生代出現最早的兩生類。

現今的兩生類共分三目，有尾目 (Order Urodela) 包括蠑螈 (圖17-21)、泥狗等，皆具長尾。無尾目 (Order An-

圖17-21 蠑　螈

ura)，蛙及蟾蜍屬之，皆無尾，四肢適於跳躍。無足目(Apoda)，無四肢，似大型的蚯蚓（圖17-22)，如盲螈。

兩生類的成體雖有肺，但肺僅是一對囊狀構造，因此呼吸面積小，尙須藉濕潤的皮膚協助呼吸。許多種類的皮膚中有毒腺。兩生類行體外受精，成體雖生活陸地，但需至水中產卵或精子，幼蟲叫做蝌蚪，生活水中，具有鰓，幼蟲經過變態，其鰓及尾皆消失而爲成體，其變態由甲狀腺素所控制。

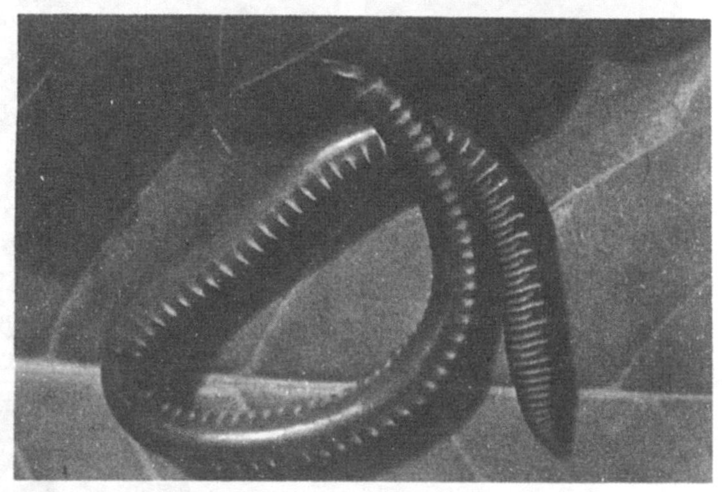

圖17-22　盲螈，眼退化於皮下，體有環痕(圖中央上方爲前端)。

爬蟲綱 (Class Reptilia)　爬蟲類是眞正陸生的動物，他們不需如兩生類般至水中行生殖，雌者的卵有由輸卵管分泌的卵殼保護，精子藉交尾而進入雌體，並在卵殼形成以前與卵結合。故從產卵起便已脫離了水中環境，這是他們很大的改進。

爬蟲類的體表有鱗片或骨板，可防體內之水分散失。由於有外骨骼，皮膚就不能如兩生類般行呼吸作用，必須完全藉肺呼吸。肺的分隔增多，出現肺泡，呼吸面積乃大爲增加。

爬蟲類與魚類、兩生類，皆無法調節體溫，屬變溫動物(poikilotherms)，其體溫會隨環境溫度而升降。在較高的氣溫下，體溫升高、代謝加快，這時便能靈活運動。氣溫低時，代謝變慢、運動遲緩。因此，爬蟲多見於較溫暖的地區。現今的爬蟲共分三目：龜鱉目 (Order Chelonia)，有鱗目 (Order Squamata)，包括蜥蜴、蛇（圖17-23)，以及鱷目 (Order Crocodilia)，包括鱷（圖17-24)。

最早的爬蟲是一種似兩生類的動物，叫做塞莫利亞 (Seymouria)（圖17-25)，

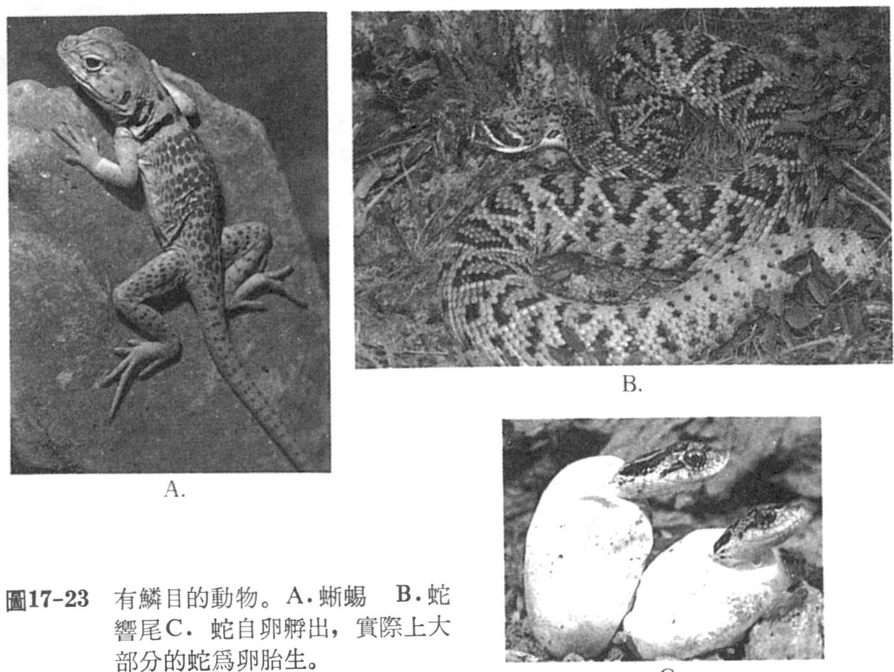

A.

B.

C.

圖17-23　有鱗目的動物。A.蜥蜴　B.蛇響尾C．蛇自卵孵出，實際上大部分的蛇為卵胎生。

圖17-24　鱷

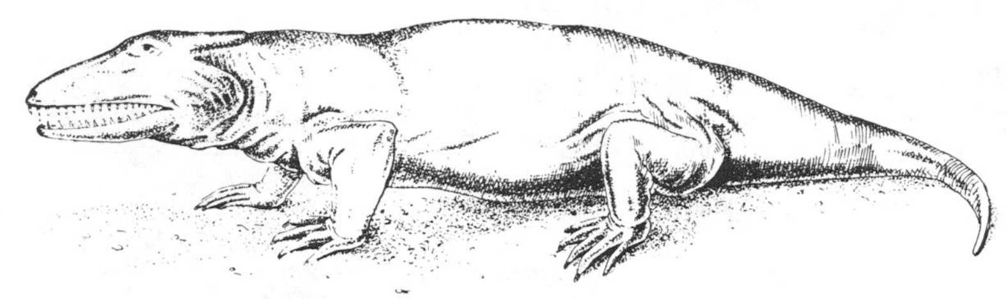

圖17-25　塞莫利亞 (Seymouria)

是祖龍類的一種，頭大尾短，長約七公分，四肢如蠑螈般由體側伸展而出，屬祖龍目 (Order Cotylossauria)。至中生代，地球由爬蟲所統治，他們種類繁多，分布廣，有的能飛，有的生活水中，大多數生活陸地。爬蟲類雖盛極一時，統治地球長達兩億年，但在中生代末期，許多種類尤其是大爬蟲竟都消聲匿跡，僅小型種類尚能苟延。在大爬蟲滅絕前很久，小型爬蟲便已分別演化爲鳥類及哺乳類。

鳥綱(Class Aves)　鳥類具有羽毛，羽毛係由爬蟲的鱗片演化來，可以保護身體、減少水分和體溫的散失，並可協助飛翔。鳥類的飛翔，主要是由於前肢演變爲翼。除了翼和羽毛外，鳥類尚有許多其他特徵可以適應飛翔。例如體呈流線型；骨的質地輕，許多骨中空、內含空氣，由肺延伸出的氣囊除充滿內臟間的空隙外，亦充滿於中空的骨內；鳥類的含氮廢物主爲尿酸，由於缺少膀胱，這些廢物乃隨糞便排出，鳥類的糞便隨時排出，可以減輕體重。爲了減輕體重，雌者連右側的卵巢及輸卵管亦一併消失。此外，鳥類的視覺敏銳，聽力亦強；凡此，皆有助其適應高空生活。

雖然鳥類具有翼，但有些種類並不會飛翔。例如企鵝，翼小呈鰭狀，可用以游泳。鴕鳥的翼退化，後肢則甚發達，善於奔馳。鳥類善鳴，鳴聲是個體間相互溝通的方法。悅耳的鳴聲常由雄鳥發出，用以求偶。鳥類隨季節產生的遷移行爲，是十分多彩多姿的。遷移行爲是由於日照時間的長短所引起，日照可以刺激下視丘分泌激素，以刺激腦垂腺分泌促生殖腺激素，這種激素能促進睪丸或卵巢分泌性激素，性激素可使鳥類產生遷移、交配或築巢等行爲。鳥類多有鮮艷美麗的體色，許多種類的雌性有保護色，雄性在生殖季節，羽毛色澤鮮明，藉以吸引雌性。

最早的鳥類是始祖鳥（*Archaeopteryx*）（圖17-26），身體大小如烏鴉，體被羽毛，但仍保有爬蟲類的特徵。例如口內有齒、長尾、翼的先端有三個具爪的指。始祖鳥的化石存於中生代的侏羅紀（一億九千萬至一億三千五百萬年前）地層中。現今的鳥類亦保有若干爬蟲的特徵，例如腿上有鱗片、產卵等。

圖17-26 始祖鳥

哺乳綱（Class Mammalia） 哺乳類最顯著的特徵是體表覆有毛，具有乳腺分泌乳汁以餵哺幼兒，齒分門齒、犬齒、小臼齒和大臼齒，爲定溫動物(homoiotherms)，行體內受精。除一穴目的動物產卵以外，其他的種類皆爲胎生。絕大多數具有胎盤，胎兒經由胎盤自母體獲得營養，廢物亦經胎盤排至母體。

圖17-27 獸弓目的一種，爲似哺乳動物的爬蟲。

最早的哺乳動物約在二億年前由爬蟲綱、獸弓目（Order Therapsida）的動物（圖 17-27）演化來。獸弓類雖是爬蟲，但有些特徵卻與哺乳動物相似。例如齒亦分門齒、犬齒和臼齒，此與一般爬蟲的齒全呈錐形的情況不同。在當時，原始的哺乳動物如何能與統治地球的爬蟲共存，主要在於哺乳動物具有多項適應環境的方式，使他們可以在地球上爭得一席之地。例如他們生活在樹上，夜間出來覓食，由於爬蟲在晚間皆不活動，因此能避開這些統治者。胎兒在母體內發育，可以避免產下之卵爲其他動物所食。親代對幼兒的照顧十分週密。由此，他們得以在當時苟延殘喘。

哺乳綱共分三亞綱：原獸亞綱（Subclass Prototheria），爲產卵的哺乳動物，僅一目（一穴目）。異獸亞綱(Subclass Allotheria)，皆已絕跡。獸亞綱(Subclass Theria)，包括後獸下綱 (Infraclass Motatheria))，爲有袋哺乳動物，眞獸下綱 (Infraclass Eutheria)，爲胎盤哺乳動物。

一穴目 (Order Monotremata) 包括鴨嘴獸及針鼹（圖17-28），兩者皆產於澳洲。雌者產卵，卵置於腹部袋內或產於巢中，幼獸孵出後，則由母體供給乳汁。針鼹以長而黏之舌捕食蟻。鴨嘴獸居河邊之穴中，足有蹼，尾扁可助游泳，捕食水中的無脊椎動物。

圖17-28　針鼹

有袋目 (Order Masupialia) 包括大袋鼠及負子鼠等，受精卵先在母體子宮內發育數週，幼體尚未成

A.

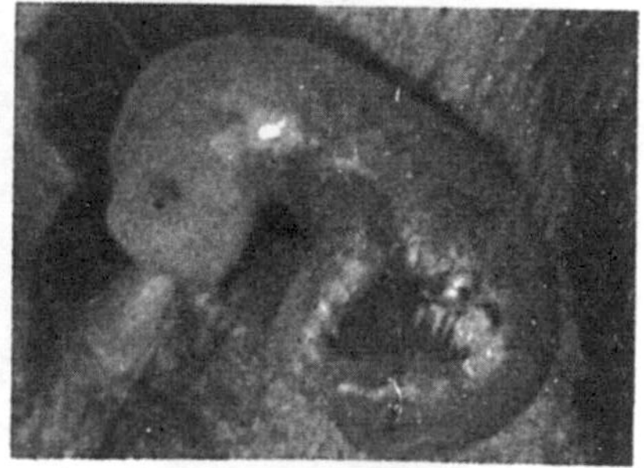

B.

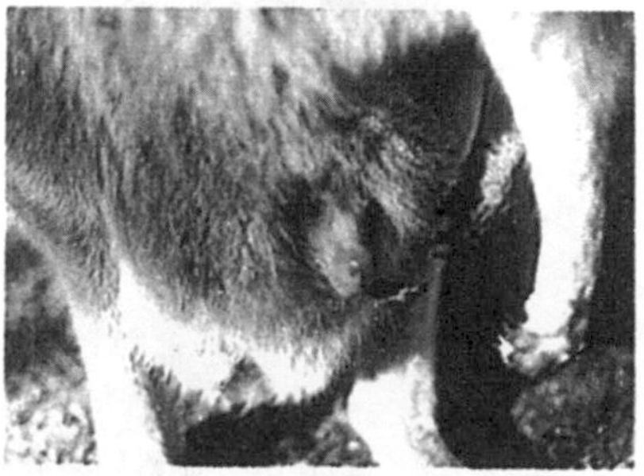

C.

圖17-29　大袋鼠。A.成體，B.剛出生之幼體，大小似蜜蜂，C. 幼體在育兒袋內。

熟卽行產出，爬至母體袋內，用口吸住母體乳頭，以乳汁爲營養（圖17-29）。有袋類主產於澳洲，僅負子鼠產於北美，以及其他少數種類產於他處。在古代有袋類可能廣布全球各地，以後由於胎盤哺乳類的出現，有袋類無法與之匹敵而爲胎盤類所取代。澳洲則在胎盤類抵達該地前卽與其他陸地隔離，因此，有袋類能繼續在澳洲繁衍。他們的演化方向是多方面的，可以分別適應不同的生活方式，故與胎盤類的

圖17-30　胎盤類與有袋類之比較，他們的生活方式分別相似。

情形相仿。因此，在澳洲及其附近的島嶼，可以發現當地的有袋類與胎盤動物中的狼、熊、甚至貓等都很相似（圖17-30）。

胎盤哺乳類的主要特徵是具有胎盤，胎盤係由胎兒的胚外膜與母體的子宮壁共同發展而成。胎兒與母體間可經胎盤而交換物質，胎兒發育成熟始由母體產出。共分17目，茲擇要簡述於下。

食蟲目（Order Insectivora）：鼹鼠、刺蝟。晝伏夜出、食蟲。爲最原始的胎盤哺乳動物。

翼手目(Order Chiroptera)：蝙蝠。具有由皮膚伸展而成的飛膜，適於飛翔。飛翔時，發生高頻率的音波，藉音波遇障礙物產生的回音作爲嚮導，以昆蟲、果實爲食，有的則吸食其他動物的血液。吸血的蝙蝠可能會傳染黃熱病(yellow fever)及痲痺性狂犬病（paralytic rabies)。

食肉目（Order Carnivora)：貓、犬、狼、狐、熊、海象及海豹等。食肉，犬齒尖銳，利用犬齒捕殺活物。嗅覺敏銳，爲非常聰明、強壯、運動快速的動物。海象、海豹等因生活水中，其肢特化成鰭狀，實際上，他們並不能完全適應水中生活，必須至岸邊交配及育幼。

貧齒目（Order Edentata)：犰狳（圖 17-31)、大食蟻獸（圖17-32)、獺（圖17-33)。齒僅有臼齒或無齒，食蟲及小型無脊椎動物。獺的行動遲緩，身體腹面向

圖17-31 犰狳，右圖爲防禦姿勢。

圖17-32　大食蟻獸

上倒懸於樹枝間，以身體表面生長之藻類的綠色作爲掩護。犰狳體表有骨板保護之。

嚙齒目 (Order Rodentia)：鼠、豚鼠、豪豬（圖17-34）、松鼠、海狸。門齒不斷生長，故好咬物以磨短之，種類甚多，約 3,000種。

兔形目 (Order Logomorpha)：兔。後腿長，適於跳躍，很多種類的耳甚長。

靈長目 (Order Primater)：狐猴（圖17-35）猴、猿及人。有發達的腦，眼位於面部前方，指甲代替其他動物的爪，拇指（大趾）可與其他四指（趾）對合。本目分原猴類 (prosimians)——包括狐猴、獺猴及眼鏡猴等，以及類人猿類 (anthropoids)——包括猴、猿及人。

奇蹄目 (Order Perissodactyla)：馬、斑馬、犀牛、貘。足趾通常 1 或 3 個，故爲奇數。體大型，腿長。草食，齒適於咀嚼。

偶蹄目(Order Artidactyla)：牛、羊、豬、鹿、長頸鹿。足趾通常爲 2 、偶有

圖17-33　獺

4個，故爲偶數。頭部常有角，多數爲反芻動物。

長鼻目(Order Proboscidea)：象。具有肌肉質有靱性的長鼻，皮膚厚而疏鬆。上方的兩個犬齒特長，稱爲象牙，爲目前陸生動物中體型最大者，重可達六千多公斤。本目除現存的象外，尙包括已跡絕的猛獁及乳齒象，兩者皆爲古代的巨象。

海牛目 (Order Sirenia)：海牛、儒艮 (圖 17-36)。水生、草食， 前肢似鰭，無後肢。雌性儒艮胸部有乳房一對，常直立以前肢擁抱幼兒，有關美人魚的故事，可能便是指儒艮。

鯨目 (Order Cetacea)：鯨、海豚 (圖 17-37)。能適應水中生活， 體形似魚，前肢寬而呈鰭狀，無後肢，皮下有很厚的鯨脂 (blubber)。聰穎，交配、育幼等皆在水中進行。藍鯨長達30公尺，爲現存動物中體型最大者。

圖 17-34
豪　豬

圖 17-35
狐　猴

圖17-36　儒　　艮

圖17-37　海　　豚

第四篇　植物體的構造與機能

第十八章　葉、莖與根

植物的根可自土壤中吸收水分和礦物質，葉可行光合作用，莖則將根部吸收的物質向上運輸至葉，並將葉部經光合作用產生的養分輸送至根，故根、莖和葉為植物的營養器官。

節一節　葉

葉可分葉柄、葉片和托葉三部，葉柄呈梗狀，連接莖枝和葉片；葉片扁平，可以增加其表面積，內有葉脈；托葉為小型葉，位於葉柄基部，可以保護幼芽。

構造　葉片的上，下面都覆有一層表皮(epidermis)（圖 18-1），表皮細胞扁平，排列緊密，不含葉綠體；表面覆有角質層(cuticle)，角質層不進水，也不透氣，可以防止葉內水分的散失。表皮

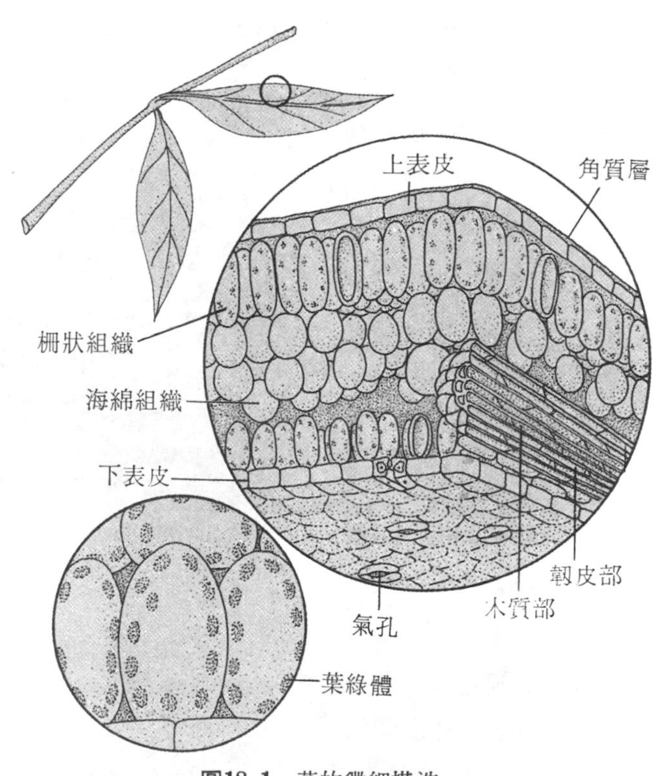

圖18-1　葉的微細構造

中散生著氣孔（stoma），氣孔爲兩個保衛細胞（guard cell）間的小孔，大多數的植物，下表皮的氣孔數多於上表皮。氣孔在光照下開啟，黑暗時關閉，氣孔的開閉由保衛細胞調節（圖18-2）。保衛細胞呈半月形，內含葉綠體，成對的保衛細胞，

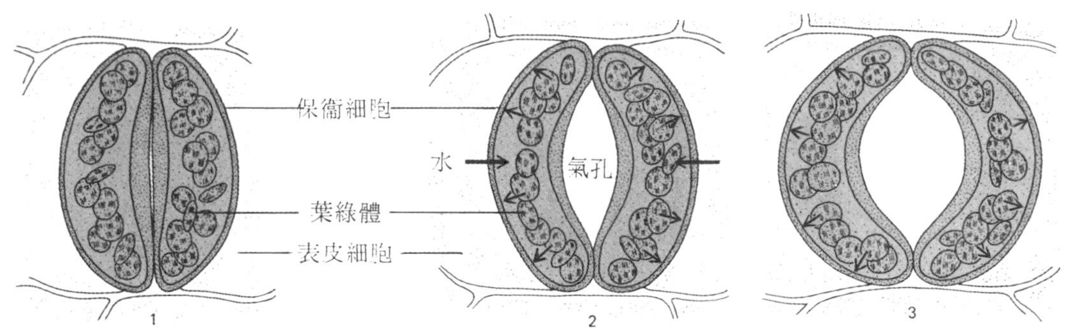

圖18-2　氣孔的開閉

其相對部分的細胞壁較厚，外側部分較薄，當保衛細胞吸水膨脹時，整個細胞便向外彎曲，氣孔便張開；當水分減少時，細胞壁又藉彈性而恢復原狀，氣孔便關閉。實際上，水分的進出保衛細胞，與細胞內二氧化碳的含量有關，在光照下，保衛細胞行光合作用，因而不斷消耗二氧化碳，當細胞內二氧化碳的含量低時，會促使細胞的滲透壓增高，於是細胞便吸水而膨脹，氣孔乃張開。晚間，保衛細胞不行光合作用，保衛細胞內的二氧化碳含量升高，細胞便失水而萎縮，氣孔便關閉。由此可知，保衛細胞內二氧化碳的含量，是調節氣孔開閉的因素。

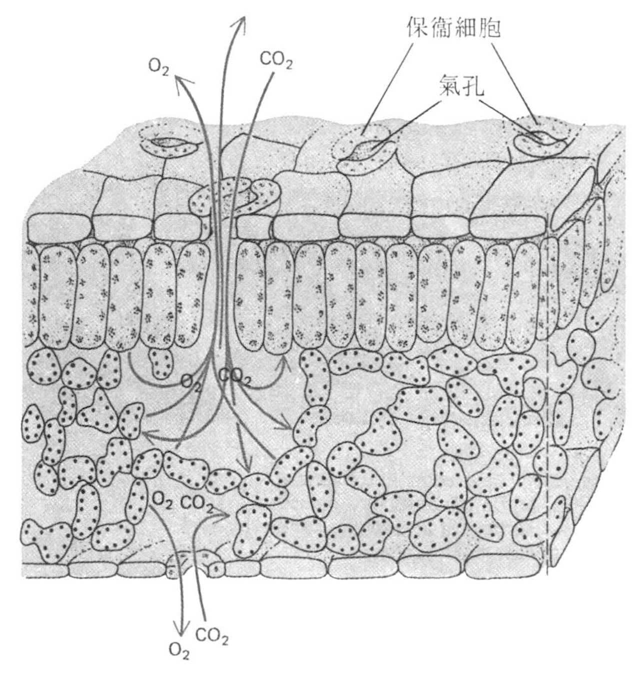

圖18-3　葉的横切面，示O_2及CO_2進出氣孔。

在上、下表皮間有葉肉（mesophyll），靠近上表皮的葉肉細胞呈柱狀，排列較緊密，葉綠體含量多，叫做柵狀組織（palisade tissue）。靠下表皮的葉肉細胞較不規則，排列也疏鬆，葉綠體含量少，稱爲海綿組織（spongy tissue），其細胞間隙很大，稱爲氣室。葉肉是葉行光合作用的部位，光合作用所需的二氧化碳以及產生的氧，皆由氣孔出入（圖18-3）。

葉脈是葉內的維管束，係由莖部的維管束延伸而來，可以輸送物質，亦可支持葉片。葉脈遍布全葉，幾乎葉內每一個細胞皆與葉脈相接近。

蒸散作用　根部吸收的水分，經由葉脈輸送到葉肉，供細胞使用，多餘的水分，便形成水蒸氣，亦經由氣孔散失到外界。植物散失水分的過程，叫做蒸散作用（transpiration）。據估計，從土壤進入植物的水分，未經使用便蒸散到空中者佔99%。實際上蒸散作用在植物體的各部都可發生，但大部分發生於葉。夜間，由於氣孔關閉，氣溫較低，葉的蒸散速度就比較慢。在大熱天的下午，氣孔也有關閉的趨勢，以減少水分的蒸散，不致發生嚴重缺水現象。乾旱時，氣孔亦閉合，俾保存水分。蒸散作用雖然導致植物體喪失大量的水分，但卻是使根部水分經導管向上運輸的主要動力。

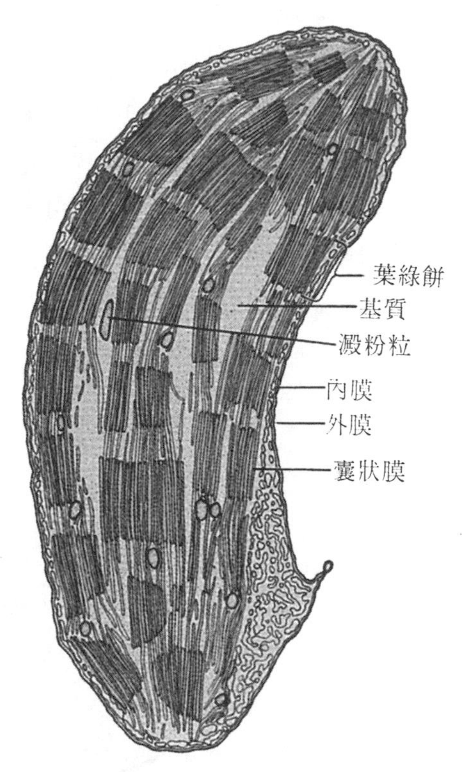

圖18-4　葉綠體的構造

光合作用　光合作用在葉綠體內進行。葉綠體內有許多囊狀膜（thylakoid）（圖18-4），有的囊狀膜形如餅片，並上下相疊，稱爲葉綠餅（grana）。囊狀膜含有葉綠素、胡蘿蔔素和葉黃素。囊狀膜外面的膠狀物質，叫做基質（stroma），內含酵素，可固定二氧化碳以合成葡萄糖。

光合作用包含光反應及暗反應，前者必須在有光的情形下，在葉綠餅內進行，形成 ATP 及 NADPH。後者則無需光的存在，可藉一系列酵素所促進的反應，將 CO_2 轉變爲醣類。

1. 光反應　光反應在光照下才能進行。當葉綠素吸收光能後，葉綠素分子便呈激動的高能狀態，很容易放出電子。當放出電子的同時，也促進水分子分解而產生氧、質子(H^+) 及電子 (e^-)。葉綠素接受水分子來的電子而恢復爲原來的非激動狀態，以便再吸收光能。由葉綠素放出的電子，經一連串的電子傳遞，即電子從高能介質向較低能介質傳遞。利用電子傳遞過程所釋出的能量，以合成 ATP。最後電子便由氧化性輔酶 ($NADP^+$ nicotinamide adenine dinucleotide phosphate) 接受，形成還原性輔酶 (NADPH) 和 H^+。因爲輔酶的還原作用是吸熱反應，故反應產物、還原性輔酶亦爲高能物質。光反應的結果，是將光能轉化爲可資利用的化學能，儲存於ATP和還原性輔酶的分子中。光反應從葉綠素吸收光能，到電子傳遞釋放能量，都是在葉綠體的囊狀膜中進行（圖18-5）。

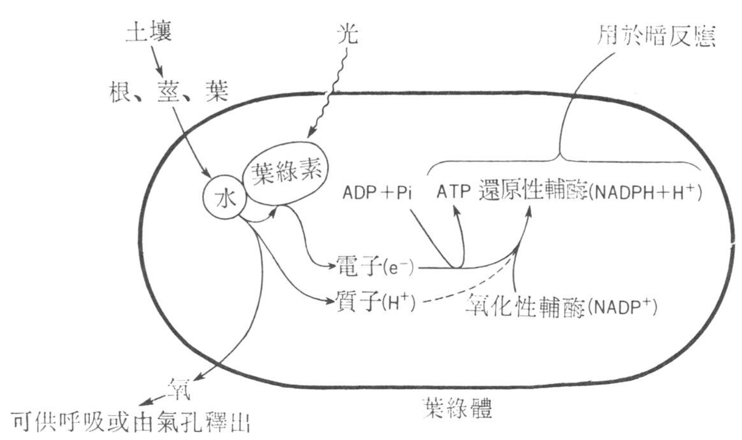

圖18-5　光合作用中光反應的圖解

2. 暗反應　暗反應在葉綠體的基質中進行。每分子二氧化碳經由酵素的催化，便和一分子五碳糖作用而產生兩分子甘油酸。光反應所產生的還原性輔酶（NADPH）和 ATP，可協助甘油酸轉化爲三碳糖。大部分三碳糖再轉化爲五碳糖，以便再用於固定二氧化碳。少部分三碳糖則相結合而成爲葡萄糖，此爲光合作用的最終產物（圖18-6）。

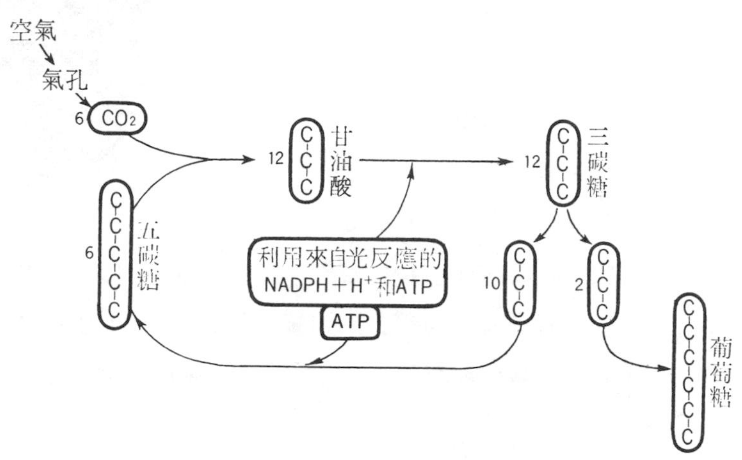

圖18-6　光合作用中暗反應的圖解，數字表示各化合物的分子數。

第二節　莖

莖是連接根與葉的部位，就一株樹而言，樹幹、樹枝、小枝等都是莖的一部分。莖的最主要功能是支持植物體以及輸導物質。莖內的維管束，與根、葉的維管束相連接，彼此一脈相通形成連續的管道；因此，根所吸收的水分和礦物質，可經由莖部的維管束到達葉；葉行光合作用所製成的養分亦經由莖部的維管束輸送至根部。

植物的莖有草本莖與木本莖兩種情形。草本莖柔軟，生長時，其高度及粗細都受到限制，如常見的蔬菜和野草，皆爲草本植物。木本莖係木質而堅硬，能持續增高並加粗。木本植物根據其主幹之顯著與否又可分喬木與灌木，喬木有顯著的主幹，如榕樹，灌木則缺少明顯主幹，莖枝皆由基部叢生而出，如杜鵑花。

維管束　維管束是植物體內的輸導組織，舉凡水分、礦物質和養分，都賴維管束運輸。每一個維管束包含韌皮部(phloem)和木質部 (xylem) (圖18-7), 莖內的維管束,都是韌皮部位於外側,木質部在內。木本雙子葉植物及裸子植物的維管束,在韌皮部與本質部之間,尙有形成層 (cambium)。

篩管
伴細胞
假導管
導管

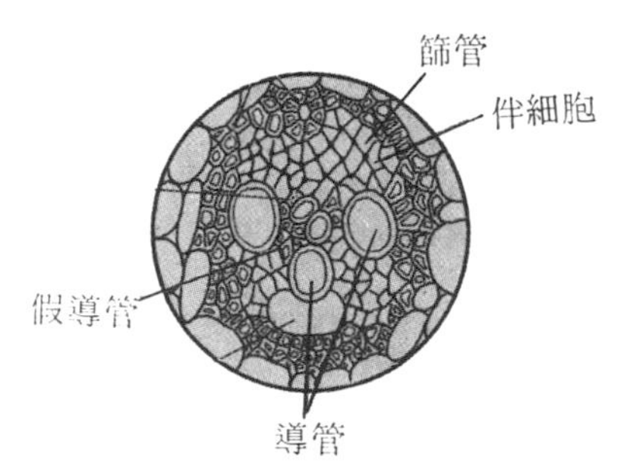

圖18-7 維管束的構造

韌皮部包括篩管、伴細胞與韌皮纖維。篩管細胞 (sieve cell) 呈長管狀 (圖18-8A),有細胞質但無細胞核,細胞彼此上、下相接,相接處的細胞壁有多數小孔;這些細胞自根經莖至葉,連接而成連續的管道,專司養分的運輸。伴細胞 (companion cell) 緊貼在篩管側面(圖18-8B),具有細胞核及細胞質,可以協助養分的輸送。韌皮纖維

篩板
側篩孔
篩孔
伴細胞
導管的管端
壁孔
壁孔
A. 篩管外形
B. 篩管剖面
C. 導管
D. 假導管

圖18-8 韌皮部及木質部的輸導組織

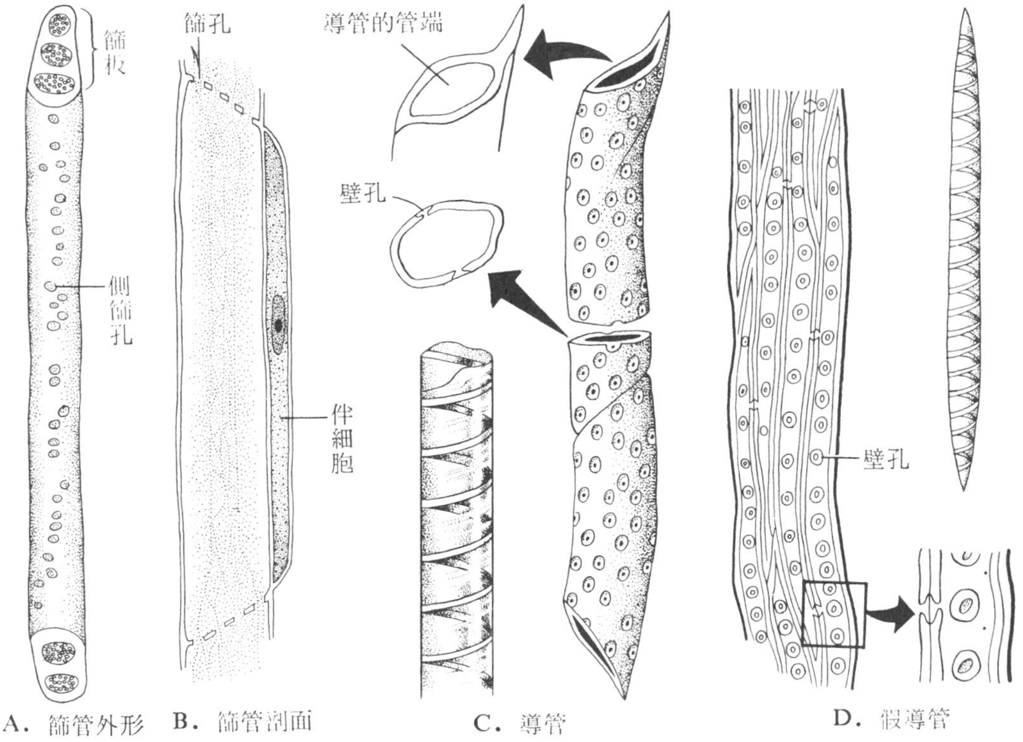

的細胞壁強韌，有支持作用。

木質部包括導管、假導管及木質纖維。導管（vessel）爲死細胞，無細胞核，亦無細胞質，上、下細胞相接處的細胞壁亦消失（圖18-8C），連接成的細長管子，具有毛細作用，根部吸收的水分，經由此種細管向上運輸。假導管（tracheid）亦爲死細胞，兩端尖細（圖18-8D），亦無細胞核、細胞質，可協助水分的輸送。木質纖維有支持的功用。

形成層的細胞經常分裂，產生的新細胞，向外用以補充韌皮部，向內則補充木質部，使莖得以加粗。

單子葉植物的莖　典型的草本單子葉植物如玉米幼苗，莖的表面有表皮（圖18-9），內面有基本組織（parenchyma），其功用主在支持植物體。基本組織中散生許多維管束；中央爲髓（pith）。有些單子葉植物如稻、麥、竹等，其莖的中空，因爲中央的髓成爲一空腔。

雙子葉物的莖　許多一年生雙子葉植物，其莖質柔、色綠，這些草本雙子葉植物如苜蓿，其莖的外表與單子葉植物者相似，但內部構造則迥異。

雙子葉植物的草本莖以及木本幼莖，其最外層有排列緊密的表皮細胞（圖18-10），表皮內側有皮層（cortex），中央爲髓(pith)，維管束介於皮層與髓之間、排列成一環。

木本雙子葉植物的莖，可以繼續加粗。由於莖的直徑增加，會使表皮脹裂而失去保護作用。這時表皮內側的一層細胞轉變爲木栓形成層，可產生木栓細胞，構成木栓層。木栓細胞的細胞壁含有木栓質(suberin)，能取代表皮的保護及防止水分散失的功能。這類植物在韌皮部和形成層連接的部位並不緊密，很容易被撕開，撕下的部分，叫做樹皮，樹皮包括表皮、木栓層、木栓形成層、皮層和韌皮部。樹皮堅厚，表層有皮孔（lenticel），可以替代氣孔以與外界進行氣體交換。

大多數雙子葉植物及裸子植物皆爲喬木或灌木，由於這些植物是多年生，因此，莖的直徑可以加粗。形成層增生的新細胞，向內增生的新細胞遠較向外者多，因此，木質部增大比較快。木質部多爲死細胞，細胞壁非常堅硬，供作木材。

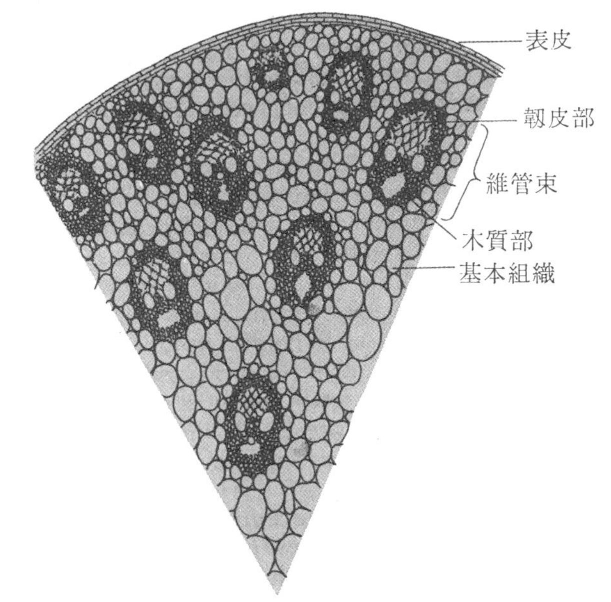

圖18-9　單子葉植物莖的橫切面

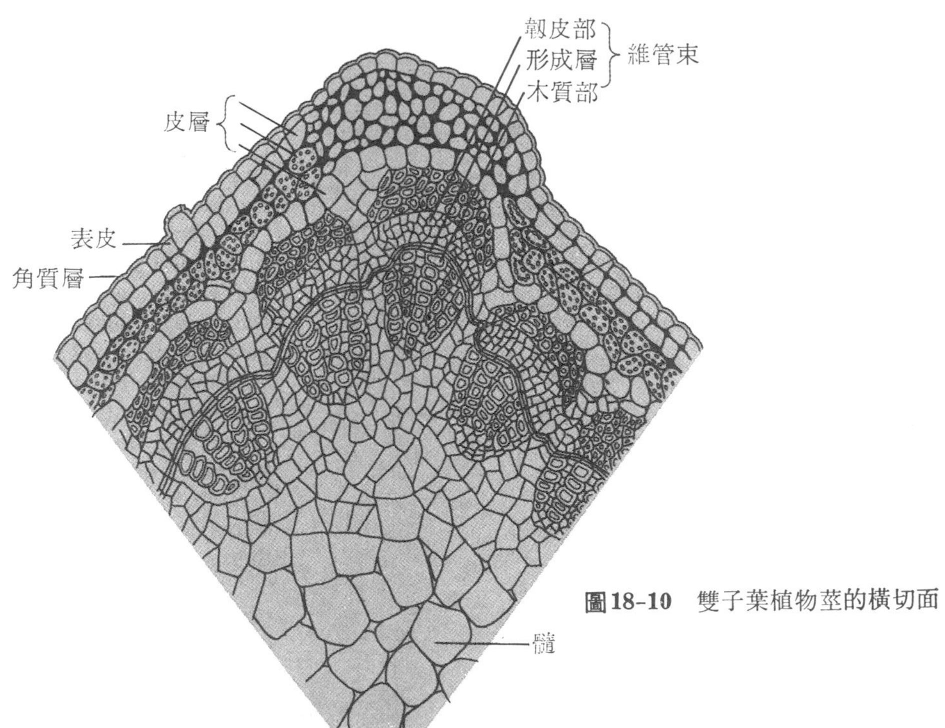

圖18-10　雙子葉植物莖的橫切面

形成層的細胞，在寒冷乾燥的秋冬季節，分裂能力減弱，新生的木質部細胞小而壁厚，稱爲晚材。在溫暖多雨的春夏季，分裂能力增高，新生的木質部細胞大而壁薄，顏色也較淡，稱爲早材。在溫帶地區，每年四季氣候的變化明顯，因此，隨着季節的更換，在樹幹的橫斷面上，就形成早材和晚材相間的環紋，稱爲年輪。根據年輪，不但可推測樹木的年齡，也可據以了解當時的氣候變化情形。在熱帶地區，四季氣候變化不明顯，木本植物就缺乏明顯的年輪。

第三節 根

植物所需要的物質，除陽光、氧及二氧化碳外，其餘皆由根吸收。根在土壤中，常向含有水及礦物質的部分伸展。根與莖的情況類似，例如可以發生分枝、較粗的根表面亦覆有木栓層等。最細的根則僅有表皮覆蓋而無木栓層，表皮細胞其表面可向外突出而形成根毛，根毛可以增加根吸收水分及礦物質的面積。

在顯微鏡下，可以觀察到根自外向內依序爲表皮、皮層和中柱等部（圖 18-11 A）。表皮由一層細胞構成，有保護功能。皮層的細胞排列疏鬆，是根內儲藏養分的主要部位。皮層內側有一層細胞，稱爲內皮（endodermis），大部分的內皮細胞其細胞壁已木質化，未木質化的細胞可以作爲水溶液由皮層進入中柱的通道。中柱(stele) 位於根的中央（圖18-11 B），外圍是由一層細胞構成的周鞘(pericycle)，支根即由此處向外伸出。周鞘內面有維管束，其韌皮部與木質部間隔排列，木質部呈星形，在其星芒間的空隙有韌皮部塡充。

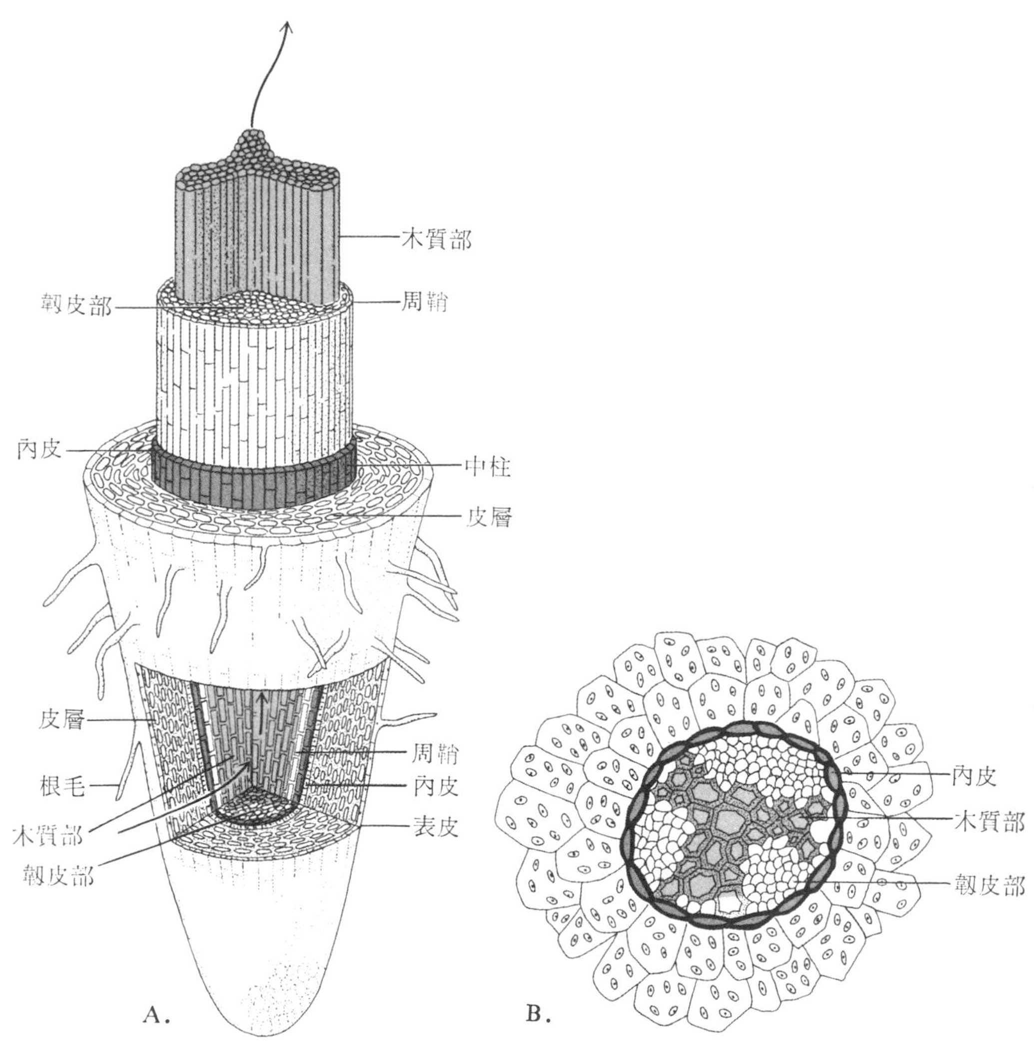

圖18-11　根的構造。A.典型的幼根　B.中柱的橫切面圖。

第十九章　種子植物的生殖

裸子植物的生殖，已於第十四章討論，本章將強調被子（顯花）植物的生殖。被子植物具有花，花是這類植物的生殖器官。除有性生殖外，無性生殖在被子植物亦很常見。

第一節　有性生殖

被子植物中，有的爲雌雄異株，即雌株僅產生雌花，雄株僅產生雄花；有的爲雌雄同株，即一株植物具有雌花和雄花。但是，大多數種類爲完全花，即一朵花包含有雌性及雄性的部分。

花的構造　花爲莖枝和葉的變形構造，其中花柄爲莖枝的變形物，花柄的頂端膨大，稱爲花托 (receptacle)。花的其他部分，著生於花托上， 排列成四圈，最外圈是萼片(sepal)，其內側爲花瓣 (petal)，再向內一圈爲雄蕊 (stamen)，中央則爲

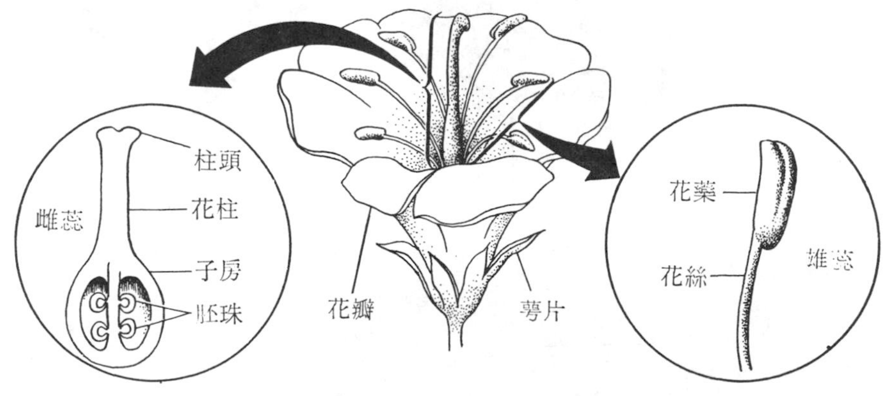

圖19-1　花的構造（雌蕊、位中央、單個）

雌蕊(pistil)（圖19-1）。具有雌蕊和雄蕊的花，爲完全花；缺少其中之一者爲不完全花，僅有雌蕊者爲雌花，僅有雄蕊者爲雄花。

萼片數枚，合稱花萼，通常呈綠色，有保護作用。花瓣數枚，合稱花冠，常有鮮艷色彩，能吸引昆蟲或鳥類，有利於花粉的傳播。每一個雄蕊由細長的花絲(filament)及其頂端的花藥(anther)組成（圖19-2A）花藥內有多個花粉囊(pollen sac)（圖19-2B）——亦即小孢子囊，每一個花粉囊內有一羣花粉母細胞

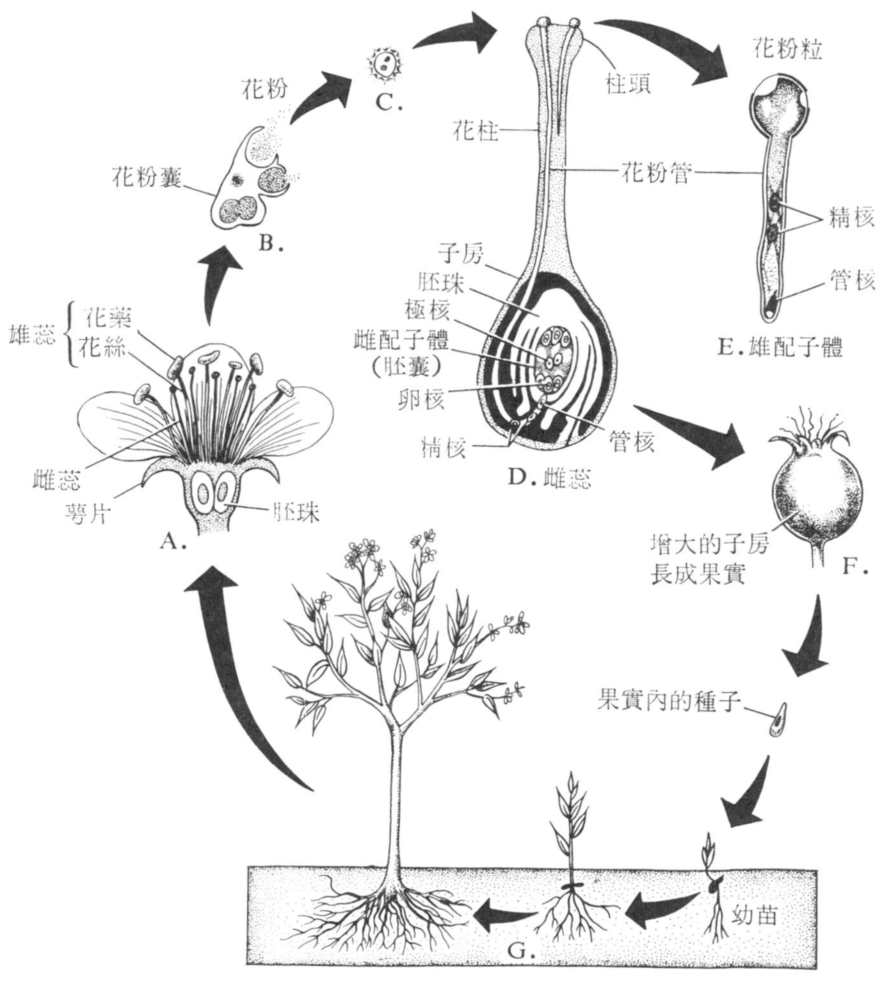

圖19-2　種子植物之生活史（A圖中之雌蕊有多個，排成一圈）。

(pollen mother cell) ——亦卽小孢子母細胞。花粉母細胞具有二倍數染色體，經減數分裂而產生四個花粉。花粉卽小孢子，其細胞核再經有絲分裂成爲兩個，一爲生殖核，一爲管核（圖19-2C）。雌蕊或爲數個排成一圈，或已融合爲單體，基部有膨大而中空的子房 (ovary)，子房上方細長的部分是花柱 (style)，頂端寬扁部分叫做柱頭 (stigma)。花的柱頭能分泌黏液狀物質，俾黏著傳來的花粉。

在雌蕊的子房裏，有一個到多個胚珠 (ovule)，胚珠就是大孢子囊，包藏在珠被 (integument) 裏面。每一個胚珠通常只含有一個大孢子母細胞。大孢子母細胞經減數分裂產生四個細胞，其中一個較大者爲大孢子，另三個小的細胞卽分解消失。大孢子的核再經有絲分裂而產生八個核，此卽雌配子體，叫做胚囊 (embryo sac)（圖19-2D）。這八個核中，有二個移向中央並靠在一起，稱爲極核 (polar nueleus)，位於雌配子體一端的三個核，中央的一個變爲卵核，旁邊的兩個及另一端的三個核，皆分解消失。

受精　每一花粉具有兩個核，一爲生殖核；花粉發育到此階段時，便散布出來，藉風、昆蟲或鳥等爲之傳播到同一朶花或另一花的柱頭上，於是花粉便在柱頭上萌芽，伸出一花粉管，花粉管穿入柱頭，通過花柱直延伸到子房中的胚珠。這時，花粉管中的生殖核分爲二個精核，管核則漸分解消失。花粉、花粉管連同管內的精核和管核，乃構成雄配子體（圖19-2E）

當花粉管穿入雌配子體時，管端破裂，釋出二個精核，其中一個與卵核結合，成爲具二倍數染色體的合子。另一精核則與兩個極核結合，成爲含三倍數染色體的胚乳核。這種受精現象，稱爲雙重受精(double fertilization)，爲被子植物受精過程中的重要特徵。

第二節　果實與種子

受精後，萼片、花瓣、雌蕊、及雄蕊等便凋謝脫落，胚珠漸漸發育爲種子，同時，子房受植物激素的刺激而逐漸膨大分化形成果實，子房壁就形成果皮。

果實　果實是由子房發育而成，胚珠位於子房內，因此，子房內有多少胚珠，果實中便有多少種子。由子房發育而成的果實，叫做眞果 (true fruit)：由萼片、花瓣或花托等部發育而成的果實，叫做假果 (accessory fruit)。例如蘋果的絕大部分來自花托，只有核心的一部分來自子房，所以是假果。

果皮可分三層，卽外果皮、中果皮及內果皮，由於植物種類不同，果皮的結構有很大差異，有些是三層果皮都成爲堅硬構造，有些是外果皮堅韌，中果皮及內果皮爲多汁果肉，更有些是外果皮堅韌，中果皮肉質，內果皮堅硬。

有些植物，其雌蕊未經授粉、或雖授粉但胚珠並未受精，子房卻仍膨大而發育爲果實，這類果實沒有種子。凡未經受精作用而發育成果實者，稱單性結果 (parthenocarpy)。香蕉、鳳梨皆爲單性結果產生之無種子果實。無子果實可以自然形成，也可用人工方法誘導而產生。例如用萘乙酸處理未授粉的番茄子房，可育成無子番茄。

果實可分爲單果 (simple fruit)、集生果 (aggregate fruit)及多花果(mutiple fruit) 等三類。單果是由一個雌蕊的花發育而成，如桃、李等。集生果是由具有多個雌蕊的花發育而成，如草莓。多花果是由一叢花融合發育而成，如鳳梨。果實又可以分爲乾果 (dry fruit) 和肉果 (fleshu fruit) 兩類，前者成熟後之果肉堅硬而乾燥，如豆莢和稻、麥等之果實。後者成熟後果肉柔軟，如桃、李、橘子等。乾果適於籍風力傳播，或以鈎狀物附於動物體表而傳播。肉果類在爲鳥類、哺乳類或其他動物吞食後，其種子通過胃腸，隨糞便散落各地，藉以傳播。

種子 胚珠受精後便發育爲種子，種子至少包含：(1)種皮，(2)胚，有些種子尙含有(3) 胚乳。種皮由珠被發育而成，胚由合子發育而來，胚乳則來自胚乳核。

種皮通常革質光滑，用以保護胚及胚乳。胚就是雛形植物體，可以分爲胚芽、子葉、胚軸及胚根等部 (圖19-3)。

1. 胚芽：胚芽位於胚的最先端，通常十分微小，甚至只有生長點，若干種類尙含有數枚未發育的普通葉。胚芽在種子萌芽後卽發育爲枝條。
2. 子葉：子葉的數目，爲被子植物分類的主要依據，單子葉植物的種子具有一枚子葉，雙子葉植物之種子則有兩枚子葉。子葉的功能在儲存養分，或自胚乳中吸收養分以供胚之發育。

3. 胚軸：種子萌芽時，通常胚軸伸長，將子葉推出土面。如子葉不出土，胚軸則不伸長，而由胚芽產生新莖出土。
4. 胚根：胚根先端有生長點，種子萌芽時，胚根最先突出種皮伸入土中，生長發育爲初生根。

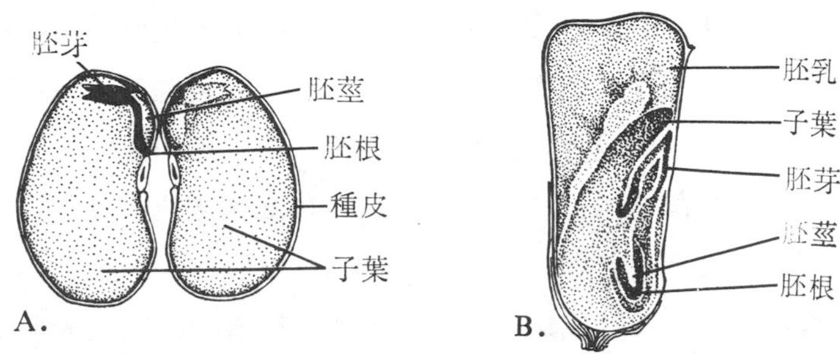

圖19–3　種子的構造。A.蠶豆，將兩片子葉分開。B.玉米。

胚乳在種子未成熟時，富含養分，待種子成熟後，若干種類的種子，其胚乳已爲胚吸收用盡，大量儲存於子葉中，成爲無胚乳種子，如落花生、大豆等之種子。有些植物的種子，成熟後，仍含有大量胚乳，待種子萌芽時才供給胚利用，此種種子稱爲有胚乳種子，如稻、麥、玉米等之種子。

第三節　種子的萌發

種子成熟後，自母株脫落，如遇適宜溫度與濕度，便很快萌芽。但是大多數植物的種子，需要經過一段時間的休眠，才會在適當環境下萌芽。種子萌芽受各種環境因素的影響，其中主要是水、溫度及氧，茲分述於下。

1. 水分：種子萌芽時，首先需吸收水分。種皮獲得水分後，便浸潤軟化，使胚生長時，得以突破種皮而出。胚乳及子葉中的養分，在吸收水分以前，均爲不溶性，胚無法吸收利用；當胚乳和子葉獲得水分後，養分卽變爲可溶性而逐漸分解，胚才能够利用。胚在獲得水分、養分後，細胞卽迅速活動，進行分裂、分化並生長。
2. 溫度：細胞內的種種活動，都是由酵素促進；而酵素的作用，常受溫度的支配。種子萌芽是因酵素活動而生長，所以萌芽受溫度的影響很大，溫度過高或過低，都對種子萌芽不利。

3. 氧：氧是細胞呼吸所必需，種子萌芽時，整個胚的細胞都進行呼吸作用，如果缺少氧， 則雖有適宜水分和養分， 種子萌芽也不會進行， 或情況不佳。

多數植物尤以野生植物，其種子雖已成熟，胚亦具備生活機能，但雖在適宜環境下，種子並不能立刻萌芽，因種子尚在休眠狀態中。這些種子以休眠狀態度過寒冷乾燥的氣候，等到下一個適合生長的季節到來，才開始萌芽；只有具堅厚或臘質種皮的種子，因爲可以隔絕水分和氧氣的供應，休眠期才比較長。造成種子休眠是由於下列某一原因或某幾種原因。

1. 胚發育不全：種子雖成熟，但胚尚未發育完善，必須延遲若干時日待充分發育後才能萌芽。
2. 種皮不易透水：種子已成熟，胚亦發育完善，但種皮透水性不良，以致胚得不到適宜水分而不能萌芽。
3. 種皮阻礙透氣：種子已成熟，胚發育完善，水分亦可透過種皮；但種皮不透氣，以致 O_2 不易進入， CO_2 不易排出， 胚因呼吸作用受阻而不易萌芽。
4. 種皮機械抗力：種子正常發育，水分進入及氣體交換亦無問題，但種皮堅韌，吸水後不易膨脹破裂，胚不易突出。
5. 胚之休眠：種子發育正常，種皮對胚之發育無何阻礙，外界環境也適宜，但播種後種子仍不萌芽，此乃因胚未達正常活動能力，需經一段時間的後熟作用（after-ripening）始可萌芽。
6. 抑制物的作用： 番茄、西瓜等的種子是不需休眠的， 但在果肉中則不萌芽。此因果汁濃度高、滲透壓大，使種子無法吸收果肉中的水分。如將種子取出，播在適宜的環境下，即可萌芽。

圖19-4是雙子葉植物豆的萌芽過程。萌芽時，胚根（radicle）最先穿出種皮，由於受地心引力的影響， 胚根向下生長， 迅速發育爲初生根， 並產生根毛。胚莖（hypocotyl）則向地面生長，當胚莖自種皮穿出後，彎曲成弓形，漸漸伸長並露出地面，當胚莖露出地面後，即行伸直，並將子葉（cotyledon）及胚芽（epicotyl）推

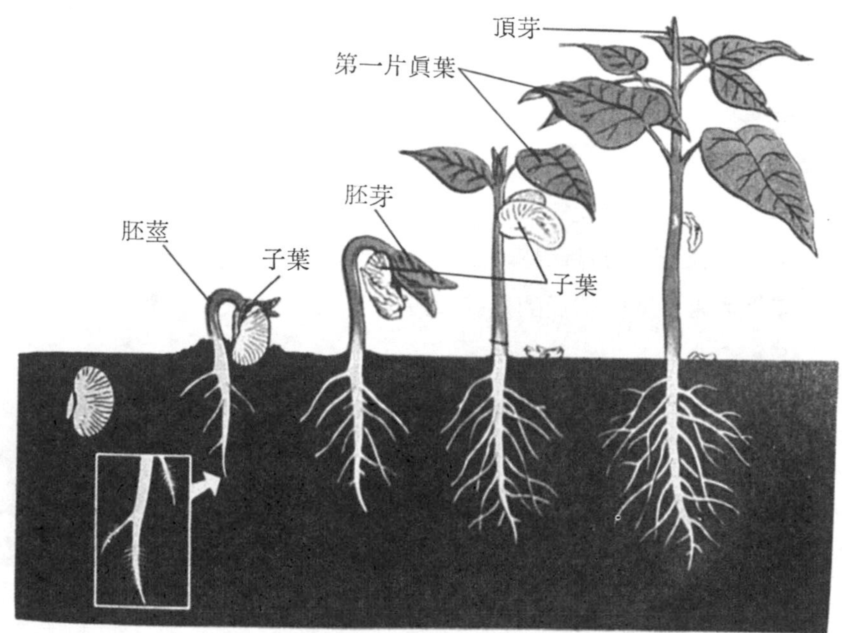

圖19-4　豆的種子萌芽

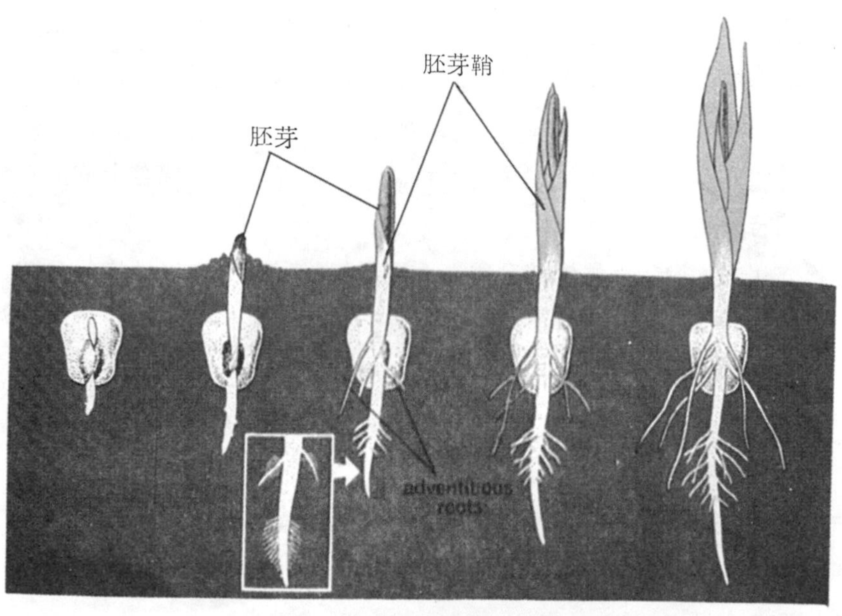

圖19-5　玉米的種子萌芽

出地面。胚芽由子葉保護，子葉得日照後，漸呈綠色並營光合作用；將所儲養分耗盡，僅剩一表皮層而脫落，胚芽伸長，並著生普通葉。

圖 19-5 是單子葉植物玉米的萌芽過程。胚根自種子伸出向地心方向生長，胚芽則由胚芽鞘 (epicotyl sheath) 保護。當胚芽鞘到達地面時，胚芽卽破鞘而出地面，並產生葉。子葉、種皮等皆遺留土中。

種子壽命是指種子活力可保持時間，其長短因植物種類而異，也與儲藏環境有關。以儲藏環境而言，低溫乾燥的儲藏室最佳。

第四節 無性生殖

種子植物除了行有性生殖產生種子以繁衍後代外，許多種類尚可利用根、莖或葉，以長成新個體。根、莖、葉皆是營養器官，因此，這類無性生殖法亦稱營養繁殖 (vegetative reproduction)。在自然情況下，許多植物可以行營養繁殖，例如草莓的匍匐莖與土壤接觸時，遂萌芽而產生根而形成新株。香蒲的地下莖，其節上有葉的痕跡，當芽端伸出土壤便長成幼苗。

除上述自然的營養繁殖外，也可用人工方法使植物行營養繁殖。在園藝上，果樹、觀賞植物常藉此法在短期間內繁衍許多新個體，其方法繁雜，可分下列數類，簡介如下。

1. 分株法：自母株分植不定芽生出新個體，例如馬鈴薯塊莖上的芽眼分切後可另行繁殖。
2. 壓條法：將植物之枝條部分覆土，俟發根後，將之自母株切離分植。
3. 扦插法：自植物母體分離其營養器官，直或斜的插入土中。例如取落地生根之葉（一部或全部）插入土中，可長成新株。
4. 嫁接法：在他種植物上，接合欲繁殖之植物的枝芽，兩者分別稱爲砧木 (stock) 及接穗 (scion)。

上述方法中，以扦插及嫁接兩種方法之應用較爲廣泛。

第二十章　植物的感應與激素

一切生物都有某種程度的能力以傳導刺激，植物雖不具神經系統，但是也會傳導刺激，並對刺激發生反應；惟因速度較慢，常不易被察覺，但植物偶亦會發生較快速的反應。

第一節　植物的快速反應

在植物中，捕蠅草捕食昆蟲、含羞草對碰觸之反應、以及酢醬草的睡眠運動等，皆爲較快速的反應，這些快速反應，與細胞內的膨壓（turgor）有關。

含羞草的葉，稍經碰觸，其小葉便在2～3秒鐘內閉合（圖20-1），如果觸擊強度增加，則不僅受刺激的葉，甚至鄰葉也同時閉合下垂，刺激過後，葉又恢復原狀。含羞草的葉發生閉合，是由於葉基部（葉枕）細胞的膨壓減少（細胞內的水分滲至細胞間隙）所致（圖20-2）。刺激所引起的衝動，是經由莖和葉的篩管傳導。

A.

B.

圖20-1　含羞草。A.碰觸以前，小葉張開，B.碰觸後五秒鐘，小葉閉合。

膨壓是由細胞壁與細胞內的大型液泡兩者聯合產生，細胞壁強韌，可防止細胞破裂；細胞質的濃度較細胞外高，因此水

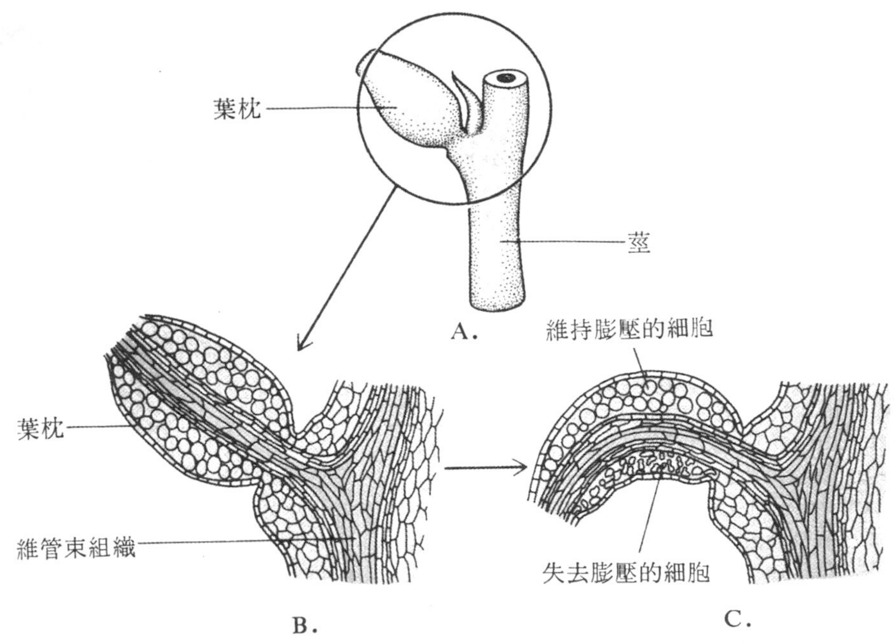

圖20-2　含羞草的葉片基部。A. 示葉枕　B. 葉枕切面，示葉水平伸展時細胞的情形　C. 葉枕切面示細胞失去膨壓，葉褶合。

分便擴散入細胞內並充滿液泡中，細胞乃隨之脹大。細胞脹大便對細胞壁產生一種壓力，叫做膨壓（圖 20-3）。細胞壁僅能有限度的伸展，於是細胞壁的阻力，便使

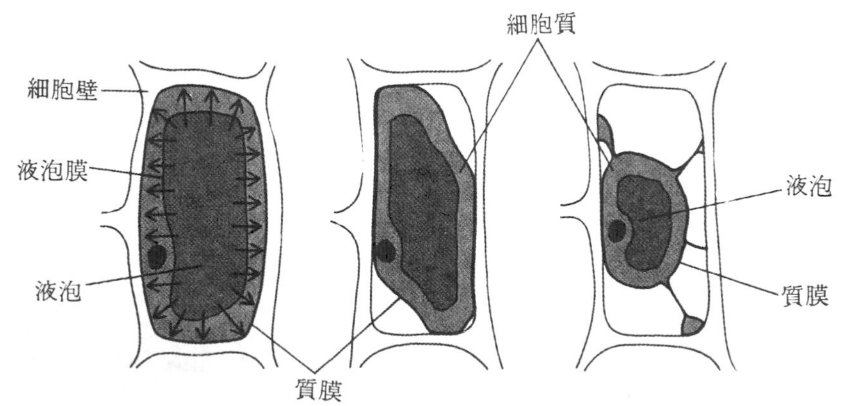

圖20-3　植物細胞的膨壓。A. 細胞內容物充滿細胞壁，箭頭示膨壓　B. 及 C. 細胞失去水分，內容物皺縮。

細胞維持一穩定狀態，即水分子不再進出細胞。膨壓在草本植物是用以支持植物體的重要因素。花朵凋謝即是因細胞內缺水而膨壓降低的緣故。

第二節　向　性

植物的向性（tropism）是對刺激所產生的生長反應，生長中的植物受了某種刺激後，由於受刺激的一側與未受刺激的一側生長速度不等，於是植物便彎向或彎離刺激。由此可知，向性只能發生於植物體生長中的部位。根據刺激的性質，向性乃有不同的種類，對光發生的反應稱向光性(phototropism)，對地球引力產生的反應叫做向地性（geotropism)，對化學物質發生的反應稱爲向化性（chemotropism)，對於接觸發生的生長反應，叫做向觸性（thigmotropism)，常春藤及一些植物的卷鬚都有向觸性。

向性有正負兩方面，因其反應可能是朝向刺激，也可能是背離刺激。例如種子萌芽生長，胚根總是向下，而莖總是朝上伸長，因此，就向地性而言，根是正向地性，而莖是負向地性。

由於生長是向性反應的必備條件，故這類反應相當緩慢。植物的生長與激素有關，植物體某部其兩側生長速度不等，是受生長素（auxin,一種植物激素）的控制。莖的向光性與根的向地性，都是由於生長中的莖或根，其兩側生長素的分布不均而導致的不等生長現象。莖之彎向陽光生長（圖20-4)，是由於生長中的莖，向光與背光兩側生長素的含量不等，背光一側所含的生長素多於向光的一側，故背光之一側生長較爲迅速，莖乃向光彎曲。至於根的向地性，是由於生長素對根的生長有抑制作用；根的下側受地心引力影響積聚的生長素較上側爲多，故下側的生長受到抑制而較上側爲慢，根乃向地心方向彎

圖20-4　莖向光彎曲

曲。根部也有向水生長的向濕性 (hydrotropism)，向濕性很可能是根在土壤中向水及背水兩側的吸水量有明顯差距，導致生長素分布不均，於是兩側的生長不等，根便向水的方向生長。

第三節　植物激素

植物激素是由植物體產生的小分子有機化合物，能影響植物的生長發育。植物在生長過程中，需不斷耗用植物激素，故植物需不斷產生這些激素。由植物自然產生而能控制其生長的激素，有生長素、細胞分裂素 (cytokinin) 及吉貝素(gibberllin)；此外尚有乙烯和離素等。

生長素　生長素爲生物學家最早所發現的植物激素，化學名稱是吲哚乙酸 (indoleacetic acid，簡稱 IAA)。生長素在莖頂、根尖的分生組織與嫩葉中含量最多，自這些組織再輸送到植物體的其他部位。生長素的最顯著功能是使細胞延長，而導致組織的生長。根和莖對生長素的濃度反應不一樣，某一濃度的生長素，可以促進莖的生長，但卻會抑制根的生長。如果增加生長素的濃度，很可能對莖和根的生長都有抑制作用。因此，使用生長素時，要特別注意選擇適當的濃度。

葉、花以及果實的掉落，也受生長素的控制。高濃度的生長素有抑制離層形成的功能，而低濃度的生長素會促進離層的形成並發生分離。生長中的葉、花及果實，所產生的生長素濃度較高，經葉柄、花柄或果柄輸送下來，可抑制離層的發生；但一旦此等器官老化後，由於生長素的產量減少，離層便迅速發展而分離，故利用 IAA 處理果實，可防止果實早落。

由於生長素可以促進發根，所以在進行扦插繁殖時，在插枝前先將枝條浸泡在生長素溶液中，便可促進枝條發根而繁殖。

生長素除了可以防止果實早落、提高扦插的存活率以外，在農業上，尙有許多方面可以應用。例如促進單性結果，用生長素處理花的雌蕊，花便不經授粉而發育成果實。生長素能促進形成層細胞的分裂，所以在進行嫁接改良果樹品種時，如果用含有生長素的軟膏塗抹接口，即可促使接口處的形成層細胞分裂加速，接口癒合就加快。生長素也常用於植物的組織培養，在培養初期，培養基內除細胞分裂素以外，還需加入生長素，方能使組織的生長良好。

IAA 爲植物本身所合成，所以被認爲是天然的植物生長素。此外，尚有許多人工合成的有機物，也具有生長素的功能，這些化合物，稱爲合成生長素。例如常用的二氯苯氧基乙酸 (2,4-D)，便是一種人工合成的生長素，可以用作除草劑。因爲有些植物，尤其是雙子葉植物的莠草，對 2,4-D 特別敏感，植物吸收了一定量之 2,4-D 後，由於新陳代謝過於旺盛，細胞內的養分便迅速耗盡而死亡。

吉貝素 吉貝素 (gibberellin) 和生長素一樣，也能促進莖的伸長，不過生長素是促進細胞體積的增大而使莖生長；而吉貝素則作用於生長點及延長部之間的細胞，促使這部分的細胞分裂加快而使莖生長。吉貝素在促進種子萌芽的過程中，擔任著重要角色；單子葉植物如小麥、燕麥等，其種子浸水後，胚就產生吉貝素，吉貝素可以促進酵素的產生，這些酵素，可以分解胚乳中的養分，以供胚利用。

常見的矮性變種植物，用吉貝素處理後，便可生長至正常高度。據此推測，這些變種植物，由於遺傳變異而缺少吉貝素。從植物體分離出來的吉貝素，已有十多種，大部分由葉部細胞的葉綠體產生。不同的吉貝素，其分子構造及化學性質稍有差異。有些吉貝素可促進花的形成，其他的則否；有些能引起蕨類原葉體產生藏精器，而其他的種類則否。這些吉貝素如何調節植物的生長，目前尙不十分淸楚。

細胞分裂素 細胞分裂素不但可以促進細胞分裂，而且還可以促進芽體分化、葉的生長；也可抑制老化，摘下的葉片，若用細胞分裂素處理，可以維持其綠色而延遲變黃。

在組織培養時，細胞分裂素可以控制根與莖、葉的相對產量。當培養基內細胞分裂素的濃度很低時，只有疏鬆而易碎的組織出現；在較高的濃度下，可以產生根；濃度再升高時，則莖與葉皆出現。

乙烯 成熟的果實，會釋放出某種物質，促使與其靠近的其他果實成熟，這種物質叫做乙烯 (ethylene)。俗稱“一只爛蘋果，可以使同一盒中的其他蘋果腐爛”，這時，除了引起腐爛的細菌、黴菌等以外，乙烯亦是一項因素。乙烯既是成熟水果的產物，因此，水果可以在未成熟時採摘、裝運，不必畏懼腐爛。果實的成熟，亦可設法延緩，例如貯藏時通風良好，或置放於二氧化碳下，可以抵消乙烯的作用。除成熟的果實外，種子、花、葉和根等器官也都含有乙烯。

離素 離素 (abscisic acid) 可以促使老葉脫落，因爲老葉中所含離素的量較多。離素也可誘發種子休眠，故又稱休眠素。離素對生長素、吉貝素及細胞分裂素等，都有拮抗作用，故會抑制生長。因此，當生長素溶液中加入離素，則生長素促進莖生長的作用便會消失。

第四節 光周期性

不同的植物開花的季節各異，有些植物的開花會受光周期的影響，光周期 (photoperiod) 是指每天光照和黑暗交替的時間長短。植物在適當光周期下所引起的反應，稱爲光週期性 (photoperiodism)。

許多植物需要每天有適宜的光照和黑暗交替，才會開花。這些植物，各有其一定的臨界日照 (critical day length)。臨界日照就是適宜與不適宜開花之光周期的分界。例如白芥菜的臨界日照超過14小時便開花，低於14小時則不開花，所以白芥菜的臨界日照是14小時。若是所需光周期的日照時間多於其臨界日照才開花者，稱爲長日照植物 (long-day plant)。若是日照時間短於其臨界日照才開花者，稱爲短日照植物 (shortday plant)。白芥菜在日照時間超過其臨界日照才開花，所以是長日照植物。又如羊帶來的臨界日照是 15 小時，每天日照時間超過 15 小時就不會開花，低於15小時便開花，所以羊帶來是短日照植物。

光周期中的黑暗期，對植物的開花比較重要。例如羊帶來，若是以短暫的黑暗，中斷其光周期中的光照期，並不會影響羊帶來開花；但是，如果以短暫的光照，中斷其光周期中之黑暗期，就不會開花。

至於黑暗期的長短，爲什麼會影響開花，這涉及一種稱爲開花素 (florigen)的激素。如果將其某種短日照植物兩株，分別栽於盆中 (圖 20-5)；一株照光 12 小

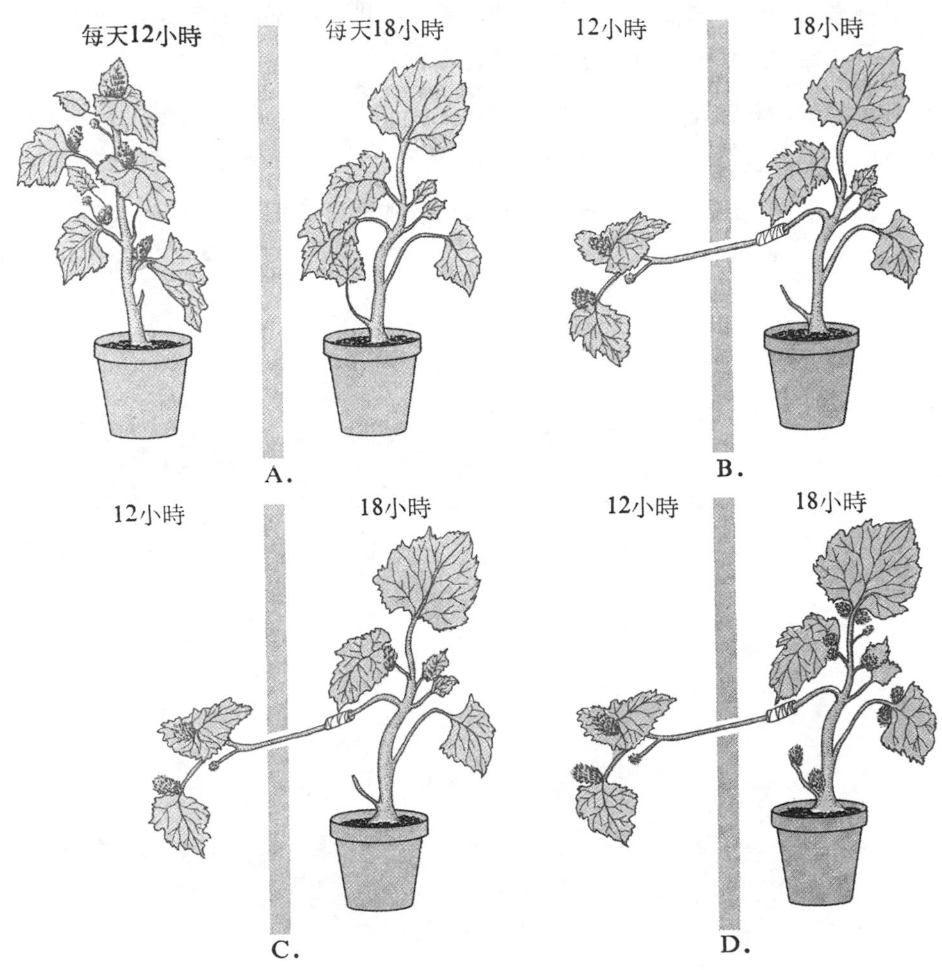

圖20-5　證明開花素存在的實驗。A. 短日照植物兩株，每天分別照光12及18小時，照12小時的一株開花，18小時者不開花　B. 將照光12小時者切下一枝，通過一隔光板，嫁接於照光18小時的一株，繼續分別照光12和18小時。C. 照光18小時者在接近嫁接處開始開花D. 最後整株皆開花。

時，一株照光18小時，照光12小時者會開花，將之切下的枝，嫁接至照光18小時的植物上，該嫁接的莖枝，仍照光12小時，另一株仍照光18小時。此嫁接的莖枝繼續開花，漸漸的，照光18小時的一株也開始開花，自近接合處開始，漸漸擴展，直至整株植物皆開花。

生物學家發現，開花素係由葉產生，然後由韌皮部運輸至花芽，促使其開花。

不過，這種激素的化學結構以及其如何誘導開花，則皆不知。實際上，開花素只是一種假想中的激素，目前尚無法確定其是否存在。

也有些植物，其開花並不受光周期的影響，例如番茄、向日葵等。實際上，即使是短日照植物或長日照植物，他們的開花時間，亦並非單獨受光周期的影響，其他如溫度、濕度、土壤中的養分等，亦都與植物的開花有關。

第五篇　人體的構造與機能

第二十一章　皮膚、骨骼與肌肉

人類屬多細胞動物，故與其他多細胞動物一樣，在發生過程中，由受精卵即合子經卵裂而產生許多細胞，由這些細胞形成外胚層、中胚層及內胚層，再由該三種胚層發育爲身體各部的構造。

第一節　人體的組織

組織　發生的過程中，細胞會發生分化，細胞經分化後，各有其特殊的機能。由構造及機能相似的細胞，集合一起而形成組織（tissue)。人體的組織，可大別爲四類:

1. 結締組織(connective tissue)，其細胞排列疏鬆，細胞間充滿細胞間質，細胞間質爲此種組織的主要物質。又可分爲 (a)纖維結締組織(圖21-1A)其細胞間質以纖維爲主，主要功能在連繫體內各種構造，例如由此種組織形成的韌帶可以將相鄰的骨連接在一起，肌腱則將肌肉附於骨上、繫膜則可固定體內各種內臟的位置。(b) 軟骨(圖21-1B)，多位於兩硬骨相接處的骨端，因爲軟骨富有彈性，故可減少硬骨間的摩擦。(c) 硬骨，其細胞間質堅硬，因此，骨可以支持身體。所有結締組織皆由中胚層發育來。
2. 肌肉組織（muscle tissue)，主要功能在運動，因爲肌肉富收縮性，肌肉收縮可以產生運動，心搏、腸胃運動，以及骨的活動等，都是藉肌肉收縮而完成。肌肉組織有平滑肌、骨骼肌及心肌三種（圖 21-2)。平滑肌是構成內臟（心臟除外）的肌肉，可使內臟發生運動。骨骼肌附於骨上，心肌爲構成心臟的肌肉，骨骼肌與心肌的細胞皆有明暗交替的橫紋，故又稱橫紋肌。所有肌肉皆由中胚層發育來。

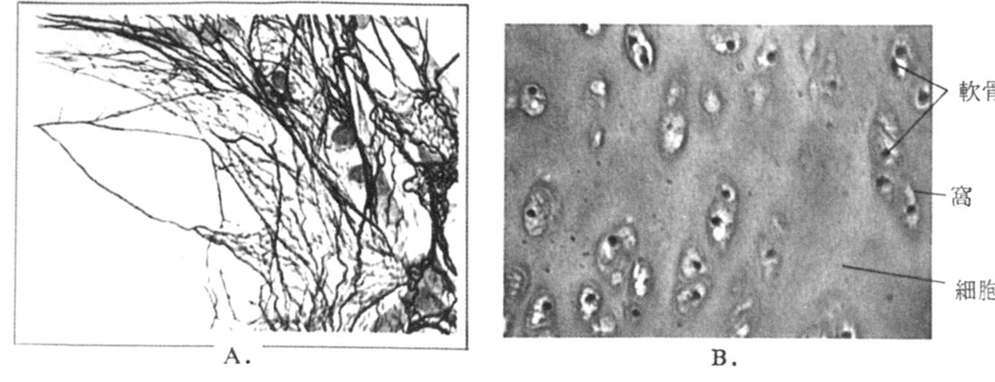

圖21-1 結締組織。A. 纖維結締組織，B. 軟骨。

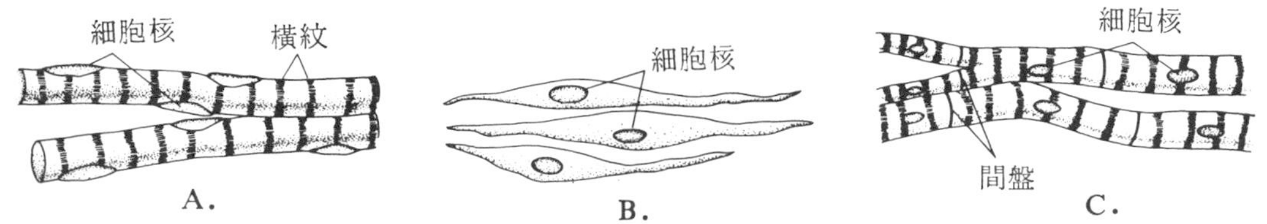

圖21-2 肌肉組織。A. 骨骼肌，B. 平滑肌，C. 心肌。

3. 神經組織 (nervous tissue) (圖 21-3)，其功能是使體內各部互相溝通，故能協調各部的活動。腦、脊髓皆主含此種組織，其細胞具有突起，細胞與細胞便是以突起相連接。神經組織係由外胚層發育來。

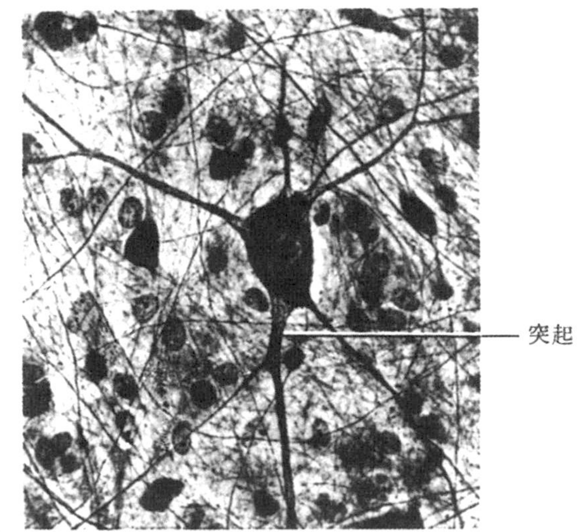

圖21-3 神經組織。中央大型者爲神經元，具有多個突起，周圍有多種神經膠細胞。

4. 皮膜組織 (epithelial tissue) (圖 21-4)，其功能是保護、吸收及分泌，構成皮膚外層的表皮、消化管的內襯，皆爲皮膜組織，前者有保護作用，後者可以吸收養分。腺體亦由皮膜組織構成，有分泌的功能。皮膜組織的細胞排列緊密，有的爲單層，有的爲多層。皮膜組織有的由中胚層發育來，如血管、心臟的內襯，消化管的內襯由內胚層發育來，表皮則由外胚層發育來。

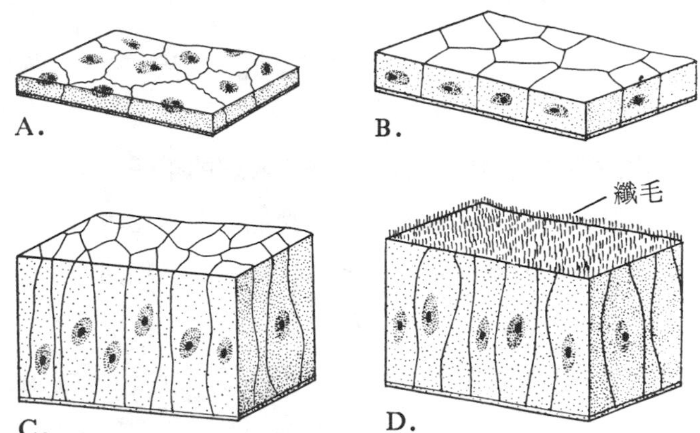

圖21-4　皮膜組織。A.扁平皮膜，B.立方皮膜，C.柱狀皮膜，D.纖毛柱狀皮膜。

由兩種或兩種以上的組織，集合一起，具有特定的功能，稱爲器官 (organ)，例如耳、眼、心、肝等。功能相同的器官聯合起來，合稱系統 (system)，各系統可完成某種生理作用，例如呼吸系統可以完成體內與體外之氣體交換。

體型　人體分頭、頸、軀幹及四肢等部，軀幹內部有體腔 (圖 21-5)，體腔內有穹頂狀之橫膈分爲胸腔及腹腔。胸腔由肋骨、胸骨及胸部的脊椎骨等圍成，內有心、肺、氣管及食道。腹腔由脊柱下部的脊椎骨、骨盤 (pelvis) 以及腹部肌肉圍成，內有胃、腸、肝、胰、脾、腎等，女性的卵巢亦位腹腔中。此外，尙有由頭骨形成的空腔，稱爲顱腔 (cranial cavity)，內有腦。

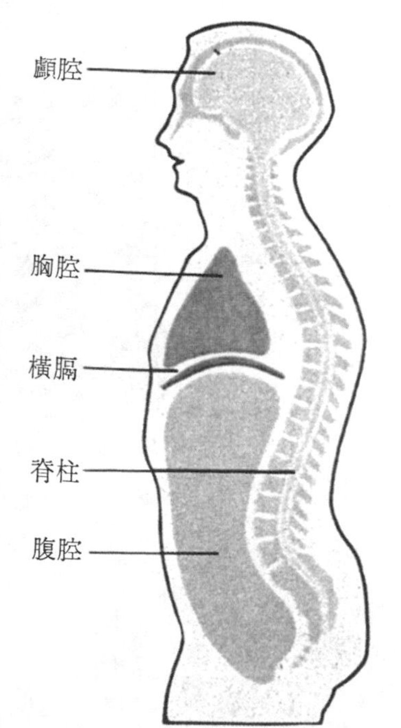

圖21-5　人體的體腔

第二節　皮　膚

皮膚覆蓋於體表，擔負着保護身體的重任，可以防止病菌的侵入，也可防止體內的水分散失。皮膚也有排泄的功能，因爲皮膚可以排汗，汗液內有水、鹽及尿素等廢物。人類及其他定溫動物的皮膚與調節體溫有關。皮膚中有感受壓力、疼痛及溫度等的感覺器，故亦有感覺作用。毛髮、指甲及乳腺等是皮膚的衍生物，毛髮、指甲能加強對身體的保護作用，乳腺可以分泌乳汁以餵哺幼兒。

構造　人體的皮膚可分表皮及眞皮（圖 21-6），表皮較眞皮薄。皮膚下方有脂

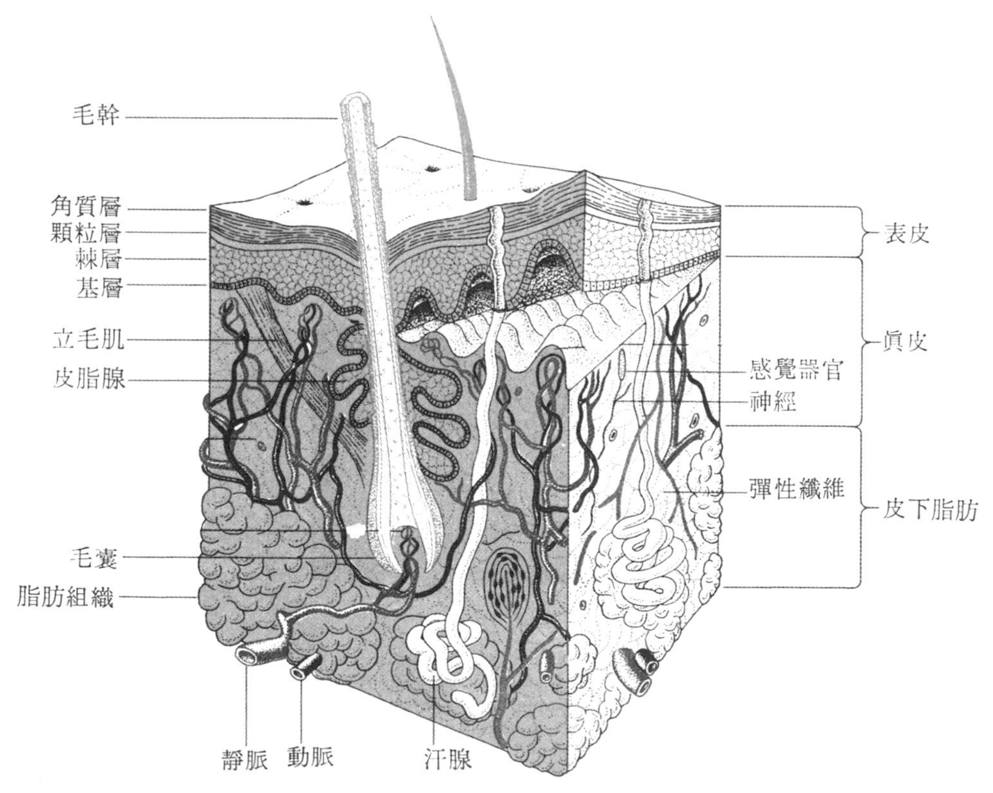

圖21-6　皮膚的微細構造

肪層，稱爲皮下脂肪 (subcutaneous fat)，有絕緣的功用，可以防止體熱過度散失；脂肪也可緩衝外來的機械傷害。

眞皮(dermis)位於脂肪層的上方，主由纖維結締組織構成，汗腺的主要部分、皮脂腺、毛囊等皆位於眞皮中。汗腺分泌汗液，與調節體溫、排泄有關。毛髮由毛囊底部長出，每一毛囊旁伴有一皮脂腺 (sebaceous gland)，分泌的皮脂 (sebum)，可以滋潤毛髮及皮膚。眞皮中有血管，可以供給皮膚養分；也有觸覺、溫覺等的感覺器官。

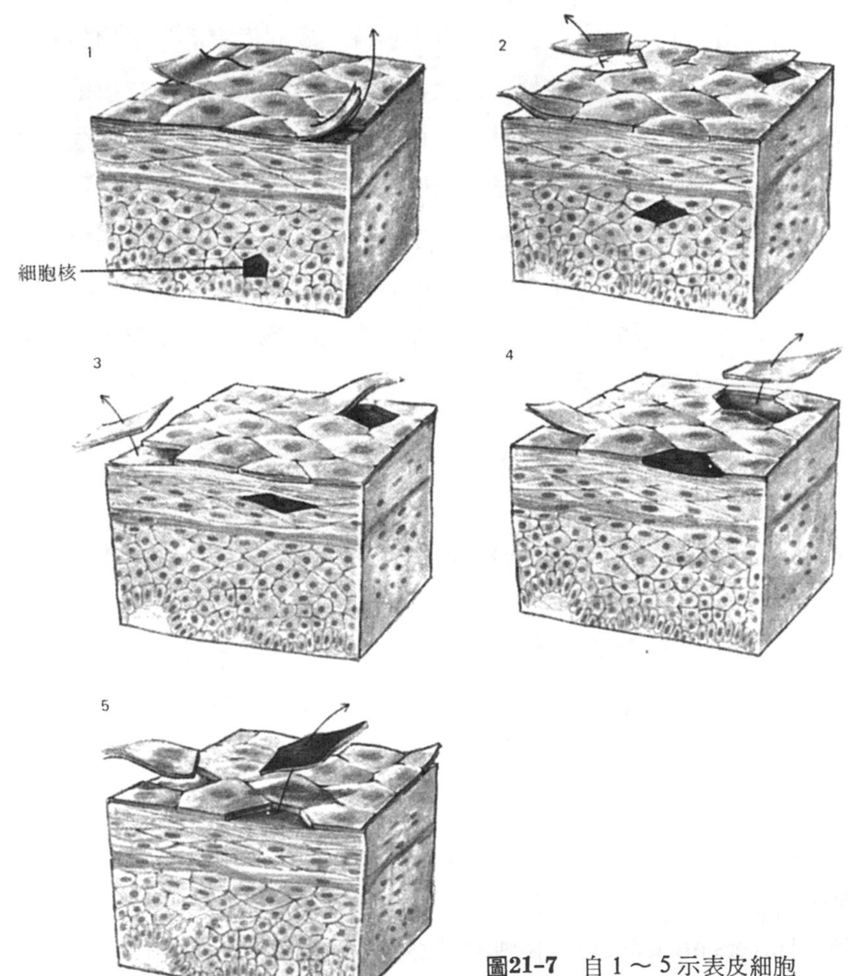

圖21-7 自1～5示表皮細胞(深色)自成熟至脫落

表皮 (epidermis) 由多層扁平皮膜組織 (stratum squamous epithelial tissue) 構成。基層的細胞不斷快速分裂，新細胞漸漸向上移行，因爲表皮內沒有血管，當細胞移至上方，由於營養不足而代謝減緩，最後失去生命變爲鱗片狀的死細胞，此卽外層的角質層 (stratum corneum)。角質層的細胞會漸漸脫落，脫落後，由下層的細胞取代 (圖21-7)。表皮細胞可以產生角質蛋白 (keratin)，此爲毛髮、指甲等衍生物的成分。

調節體溫 定溫動物的皮膚，具有調節體溫的功能。體內由於細胞行代謝作用會產生體熱，體熱可以由血液携帶。定溫動物爲了維持體溫的恆定，過量的熱必須排除。少數熱量可經由呼氣、排尿、排糞等排除，但90%的體熱，則由皮膚散失。當外界溫度低時，皮膚的小動脈便收縮，以減少皮膚內的血量而降低體熱散失的速度。當外界溫度高時，皮膚的小動脈便寬舒，以增加皮膚的血量，皮膚乃出現紅、熱。皮膚可以藉輻射作用將體熱散出。但是，如果環境溫度很高時，僅藉輻射已不足排出過多的熱量；這時，皮膚內的汗腺便受刺激而增加分泌的汗液量，汗液流至皮膚表面卽行蒸發，來不及蒸發的汗液乃在皮膚表面形成汗滴。汗液由液體蒸發變成氣體時，必須吸收熱，藉此而降低體溫。

第三節 骨 骼

骨骼 (skeleton)的主要功能是支持身體及維持體形。骨骼也可保護身體內部的器官，例如腦、心及肺等柔軟器官在顱腔及胸腔內，可受骨的保護而免遭傷害。

人體的骨骼由206塊骨 (bone) 構成，實際數目則隨不同的生長期而異，因爲有些相鄰的骨，在生長過程中會漸漸癒合。大部分的骨中空，內有骨髓，骨髓可以製造紅血球及某些種類的白血球。

骨的構造 圖21-8 爲腿骨的縱切及其微細構造，其外層緻密，全長的中央爲空腔，在骨端部分，緻密層變薄，其內側疏鬆呈海綿狀。在顯微鏡下，可見骨組織爲許多哈維氏管 (Haversian Canal)，骨細胞呈層排列於管的周圍，管內有微血管及神經，微血管可將養分供給骨細胞。骨的中空部分有骨髓，分布於骨的神經及血

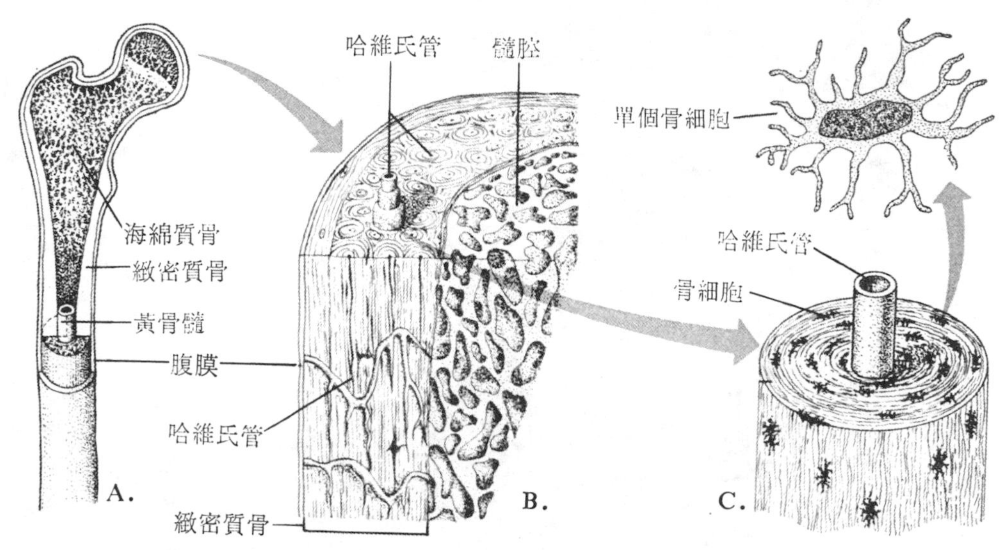

圖21-8　腿骨。A.縱切　B.放大　C.哈維氏管。

管皆位於骨髓中。

骨的連接　骨與骨之間以關節相連（圖 21-9)。有的關節不能活動，如構成頭顱的骨，彼此以鋸齒狀的邊緣互相嵌合，此種接合，叫做縫合線（suture)。大部分的關節可以活動，有的僅能在同一平面上彎曲或伸直，如肘關節；有的則活動較爲自如，如大腿與臀部間的髀關節。

可以活動的關節，其外圍有韌帶（圖21-10A)，用以固定骨的位置，同時韌帶可以伸張，使關節便於活動。相接的兩骨，其骨端有軟骨覆蓋（圖21-10B)，藉軟骨的彈性，以防止兩骨互相摩擦。相接處有空腔，沿空腔有一層滑液膜，該膜可以分泌滑液，其作用有如潤滑劑，可以減少關節活動時的摩擦。

骨骼的分部　骨骼可區分爲中軸骨骼（axial skeleton）及附肢骨骼（appendicular skeleton)(圖21-11)。中軸骨骼包括頭骨(skull)、脊柱(vertebral colum)、肋骨（rib）及胸骨（sternum)。頭骨又有顱骨及顏面骨之別；脊柱由 33 個脊椎骨連接而成；肋骨12對，一端在身體背面分別連於胸椎，另一端則位於胸腔前方，第 1～7 對連於胸骨，第 8～10以軟骨間接連於胸骨，最末兩對則游離。

附肢骨骼包括上肢骨、下肢骨、肩帶及腰帶。上肢骨以肩帶與脊柱相連，下肢

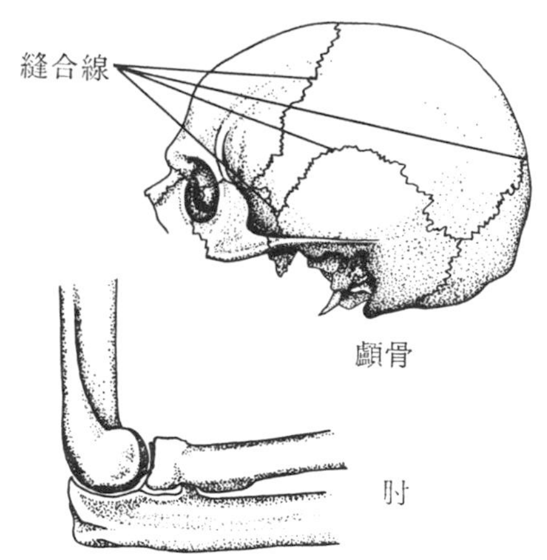

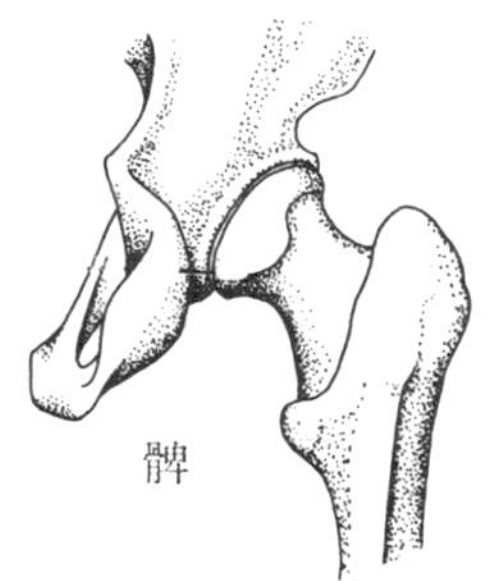

圖21-9 關 節

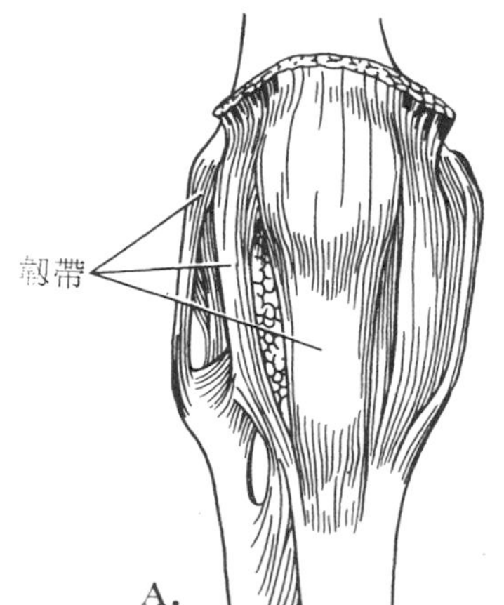

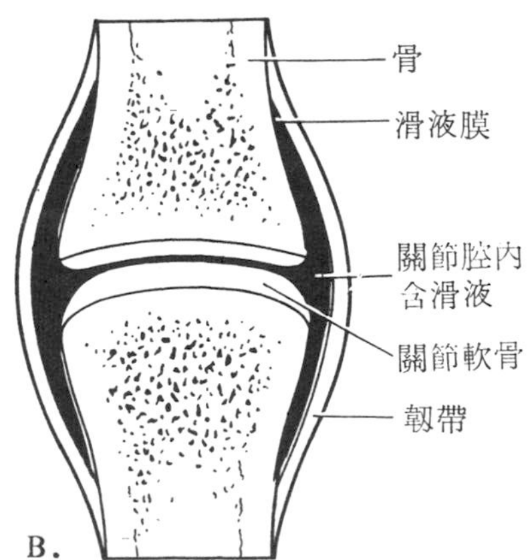

圖21-10 膝關節的構造。
A.膝關節前面觀，示周圍的多條韌帶。
B.關節切面，示內部構造。

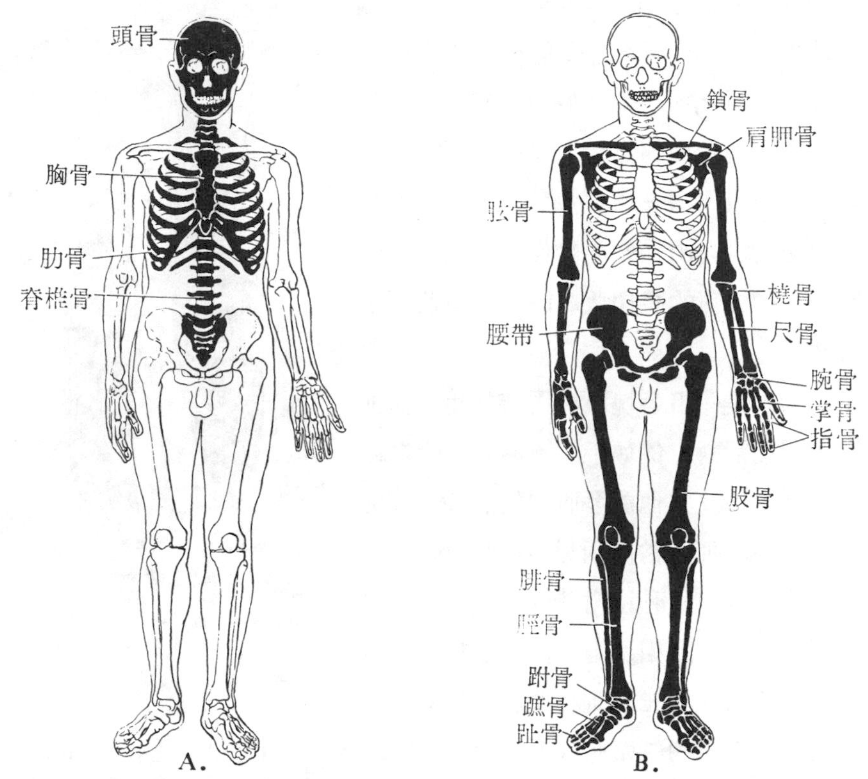

圖21-11　人體的骨骼。A. 黑色部分爲中軸骨骼，B. 黑色部分爲附肢骨骼。

骨則以腰帶與脊柱相連。腰帶與脊柱圍成骨盤，可以保護位於骨盤內的排泄器官及生殖器官。

第四節　骨骼肌

骨骼肌附於骨上，可以隨人們的意志而收縮，故又稱隨意肌(voluntary muscle)。人體約有七百塊骨骼肌，每塊肌肉由百萬個肌細胞集合而成。肌細胞細長，故稱肌纖維，許多纖維由結締組織將之連在一起，形成一塊肌肉。

肌肉的作用　每塊肌肉均有兩端，利用兩端越過關節分別附於二塊不同的骨上。肌肉收縮時，一端所連的骨固定，另一端所連的骨便隨肌肉之收縮而被拉起。肌肉固定的一端稱爲起點 (origin)，活動的一端稱終點(insertion)，兩者之間稱肌腹(belly)。例如二頭肌 (biceps) 的起點分叉爲二，連於肩胛骨，終點連於前臂之橈骨 (radius)上(圖21-12)。少數肌肉，一端連於骨，另一端連於眞皮；也有的肌肉兩端都附於眞皮，例如顏面部的肌肉。顏面部的肌肉收縮時，可以使面部產生表情。

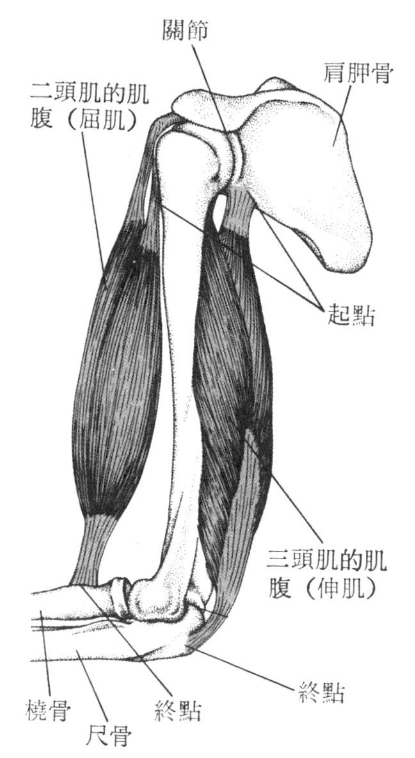

圖21-12 上臂之骨及肌肉，示一塊肌肉之起點、終點、肌腹，以及行拮抗作用之二頭肌、三頭肌。

肌肉通常是一組多塊肌肉同時作用，而非一塊肌肉單獨活動。例如手臂彎曲時，除二頭肌收縮外，尙涉及其他許多肌肉的收縮。在完成一項動作時，肌肉常兩兩相對彼此行拮抗作用，其中之一收縮將骨拉向某一方向，另一肌肉收縮則將該骨拉向相反方向。例如二頭肌收縮時，手臂彎曲，故二頭肌爲曲肌 (flexor)；但與其行拮抗作用的三頭肌(triceps)收縮時，臂便伸直，故三頭肌爲伸肌(extensor)。

實際上，肌肉作用時，並非僅拮抗作用而已。即使是簡單的動作如曲臂或伸臂，都必須許多肌肉互相協調，由多數肌肉同時收縮，另外許多肌肉則同時舒張，才能產生某種動作。走路時，足跨出一步，此時幾乎肩部以下的肌肉皆參與活動，其數可能多達 200塊。由此可理解嬰兒學習走路，爲何需經長時間練習才能達成。

肌肉如何收縮 骨骼肌的明顯特徵是細胞具有橫紋，在顯微鏡下，可以觀察到明帶與暗帶交互排列的情形 (圖21-13)，這種橫紋是肌細胞的收縮單位，叫做肌小節 (sarcomere)。肌細胞內所有的肌小節同時收縮，乃使整個細胞收縮。

骨骼肌的細胞，具有許多核，位於細胞膜下方，細胞質中有許多縱走的肌原纖維(myofibril)。在電子顯微鏡下，可見肌原纖維是由許多更細的肌絲構成(圖21-14)(圖21-15A)。肌絲有粗肌絲 (thick filament)和細肌絲 (thin filament)兩種，粗

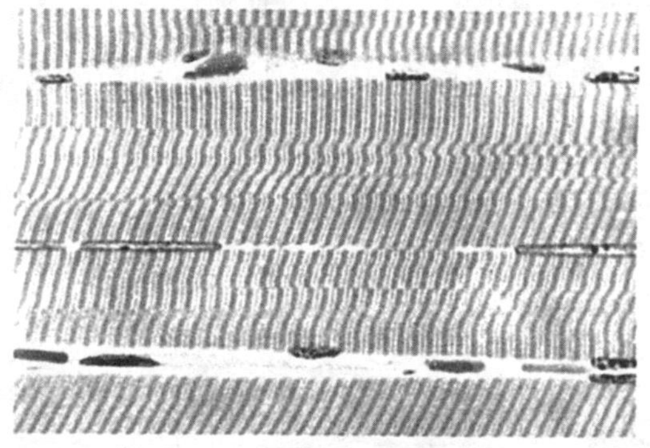

圖21-13 骨骼肌，光學顯微鏡下，可察見橫紋。

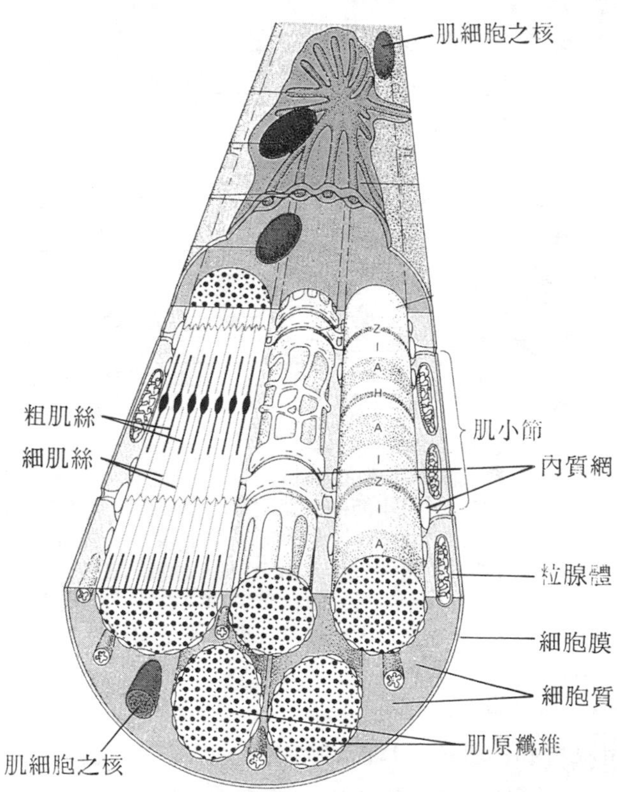

圖21-14 肌細胞的構造

肌絲由肌凝蛋白（myosin）形成，細肌絲由肌動蛋白（actin）形成。從横切面觀（圖21-15 B），可見每一粗肌絲周圍有六個細肌絲，而各細肌絲復與另六個粗肌絲所共有，如此連結成六角形。

至於肌小節，便是肌原纖維上的A帶（暗帶）與其兩側的I帶（明帶）連合而成（圖21-14）（圖21-15A，C），相鄰的肌小節間，有Z線相隔。A帶中央較明亮處稱H區，

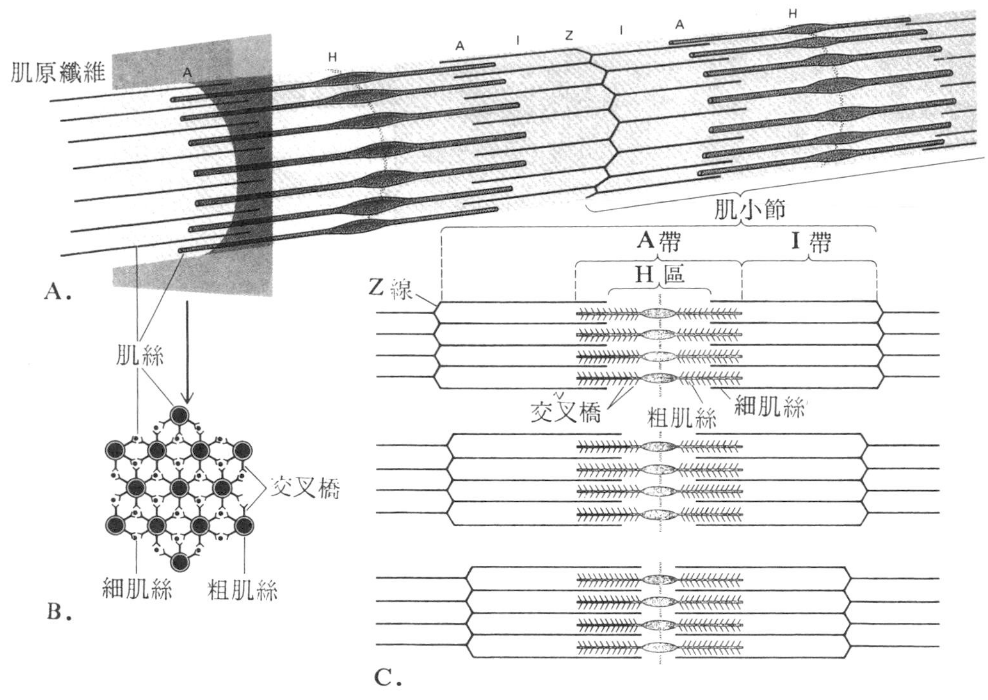

圖21-15 肌細胞中，構成肌原纖維之粗肌絲與細肌絲之排列。A.單條肌原纖維，示横紋，Z線代表肌小節之一端，B.爲A圖肌原纖維之横切，C.肌原纖維收縮時，肌絲彼此滑動情形，粗肌絲位於A帶，細肌絲位於I帶，並在A帶與粗肌絲重疊。（上）H區位於A帶中央，僅有粗肌絲，肌原纖維舒張，（中）收縮時，肌絲開始滑動，重疊部分增多，肌節變短，（下）收縮之最大極限，肌小節明顯縮短。

A帶僅有粗肌絲，I帶爲細肌絲，不過其一端稍延伸至A帶而與粗肌絲相重疊，故A帶兩端兼有粗肌絲和細肌絲，H區則僅有粗肌絲。細肌絲光滑，粗肌絲每隔 70 nm 便有一棘，此爲連結細肌絲的部位，稱爲交叉橋（cross-bridge）。細肌絲上每隔 40nm 有一作用點（active site），該部位可與粗肌絲的交叉橋相互作用，以供

給拖拉細肌絲沿粗肌絲滑動所需之力量。

至於肌絲如何能滑動，目前已知，粗肌絲與細肌絲並未形成穩定之化合物，而僅化學結合一起，這種結合是藉交叉橋。各交叉橋可以附於細肌絲上的某一作用點，然後彎曲，再繼續與細肌絲上相鄰的作用點結合，宛如動物之腿在行走一般，如此乃使兩種肌絲間發生滑動。

肌肉收縮是如何引發的？此一問題或許該反過來問「肌肉不收縮時，是什麼因素阻止粗肌絲與細肌絲交互作用？」此一問題，涉及原肌凝蛋白 (tropomyosin)，這種蛋白質，位於細肌絲的作用點，可以阻止交叉橋附於細肌絲上。當肌肉收縮時，細胞內的鈣便釋放至細胞質中，鈣可以誘導原肌凝蛋白，使之自作用點離去，於是交叉橋便可附於作用點。平時鈣位於肌細胞的肌質內質網 (sarcoplasmic reticulum) 內，此種內質網相當於光滑內質網。至於肌質內質網之釋出鈣，則係肌細胞受分布於肌肉之神經末稍所分泌之乙醯膽鹼 (acetylcholine) 之影響。

肌肉如何獲得能量　肌細胞內含有多量肝糖，肝糖是葡萄糖的聚合物，所以是細胞內供應能量的物質。當肌細胞在無氧狀況下收縮時，肝糖消失，但會出現等量之乳酸；當有氧存在時，即無乳酸積儲，而會產生 CO_2。

肌肉收縮時，肝糖即分解爲葡萄糖，葡萄糖再繼續分解，產生 CO_2 及能量。當持續運動或運動量大時，肌細胞內的氧便不足以供給細胞行有氧呼吸，以產生足量的 ATP 供肌細胞收縮之用。於是葡萄糖即進行糖酵解 (glycolysis)，葡萄糖在醱酵時，不能完全氧化而產生乳酸。於是，肌肉中便蓄積大量乳酸，且亟待進行氧化分解，這種情形，叫做氧債 (oxygen debt)。氧債需藉運動後之喘息，以獲得大量的氧而予以償還。

肌肉收縮時，雖然糖酵解是最終的能量來源；生物學家發現，肌細胞中另有一種具有高能磷酸鍵的物質，叫做磷酸肌酸 (phosphocreatine)。這種物質分解時，也可釋出大量能量，用以使 ADP 轉變爲 ATP，以供肌細胞收縮之用。此時磷酸肌酸便失去磷酸根而變爲肌酸 (creatine)。

上述肌肉收縮時，各物質的化學反應，可綜合如下:

1. ATP $\rightleftharpoons$ 磷酸根＋ADP＋能量 (用於肌細胞收縮)

2. 磷酸肌酸＋ADP$\rightleftharpoons$肌酸 (creatine)＋ATP

3. 肝糖$\rightleftharpoons$中間產物$\rightleftharpoons$乳酸＋能量

4. 部分乳酸＋$O_2$$\rightleftharpoons$$CO_2$＋$H_2O$＋能量(～P用以再合成 ATP 及磷酸肌酸)

肌肉若持續收縮，耗盡細胞內所儲之磷酸肌酸及肝糖，並積蓄大量乳酸，肌肉便無法再行收縮，稱爲疲勞 (fatigue)。肌肉疲勞通常在未完全耗盡供能物質以前，便已覺察到，其理由是因爲肌細胞與神經纖維相接處，即神經肌肉接合點 (neuromuscular junction)較肌細胞更早發生疲勞。

第二十二章　消　　化

人體必須自食物中獲得養分，作為生長及修補組織所需之原料，並供給身體活動所需的能量。攝入的食物要經過消化，大塊的食物由消化道將之磨碎，並由於酵素的作用而將大分子物質分解為小分子，才能吸收利用。消化道除了消化食物外，也能吸收食物分解後所產生的養分。未曾消化或吸收的食物，則形成糞便由排遺作用（egestion）排至外界。

第一節　消化系統

消化系統包括消化管及消化腺。消化管是自口至肛門的管道，包括口腔、咽、食道、胃、小腸及大腸等部（圖 22-1）。消化管的管壁，自食道至大腸，其構造皆相似，自管腔向外，共分四層：黏膜（mucosa）、黏膜下層（submucosa）、肌肉層（muscularis）及外膜（adventitia）（圖22-2）。

黏膜為消化管的內襯，由皮膜組織（在內）及結締組織（在外）構成，可以保護並滋潤消化管，黏膜含有腺體，在胃及腸的部分，黏膜並發生褶皺，可以增加分泌及吸收的面積。

黏膜下層由結締組織構成，富含血管、淋巴管及神經。肌肉層包括環肌及縱肌兩層，藉此等肌肉的收縮，可以使消化管發生局部的運動，以磨碎食物，並使食物與消化液混和，且可迫使食物在消化管中向前移動。

外膜亦由結締組織構成，在橫膈以下的消化管，外膜表面並覆有一層皮膜組織，稱為內臟腹膜(visceral peritoneum)，亦稱漿膜（serosa），利用各種褶皺與腹腔腹膜（parietal peritoneum）相連。腹膜炎即是此等腹膜發炎，是很嚴重的疾病，因其能迅速擴及腹腔內的大部分器官。

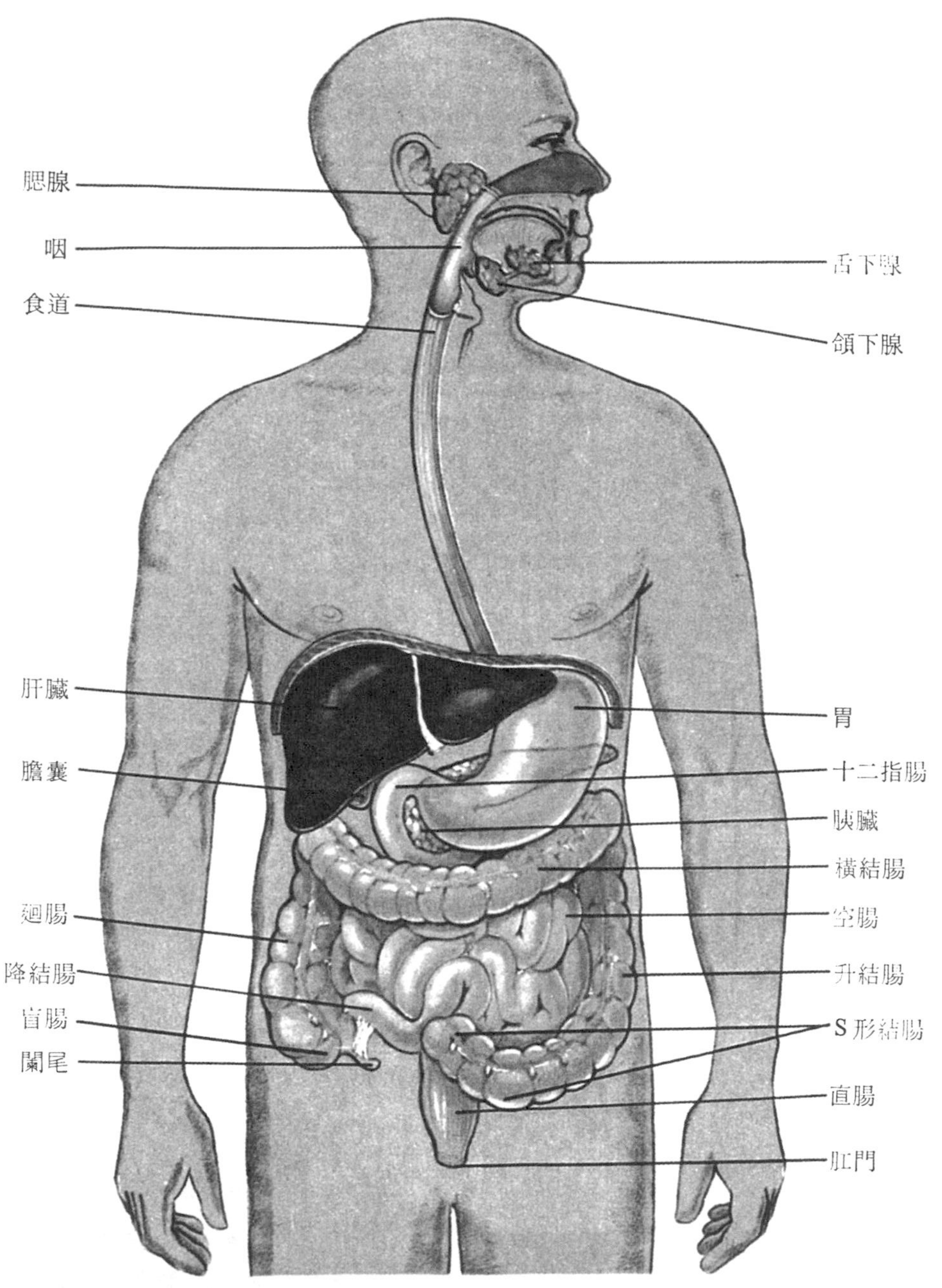

圖22-1　人體的消化系統

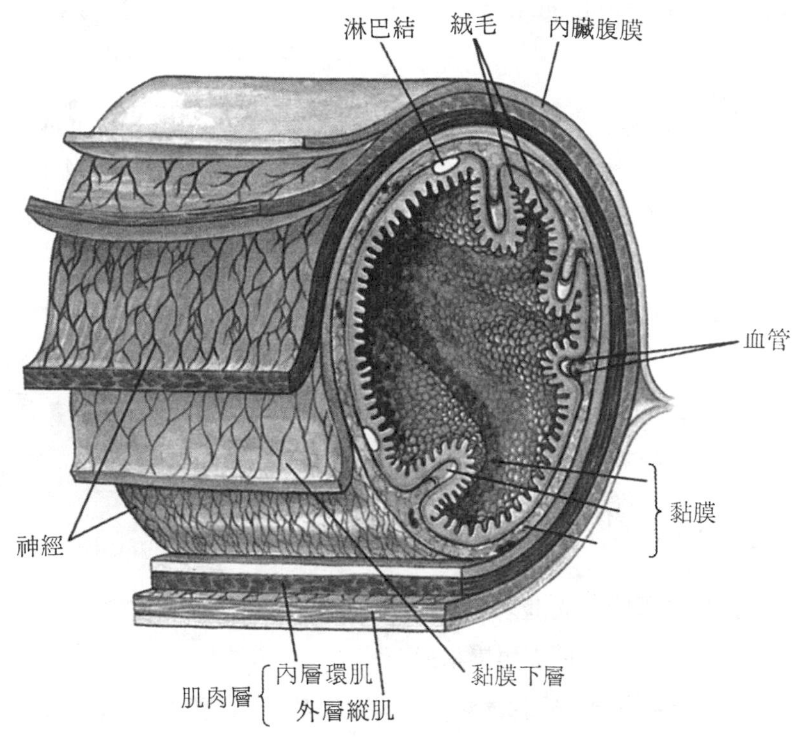

圖22-2 小腸橫切面

消化腺包括唾腺、胃腺、胰臟、肝臟及腸腺等，分泌的消化液，由導管分別注入口腔、胃或腸中。

第二節 口腔內的消化

食物入口，口腔便進行物理及化學的消化，口腔的頂部稱腭 (palate)，其前半部骨質，稱爲硬腭；後半部肉質，稱爲軟腭。舌的主要功用是攪拌食物，將由牙齒咀碎的食物與唾液拌和，並將之形成食團 (bolus)而下嚥。舌的表面有味蕾，可以辨別食物的滋味。

唾液由唾腺所分泌。人體的唾腺共三對，其中腮腺 (parotid gland) 最大，位於耳的前方， 腮腺炎便是此腺發炎腫脹。 頜下腺 (submandibular gland) 位於下頷兩側，舌下腺（sublingual gland）位於口腔底部。由這些腺體分泌的唾液，分別由導管進入口腔。

唾液爲一種水狀液，含有唾液澱粉酶（salivary amylase）以及黏液。唾液澱粉酶可將澱粉分解爲麥芽糖，黏液使食團滑潤易於下嚥。唾液的 pH 約爲 6.7，此乃是最適於澱粉酶活動的酸鹼度。食團抵胃後，受胃液酸性的影響。唾液澱粉酶即不活動。

唾液的分泌，係受神經中樞的控制，恐懼焦慮時，分泌顯著減少。食物在口中時，其滋味可刺激唾腺分泌，即使聞到、看到、甚至想到食物也會垂涎三尺。食物的酸味，爲最強的刺激，“望梅止渴”便是其例。

第三節　吞嚥及食道蠕動

食物自口腔下嚥，先進入咽。咽是消化道與呼吸道相交會的一個空腔。食道自咽通入胸腔，然後穿越橫膈與胃相連。

食物下嚥，須藉一系列反射作用而完成。首先，舌向上頂住腭（圖 22-3），位於舌與腭之間的食團就被推入咽。當吞嚥開始，呼吸會暫時停止，以防食團進入氣管。喉上升，於是其開口便爲會厭軟骨（epiglottis）蓋住，故食物不致進入氣管。

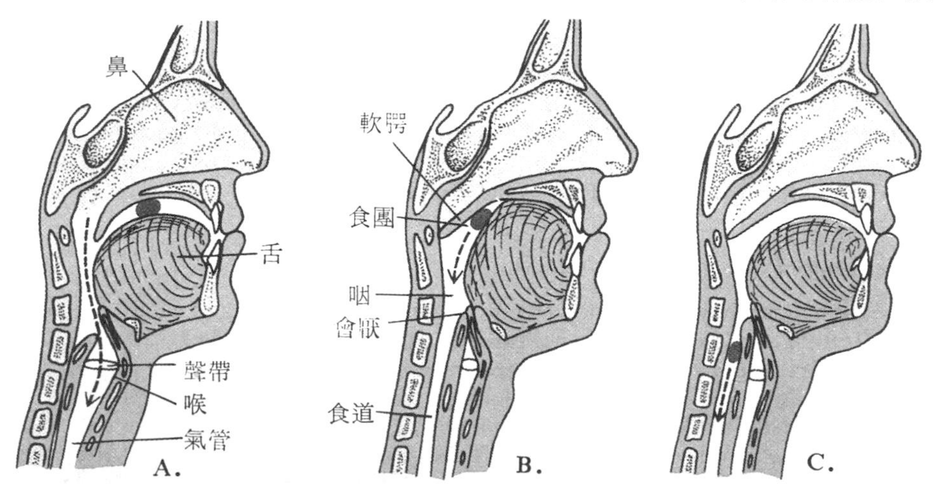

圖22-3　舌及會厭軟骨的位置。A. 呼吸時，B. 及C. 吞嚥時，自 B 圖可見舌如何推擠食團使其自口腔進入咽腔。

待食團進入食道，食道便發生蠕動（peristalsis），將食團漸漸推入胃中。此一過程僅約十秒，故食道僅為食物下降之通道。食道的蠕動，乃是由於食道受食物刺激，其管壁肌肉自上至下連續發生收縮與舒張的交替活動。在食團後方的管壁肌肉收縮，前方的管壁肌肉舒張（圖22-4），食團便向下移。

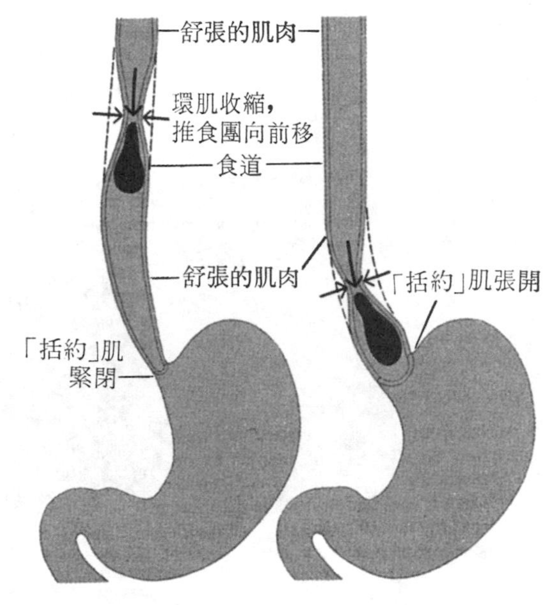

圖22-4 蠕　　動

食道與胃相接處，管壁中的環肌，其作用有似括約肌，平時收縮，以防胃內酸性極強的胃液急濺入食道而傷害食道。若不緊閉，例如在胃痛時，便可能發生這種情形。只有在食道的蠕動波到達食道下端時，此處的環肌始舒張，以容食團進入胃。

第四節　胃內的消化

胃呈囊狀、壁厚、富含肌肉（圖22-5），位於腹腔中左邊肋骨的下方。所含肌肉，除環肌及縱肌外，尚有斜肌。胃黏膜可以分泌大量黏液，許多胃腺陷入黏膜深處(圖22-6)。胃腺之壁細胞（parietal cell）分泌鹽酸；主細胞(chief cell)產生胃蛋白酶元（pepsinogen），此為胃蛋白酶（pepsin）的先驅物。胃液為強酸性，pH 約 0.8，但當其與黏液、食物等混合後，pH約為 2 。這種強度的酸性，足以殺死大部分隨食物進入胃的細菌。胃蛋白酶元由於鹽酸的催化，可以變為胃蛋白酶。此為胃液中的主要酵素，可以分解蛋白質，產生肽類。

胃的活動係受神經及內分泌兩者的控制，當看到、聞到或嚐到食物時，便會刺激胃腺分泌胃液。當食物到達胃時，胃液已釋入胃中；胃壁受胃內食物擠壓的刺

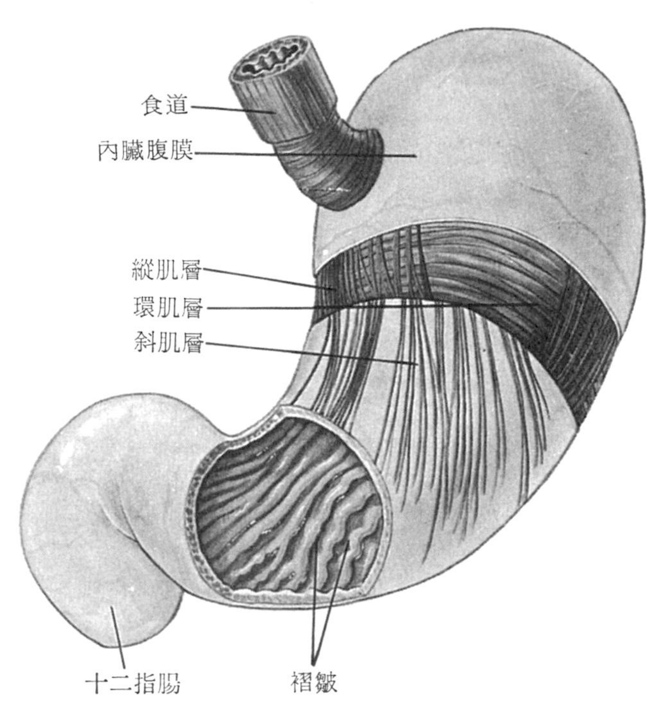

圖22-5 胃的構造

激，胃腺仍繼續分泌胃液。胃黏膜細胞受食物的刺激，另會分泌一種激素，叫做胃泌素(gastrin)。這種激素由血液吸收又再輸送至胃腺，可以刺激胃腺分泌胃液。

飽餐後，食物在胃中停留約四小時。胃壁的蠕動，可以將食物搓碎，並與胃液混合，也可推動食物緩慢向前移。胃液的酸性，正好適合胃蛋白酶的活動以分解蛋白質，最後食物乃成爲粥狀，叫做食糜(chyme)。食物在胃中，僅水、鹽及脂溶性的物質如酒精，可以由胃壁吸收。胃與小腸相接處，稱爲幽門(pylorus)，幽門有幽門括約肌(pyloric sphincter)。當食物在胃內消化完畢後，幽門括約肌便舒張，隨著胃的蠕動，食糜乃被推入小腸。

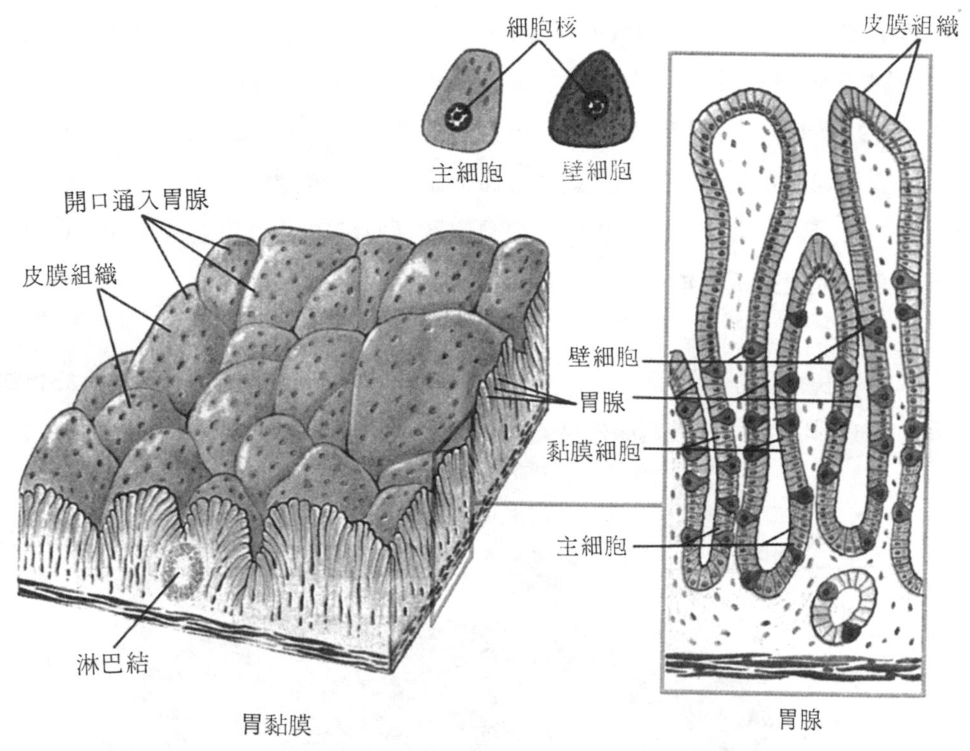

圖22-6　胃黏膜及胃腺

第五節　小腸內的消化

人類的小腸長約 2.6 公尺，在胃下方長約 21 公分的部分，彎曲呈C字形，稱爲十二指腸 (duodenum)，其下爲空腸 (jejunum) 長約 0.9 公尺，下接廻腸 (ileum)。十二指腸由韌帶與胃、肝及背面的體壁相連。空腸與廻腸則以薄而透明的繫膜 (mesentery) 與背面體壁相連。小腸的內面形成許多微小呈指狀的突起，稱爲絨毛 (villi)，藉此增加小腸的面積。

小腸的運動　食物入小腸後，小腸也發生運動。其中蠕動可以迫使食物繼續向前移動，食物通過全部小腸大約要數小時。小腸尚可發生攪拌運動（mixing movement），此一運動在使食物與小腸內的消化液充分混合。

小腸的運動以及消化作用係由神經及激素所控制，當酸性食糜自胃進入十二指腸與腸壁接觸後，十二指腸的黏膜即分泌一種激素，叫做胰泌素（secretin）。胰泌素由血液運輸至胰及肝，可促使這些腺體分泌胰液或膽汁。食糜中的脂肪酸或部分消化的蛋白質，則可刺激十二指腸黏膜分泌膽囊收縮素（cholecystokinin CCK），這種激素可促使膽囊收縮以釋出膽汁，亦也促使胰臟分泌胰液。

胰臟　胰臟及肝臟皆爲大型的消化腺，胰臟爲一扁平狹長的腺體，位於胃與十二指腸間（圖22-7）。胰液爲鹼性液，pH 約 8.5，胰管與膽管會合成總膽管，胰液

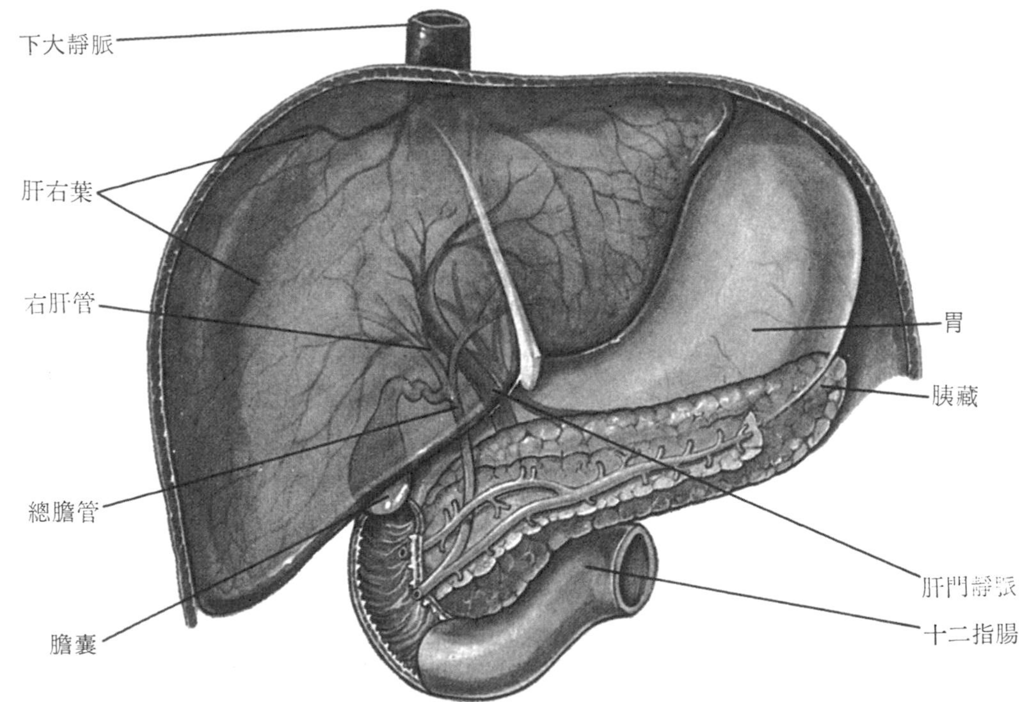

圖22-7　肝臟及胰臟

便經總膽管注入十二指腸。胰液中的酵素有（1）蛋白酶包括胰蛋白酶（trypsin）、胰凝乳酶（chymotrypsin）及羧肽酶（carboxypeptidase）。（2）胰脂肪酶（pancreatic lipase），可以分解中性脂肪。（3）胰澱粉酶，（pancreatic amylase），可以分解除纖維素以外的多糖爲雙糖。（4）酯酶（estrase），可以分解膽固醇酯。（5）核糖核酸酶（ribonuclease）及去氧核糖核酸酶（deoxyribonuclease），分解 RNA 或 DNA 爲核苷酸（表22-1）。

表22-1　重要的消化酵素

酵　　素	來源	最適宜的pH	產　　物
唾液澱粉酶	唾腺	中性	麥芽糖
胃蛋白酶	胃	酸性	肽類
凝乳酶	胃	酸性	使乾酪素凝固
胰蛋白酶	胰臟	鹼性	肽類
胰凝乳酶	胰臟	鹼性	肽類
脂肪酶	胰臟	鹼性	甘油、脂肪酸、單甘油脂、雙甘油脂
澱粉酶	胰臟	鹼性	麥芽糖
核糖核酸酶	胰臟	鹼性	核苷酸
去氧核糖核酸酶	胰臟	鹼性	核苷酸
羧肽酶	腸腺	鹼性	胺基酸
胺肽酶	腸腺	鹼性	胺基酸
腸激酶	腸腺	鹼性	胰蛋白酶
麥芽糖酶	腸腺	鹼性	葡萄糖
蔗糖酶	腸腺	鹼性	葡萄糖、果糖
乳糖酶	腸腺	鹼性	葡萄糖、半乳糖

胰蛋白酶初分泌時爲不活動的先驅物，稱胰蛋白酶元（trypsinogen），需經腸黏膜分泌之腸激酶（enterokinase）的激活，始形成胰蛋白酶，才能發生作用分解蛋白質。

胰臟亦爲內分泌腺，散布在胰臟組織中的胰島，可以分泌胰島素（insulin）及抗胰島素（glucagon），這些激素由血液運輸，可以調節血液中葡萄糖的濃度。

肝臟　肝臟是體內最大、功能最複雜的器官。肝臟可以：(1) 分泌膽汁，對脂肪的分解十分重要。(2) 自血液中移除養分。(3) 將葡萄糖轉變爲肝糖而儲藏，或將肝糖變爲葡萄糖以供利用。(4) 將胺基酸轉變爲尿素及酮酸。(5) 製造血液中的多種蛋白質。(6) 除去藥物及毒物之毒性。(7) 執行許多對胺基酸、脂肪及蛋白質的代謝功能。其中與消化有關者是分泌膽汁。

肝臟不斷分泌膽汁，經由管道輸送至總膽管。總膽管通入十二指腸，其入口處有括約肌，且經常關閉。因此，膽汁便先儲於膽囊內，當脂肪食物進入十二指腸，便刺激腸黏膜分泌膽囊收縮素，促使膽囊收縮，並使總膽管的括約肌舒張，膽汁便進入十二指腸。

膽汁含有水、膽鹽、膽色素、膽固醇及鹽等。膽鹽可以乳化脂肪，使食糜中的脂肪球分爲許多小油滴，以增加其面積，方便脂肪酶將之分解。膽汁的顏色來自膽色素，膽色素由肝臟中血紅素之原血紅素基 (heme) 經酵素作用而形成。在腸中，膽色素再經酵素作用成爲棕色，這種色素可使糞便著色，缺少時糞便呈土灰色。

腸腺　小腸黏膜中，含有許多微小的腺體，叫做腸腺。腸腺分泌的腸液中，含有分解雙糖爲單糖的酵素，分別是麥芽糖酶、蔗糖酶及乳糖酶。前曾述及的腸激酶，亦存於腸液中。

酵素的作用　澱粉及肝糖等多糖類，由澱粉酶分解爲麥芽糖。腸液中的雙糖酶可以分解雙糖爲單糖，例如麥芽糖酶，將麥芽糖分解爲葡萄糖。

分解蛋白質的酵素雖有多種，但各種蛋白酶僅能分解多肽鏈上某一特定位置的胜鍵 (圖 22-8)。不過，多種蛋白酶以及肽酶聯合作用，終將蛋白質分解爲胺基酸。

H_2N—gly—ala—leu—tyr—ala—asp—lys—val—glu—gly—COOH

↑ AP (gly—ala)　↑ C (leu—tyr)　↑ C或P (tyr—ala)　↑ T (lys—val)　↑ CP (glu—gly)

圖22-8　不同蛋白酶分解肽鏈上某特定的部位。P爲胃蛋白酶，T爲胰蛋白酶，C爲胰凝乳酶，AP爲胺肽酶　CP爲羧肽酶。

脂肪大都在十二指腸中由胰脂肪酶分解，脂肪酶溶於水，但脂肪則否，因此，脂肪酶只能分解脂肪的表面。不過，膽鹽可以降低脂肪的表面張力，使大粒的油脂分散成許多小滴，均勻散布於水中，以增加其面積，供脂肪酶進行水解作用。

吸收 醣類、蛋白質、脂質及核酸等大分子物質，經酵素分解爲小分子的次單位後，其產物可由小腸壁的絨毛吸收。圖 22-9 示絨毛的構造，各絨毛表面有一層皮

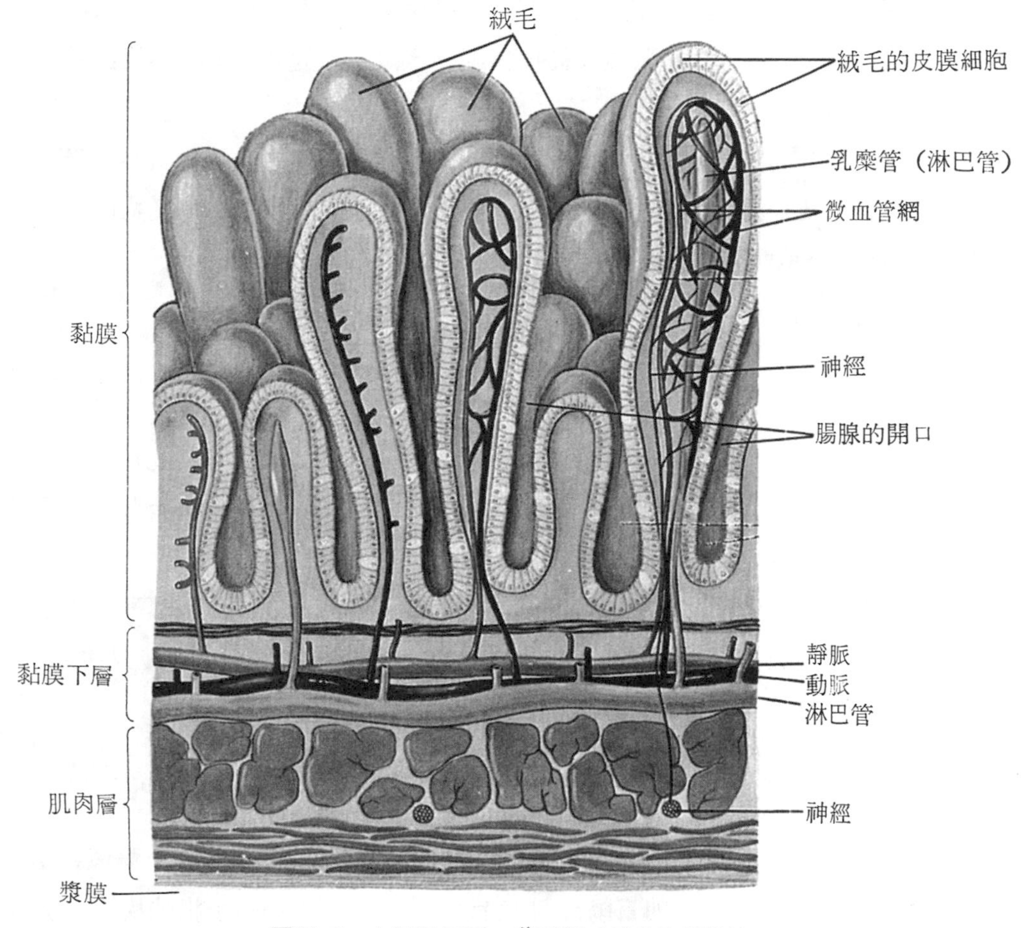

圖22-9 小橫腸切面，若干絨毛示其內部構造。

膜細胞，內有分布呈網狀的微血管，中央有乳糜管(微細的淋巴管)。當葡萄糖及胺基酸進入絨毛的皮膜細胞後，便積儲在細胞中，然後擴散至微血管中，再經肝門靜脈 (hepatic portal vein)輸送至肝，肝門靜脈在肝內分散成網狀的血竇 (sinusoid)（爲微細的血管，似微血管），血液在內緩慢移動，使肝細胞有充裕時間將血液中

的養分以及某些有毒物質移除。

至於脂質的代謝產物，雖然也由絨毛吸收，但其吸收過程則不一樣。食物中的脂質，通常爲三甘油脂，在腸內分解爲甘油、脂肪酸、單甘油脂及雙甘油脂等較小的分子後，乃擴散入絨毛的皮膜細胞。在細胞中，又再合成三甘油脂，形成直徑約 1μm 的小球，表面再裹以一薄層的蛋白質，這種由蛋白質所包裹的脂肪球，叫做脂肪微粒（chylomicron）。脂肪微粒從皮膜細胞至絨毛內的乳糜管，然後由淋巴管經胸管輸送至血液中。

食糜中大部分的養分，在通過小腸後，已被吸收殆盡，剩餘的物質爲未吸收的水分和養分；以及未消化的食物，這些剩餘物乃通過小腸與大腸間的括約肌——廻盲瓣（ileocecal valve）而進入大腸。

第六節　大腸的功能

食物在大腸內，大約要停留 1 ～ 3 天，甚或更長的時間。大腸的功能:

(1) 吸收鈉和水。鈉是經主動運輸而被吸收；水則藉滲透作用被吸收，水分被吸收後，食糜便漸漸變乾至正常的糞便狀。

(2) 培養細菌。大腸的運動遲緩，予細菌以足够的時間在內生長繁殖。大腸內有些細菌與人體爲互利共生，他們可以產生維生素K，B_1，B_2 及 B_{12}，供人類利用。

(3) 排遺。未消化和未吸收的食物，以及自腸黏膜剝落的細胞，在大腸中形成糞便而排遺。

大腸較小腸粗短，包括盲腸、升結腸、橫結腸、降結腸及直腸。小腸與升結腸相接處，向下有一盲囊，此即盲腸，連於盲腸上，有一大小似小指的構造，爲闌尾。盲腸及闌尾，在人類皆無何功用。

大腸亦有攪拌運動及蠕動，但兩者皆較小腸緩慢而遲鈍。大腸會週期性的（通常在飽餐後）發生強烈的蠕動以推擠其內容物，當有大量糞便抵達結腸與直腸間的括約肌時，括約肌便舒張，容糞便進入直腸，直腸壁上的神經即受刺激，傳至腦部便產生便意，再由腦傳來之衝動令肛門括約肌舒張而排糞。

若食物在結腸中通過的速度過於緩慢，大部分的水便被結腸所吸收，糞便乃變得乾硬而導致便秘；便秘也可能是由於食物量太少的緣故而引起。在工業國家，結腸癌甚爲普遍，這可能與飲食有關，由於攝取的纖維性食物少，以致糞便量少而不常排便，食物中的致癌物與結腸黏膜接觸的時間延長，乃導致癌症。

第二十三章　體內物質的運輸

細胞需要不斷有養分和氧氣的供應，也要不斷移除內部的代謝廢物。小型的水生動物體內各細胞可以藉擴散作用直接與外界交換物質，大型的動物就必須藉循環系統來完成此項任務。循環系統包括血液、血管及心臟，血液呈液狀，血管是血液在內循流的管道，心臟的功能有似唧筒，迫使血液在血管內流動。

第一節　血　液

血液呈深紅色，其液體的部分稱爲血漿(plasma)，呈淡黃色，紅血球 (erythrocyte)、白血球(leucocyte)及血小板(platelet)等固體部分皆懸於血漿中。

血漿　血漿包含水(92%)、蛋白質（7%）、鹽以及各種由血液運輸的物質如養分、氧氣、廢物與激素等。血漿中的蛋白質有數種，其中血纖維蛋白元 (fibrinogen) 與血液凝固有關；血液凝固後，剩餘的液體，稱爲血清 (serum)。 r 球蛋白 (gama globulin) 包含許多抗體，可以對疾病如痲疹、肝炎等產生免疫。

血漿蛋白由於分子大，不易通過血管壁，因此能產生滲透壓，對維持循環系統內的血液量十分重要，這些蛋白質可以調節血漿與組織液間的液體。血漿蛋白爲重要之酸鹼緩衝物，可以維持血液的酸鹼度在很小的 pH 範圍內——正常情況下略帶鹼性，pH 7.4。

紅血球　紅血球呈雙凹盤狀，直徑 7～8μm，厚1～2μm（圖 23-1）。正常男子每毫升血液中約有紅血球五百四十萬個，女子約五百萬個。紅血球由脊椎骨、肋骨、胸骨以及各種長骨的紅骨髓產生，壽命約 120天，壞死的紅血球由吞噬細胞淸除之。

貧血症是血紅素的量不足，這時體內運氧的能力降低，故氧氣不敷身體之需要，患者體力差，易感疲倦。貧血症可由於失血、血紅素產量少或紅血球迅速破壞等原因所引起。紅血球過多症（polycythemia）是紅血球數目增加，爲一種相當嚴重的疾病，紅血球數目可能倍增，因此血液變稠而會阻塞細小的血管。

圖23-1　掃描電子顯微鏡下之單個紅血球

白血球　白血球可以抵抗進入體內的細菌或其他入侵者，故對身體有保護作用。白血球似變形蟲般可以伸出僞足運動，有些種類的白血球可以穿過血管壁而進入組織。

人類的白血球共有五種，根據細胞質中顆粒的有無，可概分爲顆粒球與無顆粒球（圖23-2）。顆粒球有嗜中性球(neutrophil)、嗜酸性球（eosinophil）及嗜鹼性球(basophil)。嗜中性球主在吞噬異物，故常走出血管攝食細菌。嗜酸性球在過敏或有寄生蟲如條蟲寄生時數目會增加。嗜鹼性球亦與過敏有關。無顆粒球有淋巴球(lymphocyte）與單核球（monocyte），淋巴球與產生抗體有關，單核球由骨髓製造，在血液中停留24小時後，即至組織中，增大而變爲大噬細胞（macrophage），有如大型之清道夫細胞，可以大量吞噬細菌及死細胞等。

在正常情況下，人體每毫升血液中約有白血球 7,000個。當有細菌感染時，數目會迅速增加。白血球過多症（leukemia）爲一種癌症，某種白血球在骨髓中大量產生，由於白血球多，使紅血球及血小板之發育受影響，乃導致貧血、血液不凝固等症狀。

血小板　血小板（blood platlet）爲小型的細胞，僅有細胞質而無細胞核。每毫升血液中約有血小板三十萬個。血小板是骨髓中大核細胞（megakaryocyte）的

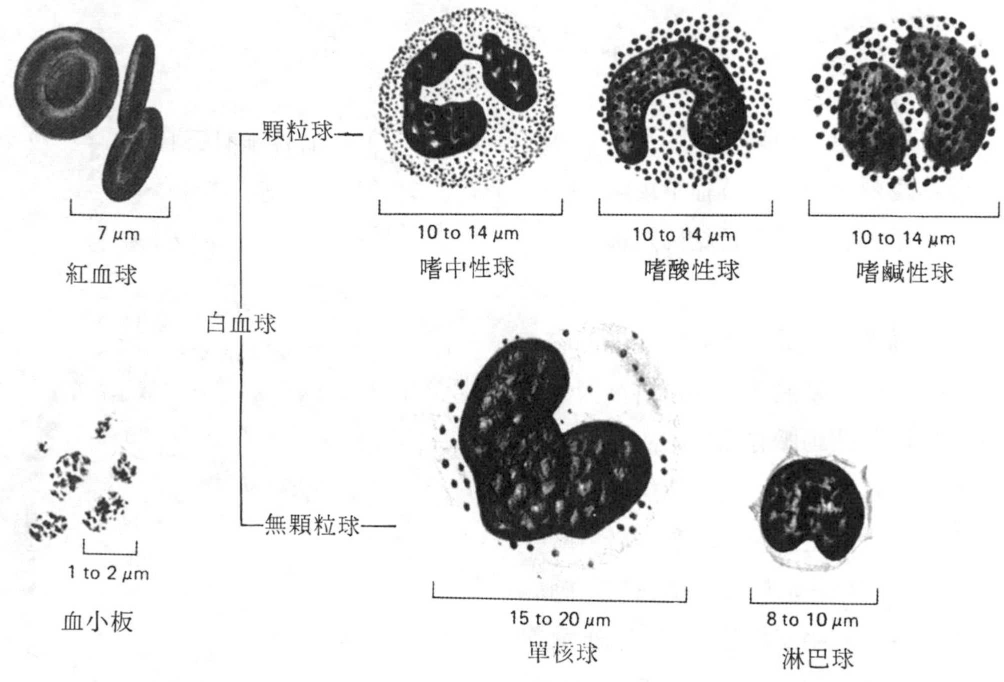

圖23-2　不同種類之血球

細胞質縊縮落下而形成，故僅是一小團細胞質的碎片，外圍有細胞膜包裹而已。

血小板與血液凝固有關，血液凝固是非常複雜的過程，涉及三十多種化學物質，當受傷時，任何一種與血液凝固有關的因素，與受傷組織接觸而被致活，便會發生一系列反應而使血液凝固。

凝血反應可以簡化綜合如下:

$$\text{凝血酶原 (prothrombin)} \xrightarrow[\text{血小板釋出物}]{\text{數種凝血因素}+Ca^{2+}} \text{凝血酶 (thrombin)}$$

$$\text{血纖維蛋白原 (fibrinogen)} \xrightarrow{\text{凝血酶}} \text{血纖維蛋白(fibrin)}$$

凝血酶原是一種球蛋白，由肝臟製造，此時需維生素K的存在。凝血酶是一種酵素，可促使可溶性的血漿蛋白——血纖維蛋白元變爲不溶性的蛋白質——血纖維蛋白。血纖維蛋白聚合成長纖維，黏附於受傷的血管壁，網絡血球、血小板等，形成血餅而堵住傷口。

第二節　血　管

血管包括動脈、靜脈及微血管三種（圖23-3）。血管壁有三層（圖23-4），內層稱為內皮，為一層扁平皮膜，中層是平滑肌，外層是結締組織。

動脈　動脈（artery）管壁的內層，除內皮細胞外，尚有許多彈性纖維，可使動脈有彈性，故動脈能擴大並承受壓力。心臟收縮時，血液自心臟流至動脈中，動脈必須擴大始能容納由心臟輸出的血液。動脈在各器官中反覆分枝，愈分愈細，最細的動脈叫做小動脈（arteriole）。小動脈可以決定輸入器官的血液量，因為小動脈壁的肌肉收縮或舒張時，可以改變管徑的大小而控制通過的血量。身體活動的部分耗氧多，小動脈壁的肌肉受氧氣減少的刺激而舒張，管徑擴大，便有較多的血液流入該器官。反之，當管壁肌肉收縮時，管徑便變細，器官內的血液量便減少。

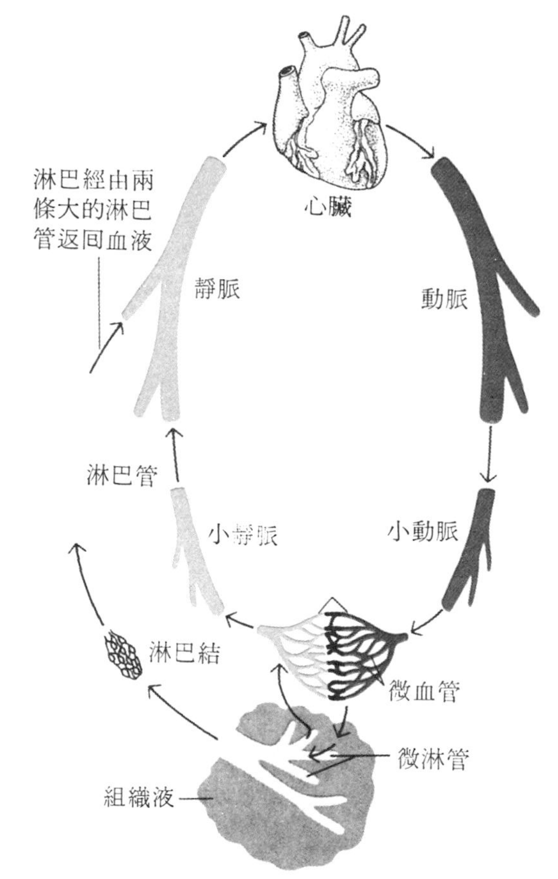

圖23-3　血管的種類及彼此的關係，組織液經由淋巴管返回血液。

微血管　微血管（capillary）介於動脈與靜脈間，分枝極多形成網狀，稱為微血管網（圖 23-5）。微血管僅一層內皮細胞，由於管壁薄，故血液流經微血管時，可以與組織間交換氣體、養分及廢物（圖 23-6）。

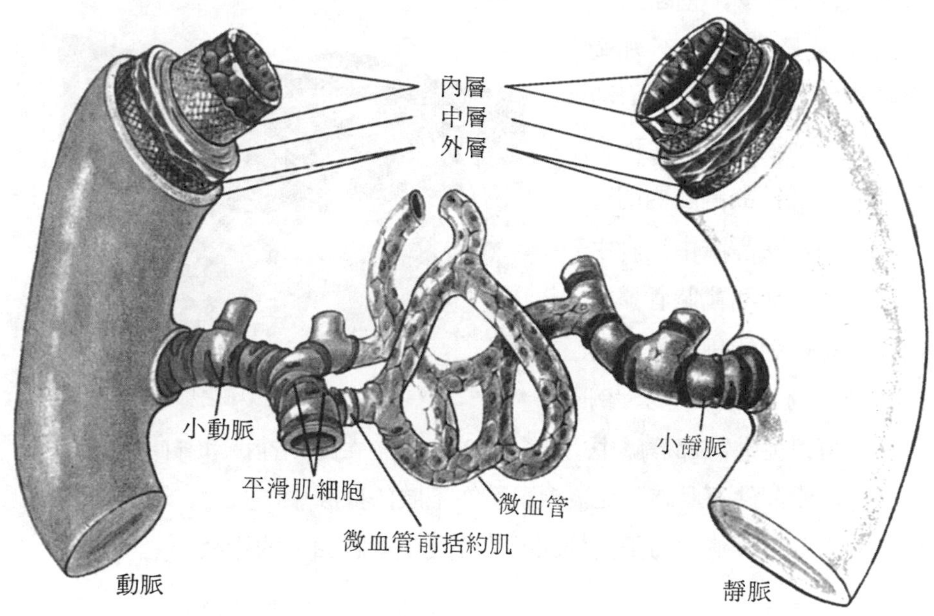

圖23-4　動脈、靜脈及微血管三者管壁的比較

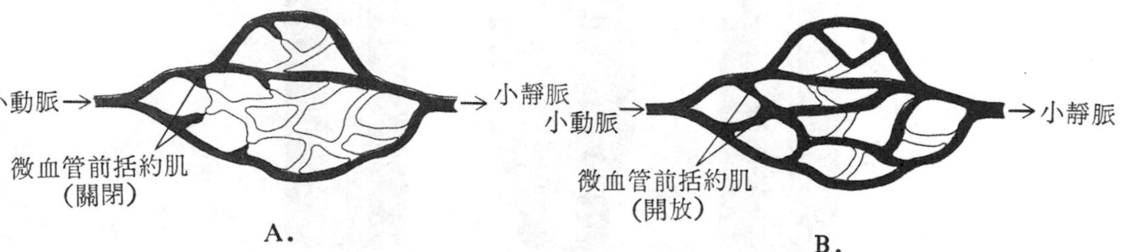

圖23-5　微血管網中血液流量的改變。A.當組織不活動時，微血管前括約肌關閉，僅與小動脈相連之血管中有血液，B.當組織活動時，微血管前括約肌舒張，微血管中皆充滿血液。

通常一個微血管網，僅一部分微血管內有血液通過，只有在器官活動時，該器官的微血管網才全部充滿血液。微血管網中的血液量，是由小動脈管壁中的肌肉，以及小動脈與微血管相接處的微血管前括約肌（precapillary sphincter）所控制。微血管前括約肌可以開閉以調節流入該微血管網內的血液量（圖23-5）。

靜脈　靜脈（vein）管壁較動脈薄，但口徑較大，這是因爲靜脈管壁所含的肌肉和彈性纖維皆較少，也因此靜脈的收縮性及彈性均遠不如動脈。在較粗的靜脈管內，具有活瓣，可以防止血液倒流。血液自微血管流入靜脈，故靜脈內的壓力十分低，血液在靜脈中流動主要是藉呼吸或其他活動時骨骼肌的收縮，擠壓附近的靜脈而推動其內的血液流動（圖 23-7）。例如肢體活動可以促進該部靜脈中的血液流動，當久站不動時，血液會淤積在下肢的靜脈中，久之，可能導致靜脈曲張。久坐的人易患痔瘡，乃是由於肛門部位發生靜脈曲張的緣故。

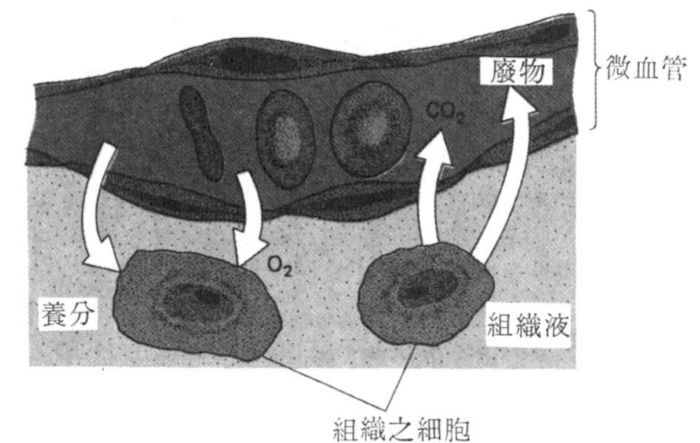

圖23-6 血液在微血管內與組織間交換物質

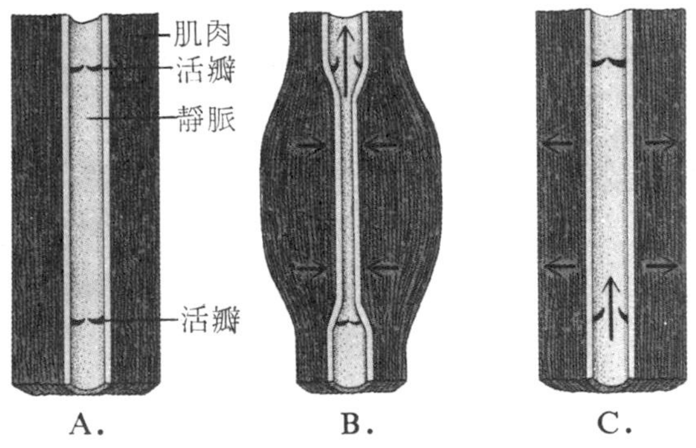

圖23-7 血液在靜脈中流動與骨骼肌之關係。A.靜止狀態，B.肌肉收縮及凸出，壓迫靜脈使血液向心臟流動，C.肌肉舒張，靜脈擴大並充滿由下方流來之血液。

第三節 心 臟

心臟位於胸腔內，主由心肌構成，中空，外圍有心包膜（pericardium）包裹，兩者間充滿液體，可以減少心臟跳動時的摩擦力。

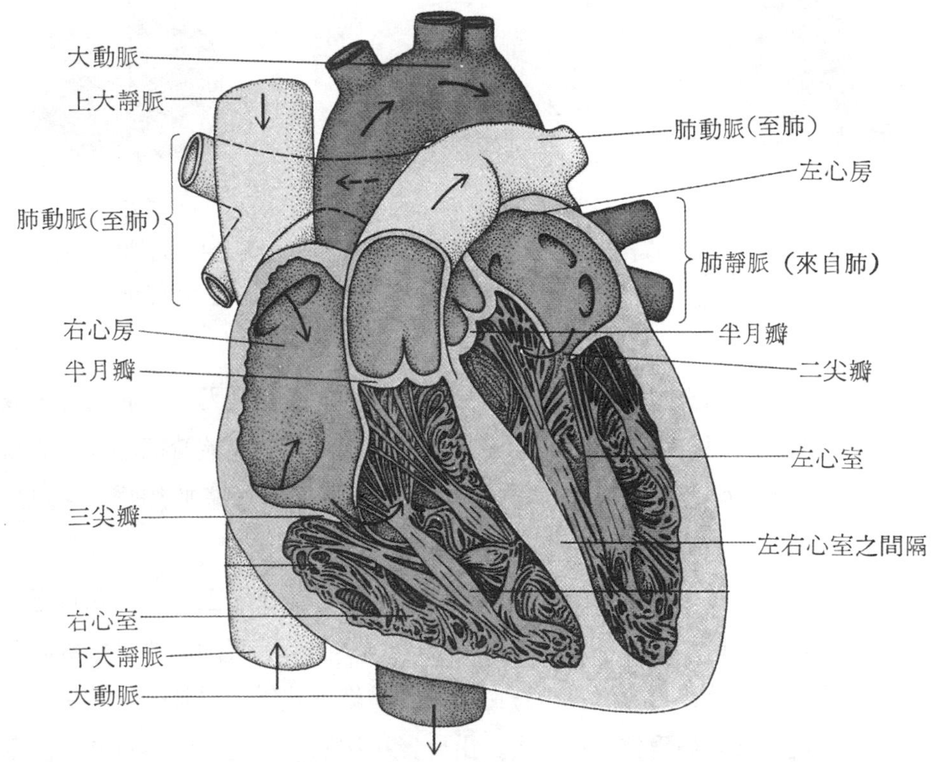

圖23-8　心臟的切面及連於心臟的血管(參看彩色頁)

心臟的構造　心臟內部的空腔分爲四室（圖23-8），上方的二個空腔叫做心房(atrium)，下方的二腔叫做心室（ventricle)。左右之間有一縱走的間隔，將心臟內腔分隔成左右兩半，故左、右心房間，或左、右心室間皆不相通。在左心房與左心室間、右心房與右心室間，都有孔道相通，在孔道處有活瓣，以控制血液循一定方向通過。此外，在心臟出口處，即左心室與大動脈間、右心室與肺動脈間，也有活瓣，稱爲半月瓣（semiluna valve)。當心室收縮血液自心臟流入動脈時，活瓣卽開放（圖23-9）；當心室舒張時，內部便充滿血液，而此時動脈內的血壓大於心室，於是，血液乃因回流而衝擊半月瓣，於是活瓣立卽關閉。

左、右心房分別與靜脈相接，右心房與上大靜脈、下大靜脈相接，左心房與肺靜脈相通，心房與靜脈連動處，皆無活瓣。

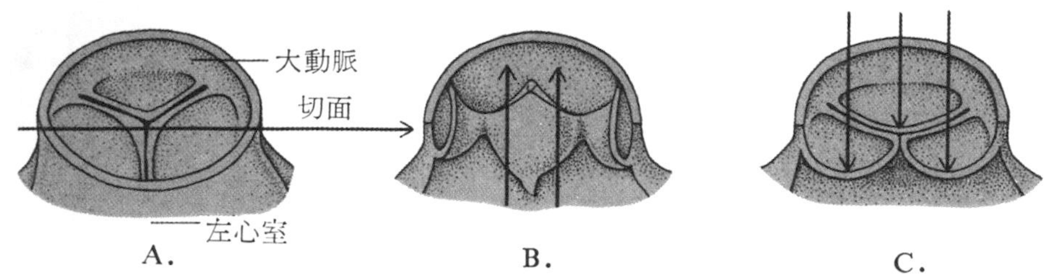

圖23-9　半月瓣之操作情形。A. 三個袋狀構造之排列，B. 心室收縮時，血液推開袋狀構造流入大動脈，C. 心室舒張時，大動脈中的血液充滿袋狀構造，而將與心室相通處關閉，以防血液流回心臟。

心搏　心臟可以有規律的搏動，每分鐘平均70次。心搏乃是心臟的交替收縮與舒張，收縮時，可以將血液自心臟壓出，舒張時，可以容血液流回心臟。心搏一次稱心週期（cardiac cycle），爲時約 0.8 秒。心週期中心臟收縮時，稱爲心縮(systole)，心臟舒張時，稱爲心舒（diastole)。

心臟本身天生可以有規律的收縮與舒張，在右心房後壁上大靜脈入口處，有一小區域，叫做竇房結(sino-atrial node, S-A node)，若將此處的肌纖維切下，其有規律的舒縮爲每分鐘72次。自心房切下的肌纖維，其舒縮爲每分鐘60次。心室的肌纖維切下後，其舒縮爲每分鐘20次。由於竇房結的搏動速度較心臟其他部分快，因此，起源於竇房結的衝動傳播至心房和心室，這些部位受到快速搏動的刺激，即會隨之搏動。所以竇房結的律動，也就是整個心臟的律動，因其可以引發和控制心臟的搏動，故竇房結乃稱之謂節律點(pacemaker)，係由一小撮心肌特化而成，具有神經的特性。

雖然心肌纖維可以很完善的傳導衝動，但心肌仍有一套特有的傳導媒體，此一媒體，叫做柏京雅系統(Purkinje system)，這是由特化之肌纖維構成，稱柏京雅纖維(Purkinje fiber)，這一系統示於圖 23-10 中，自房室結(atrioventricular node A-V node) 開始，房室結位於右心房壁的下部，然後經房室束（A-V bundle) 而延伸入左、右心室間之隔壁，於此分爲兩枝，一枝沿右心室壁傳播，一枝沿左心室壁傳播。

柏京雅系統的主要功能之一是在心室中盡快傳播衝動，使心室各部幾乎同時收縮，如此則心臟壓縮血液的效果佳。若無這一系統，則衝動在心室之傳導將會延緩

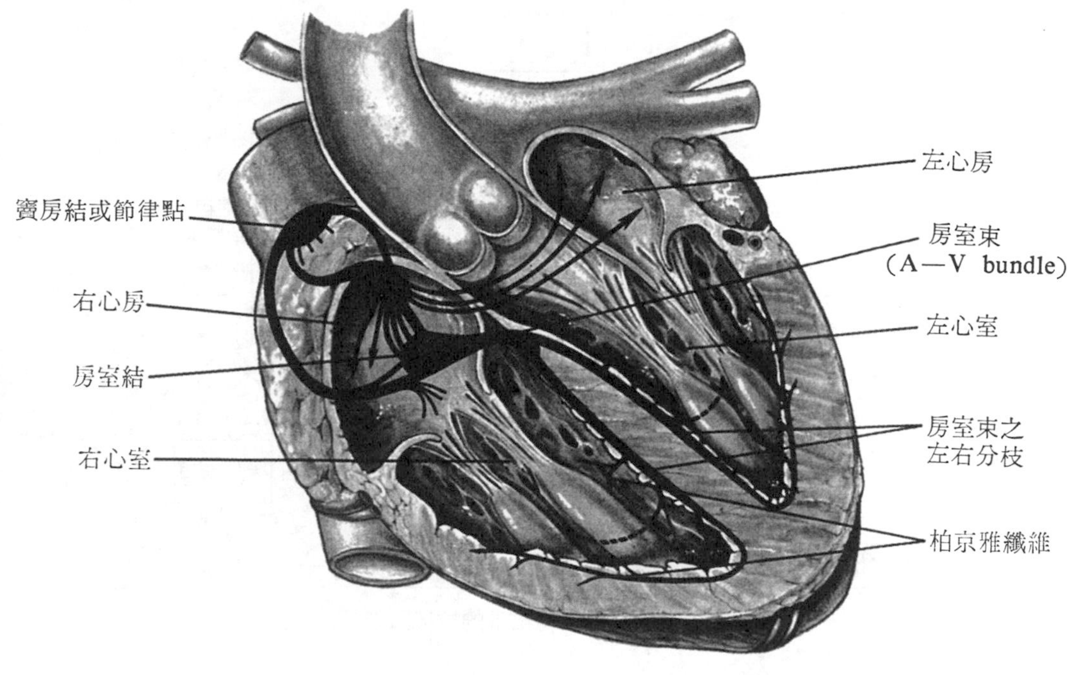

圖23-10 心臟的傳導系統（參看彩色頁）

很多，致使各肌纖維的舒縮先後不一，如是則心室之壓縮力降低，壓出的血液量將爲之減少。

心搏的調節 心臟雖然可以由於本身的控制系統而自行搏動，但搏動的快慢仍藉神經系統的調節。延腦中有心搏中樞（cardiac center），可以控制分布於心臟的自律神經，即交感神經與副交感神經（圖23-11），兩者皆連於竇房結。交感神經受刺激，便釋出正腎上腺素（norepinephrine），正腎上腺素可以加速心搏，並增加收縮的力量。副交感神經受刺激可釋出乙醯膽鹼（acetylcholine），乙醯膽鹼使心搏減慢，並降低每次收縮時的力量。

此外，內分泌亦可影響心搏，當情緒激動時，腎上腺釋出腎上腺素（epinephrine）及正腎上腺素，這些激素經由血液至竇房結，竇房結受刺激而使心搏加速。

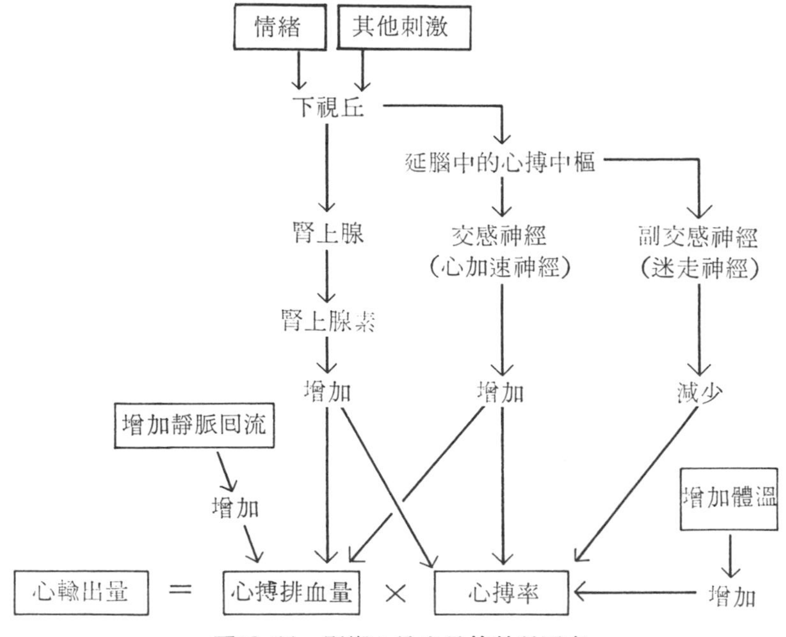

圖23-11　影響心輸出量的數種因素

脈搏與血壓　脈搏是動脈管壁伴隨心搏的舒縮而發生交替的擴張與復原。每次心搏，當左心室收縮血液壓入大動脈時，動脈便藉其彈性而擴張，以承受由心臟來的血液。這種擴張，自大動脈至其分枝呈波狀進行（圖 23-12），待擴張波向前移去，動脈又藉彈性恢復原狀。因此，每次心搏，動脈即產生脈搏波，每分鐘脈搏的次數，也就可以代表心搏的頻率。

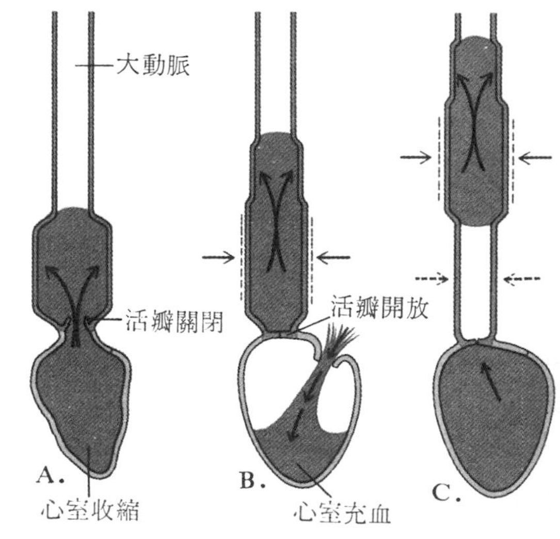

圖23-12　血液自心室至大動脈，產生脈搏波。A. 血液自心室至大動脈，近心室之動脈擴張，B. 心室擴張時，大動脈藉彈性漸漸恢復原狀，迫使隣近之動脈擴張，C. 脈搏波繼續前行。

血壓為血液衝擊血管內壁的力量，由血流以及血流的阻力所引起。血流直接與心臟的收縮力有關，當心縮力強輸出的血量增加時，血壓便升高。當心輸出量減少時，血壓卽下降。循環系統中的血液量也影響血壓，若是由於失血或慢性出血等疾病而血液量減少時，血壓便降低；反之，血液量多時，血壓便升高。

血流可由於阻力而受礙，當血流的阻力增加時，血壓卽升高。血液在血管中流動所受的阻力，來自血液的黏性，以及血液與血管壁之間的摩擦力。健康的人，血液的黏性維持一定，因此，對血壓的影響較小；較重要者是血液與管壁間的摩擦力；血管的口徑容易改變，尤其是小動脈，其口徑只要稍有改變，所產生的阻力，對血壓的影響就很大。

第四節　循環途徑

血液循環的主要任務之一是供應氧氣給身體各部的細胞。血液在肺部獲得氧氣，然後流回心臟。心臟將携有氧氣的血液壓入大動脈，然後輸送至除肺以外的身體各部。由此可知，血管的廻路有兩套，一是肺循環，血管連接心與肺。另一是體循環，血管連接心臟與除肺以外的身體各部。

肺循環　身體各部的血液流回右心耳，這些血液中原所携有的氧氣，已供應身體各細胞，故流入右心耳時，已爲缺氧血，缺氧血携有二氧化碳。缺氧血自右心室進入肺動脈（pulmonary artery），肺動脈有左右兩枝，分別進入左肺和右肺。在肺中，肺動脈反覆分枝，且愈分愈細，最後與肺中的微血管網相接。當血液在微血管中流動時，卽將所携的二氧化碳釋出至肺泡中；同時肺泡內空氣所含的氧便擴散入血液，血液與氧結合後便成充氧血，充氧血經肺靜脈流回左心房。

肺循環中血液循流的途徑可綜合於下:

右心房⟶右心室⟶肺動脈⟶肺部微血管⟶肺靜脈⟶左心房

體循環　參與體循環的血液，係由左心室將之壓入大動脈（aorta），此爲體內最粗大的動脈。由大動脈發生的分枝稱爲動脈，主要的動脈有冠狀動脈（coronary

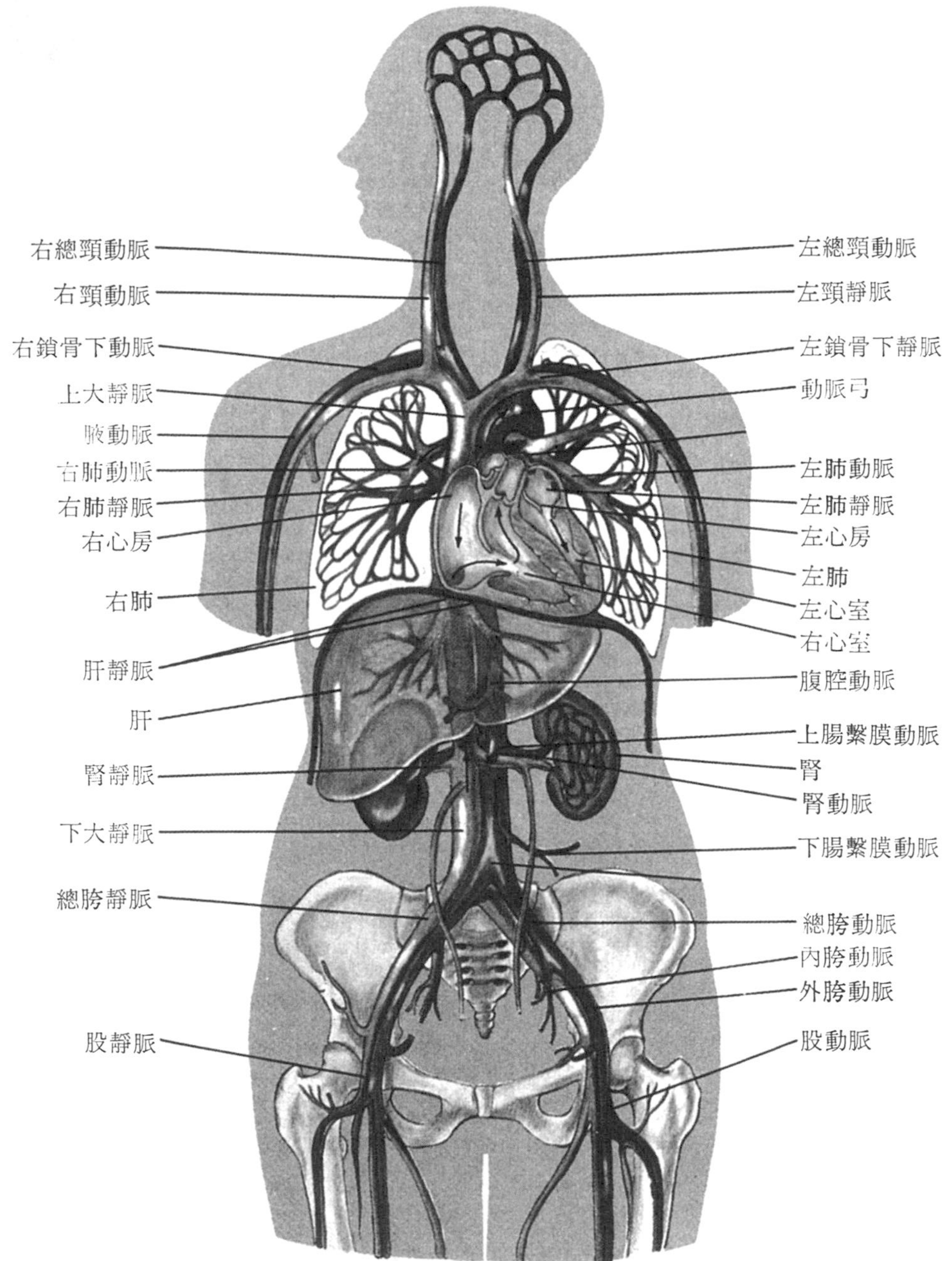

圖23-13 血液循環經過之若干主要動脈及靜脈（參看彩色頁）

artery)，至心肌本身。頸動脈 (carotid artery) 至頭部，鎖骨下動脈 (subclavian artery) 至肩部，繫膜動脈 (mesenteric artery) 至腸， 腎動脈 (renal artery) 至腎，胯動脈 (iliac artery) 至下肢 (圖 23-13)。 所有這些動脈在各器官中皆發生分枝，愈分愈細，血液自小動脈流至組織或器官中的微血管網。

頭部微血管網中的血液流入頸靜脈 (jugular vein)，肩部及臂部的血液流入鎖骨下靜脈 (subclavian vein)，這些及其他的靜脈漸次會 合而成上大靜脈 (superior evna cava)， 身體上部的血液由上大靜脈流入右心房。來自腎臟的腎靜脈 (renal vein)、下肢的胯靜脈 (iliac vein)、肝臟的肝靜脈 (hepatic vein)、以及身體下部的其他靜脈，會合後，將血液流至下大靜脈 (inferior vena cava)， 下大靜脈的血液亦注入右心房。

體循環中，血液自心臟至右下肢，再返回心臟的途徑為:

左心房⟶左心室⟶大動脈⟶右總胯動脈 (right common iliac artery) ⟶右下肢的小動脈⟶右下肢的微血管網⟶右下肢的小靜脈⟶右總胯靜脈 (right common iliac vein)⟶下大靜脈⟶右心房⟶右心室

冠脈循環 (coronary circulation) 心肌本身所需的營養，並非來自心房或心室中的血液，而是由大動脈所發生的許多分枝卽冠狀動脈(coronary artery)所供應。冠狀動脈在心臟壁中反覆分枝，血液自小動脈至微血管網，在微血管中血液與心肌細胞交換養分及氣體。微血管中的血液再流入冠狀靜脈 (coronary vein)，冠狀靜脈互相會合形成一大型的冠狀竇 (coronary sinus)，冠狀竇中的血液直接注入右心房。

若是有某一冠狀動脈阻塞，由該動脈供應養分及氧氣的心肌細胞，乃因缺養分和氧氣而壞死並停止收縮，若是有足量的肌細胞受害，就可能整個心臟停止收縮，這是很常見的一種心臟病。

肝門脈系 (hepatic portal system) 血液通常是由動 脈流至微血管再到靜脈，但肝門脈系則為例外。分布小腸的繫膜動脈，在小腸壁中與微血管網相接，血液在微血管網中自腸內獲得葡萄糖、胺基酸及其他養分，然後流入繫膜靜脈(mesenteric vein)，再至肝門靜脈（hepatic portal vein)。肝門靜脈將含有養分的血液送至肝臟，而非與一般靜脈那様直接返回心臟。在肝中，肝門靜脈反覆分枝，形成微小網狀的血竇，稱爲肝竇（hepatic sinus)， 血液流經肝竇時，肝細胞便攝取其中的養分，並將之儲於細胞中。最後，肝竇互相會合形成肝靜脈 (hepatic vein)，肝靜脈的血液流至下大靜脈再返回心臟。

第五節 淋巴系統

除血液循環系統外，脊椎動物尙有淋巴系統 (lymphatic system)。淋巴系統有三大重要功能：（1）收集組織液並將之送返心臟。（2）利用免疫機制對抗病原體，以保護身體。（3）自消化管中吸收脂質的代謝產物。

淋巴系統包括（1）淋巴管，爲分布全身，分枝成網狀的管道。（2）淋巴，爲在淋巴管中流動的透明水狀液，來自組織液(tissue fluid)。（3）淋巴組織，爲一種結締組織， 內有大量淋巴球， 淋巴組織可以形成小團狀的構造， 叫做淋巴結 (lymph node) 及淋巴小結（lymph nodule)。扁桃腺（tonsil）亦屬淋巴組織，胸腺(thymus) 和脾臟（spleen)，亦爲淋巴系統的一部分。

淋巴系統中最細的管道，叫做微淋管 (lymph capillary)，微淋管的先端爲盲管，微細的淋巴管廣布全身各部（圖 23-14）。微淋管漸次合併而成較粗的淋巴管（淋巴靜脈，但無淋巴動脈）。

當組織液進入微淋管後，卽至淋巴管。淋巴管在途中，於身體某些部位，如頸部、鼠蹊等處，有淋巴結。淋巴經過淋巴結時，其內的細菌或其他有害物質，皆可由淋巴結過濾而除去。淋巴管在肩部與血管相連接，左側以胸管(thoracic duct)、右側以右淋巴管（right lymph duct）與鎖骨下靜脈相連， 淋巴卽經此而入血液循環。

淋巴管本身可以搏動，以推擠淋巴在管中移動。淋巴管內有活瓣，可以阻止淋巴倒流。淋巴管附近的肌肉收縮以及動脈的搏動，皆能對淋巴管產生壓力而加速淋巴在管內流動。

淋巴來自組織液，而組織液則來自血液（圖23-15)。血液在微血管內受到的壓

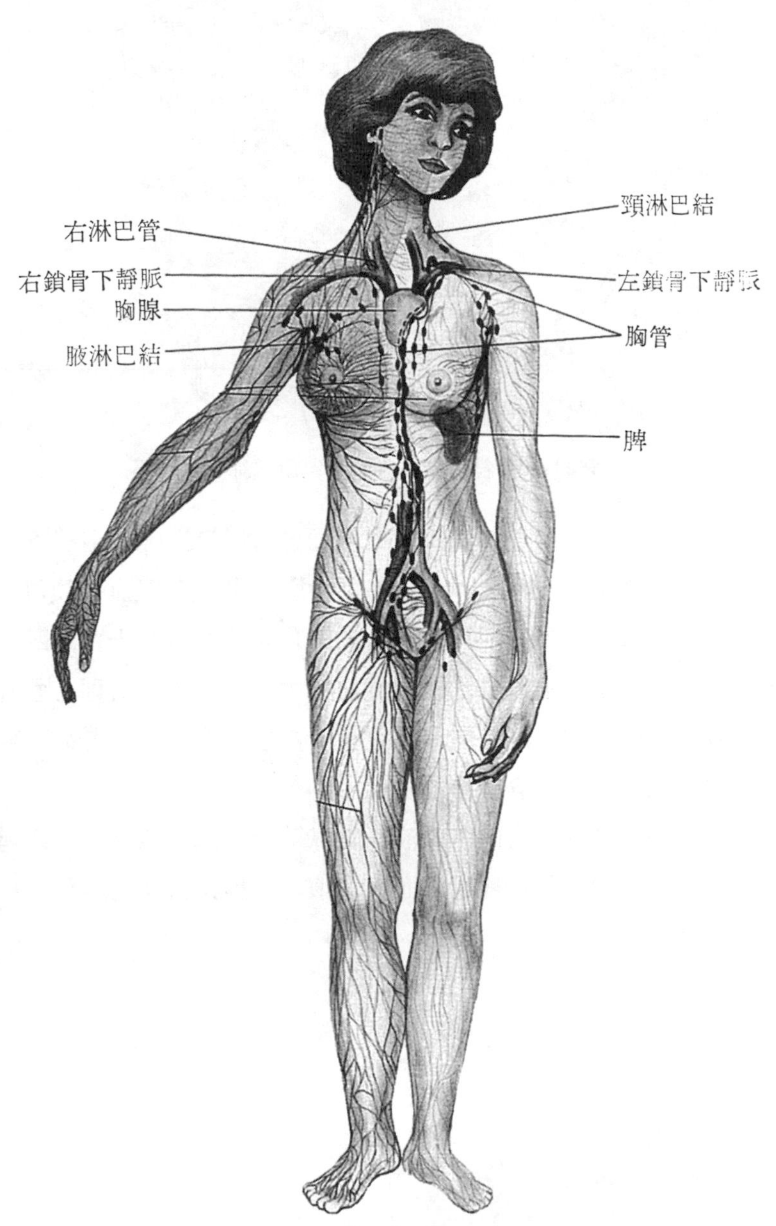

圖23-14　淋巴系統

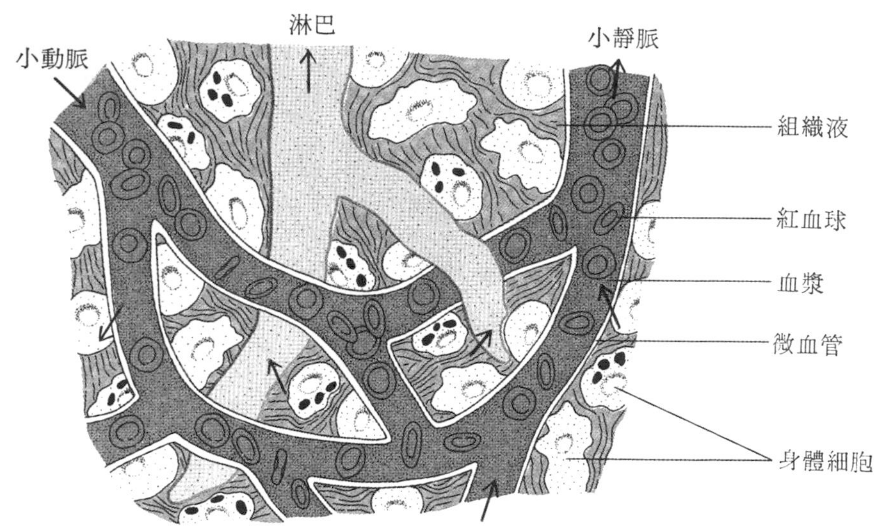

圖23-15　微淋管、微血管與組織細胞之關係

力相當高，於是，部分血漿便被擠出微血管而進入組織間隙。這些液體一旦離開血管，便稱爲組織液或間隙液 (interstitial fluid)； 其成分與血漿類似，組織液中無紅血球及血小板，僅有少數白血球；所含的蛋白質約爲血漿蛋白的四分之一，因爲蛋白質分子大，不易通過血管壁。但溶於血漿中的小分子物質則易通過血管壁，因此，組織液中含有葡萄糖、胺基酸及其他養分，亦含有氧氣和各種鹽類。身體內所有的細胞，便侵浴在這種富含養分的液體中。

淋巴系統可以收集約10%的組織液，組織液一旦進入微淋管，便稱爲淋巴。由此可知，淋巴系統可以將組織液送回血液循環，以維持血液的成分。

第二十四章　體內的防禦

人體具有防禦機制，用以抵抗病原體。防禦機制可大別為非專一性與專一性兩大類（圖 24-1）。非專一性防禦機制可以防止各種病原體進入體內，或進入後將之毀滅，吞噬侵入的細菌便是一例。專一性防禦機制合稱免疫反應，免疫反應與入侵者之間有特定的對象，故有專一性。

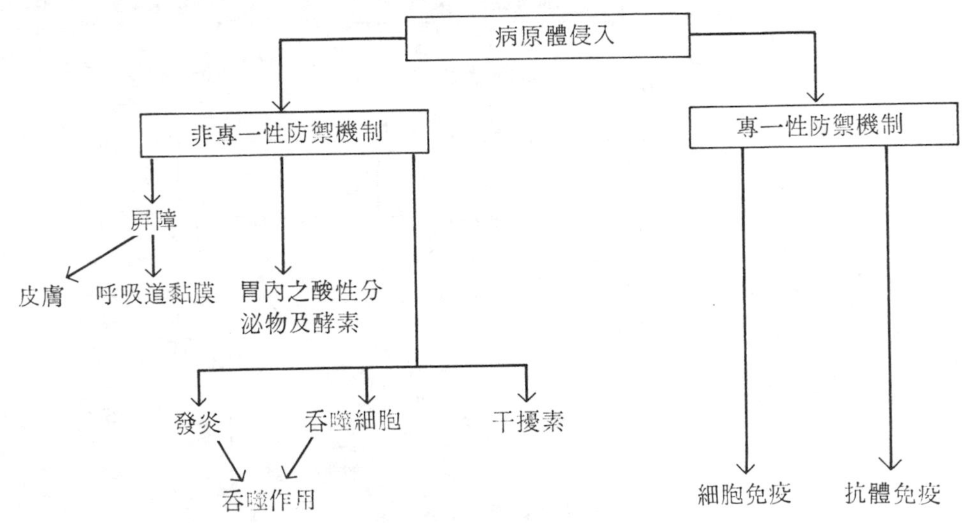

圖24-1　人體之非專一性及專一性防禦機制

第一節　非專一性防禦機制

皮膜屏障　體表的皮膚、消化道及呼吸道等的黏膜，是阻止病原體侵入的第一道防線。皮膚表面有角質蛋白；只要皮膚沒有破損，應是堅不可破的防線。實際上，皮膚表面常有許多無害的細菌，這些細菌為了維護本身的勢力圈，會抑止其他細菌（包括有害細菌）在皮膚表面繁殖。此外，汗液及皮脂皆含有化學物質，可以破壞某些種類的細菌。

隨食物進入消化道的病原體，可被胃液的酸性及酵素所破壞。隨空氣吸入的微生物可由鼻毛過濾；氣管黏膜的細胞，游離端有纖毛，可以藉纖毛運動將微生物、灰塵等向外推送至喉頭。某些黏膜表面經常有分泌物，包括唾液、鼻腔與分泌物及淚水等，這些分泌物含有抗微生物的物質如溶菌酵素 (lysozyme)。

雖然如此，皮膚、黏膜卻常是微生物或其毒素的入口處。

發炎反應 (imflammatory response)　病原體一旦突破皮膜屏障侵入組織後，便會引起發炎反應（圖24-2）。受傷害的細胞會立即釋出組織胺及其他化學物質，

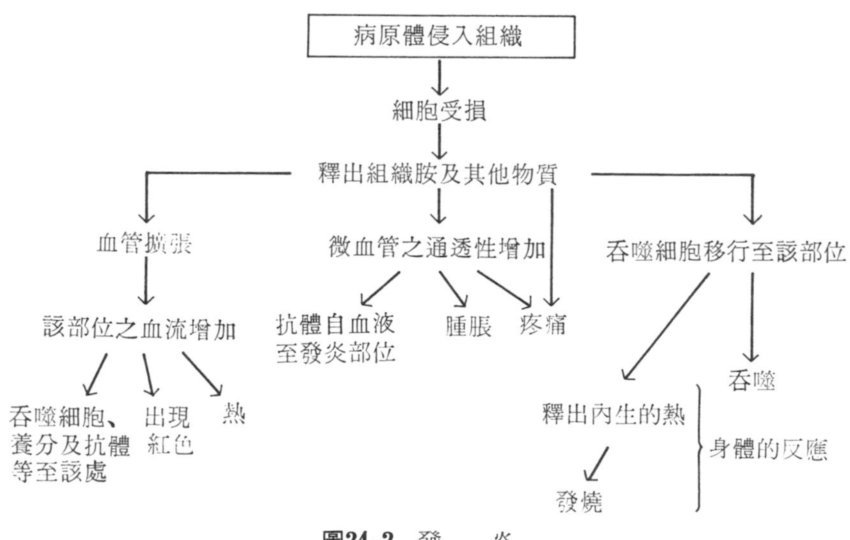

圖24-2　發　炎

導致附近的血管擴張，故該部血流增多，皮膚便出現紅、熱；同時微血管的通透性增大，於是，較多的血液自血管至受傷的組織，待組織液量增多，患部乃形腫脹，由於腫脹而伴隨疼痛。所以紅、熱、腫、痛為發炎的症狀。

發炎時血流增加，可携帶大量吞噬細胞（先為嗜中性球，後為單核球）至發炎部位。微血管的通透性增加，可容需要的加馬球蛋白 (gamma globulin, 有抗體的作用) 離開血流而進入組織。發炎雖是局部的反應，但有時會涉及全身，發燒便是發炎時在臨床上最常見的症狀。

吞噬作用（phagocytosis）　發炎反應的主要功能之一，是增進吞噬作用。吞噬細胞可作變形運動，攝食入侵的細菌等。吞入後，卽將細菌包於膜中，形成吞食小體（phagosome）；溶體乃附於吞食小體的表面，兩者互相融合。溶體釋出的酵素可將細菌分解，同時吞食小體的膜，會釋出過氧化氫，用以毀滅細菌。於是，大分子物質便分解爲無害的化合物，再自細胞釋出，甚至爲吞噬細胞所利用。

嗜中性球在吞食約20個細菌後卽不活動，終至死亡。大噬細胞一生可吞食約 100 個細菌，有的大噬細胞在組織間游走，並吞噬異物（圖 24-3）。有的大噬細胞則停留體內某處，毀滅通過該處的細菌。例如在肺泡中有大量大噬細胞，可吞食隨空氣進入的異物。

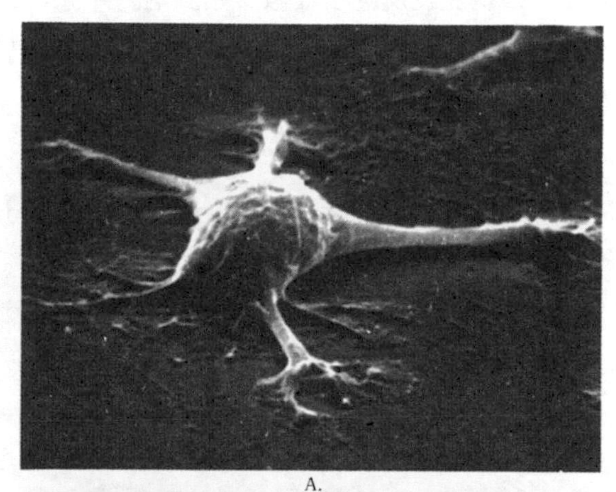

A.

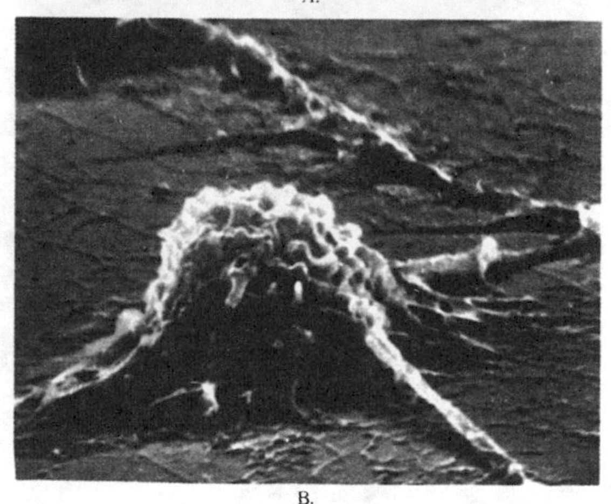

B.

圖24-3　掃描電子顯微鏡下鼠腹腔中的大噬細胞。A. 未受刺激時，B. 鼠在接受礦物油注射數天後，大噬細胞受刺激所呈現之狀態。

干擾素（interferon）　某些種類的細胞，當被病毒感染時，便會分泌並釋出分子極小的蛋白質，這類蛋白質叫做干擾素。干擾素可以刺激附近的細胞，這些細胞乃產生抗病毒蛋白質（酵素），以阻止細胞按病毒之 mRNA 轉譯蛋白質，使細胞不製造病毒所需的大分子物質。最近的研究顯示，干擾素對處理某些種類的癌症有助。目前利用重組 DNA 之技術，干擾素已可大量製造供臨床應用。

第二節　專一性防禦機制

當非專一性防禦在毀滅病原體，並防止感染擴散的同時，專一性防禦則剛準備出動，因為免疫反應須經數日始致活。不過，此一機制，一旦運轉，就十分有效。專一性免疫有兩型，一為細胞免疫，這時淋巴球直接攻擊病原體。另一為抗體免疫，淋巴球產生專一性的抗體以毀滅病原體。

T及B淋巴球　專一性免疫反應的主要鬪士為淋巴組織中數以兆計的淋巴球。

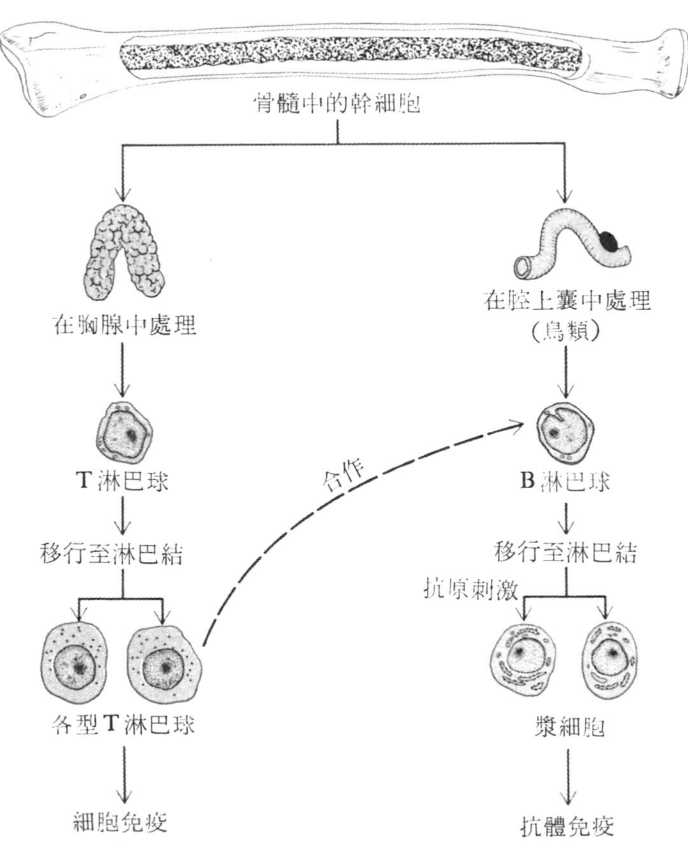

圖24-4　T及B淋巴球之來源及功能

淋巴球有兩型，即T淋巴球（T細胞）及B淋巴球（B細胞），兩者皆源自骨髓或胚胎時的肝臟（圖 24-4）。當淋巴球自骨髓移行至淋巴組織的途中，T淋巴球會停留於胸腺（thymus）中，以待處理，（T即取自 thymus 的第一字母），T淋巴球與細胞免疫有關。B淋巴球與抗體免疫有關。在鳥類，B淋巴球在泄殖腔附近的一種淋巴器官，稱爲腔上囊（bursa of Fabricius）中處理，（B即取自 bursa 的第一字母）；其他脊椎動物則不具此囊，在哺乳動物，B淋巴球可能就在其形成的處所骨髓內處理，也可能在胎兒時的肝臟或脾臟內處理。

細胞免疫（cell-mediated immunity） 細胞免疫係由 T 淋巴球與大噬細胞負責，他們可以破壞病毒、細菌或其他侵入體內的異細胞。大部分淋巴球通常呈不活動狀態，稱爲「小」淋巴球。「小」淋巴球有上千種不同的變異，每一種變異可以對某種抗原發生反應。當抗原侵入體內時，大噬細胞將之攝入細胞內，並携至淋巴球。於是，某一變異的淋巴球即爲之致活而體積增大（圖24-5），並行有絲分裂，再分化爲殺手T淋巴球（killer T lymphocyte）、助手T淋巴球（help T lymphocyte），抑制T淋巴球（suppressor T lymphocyte）或記憶細胞（memory cell）。這些細胞除記憶細胞外，其他的便離開淋巴結而至受感染的部位。

殺手T淋巴球與受侵細胞表面的抗原相結合，釋出之糖蛋白，稱爲淋巴素（lymphokine），有的淋巴素可以直接殺死抗原；有的淋巴素可以增強發炎反應，吸引大量大噬細胞至發炎部位，亦可刺激大噬細胞，使他們更爲活動並有效的殺死病原體。

T淋巴球在攻擊細胞內的病毒、細菌及菌類時最爲有效。當病原體侵入寄主細胞後，細胞的大分子可能會改變；免疫系統便視此細胞爲異細胞，T淋巴球便將之毀滅，對癌細胞亦是如此；但不幸的是，對移植體內的器官之細胞亦復如此，因而發生排斥。

當T淋巴球致活且增殖後，並非所有細胞皆離開淋巴組織，部分仍留在淋巴組織中成爲記憶細胞。記憶細胞及其後代可以存活很多年，若是有與先前一樣的病原體再侵入體內，記憶細胞便可較第一次侵襲時爲快的產生反應（稱次級免疫反應），使這些病原體在他們引起疾病以前便被毀滅。此即爲何人們一生僅患一次痲疹的道理。

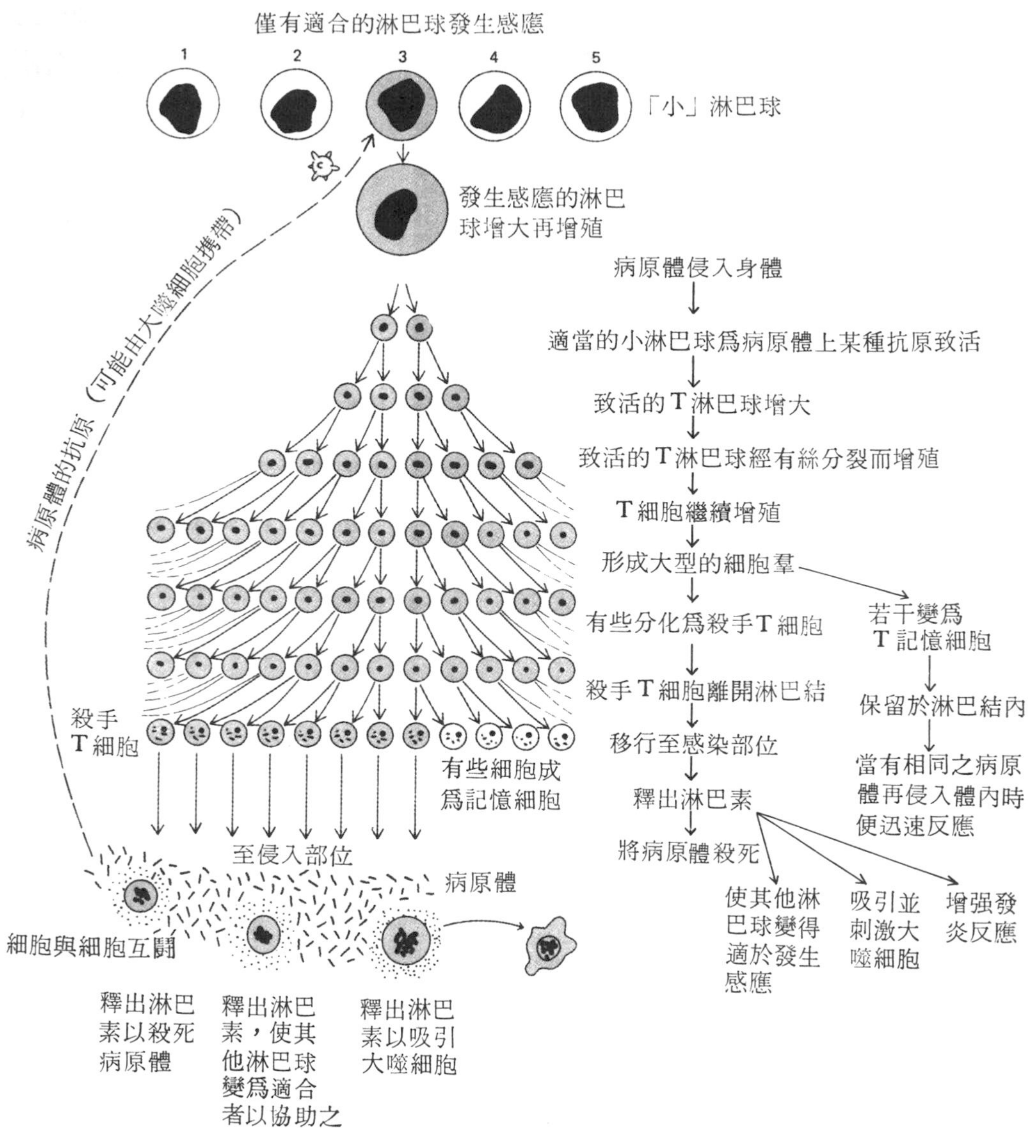

圖24-5　細胞免疫，某一T細胞爲病原體致活時，便增殖，其中大部分細胞分化爲殺手細胞並移行至感染部位，企圖殺死侵入的病原體。

愛滋病（AIDS）即後天免疫不全症的患者，缺少T淋巴球，同時抑制T淋巴球對助手T淋巴球的比例則又偏高；結果，患者的抵抗力大爲降低，常死於肺炎或

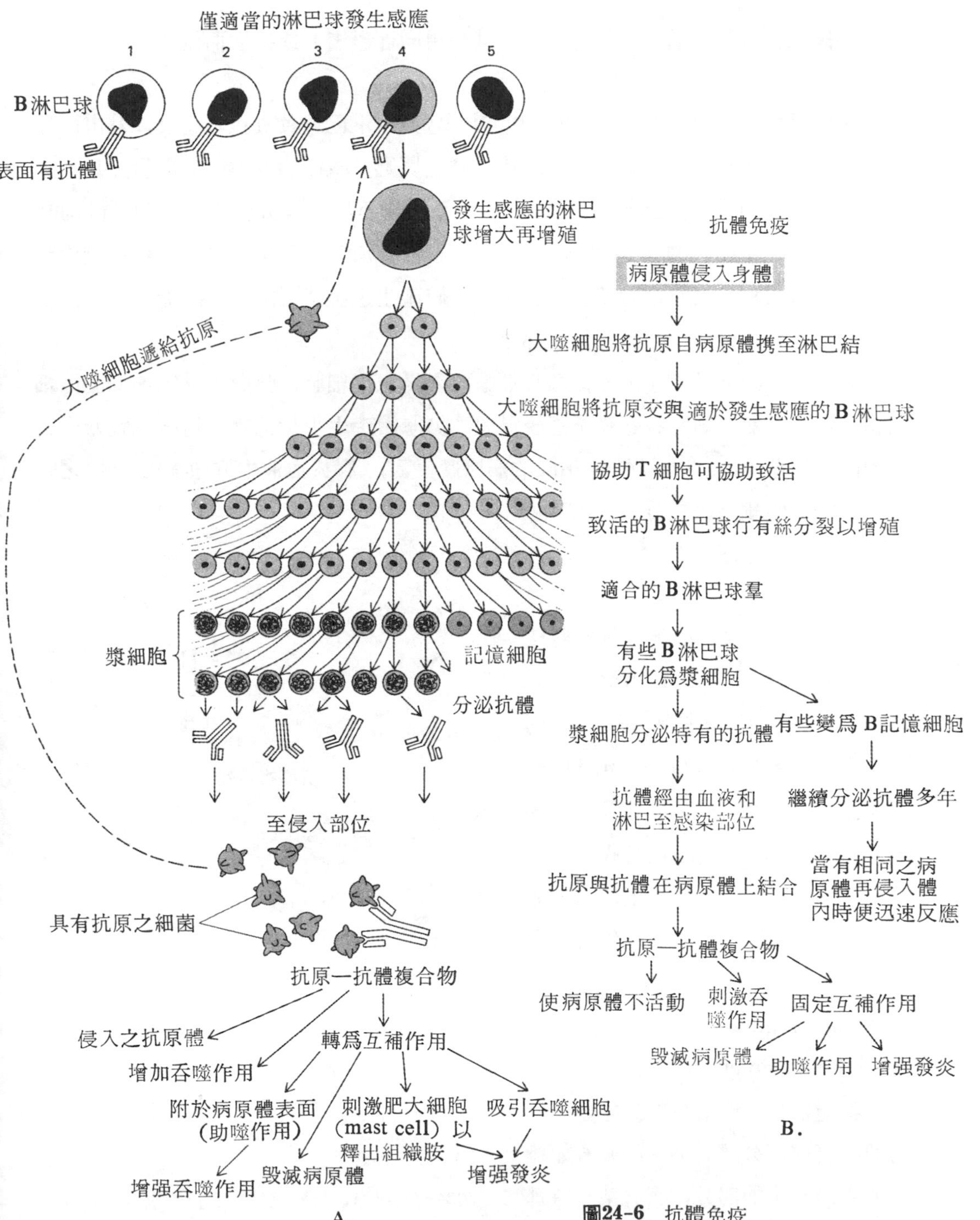
僅適當的淋巴球發生感應
1
2
3
4
5
B淋巴球
表面有抗體
發生感應的淋巴球增大再增殖
大噬細胞遞給抗原
漿細胞
記憶細胞
分泌抗體
至侵入部位
具有抗原之細菌
抗原一抗體複合物
侵入之抗原體
增加吞噬作用
轉爲互補作用
附於病原體表面（助噬作用）
刺激肥大細胞（mast cell）以釋出組織胺
吸引吞噬細胞
增强吞噬作用
毀滅病原體
增强發炎
A.
抗體免疫
病原體侵入身體
大噬細胞將抗原自病原體攜至淋巴結
大噬細胞將抗原交與適於發生感應的B淋巴球
協助T細胞可協助致活
致活的B淋巴球行有絲分裂以增殖
適合的B淋巴球羣
有些B淋巴球分化爲漿細胞
漿細胞分泌特有的抗體
有些變爲B記憶細胞
抗體經由血液和淋巴至感染部位
繼續分泌抗體多年
抗原與抗體在病原體上結合
當有相同之病原體再侵入體內時便迅速反應
抗原一抗體複合物
使病原體不活動
刺激吞噬作用
固定互補作用
毀滅病原體
助噬作用
增强發炎
B.

圖24-6　抗體免疫

癌症的感染。愛滋病通常由於性交（尤其是男同性戀者）或輸血而傳染。

抗體免疫 (antibody-mediated immunity) B淋巴球負責抗體免疫，B淋巴球亦有許多變異，每一變異對某一型的抗原發生反應。致活的B淋巴球卽行分裂，產生大量免疫力相同的淋巴球（圖 24-6）。大部分細胞增大並分化爲漿細胞 (plasma cell)，此可能是成熟的B 淋巴球。漿細胞爲產生抗體的細胞， 具有許多粗糙內質網，以合成蛋白質。漿細胞留於淋巴結中，僅產生之抗體離開淋巴組織，透過淋巴而到血液，再由血液携帶至感染的部位。

有些致活的B淋巴球不分化爲漿細胞而變爲記憶細胞，此與T淋巴球的記憶細胞相類似。B記憶細胞在感染痊癒後很久，仍繼續產生少量抗體。這些抗體乃成爲體內的化學武器， 若有與先前 相同的病原體侵入， 存於血液中 的抗體卽刻將之毁滅，同時記憶細胞很快分裂，以產生新的、適當的漿細胞。

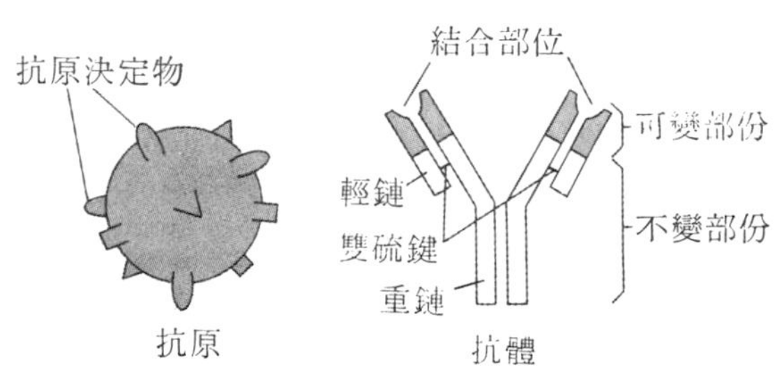

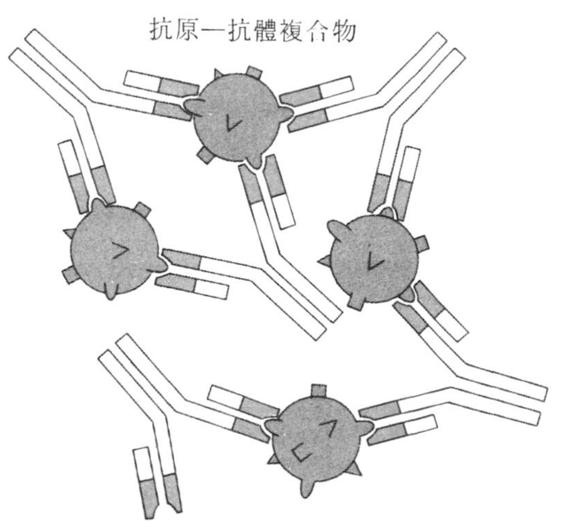

圖24-7 抗原、抗體及抗原一抗體複合物

抗體及其構造 抗體是非常特化的蛋白質，稱爲免疫球蛋白(immunoglobulin) 可由於對某種抗原之反 應而產生。典型的免疫球蛋白包括四條多肽鏈： 兩條相同的輕鏈及兩條相同的重鏈（圖24-7 上），各輕鏈是由 214 個胺基酸連成，重鏈的胺基酸超過400 個。肽鏈之間有雙硫鍵（—S—S—）連接。各鏈有一不變部分 (constant region) 及一可變部分 (variable region)。

不變部分（簡稱C部）有如鑰匙的柄，可變部分（簡稱V部）有如鑰匙放入鎖孔中的部分，適於某一特殊的抗原（鎖）。當抗原與抗體相遇時，便如鎖與鑰匙一般，必須彼此十分適配，抗體才能發生作用。典型的抗體呈丫型，包含兩個結合部位，能同時與兩個抗原分子相結合，形成抗原——抗體複合物（圖24-7下）。

胸腺的功能　胸腺（thymus）存於所有的脊椎動物，至少具有兩大功能。第一是胸腺與T淋巴球的免疫能力有關，T淋巴球分化爲對某種抗原產生反應的細胞，這一能力是在胸腺內發展出來。胸腺的此項指令，係在出生前不久或是出生後最初數月發出，在動物實驗中，若在此時期將胸腺摘除，該動物便無細胞免疫的能力。若是在此時期以後摘除胸腺，細胞免疫受損的情形則不嚴重。

胸腺的第二功能是內分泌，產生的激素有數種，其中胸腺素（thymosin）在T淋巴球離開胸腺後，可以刺激T淋巴球完成分化並在免疫上變得活躍。在臨床上，胸腺素用以治療胸腺發育不良的病人，亦可用來處理某些種類之癌症，以刺激病人的細胞免疫，有助於防止癌症的擴散。

第三節　自動免疫與被動免疫

自動免疫（active immunity）前已述及，即由於與抗原接觸而產生的免疫。例如患過痲疹的人，體內即存有痲疹的記憶細胞與免疫力，因此，即不再患痲疹。這種自動免疫係自然產生。自動免疫亦可用人工方法誘導產生，例如注射痲疹疫苗，體內亦可產生記憶細胞，日後接觸痲疹病，即可迅速予以打擊。

疫苗的製備有多種不同的方法，有的是將病毒連續寄生動物的細胞，使其感染力減低。在處理過程中，病原體發生突變以適應人類以外的寄主；因其毒性已經降低，故對人類不再引起疾病，小兒痲痺症疫苗、天花疫苗等，皆以此法製造。百日咳以及傷寒疫苗等，則是將病原體殺死，但仍具有需要的抗原以刺激免疫反應的發生。破傷風疫苗、臘腸毒素疫苗則以病原體的毒素製造，不過毒素已經改變而不再破壞組織，但抗原則無損。任何方式製就的疫苗，引入體內後，免疫系統即產生抗體及記憶細胞，以爲防禦。

被動免疫（passive immunity）是將其他動物產生的抗體注入體內，人類或其他動物的血清或加馬球蛋白中含有所產生的抗體，被動免疫就是藉助這些抗體達到免疫的目的，但其效果不長久，只能暫時使身體抵抗某種疾病。例如赴肝炎盛行地區，可以注射加馬球蛋白，但對肝炎的抵抗力只能維持數月，因爲本身對肝炎病原體並無免疫反應，體內無記憶細胞，不能對肝炎病原體產生抗體，待注入的抗體耗盡，免疫力即消失。

婦女懷孕，會爲胎兒製造抗體，這些抗體經由胎盤至胎兒，可供應胎兒及新生兒作爲被動免疫之用，直至嬰兒本身的免疫系統發育成熟爲止。攝食母乳的嬰兒可繼續自母乳中獲得免疫球蛋白，這些免疫球蛋白對腸胃病或其他疾病都具有相當的免疫力。

第四節　過敏性

免疫系統的正常功能在保護身體抵抗病原體，並維持體內的恒定性。但有時免疫功能會發生錯誤，過敏性(hypersensitivity)即是一種變異的免疫反應，對身體有害。

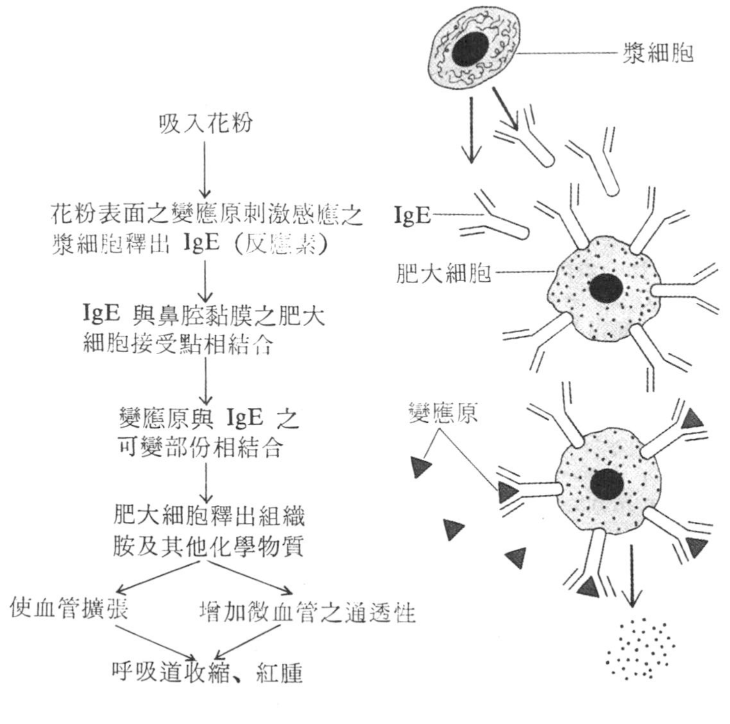

圖24-8　常見之一型變應性反應

變應性反應(allergic reaction) 患變應性氣喘(allergic asthma)或乾草熱(hayfever) 都

是由於過敏引起，患者會對溫和性抗原產生抗體，此種抗體，稱爲變應原 (allergin) 變應原對非過敏的人則不會產生反應。在變應性反應中，會產生一種稱爲反應素 (reagin) 的免疫球蛋白。茲以乾草熱爲例說明之，乾草熱是對豕草的花粉發生反應（圖24-8)，患者吸入豕草的花粉，變應原便會刺激其鼻腔部分的漿細胞，使釋出反應素。反應素附於黏膜的肥大細胞 (mast cell)，各反應素利用其肽鏈上的不變部分（C部）與肥大細胞相結合，可變部分（V部）則游離，可與豕草花粉卽變應原相結合。

當變應原與免疫球蛋白抗體結合後，肥大細胞卽分泌組織胺及其他化學物質，這些物質可使血管擴張，微血管通透性加大，乃導致鼻道腫脹、流鼻水、噴嚏、流眼淚，患者感到十分不適。

某種食物或藥物，對某些人而言，亦是變應原。變應原與反應素之反應發生於皮膚，肥大細胞釋出組織胺，引起蕁痲疹 (hive)。變應性氣喘的人，變應原——反應素的反應發生於肺部的小枝氣管，肥大細胞釋出的氣喘緩慢反應物 (slow-reacting substance of amphylaxis SRS-A)，使小枝氣管的平滑肌收縮，於是肺內空氣出入的通道縊縮，導致呼吸困難。

自體免疫症 (autoimmune disease)　人體在某種情況下，發生的免疫反應，卻是用來對抗自身的組織，這種情形，稱爲自體免疫。人類的某些疾病，如風濕性關節炎 (rheumatoid arthritis)、多發性硬化 (multiple sclerosis)、重症肌無力 (myasthenia gravis)以及紅斑性狼瘡 (lupus erythemotosus) 等，皆屬自體免疫症。

重症肌無力的人，是神經肌肉接合點 (neuromuscular junction) 之功能受損，患者感到肌肉無力和容易疲倦，有時會影響呼吸肌。體內有抗體，該抗體在神經肌肉相接處（運動終板 motor end plate) 與乙醯膽鹼(acetylcholine) 相結合。至於患者體內爲何會產生這種不正常的抗體，目前尚無人知曉。有的學者認爲可能與遺傳有關，有的認爲由於事先組織受傷。目前的研究認爲在患部的組織先前曾受病毒感染，刺激身體製造抗體以對抗病原體。但是在病毒被催毀後，身體仍繼續產生這種傷害自身細胞的抗體。

第二十五章　氣體交換

細胞若是缺少氧氣，很快便會死亡。氧是細胞獲得能量時，養分在氧化過程中的最後電子接受者。哺乳動物的腦細胞對氧氣尤為敏感，若是缺氧數分鐘，腦細胞便會造成無法修補的後果。為了要不斷供應細胞氧氣，個體與環境間便要不斷的交換氣體。

個體自環境中獲得氧氣，然後輸送至身體各部供細胞利用。細胞經代謝作用產生的二氧化碳，必須排至環境中。個體與環境間此種氣體的交換，叫做呼吸 (respiration)。更正確而言，呼吸可分兩個階段，一為個體呼吸 (organism respiration) 即氧氣攝入體內供應各細胞，並將細胞產生的二氧化碳排至環境中。另一為細胞呼吸 (cellular respiration)，為細胞利用氧氣分解養分，產生能量和釋出二氧化碳的一系列反應。

第一節　呼吸系統

呼吸系統包括肺以及空氣自外界進入肺之通道 (圖 25-1)。空氣自鼻孔進入鼻腔，鼻腔的內襯為纖毛皮膜，並生有鼻毛。纖毛與鼻毛皆可網住進入鼻腔的塵埃與異物，皮膜細胞並可分泌黏液，用以黏住隨空氣進入的灰塵，藉纖毛之擺動，將黏液向咽的方向推送，然後嚥下，於是，塵埃便進入消化道。鼻腔黏膜富含血管，可使鼻腔保持較高之溫度，吸入的空氣在進入肺以前可以在此變得較為溫暖。

空氣自鼻腔經內鼻孔而至咽，咽是消化管與呼吸道相交會的一個空腔，咽向下行便通入喉 (larynx)。橫越喉腔， 有二條聲帶 (vocal cord)，當空氣呼出時振動聲帶便會發聲。喉頭的肌肉可以調節聲帶的張力，以發出不同高低的聲音。聲帶會受雄性激素的影響，男子在性成熟時，聲帶會變長變厚，導致青春期之男子變聲。

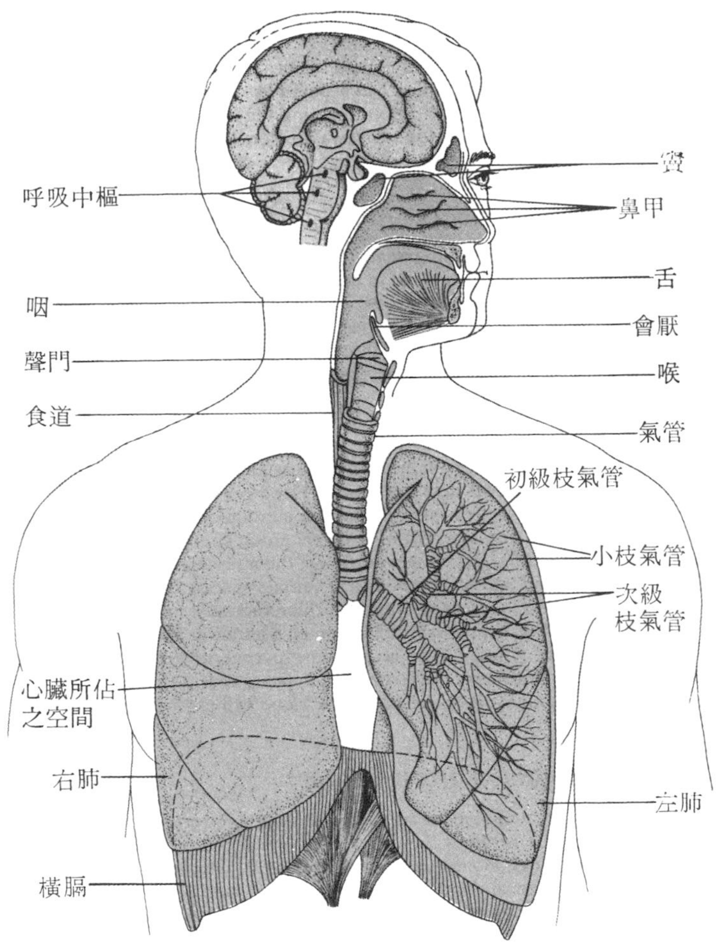

圖25-1 人體的呼吸系統

吞嚥食物時，會厭軟骨便自動將喉門蓋住，以免食物誤入氣管，但偶而這種自動裝置會發生錯失，食物進入喉腔，任何異物觸及喉，便會發生嗆咳——反射的一種，使異物從呼吸道排出。

空氣從喉頭進入氣管，氣管壁含有呈C字形的軟骨，可以支持氣管以防癟縮。氣管在第一對肋骨的位置，分爲兩枝，稱爲枝氣管 (bronchus)，分別進入左右肺。在肺內、枝氣管反覆分枝，而且愈分愈細，稱爲小枝氣管 (bronchiole)，小枝氣管最後進入肺泡 (alvelolus)。

肺泡的壁極薄（僅一層細胞），可容氣體迅速擴散通過（圖 25-2)。各肺泡表

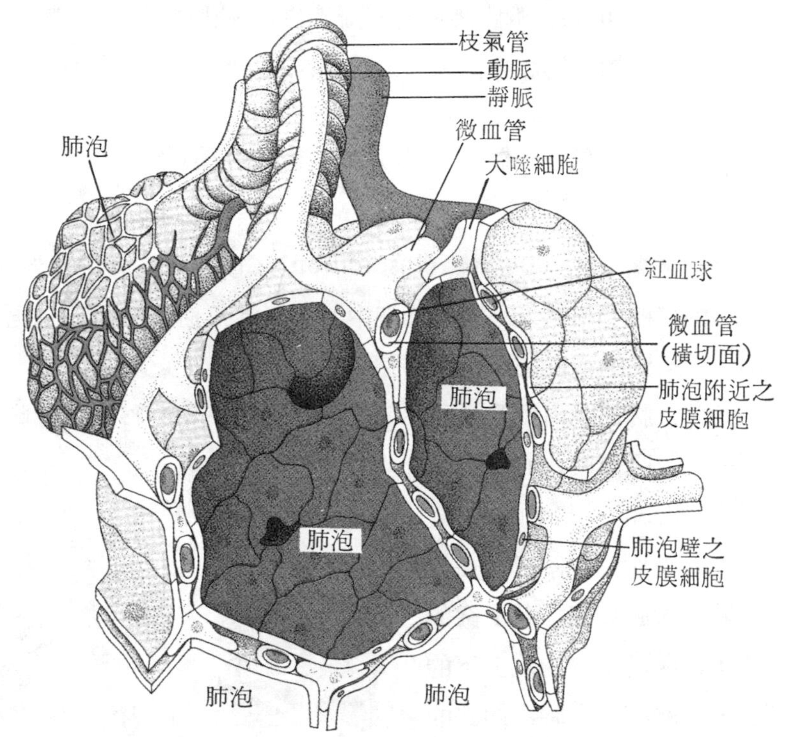

圖25-2　肺泡的構造，注意肺泡僅由一層皮膜細胞構成，各肺泡由形成網狀之微血管所包圍，可利用肺泡與血液間交換氣體。

面有分布呈網狀的微血管，在肺泡內的空氣，與在肺部微血管內的血液，僅隔兩層膜：肺泡壁之皮膜細胞以及微血管的內皮。肺泡之間有結締組織，藉以支持肺泡；該組織富含彈性纖維，故肺富有彈性。

氣管及枝氣管的內襯皆爲纖毛皮膜，進入氣管的塵埃等，與黏液相混後，由纖毛將之推出喉門至咽而嚥入食道。最細的小枝氣管及肺泡皆無黏液、亦無纖毛細胞，一旦來自香煙等的異物吸入肺泡中，便將無限期的停留此處，或由大噬細胞將之吞食，這些大噬細胞可能在肺部的淋巴結中積儲，使肺呈現黑色。

肺是大型如海綿狀的器官，位於胸腔中。胸腔是一密閉的空腔，與外界或腹腔等皆不相通。上接頸部，除供氣管與食道通過外，其餘爲肌肉所封閉。底部以橫膈

(diaphragm) 與腹腔分界，横膈是一塊大型的肌肉，呈穹頂狀。胸腔的周圍是胸壁，胸壁在前面有胸骨、後面爲脊柱、兩側有肋骨十二對。在肺的表面和胸壁的內面，各覆有胸膜 (pleura)，胸膜表面有一層液體，使胸膜保持濕潤，可以減少呼吸時肺與胸壁間的摩擦。胸腔可以擴大或縮小，肺乃隨胸腔而脹縮。

第二節 呼吸運動的機制

呼吸是將空氣攝入肺——吸氣 (inspiration)，以及讓空氣排至外界——呼氣 (expiration) 的機械過程。氧不斷自肺泡中的空氣進入血液，而二氧化碳則經常自血液進入肺泡。空氣的進出肺，要藉胸腔的脹縮而完成。

人體的肋骨、胸部肌肉以及横膈，皆很容易局部移動，移動時，胸腔大小便會改變（圖25-3）。吸氣時，肋間肌收縮，將肋骨前端舉起並略向外，於是，胸腔前後及兩側的距離（横徑）便增大；同時，横膈收縮，其上突的穹頂漸變平坦，因而增加胸腔上下的距離（縱徑）。胸腔擴大時，內部的壓力降低，肺乃隨胸壁而脹大；這時，肺內氣壓低於外界之大氣壓，空氣即由外界經呼吸道進入肺內，形成吸氣。

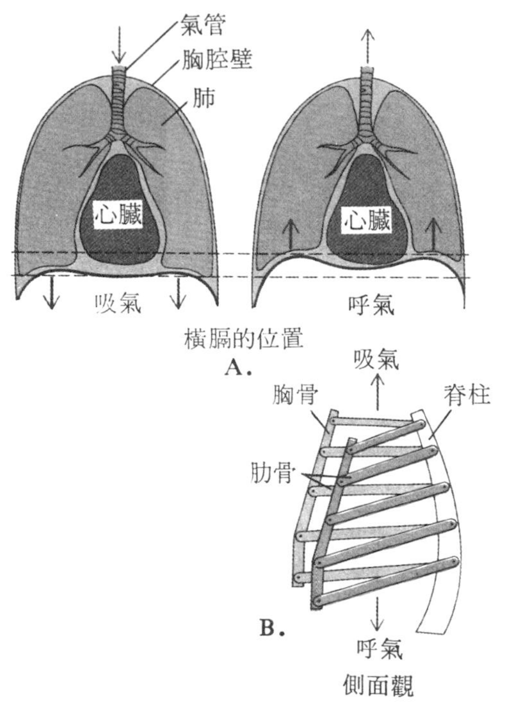

圖25-3 呼吸運動之機制。A. 吸氣及呼氣時横膈位置的改變，導致胸腔大小改變，B. 吸氣及呼氣時肋骨位置改變，肋骨前端上舉導致胸腔前後距離增大。

呼氣時，是横膈及肋間肌在收縮終了而趨舒張；當肋間肌舒張時，肋骨便回復至原來的位置，横膈舒張時，腹腔內的器官便將横膈向上推而恢復其原來的穹頂狀，於是胸腔便減小，腔內壓力增高，肺受到壓迫，同時也藉彈性而恢復其原來大小；此時肺內氣壓高於外界大氣壓力，肺內空氣就被迫而由呼吸道排出，形成呼氣。

正常呼吸，每次進出肺的空氣量，叫做潮容積（tidal volume），年青男子正常潮容積約 500ml 。肺活量（vital capacity）是盡量吸氣後能排出之最大空氣。

第三節　氣體的交換

肺部通氣後，肺泡中的氧必須進入肺部微血管，而肺部微血管血液中的二氧化碳則是以相反的方向移動（圖 25-4)。因爲肺泡中氧的濃度高於肺部微血管之血液

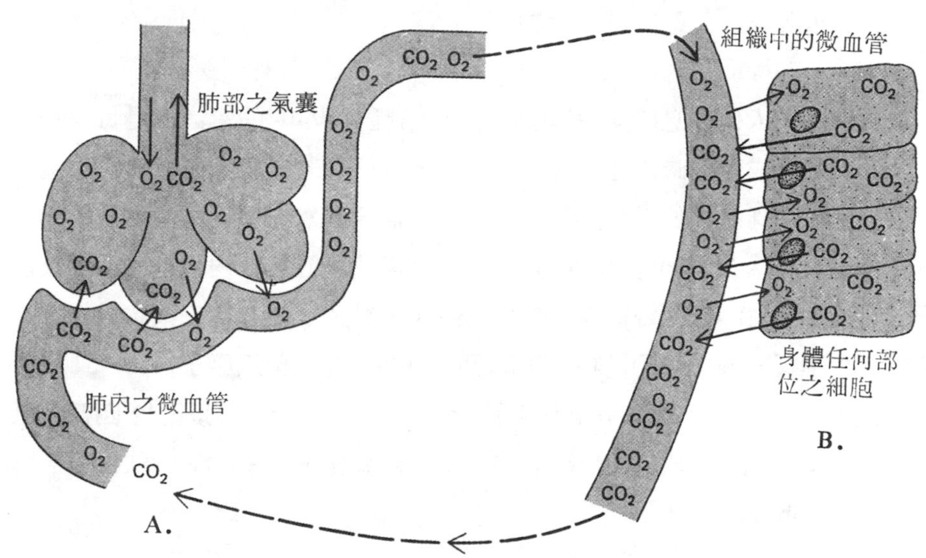

圖25-4　體內氧及二氧化碳濃度之調節。 A. 肺內氧的濃度較肺部微血管中者高，氧乃自肺泡至血液，二氧化碳則在血液中濃度較肺中高，故自微血管至肺； B. 在組織中，血液中的氧較細胞中濃，氧乃自微血管至細胞中；二氧化碳在細胞中濃度較高，故自細胞至血液。

中者，因此氧自肺泡擴散入微血管。相反的，肺部微血管內的二氧化碳濃度則高於肺泡中者，故二氧化碳便自血液至肺泡。

細胞中葡萄糖及其中物質的繼續代謝，便不斷產生二氧化碳及消耗氧，結果，細胞中氧的濃度便較組織的微血管中者低，而細胞中的二氧化碳則較微血管血液中者高，因此，血液在組織如腦或肌肉等部的微血管中，氧藉擴散作用自微血管至細

胞，二氧化碳則自細胞至微血管的血液中。

由此可知，氧自肺至血液再到組織，其濃度依次遞減，氧最後在細胞內耗用。二氧化碳亦由濃度高處至低處，其方向則自細胞經組織液再到血液，最後至肺再排至外界。

第四節　氣體的運輸

肺吸入的氧，供應各細胞；細胞產生的二氧化碳由肺呼出。氧與二氧化碳在體內，皆由血液運輸。

氧的運輸　人們休息時，每分鐘大約要消耗 250ml 的氧，或是每 24 小時約 300 公升；運動或工作時，可能增加十倍或十五倍。若是氧氣僅藉溶於血漿中而運輸，則將無法達到體內的需求。實際上，人體需要的氧，僅 3 %是由血漿運輸，其餘97%皆由血紅素 (haemoglobin) 運輸。血紅素位於紅血球內，是一種呼吸色素，其蛋白質的部分由四條肽鏈構成，包括二條 α 小鏈及二條 β 鏈。與肽鏈相連的是四個原血紅素環 (heme ring)，在每一個環的中央，有一個鐵原子。

血紅素的一項重要特徵是能與氧疏鬆的結合，氧分子可以附於四個鐵原子之一。在肺部，氧自肺至血液中的紅血球內，便與血紅素結合，形成氧合血紅素 (oxyhaemoglobin):

$$Hb+O_2 \rightleftharpoons HbO_2$$

血紅素不但易與氧結合，而且亦易與氧分離。在肺部，血紅素與氧結合，在各組織，血紅素便與氧分離。氧合血紅素呈淡猩紅色，因此，動脈血呈鮮紅色。還原的血紅素呈紫色，故靜脈血顏色較深。

血紅素與氧結合或是分離，受數項因素的影響，其中包括氧的濃度、二氧化碳的濃度、pH和溫度等。在肺部，氧濃度高，血紅素與氧結合的量就增加。在組織的微血管中，氧濃度低，氧合血紅素就解離而釋出氧。氧合血紅素的解離，也受二氧化碳濃度的影響，二氧化碳在血漿中與水結合，形成碳酸 (carbonic acid H_2CO_3)。

二氧化碳濃度增高時，會增加血液的酸性，故 pH 降低，氧合血紅素在愈是酸性的環境中解離愈快。肌肉活動時，釋出乳酸，亦會降低血液的 pH，因而促使氧合血紅素的解離。

少部分二氧化碳，也可由血紅素運輸。二氧化碳附著於血紅素的位置，雖然不同於氧與血紅素結合的位置，但是，當二氧化碳附於血紅素時，卻會導致血紅素釋出氧，故二氧化碳的濃度，會影響氧合血紅素的解離，這在氣體的運輸方面，是非常有意義的。在肺部，二氧化碳濃度低，氧濃度高，故氧與血紅素結合；而在組織的微血管中，二氧化碳濃度高、氧濃度低，故氧自血紅素釋出。

二氧化碳的運輸　二氧化碳進入血液後，其中一小部分溶於血漿中，大部分則進入紅血球，在紅血球內，由一種稱爲碳酸酐酶 (carbonic anhydrase) 的酵素催化，而發生下列反應:

$$CO_2+H_2O \xrightarrow{\text{碳酸酐酶}} H_2CO_3 \longrightarrow H^+ + HCO_3^-$$

這一反應在血漿中雖亦可發生，但卻十分緩慢。在紅血球中由於酵素的催化，其速度則較血漿中快 5,000倍。大部分氫離子自碳酸釋出而與血紅素結合，重碳酸離子則擴散至血漿，隨血液運行。另一部分二氧化碳進入血液後，則與血紅素結合，形成碳胺基血紅蛋白 (carbamino haemoglobin)。二氧化碳與血紅素之間的鍵很弱，因此很易發生逆反應。

綜上所述，可知二氧化碳的運輸有三種型式: 絕大部分——70%——是以重碳酸離子運輸，約23%與血紅素結合，僅 7 %溶於血漿中。

當血液運行至肺部微血管後，上述二氧化碳與血液的三種化學結合，皆可逆向進行，將二氧化碳釋至肺泡中。

第五節　呼吸的調節

在延腦中有控制呼吸的神經細胞羣，叫做呼吸中樞(respiratory center) (圖25-5); 有的神經元控制吸氣，叫做吸氣中樞 (inspiratory center)，有的控制呼氣，

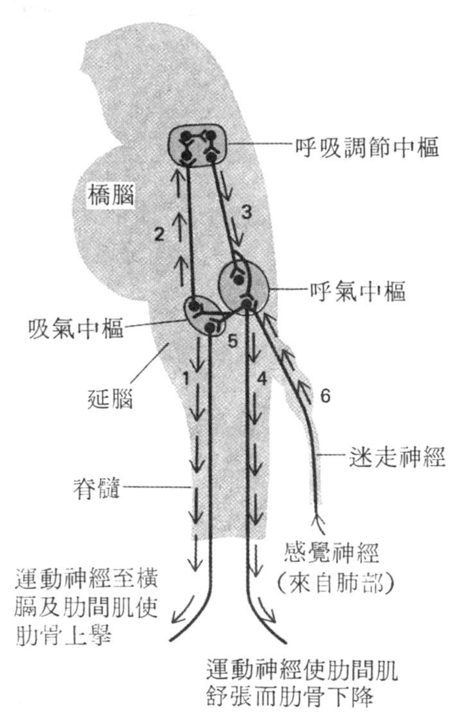

圖25-5
呼吸運動之調節，來自延腦中吸氣中樞之神經衝動（1）刺激橫膈使之收縮，並使肋間肌收縮，肋骨乃上舉。其他的神經衝動（2)乃至橋腦中的呼吸調節中樞再至延腦中的呼氣中樞(3)呼氣中樞受刺激乃將衝動（4）傳至肋間肌使肋骨下降。其他衝動（5）至吸氣中樞暫時遏止其作用，待呼吸調節中樞之衝動消失，呼吸週期才再開始。此外，肺內的感覺神經受肺擴張之刺激乃將衝動經由迷走神經（6）傳至呼氣中樞並抑制吸氣中樞。

叫做呼氣中樞（expiratory center）。另在橋腦中有由神經細胞構成的呼吸調節中樞（pneumotaxic center），可以協助控制呼吸的速率。呼吸時，吸氣中樞受血液中二氧化碳濃度的刺激，該一訊息傳至有關呼吸的肌肉，便產生吸氣。吸氣中樞也將此訊息傳至呼吸調節中樞，呼吸調節中心又將衝動傳至延腦中的呼氣中樞，呼氣中樞乃抑制吸氣，即發生呼氣。由此可知，吸氣是主動的肌肉活動，呼氣則是被動；呼吸中樞是先產生吸氣，然後再抑制吸氣。

二氧化碳的濃度是控制呼吸的重要因素。在平時，血液中二氧化碳濃度較低，刺激微弱，引起平和的呼吸。運動時，肌肉細胞產生大量二氧化碳，使血液中的二氧化碳濃度增加，刺激呼吸中樞，便會增加呼吸的速度及深度。又二氧化碳濃度高時，會產生較多之氫離子（來自碳酸）。氫離子增加，亦會影響呼吸中樞而促進呼吸。待二氧化碳自肺排出，血液及其他體液中的氫離子濃度降低，呼吸便恢復正常。

呼吸中樞除了受二氧化碳及氫離子的直接影響外，尚有另一調節機制，即在大動脈及頸動脈的壁內有化受器，這些化受器對血液中氧的濃度十分敏感。當氧的分壓低於正常時，化受器便受刺激，將訊息傳至呼吸中樞，因而促進呼吸。由此可知，氧濃度並不直接影響呼吸中樞，而是透過大動脈及頸動脈中的化受器。一般生活在海平面的健康人，氧濃度很少擔任控制呼吸的角色。

雖然呼吸是由呼吸中樞自動控制，是不隨意的活動。但呼吸中樞亦可短時期由意志所控制，即接受大腦的指揮，而隨意改變呼吸的速率或深度，甚至暫時停止呼吸。

第二十六章　排　　泄

生物體內的物質主爲水分，水爲體內代謝反應的媒介，當體內進行代謝活動時，會產生廢物。廢物不但有毒，並且堆積體內，會危及體內的恒定性，因此，必須及時排除。排除代謝廢物的過程，叫做排泄（excretion)。排泄與排遺(egestion)的意義有別（圖26-1），未經消化或未被吸收的物質形成糞便排出，稱爲排遺，這些物質未曾參與體內的代謝反應或進入細胞，僅是通過消化道而已。

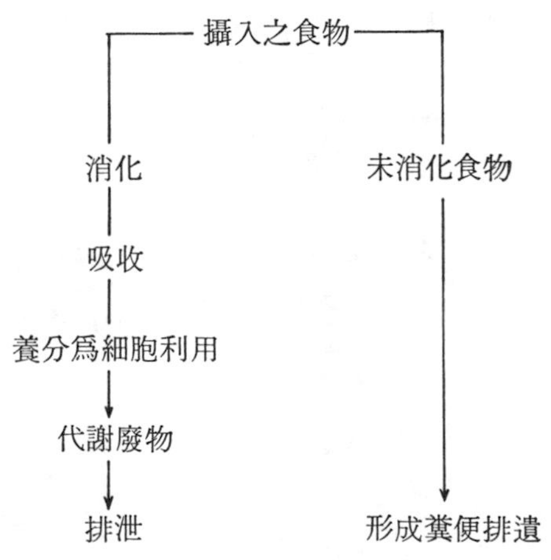

圖26-1　排泄與排遺的差別

代謝活動所產生的廢物包括水、CO_2 及含氮廢物。CO_2 主由呼吸器官排出，水及含氮廢物則由排泄器官排除。含氮廢物係由蛋白質分解後所產生，包括氨、尿酸及尿素。氨的毒性強，僅水生動物排出氮時形成氨，一般動物則形成毒性較弱的尿素或尿酸。人類排除的含氮廢物主爲尿素，尿素在肝臟中形成，在形成過程中，肝細胞須藉特殊之酵素並攝入能量而完成。

人體的腎臟、皮膚、肺及消化系統，皆可排除廢物（圖 26-2)。肺排出 CO_2

及水，肝排出膽色素（血紅素分解的產物），膽色素自肝經腸隨糞便排出。汗腺雖主在調節體溫，但亦排出5%～10%代謝產物。汗液中含有與尿液相同的成分（尿素、鹽及水），只是較爲稀釋，固體物的含量少。排出的汗量，天氣寒冷時，每天約500ml，炎熱時可達 2 或 3 公升，在高溫下作劇烈工作，汗量可增至每小時 3 至 4 公升。

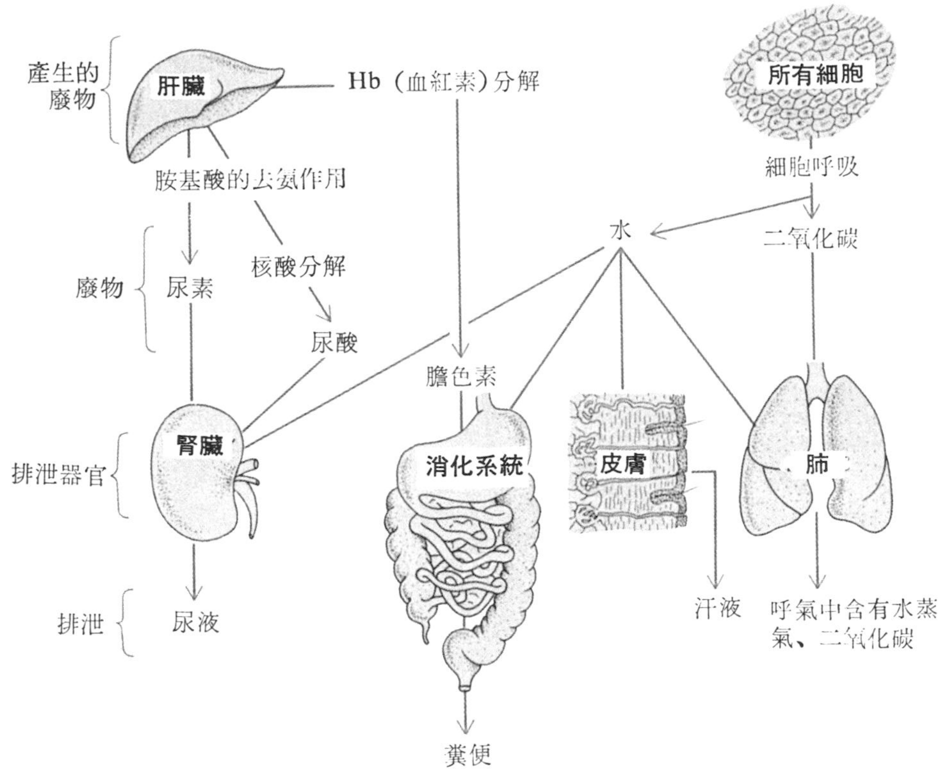

圖26-2　代謝廢物的排除

第一節　泌尿系統

腎臟爲主要的排泄器官，可以排除含氮廢物、水、各種鹽類以及其他物質。腎臟與輸尿管、膀胱及尿道，合稱泌尿系統（urinary system）（圖26-3）。

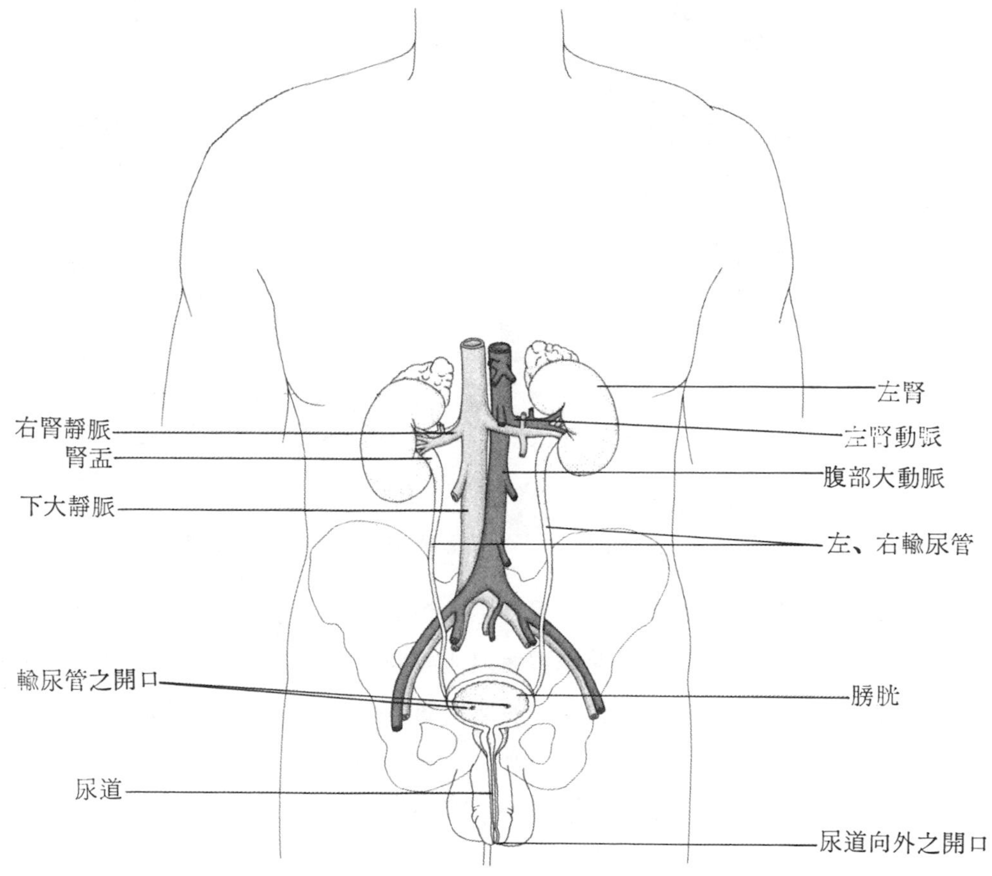

圖26-3 泌尿系統

人體的腎臟位於腹腔中橫膈下方，長約十公分，呈蠶豆狀，凹入的部分叫做腎門（renal hilus)。自腎臟的切面觀（圖26-4)，外緣部分叫做皮層（cortex)，內側稱爲髓質（medulla)，腎門的內部，爲一漏斗狀之空腔，叫做腎盂(renel pelvis)。

腎臟中不斷形成的尿液，積聚於腎盂，再經由輸尿管至膀胱。膀胱是一個中空的肌肉質器官，位於骨盆腔內。膀胱壁的平滑肌舒張時可容納800ml 尿液，當膀胱內的尿液增多時，肌肉壁的舒張會刺激其內的神經末梢，所產生的衝動傳達至腦，便會有脹滿的感覺，衝動再傳回膀胱，會引起排尿（micturition)，將尿液自膀胱排出。

尿道（urethra）自膀胱通至外界，女性的輸尿管短，僅排出尿液。男性的輸尿管則較長，經由陰莖通至外界，精液與尿液皆由尿道排出。由於男性的輸尿管較

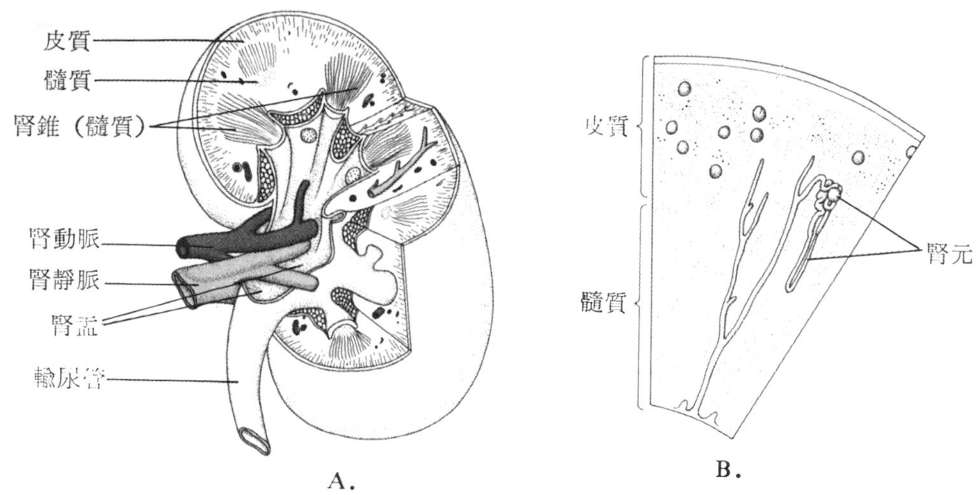

圖26-4 腎臟的構造。A.腎臟縱切，B.示腎元的位置。

長，故能防阻細菌侵入膀胱，因此，男性感染膀胱炎的機會較少。

膀胱的排尿爲反射作用，可藉學習而促使或抑止排尿，這種控制作用在神經系統未發育成熟時，無法達成。因此，一般嬰兒通常約到二歲時始有此能力。

第二節　尿液的形成

腎臟的功能單位，叫做腎元（nephron），腎臟內的腎 元數超過一百萬。腎元包括兩大主要部分：腎球（renal corpuscle）及腎小管（renal tubule）（圖26-5）。腎球由鮑氏囊（Bowman's capsule）及腎小球（glomerulus）構成，鮑氏囊爲由雙層壁形成的杯狀構造，腎小球則爲一纏絡成團的微血管，位於鮑氏囊的杯內。腎小管包括三部分：近曲小管（proximal convuluted tubule）、亨氏環（loop of Henle）以及遠曲小管（distal convuluted tubule），各遠曲小管將其內含物運至一集尿管（collecting duct）。

由腎動脈流入腎臟的血液，在腎元部位經過過濾、再吸收及腎小管分泌三個步驟而形成尿液。

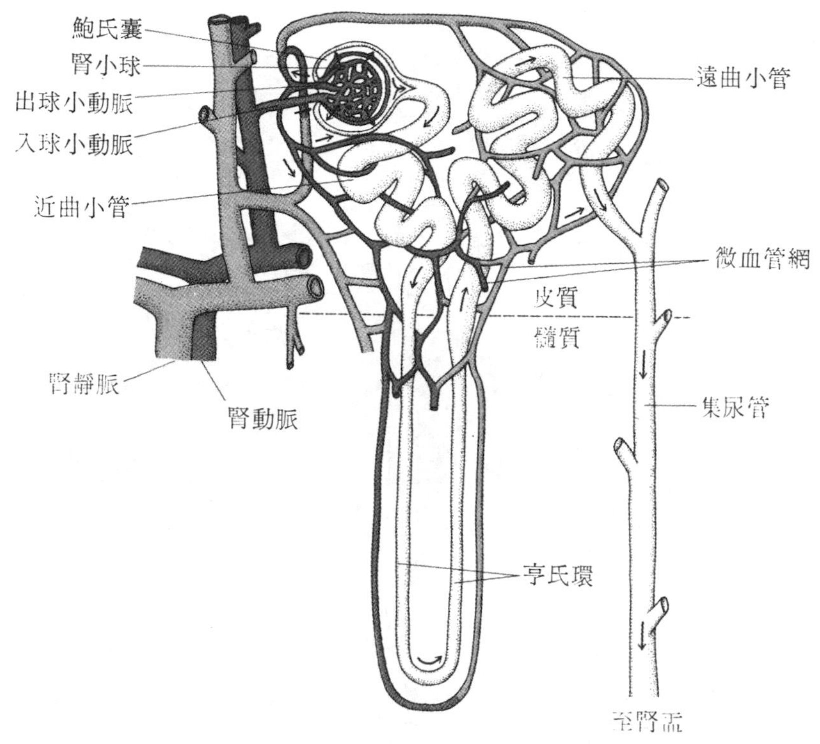

圖26-5 腎元的構造

過濾 (filtration) 過濾發生於腎小球及鮑氏囊 (圖26-6)。腎動脈在腎臟內，分枝而成許多入球小動脈 (afferent arteriole)，血液自入球小動脈至腎小球的微血管中，再經由出球小動脈(efferent arteriole)離開腎小球。出球小動脈要比入球小動脈細得多，當出球小動脈緊縮時，腎小球內便產生較高的流體靜壓 (hydrostatic pressure)，壓迫其內液體進入鮑氏囊中。液體一旦進入鮑氏囊便稱爲濾液。濾液中含有溶於血漿中的葡萄糖、胺基酸、鈉、鉀、氮、其他鹽類以及尿素，但血球、血小板以及分子較大的血漿蛋白等皆保留於腎小球中。

再吸收 (reabsorption) 約有99%濾液可以藉再吸收而返回血液中。葡萄糖、胺基酸等有用物質皆被再吸收，僅廢物以及過多的鹽類等留於濾液中而隨尿液排出。腎小管每天再吸收178公升水、1200g 鹽類以及 250g 葡萄糖。在近曲小管中約

65%濾液被再吸收，葡萄糖、胺基酸、維生素、其他營養物質以及鈉、鉀、氯等離子皆在此處被再吸收，這些物質在亨氏套以及遠曲小管亦能被再吸收。當濾液經過集尿管至腎盂的途中，濃度又漸增高。

濾液中的有用物質雖可由腎小管再吸收，但是腎小管的再吸收有其最大極限，如果濃度過高便無法全部吸收回血，過多的部分便隨尿液排出。例如血液中的葡萄糖若超過腎小管再吸收的極限時(1ml血液中約150mg)，便無法再吸收，多餘的葡萄糖便隨尿液排出，成爲糖尿病。

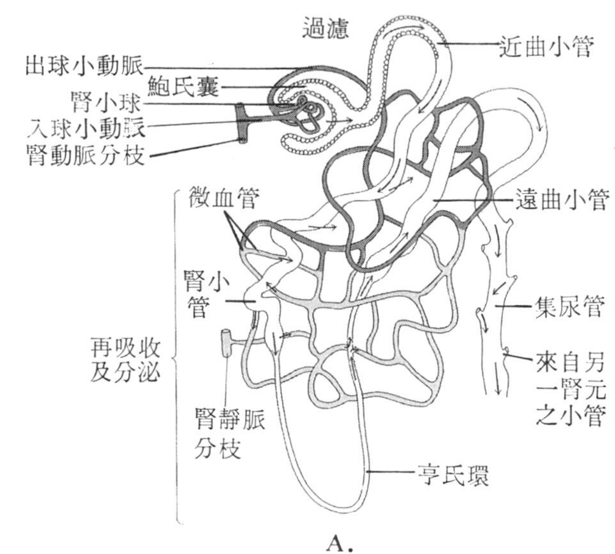

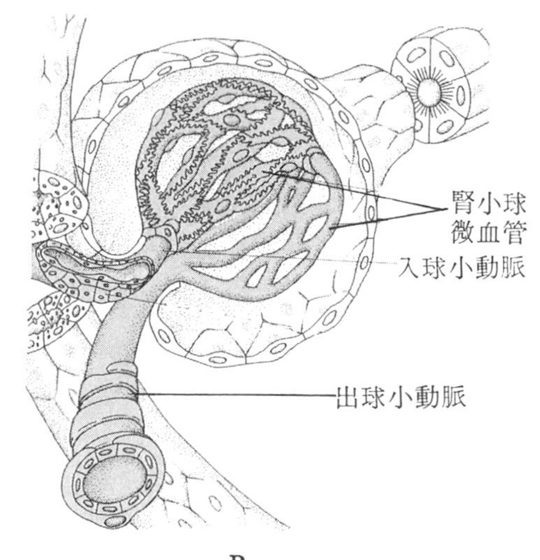

圖26-6 腎元的過濾，再吸收及分泌。A.示過濾，再吸收和分泌發生的部位，B.腎小球放大。

分泌 (secretion) 某些物質尤其是鉀、氫及氨等離子，皆自血液分泌至濾液中，某些藥物如青黴素，亦藉分泌作用自血液移除。分泌作用主要發生於遠曲小管。

氫離子的分泌是調節血液 pH 恒定性之重要機制，當血液的酸度高時，便有較多的氫離子在腎小管的部位分泌至濾液中。鉀的分泌也十分重要，血液中過多的鉀離子會刺激腎上腺皮質分泌醛酮（aldosterone），這種激素可以加速鈉泵（sodium pump），亦可造成鉀泵（potassium pump），鉀被泵入腎小管，鈉則被再吸收。這一機制可以防止過多的鉀積於血液中。

第三節　尿液的成分

濾液到達腎盂時，其成分已經過精確的調整，其中有用物質藉再吸收而回血液，廢物及不需要的物質則經由過濾及分泌作用成爲濾液，經此調整的濾液稱爲尿液。尿液中水分佔96%，含氮廢物（主爲尿素）2.5%，鹽類1.5%，以及微量的其他物質。

分析尿液的成分，可作爲檢查身體健康狀況的指標，對尿液作物理、化學或顯微檢查爲很重要的診斷工具，可藉以查出多項病症，如糖尿病。

尿液中的水分由集尿管再吸收，集尿管的滲透力由抗利尿激素（antidiuretic hormone, ADH）控制。這種激素由下視丘產生，儲於腦垂腺後葉，可以增加集尿管對水分的滲透力，因此，濾液中有多量的水分在此處被再吸收。當體內不能合成足量之 ADH 時，尿量便大爲增加，是爲尿崩症，治療時可以注射 ADH。

第四節　皮膚的功用

皮膚排出的汗液，其成分與尿液相似，亦包括水分、尿素及鹽類等，故皮膚亦屬排泄器官。

皮膚由表皮（epidermis）及眞皮（dermis）構成。表皮爲皮膜組織，外層爲扁平鱗片狀的死細胞，深層的細胞可以分裂，死細胞經常剝落，然後由深層的新細胞所取代。表皮受摩擦及壓力，會促進深層的細胞加速分裂而形成皮膚硬結。

表皮下方爲眞皮，眞皮由纖維結締組織構成，有血管、神經、淋巴管、汗腺及皮脂腺等分布於此。眞皮下方有由脂肪細胞構成的皮下組織（subcutaneous tissue）。皮下脂方有絕緣作用，亦可儲藏能量。

汗腺分泌的汗液除有排泄作用外，更重要的任務是調節體溫。細胞經代謝作用產生的熱可至血液中，部分體熱必須經常散失，以使體溫維持一定。若干體熱隨呼氣排出，也有少量體熱隨糞便及尿液排出，但幾乎90%體熱係由皮膚散失。

當外界溫度低時，皮膚內的小動脈收縮，以降低皮膚中的血量，於是皮膚的散熱便減少。當外界溫度高時，情形便相反，這時皮膚的小動脈擴張以增加血流，皮膚散熱便增加。當溫度更高時，僅藉此一方式已無法散失足夠的體熱，這時皮膚汗腺受熱的刺激而增加汗液的分泌量，汗液自體表蒸散時，由於液體轉變爲氣體時需要吸收熱，因此，可以散失較多的體熱。

第二十七章　神經系統

神經系統的功能在接受刺激，傳遞訊息，並產生適當反應，藉以協調身體各部的活動並維持體內環境的恒定。即使是最簡單的反應，亦包括接受刺激、將衝動傳至腦或脊髓、經整合後，再將衝動自腦或脊髓傳出，由動器產生反應。動器通常爲肌肉或腺體。

神經系統包括中樞神經系（central nervous system CNS)與周圍神經系(peripheral nervous system PNS)；前者又包括腦與脊髓，後者則包括感覺受器以及自腦和脊髓發出的神經。爲方便計，周圍神經系又再分爲體神經系（somatic nervous system)與自律神經系(autonomic nervous system)。體神經系包括與外界刺激有關的受器和神經；自律神經系包括調節體內環境之受器和神經；自律神經系又包括交感神經和副交感神經，兩者皆爲傳出神經。

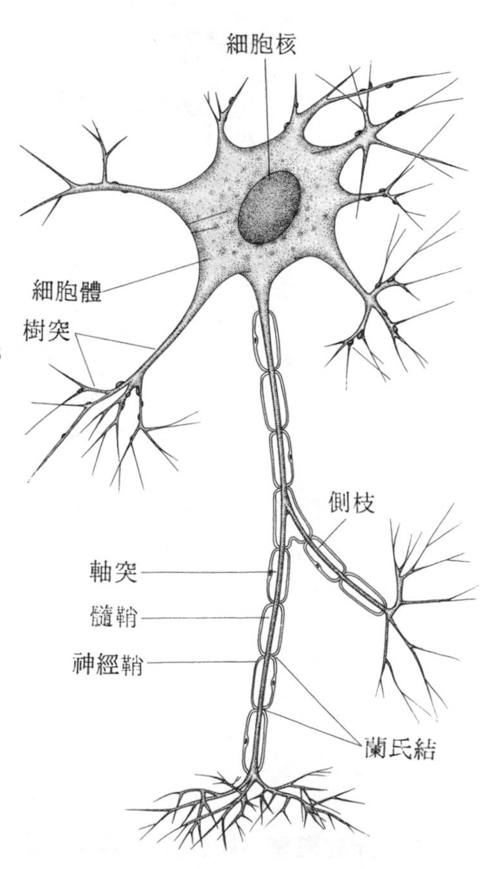

圖27-1　神經元的構造

第一節　神經元

神經元（neuron）即神經細胞（nerve cell)，是神經系統的構造與機能單位。

神經元的構造　典型的多極神經元

(multipolar neuron)，包括細胞體、數個樹突及一個軸突（圖 27-1），樹突和軸突皆為細胞質的延伸部分，樹突分枝，可以接受刺激；軸突長，遠心端分枝，各分枝的末端可以釋出神經傳導物，將訊息傳至另一神經元的樹突或動器。軸突上或會產生分枝，叫做側枝 (collateral branch)，可藉以增進神經元間的連繫。由於軸突很長（長頸鹿自腳趾至脊髓的神經可長達數公尺），因此，軸突常被稱為神經纖維。

有的軸突外圍有神經鞘 (neurilemma 或 cellular sheath) 包裹，神經鞘由許旺細胞 (Schwann cell) 構成（圖27-2），與神經的再生有關。有的軸突，其許旺細胞

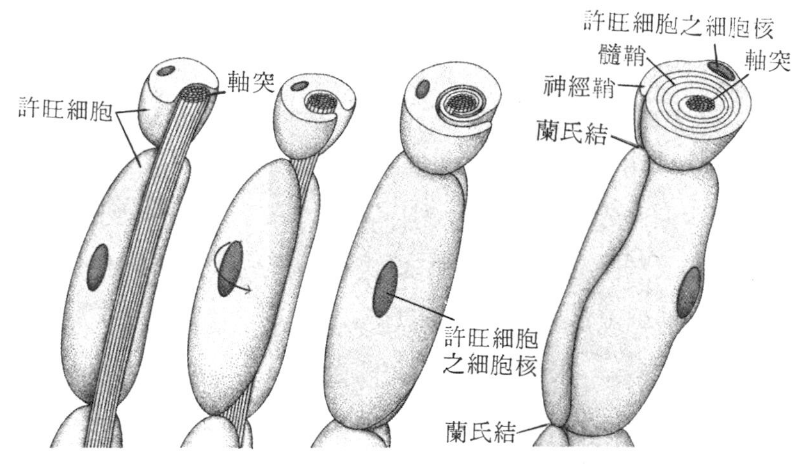

圖27-2 軸突外圍髓鞘之形成

會產生一層絕緣層，叫做髓鞘 (myelin sheath)，髓鞘富含脂質，為最佳之導電絕緣物，可加速神經衝動之傳遞。

肉眼所見的神經，係由數百乃至數千條軸突由結締組織包裹而成（圖 27-3）。一條神經可以比喻為一條電線，各神經纖維猶如電線中之銅絲，鞘及結締組織皆為絕緣體。神經元的細胞體位於腦或脊髓中，少數則羣集於中樞神經系附近的神經節內。

神經元的種類 神經元有傳入（感覺）神經元、聯絡神經元及傳出（運動）神經元三種。傳入神經元將衝動傳至中樞神經系，例如當甲饑餓時，乙將食物放在甲

面前，在甲將食物送入口以前，必須先感覺到食物的存在——即刺激，這時至少有兩種受器接受此訊息，其次，這一訊息必須傳至腦。這時，傳入神經元乃將訊息以神經衝動的方式自感覺器官傳至腦。在中樞神經系內，傳入神經元與聯絡神經元相接，聯絡神經元再與傳出神經元相接，傳出神經元則將衝動自中樞神經系傳至適當的反應部位。故當甲決定取食時，傳出神經元乃將訊息自腦傳至反應部位——此時為手及手臂的某些肌肉，當這些肌肉收縮時，乃完成取食動作而將食物送入口。

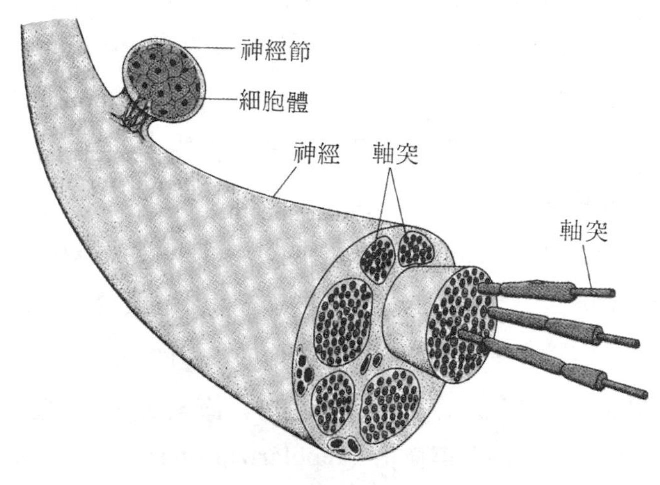

圖27-3　由軸突構成神經

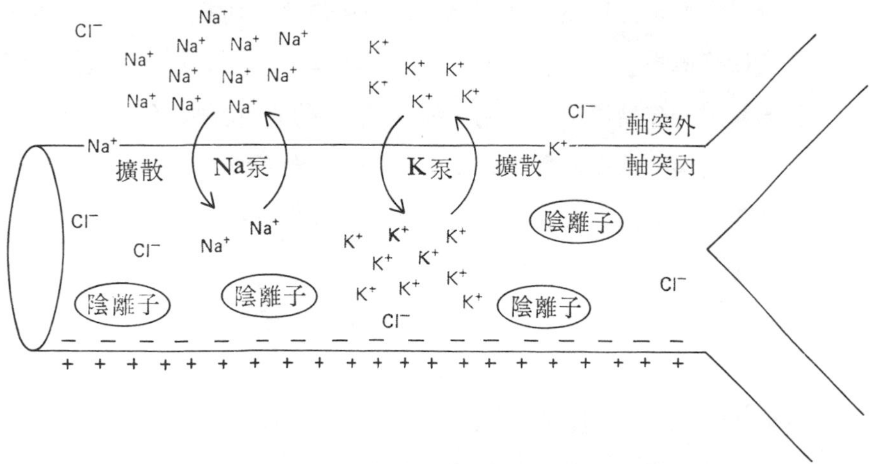

圖27-4　神經元在靜止狀態時，軸突之一部分，示Na^+自細胞泵出，K^+泵入細胞，Na^+不易擴散入細胞，但K^+可擴散而出，由於此種不等的分布，軸突內乃帶負電荷。此外，細胞內尚有帶負電荷的蛋白質及其他陰離子。

神經衝動 當受器接受刺激後，必須將訊息傳至中樞，再由中樞至動器。訊息是由依序相接的神經元傳遞。神經衝動沿神經元傳遞是藉離子分布的改變所產生之電化過程，而由一神經元通過突觸傳遞至另一神經元則涉及軸突分泌之神經傳導物以及樹突的化受作用。

神經元在靜止時（圖 27-4）細胞膜外有多量鈉離子（Na^+）故帶正電荷；膜內有多量鉀離子（K^+）、氯離子（Cl^-）、以及其他陰離子，因此，神經元內帶負電荷，這時的神經元稱為極化（polarized）（圖27-5 A）。當有神經衝動沿神經元傳遞時，至某一部位，其滲透性突然改變，以致 Na^+ 急速自膜外進入膜內（圖 27-5 B），稱為去極化（depolarization），待衝動通過該部後，又可迅速恢復極化狀態（圖 27-5 C），這時 K^+ 移至膜外，直至回復靜止時的電位，Na^+ 則亦緩慢至膜外，這種情形叫做再極化（repolarization）。這種去極化的波動，即為神經衝動（nerve impulse）。

神經衝動沿神經傳遞是化學與電的複雜組合，並非單獨的電流；神經衝動的傳遞遠較電流慢，同時傳遞時需要 O_2，並釋出 CO_2，此表示傳遞涉及某些化學反應。

前曾述及軸突末端可以釋出神經傳導物，以刺激次一神經元的樹突，使產生衝動。神經元彼此相接處為一小空隙，叫做突觸（synapse）。神經衝動抵達軸突末端時，便刺激該處釋出神經傳導物至突觸空隙（圖27-6），待神經傳導物通過空隙，便與次一神經元的樹突（或細胞體）之受器相結合，使樹突膜上的小孔張開，鈉離子便進入次一神經元，從而影響其膜電位，使產生去極化情形。神經傳導物約有三十種，許多種類的神經元可分泌其中二或三種。其中為生物學家研究較透徹者是乙醯膽鹼（acetylecholine）和正腎上腺素（norepinephrine）。

反射 反射（reflex）是對刺激所產生的自主反應，與大腦的意識無關。反射僅涉及身體的某一部分而非全部，例如瞳孔遇光便縮小，呼吸、心搏、唾液分泌、體溫調節等皆為反射作用。又如體溫改變時，會刺激腦部的體溫調節中樞，使體溫回復正常。身體對外界各種刺激所產生的反應，如手遇熱物便縮回，亦屬反射。

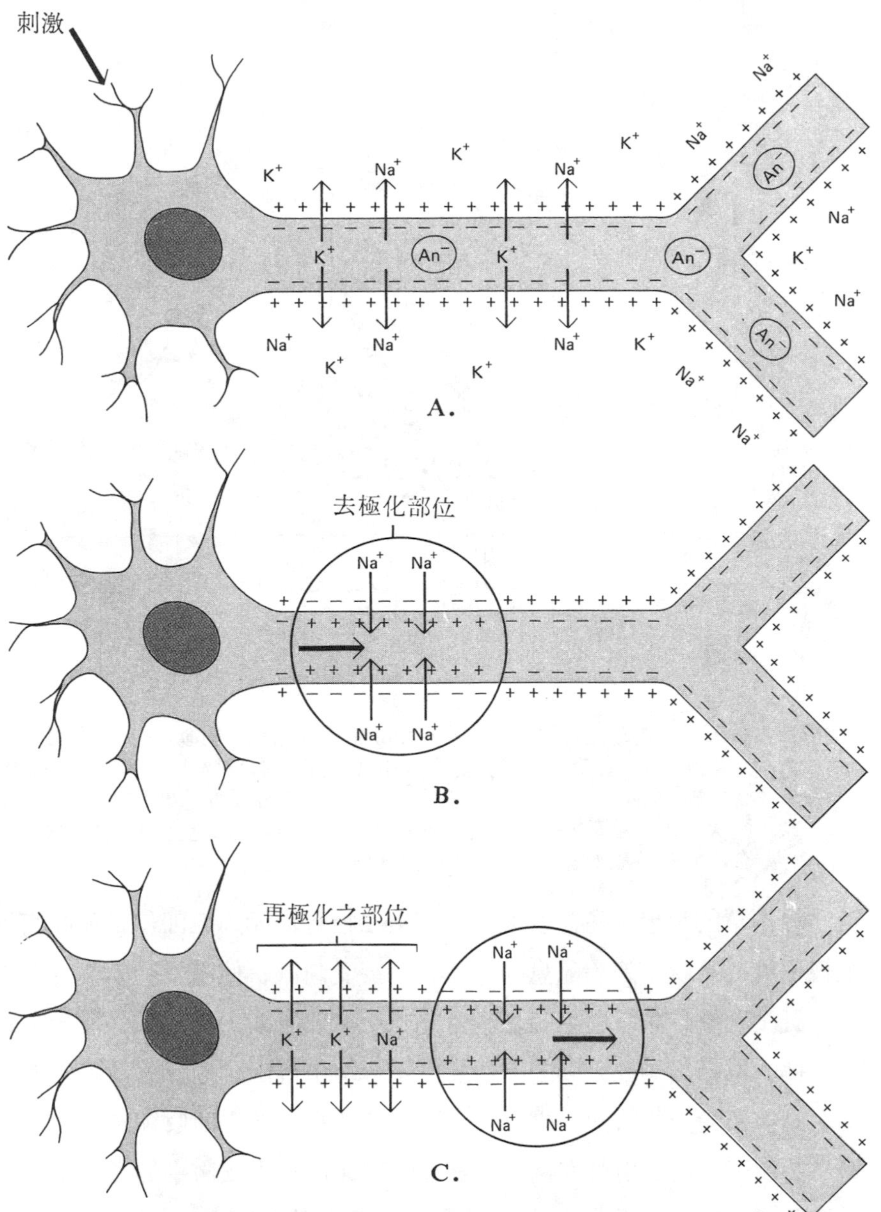

圖27-5 神經衝動沿軸突傳導。A. 神經元之樹突(或細胞體)受刺激，圖中的軸突仍在靜止狀態中。 B. C. 去極化情形沿軸突傳遞，去極化部位Na^+擴散入細胞，待去極化情形通過，該部位之 K^+ 擴散而出，恢復原來之極化狀態，即再極化。

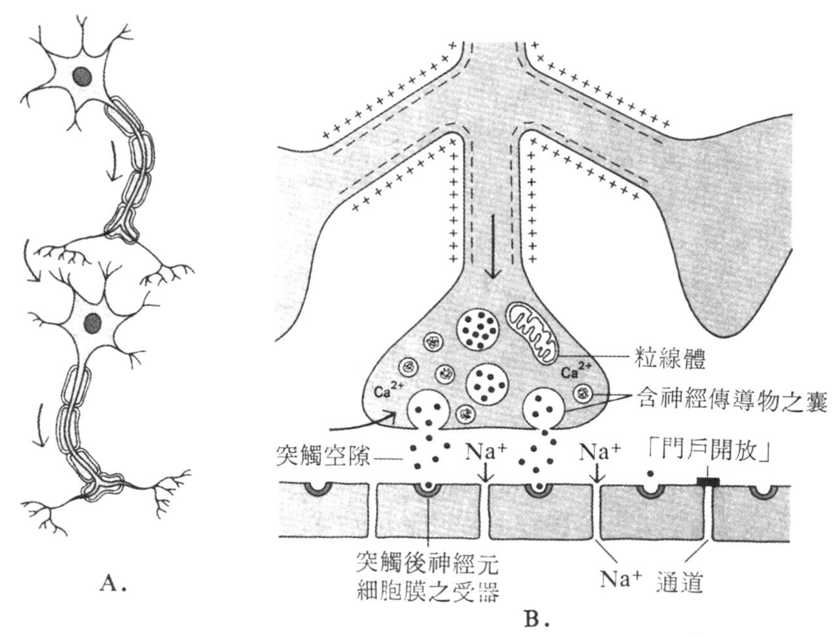

圖27-6 神經元間衝動之傳遞。A. 神經元間有突觸空隙，衝動傳導時要通過該空隙，B. 軸突末端膨大處含有小囊，囊內有神經傳導物，在傳導神經衝動時，傳導物便自囊釋出，這些傳導物可通過突觸空隙，引發次一神經元產生衝動，這時傳導物與次一神經元細胞膜上之受器結合，於是鈉離子通道打開，Na^+ 便進入。

膝跳爲最簡單的反射，僅涉及傳入及傳出二種神經元。但即使是如此簡單的反射，亦須經由神經系統一連串訊息的傳遞——接受刺激、傳導衝動、聯合及反應。膝跳時，肌腱受輕擊，該肌肉中的受器受到刺激，即將衝動經傳入神經元至脊髓；在脊髓中，傳入與傳出神經元間之突觸發生聯合，由傳出神經元將衝動傳至反應細胞，膝跳之動器與受器位於同一肌肉中，於是，該肌肉乃立即收縮。

手遇熱物便縮回的反射動作，涉及三種神經元，手指皮膚中的受器將訊息經傳入神經元傳遞至脊髓；在脊髓中，傳入神經元與聯絡神經元相接，兩者間發生聯合，然後將衝動經傳出神經元至手及手臂，命令該部相關的肌肉收縮而將手縮回。同時，聯絡神經元可將訊息經另一神經元向上傳達至腦，於是會感到痛，並決定將手放入冷水中以止痛，這一感覺與動作已不屬反射。

有的反射如瞳孔放大或縮小，則涉及腦，不過僅是腦的下部（中腦），其作用與脊髓一般，故亦與大腦的意識無關。有的反射，則可由意志促進或抑制，例如膀胱充滿尿時卽行排尿，排尿爲反射作用，在嬰兒時，當膀胱充滿尿時，膀胱括約肌便寬舒以排出尿液。幼兒漸長，便學習視時間、地點而由意志來決定排尿與否。

第二節　中樞神經系

腦與脊髓係由胚胎早期的神經管發育而來，神經管的前端，膨大並分化爲腦，後部則發育爲脊髓。腦與脊髓持續相連，內部的空腔亦相通。腦部開始分化時，神經管前端有三處膨大，依序爲前腦、中腦及後腦（圖27-7）。前腦發育爲大腦和間腦，後腦發育爲小腦、橋腦和延腦。中腦、橋腦和延腦，又合稱爲腦幹（brain stem）。

延腦下方，與脊髓相連，其空腔稱第四腦室（圖27-8），該室與脊髓中的中央管（central canal）相通。第四腦室又經中腦內的大腦導水管（cerebral aqueduct）而與間腦中的第三腦室相通，第三腦室則又與大腦中的側室相通（第一、第二腦室）。

圖27-7　早期胚胎發生時的神經管

腦與脊髓爲柔軟脆弱的器官，分別位於顱骨及脊椎骨中以獲得保護，表面並有由三層結締組織構成的腦膜或脊膜（meninges）包裹。此種包膜強韌，外層叫做硬腦膜(dura mater)，中層叫做蛛膜（arachnoid），內層叫做軟膜（pia mater）。軟膜緊貼於腦或脊髓。腦（脊）膜炎便是此包膜感染發炎。

在蛛膜與軟膜間有空腔，叫做蛛膜下腔（subarachnoid space），內含腦脊液(cerebrospinal fluid)，此種液體可以防止腦或脊髓與周圍的顱骨或脊椎相碰撞。腦脊液來自血液，亦可於各腦室中循流，在流過中樞神經系後，便爲血液再行吸收。

腦　人的腦分爲大腦、間腦、中腦、小腦、橋腦及延腦等部。

大腦（cerebrum）分爲左右兩半球，半球間有強韌的纖維及神經相連繫。大腦的外層稱皮層（cortex），表面有不規則的廻轉，叫做腦回（convolution），可以增

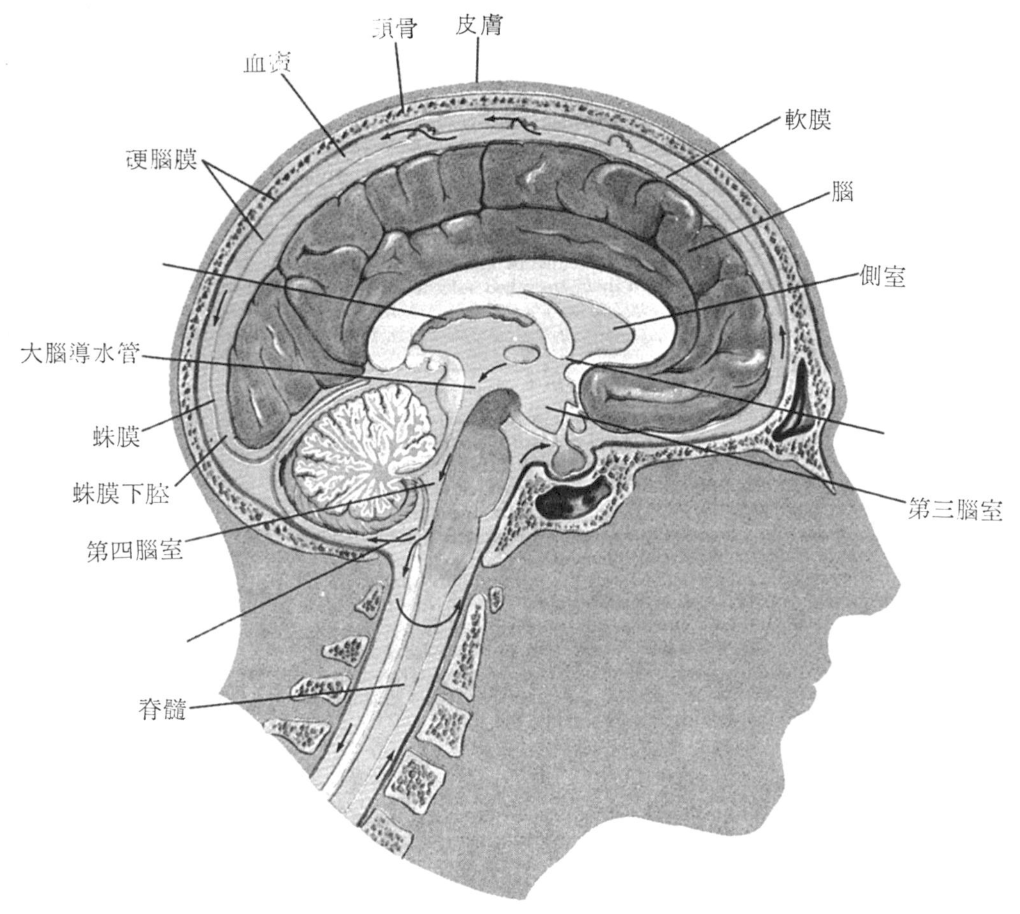

圖27-8 腦的縱切面

加大腦的面積。大腦皮層由無數神經元構成，其組織呈現灰色，故稱灰質（gray matter)，皮層下方，叫做白質（white matter)，主爲含髓鞘的神經纖維。

大腦皮層根據其機能，可以分爲三大區（圖 27-9)：(1) 感覺區，可以接受感覺的訊息，(2) 運動區，控制隨意運動，(3) 聯絡區，連接感覺區和運動區，並主司思想、學習、語言、記憶、判斷及性格等。位於大腦後方的枕葉(occipital lobe)，含有視覺中心，這一部分若受刺激，即使是輕輕吹氣，便會有光亮的感覺；如果除去此部，即使眼睛完好，亦將不能視物。位於側面的顳葉(temporal lobe)，

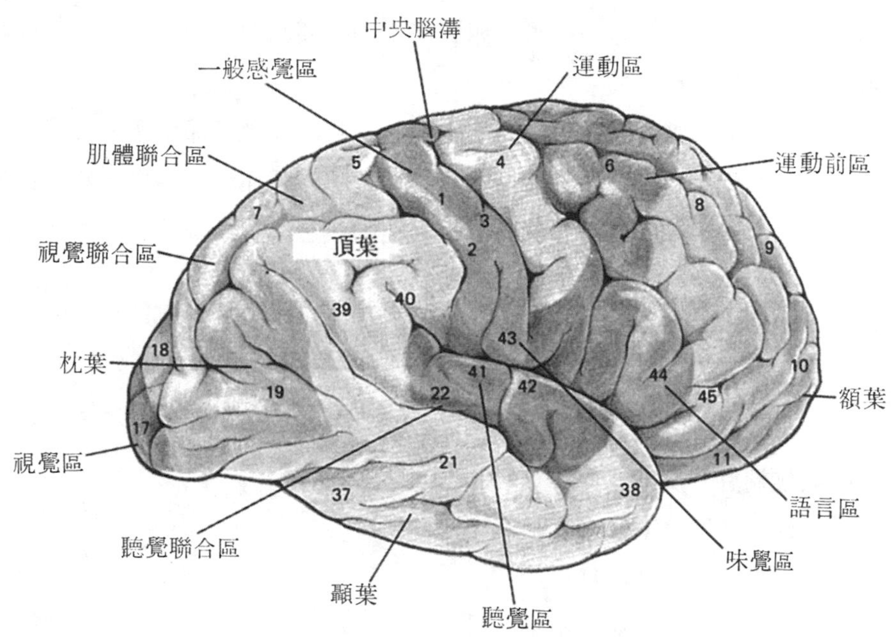

圖27-9　大腦側面觀，示大腦皮層分區的情形，其中 4 、 6 及 8 爲運動區， 1 ， 2 ， 3 ，17，41，42 及 43 爲感覺區； 9 ，10，11，18，19，22，38，39 及 40爲聯合區。

受刺激時，便有聞到聲音的感覺，左右大腦半球自頂部至兩側有一中央腦溝(central sulcus)，該溝將運動區 (primary motor area) 與頂葉 (parietal lobe) 分隔開。運動區位於額葉中，可以控制骨骼肌的活動。頂葉與皮膚中熱、冷、壓、觸等受器受刺激後的感覺有關。

間腦 (diencephalon) 包括視丘 (thalmus) 及下視丘 (hypothalamus)。視丘是脊髓與大腦間傳遞訊息的接力站，所有傳入的感覺訊息（除嗅覺受器外），在到達大腦皮層的中樞以前，皆先傳至視丘。間腦之第三腦室底部爲下視丘，下視丘含有調節體溫、食慾、體液平衡等中樞，亦涉及情緒及性反應。此外，下視丘產生的釋放激素，可以調節腦垂腺的激素分泌。

中腦 (midbrain) 含有上疊體 (superior colliculi) 及下疊體 (inferior colliculi)，前者爲視覺反射（如瞳孔縮小） 中樞， 後者則爲聽覺反射中樞。中腦亦含有紅巢(red nucleus)，是聯合肌肉張力及姿勢等訊息的中樞。

小腦(cerebellum)調節肌肉活動，與肌肉張力、姿勢及平衡有關，小腦受損，肌肉活動即失去平衡。

橋腦（pons）爲衝動自大腦至小腦的接力站，含有呼吸調節中樞。

延腦爲腦幹的最下端，下連脊髓，含有心搏、呼吸及血壓等中樞，亦有控制吞嚥、咳嗽、噴嚏、嘔吐等中樞，亦是將來自脊髓的訊息傳入腦其他部分的接力站。

脊髓 脊髓（spinal cord）呈管狀，自腦的基部延伸至第二腰椎。主要功能有二:（1）將衝動傳入腦或自腦傳出，（2）控制許多反射活動。自脊髓的橫切面觀（圖27-10)，可見中央有一小型之中央管，周圍有H形的灰質，灰質外方則爲白質。灰質由細胞體、樹突及無髓鞘之軸突構成；白質則爲排列成束之有髓鞘軸突，其中升束將衝動向上傳入腦，降束則將衝動自大腦傳至脊髓。

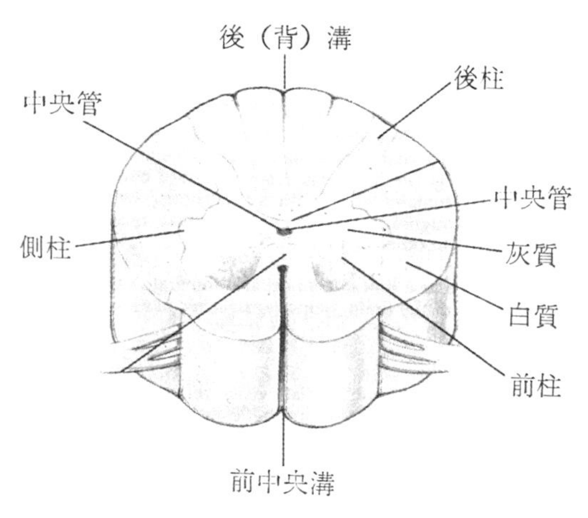

圖27-10 脊髓橫切

第三節 周邊神經系

周邊神經系包括感覺受器，自受器至中樞的神經，以及自中樞至動器的神經。

腦神經（cranial nerve） 腦神經共十二對，源自腦的各部，分佈於頭部的感覺器官、肌肉、腺體、及其他器官。有的腦神經僅具有感覺神經元（Ⅰ、Ⅱ及Ⅷ）有的則爲運動神經元（Ⅲ、Ⅳ、Ⅵ、Ⅺ及Ⅻ），其他則爲混合感覺及運動神經元。各腦神經的名稱及分布見表27-1。

表27-1

編號	名稱	感覺纖維起源	運動纖維分布之動器
Ⅰ	嗅神經（olfactory）	鼻腔的嗅黏膜（嗅覺）	無
Ⅱ	視神經（optic）	視網膜（視覺）	無
Ⅲ	動眼神經（oculomotor）	眼球肌肉之本體受器	使眼球轉動之肌肉，改變晶體形狀之肌肉，瞳孔縮小之肌肉
Ⅳ	滑車神經（trochlear）	眼球肌肉之本體受器	使眼球轉動之肌肉
Ⅴ	三叉神經（trigiminal）	齒及面部皮膚	與咀嚼有關之某些肌肉
Ⅵ	外旋神經（abducens）	眼球肌肉之本體受器	使眼球轉動之肌肉
Ⅶ	顏面神經（facial）	舌前部之味蕾	面部表情之肌肉，頷下腺及舌下腺
Ⅷ	聽神經（auditory）	耳蝸（聽覺）及半規管（運動、平衡及轉動等感覺）	無
Ⅸ	舌咽神經(glossopharyngeal)	舌後部三分之一的味蕾、咽的內襯	腮腺，與吞嚥有關之肌肉
Ⅹ	迷走神經（vagus）	許多內臟；肺、大動脈、喉	副交感纖維至心、胃、小腸、喉、食道及其他器官
Ⅺ	副神經（spinalacessory）		肩肌
ⅡⅩ	舌下神經（hypoglossal）	舌肌	舌肌

（本體受器爲位於肌肉，腱及關節中的受器，供身體位置及運動的訊息）

脊神經（spinal nerve）脊神經自脊髓發出（圖27-11)，共 31 對。所有脊神經皆爲混合神經，含有感覺神經元及運動神經元，各脊神經分布於身體某一部位之受器及動器。脊神經以背根、腹根與脊髓相連，感覺神經元的背根進入脊髓，運動纖維的腹根離開脊髓（圖27-12)。背根在與脊髓相連的前方，膨大而成神經節，該神經節內含有感覺神經元的細胞體。至於運動神經元的細胞體則位於脊髓的灰質中。背根與腹根聯合而成脊神經。

背根與腹根聯合後，又再分枝；其中背枝分布於背部皮膚和肌肉，腹枝分布於身體腹面及兩側的皮膚和肌肉，自律枝則分布於內臟，爲自律神經系的一部分。

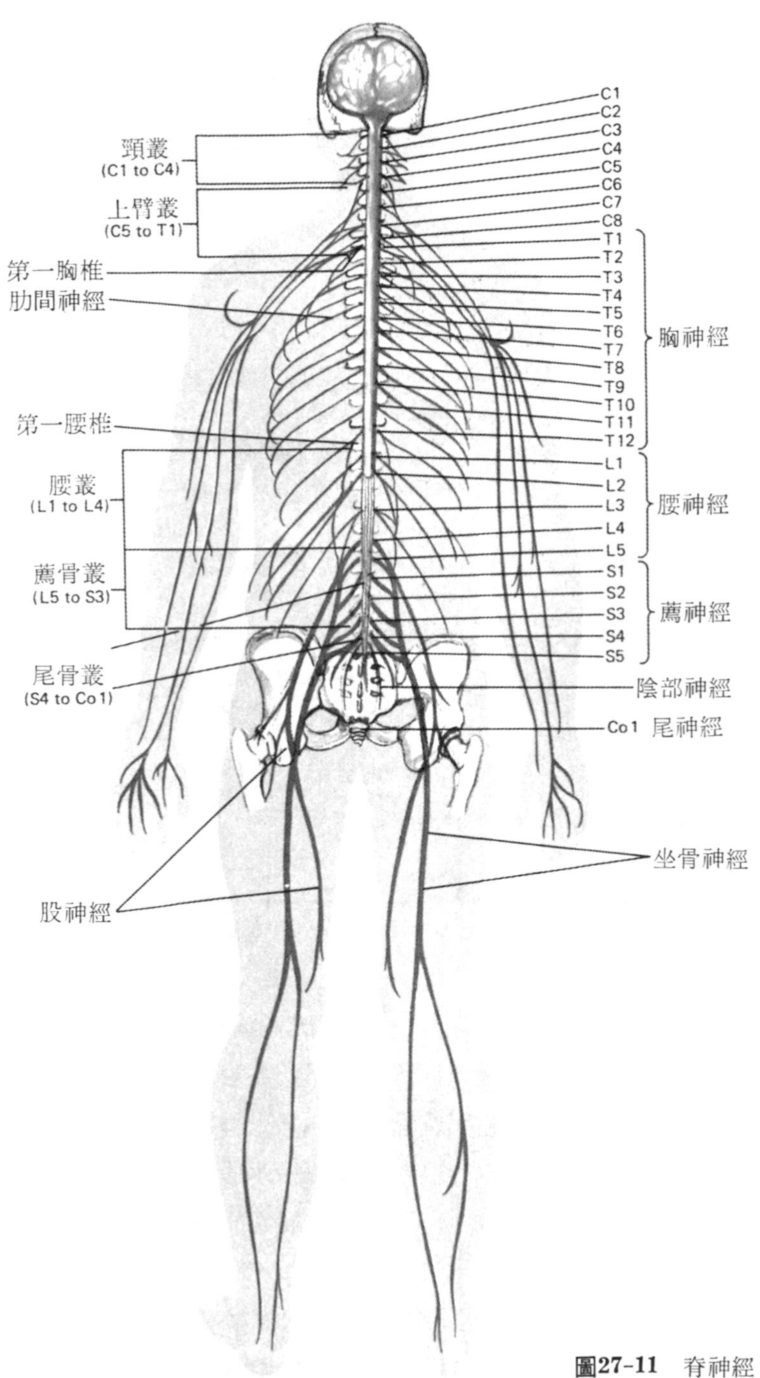

C1
C2
C3
C4
C5
C6
C7
C8
T1
T2
T3
T4
T5
T6
T7
T8
T9
T10
T11
T12
L1
L2
L3
L4
L5
S1
S2
S3
S4
S5
Co1
頸叢
(C1 to C4)
上臂叢
(C5 to T1)
第一胸椎
肋間神經
胸神經
第一腰椎
腰叢
(L1 to L4)
腰神經
薦骨叢
(L5 to S3)
薦神經
尾骨叢
(S4 to Co1)
陰部神經
尾神經
坐骨神經
股神經

圖27-11 脊神經

自律神經系　自律神經系的功能主在維持體內環境的恒定，例如體溫的恒定、調節心搏速率等。內臟中的受器將訊息經傳入神經元至中樞，此一衝動再沿傳出神經元至適當的肌肉及腺體。

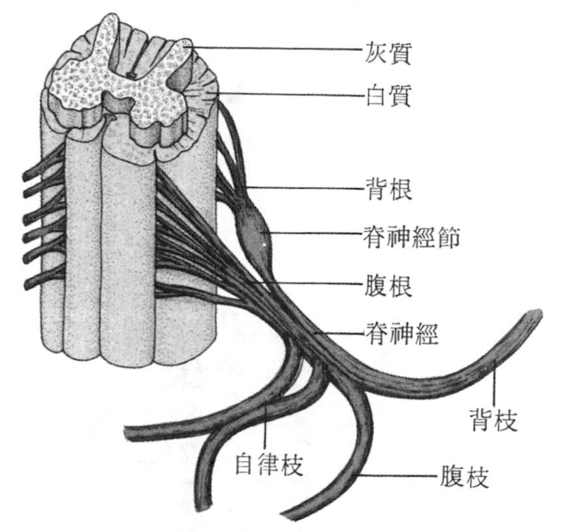

圖27-12　背根及腹根出脊髓而聯合成爲脊神經，脊神經又再分爲數枝。

自律神經系爲傳出神經，又分交感神經系及副交感神經系。大多數內臟器官均有交感與副交感神經分布（圖27-13），交感神經可加速心搏、增強心縮、升高血壓、增加血液循流、升高血糖，因此，骨骼肌及心肌可獲得較多的血量以供活動所需。

副交感神經則在平時較爲活動，也即在輕鬆安詳的活動時較具支配力，當偶然事故緊張以後，副交感神經會使心搏減緩，刺激消化系的活動。由此可知，交感神經與副交感神經共同作用，可以相輔相成使體內各項活動協調進行（表27-2）

表27-2　交感與副交感神經對某些受器的影響

受器	交感神經的作用	副交感神經的作用
心臟	增加心搏速率，增強心縮力量	減緩心搏速率，對心縮無直接影響
枝氣管	擴大	縮小
眼球虹膜	瞳孔放大	瞳孔縮小
血管	收縮	許多血管無副交感神經分布
性器官	血管收縮，射精	血管擴大，勃起
汗腺	刺激汗腺	無此等神經分布
腸	抑制活動	促進活動及分泌
肝	促進肝糖分解(glycogenolysis)	無影響
脂肪組織	促進游離脂肪酸自脂肪細胞釋出	無影響
腎上腺髓質	促進腎上腺素及正腎上腺素分泌	無影響
唾腺	促進黏稠之唾液分泌	促進稀淡之唾液分泌

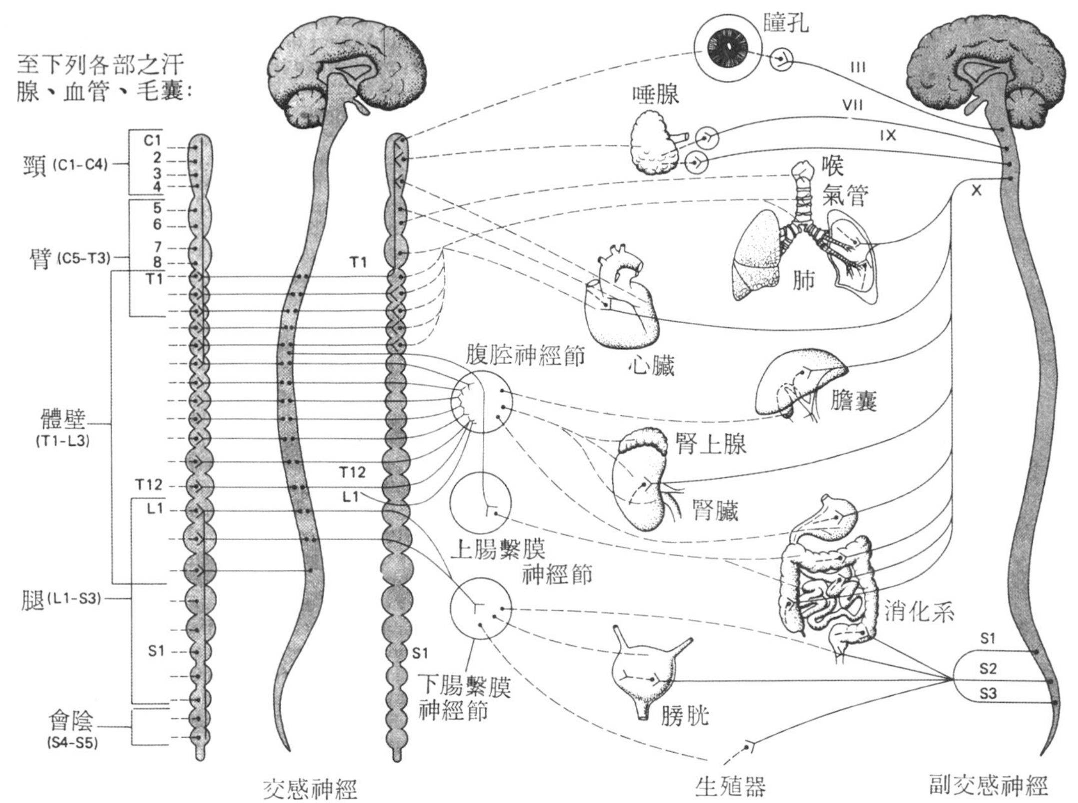

圖27-13 自律神經系——交感神經系與副交感神經系

自律神經系自中樞至動器的神經元有兩個，此與體神經系僅有一個神經元的情形不同。其中第一個神經元叫做節前神經元 (preganglionic neuron)，其細胞體及樹突位於神經中樞，而軸突末端與第二個神經元相接，這一神經元叫做節後神經元 (postganglionic neuron)，其細胞體與樹突位於神經中樞外面的神經節中，軸突末端分布於動器。交感神經系的神經節自頸部至腹部成對排列於脊髓兩側，稱脊側交感神經節鏈 (paravertebral sympathetic ganglion chain)。某些節前神經元則通過該等神經節而止於腹腔內大動脈或其分枝附近的神經節中。副交感神經的節前神經元與節後神經元則於其所分布的器官或其附近相接。

交感神經與副交感神經所釋出的神經傳導物亦不一樣，交感神經的節後神經元釋出正腎上腺素（節前神經元分泌乙醯膽鹼），副交感神經的節前及節後神經元均分泌乙醯膽鹼。

第二十八章　感覺器官

感覺器官可以根據刺激的位置而分類，故有外受器（exteroceptor）、本受器（proprioceptor）及內受器（interoceptor）之稱。凡是能測知外界情況的感覺器屬外受器，這些器官，可使動物覓得食物，發現敵人等；因此，外受器對個體乃至種族的生存十分重要。本受器爲位於肌肉、腱（tendon）以及關節中的感覺器官，可使人們知道臂、腿及身體其他各部的位置。內受器爲位於內臟壁中的感覺器官，可以感受 pH、滲透壓、體溫及血液的化學成分等。傳統上所稱的感官——眼、耳、口、鼻等則皆爲外受器。

感覺器官亦可根據其所反應的刺激型式而區分，故有機受器（mechanoreceptor）、化受器（chemoreceptor）、光受器（photoreceptor）及溫受器（thermoreceptor）之稱，這些感覺器官分別對機械、化學物質、光線以及冷熱發生感應。

第一節　皮膚中的受器

皮膚中的受器，在身體各部的分布並不均勻，深度亦各異（圖28-1）。在構造上，有的簡單，僅是神經末稍而已，這些受器，可以對傷害的刺激或溫度發生感應，產生痛覺或冷熱的感覺；前者稱痛受器，分布於表皮中，後者稱溫受器，位於眞皮中。痛受器的敏感度較底，所以要有較強的刺激才能使其興奮而產生衝動。當某一刺激引起疼痛時，該刺激常已傷害到

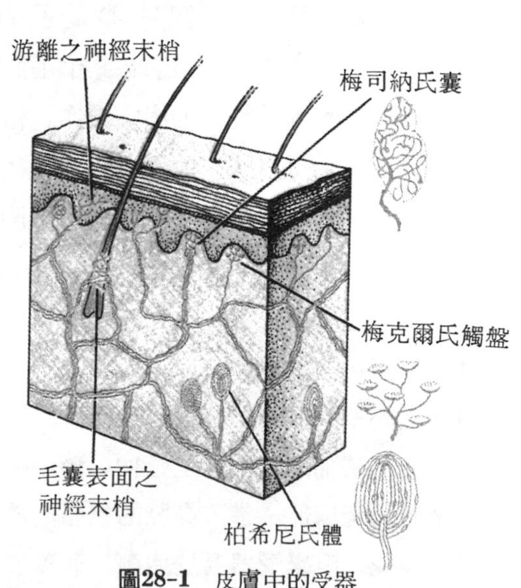

圖28-1　皮膚中的受器

組織，所以痛覺是身體遭受傷害的警報器。皮膚中冷受器的數目較熱受器多，所以皮膚對冷的刺激要比對熱的刺激來得敏感。另有一些神經末梢纏繞於毛囊表面，對毛髮的接觸或彎曲發生感應。皮膚中另有三種構造較複雜的受器，在游離之神經末梢外面，尚有結締組織包圍，其中梅司納氏囊 (Meissner corpuscle) 及梅克爾氏觸盤 (Merkel cell) 皆為觸覺受器，位於表皮中；在掌、唇及乳頭等無體毛的部位分布特多，因此，這些部位的觸覺特別敏感。柏希尼氏體 (Pacinian corpuscle) 為壓覺受器，位於皮膚較深層處，在神經末梢的周圍有呈同心層的結締組織，此同心層的構造極易變形，因此，即使是輕微的壓力，便可使其變形而刺激神經末梢，傳入大腦而產生壓覺。

第二節　化受器：味覺與嗅覺

味覺與嗅覺是受器對化學刺激所產生的反應。人類的味覺器是味蕾，味蕾呈瓶狀，分布於舌面前方、兩側及後方。舌尖部分的味蕾對甜味或鹹味敏感，兩側的味蕾可感覺酸味，舌根部分的味蕾可以感到苦味。

味蕾的表面有孔（圖28-2），孔的下方有受器細胞，細胞的游離端有毛狀突起，外面有感覺神經元的樹突分布。溶於唾液中的食物可自味蕾的孔進入，然後刺激受器細胞的毛狀突起，再由神經細胞將衝動傳至大腦而產生味覺。

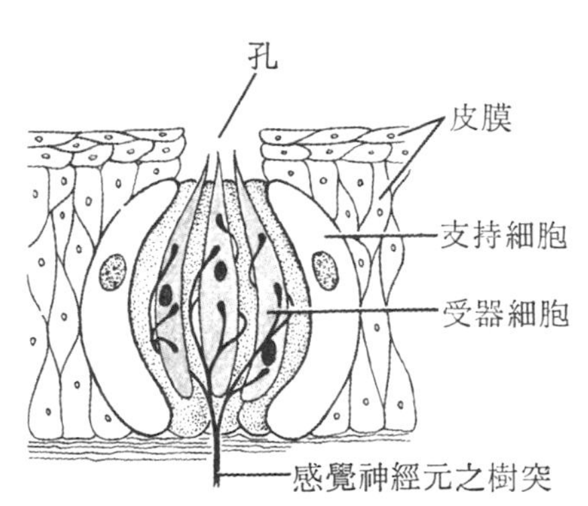

圖28-2　味蕾縱切

嗅覺是對氣態的化學物產生的反應，嗅覺作用發生於鼻腔上皮。人的鼻腔上部為嗅覺皮膜，該皮膜包含嗅細胞及支持細胞（圖28-3）。嗅細胞為嗅覺受器，游離面有數條嗅毛，可以與空氣中的氣味分子相作用，基部的軸突向上延伸，形成嗅神經纖維，這些纖維穿過鼻的頂部篩狀板上之小孔而至腦部。進入鼻腔的氣體溶於黏液中，刺激嗅毛，再由嗅神經傳入大腦而產生嗅覺。嗅覺受器易於疲勞，若曝於某種氣體中較長的時間，嗅細胞即不能再覺察此種氣味。

第三節　聽覺器：耳

人的耳分外耳、中耳及內耳。圖28-4是人耳的構造，音波經聽管至鼓膜 (tympanic membrane)，便振動鼓膜，此一振動，再由中耳內的三塊小骨卽槌骨 (malleus)、砧骨 (incus) 及鐙骨 (stapes) 依序傳遞，最後由鐙骨輕微而快速的擊動蓋於卵圓窗(oval window)的膜。

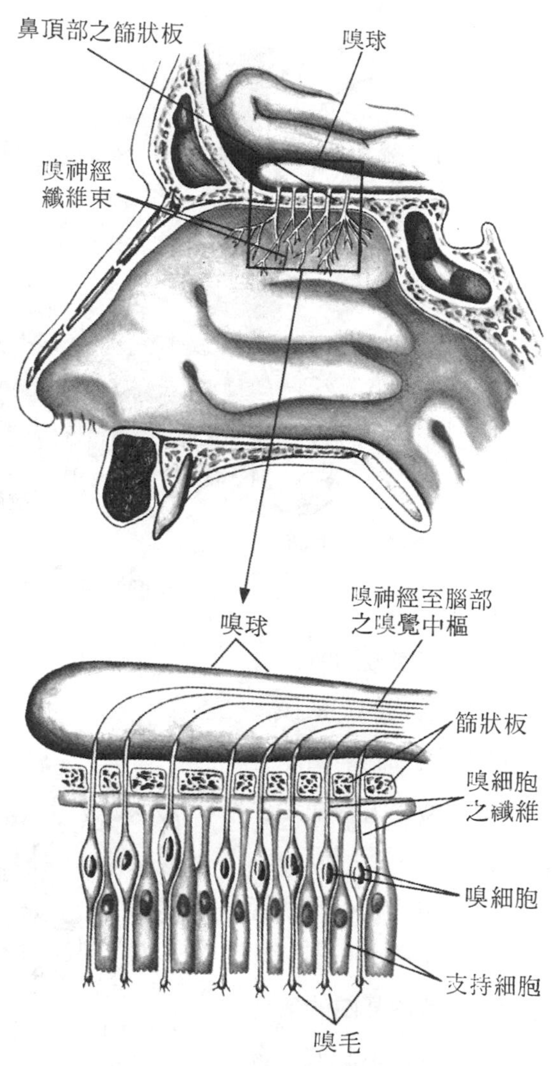

圖28-3　嗅覺皮膜的位置及構造

中耳與內耳相接處，除卵圓窗外，尙有圓形窗(round window)。內耳中有耳蝸 (圖28-5) 。耳蝸呈螺旋狀，狀似螺殼，其內面自前至後分隔爲三條管子：前庭管 (vestibular canal)、耳蝸管 (cochlear canal)及鼓室管(tympanic canal)。前庭管與鼓室管在耳蝸的尖 (末) 端相通，內含稱爲外淋巴的液體，該兩管在與中耳相接處分別有卵圓窗 (oval window) 及圓形窗 (round window)。當鐙骨擊動卵圓窗的膜時，前庭管內的液體便產生壓力波，此一波動經管之末端而流入鼓室管，再返回至圓形窗，此時圓形窗的膜便向中耳方向凸出。耳蝸管位於中央，管內充滿內淋巴，並含有柯蒂氏器 (organ of Corti)，該器爲聽覺受器，含有聽細胞，聽細胞位於耳蝸管內的基底膜 (basilar membrane) 上，各細胞有毛狀突起向管內伸展。當前庭管與鼓

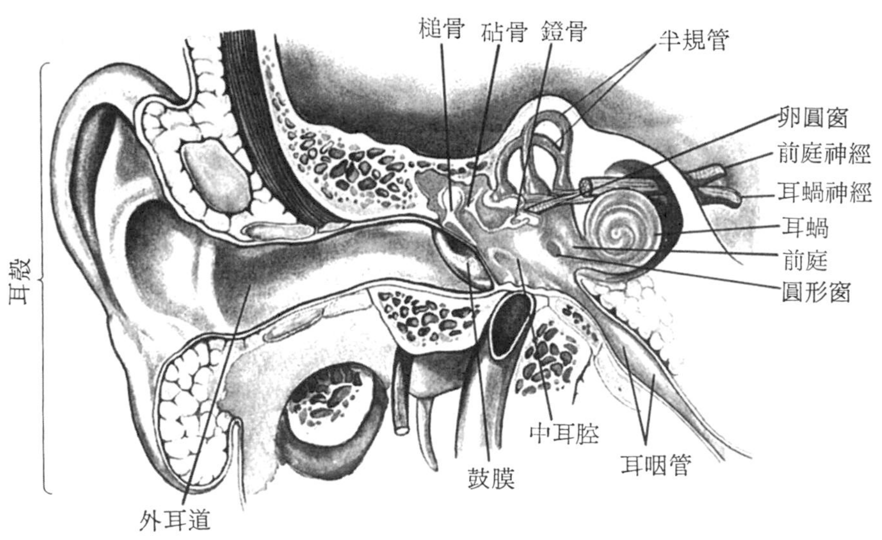

圖28-4　耳的構造

室管內的液體波動時，會振動耳蝸管內的基底膜，進而刺激聽細胞，由聽神經將衝動傳至大腦而產生聽覺。

中耳與咽腔有耳咽管(Eustachian tube)相通，可藉此維持中耳內的氣壓與外界相等，但此管亦會導致病原自鼻或口進入中耳，使中耳受感染。

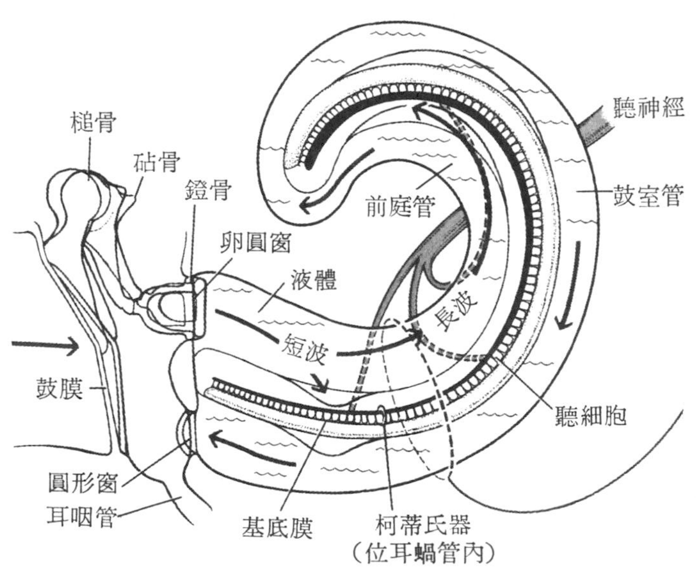

圖28-5　耳蝸的構造

耳雖是聽覺器，但在人類及所有脊椎動物，耳的基本機能是協助維持身體平衡。許多脊椎動物雖沒有外耳或中耳，但卻都具有內耳。內耳由一羣複雜的管道及囊構成，故又稱迷路 (labyrinth)。 除耳蝸外，內耳

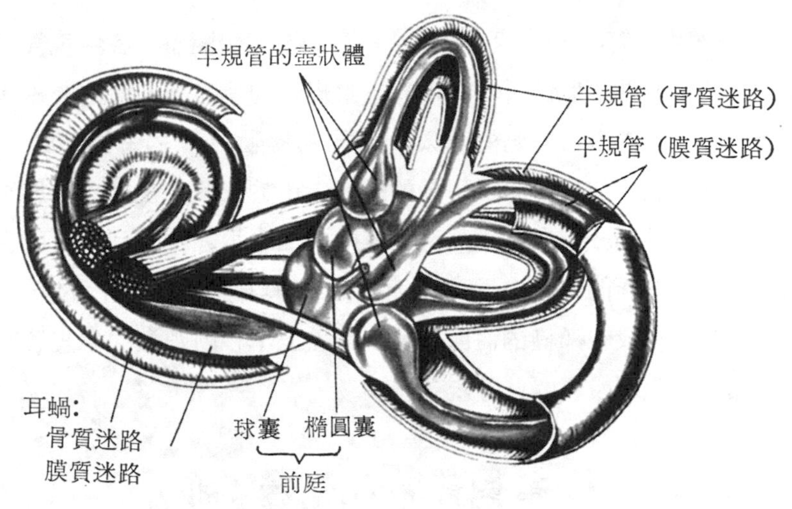

圖28-6　內耳的構造

尙包括前庭（vestibule）及三個半規管（semicircular canal）（圖28-6）；前庭和半規管則司平衡覺。

前庭包括兩個小囊：球囊(saccule)和橢圓囊（uticle)，囊內含有可以測知重力的耳石(otolith)，其受器細胞的先端膠有質的軟骨峯（cupula）包圍（圖28-7）。在球囊內的受器細胞與橢圓囊內者排列於不同的平面，當重力改變時，耳石壓迫某些受器細胞，產生的衝動經聽神經傳入大腦，便產生頭部位置的感覺。例如將頭部向下倒立，耳石刺激與平時不同的受器細胞，便會覺察頭部位置在下的情況。

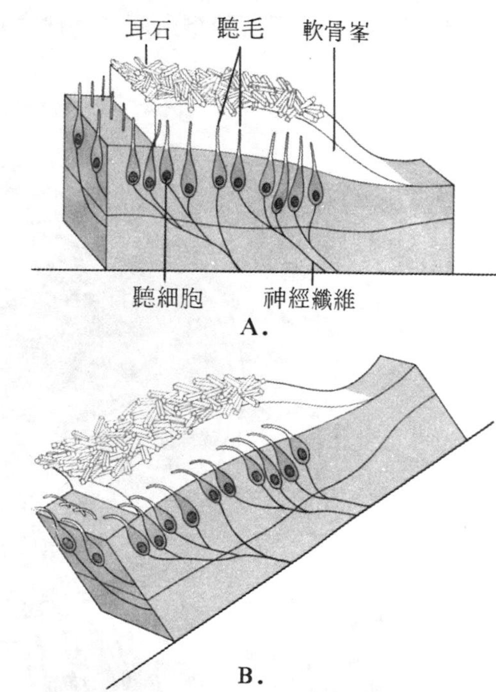

圖28-7　球囊與橢圓囊，在頭部位置改變時，其內的耳石與聽毛位置的比較，當頭部位置改變時，重力使軟骨峯扭曲，因此，聽細胞的聽毛也隨之扭曲，於是將衝動傳至聽神經。

以上所述是在靜止時頭部位置的感覺，屬靜的平衡覺。至於頭部轉動的感覺，則爲動的平衡覺。這種感覺與半規管有關，三個半規管，彼此互相垂直，管內充滿內淋巴。各半規管與橢圓囊相接處，略為膨大，叫做壺狀體（ampulla），半規管的受器細胞即位於壺狀體內，這些受器細胞可以接受內淋巴移動的刺激。當頭部轉動時，內淋巴移動，刺激受器細胞，其衝動傳至腦，即產生頭部轉動的感覺。由於三個半規管各位於不同的平面，因此，不論頭部朝那一方向移動，至少其中一個半規管會受到刺激而覺察出來。

人們習慣於平面的移動，而對垂直運動即與身體縱軸平行的方向移動則不習慣，例如乘坐電梯或在顛簸的海面航行，這種上下移動刺激的半規管與平時者不一樣，因而常會發生頭暈、嘔吐等現象。

第四節　視覺器：眼

人的眼球是由三層組織所圍成的球狀物（圖28-8），外層為鞏膜（sclera）、中

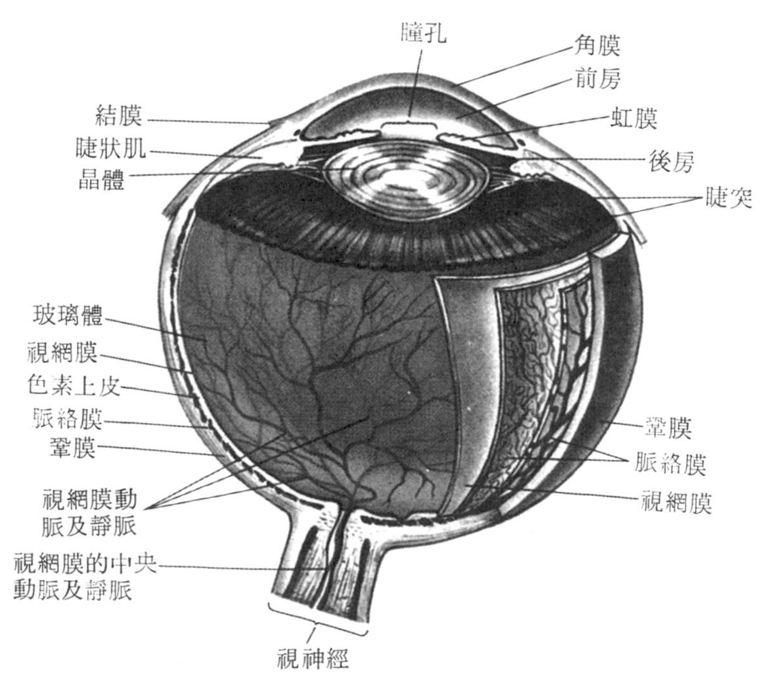

圖28-8　眼的構造

層為脈絡膜 (choroid)，內層為視網膜 (retina)。鞏膜白色，為纖維結締組織，可以保護內部的構造並維持眼球的形狀。鞏膜在眼球前方則為透明的角膜 (conea) 所取代。脈絡膜富含血管，可以供給視網膜營養。脈絡膜在眼球前方則變為睫體 (ciliary body)、懸韌帶 (suspensory ligament) 及虹膜 (iris)。睫體為一圈平滑肌稱睫狀肌，以懸韌帶與晶體相連。晶體為一透明、有彈性的球狀構造，能够折射光線，使進入眼球的光線其焦點落於視網膜上。懸韌帶為微細的纖維，可以固定晶體的位置。當睫狀肌(ciliary muscle)舒張時，懸韌帶乃受壓力而使晶體變扁平，此時可視遠物。當睫狀肌收縮時，懸韌帶所受壓力減少，晶體便凸出，可以視近物。晶體與角膜的空腔內，充滿水狀液；晶體與視網膜間的空腔較大，充滿玻璃狀液，兩者皆與維持眼球的形狀有關。

光線進入眼的量，則由虹膜調節。虹膜含有色素，由於色素量的多少，乃使虹膜呈現藍色、褐色或黑色；其中央的孔稱為瞳孔 (pupil)。虹膜為一呈環狀的構造，由兩層行拮抗作用的平滑肌構成，其中一層的細胞排列成環狀，收縮時瞳孔便縮小；另一層排列成輻射狀，收縮時瞳孔便放大。

視網膜由許多受器細胞構成，這些細胞根據其形狀而稱為視桿細胞 (rod cell)和視錐細胞(cone cell)；此外，視網膜尚含有許多神經元。視桿細胞和視錐細胞都可以感光，這些細胞位於視網膜的後側，因此，進入眼球的光

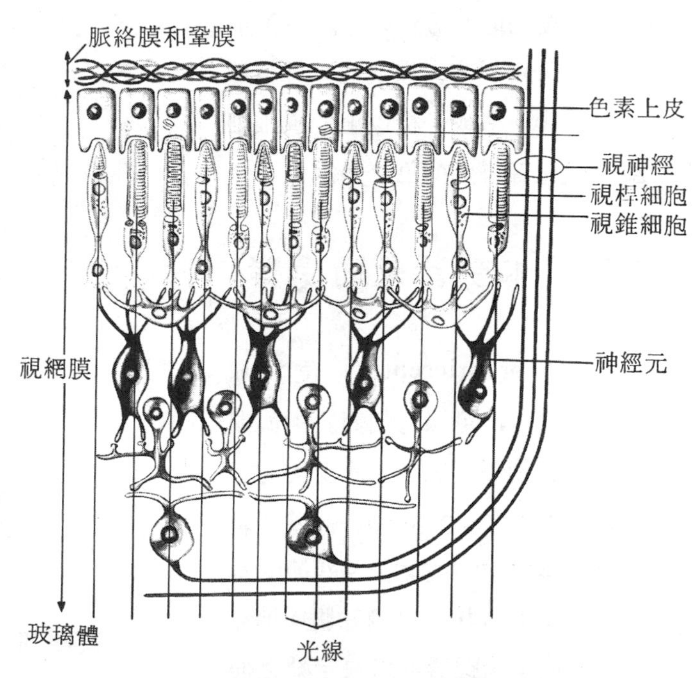

圖28-9　視網膜

線，在到達視桿和視錐細胞以前，必須先透過數層神經元(圖28-9)。在眼球後方，各感覺神經元的軸突聯合而成視神經，視神經出眼球處視網膜上無視桿細胞，亦無視錐細胞，因此，該部位不能感光，稱為盲點 (blind spot)。另在視網膜中央，與角膜中央、晶體中央呈直線處，有一小窩，叫做中央小窩 (fovea)， 該處則視錐細胞密集，為感光最靈敏的部位。

視覺作用與視桿細胞中所含的視紫(rhodopsin) 、以及視錐細胞中數種與視紫相近的色素有關。視紫由視紫蛋白(opsin) 與視黃醛 (retinal)結合而成。當光線襲擊視紫時，視紫即分解為視紫蛋白與視黃醛，使視桿細胞發生去極化，所產生之衝動，經視神經傳入腦。

視錐細胞對光的感應不及視桿細胞敏感，其主要功能在分辨顏色。視錐細胞有三種，分別對藍、綠及紅光發生反應，若是缺少一種或一種以上的視錐細胞，即不能正確辨別顏色，是為色盲。

第五節　本受器及內受器

本受器 (proprioceptor) 位於肌肉、腱或關節內，可以時刻對肌肉與關節之張力及運動發生感應。本受器有三種: 肌梭 (muscle spindle)、高基氏腱器 (Golgi tendon organ) 及關節受器(joint receptor)。肌梭可以測知肌肉運動(圖28-10)；高基氏腱器可以決定腱之伸展，腱係將肌肉連接至骨的白色纖維；

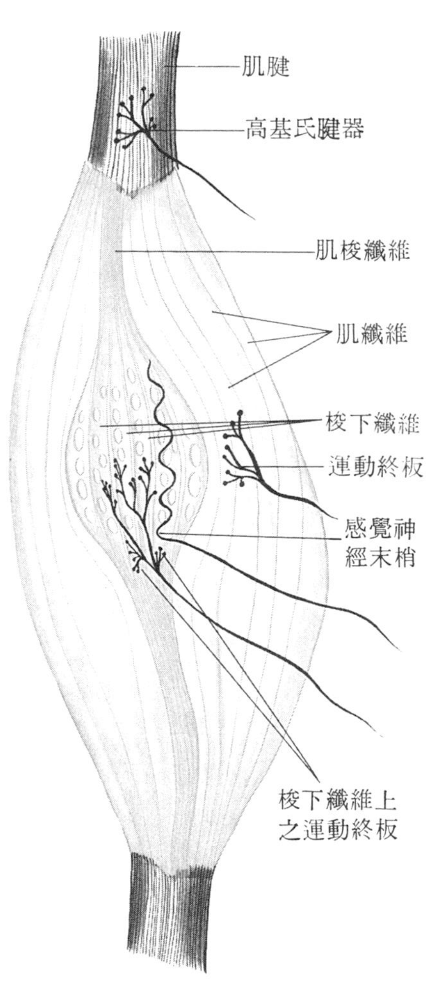

圖28-10　肌梭及高基氏腱器

關節受器可以測知關節韌帶之運動。

本受器爲對張力發生感應的器官，可以產生身體活動及其位置的感覺。藉著這種感覺，人們可以閉著眼睛從事穿衣繫帶等以手操作的細工。本受器對身體活動時，各相關肌肉間的協調收縮非常重要，否則一些技巧性的動作將無法完成。本受器之發現，至今僅百餘年，生物學家對本受器的了解，遠不及對其他感覺器官的了解來得深入。

內受器 (interoceptor) 爲位於內臟或其他器官中的受器，可以接受溫度、壓力或化學物等的刺激，產生的衝動，傳至腦部而發生反射。例如頸動脈 (carotid artery) 中的壓力受器，對血壓敏感，當動脈中的血壓升高時，便刺激該受器，衝動傳至延腦中的血管舒縮中樞 (vasomotor center)，便促使血壓降低；反之，當動脈血壓降低時，受器所接受的刺激減小，血管舒縮中樞便興奮而使血壓增高。有些器官中的受器，其衝動可以傳導至大腦而產生感覺。例如當胃內空虛時，胃壁中的受器便受刺激，衝動不但傳至下視丘中的饑餓中樞，並可向上傳導至大腦而產生饑餓的感覺。內臟的黏膜中，通常都有痛受器，當內臟受到傷害或發生病灶時，便刺激這些受器，傳到大腦便有疼痛的感覺。由此可知，內受器對維持體內環境之恒定十分重要。

第二十九章　內分泌系統

內分泌系統與神經系統密切配合，以維持體內生理狀況的恒定。內分泌腺皆爲無管腺，此與汗腺等外分泌腺具有導管以輸導其分泌物的情況有別。內分泌腺的分泌物稱爲激素(hormone)，激素自腺體至細胞間隙再擴散入血，再由血液運輸至某種特定組織（或器官），以刺激該組織而改變其代謝活動。該組織稱爲目標組織(target tissue)。近年來，生物學家將內分泌的範圍擴大，除內分泌腺的分泌物以外，亦包括其他非由內分泌腺產生之化學物，例如神經元產生之激素（圖 29-1）。因此，目下對激素的定義如下：激素是一種有機物，含有某種訊息，可稱化學訊息物；激素由某型細胞產生，具有專一性，用以調節另一型細胞之活動。

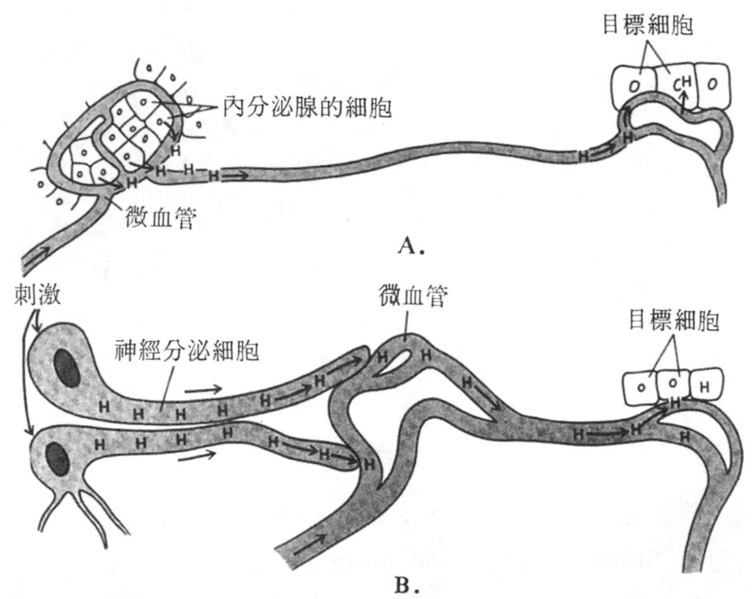

圖29-1　激素的分泌。A. 由內分泌腺分泌，B. 由神經分泌細胞分泌，分泌後皆由血液運輸至目標細胞。

第一節 激素的化學成分

激素根據其化學成分，可大別爲三類：胺基酸衍生物，肽類或蛋白質以及類固醇（steroid）。由腎上腺以及某些神經元分泌之腎上腺素(epinephrine, adrenaline)及正腎上腺素（norepinephrine, noradrenaline)，是酪胺酸(胺基酸的一種）的衍生物（圖29-2A），甲狀腺激素（thyroid hormone）亦是酪胺酸衍生物；由下視丘的神經分泌細胞所產生之催產素（oxytocin）及抗利尿激素(antidiuretic hormone)，

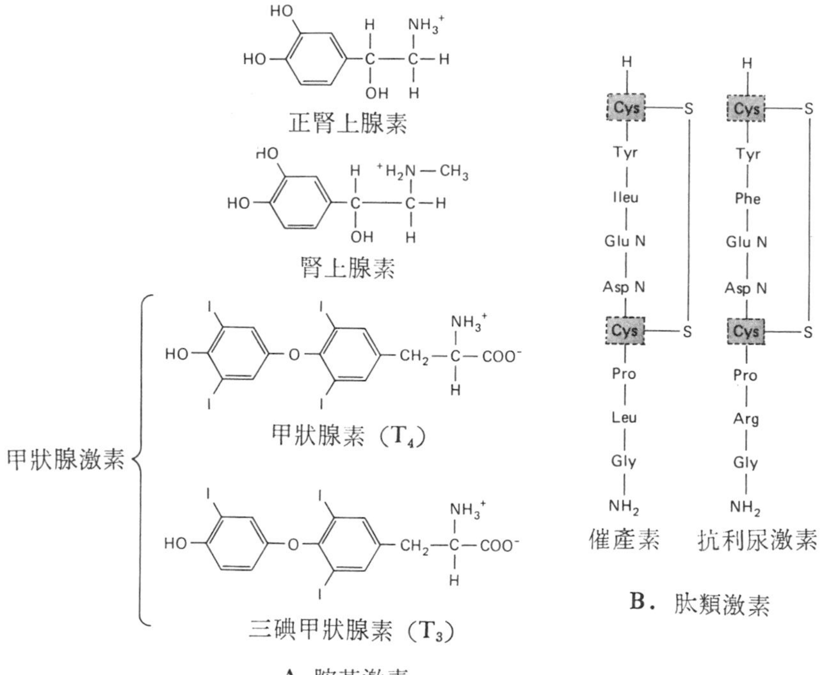

正腎上腺素

腎上腺素

甲狀腺激素

甲狀腺素（T_4）

三碘甲狀腺素（T_3）

A. 胺基激素

催產素 抗利尿激素

B. 肽類激素

圖29-2 數種激素的構造式。A. 胺基激素，B. 肽類激素。

皆爲含有九個胺基酸的肽類（圖29-2B）；胰島素（insulin)、抗胰島素(glucagon)促腎上腺皮質激素（adrenocorticotropic hormone ACTH）及抑鈣素（calcitonin, 甲狀腺分泌，可抑制鈣自骨釋出至血液中）皆爲較長之肽鏈，約有三十個胺基酸。胰島素由散布在胰臟組織中的胰島之β細胞所分泌，由兩條肽鏈以三個雙硫

鍵連成。胰島素初形成時含有八十四個胺基酸，此一化合物，叫做胰島素原（proinsulin）（圖29-3），然後經過摺曲，形成三個雙硫鍵，以及由酵素切除其中央一段由三十三個胺基酸連 成之部分，乃形成有二條肽鏈 以三個雙硫鍵 連接而成的胰島素。由腦垂腺前葉分泌之生長激素（growth hormone）、甲狀腺刺激素（thyroid-stimulating hormone），以及促生殖激素(gonadotropic hormone) 等皆為蛋白質。腎上腺皮質、卵巢及睪丸等分泌之激素皆為由胆固醇 (cholesterol)合成的類固酮。

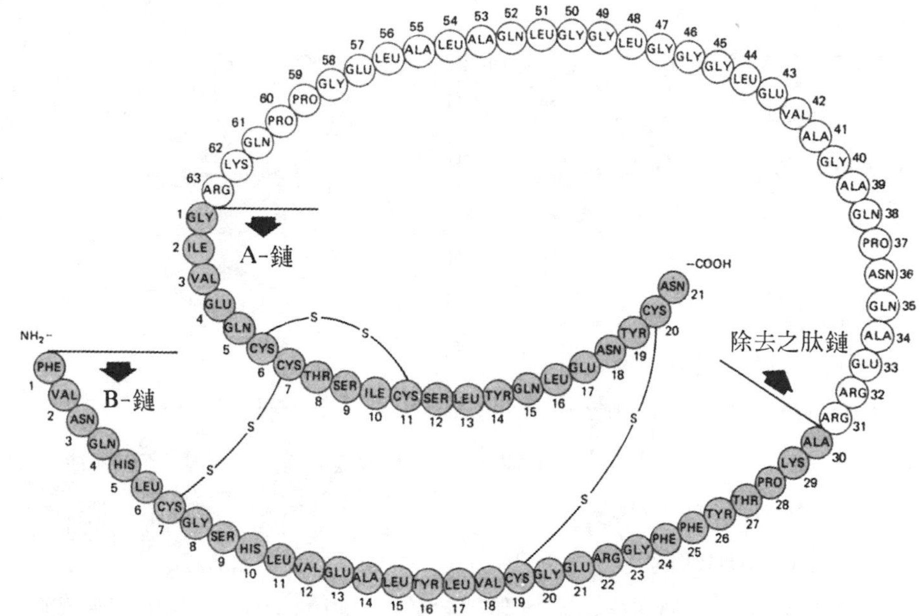

圖29-3　胰島素原的分子構造，為一條肽鏈，由此可形成由兩條肽鏈構成之胰島素，其過程則為形成三個雙硫鍵，並除去中央一段由三十三個胺基酸連成之部分。

第二節　激素作用的機制

激素自血液擴散至組織液，在到達目標組織以前，可能要經過許多其他組織。那麼，目標組織如何能辨識對其發生作用的激素呢？這是由於目標組織的細胞內，具有特殊的蛋白質，可與特定的激素相結合。這些蛋白質稱為受器，大部分細胞具有多種不同的受器，以與不同的激素相結合。

基因致活 類固醇激素爲脂溶性的小分子物質，很容易通過目標細胞膜而進入細胞質中（圖29-4），細胞中的蛋白質受器(或位於細胞核中）便與激素結合而形成激素—受器複合物；此複合物進入細胞核中，在核內與另一受器，卽與 DNA 結合的蛋白質相結合，結合後便可致活基因，以轉錄合成某特定蛋白質的 mRNA。

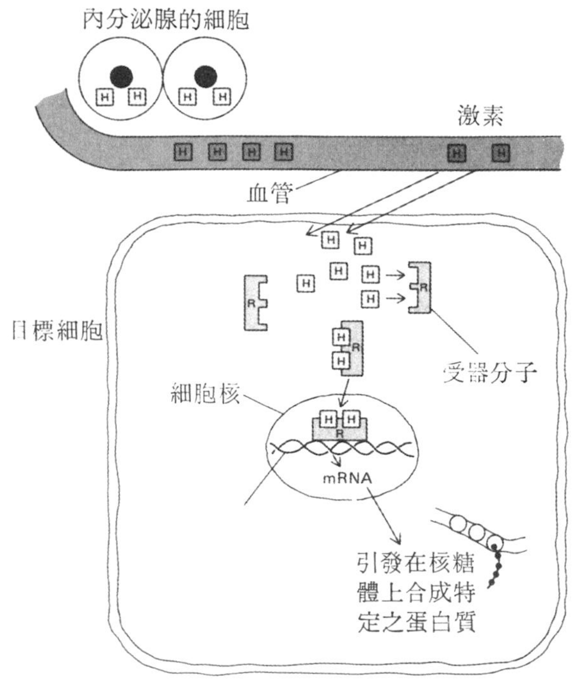

圖29-4 類固醇激素致活遺傳基因。類固醇激素脂溶性小分子物質，能自由通過細胞膜。有些類固醇激素在目標細胞內與受器結合，結合後進入核內，在核內又與另一受器，卽與 DNA 結合的蛋白質結合，從而致活基因。

次一傳訊者 許多蛋白質激素之進入目標細胞，是與細胞膜上的受器相結合，結合後可以致活細胞膜上的腺苷環酶（adenyl cyclase），該酵素可使ATP轉變爲環狀 AMP (cAMP)(圖29-5)，cAMP 的作用猶如另一傳訊者，可以刺激致活酶（kinase），致活酶可使某特定酵素加上磷酸根，以致活或抑制該酵素的活動。

第三節 激素的種類及功用

激素可以維持體內環境的恒定，並能調節生長、代謝率和生殖等各種不同的活動。人體的主要內分泌腺如圖29-6。表 29-1 爲數種主要激素的生理作用及其來源。

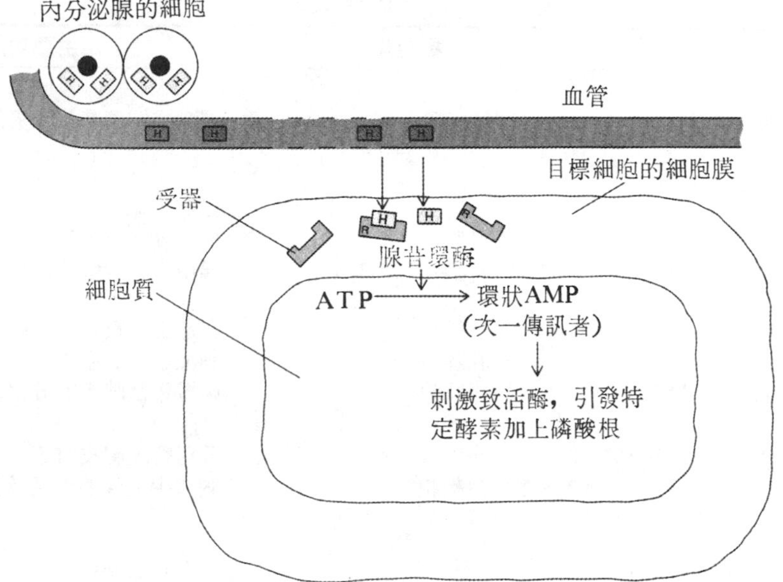

圖29-5　激素作用之次一傳訊者機制

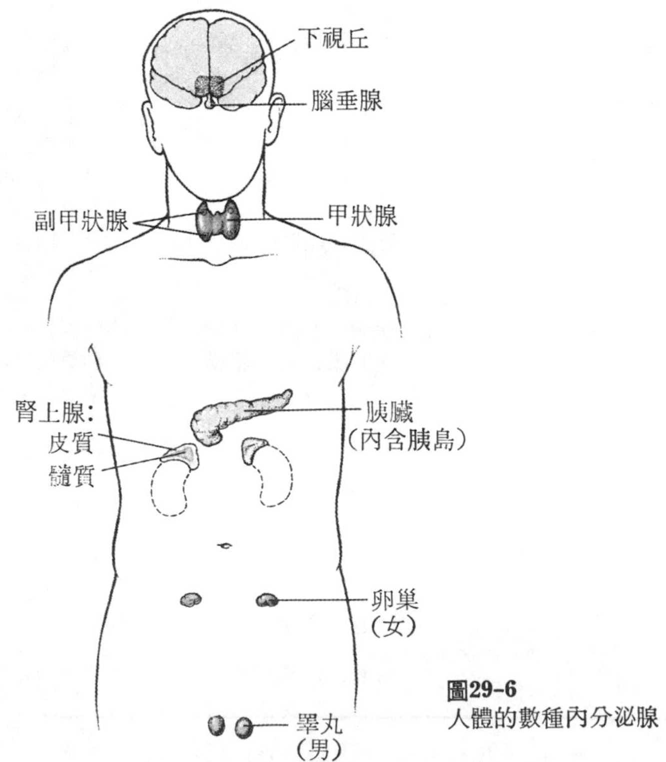

圖29-6
人體的數種內分泌腺

表29-1　內分泌腺及其激素

名　稱	目標組織	主要功能
下視丘		
釋放及抑制激素	腦垂腺前葉	刺激或抑制某些激素的分泌
下視丘（產生）		
腦垂腺後葉（儲藏並釋出）		
催產素	子宮	促進收縮
	乳腺	促進乳汁射入管中
抗利尿激素	腎臟（腎小管）	促使再吸收水分
腦垂腺前葉		
生長激素	一般	促進蛋白質合成以刺激生長
催乳激素	乳腺	刺激乳汁的產生
促甲狀腺激素(TSH)	甲狀腺	刺激甲狀腺素的分泌，促進甲狀腺增大
促腎上腺皮質激素(ACTH)	腎上腺	分泌腎上腺皮質素
促生殖激素（促濾泡成熟激素FSH，黃體成長激素LH）	生殖腺	刺激生殖腺的生長及機能
甲狀腺		
甲狀腺素(T_4)及三碘甲狀腺素(T_3)	一般	促進代謝率，維持正常生長及發育
抑鈣素	骨	抑制骨分解以降低血鈣
副甲狀腺		
副甲狀腺素	骨、腎臟、消化管	促進骨分解以增高血鈣，促進腎臟再吸收鈣，致活維生素D
胰島		
胰島素	一般	促使細胞吸收並利用葡萄糖以降低血糖，促進糖質新生作用(glycogenesis)，促進脂肪儲存及蛋白質合成。
抗胰島素	肝臟，脂肪組織	促進肝糖分解以增高血糖，促進糖原異生，動員脂肪
腎上腺髓質		
腎上腺素及正腎上腺素	肌肉，心肌，血管，肝臟，脂肪組織	協助對抗精神壓力，增高血糖，動員脂肪，增高心搏速率、血壓及代謝率
腎上腺皮質		
礦物性皮質素	腎小管	維持鈉和鉀的平衡
葡萄糖皮質素	一般	協助對抗長期壓力，增高血糖，動員脂肪
卵巢		
動情素	一般，子宮	女性性徵之表現及保持，促進子宮內膜生長
黃體激素	子宮，乳房	促進子宮內膜生長
睪丸		
睪固酮	一般，生殖構造	男性性徵之表現及保持，促進精子形成，與青年期成長有關

激素的分泌量必須適中，當疾病或其他因素影響內分泌時，其分泌便不正常。激素分泌過少，目標細胞所受的刺激不足；分泌過多時，目標細胞可能過度受刺激，都會引起疾病。有些內分泌方面的疾病，腺體分泌的激素量正常，但是，目標細胞卻不能攝取或利用這些激素。這種情形，可能是蛋白質受器的數目較少，或是受器的功能不正常。

下視丘與腦垂腺　下視丘可視為是神經系統與內分泌系統間的橋樑。當下視丘受到腦的其他部分或血液中激素所傳入的訊息後，便會分泌激素或促使腦垂腺釋出其激素。下視丘分泌多種激素，其中抗利尿激素(antidiureti hormone ADH)及催產素(oxytocin)，經神經元之軸突至腦垂腺後葉而儲於軸突末端，當體內需要時，便由後葉釋出至血液中(圖29-7)。下視丘尚釋放數種釋放激素及抑制激素，這些激素經門靜脈 (portal vein) 而至腦垂腺前葉，並擴散至前葉的組織中，對前葉之激素分泌有調節之效 (圖29-8)。

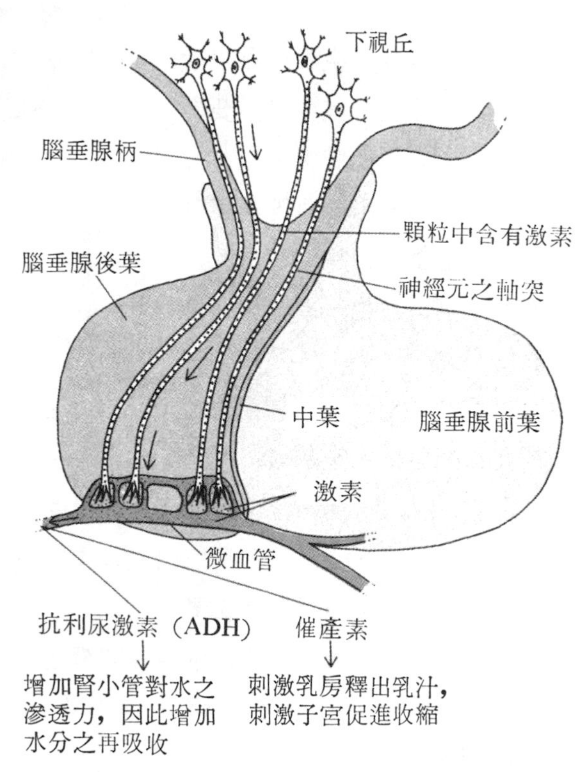

圖29-7　腦垂腺後葉釋出之激素，實際係由下視丘的細胞所分泌，經神經元之軸突至腦垂腺後葉而儲於軸突末端，需要時再行釋出。

腦垂腺(pituitary gland)位於下視丘下方，且直接受下視丘的影響。其大小似蠶豆，可以分泌多種激素(圖29-9)。腦垂腺後葉儲有由下視丘分泌後運來之抗利尿激素和催產素；前葉則分泌生長激素(growth hormone, GH)、催乳激素(prolactin)以及數種調節其他內分泌腺

的促激素 (tropic hormone)，如促甲狀腺激素 (thyroid-stimulating hormone, TSH)、促腎上腺皮質激素 (adrenocorticotropic hormone, ACTH)、促濾泡成熟激素(follicle-stimulating hormone FSH) 及黃體成長激素 (luternizing hormone, LH)。

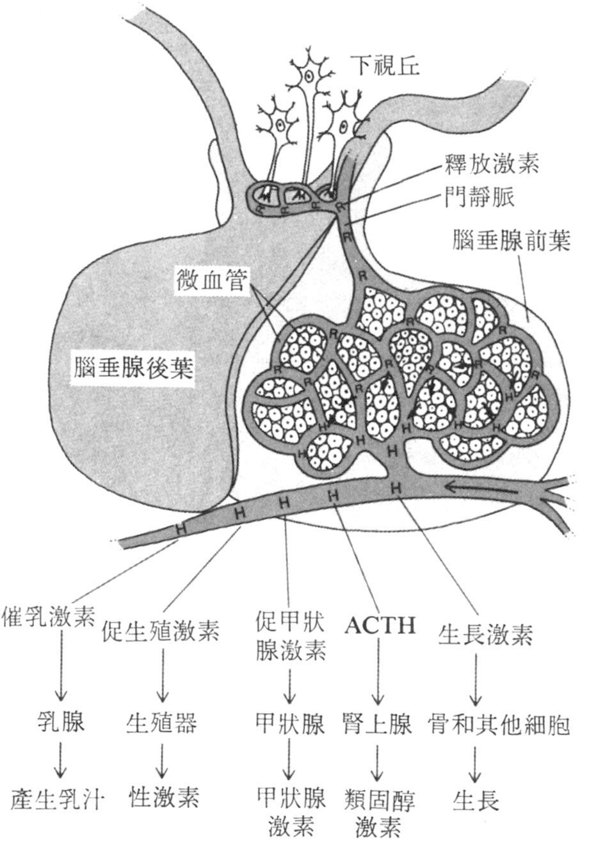

圖29-8 下視丘分泌數種釋放及抑制激素，經門靜脈至腦垂腺前葉，各激素分別刺激腦垂腺前葉的細胞，使合成某特定之激素。

生長與發生 生長與發生受數種激素的影響，其中最重要者爲生長激素、甲狀腺激素以及性激素。生長激素由腦垂腺前葉分泌，甲狀腺激素由甲狀腺分泌，性激素（將於發生一章討論）由性腺所分泌。

生長激素 (GH) 影響生長，主在促進細胞攝入胺基酸，促進蛋白質的合成，間接影響骨的生長。生長激素的分泌係受下視丘分泌之釋放激素和抑制激素的調節，當血液中 GH 濃度高時，下視丘即分泌抑制激素，於是腦垂腺分泌之 GH 便降低。當血液中 GH 濃度低時，便刺激下視丘分泌釋放激素，以刺激腦垂腺分泌多量 GH。此外，如血液中葡萄糖濃度低時，充足的睡眠以及運動等，皆可促進 GH 的分泌。

GH 分泌過多或過少，皆會導致生長不正常。若在兒童時即分泌量不足，便形成侏儒；由 GH 不足引起之侏儒，其智力正常，身體雖矮小，但各部分之比例正常。在長骨的生長尚未停止前，可注射 GH以治療之，目前這種激素已可用遺傳工

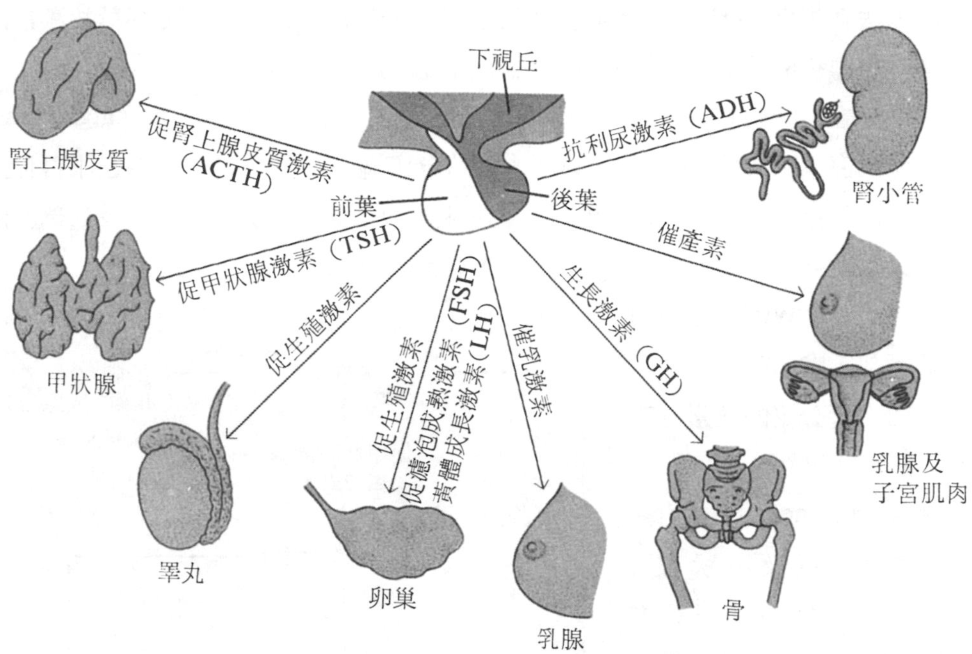

圖29-9　腦垂腺係由下視丘之神經組織形成的柄懸垂，圖示其前葉及後葉所分泌之激素及功用。

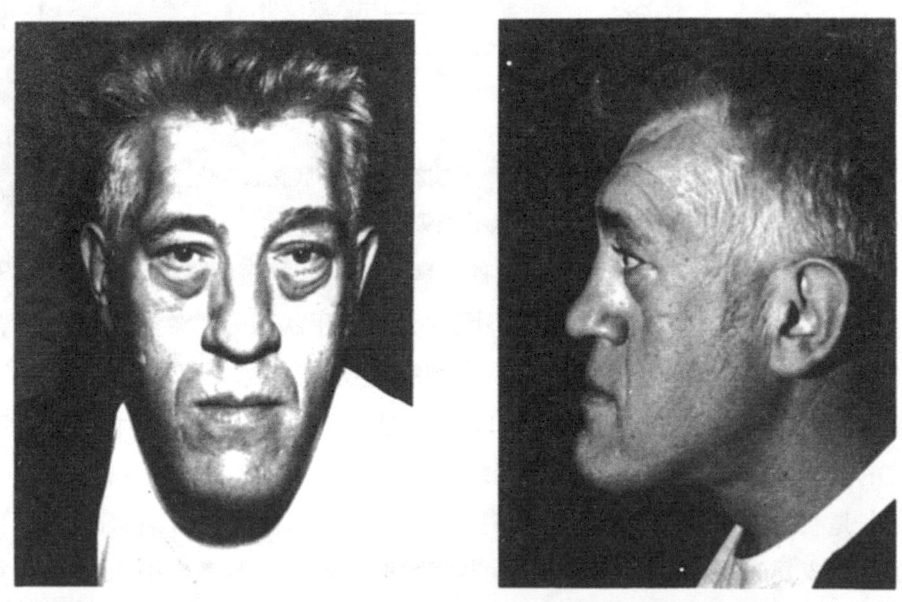

圖29-10　末端肥大症的患者，其結締組織變厚，注意其鼻、下頷等部。

程的方法合成之。GH 分泌不足，也可能是由於下視丘未能正常分泌釋放激素，也可能是目標組織缺少有效的 GH 受器蛋白質。

若是在孩提時腦垂腺前葉分泌 GH 的量過多，則將造成巨人症 (gigantism)，身材特別高大。如果到成年後 GH 才開始分泌過多，因爲此時骨骼已不再伸長，所以身體不會長高，不過結締組織可以增生，以及骨（尤其是手、足及面部）的直徑加大，稱爲末端肥大症 (acromegaly)（圖29-10)。

甲狀腺(thyroid gland)位於頸部、喉頭下方、氣管的前面，所分泌的激素有二種：三碘甲狀腺素 (T_3, triiodothyroine)——具有三個碘原子，以及甲狀腺素 (T_4，thyroxine)——具有四個碘原子，兩者皆由酪胺酸與碘結合而成。甲狀腺激素 (thyroid hormone)對正常生長及發生，以及體內大部分組織之代謝率皆很重要。甲狀腺激素亦與細胞分化有關，例如蝌蚪若缺少甲狀腺素便不能變態成爲蛙。

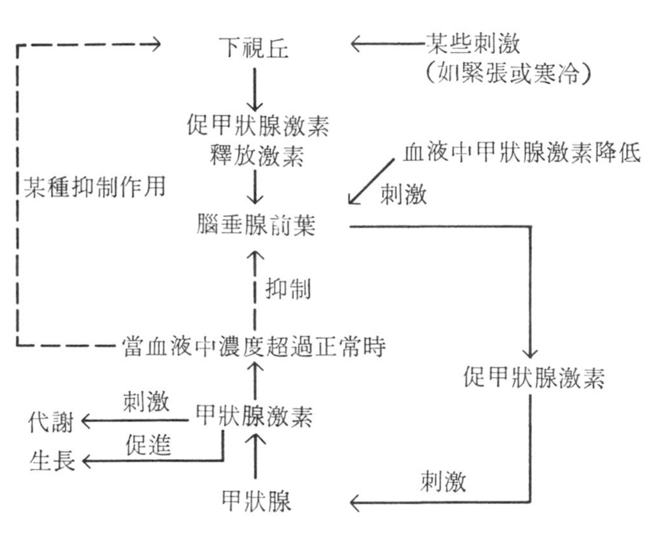

圖29-11 甲狀腺激素分泌之調節

甲狀腺激素的分泌，主由腦垂腺前葉與甲狀腺間的廻饋作用所調節(圖29-11)。腦垂腺前葉分泌之促甲狀腺激素 (TSH)，以促進甲狀腺分泌激素；但是，當血液內甲狀腺激素的量超過正常時，便又抑制腦垂腺前葉分泌 TSH。血液中甲狀腺激素量多時，也可抑制下視丘分泌 TSH 釋放激素，藉以降低 TSH 的分泌。不過下視丘的調節作用，主要是受緊張或極端之氣候狀況的影響。

若是在兒童時期甲狀腺激素分泌量過少，導致代謝率降低，心智及身體發育皆受阻，而成爲矮呆病 (cretinism)，其症狀與腦垂腺生長激素引起之侏儒很易區別。矮呆病患者的智慧低、皮膚厚且呈病黃色、唇厚、面和鼻皆寬而扁。若及早以甲狀腺激素處理，則可防止病狀之出現。

血糖濃度的調節：胰島素及抗胰島素　胰臟的組織中散布着百萬以上的細胞羣，叫做胰島 (islets of Langerhans)。胰島中有70％的細胞為β細胞，可以分泌胰島素 (insulin)；其餘為α細胞，可以分泌抗胰島素 (glucagon)。兩種激素皆為蛋白質，其功用則與葡萄糖的代謝有關。胰島素的主要作用是促使細胞自血液中攝取葡萄糖，故可降低血糖濃度（圖29-12）；同時也可使肝細胞內的葡萄糖形成肝糖而儲於肝臟中。抗胰島素亦稱昇糖素，與胰島素有拮抗作用。主要功用在增加血液中葡萄糖的濃度，因為抗胰島素可促使肝細胞中的肝糖分解 (glycogenolysis 將肝糖變為葡萄糖)，亦可促使糖原異生 (gluconeogenesis, 由蛋白質或脂肪形成葡萄糖)。胰島素——抗胰島素系統，實為維持血糖濃度在一定範圍以內的有效且快速之機制。

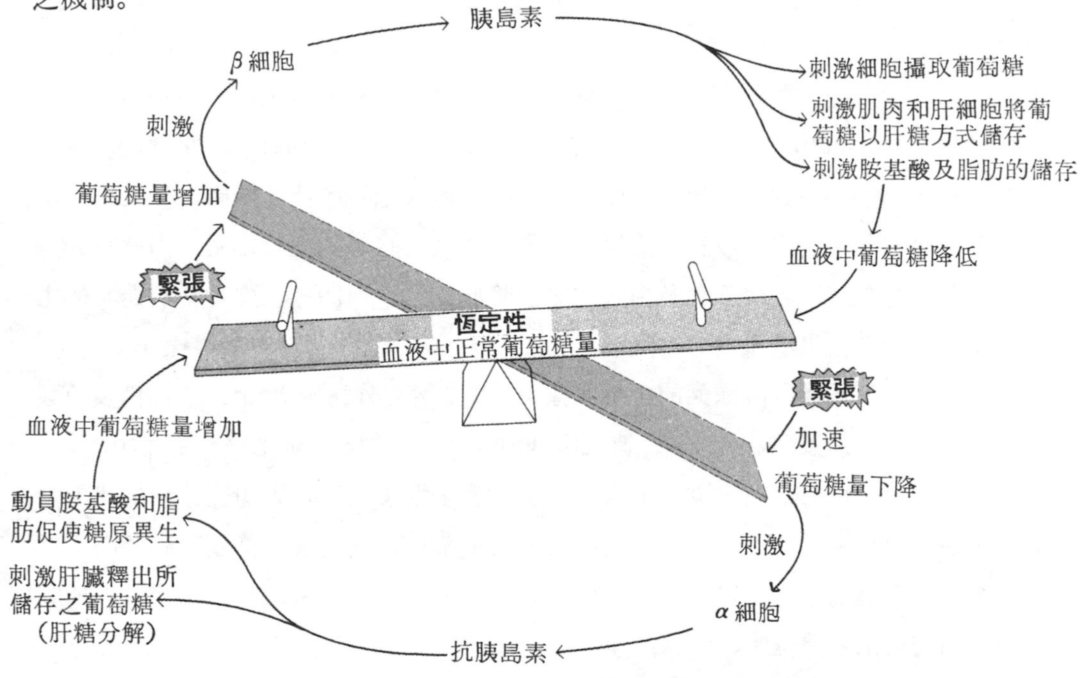

圖29-12　胰島素及抗胰島素調節血液中葡萄糖的濃度

胰島素及抗胰島素的分泌係受血糖濃度之調節，當血糖升高時，例如飽餐後，便刺激β細胞而增加胰島素的分泌，促使細胞自血液中吸收葡萄糖，於是，血糖便低，胰島素的分泌也隨之減少。饑餓時，血液中葡萄糖濃度降低，當自正常90mg/100ml 降至 70mg/100ml 時，α 細胞便分泌抗胰島素，促使肝細胞中的肝糖分解而產生葡萄糖，葡萄糖至血液中，血糖濃度便恢復正常。

胰島素之分泌量不足時，會導致糖尿病。有的患者在二十歲以前出現症狀，這些患者，通常是由於胰臟中之 β 細胞數目少，以致胰島素的量不足。治療上可每日注射胰島素。另有許多患者是四十歲以上的肥胖者，這些患者，其胰島素的分泌量正常，但細胞卻不能攝取並利用胰島素，病因可能是目標細胞的受器少，細胞不能有效的自血液獲取胰島素而利用之。

對心理緊張的感應　心理緊張會影響體內狀況的恒定性，因此必須迅速而有效的加以處理。腦部在接受心理緊張的刺激後，便將訊息傳至腎上腺(adrenal gland)。腎上腺一對，位於腎臟上方，其中央爲髓質 (medulla)，呈粉紅色，外圍稱皮質 (cortex)，呈黃色。

腎上腺髓質並非腺皮膜，而是神經組織，其神經細胞的末梢可分泌腎上腺素 (epinephrine, adrenaline) 和正腎上腺素 (norepinephrine, noradrenaline)。這兩種激素都可增加心搏速率、增高血壓，使呼吸道擴大以利呼吸。同時，使皮膚、消化器官及腎臟等部的血管收縮，而使腦、骨骼肌及心臟等的血管擴張。由此可知人們在恐懼或忿怒時，爲何面色蒼白（皮膚血管收縮），而四肢、軀幹常有逾常的力量（肌肉血管擴張供應肌肉收縮之能量）。

腎上腺皮質爲類固醇激素的主要來源，其激素可分爲兩大類：葡萄糖皮質素 (glucocorticoid) 及礦物性皮質素 (mineralocorticoid)。氫化皮質酮 (cortisol, hydrocortison) 爲葡萄糖皮質素中最重要者。葡萄糖皮質素可影響葡萄糖的代謝，功用主在糖原異生，即利用蛋白質或脂肪形成葡萄糖，同時又可抑制除腦及心臟以外的細胞攝取葡萄糖，將節省的葡萄糖供腦及心臟之活動。這類激素在面臨心理緊張時，如處在陌生環境中、考試或運動等情況，分泌便增加。葡萄糖皮質素亦可抑制發炎，在臨床上可以用治療關節炎 (arthritis) 等疾病，不過其副作用亦大，故使用上便受限制。

心理緊張的刺激，可促使下視丘分泌 ACTH 的釋放激素，以刺激腦垂腺前葉分泌 ACTH，ACTH 可以刺激腎上腺皮質而增加氫化皮質酮的分泌（圖 29-13）。

礦物性皮質素共有三種，其中95%以上爲醛酮 (aldoesterone)。醛酮的功能在促進腎元的遠曲小管再吸收鈉離子，當分泌增多時，幾乎濾液中的鈉可以全部被再吸收回血液；分泌量少時，每日自尿液排出的鈉可多達20～30公克。由此可知，醛酮主在防止體內的鈉快速喪失。

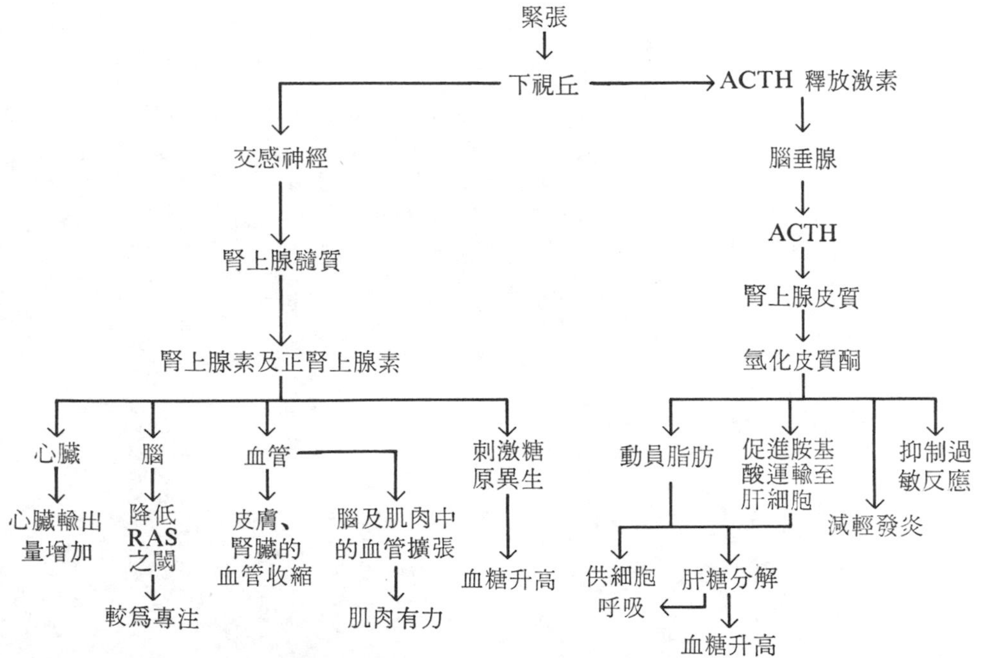

圖29-13 緊張對身體的某些影響

＊(註：RAS爲 Reticular Activating System 之縮寫，是腦幹及下視丘內複雜的神經網路，接受脊髓及身體其他部分傳來之訊息，並與大腦皮層相連絡，其功能在保持醒覺，當 RAS 活動時，訊息傳至大腦，便精力充沛，活動降低時，便會入睡。)

第三十章 生　殖

生物皆能行生殖作用產生後代，使種族得以綿延。在構成生物體的成分中，核酸可以複製而產生兩個與原來完全一樣的分子。至於個體的生殖，自單細胞生物至高等的動植物，方法雖各異，但可歸納爲無性生殖與有性生殖兩大類。無性生殖產生的後代，與親代無異。有性生殖需經減數分裂產生配子以及精卵結合等過程，由於遺傳物質發生重組，因此，產生的後代，雖與親代有相似的地方，但也有相異之處。在人類及其他哺乳動物，有性生殖的過程尙包括妊娠及分泌乳汁等。所有這些情況的發生，皆由腦垂腺前葉和生殖腺所分泌的激素所協調。

第一節 男性生殖系統

男性生殖系統包括睪丸（testis）、副睪（epididymis）、輸精管（vas deferens）貯精囊（seminal vesicle）、攝護腺（prostate gland）和尿道球腺（bulbourethral gland）等（圖30-1)。睪丸一對，由許多細精管（seminiferous tubule）組成（圖30-2）。細精管的管壁上，有許多精原細胞（spermatogonium）（圖30-3），精原細胞長大成初級精母細胞(primary spermatocyte)，初級精母細胞經第一減數分裂產生兩個次級精母細胞（secondary spermatocyte），再經第二減數分裂形成四個精細胞(spermatid)，每一精細胞變態而成爲一蝌蚪狀的精子（sperm）。細精管間的細胞，叫做管間細胞（interstitial cell），可以分泌雄性激素——睪固酮(testosterone)。

在胚胎時期，睪丸原來位於腹腔中，至出生前二個月始從腹腔下降至陰囊中。因爲精子不能在體溫下形成，而陰囊則較體溫低 2°C，故有利於精子的形成。若是睪丸未降入陰囊，細精管便會退化而造成不孕；但滯留於腹腔中的睪丸，其管間細胞仍能分泌雄性激素。

由睪丸產生的精子經稱爲導精管（vas efferens）的細小管道至副睪。副睪是

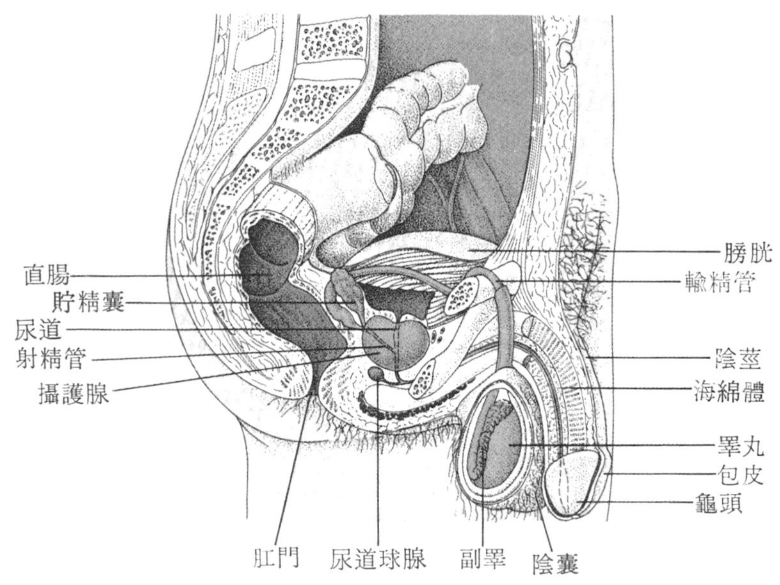

圖30-1 男性生殖系統，陰囊、陰莖及骨盤等部的縱切。

較粗而高度捲曲的管子，精子在副睪內成熟並藏於副睪中。副睪與輸精管 (vas deferens) 相連，輸精管自陰囊上升至腹腔中。左右輸精管再以射精管 (ejaculatory duct) 與尿道 (urethra) 相接。尿道通過陰莖而與外界相通，尿道不但是排尿的通道，在不同的時間也可排出精液 (semen)。

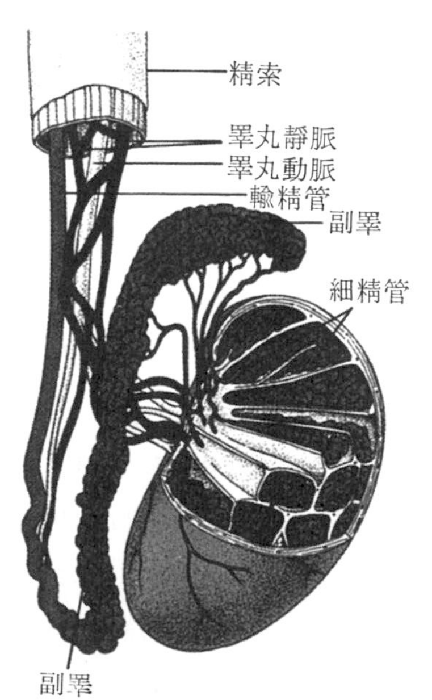

圖30-2 睪丸縱切

精液在性高潮時射出，射出的精液中含有數以億計的精子，其液體部分係由貯精囊、攝護腺及尿道球腺所分泌。貯精囊分泌的液體較濃稠，注入輸精管，其內所含之果糖，爲精子主要的能量來源，其他內含物，則可保持精液的中性。攝護腺一個，其分泌液呈鹼性，釋入尿道中。尿道球腺的分泌物亦爲鹼性，除了可以中和尿道的酸性外，尚有潤滑的功效。

陰莖 (penis) 呈幹狀（圖 30-4），爲交接器，可將精液送入女性的生殖道中。先端膨大處叫做龜頭 (glans)，陰莖鬆弛的皮膚下垂蓋於龜頭稱爲包皮 (prepuce)。陰莖內部有三柱平行排列的勃起組織(erectile tissue)或稱海綿體(cavernous body)。男性在性亢奮時，神經衝

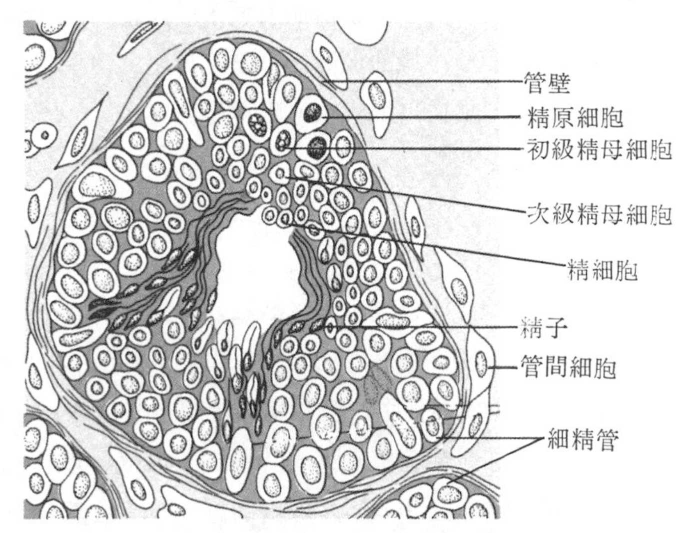

圖30-3　細精管橫切，示精子形成過程。

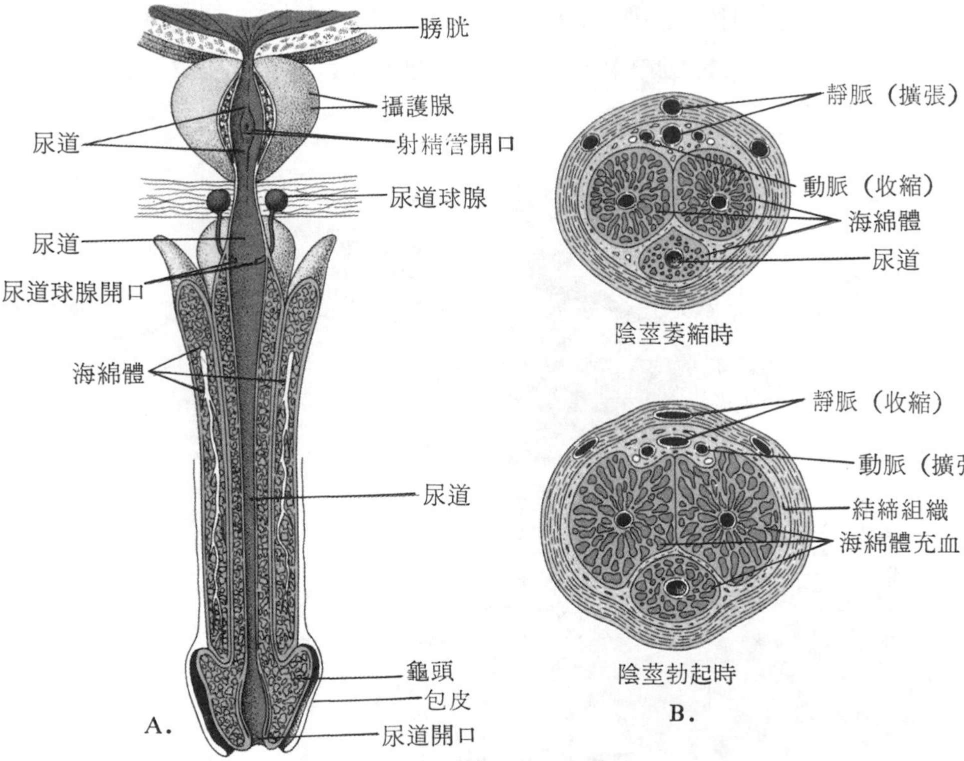

膀胱
攝護腺
尿道
射精管開口
尿道球腺
尿道
尿道球腺開口
海綿體
尿道
龜頭
包皮
尿道開口
A.
靜脈（擴張）
動脈（收縮）
海綿體
尿道
陰莖萎縮時
靜脈（收縮）
動脈（擴張）
結締組織
海綿體充血
陰莖勃起時
B.

圖30-4　陰莖的構造。A.縱切，B.橫切

動導致陰莖內的動脈擴張，血液進入勃起組織，當勃起組織充滿血液時便膨大而壓迫陰莖中的靜脈，使血液延緩自陰莖流出，由於陰莖內流入的血液較流出者多，勃起組織乃因充血而更形膨大，陰莖乃勃起。

第二節　女性生殖系統

女性生殖系統包括卵巢（ovary)、輸卵管（oviduct)、子宮（uterus）及陰道（vagina）等（圖30-5）。卵巢除了產生卵以外，亦可分泌性激素。卵巢位於骨盤腔（pulvic cavity）中，由數條韌帶固定其位置。在構造方面，卵巢表面爲一層皮膜組織，內部爲結締組織構成的基質（stroma)，基質中散布著許多不同成熟時期的卵細胞（參考圖30-9）。卵由卵母細胞經減數分裂而形成，女性在發育成熟後，每月卽有一個卵自卵巢釋出至骨盤腔中，這一過程，叫做排卵（ovulation)。排出的卵幾乎立卽進入輸卵管的喇叭口，由於輸卵管管壁之蠕動以及其內層細胞之纖毛擺動，卵乃向子宮移行。當卵在輸卵管中時，若遇精子，便在此受精；若未受精，卵卽在管中退化。

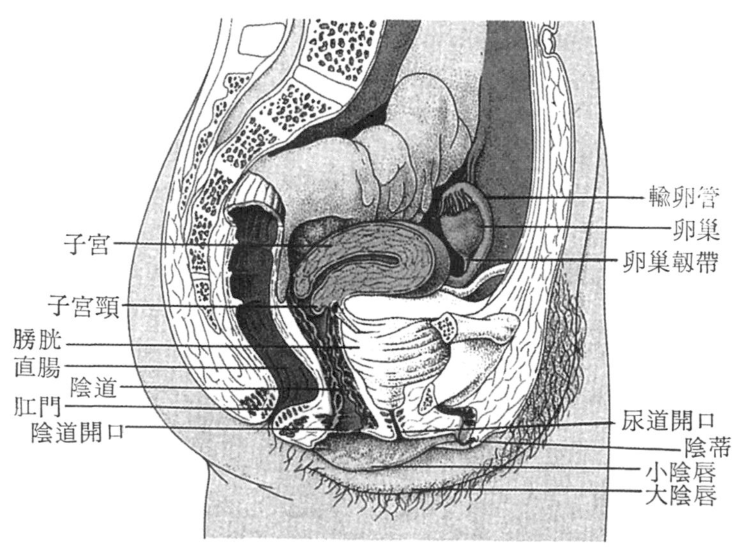

圖30-5　女性生殖系統

左右輸卵管分別連於梨狀子宮的上角（圖 30-6）。子宮位於骨盤腔中央，壁厚，富平滑肌，內層的黏膜稱子宮內膜 (endometrium)。子宮內膜每月會增厚以備胚胎着床，卵受精後，胚胎即植於子宮內膜中。卵若未受精，增厚的子宮內膜便剝離排出，是爲月經 (menstruation)。

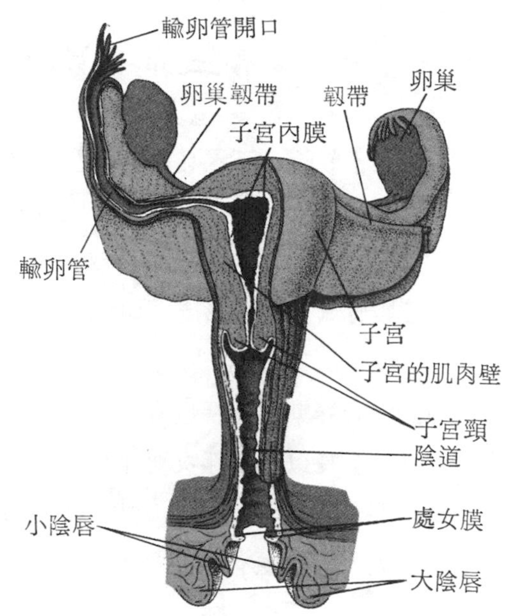

圖30-6 子宮

子宮下方向陰道突出之部，稱爲子宮頸 (cervix)。陰道爲一有彈性的肌肉質管道，性交時可容納陰莖，也是胎兒產出之通道。

女性的外生殖器稱陰唇 (vulva)（圖 30-7），包括小陰唇 (labia minora)和大陰唇(labia majora)，前者位於陰道向外開口之周圍，後者位於小陰唇之外側。小陰唇的前端，左右會合而成陰蒂(clitoris)。陰蒂爲一非常小型類似男性龜頭的構造，其內含有勃起組織，性亢奮時也會充血。處女膜(hymen)爲一環狀構造，部分阻塞陰道之入口，通常在第一次性交時會破裂，但也可能由於劇烈運動等情況而受損。

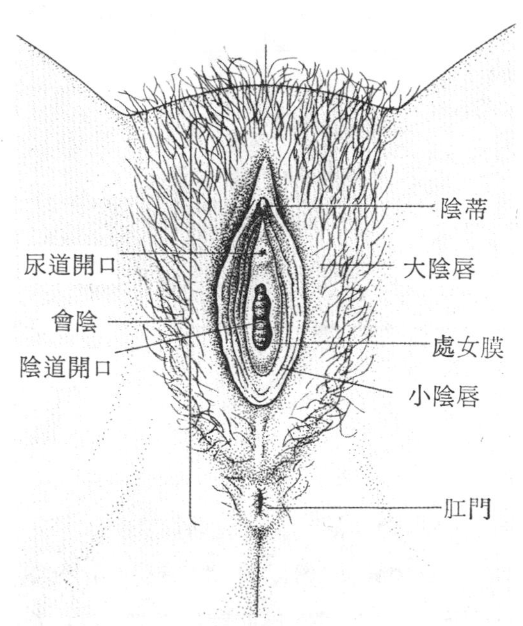

圖30-7 女性外生殖器

第三節　男性的生殖激素

男性約在十歲時，下視丘對調節性激素的機能卽開始成熟。此時，下視丘分泌釋放激素(releasing hormone)，以刺激腦垂腺前葉分泌促濾泡成熟激素 (follicle-stimulating hormone FSH)及黃體成長激素(luteinizing hormone LH)。FSH可以促進細精管發育以及精子形成，LH 可以促進睪丸的管間細胞分泌睪固酮(testosterone) (表 30-1)。

睪固酮與青春期的成長發育有關，青春期約在十三歲時開始。睪固酮可以促進男性生殖器的生長以及男性次要性徵的表現，男性的鬍鬚、聲帶變寬厚以致聲音低沉等皆屬次要性徵。閹割 (castration) 乃是將睪丸除去，閹割後，由於缺少睪固酮，乃無法表現男性應有之次要性徵，中國昔日宮廷中的太監 (eunuch) 便是。

表30-1　男性的主要生殖激素及其作用

名　稱	主要作用部位	主要作用
垂腦腺前葉		
FSH	睪丸	促進細精管發育，精子形成
LH	睪丸	促進管間細胞分泌睪固酮
睪丸	一般	出生前：促進性腺發育，睪丸下降入陰囊
睪固酮		青春期：青春發育，生殖器發育，男性次要性徵之表現
		成年期：男性次要性徵之維持，精子形成

第四節　月經周期與激素

女性屆青春期時，腦垂腺前葉卽分泌 FSH 和 LH 等促生殖激素 (gonadotropic hormone)；這兩種激素可與由卵巢分泌之動情素 (estrogen) 和黃體激素 (progestone) 合同作用而調節月經周期 (menstrual cycle)。月經周期自青春期始至停經期的數十年間，約每月發生一次。典型的月經周期爲28天 (圖30-8)，行經

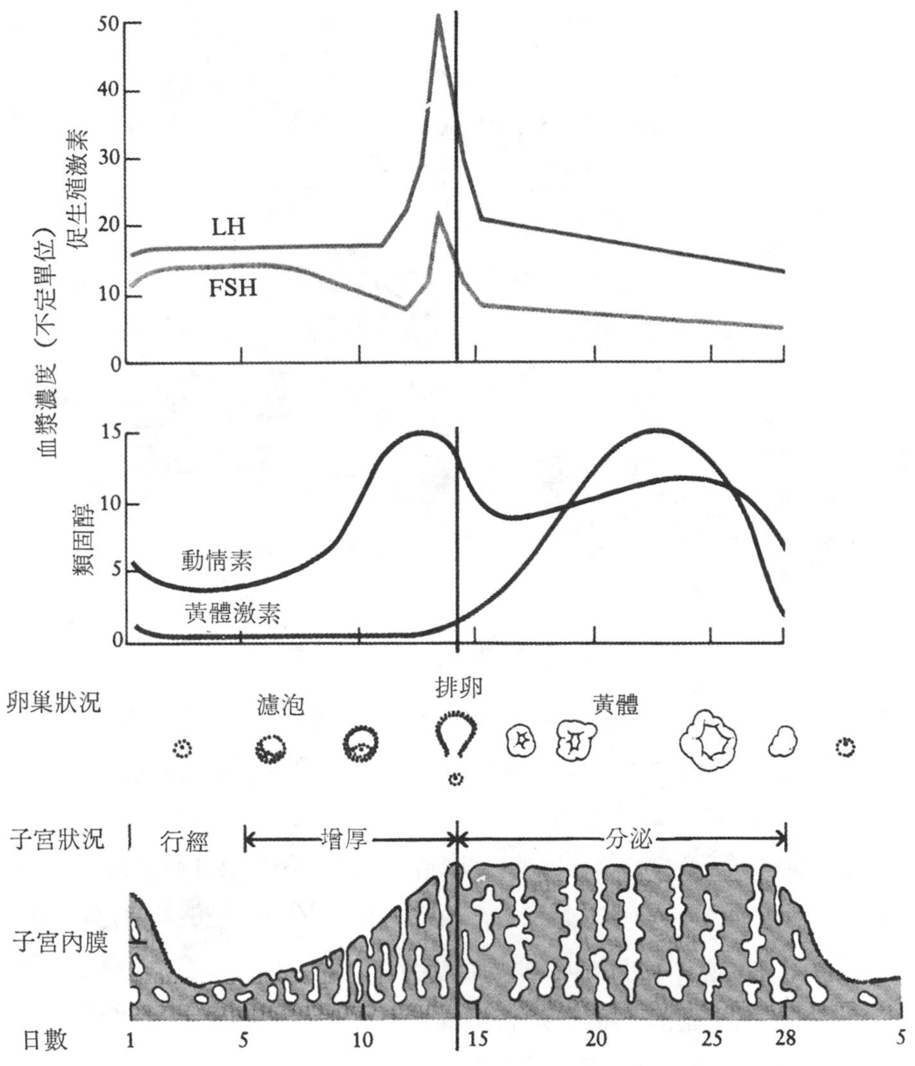

圖30-8 月經周期之各種狀況，行經的第一天爲周期開始。

期的第一天爲月經周期開始，在行經期，剝離的子宮內膜及血液自陰道排出，通常爲期五天。排卵約在月經周期的第十四天，在行經期，腦垂腺前葉分泌 FSH，以刺激卵巢中的濾泡（follicle）發育。卵母細胞的周圍，有一層厚膜，叫做透明帶（zona pellucida）以與周圍的濾泡細胞（follicle cell）隔離；由於濾泡細胞的增生，濾泡乃增大（圖30-9）；待濾泡漸長，濾泡細胞會分泌液體，這些液體集中於

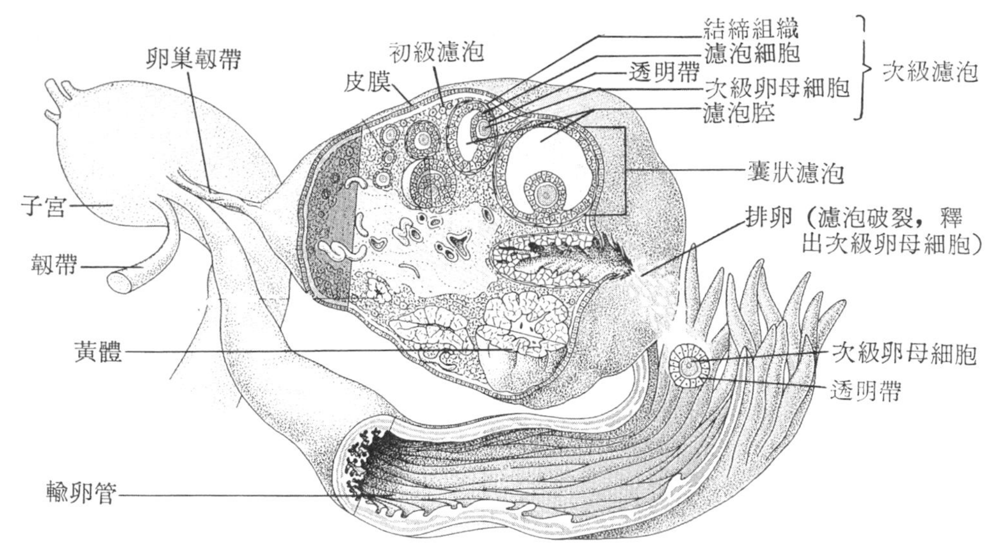

圖30-9 卵巢的構造，示濾泡發育之各個時期。

一空腔中，該空腔叫做濾泡腔 (antrum)。濾泡成熟時，即移行至近卵巢表面處，這時的濾泡，叫做囊狀卵泡 (Graafian follicle)。在正常情況下，每月僅有一個濾泡成熟。

濾泡細胞周圍的結締組織，在濾泡排卵前，受 FSH 及 LH 的刺激，會分泌動情素 (estrogen)。動情素可刺激子宮內膜生長，於是內膜開始增厚，並產生新的血管和腺體。動情素亦可刺激腦垂腺前葉分泌 LH，LH 濃度高時可促使囊狀卵泡排卵。LH 又刺激囊狀卵泡在卵排出後，其遺留於卵巢內的部分發育爲黃體 (corpus luteum)。黃體爲一暫時性的內分泌腺，在排卵後，可以分泌動情素及黃體激素 (progestrone)。這些激素可以促使子宮內膜不斷增厚，以便胚胎着床。黃體激素又能刺激子宮內膜中的小型腺體，分泌富含養分的液體，以供初到達子宮的早期胚胎作爲營養。卵受精後約第四天到達子宮，第七天則種植於子宮內膜中。若卵未受精，黃體卽退化，於是，血液中動情素及黃體激素的濃度便劇降，子宮內膜中的小動脈便收縮，藉這些小動脈獲得氧的細胞，便因缺氧而死亡，小動脈隨之破裂而出血，次一月經周期又復開始。

此外，女性亦可產生少量睪固酮，其主要來源為腎上腺皮質。因此，女性腎上腺患腫瘤時，會導致體毛增多及其他男性的次要性徵之表現。

表 30-2 列舉腦垂腺前葉及卵巢所分泌的激素與激素的作用，其中動情素的作用，類似男性的睪固酮，與青春期性器官的成長、女性次要性徵的表現等有關。在女性，次要性徵尚包括乳房的發育。

表30-2 女性主要生殖激素及其作用

名 稱	主要作用部位	主要作用
腦垂腺前葉		
FSH	卵巢	促進濾泡發育，與LH 共同作用，可促使卵巢分泌動情素
LH	卵巢	促進排卵及黃體成長
泌乳激素(prolactin)	乳腺	促進乳汁分泌
卵巢		
動情素	一般	青春期身體及性器官的成長
	生殖構造	成熟，每月子宮內膜增厚
黃體激素	子宮	子宮內膜增厚
	乳房	促進乳腺發育

第五節 受 精

精子與卵的結合稱為受精 (fertilization)，若陰道及子宮頸的環境適宜， 精子在射出後五分鐘內，便可到達輸卵管上方。除了精子本身的運動能力外，輸卵管及子宮的收縮，亦可協助精子的移動。精液內的精子數目雖然可觀，但大部分精子在到達卵的途中，有的會迷失方向，有的因女性生殖道中 pH 濃度不適，或白血球吞噬等情況而消失，因此，僅少數可以到達卵的附近。精子欲進入卵，必須穿過卵表面由濾泡細胞形成的輻冠 (corona radiata)。各精子會釋出少量酵素以分解濾泡細胞間似白堊質的物質 (圖30-10)，但只有一個精子能進入卵，該精子進入後，卵的表面電位改變，因而會阻止其他精子進入。精子進入卵後，便刺激卵完成第二減數分裂。 精子進入卵時， 其尾部遺留在外， 頭部進入卵 後即形膨大， 稱為雄 原核

(male pronucleus)，卵的核形成雌原核(female pronucleus)，雌雄原核結合而完成受精。

精子在進入女性生殖道後，其使卵受精的能力，約可維持 24 小時，卵自卵巢排出後，其受精能力亦僅維持24小時，因此，每次月經周期中，約僅三天有可能受精（28天月經周期者在第12至15天）。

男子的精子若每毫升中少於二千萬個，便視作不孕。成年男性患耳下腺炎(mumps)，有時會導致睪丸發炎而使精原細胞死亡，以致終身不孕；吸煙或吸入 DDT 等，亦可能造成精子數目降低和不孕。

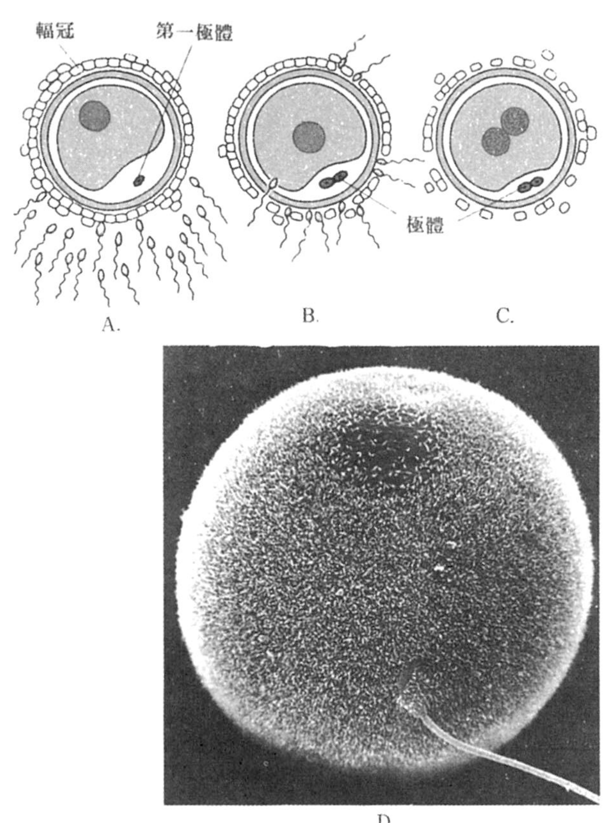

圖30-10 受精。A. 各精子釋出少量酵素以分解濾泡細胞間的物質，B. 精子進入後，卵始完成第二減數分裂，C. 精子與卵的細胞核互相結合，D. 掃描電子顯微鏡下，人的精子進入卵。

女性不孕的原因之一，是輸卵管阻塞，輸卵管不通可能由於輸卵管發炎或淋病(gouorrhea)所造成。患者可以產卵，胚胎也可以在子宮中着床。因此，可以將卵自卵巢取出，在試管中使卵受精，然後植於子宮中，胚胎可以正常發育，是爲試管嬰兒。

第六節 節　育

人們利用墮胎作爲節育（birth control）的方法，至爲普遍。目前有種種有效的節育方法，不過這些方法常會有副作用、不方便或其他不利的情況。

口服避孕藥（oral contraceptive）中最普遍者爲合成的黃體激素及合成的動情素，在月經周期的第五天開始服用，每日一粒，經三周而停止服用，約三天後月經來臨。口服避孕藥的效用，主在抑制排卵。

子宮內避孕器（intrauterine device IUD）爲小型塑膠製的環狀捲曲狀物（圖30-11），其作用尚不十分了解，可能 IUD 誘致子宮局部輕微發炎，吸引大噬細胞在胚胎着床前將之吞食。又 IUD 含有銅，可干擾精子運動及胚胎着床。

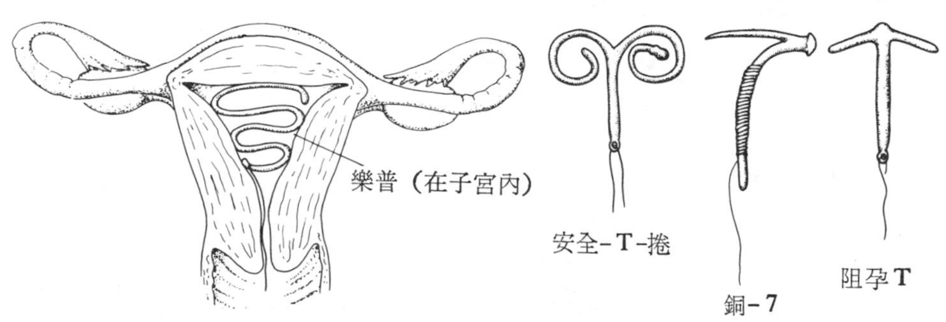

圖30-11　子宮內避孕器

絕育（sterilization）在使人體終生不能生育， 目前約 75%的絕育施於男性。在男性最普遍的絕育法是輸精管結紮（圖30-12A），此法係將輸精管切斷，切口處進行結紮。 結紮後睪固酮的分泌及性行爲皆無影響， 精子亦繼續產生， 惟數目較少，但不能射出；因此，精子在睪丸或副睪內卽行死亡，並爲大噬細胞所吞食。結紮後若要復原 其成功的機率約爲30%。女性絕育通常爲輸卵管結紮(圖30-12B)，結紮後性激素的平衡以及性行爲等皆不受影響。

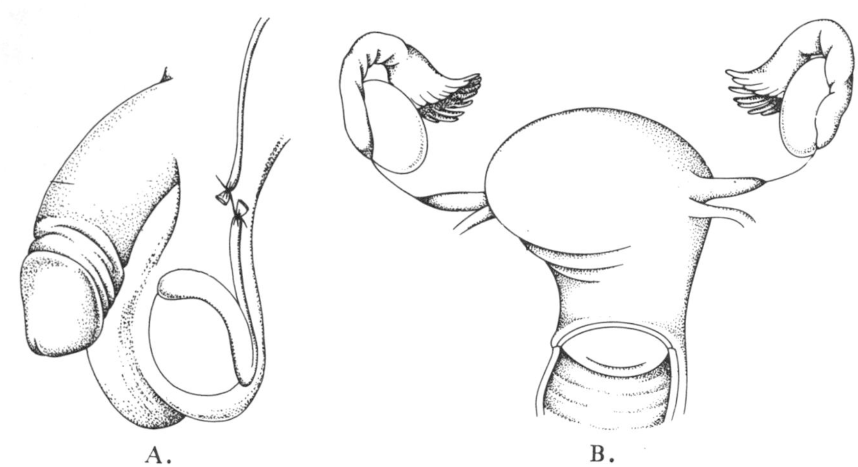

圖30-12　絕育。A.輸精管結紮，輸精管切斷後，切口處結紮，B.輸卵管結紮，輸卵管切斷結紮。

第三十一章 發　　生

十七世紀時，很多生物學家認爲人的卵細胞內具有人的雛形，其身體各部皆已完備，在胚胎時期，僅是此一微小個體漸漸長大而已。個體在生殖細胞內即已形成的學說，叫做先成說(preformation theory)。至十七世紀末，生物學家在簡陋的顯微鏡下觀察到精子，發現精子的頭部含有人的雛型（圖31-1），因此認爲微小的人是先在精子中形成。

與先成說相反的學說爲後成說（epigenesis)，此派生物學家根據實驗結果，證明受精卵是一未分化的細胞，身體的各種構造，是在發生過程中逐漸形成，而非事先存於卵或精子中。

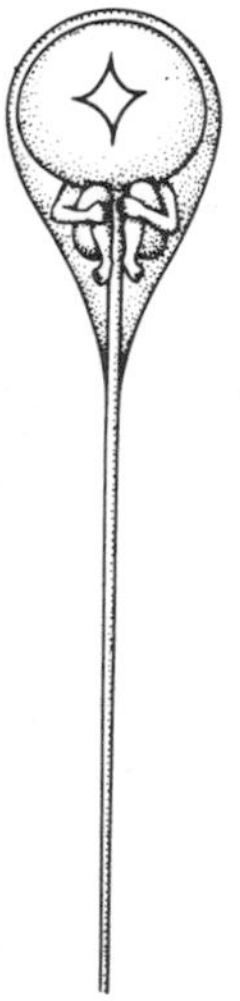

圖31-1 十七世紀的科學家認爲人的精子中有原已存在的「人」。

第一節　早期的發生

受精卵必須經過胚胎發生，始能形成個體。發生係由生長、形態發生以及細胞分化等三種過程相互平衡組成。生長(growth)包括細胞生長及有絲分裂。分裂後產生的細胞必須排列成特定的組織以形成個體，此爲形態發生（morphogenesis)。細胞不但要排列成特定的構造，並且還要能執行特定的機能，細胞演變爲具有特定機能的過程，叫做分化（differentiation)。

卵的細胞質中含有卵黃(yolk)，可供發育中的胚胎作爲營養。脊椎動物的卵，含卵黃多的一端，叫做植物性極（vegetative pole)，相對的一端，叫做動物性極(animal pole)。人類的卵內雖不含卵黃，但仍有植物性極與動物性極之別。

卵裂(cleavage)　卵受精後，即快速進行有絲分裂，此一過程，叫做卵裂。在卵裂期間，細胞不長大，因此細胞就愈分愈小。人的卵，在受精後約24小時便行第一次有絲分裂而成爲具有兩個細胞的胚胎(圖31-2)。卵在受精後的前三天，一方面

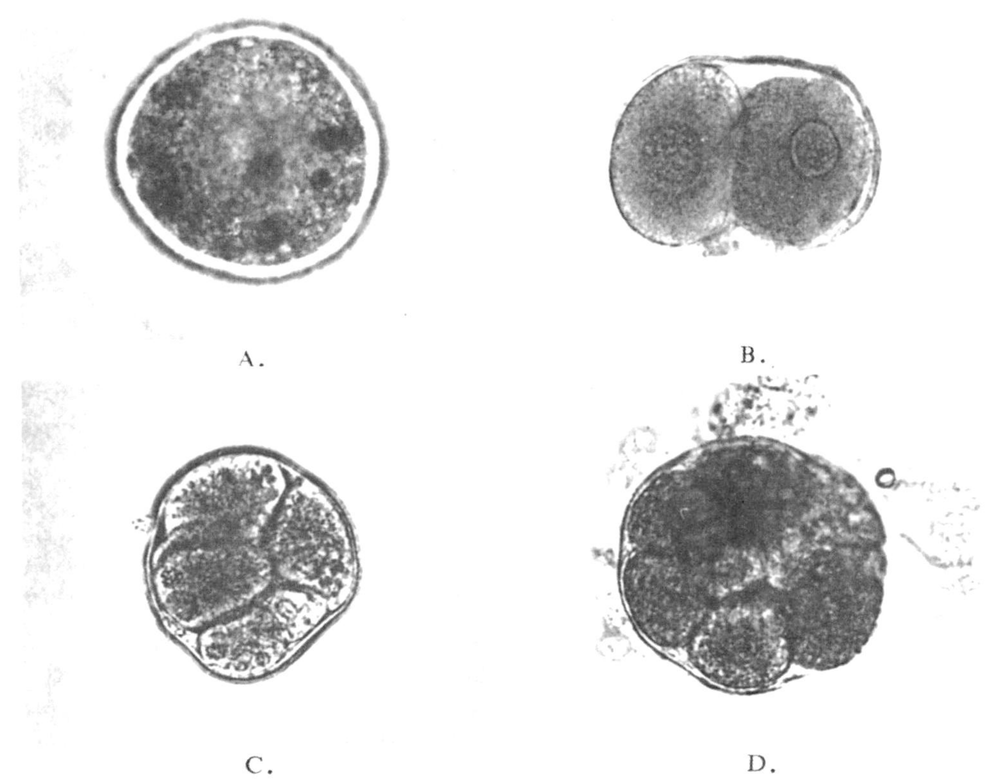

圖31-2　人的早期發生。A. 合子，B. 二個細胞時期，C. 八個細胞時期，D. 繼續卵裂形成桑椹期。

進行卵裂，一方面由於輸卵管內襯的纖毛擺動以及管壁肌肉的收縮而向子宮移行，在抵達子宮後，約在第五天時，即形成一團具有16至32個細胞的實心胚胎，叫做桑椹期 (morula)。

胚胎抵達子宮後，在子宮腔內浸浴於子宮腺體所分泌的營養液中，從這些液體中獲得養分。兩天或三天後，胚胎的細胞則排列成一中空的球體，叫做胚胞(blastocyst) (圖31-3)，外層叫做滋胚層 (trophoblast)，將來發育爲包圍在胚胎外面用以保護或供給營養的膜（絨毛膜及胎盤）；另一小團突出於胚胞腔中的細胞，叫做內細胞羣 (inner cell mass)，這些細胞，將來發育爲胚胎本身。

發生過程中，偶有內細胞羣會分為兩團細胞，這兩團細胞可以各自發育為完整的個體，該二個體的遺傳基因皆相同，此為同卵雙生（identical win）。有時這兩團細胞未完全分離，於是便發育為連體嬰（conjoined twin）。

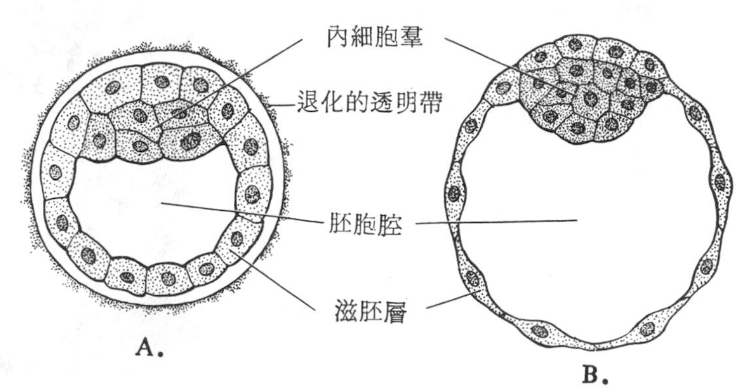

圖31-3 胚胞。A. 早期，B. 晚期。

着床（implanation） 胚胎約在第七天時開始着床於子宮內膜中（圖31-4A）胚胞的滋胚層與子宮壁相接觸（圖31-4B），藉分泌之酵素將子宮內膜分解，以容

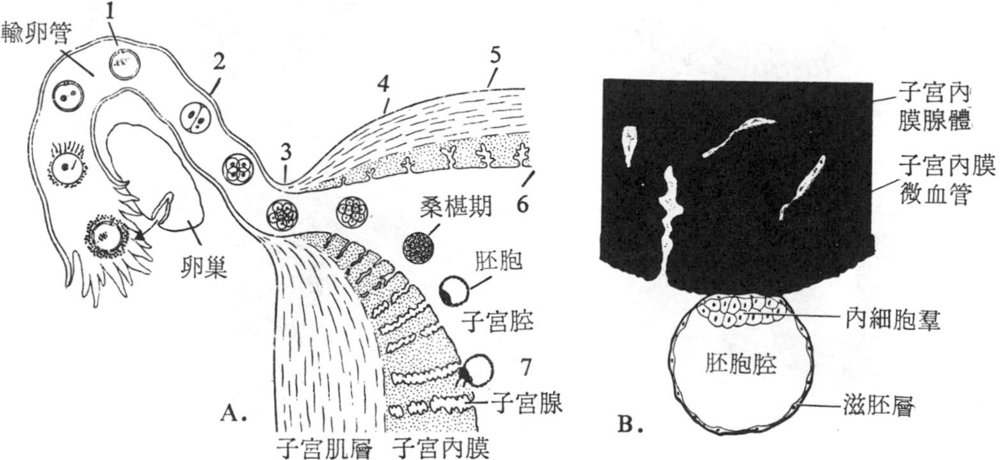

圖31-4 A. 排卵、受精、卵裂及胚胞着床的過程，1～7數字表示受精後的天數，B. 着床。

胚胞植入，胚胞漸漸陷入子宮內膜中，約在第九天即全部埋入子宮內膜。至於內細胞羣，其細胞則排列為兩層，分稱內胚層（endoderm）及外胚層（ectoderm）（圖31-5），並形成羊膜及羊膜腔。繼之，在內外胚層間，又產生新的細胞，形成中胚層（mesoderm），由這三種胚層發育為各種不同的構造。

神經系統的發生 腦與脊髓是發生過程中最早出現的器官。約在二週時，胚胎自前至後有由中胚層形成的脊索（notochord)。脊索可以誘導其上方的外胚層變厚形成神經板（neural plate)（圖31-6 A），神經板中央的細胞下陷成神經溝（neural groove)（圖31-6B)，溝兩側的細胞則形成神經褶（neural fold)（圖31-6 C），其細胞繼續增殖，使兩側的細胞相接，於是形成神經管（neural tube)（圖31-6D)（圖31-7）。神經管的前端發育爲腦，其餘的部分則發育爲脊髓。

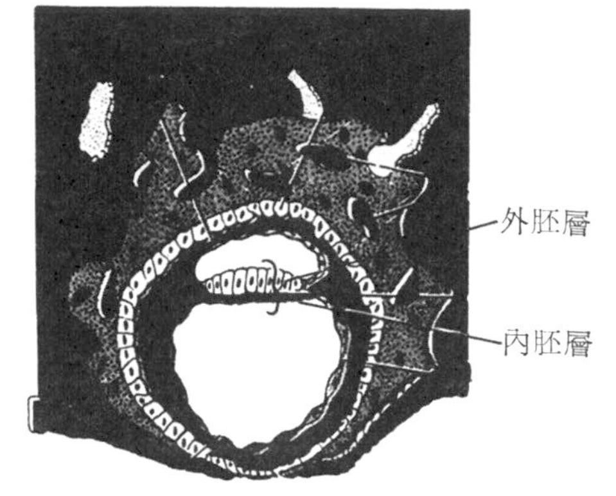

圖31-5 受精九天後，胚胎全部埋入子宮內膜中，內細胞羣排列成內、外胚層。

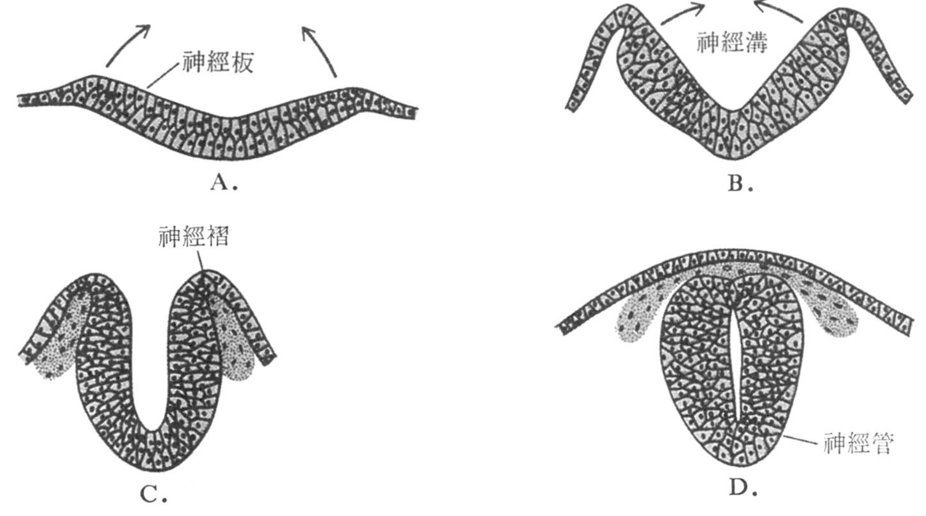

圖31-6 神經系統的早期發生。A.神經板，B.神經溝，C.神經褶，D.神經管。

第三至第八週 約在第三週的中期，心血管系統開始出現，S形的管狀心臟每分鐘跳動約60次。第四週時出現尾，至第八週尾已消失。第五週時在咽的部位，出現四對鰓弧（branchial arch)（圖31-8)，前後鰓弧間有鰓溝（branchial groove)，其中第一對鰓溝發育爲外聽道（external auditory meatus)。第五週時，出現肢芽

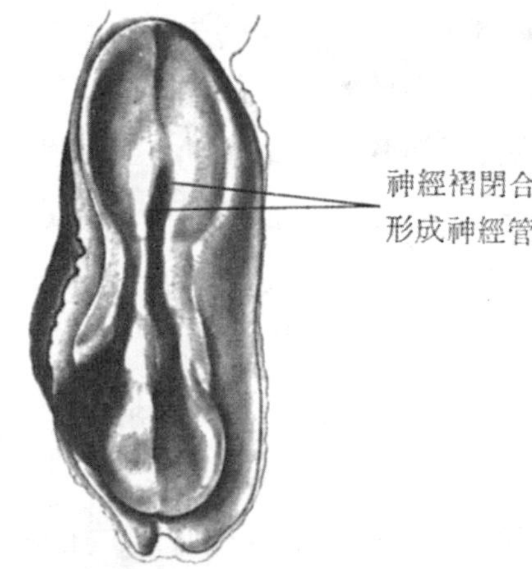

圖31-7 20天的人胚胎

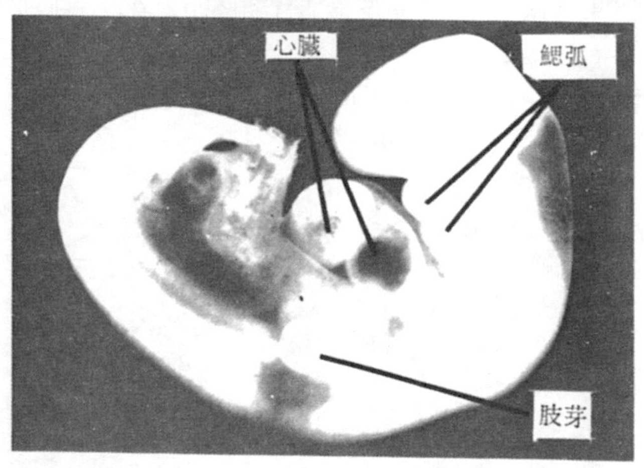

圖31-8 29天之人的胚胎

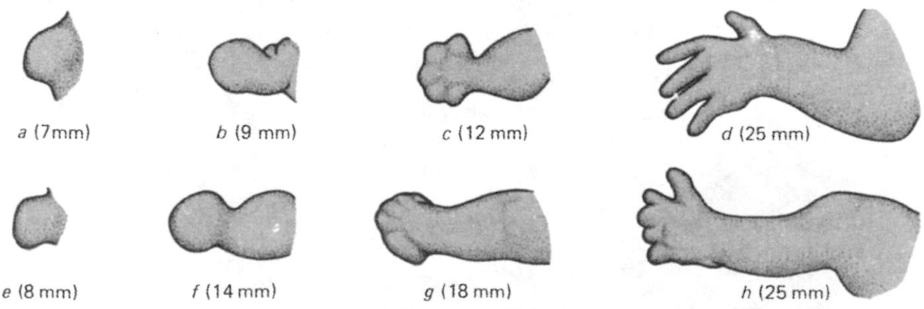

圖31-9 五週至八週期間人的臂（上排）及腿（下排）的發生

(limb bud)，由肢芽分化爲臂或腿，至第八週時，指或趾皆已發育完成。（圖31-9）。第七週時，外耳、聽道皆已形成；口及眼亦已發育。由此可知，經兩個月的胚胎發生，已形成頭、臉及四肢等而初具人形（圖 31-10）。從此時開始，乃稱爲胎兒（fetus)。

圖31-10 二個月大的胎兒

第二節 胚外膜及胎盤

胚外膜 (extraembryonic membrane)共有四種，即絨毛膜(chorion)、尿囊 (allantois)、卵黃囊(yolk sac) 以及羊膜（amnion)（圖 3-11），這些構造皆非胚胎本身，在胎兒出生時皆會被遺

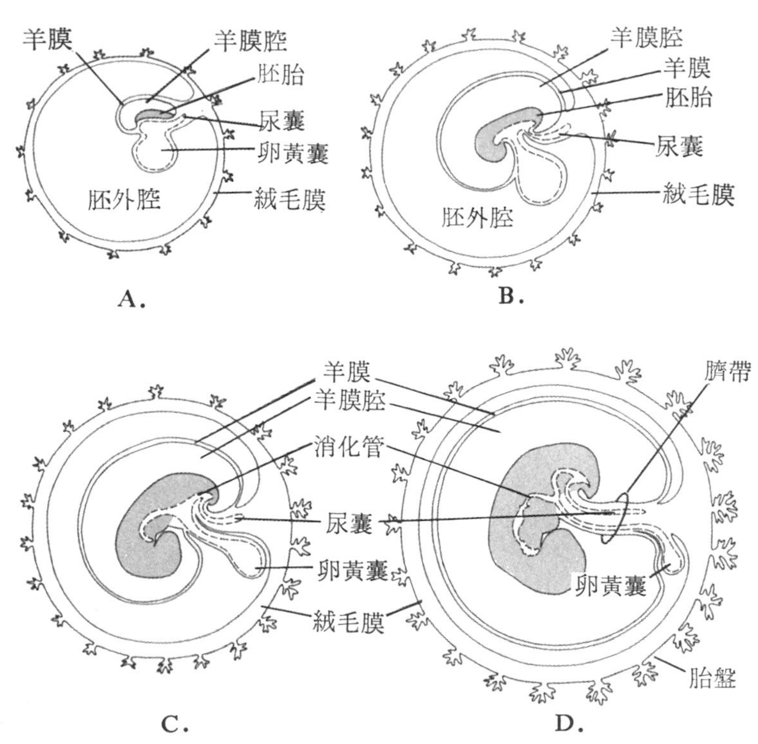

圖31-11 胚外膜的發生過程

棄。胚外膜在發生過程中，可以保護胚胎，並協助獲得食物和氧，亦可排除廢物。絨毛膜由滋胚層發育來，與子宮壁相隣。尿囊是消化管的突出物，人類的尿囊小且無功用，其血管則發育為臍帶中的血管。卵黃囊與尿囊一樣，亦為發育中消化管的突出物。動物的卵若具有卵黃。卵黃卽位於卵黃囊內，卵黃分解後，可供胚胎作為營養。人類的卵，雖不含卵黃，但發育過程中仍有卵黃囊出現，但因其不含卵黃，故不能供給胚胎發育所需的養分，而與尿囊同為構成臍帶的一部分。羊膜包於胚胎外圍，其與胚胎間的空腔，叫做羊膜腔（amniotic cavity），腔內充滿由羊膜所分泌的液體卽羊水。羊水可以保護胎兒，免胎兒受振盪，並可防乾燥。

胎盤（placenta）由絨毛膜與其周圍的子宮壁共同形成（圖 31-12），在胚胎着床後，絨毛膜繼續快速生長，並侵蝕子宮內膜，其與子宮內膜相接處，形成許多指狀突起。胎盤上密佈血管，是母體與胎兒間交換物質的器官，母體的養分、氧和水，可經由胎盤供給胎兒，胎兒體內的二氧化碳及含氮廢物，亦經由胎盤而至母體。胎盤亦為內分泌器官，分泌的激素可擴散至母體及胎兒。此外，胎盤亦是抵抗病原的屏障，許多病原，除梅毒及德國痲疹等以外，皆不會由母體感染胎兒。

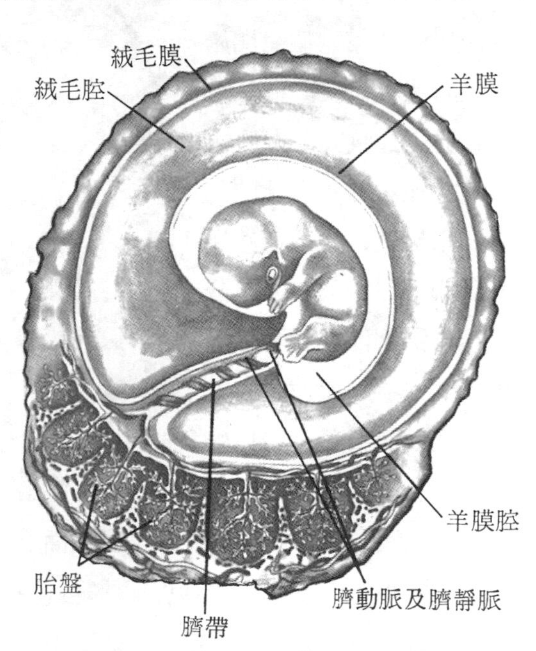

圖31-12 胎兒與母體透過胎盤交換物質

當胚胎長大時，羊膜腹面的褶襞、尿囊及卵黃囊漸漸變小，羊膜褶襞的邊緣又相癒合成一管，並包裹尿囊及卵黃囊，由此形成臍帶（umbilical cord），藉以連接胎兒與胎盤。臍帶內除了卵黃囊和尿囊外，尙有二條臍動脈和一條臍靜脈，臍動脈與臍靜脈皆源自尿囊中的血管。胎兒體內的血液經臍動脈流至胎盤中的微血管，胎盤中的帶氧血液則自臍靜脈流回胎兒。臍帶長約 50 公分，直徑 1.3公分。

第三節　較晚時期的發生

三個月大的胎兒，外生殖器已分化，故能區別性別；胎兒能行呼吸運動，使羊水進出其肺。此時胎兒長約56公厘（mm），重約14公克（圖31-13）。

其後的三個月中，胎兒的心搏已可用聽診器測得；胎兒在羊膜腔中活動，故孕婦能感到胎動。頭髮及體毛已經長出。在第六個月開始時，皮膚呈現皺紋，這是因爲皮膚的生長較其下方的結締組織快速的緣故。此時的胎兒如果早產，雖然能够呼吸、啼哭，但因腦部未充分發育，無法調節體溫及呼吸速率，故大多會死亡。

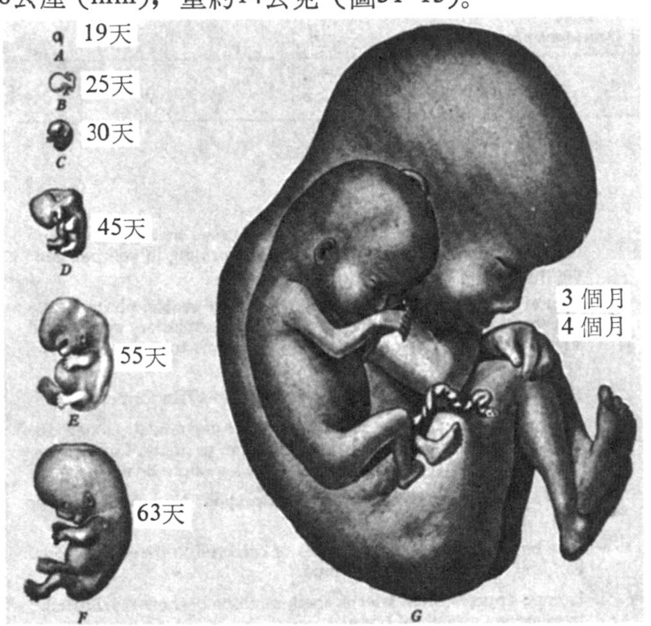

圖31-13 胚胎之發育成長，注意四個月大時其臂及腿的位置。

最後的三個月，胎兒生長迅速，大小及重量皆顯著增加。在第七個月時，大腦迅速發育，握物、吸吮等反應已顯著。懷孕的最後一個月，皮膚表面有一層具保護作用的乳脂狀物質，稱爲胎兒皮脂（vernix）；此時，胎兒自母體獲得抗體，不過在出生後一至兩個月卽漸消失，此後必須藉嬰兒本身的免疫系統產生之。足月生產的嬰兒，平均體重約3000公克，體長約52公分。

第四節　分　　娩

人類的姙娠期，正常爲280天，卽自最後一次月經開始至孩子出生的時間。姙娠期滿後，促進胎兒產出的因素尚不知曉。胎兒的產出，始自子宮一連串的不隨意收縮，其過程叫做分娩（labor）。分娩可分爲三期，第一期爲時約12小時，始於子宮收縮，至子宮頸張開爲止；由於子宮的收縮而將胎兒推擠至子宮頸，子宮頸擴張，以容胎兒的頭部通過。同時，羊膜破裂，羊水便自陰道流出。

第二期爲時約20分鐘至一小時，此時，子宮頸充分張開，胎兒通過子宮頸及陰道而產出。胎兒產出後，子宮仍繼續收縮，將胎盤中的血液經臍帶而擠回胎兒體內，待臍帶停止搏動，經結紮剪斷，胎兒便與母體完全分離。

分娩的第三期，爲在胎兒產出後的10或15分鐘，胎盤與胚外膜自子宮壁剝離，藉子宮的另一陣收縮而產出，產出之物稱爲胞衣（after birth)。在人體，由於胎盤與子宮壁緊密相接，故脫落時會流血。胎兒產出後，母體的子宮漸漸縮小，子宮內膜亦迅速復原。

初生兒在出生後數秒鐘便開始呼吸，並在半分鐘內啼哭。最初的呼吸，是由於臍帶剪斷後血液中堆積的 CO_2，刺激延腦中的呼吸中樞而發生。肺擴大後，其內的血管亦擴張，血液自心臟經肺動脈入肺，以替代胎兒時由臍動脈與肺動脈、大動脈相連的情形。

第五節　發生過程的調節

在發生過程中，爲何單個細胞的受精卵，可以發育爲具有多種不同細胞的個體以及各種器官爲何會在適當時間出現，這些涉及發生機制的問題，至今仍無答案。最近二、三十年來，根據生化遺傳方面的研究，這方面已有若干蛛絲馬跡可尋。

細胞質　有絲分裂可以保證新細胞內的遺傳物質完全相同，但不能保證細胞質中的成分一樣。受精卵的細胞質，其成分若是分布不均，卵裂後的新細胞，其細胞質的成分就會有差異，這種差異很可能會影響發生。例如海膽的受精卵（圖31-14)，第一次卵裂通過動物性極和植物性極而分成二個細胞，若將兩細胞分離，則每一細胞皆可發育爲正常的幼蟲。當分成四個細胞時（亦通過動物性極和植物性極），每一細胞亦都能發育爲幼蟲。第三次卵裂係水平的將胚胎分爲上下各四個細胞，此時若將之分離，則無一能發育爲幼蟲。若是用人工方法將受精卵水平分割爲二，則該兩細胞皆不能發育爲幼蟲。據此推測，受精卵的細胞質中，必定含有與發育爲幼蟲有關的物質，這些物質的分布，係自動物性極至植物性極，故卽使當水平分割爲二時，卻因缺少某些成分而無法發育爲 幼蟲。 受精卵 的細胞質主要 來自卵， 其內含 有許多RNA， 這些RNA與合成蛋白質有關，而此等蛋白質又爲卵裂所必須。至於與合成這些蛋白質有關 的mRNA，則在卵受精以前，便已存於卵的細胞質中，因此，卵內細胞質中這些RNA的分布，就會影響發生過程。

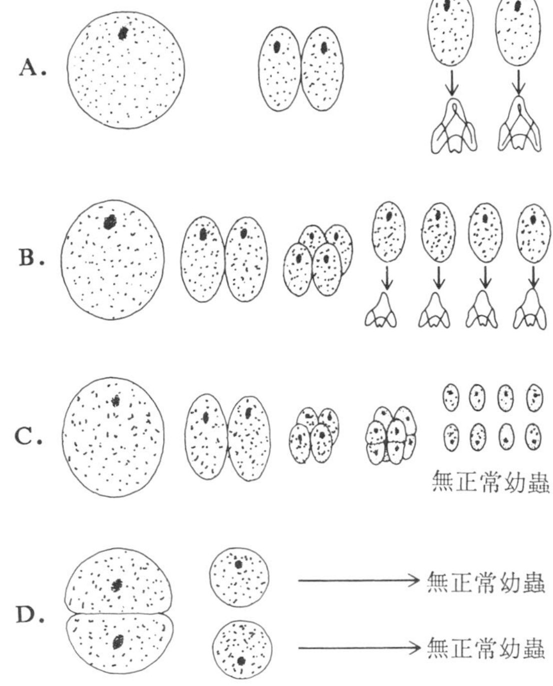

圖31-14

細胞質對海膽卵裂之影響。A. 將兩個細胞時期之胚胎的細胞分離，每一細胞都可發育爲幼蟲，B. 將四個細胞分離，每個皆可發育爲幼蟲，C. 將八個細胞分離，各細胞皆不能發育爲幼蟲，D. 將細胞水平分割爲二，皆不能發育爲幼蟲。

遺傳基因　受精卵經有絲分裂所產生的細胞，其遺傳基因皆相同，但是在發生過程中，這些細胞爲何會分化爲形態機能皆不一樣的細胞。基因係藉合成的蛋白質以控制細胞的活動，在同一個體內，細胞中所含的酵素或其他蛋白質常彼此有差異，因此，在不同的細胞內基因活動的情況就不一樣。例如在肌肉細胞中，合成肌蛋白的基因活動，而在神經細胞中，這類基因卻不會表現。同樣的情形，在神經細胞中，則僅有合成神經細胞特有蛋白質的基因活動。至於基因在體內何處或何時活動，則與內在或外在的因素有關，這些因素可以影響基因表現，從而促進或抑制某種蛋白質的合成。

胚胎誘導 (embryonic induction)　胚胎時期某些細胞釋出的化學物質，會促使其隣近的細胞分化；由一種細胞指揮另一種細胞的發生，叫做胚胎誘導。生物學家將蛙早期的胚胎切下一小片外胚層，置於培養皿中，加入生理鹽水，然後再自該胚胎切下一小片中胚層，置於同一培養皿中，並將該兩片胚層緊壓使相接合，結果，該外胚層發育爲神經組織。若是培養皿中僅有外胚層，則此外胚層不會發育爲神經組織。由此可知，中胚層可以誘導外胚層，使其發育爲神經組織。至於一種細胞爲何會誘導另一種細胞的分化，生物學家認爲是由於前者釋出的化學物質使然，不過該化學物質是什麼，則目前尚無定論。

環境因素　環境中的溫度、濕度、光線、重力、壓力及化學物質等因素，在發生過程中某一時期，都會使發生的情形改變。這些因素可能在胚胎的某一時期嚴重影響其發生，但在另一時期，則又無影響，故在時間上十分重要。胚胎發生時，各構造都有一臨界期，在此時期，該部分對不利情況最爲敏感。大部分構造在發生的最初三個月對環境因素最爲敏感；由於母體血液中的化學物質，可能進入胎兒血液中，故某些會干擾胚胎發生的藥物如泰利多梅得(thalidomide)安眠藥，孕婦服用後，會使胎兒發生畸形（圖31-15）。

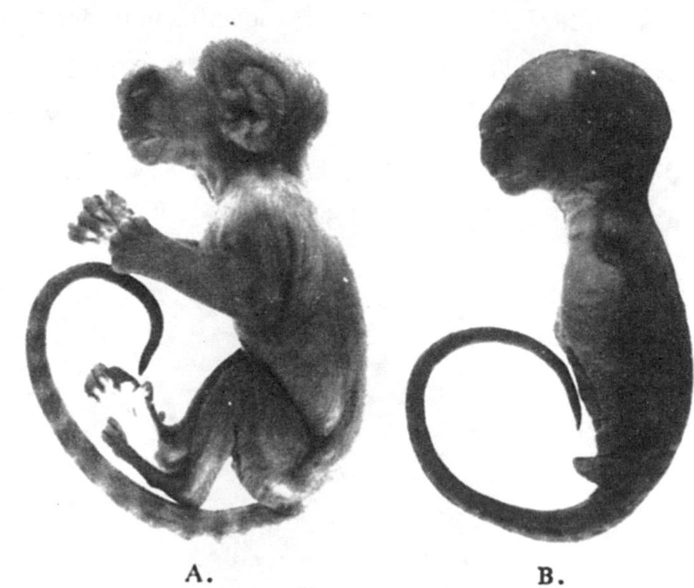

圖31-15　用泰利多梅德安眠藥處理猿，胎兒發生無肢的缺陷與人類的情形相同。

第六節　老　化

發生一詞，廣義而言，除胚胎發生外，尚包含個體的成長，乃至成熟個體的機能衰退亦即老化 (aging)。人體的器官系統雖在年老時衰退，但有時會在較早年齡出現，甚至在孩提時便老化。人類一種罕見的遺傳疾病——早衰症 (progeria)，患者在出生後的第一年似乎正常，但一年以後卽出現典型的老化現象，包括頭髮脫落、生長停止、皮膚出現皺紋以及其他各種老態，約在十歲至十五歲時去世。

身體各部老化情形的出現頗不一致，例如七十五歲高齡的人，味蕾喪失64%，肺活量減少44%，腦部血液的供應僅有20%，神經衝動的傳遞減慢10%。老化的原因，目前知之甚少，下列爲數種有關老化的學說——老化涉及激素；與自體免疫有關；細胞內積儲某些代謝廢物；涉及大分子物質如膠原(collagen)的分子構造改變；堆積的鈣質使結締組織彈性降低，導致動脈硬化、關節僵硬等。其他較新的學說則認爲老化涉及體內累積的體突變 (somatic mutation)，因爲個體常年曝露於輻射線或其他致變的因素下，乃導致突變，這些突變會降低細胞的機能。

老化與胚胎發生過程一樣，可以受某些環境因素的影響，也與遺傳有關。實驗證明，鼠的老化可以用食物尤其是能量的限制使之延緩；瘦的鼠一般較肥胖者長壽；不過遺傳應是長壽的最佳保證。

第六篇　演　化

第三十二章　演化的機制

演化 (evolution) 一詞，在生物學上係指生物以及由生物構成的族羣 (population) 緩慢演變的過程。生物學家將族羣中基因頻率的改變，即種以內的生物有限度之適應演變稱爲微演化 (microevolution)。而大幅演化 (macroevolution) 則指種以上的演變，這種改變可能產生新的屬，甚至更高的分類階層。

演化論的始祖達爾文 (Darwin) 提出演化學說時，遺傳學尚未萌芽，待以後遺傳學蓬勃發展，生物學家乃了解到遺傳是生物演化的重要機制。

第一節　基因頻率的改變

遺傳學上的哈-溫定律 (Hardy-Weinberg Principle) 說明族羣在平衡狀態下，對偶基因的頻率代代相傳不會改變。設若A基因的頻率爲 p， a基因的頻率爲 q，則族羣中基因型的分佈爲 $p^2(AA)+2pq(Aa)+q^2(aa)=1$

即　　AA 的頻率爲 p^2

　　Aa 的頻率爲 $2pq$

　　aa 的頻率爲 q^2

至下一代，若A基因的頻率爲 p'， a基因的頻率爲 q'，

則

$$p'=p^2+\frac{1}{2}(2pq)=p^2+pq=p^2+p(1-p)=p^2+p-p^2=p$$

$$q'=q^2+\frac{1}{2}(2pq)=q^2+pq=q^2+q(1-q)=q^2+q-q^2=q$$

由此可知，對偶基因的頻率至下一代仍是如此，未曾改變。但對偶基因的頻率，僅在族羣中缺少突變、天擇或遷移等情況時，始能代代相傳而維持不變；若是族羣中

發生這些情況時，哈-溫定律就不適用。換言之，族羣中的基因頻率若代代不變，基因庫乃得以維持恒定；反之，若基因庫代代改變，卽意味該族羣正進行演化中。

突變　突變（mutation）乃指基因（或染色體）的突然改變，對偶基因中由A突變爲a稱爲前進突變（forward mutation），由a突變而恢復爲A稱爲回復突變（reverse mutation 或 back mutation）。在族羣中，若此兩種突變的速率相等，則對偶基因的頻率不會改變，但這兩種突變速率通常很少相等。若是對偶基因持續發生前進突變或回復突變，則對偶基因的頻率，其中之一便增加，另一則相對的減少（因 $p+q=1$）。

天擇　天擇（natural selection）對族羣中對偶基因的頻率影響較大。環境對生存其中的生物有重大影響力，由於地球環境經常緩慢改變，生物只有能適應新環境者始能生存。英國工業區一種蛾（*Biston betularia*）的體色，是說明天擇的最佳例子。這種蛾常見於長滿地衣的樹幹上或岩石上，在這些城市工業化以前，蛾的體色與其背景相近，皆爲淺色，在1845年，僅有報告發現一隻黑色蛾。隨著英國工業化的進展，由於煙霧的污染，樹幹上的地衣死亡，樹幹以及岩石皆呈現黑色。在此時期，黑色蛾的數目漸漸增加，至1980年代，整個族羣中，黑色蛾已達95%。此乃由於污染後的環境，黑色蛾的體色與其背景相近（圖32-1），因此可以獲得保護，不易爲天敵（鳥）捕食，因此得以生存。

遷移　假設具有某一基因型的個體，以較大的比例遷入或遷出某族羣，則將導致該族羣中此一對偶基因的頻率改變。例如大量O型的人遷入某一族羣，則該族羣中血型的對偶基因頻率便會改變。

基因浮動　基因浮動（genetic drift）係指小型族羣中由於繁殖機會的浮動而導致對偶基因頻率的改變。根據哈-溫定律，對偶基因的頻率可以維持不變，此乃族羣中個體數目多時的情況。若是族羣中個體數目少，生殖時，選擇對象的機會也少；因此，對偶基因的頻率就難以保持恒定。例如某族羣中，a基因的頻率爲1

%，若族羣中有一百萬個個體，則 a 基因有 20,000 個（每一個體對任何性狀都常有兩個基因）。但在僅有50個個體的族羣中，a基因則只有一個。具有此一基因的個體，若無機會繁殖，或在產生後代前即死亡，則在此族羣中，a基因便完全消失。反之，若不帶 a 基因的49個個體中，有10個消失，則 a 基因的頻率，便自 1 % 躍升至12.5%（八十分之一）。

A.

B

圖32-1　蛾停留於樹幹上。A. 樹幹上有地衣(未經污染地區)，B. 工業區被污染後樹幹色深，注意A、B兩圖中皆各有一深色及一淺色蛾。(參看彩色頁)

第二節　物種形成

生物學上，種的定義爲一羣生物由於生殖隔離而無法與生活於其他地區的同種個體交換遺傳物質；生物可以由於生殖隔離而形成新種，也即物種形成(speciation)。生殖隔離可能是同種的個體，生活在不同的地區而形成不同的種，稱爲異區物種形成 (allopatric speciation)； 或是同種個體生活在同一地區的不同棲所而形成不同的種， 稱爲同區物種形成（sympatric speciation)。 異區物種形成是由於長時間的地理隔離，並各自發展。例如被隔於海島或高山的生物， 若發展出一種新的習性，即與生活在其他地區的同種個體間形成生殖隔離，設若其求偶方式改變，即無法與其他地區的同種個體交配。異區物種形成可以由一種生物演化成數種不同的種類。

同區物種形成則指同種個體生活於同一地區，但稍有不同的棲所，有的個體經突變後僅能生活於A棲所，姑且以A族羣代表之；有的個體適於在B棲所生活，形成B族羣。假設這兩個族羣的個體不相互交配繁殖而對彼此均有益，由於這種天擇的因素，族羣內的個體乃發展出限制彼此交配繁殖的適應性，最後便形成不同的種。

在植物，同區物種形成尚可由於另一種較簡單的機制產生，即經雜交產生多倍體。兩種親緣關係相近的植物，經雜交後可以產生另一種植物。例如棉屬（Genus *Gossypium*）中的舊大陸棉，具有13對較大的染色體，美洲棉具有13對較小的染色體；兩者雜交，後代具有13個較大和13對較小的染色體；這一雜種後代爲不孕性，但若用秋水仙素處理，使其染色體數目倍增，則得具有26對染色體（13對大、13對小）的新大陸棉。此一植物爲四倍體（tetraploid 4n），具有二套舊大陸棉及二套美洲棉的染色體，此一個體亦可視爲是雙二倍體（amphidiploid），爲一具有 26 對染色體的植物，可以行減數分裂、產生有生殖能力的後代，故爲一新種，其過程可以下圖示之：

舊大陸棉×美洲棉
（具13對較大染色體）（具13對較小染色體）
↓
雜種後代
（13個較大及13個較小染色體）
↓ 染色體數目倍增
新大陸棉
（13對較大及13對較小染色體）

第三節　演化學說的發展史

在達爾文於1859年出版其物種原始（*Origin of Species*）一書以前，“生物來自原先存在的生物”這一觀念早已孕育出來，根據挖掘出土的骨、齒和殼等動物碎片，有的與當時存在的動物種類相近，有的則頗不一樣，在高山的岩石中竟然有海洋動物的遺骸；因此，在十五世紀時文新（Vinci）即認爲這些動物在很久以前便已存在於地球，後來始絕跡；漸漸的，人們便接受此一觀念。

在十八世紀及十九世紀初，科學家在地質學方面已奠定基礎，認爲古代地質方面的力量與現今一樣，例如河流侵蝕山谷、河口沉積物的形成等，因此得結論：侵

蝕 (erosion)、沉積 (sedimentation)、破裂 (disruption) 及上升 (uplift)等地質作用都要經過很長很長的時間，在長時間的地質作用過程中，可能使生物遺骸形成岩層中的化石，地質年代甚爲久遠，足以任生物演化過程在地球上進行。地質學方面的觀念，可說是爲達爾文的物種原始一書舖了路。

拉馬克　有關生物演化的最早學說，是由法國生物學家拉馬克 (Lamark) 提出的用進廢退說 (theory of use and disuse)。拉馬克認爲生物的性狀，可由於其對環境的適應而改變，愈是使用的器官便愈發達，否則便愈來愈退化，此種改變後的性狀可以傳給後代 。拉馬克並用長頸鹿的頸爲例，加以說明：長頸鹿的祖先捨地面的草而食樹葉，爲了要能啃食高處的樹葉，必須伸長頸子，因此頸便愈伸愈長，伸長後的頸可以傳給後代。此一說法可用以解釋許多動植物如何能適應環境，在當時頗能吸引人。可是其他生物學家用實驗證明獲得性是否可以遺傳，結果卻都是否定的。以後遺傳學萌芽、發展，根據這方面的證據，證明獲得性是不能遺傳的。長頸鹿的頸伸長，但並未改變細胞內的基因，其體內所有細胞，包括精子和卵在內，所含的遺傳基因皆未改變。性狀由精子和卵透過基因而傳遞給後代，基因既未改變，伸長後的頸自然不可能傳給後代。

達爾文　達爾文對科學知識的貢獻爲：提出證據證明生物演化在地球上確曾發生過，同時創立演化學說（天擇），以解釋演化是如何進行的。

達爾文在大學畢業後，即至研究船小獵犬號上擔任博物學者的工作，並隨船航行至加拉貝哥羣島 (Galapago Islands)，他發現各小島上的巨龜，種類都不一樣，但彼此卻非常相似。各小島上的雀亦復如此，彼此雖然相似，但在形態及行爲方面則分別適應不同的生活方式（圖32-2），經觀察以後，達爾文乃設法尋找答案。

達爾文在1836年返回英國後，即泛起天擇的念頭。他讀到馬爾薩斯 (Malthus) 的人口論 (*Essay on the Principles of Population*)，領悟到大多數生物常產生大量的後代，這些後代不可能全部存活；此一情況令達爾文思及生物爲生存而競爭的觀念，認爲生物僅有最能適應環境者始得以生存並產生後代。

在以後的二十年間，達爾文搜集了更多的事實並加以闡釋，完成其巨著物種原

A.

B.

C.

圖32-2 加拉貝哥羣島各小島之雀種類不同，注意B圖中之雀其喙粗厚，適於啄開植物的種子，C圖中者會用工具挖取樹木中的蟲。

始。在出版此書以前，達爾文收到年輕博物學者華萊士（Wallace）有關東印度及馬來半島（East Indies and Malay Peninsula）地區動植物分布之原稿，文章中提出天擇的說法，這是達爾文亦已孕育出的觀念。他倆同意在1858年倫敦舉行的科學會議中共同發表，並在次年出版物種原始一書。

達爾文—華萊士天擇說的要點如下:

1. 同種的個體，彼此間的性狀都有差異。（根據以後的遺傳學，這些性狀有的可以遺傳，有的則否。）
2. 各種生物所產生的後代，均超過環境所能供養的數目，因此，大部分的後代皆會死亡。在自然狀況下，各種生物的數目，乃得以維持恒定。
3. 由於產生的後代數目，較環境所能供應者多，乃發生生存競爭的情形，個體間要爲食物和空間而競爭。

4. 具有某種遺傳變異 較其他個體能適 應環境者，乃得以生存，「最適者生存」是達爾文——華萊士天擇說的精髓。

5. 能繼續生存的個體，可以產生後代，並將其成功的遺傳變異傳給後代。

由於環境不斷改變，後代乃有更進一步的適應；經過常年累月的天擇，後代便發展出與祖先不同的性狀，有時甚至判若不同的種類。族羣中有的個體適應某一改變的環境，另有些個體具有不同的變異性狀，則適應另一種新環境，因此，由一種生物乃演化爲兩種甚或兩種以上的種類。

第四節　演化的證據

演化的證據包括數大類：微演化、形態、生物化學、生物地理、胚胎發生及化石等。這些證據，不但可用以說明演化確曾在地球上發生過，而且可作爲了解演化過程的線索。

微演化　細菌對抗生素產生抵抗力，蚊、蠅等對殺蟲劑有抵抗力，前述英國工業區黑色蛾增多等，皆爲微演化的例子。數千年來，人們培育的家畜、家禽及農作物，亦是微演化的最佳例子。現今各品種的犬，皆爲一種或數種野犬或狼的後代，但他們彼此間卻有很大的差別，此種變異若在自然界發現，則可能被視爲不同種甚至不同屬的動物。但是因爲人們知道這些家畜來自共同的祖先，且彼此可以交配產生有生殖能力的後代，因此，了解他們是同種。

微演化既然可以在很短的時間內產生，那麼，經過千百萬年長時期所累積的微演化，當將形成大幅演化。微演化與大幅演化間很難劃清界限，如果演化可以產生新種，則時間足够時，當亦可演化出新的屬、目、綱甚至門。

形態的證據　在演化的過程中，由同一祖先所演化出的許多後代，在構造上雖有變異，但仍保有若干相同性。例如鳥的翼、犬的前肢以及人的上肢，雖然外形不一樣，功用亦各異；但是，這些器官，皆具有相同數目的骨，而且骨的排列方式也相同（圖32-3）。不但基本構造相同，他們的胚胎發生亦相似。凡是構造相同、胚胎發生亦相似的器官，叫做同源器官（homologous organ）。同源器官爲演化來源相同的最有力證據。

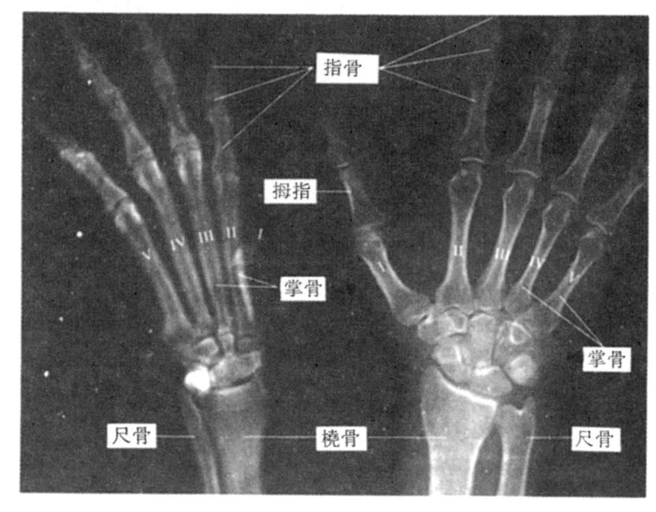

圖32-3　同源器官，圖中左方爲犬前肢，右爲人的上肢。

許多動物具有某些退化甚且無用的器官，這些器官，在與他們有親緣關係的種類，則構造發達且有功能，彼此爲同源器官。在人體約有 100 種以上此等器官，例如盲腸、尾椎及智齒等。鯨及蟒蛇埋於腹部肌肉內的後肢骨、無翅鳥具有退化的前肢骨，這些皆爲痕跡器官（vestigial organ）。

痕跡器官被認爲是祖先有功能的器官，由於環境或生活方式改變而成爲求生存所不需要，漸漸的便變爲無功能的器官。痕跡器官雖一度爲拉馬克用進廢退說的有力證據，但以後得知各種器官皆可由於突變而使其大小和功能改變，假設此一器官爲求生存所必須，則具有退化突變的個體勢將被淘汰；如果此一器官爲生存所不需要者，則其體積雖變小、或功能雖衰退，但個體卻仍能生存。

生物化學　生物間的演化關係，亦可根據分子構造的異同來推斷。例如某種蛋白質內所含胺基酸的數目、種類及排列，在不同種類的生物，彼此間的相似程度，與演化關係的遠近有關。構成血紅素的 300 個胺基酸，在人類與黑猩猩者完全一樣，與大猩猩則有二個胺基酸不一樣，與猴則有12個胺基酸不一樣，故可由此推知人與這三種動物間血緣關係的親疏遠近。由於蛋白質是根據遺傳基因的訊息合成，因此，蛋白質相同，便是遺傳相同的有力指標。根據生物化學方面所累積的此類證據，所得的結論，與早先根據其他證據所提出的演化關係相符合。

胚胎學的證據　達爾文強調胚胎發生是演化的證據，此一構想，至1866年爲胚胎學家赫格爾（Haeckel）所凸顯，他提出重演說（recapitulation theory），認爲個體的胚胎發生過程係重演種族發生（phylogeny）。例如動物的發生過程中，最早的合子，相當於單細胞的原生動物，由合子發育而成的囊胚（blastula）相當於形成羣體的鞭毛蟲，其後的原腸胚（gastrula）則相當於現今腔腸動物的幼蟲；因此，發生過程係動物演化歷史的簡單重演。雖然以重演說說明生物的演化，似嫌過簡，但在演化程度較高的動物，其胚胎時期與較其爲低階層動物的某一胚胎時期相似。例如人的早期胚胎，與魚、龜、鷄、兎等均難以區別（圖32-4）

生物地理　世界各處，動植物的分布常有差異，即使在影響生物分布的因素——氣候和地形皆相同的地區，彼此的生物種類也不一樣。例如中非有象、大猩猩、黑猩猩、獅及羚羊等，但在巴西，雖然氣候和其他環境情況與中非相似，卻無上述各種動物，而是有捲尾猴、獺（sloth）和貘（tapir）等。

各種生物在地球上的分布，範圍可能很小，僅數千平方公里，也可能布滿全球，如人類。通常親緣關係相近的種類，分布地區並不相同，但卻相距不遠。他們雖相隣而居，但彼此間則有高山或沙漠等屏障阻隔著。他們可能原爲同種的生物，但爲障礙物所分隔，經過相當時日，便演化成不同的種類。

澳洲及紐西蘭在很久以前的地質年代便與地球上其他大陸分離，這些地區的動物相（fauna）和植物相（flora）都很特殊。澳洲有一穴類及有袋類，這些動物在其他地區均付缺如。澳洲在中生代與其他地區隔離，因此，該地的原始哺乳類無適應能力較佳之胎盤哺乳類與之競爭，故能繼續生存。胎盤哺乳類被認爲是競爭勝利者，在其他地區，可能也曾有一穴類及大部有袋類生存，但以後卻爲胎盤哺乳類所淘汰。

通常島嶼上的動物和植物，常與其最爲隣近的大陸上之生物相似，例如距非洲達卡（Dakar）四百哩的威德角羣島（Cape Verde Islands），以及距南美厄瓜多爾（Ecuador）西邊同樣距離的加拉貝哥羣島，各小島上的生物皆爲土生種類，但威德角羣島上的生物與非洲的種類相似，而加拉貝哥羣島上者則與南美的種類相似。此乃由於這些生物係由隣近的大陸遷移來，或是被携帶來，繼而則演化爲新種。

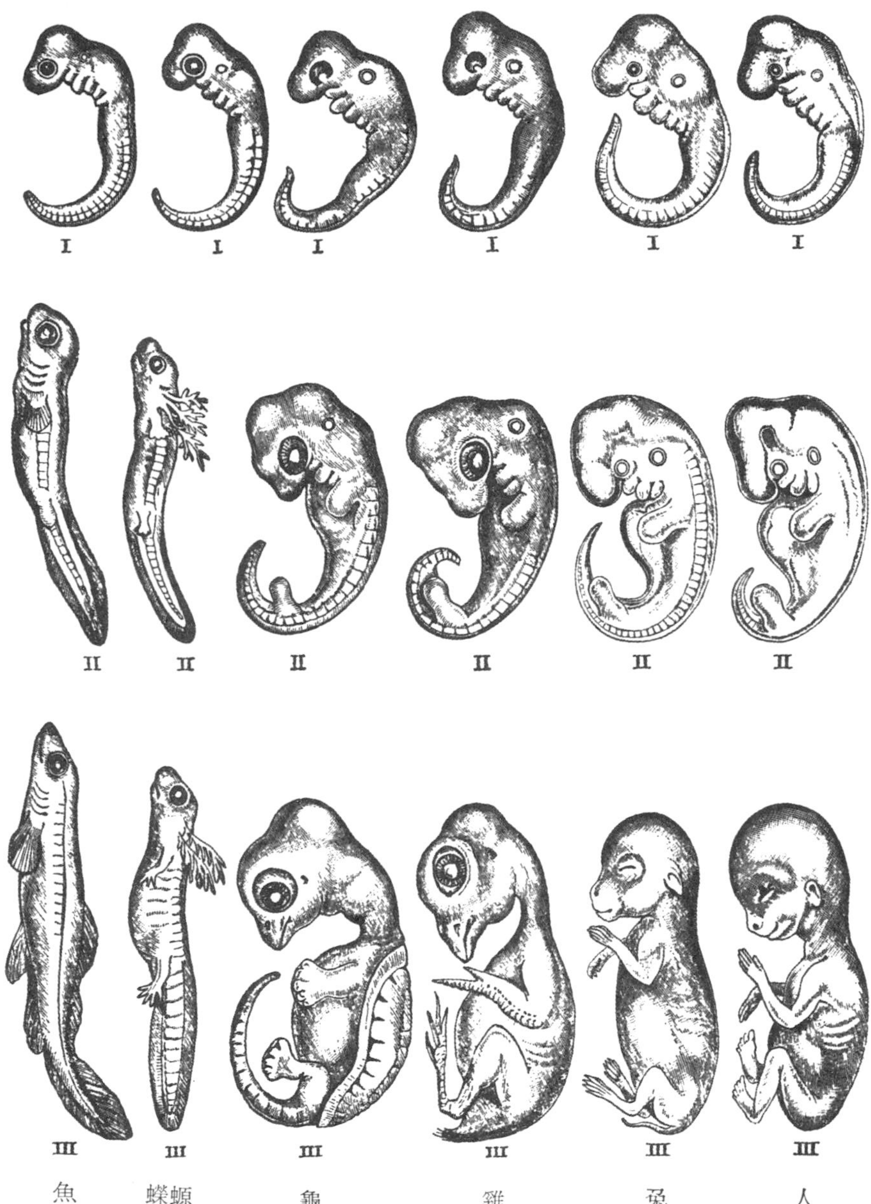

圖32-4 魚、蠑螈、龜、鷄、兎、人的胚胎發生之各連續時期（自Ⅰ至Ⅲ）。注意Ⅰ爲發生的最早期，此時各種動物都很相似，自Ⅱ開始差異便愈來愈大。

鱷產於我國長江以及美國東南部的河流中。在新生代早期北半球與北美大陸以白令海峽（Bering Strait）相連，當時這一地帶氣候較現今溫暖，鱷分布於此地整個區域。以後洛磯山升高，北美西部氣候變冷且乾燥，導致適於溫暖潮濕的生物絕跡。至更新世（Pleistocene）冰河期，冰河未曾到達我國東部及美國東南部，因此，鱷得以繼續在該兩地區生存。生存於這兩地區的鱷，經過一百萬年的分隔，乃各自演化而成爲略有差異，但親緣關係仍極相近——同屬的種類。

研究動植物在地球上的分布情形，構成的學科，叫做生物地理學（biogeography）。其基本原理之一爲各種動物和植物的起源，僅在某一時間、某一地區出現一次。出現的地方叫做種源中心（center of origin）。待族羣增大，個體便自種源中心向外擴散，直至遭遇障礙爲止。其障礙有物理因素如海洋、山脈，環境因素如不適宜的氣候，生態因子如缺少食物、遭遇掠食者或與其競爭食物和空間的生物。

化石　化石(fossil)不僅指保存的動植物的骨骼、殼、齒及其他堅硬部分，亦包括生物所留下的足印及其他痕跡。動物留在軟泥上的足跡，硬化後即是化石，此種化石在脊椎動物最爲常見（圖32-5）。根據這些遺留物，科學家可以推測該生物在構造方面的一些情況，動物身體的各部比例，甚至習性。例如根據恐龍的足印，可以了解某些種類的恐龍成羣旅行，團隊中有幼小個體，並可保護幼體。

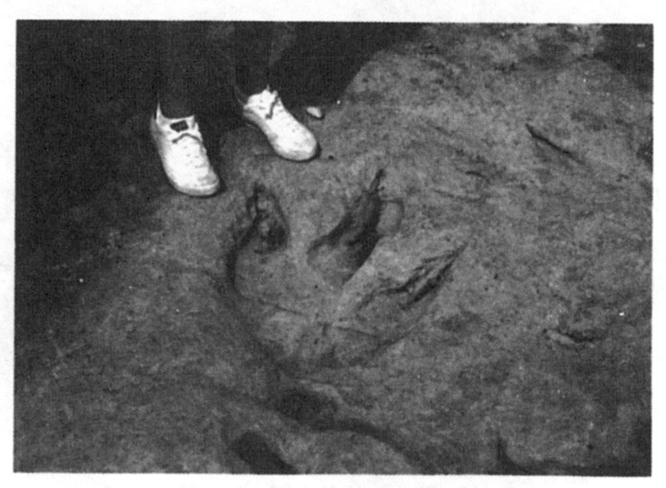

圖32-5　恐龍足印形成的化石

有的化石爲生物身體的堅硬部分經石化作用（petrifaction）形成，其柔軟組織可能爲礦物質所替代。美國亞利桑那州的石化森林便是石化過程最有名的例子。模塑（mold）及鑄型（cast）化石，其外表與石化的化石相同，但形成的過程則不一樣。模塑化石是由包埋在生物體外的物質硬化而成，其內面的個體則已腐化消失。鑄型化石則是身體原來的部分被溶去，留下的空間爲礦物質緊密塡滿再硬化而成爲原來個體之複製品（圖32-6）。

A.

B.

圖32-6　鑄型化石。A. 三葉蟲，B. 木賊。

在西伯利亞和阿拉斯加等寒冷地帶，偶而可以發現埋於土壤或冰雪中的生物遺體。例如 25,000 年前的猛獁猶保存得連肌肉都十分良好。昆蟲、蜘蛛及植物的遺體可保存於琥珀中。琥珀是松樹分泌的松脂，松脂柔軟有黏性，生物易陷於其中，然後樹脂滲入體內各部，樹脂漸漸硬化，遂成爲化石（圖32-7）。其他如火山灰覆蓋生物後，亦可形成化石，歷史上著名的維蘇威（Vesuvius）火山爆發埋沒的龐貝城（Pompeii），城內的居民和動物乃形成化石完整的保存下來。

圖32-7　琥珀中有二隻白蟻，該昆蟲約生存於三千八百萬年前。

第三十三章　化石的記載

化石是生物演化的直接證據，因此，生物的演化過程，可以根據地層中的化石而獲得答案。

第一節　化石年代的決定

地層中的岩石，年代最古老者位於最下層，以後形成者便覆蓋其上，如此層層相疊，最新的岩層便位於最上方。岩層中的化石，排列也有一定順序，即最古老地層中的化石，是最原始的生物，最上層地層中的化石，爲演化程度最高的種類。因此，根據化石在地層中的位置，便可了解該化石生物生存於地球的相對年代。

現今的科學家，利用放射定年法（radioactive dating），可以正確地決定化石的年齡。

放射性同位素，會依一定不變的速度蛻變爲穩定的元素。在此蛻變的過程中，放射性元素的量減少一半，所需的時間，叫做半衰期(half-life)。化石定年法中，鈾鉛法可以測定百萬年以上的岩石；當火成岩初形成時，含有鈾 238，鈾 238以一定不變的速度蛻變爲鉛206，鈾238的半衰期爲45億年，即在此時間中，有半數的鈾238 轉變爲鉛；因此，測定岩石中鈾 238與鉛的比例，即可估算出這一岩石的大概年齡。此一年齡，也就是存於該岩石中化石的年齡。

放射定年尚有鉀氬法，鉀的半衰期爲13億年，因此此法常用以測定介於三萬年至三百萬年間的岩石。碳14法可用以測定三萬年以內的岩石，因爲碳14的半衰期較短，僅5568年。

目前經定年確認爲最早的生物化石，是一種藍綠藻（圖33-1），這種生物生存於三十餘億年前。其他自六億年迄今的化石，則爲數甚眾。發掘、分類以及解釋古代各種各樣的生物化石，則屬古生物學（palentology）的範圍。

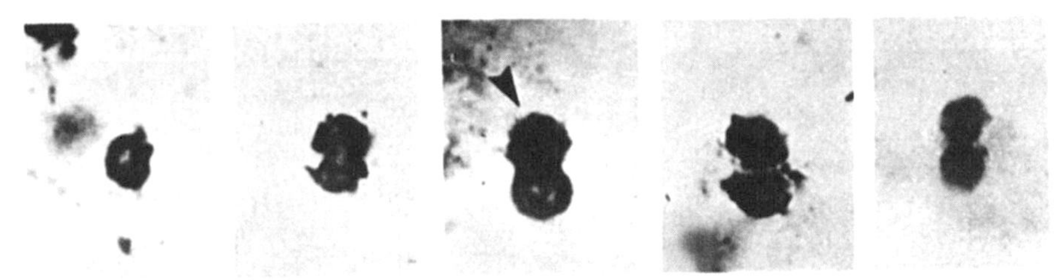

圖33-1　前寒武紀時藍綠藻化石，自左至右示細胞分裂。

第二節　生命的起源

地球上的生物，皆來自原先存在的生物，已是不爭的事實。但在探索生命起源時，情況就不一樣；最早的生命物體來自無生物的觀念，曾由多位學者尤其是奧柏林（Oparin）所倡言。他們認爲地球約在四十六億年前形成，初時爲一團融熔的火球，至三十餘億年前始出現生物，自前寒武紀的岩石中，曾分離出二十二種胺基酸，這些物質，約存於三十一億年前。同時有證據顯示當時地球上的大氣並不含游離的氧——所有氧原子皆與其他元素結合。原始的大氣主要由氨（NH_3）、沼氣（CH_4）、氫（H_2）和水蒸氣（H_2O）等組成，這樣的大氣成分，可容許遠較目前爲多的太陽輻射能透過。所以地球初形成時，地表的能量來源十分豐富。如閃電的電能、陽光的紫外線、加馬射線、火山噴出的熱能、放射性岩石的放射能等。這些能量，可以將大氣中某些氣體的分子分裂而釋出碳、氫、氧和氮等原子，釋出的原子再重行組合而成爲有機化合物。同時，地球的溫度漸降，水蒸氣乃形成水滴降落地面，形成河、湖及海洋。於是，有機分子便隨著熱雨降落，聚集於淺地或海洋中，形成有機漿湯。在熱漿中的有機分子可以互相作用，形成較複雜的分子。在這樣的環境下，複雜的有機分子又可進一步形成最早的細胞了。

無機物形成有機物 奧氏的假設，首由尤里(Urey)和他的學生米勒（Miller）於1953年用實驗加以求證（圖33-2）。他們設計一套實驗管，將氨、沼氣和氫等氣體混合，將這種模擬之原始大氣置於管中並在管內循流；另有一與之相接的燒瓶，瓶內的沸水可以供應水蒸氣和熱。當水蒸氣循流時，便冷卻而形成水滴。這些氣體循流至另一燒瓶，乃經由高能放電處理。由此可知，他們的設計，是在模擬原始地面的某些情況，如大氣、熱、雨及閃電等。如此連續一星期，便從管中收集到有機物，包括甘胺酸（glycine）和丙胺酸（alanine）等胺基酸。這一實驗，證明在原始地球的環境下，無機物可以變成有機物。

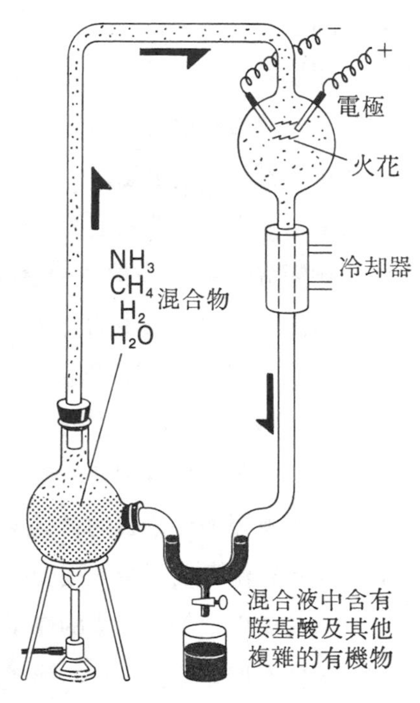

圖33-2 尤里和米勒的實驗裝置

經過修訂的學說，認爲原始大氣含有CO_2、CO、氮及游離的氫，科學家以略加改變的方法處理這種經改變的原始大氣，則形成更多種類的有機物，除胺基酸外，尚有DNA、RNA、醣類及脂質。他們深信，這些反應終非全部，亦是大多數曾發生於古代的海洋中而產生較爲複雜的有機物。因此，古代海洋中，除含有無機物以外，尚混著由無機物產生的有機物；海洋因而成爲一種稀釋的漿湯，這些分子在漿湯內彼此撞擊，相互作用，並且聚集而成更大、更複雜的分子。

奧柏林認爲分子間相互的吸引力，以及某些分子可以形成液態的結晶，乃提供了某些大而複雜分子可以自然發生的方法。大分子的蛋白質一旦形成，若這些蛋白質又具有促進化學反應的能力，於是便可加速形成更多的分子。當蛋白質與核酸（尤其是 RNA）結合，則此蛋白質即有能力合成與其本身相似的分子。這種假想中由蛋白質與核酸構成又能自動觸媒（autocatalysis）的顆粒，可能類似現今的病毒或質體（plasmid）。但現今的病毒必須在寄主細胞內始能繁殖，因此，最早的生命物體與病毒並非密切相關。另一方面這種聯合在一起的分子集團與簡單的細胞間尙有很大的差距，故從分子集團到細胞，仍有一段漫長的演化歷程。

細胞的起源　在演化的過程中，由分子集團到細胞，必須跨越的一大步是在該集團的表面發展出一種脂質—蛋白質的膜；另一步驟必須跨越的是發展遺傳密碼，遺傳物質——核酸不但可以將訊息傳遞給後代，而且可以發生突變，使後代的個體多樣化，以適應環境的變遷。

原始生命在富含有機物的海洋中出現，由於當時的大氣中不含氧，因此，原始生命只能藉醱酵作用自 有機物中獲得能量 。 最早的生命物體幾乎可以肯定是行異營，其族羣的生存與海洋中的有機物密切相關。一旦海洋中的有機物消耗殆盡，異營的個體必須 演化爲自營，即 藉化學合成或光合作用以自行合成 生物所需的有機物，始得以繼續繁衍生存。至於原始行醱酵的異營個體，如何演化爲自營個體，則可能是由於基因不斷發生突變，產生與合成養分有關的酵素，於是便演化爲能自無機物合成生活所需一切物質的自營生物。

有關生命起源目前能令人接受的觀點如下:

1. 由於環境中物理因素的作用，無機物可以變爲有機物。
2. 這些有機物相互作用，形成更複雜的物質，最後形成酵素以及可以自行複製的物質（基因）。
3. 核酸、蛋白質等複雜的物質互相聯合，形成原始異營的物體。
4. 在原始異營的有機集團表面，形成脂質—蛋白質的膜，使其與外界環境隔離。
5. 原始異營的生命物體演化爲自營的個體。

眞核細胞的演化　生物原始祖先的構造，應是十分簡單。在現今的生物中，原核類是構造達到細胞級但卻最簡單者，他們沒有核膜，亦無內質網、粒線體、高基氏體、甚或葉綠體。因此，生物學家認爲最早的細胞是原核生物。

由原核類演化爲眞核類的假設之一，是原始的原核細胞，其細胞膜有多處分別向內凹陷和褶曲，形成粒線體、內質網等由膜構成的胞器。由原核類演化爲眞核類的另一假說爲胞內共生說(endosymbiotic theory)(圖33-3)，此說認爲粒線體、葉綠體、甚至中心粒、鞭毛等，是由於不同的原核類聯合一起而形成。粒線體可能原來是一種細菌，葉綠體則可能原是藍綠藻。胞內共生說主要的證據是粒線體和葉綠體都具有本身的遺傳基因和核糖體，且能自行合成蛋白質，以及複製繁殖。此說更進一步認爲聯合一起的成員，分別具有某些構造而是其他成員所付闕如的，例如粒線體有氧化的功能，此爲最早的原始細胞所沒有的；螺旋菌有鞭毛，故可游泳；三者聯合後，形成的細胞便具有鞭毛而能運動，具有粒線體，可以產生能量。

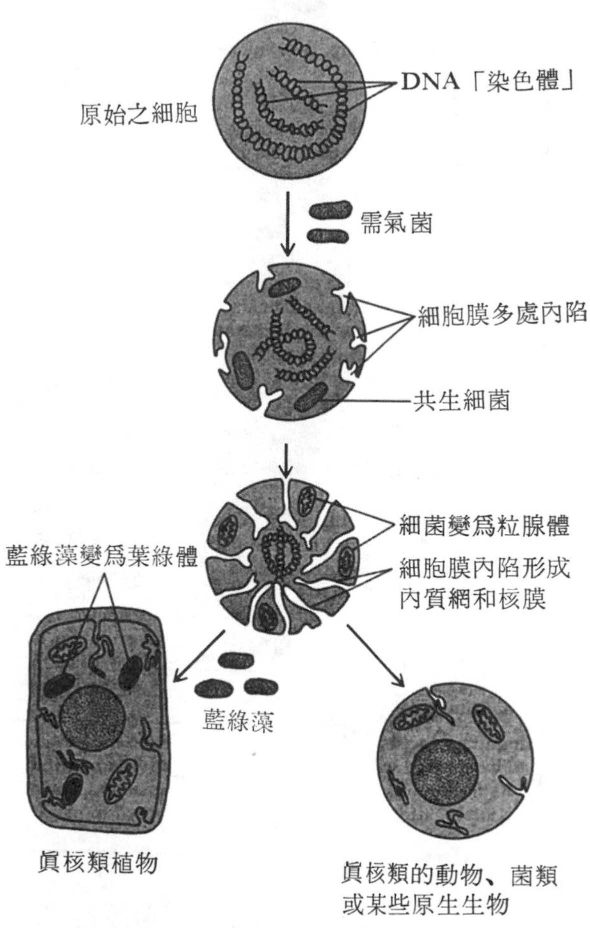

圖33-3　胞內共生說

第三節　真核生物的演化史

生物演化史中的兩大重要事實爲：一是細胞約在三十五億年前出現，另一爲構造複雜的多細胞生物約在七億年前出現。百分之七十的生物演化事實，則發生於此兩者之間；在這漫長的期間，許多決定性的機制和生物種類均曾出現，包括眞核細

表33-1 地質年代

代	紀	世	開始時間（單位：百萬年）（距今）
新生代（哺乳動物時代）	第四紀	全新世	（最近10,000年）
		更新世	1.9
	第三紀	上新世	6
		中新世	25
		漸新世	38
		始新世	54
		古新世	65
中生代（爬蟲時代）	白堊紀		135
	侏儸紀		181
	三疊紀		230
古生代	二疊紀		280
	上石炭紀		320
	下石炭紀		345
	泥盆紀		405
	志留紀		425
	奧陶紀		500
	寒武紀		600
前寒武紀（始生代及原生代）			3800
最早細菌證據			35億年前
地球起源			46億年前

及生物演化

地　質　狀　況	植物及微生物	動　　物
第四冰期結束；氣候變暖	木本植物衰退；草本植物興起	智慧人時代
四次冰期；北半球冰河	許多種植物絕跡	許多大型哺乳動物絕跡
山脈隆起；火山，氣候甚冷	草原發展；森林減退	人猿初現
氣候乾燥、冷；山脈形成		多種哺乳動物演化
阿爾卑斯山及喜馬拉雅山隆起；大部分陸地低；洛磯山之火山活動	森林擴展；單子葉植物興起	猿類演化；現今各科哺乳動物已存在
氣候暖	裸子植物與被子植物興盛	哺乳動物時代開始
氣候溫和至冷；大陸海消失		靈長類演化
兩主要大陸塊分離；洛磯山形成;大型內陸海及沼澤	被子植物興起；裸子植物衰退	恐龍達顛峰，然後絕跡；有齒鳥類絕跡；近代鳥初現
氣候溫和；大陸低；內陸海；山脈形成	蕨類及裸子植物普遍	恐龍大而特化；有齒鳥初現；食蟲有袋類
許多山脈形成；沙漠廣布	蕨類及裸子植物興盛	恐龍初現，卵生哺乳動物出現
冰期；阿帕契斯山形成；大陸升起	松柏類演化	近代昆蟲出現；似哺乳動物之爬蟲出現；許多古代無脊椎動物絕跡
陸地低；大煤炭沼澤	蕨及裸子植物的森林	爬蟲初現；古代兩生類擴展；昆蟲種類繁多
氣候暖而濕；後期較冷	石松及木賊興盛	原始鯊興盛
冰期；內陸海	陸生植物確立；森林初現；裸子植物出現	魚類時代；兩生類出現；無翅昆蟲出現
大陸平坦；洪水	原始維管束植物出現	魚類演化；海生蛛形類繁盛；陸生蛛形類出現
海水淹蓋大陸；氣候暖	海生藻類繁盛，陸生植物出現	無脊椎動物繁盛；魚類初現
氣候溫和；陸地低，最古老岩石中化石豐富	藻類繁盛	海洋無脊椎動物時代，近代各門皆已存在
地球冷卻；冰河；地殼形成；山脈形成	原始藻及菌類出現	海洋無脊椎動物出現

胞、光合作用、有絲分裂、減數分裂及細胞呼吸等。

科學家將漫長的地質年代，區分爲代（era）、紀（period）和世（epoch），根據各時期地層中的化石，可以了解生物的演化過程（表33-1）。

前寒武紀（Precambrian Period）雖然大量生物化石存於寒武紀的地層中，但是也有證據顯示在寒武紀以前已有生物存在。前寒武紀包括始生代（Archeozoic Era）和原生代（Proterozoic Era）。

始生代爲地質年代中最早的時期，始於三十八億年前，長達二十億年。其特色爲災變頻仍，以及火山廣爲活動，山脈上升，並伴隨著高溫、高壓及攪動等狀況；大部分的生物化石因而被毀壞。若干證據顯示當時有生物存在，例如地層中有石墨及純碳，皆可能是由原始生命的遺骸轉變而來，並且曾數度發現似藍綠藻的化石。

原生代長約十億年，其特色爲堆積大量的沉積物，顯示當時曾有重大的侵蝕作用，可能是巨大的冰河期所造成。在原生代晚期發現的化石爲某些主要的動物和植物羣，於澳洲南部，曾發現水母、珊瑚、環節動物以及另兩種與所有化石動物或現生動物皆無相似處的動物。

古生代（Palezoic Era）在原生代末與古生代開始之間的地層，爲一極大的罅隙，這可能是由於當時曾發生地殼大變動，將化石破壞或是大氣中氧氣增加使生物遺體腐敗的緣故。

寒武紀（Cambrian Period）爲古生代中最早的時期，其岩層中富含化石，所有現今動物中的各門，除脊索動物門以外，其餘皆已存在於當時的海洋中，如海綿、珊瑚、海百合、螺、蛤、腕足類及三葉蟲等。

奧淘紀（Ordovician Period）時，許多陸地爲水淹沒而成爲淺海。由於海水淺，光線可以到達海底，因此海底大部分爲植物所佈滿。動物則出現大型的頭足類——似烏賊及鸚鵡螺的動物。蛛形類的祖先廣翼類亦於此時出現，大者體長達三公尺。脊椎動物中的魚類於此時出現，他們體小、被甲、無鰭亦無領，叫做介皮魚

(ostracoderm) (圖33-4) 。

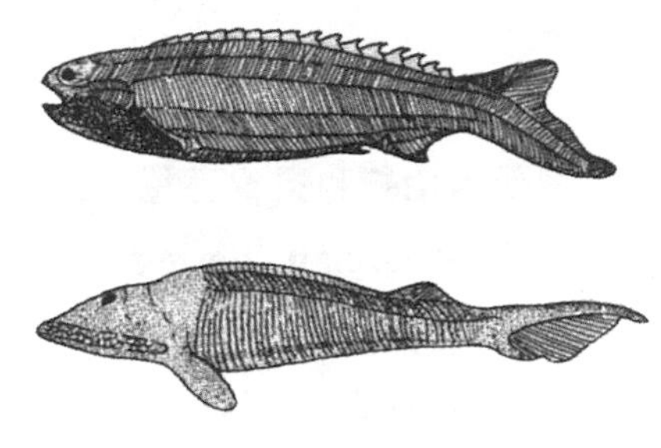

圖33-4 介皮魚，無頜無對鰭

志留紀(Silurian Period) 時生物的演化，有兩大重要事項，一為陸生原始維管束植物出現，一為陸生呼吸空氣的動物出現。最早的陸生植物較似蕨而不似苔蘚。在志留紀岩石中所發現能呼吸空氣的動物屬蛛形類，似現今的蠍。

泥盆紀 (Devonian Period) 稱為魚的時代，當時魚的種類很多，這些魚具有頜，故口能張開以攝食，可以咬亦可咀嚼食物，此為無頜的介皮魚所不及的。此時期興起者有盾皮魚 (placoderm)，其對鰭數目可多達七對、體被甲 (圖33-5)，生活於淡水中。鯊亦於此時出現，此外尚有三大主要的硬骨魚類：肺魚 (lungfish)、肉鰭魚 (lobe-finned fish) 及條鰭魚 (ray-finned fish)。少數肺魚繁衍迄今；肉鰭魚中某些種類演化為兩生類，他們在中生代末期絕跡；1939年發現的活化石——腔棘魚 (coelacanth)即屬此類 (圖 33-6) 最早的條鰭魚出現於淡水，他們繁衍迄今，種類繁多，分佈亦廣，近代魚類中的主要各目皆屬條鰭魚類。

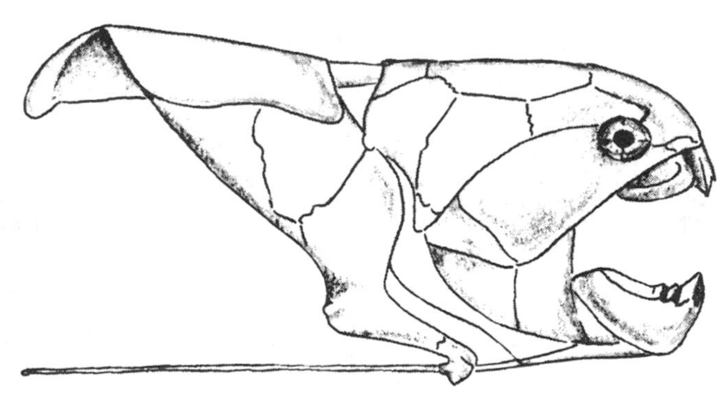

圖33-5 盾皮魚

泥盆紀上層的岩石中，有迷齒類 (labyrinthodont)的化石，他們是笨拙似蠑螈的動物。這些原始的兩生類體型大、頸短、具肌肉質笨重的尾 (圖33-7)，肢的強度已足以在陸上支撐其身體。

泥盆紀的陸地已有森林，蕨、石松、木賊、種子蕨等皆很茂盛 (圖33-8) 。無翅昆蟲在泥盆紀後期也已出現。

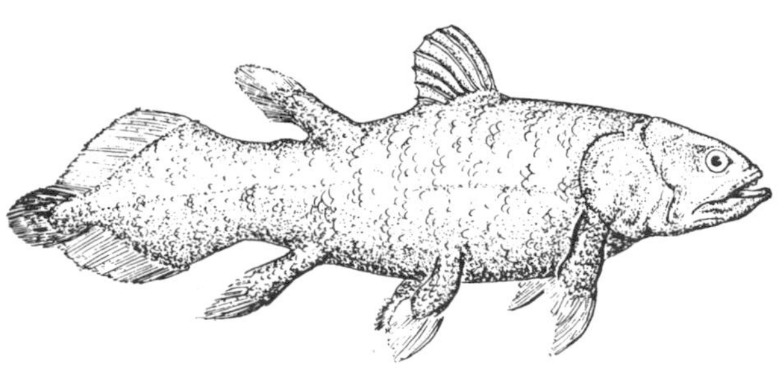

圖33-6　腔棘魚（*Latimeria*）

密西西比紀和賓夕芬尼亞紀（Mississipian Period and Pennsylvanian Period）又分稱下石炭紀和上石炭紀，或合稱石炭紀（Carboniferous Period），因爲此時許多沼澤的巨大森林，其遺骸形成今日的煤炭。陸地上佈滿沼澤，森林由蕨、木賊及裸子植物形成。最早的爬蟲——祖龍(cotylosaur) 於

圖33-7　迷齒類的一種（*Eryops*）

圖33-8　泥盆紀中期的森林。A.石松，B.木賊，C.樹蕨。

上石炭紀時出現，祖龍類的一種——塞莫利亞（*Seymouria*）（圖17-25）爲典型石炭紀的爬蟲，其腿短而粗，自身體兩側伸展而出，與蠑螈、鰐相彷。有翅昆蟲中有兩大類在此時出現：蟑螂和蜻蜓，蜻蜓大者展翅達75公分。

二疊紀（Permian Period）爲古生代中最末一紀，其特徵爲氣候和地形大幅改變，整個地球的大陸升起，由於造山運動使山脈隆起，淺海底部露出成爲陸地，海洋面積爲之縮小；大冰河自南極淹蓋南半球的大部；許多古生物可能無法適應此種氣候和地形的改變因而絕跡。在石炭紀晚期和二疊紀早期，出現一羣爬蟲，叫做盤龍（pelycosaur），咸信他們爲哺乳動物的始祖，體細長、似蜥蜴、肉食。至二疊紀末期，由盤龍演化而成的獸弓類（therapsid），則更具哺乳類的特徵，其中犬頜龍（*Cynognathus*）的齒有門齒、犬齒和臼齒之分（圖33-9），與爬蟲類的齒全爲錐形的情況不一樣；由於缺少有關其身體柔軟部分之資料，其體表是否具鱗或毛、是否爲定溫、能否保護幼體等皆無法確定，故暫認其爲爬蟲。

圖33-9 犬頜龍(*Cynognathus*)，具有許多哺乳動物之特徵

中生代（Mesozoic Era）

中生代始於二億三千萬年前，分爲三疊紀(Triassic Period)、侏儸紀(Jurassic Period)和白堊紀(Cretaceous Period)。最大特色爲多種爬蟲的興起、分化和絕跡，故中生代又稱爲爬蟲類時代。

中生代的爬蟲共分六大演化途徑（圖33-10）：其中一支演化爲龜，龜在三疊紀的地層中已經出現。一支爲古生代末期出現多種似哺乳動物的爬蟲——獸弓類，至三疊紀演化爲最早的哺乳類，以後演化爲進化的哺乳類。一支演化爲蛇與蜥蜴，並有分枝演化爲鱷蜥（sphenodon），鱷蜥目前僅存於紐西蘭。最重要的一支爲古龍（archosaur），亦稱統治者爬蟲（ruling reptile），古龍分別演化爲翼龍(pterosaur)、恐龍（dianosaur）及鱷（crocodile）。翼龍是能飛行的爬蟲，有的僅能作滑翔，有的則可似現代鳥般飛翔；根據化石，可知有的翼龍有羽毛，推測他們是定溫動物。翼龍雖能飛翔，但並未演化爲鳥類。恐龍亦名恐怖者爬蟲（terrible reptile），是

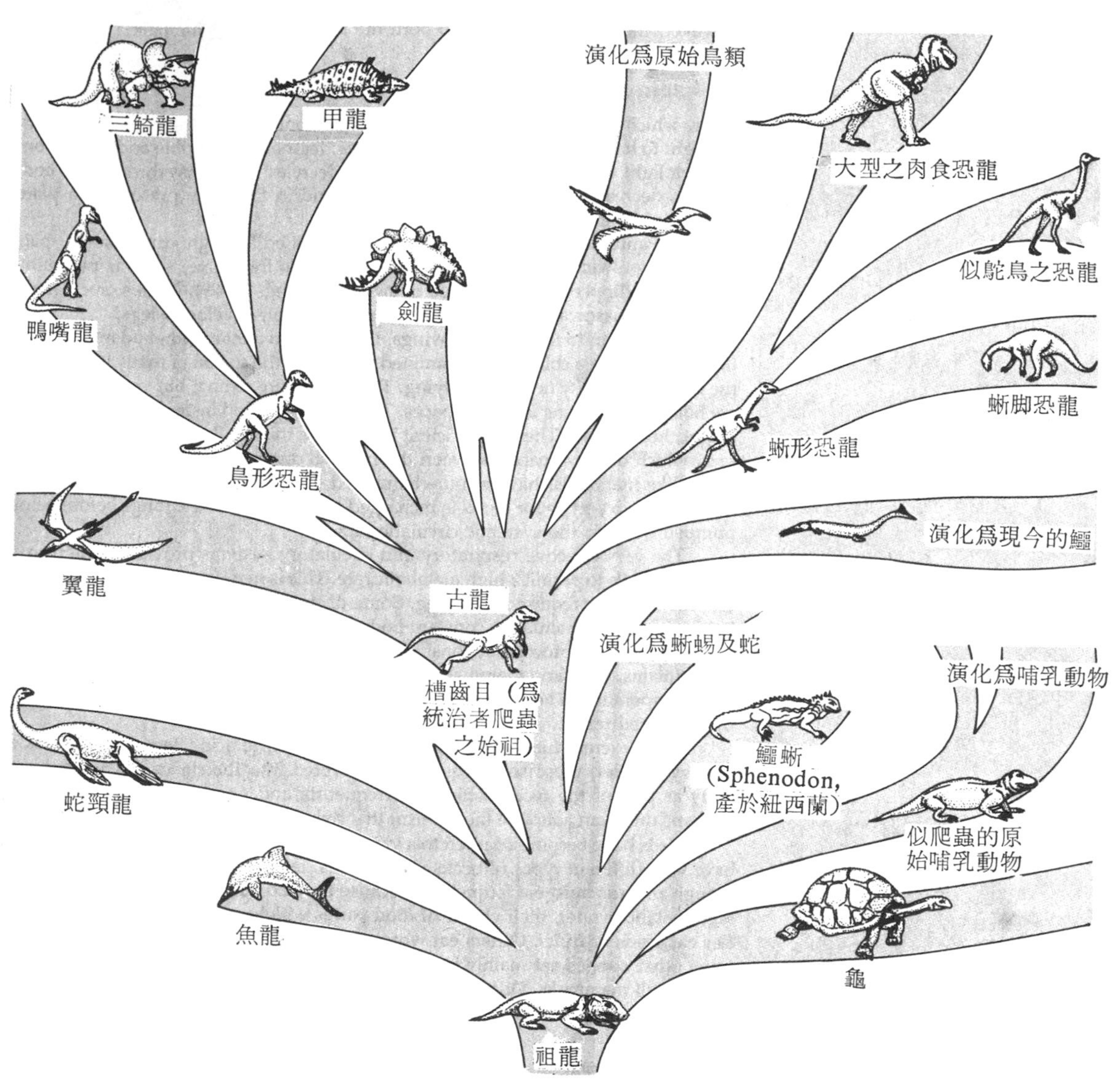

圖33-10　爬蟲類的演化樹

爬蟲中最負盛名的一類，又分蜥形恐龍(saurischian)和鳥形恐龍 (ornithischian)。蜥形恐 龍具爬 蟲類的骨盆， 用兩足行走，生存於白堊紀，爲最大的肉食恐龍，如暴龍（*Tyrannosaurus*）(圖33-11 A)。 鳥形恐龍具有與鳥類相似的骨盆，用四足行走，趾間有蹼；有的體表有甲， 如甲龍（Ankylosaurus）(圖33-11 B)。最後兩

圖33-11　恐龍。A.暴龍(蜥形恐龍)，B.甲龍(鳥形恐龍)。

支爲蛇頸龍(plesiosaur)和魚龍 (ichthyosaur)，在演化途中與恐龍分道揚鑣，他們都生活在水中，以後皆絕跡。蛇頸龍的頸甚長（圖33-12A），佔體長（15 公尺）

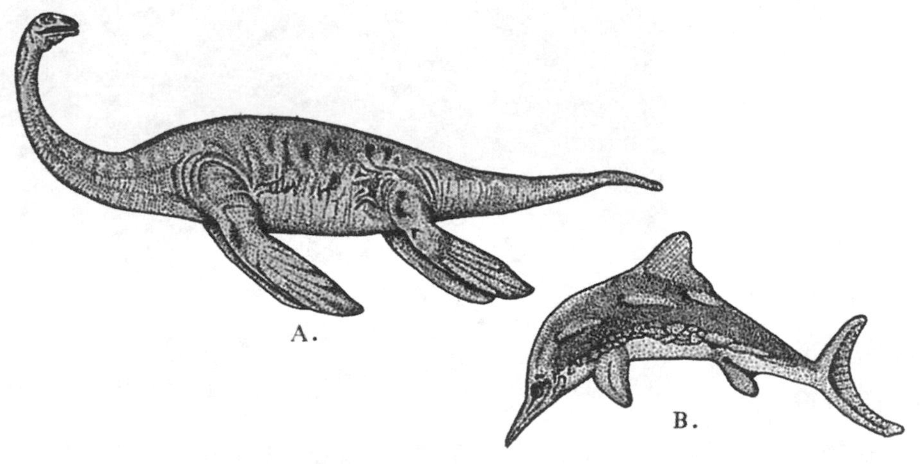

圖33-12　兩種海生的爬蟲。A.蛇頸龍，B.魚龍。

的一半（傳說的尼斯水怪，可能是蛇頸龍的後代）。魚龍的外形似海豚（圖 33-12 B），成體的化石，體腔內有時有幼小個體，證明魚龍爲卵胎生。

白堊紀末，地球上發生造山運動（洛磯山革命），使地球的氣候改變，很多大爬蟲可能無法適應改變的環境，因而滅絕。有關爬蟲的絕跡原因，尚有其他說法。但問題是：恐龍對其環境及生活方式適應良好，當地球上的植物被改變時，恐龍仍能數目增多，並分歧演化；再者，現今替代爬蟲統治地球的哺乳類，在當時已與爬蟲類共存一段很長的時間，而非恐龍絕跡後方始出現，若係哺乳類導致恐龍絕跡，則此一情況爲何未曾及早發生；尤其不可思議的是恐龍爲何突然絕跡呢？往昔認爲恐龍絕跡是逐漸進行的，爲時可能數十萬甚至百萬年。但根據近代地層方面的研究，說明恐龍絕跡是突然發生的，即使非一年半載，但亦不太長久。據此，科學家又興起災變說（catastrophism），此說認爲地球與彗星或其他星球相撞擊、太陽黑點增多因而太陽輻射能減少或引起其他改變、以及來自附近超級星球的致死輻射等情況，皆有可能導致恐龍突然絕跡。

中生代時，除了恐龍盛極而衰外，許多其他生物亦於此時有重要發展，例如許多現代昆蟲皆於此時出現，螺及蛤的數目和種類皆增多；哺乳類在三疊紀出現，硬骨魚類及鳥類在侏儸紀時出現；始祖鳥（*Archaeopteryx*）的大小似烏鴉，口內有齒，具有似爬蟲的尾（圖33-13）。三疊紀早期植物最繁茂者爲種子蕨以及蘇鐵、松柏等裸子植物，至白堊紀被子植物如楓、

圖33-13　始祖鳥化石

棕櫚及橡樹等均出現。

新生代（Coenozoic Era）新生代可稱爲“哺乳類時代”、“鳥類時代”、“昆蟲時代”或“開花植物時代”，因爲這些生物在新生代不但種類多，而且數量也十分可觀。新生代的前部爲第三紀（Tertiary Period)，後部爲第四紀(Quaternary Period)；第三紀包括五個世（epoch)：古新世（Paleocene Epoch)、始新世(Eocene Epoch)、漸新世（Oligocene Epoch)、中新世(Miocene Epoch)和上新世(Pliocene Epoch)；第四紀則分更新世(Pleistocene Epoch）和全新世（Recent Epoch)。

哺乳類在侏儸紀時已有多種，身體大小似鼠或犬不等。最早的哺乳類應屬一穴目，爲產卵的動物，目前僅存於澳洲。第三紀時有各種草類供作哺乳動物的食物，亦有森林可作哺乳動物的護身處，這些可能皆爲哺乳類體型改變的重要因素，他們除體積增大外，腦容量也加大，齒及足亦有若干改變。最早的肉食哺乳動物於第四紀早期出現（圖33-14)。更新世時許多植物尤其是木本植物絕跡，但出現許多草木植物，這些植物與現今的種類相似。

圖33-14　早期一種肉食哺乳動物，小型似黃鼠狼。

第四節　人類的演化

曾有生物學家建議猿與人之間並無演化關聯，理由是猿類中除長臂猿外，其他的猿在眼的上方，都有很粗大的眶上隆凸（supraorbital torus)；這在人類卻很少見，即使有，也是極不顯著，假若人類是由猿演化來，則此隆凸在現代或早期的人類仍應存在。

1856年，在德國尼安德山谷發掘出人的骨骼，是最早被發現的人類化石，稱尼安德人(Neanderthal man, *Homo sapiens neanderthalensis*)。尼安德人具有粗大的眶上隆凸（圖33-15)，因此前述學者的推測，乃受到挑戰。根據骨骼推測，他們可以直立、無頦(下巴，chin)、前額甚低，腦容量與現代人同大或略大，在更新世晚期，居於歐洲及地中海一帶，生存於距今約十五萬年至三萬五千年之間。

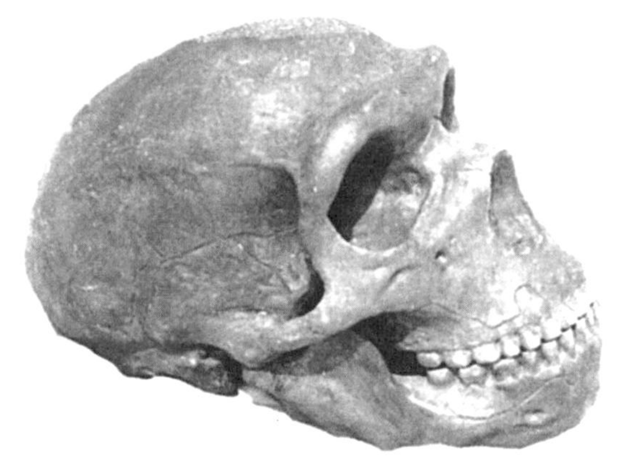

圖33-15 尼安德人頭骨，注意其眶上隆凸。

其次被發現之人類化石爲直立人(*Homo erectus*)。實際上，在發現人的化石前，生物學家即提出 *Pithcanthropus* 一詞，希臘語中，*pithecos* 是猿的意思，*anthrops* 爲人的意思，意即猿人 (ape-man)，爲介於猿與人之間的生物。荷蘭的一位醫師杜卜斯 (Dubois) 認爲東印度猿與人類的關係，較非洲猿與人類的關係相近，在東印度 (印尼) 羣島可能發現猿人，因而赴東印度，果然在爪哇島發掘到人類化石，乃稱之爲直立猿人 (*Pithecanthropus erectus*)，俗稱爪哇人 (Java man) (圖33-16)。以後在我國北京西南的房山縣周口店亦發掘到猿人，當時稱爲北京猿人 (*Sinanthropus pekincensis*)，俗稱北京

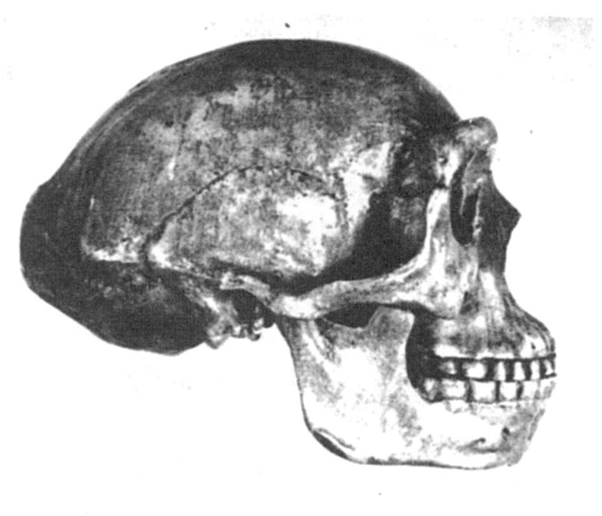

A.

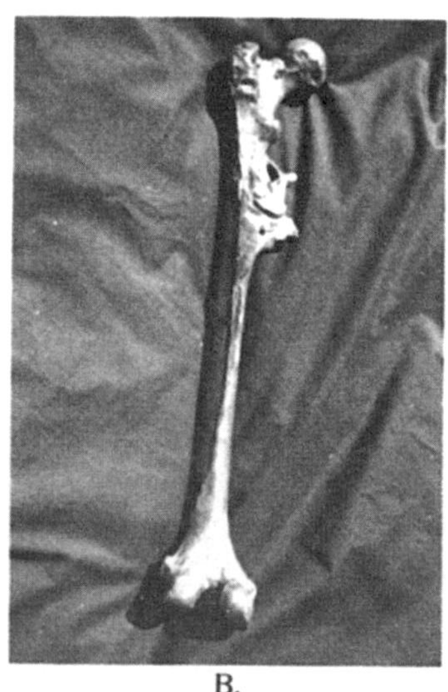

B.

圖33-16 直立人。A. 頭骨，其眶上隆凸與尼安德人同大，B. 股骨。

人 (Peking man)。爪哇人與北京人皆爲直立人 (*Homo erectus*)，與現代人同屬不同種。爪哇人約生存於五十萬年前，北京人生存年代稍晚於爪哇人。以後在歐洲及非洲亦曾陸續發現直立人的化石。整體而言，直立人的身材，較智慧人 (*Homo sapiens*) 小，腦容量亦較小。

以後在人類起源方面的發現，是發掘到天南人猿 (*Australopithecus*)。達爾文曾建議人類的起源地應是非洲，這一構想，雖與杜卜斯在東印度發現直立人的事實不符，但卻有助於天南人猿的發現。1924年，科學家在非洲發現一幼童的化石，稱之爲非洲天南人猿 (*Australopithecus africanus*)，以後在非洲又發掘到更多天南人猿的化石，其中除非洲天南人猿外，尙有粗壯天南人猿 (*Australopithecus robustus*)。天南人猿已能直立行走，人類學家認爲非洲天南人猿是人屬 (Genus *Homo*，包括直立人與現代人) 的祖先。粗壯天南人猿的出現較非洲天南人猿晚，兩者可能曾共存一段時間，但粗壯天南人猿最後則絕跡。

李開 (Leaky) 於 1920年代，從事人類化石的發掘及研究，曾在坦尙尼亞 (Tanzania) 的奧淘維谷 (Olduvai Gorge) 收集到許多人類的化石，其中有非洲天南人猿、粗壯天南人猿，另有些則爲 *Homo* (人屬)。在 Homo 的標本中，有的腦容量介於非洲天南人猿與直立人之間，李開稱其爲 *Homo hibilis* (巧能人)。

至 1978 年，李開在衣索比亞 (Ethiopia) 又發現一天南人猿的新種 (圖 33-17)，此不但是所有天南人猿的祖先，亦是 *Homo hibilis* 的祖先，此一化石經定名爲 *Aust-*

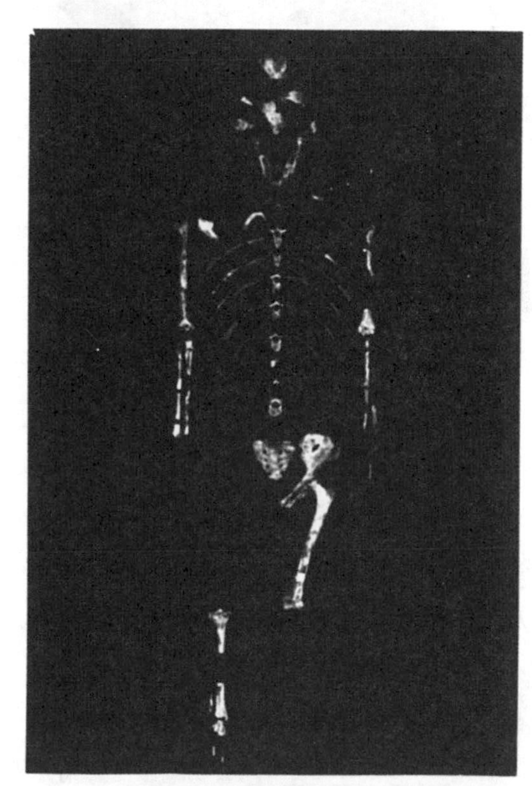

圖33-17 *Austrolopithecus afarensis* 之遺骸

ralopithecus afarensis，或簡稱爲 Lucky，其生存年代應在三百五十萬年前。

多數人類學家、古生物學家及考古學家，根據人類化石的研究，將人類演化作成如下的結論（圖33-18）：

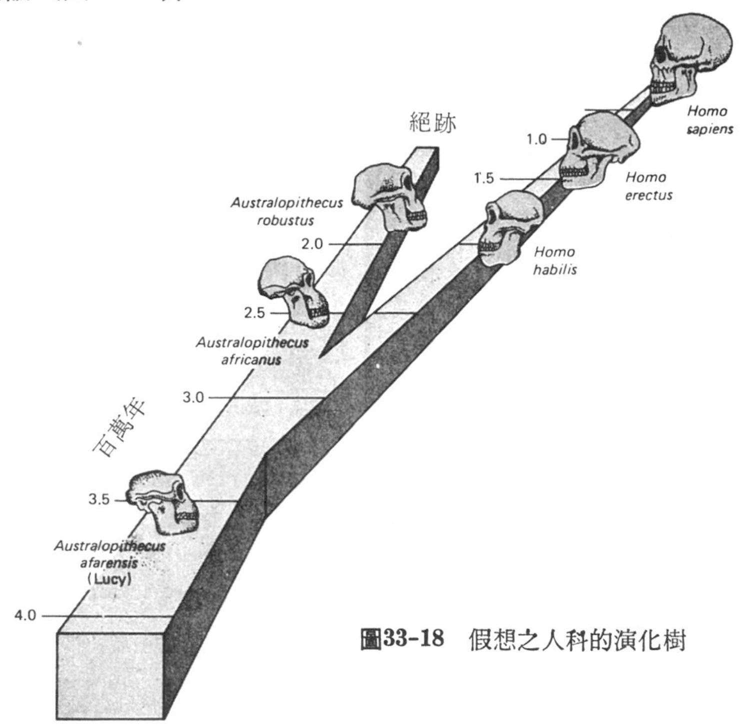

圖33-18　假想之人科的演化樹

A. afarensis 是其以後的人類祖先，其本身則係由似猿的祖先如橡猿（*Dryopithecus*）演化來。*A. afarensis*演化爲其他的天南人猿，有的則演化爲*Homo*。*Australopithecus* 與 *Homo* 共存於地球長達二百萬年，最後終歸滅絕。*Australopithecus* 在早期的演化過程中有兩種：*A. africanus* 和 *A. robustus*。天南人猿能使用少數簡單的工具，最後乃爲 *Homo*，尤其是 *Homo erectus* 所淘汰。天南人猿與直立人皆用兩足行走。

直立人能使用多種不同的工具，他們是人科中最早自非洲大陸遷移至歐洲及亞洲者，以後演化爲智慧人（*Homo sapiens*），如克洛曼農人（Cro-Magnon）。克洛曼農人在法國及西班牙的洞穴中繪有藝術水平相當高的壁畫；所製的石器，在技巧上也較尼安德人進步。隨後，克洛曼農人又爲當時的現代人所取代。

第七篇　生物與環境

第三十四章　行　　爲

行爲 (behavoir) 是生物對外界環境中的刺激所產生之反應。生物能够分析環境中的刺激而表現其特有的行爲，例如狗搖動其尾、鳥兒發出鳴聲、蝴蝶釋出吸引異性的化學物質等。有些行爲涉及整個身體的移動，例如棘背魚(stickleback fish)在求偶時（圖34-1），全身擺動舞蹈。也有的行爲則爲身體靜止，例如鳥兒在地面發現掠食者時，即保持不動。行爲由於各種生物的構造及生化情形不同而互異。

行爲可以協助生物獲得食物或水、尋覓棲所等，行爲也可使個體的生理狀況維持恒定，例如寒冷時，人體會全身顫抖以產生較多的熱、鳥類則張開羽毛以增加羽毛的絕緣效果。狗在炎熱時便張口伸舌而喘氣，以排出過多的體熱。

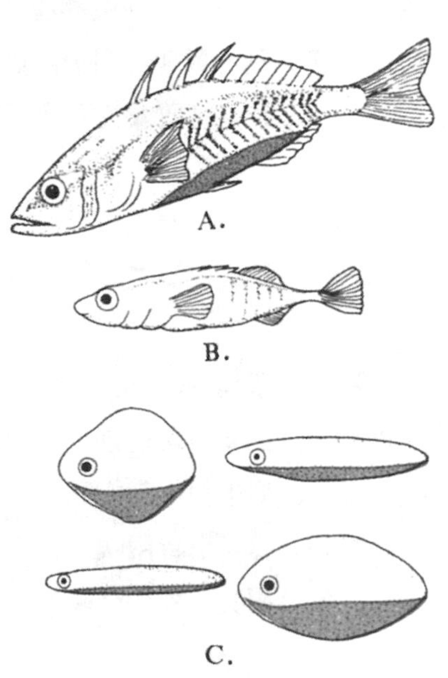

圖34-1　腹部紅色的雄棘背魚（A）對另一腹部無紅色的雄棘背魚（B）不會攻擊，但對其他腹部呈紅色的模型（C）則會攻擊。

第一節　簡單的行為

細菌雖然沒有神經系統，也無特殊的感覺器官或肌肉等，但是也能感受環境中的刺激，並對之發生適當反應，例如向食物的方向移動、避開有毒的物質或溫度過高過低的地方。目前的證據顯示細菌表面有將食物運入細胞內的某些蛋白質，這些物質，也是細菌發現食物或其他物質的受器，能使菌對刺激產生反應。

向性（tropism）　植物也能對刺激產生反應。植物趨向或背離刺激而生長的情形，叫做向性。光、地心引力等會刺激植物分別產生向光性、向地性等反應。植物的行爲並不限於向性，其他如捕蟲植物藉捕蟲運動以捕捉昆蟲爲食，亦是對刺激所產生的反應。植物的睡眠運動，其葉在晚間會摺曲以保持水分和熱，亦屬行爲。更有趣者，是柳及赤楊的同種個體間，當有昆蟲侵襲時，會互相溝通——藉化學物質作訊號。這些皆是植物對刺激所表現的行爲反應。

趨性（taxis）　許多動物雖然構造上遠較細菌和植物來得複雜，但是，包括節肢動物和哺乳動物等演化程度較高的種類，在日常生活中也會產生很簡單的反應，這些簡單的方向行爲，叫做趨性。趨性是動物接受刺激後所產生走向或背離該刺激的反應，例如動物對地心引力的刺激而趨向地面，爲正趨地性，背離光源爲負趨光性，溪流中的渦蟲會羣集在一小片猪肉上，此爲對猪肉的化學刺激所產生的正趨化性。

第二節　生物律動與生物時鐘

植物的睡眠運動，在晚間其葉下垂，爲一種呈日週期的節律變動；人體的體溫，也是典型的日週期變動。生物的代謝過程及行爲，隨外界環境呈日週、月週或季節性變動，對生物本身有利。許多棲於海洋動物沿岸的，其活動常與潮汐有關；蟹在低潮時（每24小時兩次），自洞穴外出覓食，某些居於潮間帶的螺，僅在大潮時產卵，每月兩次。許多動物的生殖和冬眠，則呈現年週期的律動。

月週期（lunar cycle）　有些動物甚至植物的活動節律，隨月週期而變動。許多海洋動物的活動常隨潮汐（與月亮有關）而改變。布洛洛蟲（palolo worm，海生、與環節動物演化關係相近）行體外受精(圖 34-2)，爲確保精子與卵能够相遇，同一族羣中的雌雄個體，常在一年中的某月某日的特定時間，至同一地點分別釋出精子或卵。這一律動，與日週期、月週期甚至季節週期有關；日週期產生光亮的變化，月週期所發生潮水的高低，以及季節週期發生的溫度、日照時間及食物變化等，聯合一起，乃決定其排出精子或卵的時間。美國太平洋沿岸的小銀漢魚（grunion）在四月至六月間高潮時的三、四個晚上，隨著高潮至沙灘，將卵或精子產於沙中，然後隨著下一個浪潮返回海中，十五天以後，當次一高潮到達該處時，幼魚已經孵出，便隨潮水至海中。

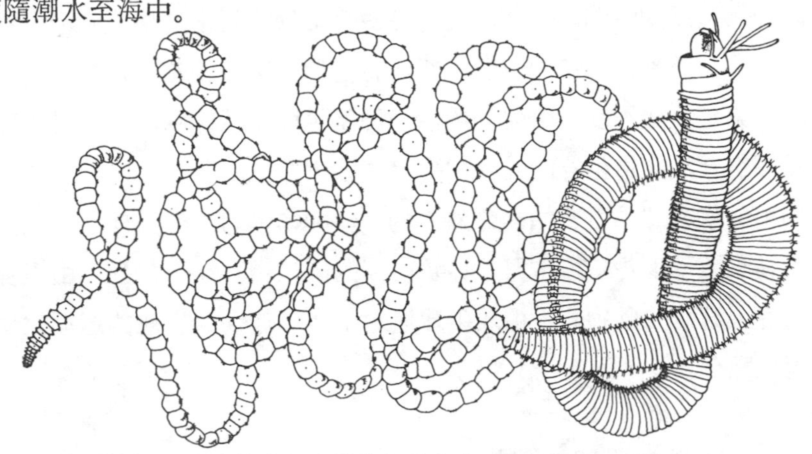

圖34-2 布洛洛蟲，身體後部具有生殖細胞的節，形態會改變。

週日性律動（circadian rhythm） 睡眠、攝食、體溫及許多其他活動，常呈現約二十四小時的週期性，稱週日性律動。動物中有的日間活動，有的夜間活動，假設某種動物的食物在清晨最爲豐富，則其活動必須在天亮以前最爲旺盛，即使天亮時間逐日略有改變，這種動物的活動時間也會隨著變化。

人體的許多生理現象也呈現 週日性律動，例如體溫，每天下午四時至五時最高，而在清晨四時至五時最低（約差 1°C）。很多種激素的分泌、心搏速率及血壓、鉀及鈉的排泄速率等，皆呈現日週性的最高和最低點。甚至有些寄生蟲在寄主體內，也有節律性的變動，例如引起人類象皮病的血絲蟲(filaria worm)，其幼蟲在晝間生活於較深層的血管內，夜間則在近體表的血管中，以配合蚊蟲在夜間吸血的習性而至蚊的體內，再由蚊蟲傳染給另一寄主。

生物時鐘的控制 目前的證據顯示，大多數生物的生物時鐘（bilogical clock）並非由單一的機械所控制。許多生化反應相互作用可能產生某些物質，這些物質定時累積至臨界度，便與控制行爲及生理律動有關。在鳥類、鼠及其他某些哺乳動物，松果腺擔負著定時系統的任務，而在許多哺乳動物，下視丘爲生物時鐘的一部分。

有的生物學家認爲生物律動是內生的（endogenous），即由身體內部調節，體內的生物時鐘可以測知時間。依據此說，時鐘計時無需正常的環境刺激。螺及其他許多海洋生物，其活動隨潮汐而改變，即使將他們移至水族箱中，並使光線、溫度及其他環境因素都恒定不變，但他們的活動仍呈現節律性變動，其律動與原來生活的環境律動相符合，此爲生物時鐘係內生說的強力證據。

也有的生物學家認爲生物律動係外生的（exogenous），即由外界環境的刺激所控制。研究結果顯示生物時鐘常與外界及內部的刺激相互作用，且可由環境重新定時。例如在春天繁殖的動物若是由北半球運送至南半球，其生殖的週期性便會改變而與新環境相配合。

第三節　行為遺傳學

行爲可分爲兩類：一是本能行爲（instinctive 或 innate behavoir），另一是學習行爲（learned behavoir）。本能行爲可以遺傳，學習行爲則是藉經驗而獲得。有的本能行爲只要神經系統存在便可發生作用，無需環境因素加以改變，例如蜘蛛結網，第一次即可進行得十分完美，與終其一生所結的網完全一樣。許多種類的動物，其本能行爲可以與環境相互作用而發生改變，例如幼鷗啄其親代的喙，於是親代便吐出已部分消化的食物供幼鳥爲食，幼鳥這種懇求行爲在起初十分艱難，不易完成而屢屢失敗，但幾經練習便很容易啄到親代的喙。

行爲主爲身體協調機制（即神經及內分泌系統）的特性，因此，行爲便與這些系統的遺傳特性有關。行爲雖然可以遺傳，但有的行爲又或多或少可以由於經驗而改進。小鸚鵡的一種（*Agapornis rosicollis*）攜草築巢時，將草挾在臀部的羽毛下（圖34-3A），另一種小鸚鵡（*Agapornis fischeirs*）則銜在口中（圖34-3B），這兩種小鸚鵡雜交所產生的後代，其攜草方式起初則頗爲混亂（圖34-3C），親代的兩種方法都無法完成，但經過三年時間的練習，最後能用口銜草，至於挾於臀部羽毛下的攜草行爲雖不能完成，但卻仍一直保留著。

圖34-3 小鸚鵡行爲的遺傳。A.攜草築巢時，將草挾在臀部的羽毛下，B.另一種小鸚鵡攜草時將之銜在口中，C.雜種後代的銜草方式很混亂。

蜜蜂的某些行爲，其遺傳方式與孟德爾遺傳法則相符合。蜜蜂有所謂“衛生”行爲，即能將蜂巢內小室的蓋子打開 (uncapping)、並移除小室中已死的蛹 (removal)；另有些蜜蜂表現“不衛生”的行爲，即不會打開小室的蓋子 (no uncapping)、亦不會移除已死的蛹 (no removal)。將兩者互相交配，後代皆表現“不衛生”行爲，再將 F_1 與親代表現“衛生”行爲者反交，後代有四種表型：衛生的，不衛生的，不會打開蓋子、能移除蛹屍，能打開蓋子、不移除蛹屍，比例是1：1：1：1。由此可知，能打開蓋子（u）與能移除蛹屍（r）皆爲隱性，不能打開蓋子（U）與不會移除蛹屍（R）爲顯性。上述的實驗可以圖 34-4 說明之。

圖34-4　蜜蜂“衞生”與“不衞生”性狀的遺傳

動物在表現某種行爲以前，必須在生理方面準備就緒。例如鳥類及許多哺乳動物的生殖行爲，要在血液中的性激素濃度到達某一程度時始表現出來。嬰兒必須在反射作用及肌肉發育允許的情況下，始能行走。這些生理準備不但與遺傳有關，並且必須與環境不斷發生相互作用；鳥類血液中的性激素濃度，與晝長的季節性改變有關；嬰兒的肌肉發育與學習有關，若不作嘗試與錯誤的練習，則仍無法行走。

第四節　學習行為

學習行爲（learning behavoir）是指行爲受環境影響而發生改變，由於累積的經驗而使行爲有所改變。

習慣性適應（habituation） 最簡單的學習行爲是習慣性適應。動物對於沒有賞罰的刺激，重覆多次後，便會逐漸停止對該種刺激發生反應。例如稻田裏隨風飄晃的稻草人，小鳥經過一段時間以後，便不再對此發生反應。這種學習行爲對幼小動物的行爲發展極爲重要，小動物因受掠食者的驚嚇，起初，對任何會移動的大物體，都會產生逃避反應，但很快的便會習慣於對其沒有傷害性之風吹葉搖等刺激，而不再作無謂的逃避。

條件反應（conditioned reflex） 俄國生理學家巴弗洛夫（Pavlov）以狗爲實驗，當餵以肉粉時，狗即分泌唾液。然後一邊餵以肉粉，一邊響起鈴聲；數次以後，狗只要聽到鈴聲，即使不餵以肉粉也會分泌唾液。顯示狗已將肉粉與鈴聲聯在一起，鈴聲已可替代肉粉而刺激其分泌唾液，這種情件，叫做條件反應。望梅止渴便是條件反應的例子，人們只要有梅的酸味之經驗，這種記憶，以後便可替代梅在口中的情形而成爲一種刺激，刺激延腦中的唾腺分泌中樞，促使唾腺分泌唾液。

試誤學習（trial and error learning） 試誤學習爲動物無意間所表現的行爲，因而受到獎賞或懲罰，便會記住這一經驗。例如小鷄在籠中活動，無意間觸及電鈕，卻因而獲得食物，於是便將電鈕與食物連在一起，以後便會按動電鈕以獲得食物。在自然界，例如狐在森林中尋覓食物，發現有兩個區域，其中之一有許多嚙齒類可供其爲食，另一區域則有野狗會將狐逐出。很快的狐便學習常到嚙齒類多的區域，而避免有野狗的區域；此與前述小鷄在籠中只按電鈕而不按其他物體的情形相彷。

印痕（imprinting） 印痕爲一種非常特殊的學習行爲，小鵝在孵出後的最初數天，常常眷戀母鵝，這種行爲叫做印痕。印痕使幼鵝緊隨母鵝、並能藉此受到母鵝的保護。印痕在親鳥不照顧幼鳥的種類則不會發生，即使有印痕能力，而這種能力亦無用武之地。

印痕與其他學習型式不同之處，為正常情況下，僅在動物一生中的某一時間發生。鳥類的這一臨界期通常在孵化後不久(約12小時)發生，而且僅持續數天而已。在此時期，幼鳥如果有機會選擇，會優先對同種的成體產生印痕。若此時無成年個體存在，則對任何移動的物體包括人類在內，都會產生印痕，而將之認為母親。

印痕在有些鳥類與學習鳴叫有關，許多幼鳥僅在一生中某一臨界期始能正確地學習該種鳥所特有的鳴叫。有的科學家認為兒童學習語言較成年人容易，即與鳥類學習鳴叫一樣，兒童時為其學習語言的臨界期。

第五節　遷　徙

動物遷徙 (migration) 包括兩種相關現象：⑴引起遷徙的刺激，⑵定向及導航；這兩種現象，緣自不同的生理機制。

許多鳥類的遷徙，與環境中的情況如溫度、雨量、晝長及食物等密切相關，因此，這些因素可視為鳥類遷徙的原因。候鳥在春天時，由於白晝的延長，經由皮膚

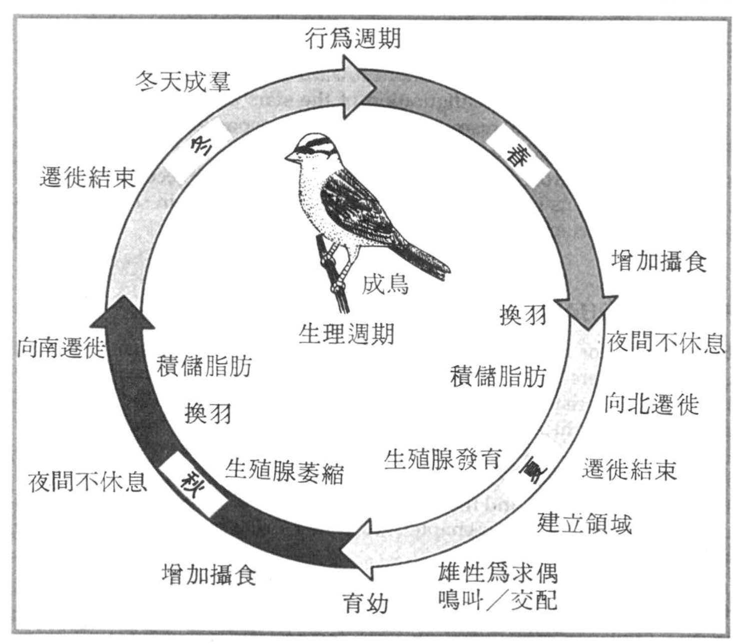

圖34-5　白冠鵐 (white-crowned sparrow) 的生理 (內圈) 及行為 (外圈) 之季節性改變

及羽毛使松果腺能感受到，進而觸發其無休止的飛翔——遷徙行爲。遷徙常與其他一系列事項包括生殖、換羽、以及遷徙前體內積儲脂肪等互相銜接，成爲週年性律動（圖34-5），週年性律動是以一年爲週期的生物時鐘。

導航(navigation)是動物在不熟悉的環境中尋找目標的能力，除脊椎動物外，許多無脊椎動物包括軟體動物及節肢動物等皆具此種能力。他們可以藉環境中的物體如太陽、星星等作爲標記。鳥類利用太陽、月亮或星星等的位置來辨位飛航，有些藉海中或陸地的標記如海峽、河流等來定位，也有的利用地球的磁場作飛航的指南針。

第六節　社會行為

社會行爲（social behavoir）涉及個體尤其是同種個體間的相互作用。某種生物其社會生活之特徵，包括羣體中個體的數目、生活史中某一段時間與其他個體聚集一起、該羣生物彼此間相互溝通的情形等。

溝通（communication）溝通的能力是表現社會行爲的主要因素，因爲個體間只有藉彼此均能了解的訊號，才能影響另一個體的行爲；藉著這種信息的傳遞，彼此才能互相溝通。溝通可以便於食物的尋覓，例如蜜蜂以舞蹈方式告訴同伴何處有食物。溝通也可以使個體聚集一起、在危急時可以警告同伴、認識同種的個體或顯示性成熟等。

人類可以藉語言、文字、表情、手勢及動作等互相溝通。在動物，鳥類的鳴聲是聽覺溝通的顯著例子。有的動物藉嗅覺互相溝通，例如羚羊將面部腺體的分泌物塗於其他物體上（圖 34-6)、狗頻頻小便以標示他們的領域。至於藉視覺訊號以溝通則包括姿勢、面部表情及運動等。動物的面部表情包括豎耳、伸頸仰頭、睜眼、唇的收縮、咬緊

圖34-6　羚羊用面部腺體的分泌物塗於其他物體

牙齒等（圖34-7）。

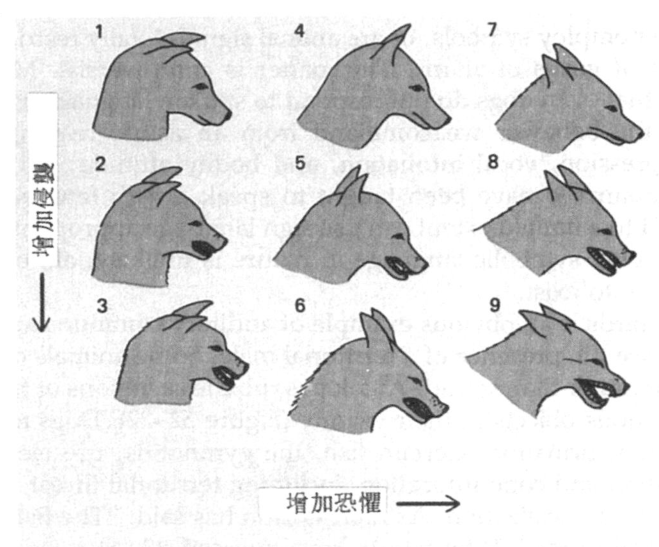

圖34-7 狗的面部表情，恐懼／降服程度的增加（1，4，7），侵襲度的增加（1，2，3），9的表情爲3與7的組合。

階級優勢（dominance hierachy） 多年以前，生物學家發現生活在同一籠中的鷄會互相追逐、啄咬，直至他們中建立起階級順序。在順序中，位高者對其他個體有統治力。有的種類，其階級順序呈直線，例如以A代表優勢的個體，A對次一階層B及其他階層皆有統治力，B對C及其他位低者有統治力，以此類推。但有的階級優勢並非呈直線，例如A對B爲優勢，B優於C，C則優於A，在大的團體中，其階級情形可能更複雜。

在脊椎動物的團體中，一旦建立起階級順序，彼此便很少打鬪，因爲各成員很快了解到團體中那些個體階級高於自己。一般而言，階級優勢可視爲是一種適應性，因爲如此個體就不必爲爭取食物而與同伴繼續爭鬪，以免爲食物來源而消耗體力。

勢力圈（territoriality） 幾乎所有動物，甚至植物，在同種個體間，都會保持一最短距離。例如停留於電線上的鳥，彼此間有一定距離。多數動物常居於某一區域範圍且很少甚至從不離開，這一範圍，叫做活動區（home area），動物在其活動區內可以有機會熟悉環境中的各種事物，對躲避敵人或找到食物均有利。有的動物甚至會保護其活動區，以對抗同種的其他個體、甚至他種動物的侵入。由其所保衛的地區，叫做領域（territory），保衛的意向，叫做勢力圈。

鳥類的勢力圈較易研究。典型者，雄性在繁殖季開始時，會選擇一地區爲其領域，這一行爲是由於血液中性激素濃度增高而產生。附近其他領域內之雄性會與之爭鬪，直至領域的範圍固定爲止。一般而言，雄性的優勢隨其與領域中心之距離而改變，當其在靠近自己巢的地方，便兇猛如獅，但當其侵入他鳥之領域時，則有如羔羊。鳥類常以鳴聲宣布其領域之存在，並藉以向雌性宣告有雄性居於此一領域。

動物的勢力圈，也可能是一種適應，可藉以減少紛爭，控制族羣的增大、以及有效運用環境中的資源。領域範圍與生物特有的生活方式有關，例如海鳥在遠洋，可能飛越數百哩之廣；但當他們在島上或岩石上，便會展現領域行爲，因爲陸上的資源短缺，競爭激烈。

性行爲（sexual behavoir）有些動物，其社會行爲的接觸僅限於性愛。性愛需要協調合作、暫時抑制攻擊行爲以及彼此溝通等。雄性常盡量使多數雌體與之交配，因此，雄者彼此競爭激烈。經由天擇，雄者乃發展出較大的體型、鮮明的交配顏色、有角及其他特徵，使其具有優勢並能吸引雌性。優勢的雄者得以向雌性求

A.

圖34-8　育幼。A. 黑熊與美洲豹雖相互爲敵，但平時彼此避不見面。圖中的豹侵入熊的領域中而該母熊則正在哺育其幼兒。　B. 企鵝正吐出食物餵哺幼兒，C. 狒狒背負幼兒。

B.

C.

愛，求愛行爲可能爲時長而且儀式複雜。

雌雄交尾後，雄者常會保護雌者，使其不再與其他雄性交尾。例如雄性豆娘(damselfly) 在交尾後，繼續挾著雌者飛翔直至其產下卵。雄蜂在交尾時，會將其生殖器釋放於蜂王的生殖道中，如此則可阻塞其生殖通道，防止卵與其他雄性的精子結合。

許多動物，尤其是鳥類及哺乳類，會照顧幼兒（圖34-8），雙親的育幼行爲可以增加後代的生存機會，但親代的育幼工作耗費時間與精力，其付出的代價則爲產生後代的數目爲之減少。

第三十五章　生態環境中的相互作用

生態學 (ecology) 爲研究生物與環境關係的科學，其中個體生態學 (autecology) 係探討個體或族羣與環境的關係，羣體生態學 (synecology) 則討論生物集團間的相互作用。生物集團的組成有三個層次，即族羣 (population)、羣聚 (community)及生態系 (ecosystem)；族羣爲一羣同種的生物；羣聚爲生活於同一棲所中的不同族羣；生態系包含羣聚與其自然環境（即無生物環境），彼此間可以交換能量及其他物質。

第一節　生產者、消費者及分解者

生態學家依據生物在自然環境中所表現的功能，將之區分爲生產者(producer)，消費者 (comsumer) 和分解者 (decomposer) 三大類。以營養方法而言，生產者爲自營生物 (autotroph)，即能將無機物合成有機物者，消費者和分解者都是異營生物 (heterotroph)，即以現成的有機物爲食者。生態系中，不論生活在水中或陸上的自營生物和異營生物皆會相互作用。

生產者　自營生物只需水分和其他無機物，以及能量便可生存。自營生物有的是利用日光作爲能量來源以行光合作用，如綠色植物、藻類及少數細菌；有的自營生物行化學合成 (chemosynthetic)，即將無機物如氨及硫化氫等氧化而獲得能量，如亞硝化細菌將氨氧化爲亞硝酸鹽。

一般而言，化學合成的自營生物，在生態學上，則不及光合作用者來得重要，但少數種類如亞硝化細菌、硝化細菌等，在氮的循環中擔任著重要任務，亞硝細化菌將氨氧化爲亞硝酸鹽、硝化細菌將亞硝酸鹽氧化爲硝酸鹽，以供植物利用，故對生物圈頗爲重要。又如深海地帶陽光無法透入之處，化學合成的細菌是該生態系的重要成員。

消費者 異營生物不能將無機物合成本身所需的養分，必須以自營生物或已腐敗的有機物維生。所有的動物，菌類以及大部分細菌皆爲異營生物。

異營生物中，有的以攝食固體物，經消化後再吸收其養分，此稱全動性營養(holozoic nutrition)；因此，這些動物都具有攝取食物的構造及消化系統。全動性營養的生物中，有的專以生物的屍體或有機碎片爲食，這類生物在生態學上稱爲清除者(scavenger)。他們與分解者不同的地方是不能先將生物分解。另一類異營生物則爲寄生（parasitism)，生活於其他動物或植物的體內或體表，自寄主（host）獲得養分。有的寄生蟲（parasite）攝食固體食物，然後再將之消化；有的則吸收寄主體內已分解的養分。

分解者 酵母菌、黴菌及許多細菌，他們既不能自行製造養分，也不能攝取固體食物，而只能吸收已經分解的養分，這種異營方法叫做腐生（saprobic)。細菌和黴菌常生活於有動植物屍體的地方，利用分泌的酵素將屍體先行分解，然後再吸收養分，這種營養方式的生物，在生態學上叫做分解者。

第二節 物質循環與能量流動

根據質量不滅定律，構成生物體的碳、氫、氧、氮等原子，在生物死亡後，必定重覆使用以形成動植物的後代。生物圈未曾自宇宙接受任何物質，也不曾將物質散失於外太空，碳、氫、氧、氮及其他元素構成生物體時，皆取自地球本身，最後也必回歸於自然以備重覆使用。

碳循環（carbon cycle） 植物行光合作用要吸收 CO_2 作爲合成葡萄糖的原料，但長久以來，空氣中 CO_2 的含量並未因之減少，此乃由於 CO_2 可以回歸於大氣，其回歸的途徑有：(1)動物和植物的呼吸作用，即細胞吸收O_2並排出CO_2；

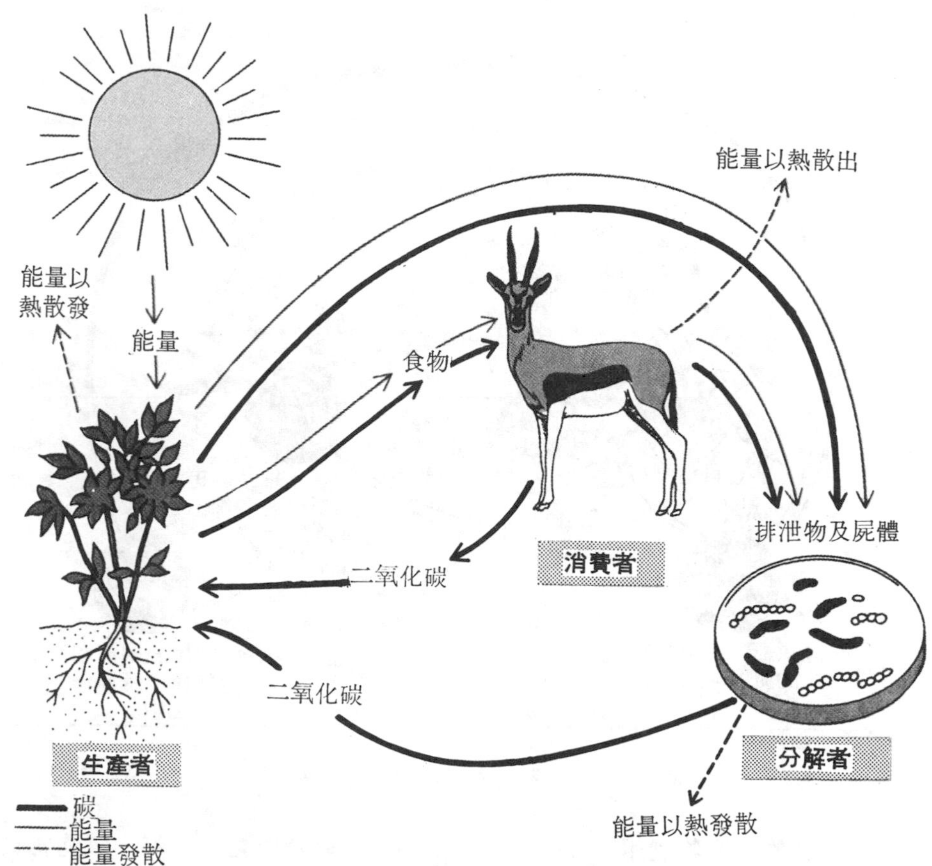

圖35-1　生物圈中碳及能量的流動，碳及其他化學元素可以循環利用，而能量則否，在能量轉移時，有一部分形成熱而散失，故生物圈必須經常自太陽輸入能量。

(2) 細菌及菌類可以使動植物的屍體及排泄物腐敗，將其中所含的碳形成 CO_2 而釋出（圖35-1）;（3）經由物質燃燒而釋出。植物埋於地下，長年累月後形成煤或石油，這些燃料經燃燒後會釋出 CO_2。實際上，現今地球上，由於人們燃燒燃料及其他物質所釋出的 CO_2，可能已超過植物所能吸收者，如此將會導致地球的溫度升高及其他無法預知的後果。

氮循環（nitrogen cycle）（圖35-2）　植物的根自土壤中吸收硝酸鹽，硝酸鹽

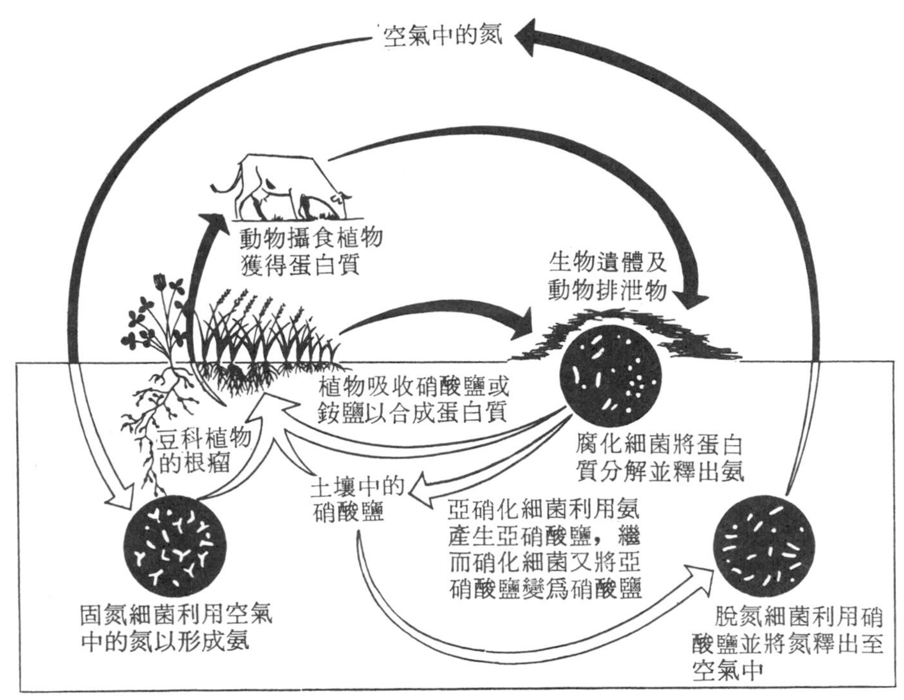

圖35-2　氮的循環

是含氮的化合物，植物利用所吸收的含氮化合物，與體內含碳、氫、氧的物質合成蛋白質。動物攝食植物，將植物蛋白質分解爲胺基酸，再將這些胺基酸組成動物本身所特有的蛋白質。另一部分由動物攝入的蛋白質則分解而釋出能量以供動物活動，同時亦產生含氮廢物。動物排出的含氮廢物可爲細菌所分解；這些細菌也可分解動植物遺體中的蛋白質。含氮廢物及動植物遺體經細菌分解後便產生氨，氨溶於水便成銨鹽，銨鹽又可經土壤中的亞硝化細菌氧化爲亞硝酸鹽，亞硝酸鹽又爲硝化細菌氧化爲硝酸鹽。銨鹽或硝酸鹽在土壤又可爲植物吸收利用，如是氮在自然界便可循環不已。此外，空氣中有五分之四爲氮，但是這些氣態的氮植物並不能利用，必須先由固氮細菌將之轉變爲氨，植物才能吸收。固氮細菌有的生活在土壤中，有的則生活於豆科植物的根瘤細胞中（圖35-3）。硝酸鹽經脫氮細菌的作用，又可產生氣態的氮而回歸大氣中。

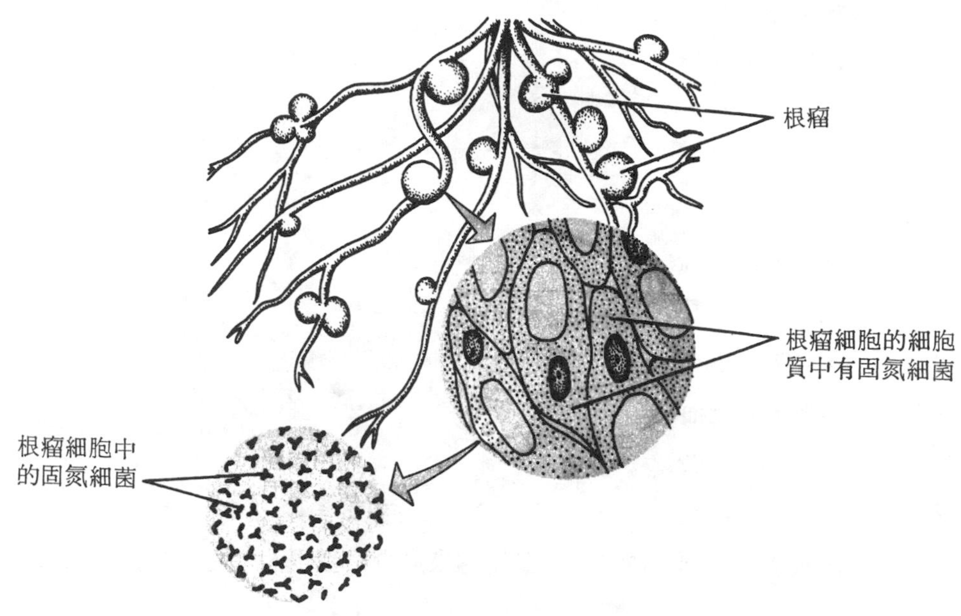

圖35-3 根瘤細胞中有固氮細菌

水循環 水在生物體內是重要的溶劑，也是植物行光合作用時氫的來源。自然界水的供應充沛，海洋是最大的水庫。陽光的熱會使水形成水蒸氣而蒸發，然後形成雲，雲隨風移動，遇冷則成爲雨或雪而降落。降落的水有的進入地下，有的流入河流，也有的直接返回大海。地下水以泉水的方式流至河川，或抽水時抽出，或由植物的根部吸收。植物吸收的水，僅10%用於光合作用，其餘90%仍經由植物的蒸散作用釋出。如此，水分經過數個不同的途徑由地球表面到大氣，再由大氣回歸地球表面，周而復始，循環不已。

能量的流動 前述的物質，都可以周而復始重覆使用，但能量的流動則不然；能量流動是單方向進行（圖35-1），不能循環利用。自然界的能量都來自太陽，實際上抵達地面的太陽能中，只有一小部分爲植物所捕捉，而用於光合作用者，僅爲進入植物體內之光能的 3 %而已。這些太陽輻射能由植物將之轉變爲有機物中的化學能。當動物攝食植物時（或細菌分解植物時），這些有機物便氧化，氧化時所釋出的能量，約略等於合成這些物質時所使用的能量，但有一部分則形成熱能而散失。假若該動物爲次一動物所食，則次一動物將其氧化時，又將有一部分有用的能量形成熱能而散失。

在生物彼此的食性關係間，由於每經一級的食物轉換，都會導致一部分能量形成熱能而散失，使能量依次遞減。故太陽能自太陽到生產者、消費者進而到分解者，能量便愈來愈少，呈現金字塔的形式，叫做能量塔（圖35-4）。

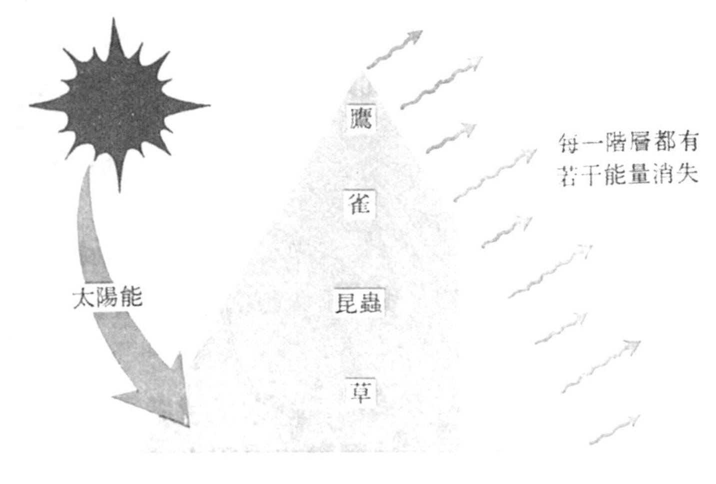

圖35-4 能量塔

第三節 食物鏈和食物網

自然界中，生產者將環境中的無機物形成有機物，以供消費者利用。初級消費者又爲次級消費者所食，故彼此間形成弱肉強食。生產者和消費者死亡後，其遺體又爲分解者或清除者利用。因此，從食性上觀之，生活在同一環境中的生物，彼此間不是以其他生物爲食，便是爲其他生物所食，這種取食與被食的關係，就構成了食物鏈（food chian)。食物鏈只限於四或五個食物階，因爲每經一食物階，有用的能量就會減少。

食物鏈中，生產者的數目或生物量（biomass，即居於同一地區同種生物的總量）最多，各級消費者的數目或生物量便依次遞減，其關係有如一金字塔，稱爲食物塔（food pyramid)，食物塔可分別以生物數目或生物量表示（圖 35-5）。

人類爲許多食物鏈的最終階級，由於人類無法增加進入植物的太陽能，也無法增加能量傳遞的效率；因此，只有縮短食物鏈，才能增加食物能量的供應。此在人口眾多的國家尤爲重要，例如中國大陸及印度，人民多以素食爲主，此一食物鏈最短，可使有限的土地上生產的食物，所獲的能量可以養活較多的人口。

在自然界，有的動物僅以一種生物爲食，因而構成一簡單的食物鏈。有的動物則攝取多種不同的食物，他們不僅是許多食物鏈中的一員，而且在不同的食物鏈中，分別位於不同的食物階層，例如在一食物鏈中爲初級消費者，而在另一食物鏈中又爲三級消費者。由於這些生物攝食多種不同的食物，因此，不同的食物鏈乃相互連結而成爲錯綜複雜的食物網（圖35-6）。

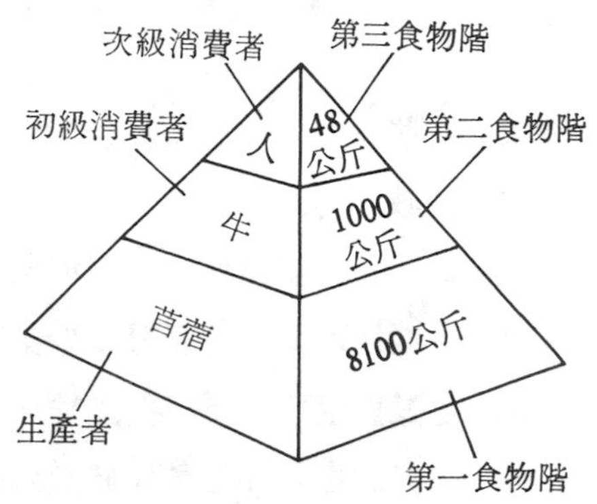

圖35-5　食物塔

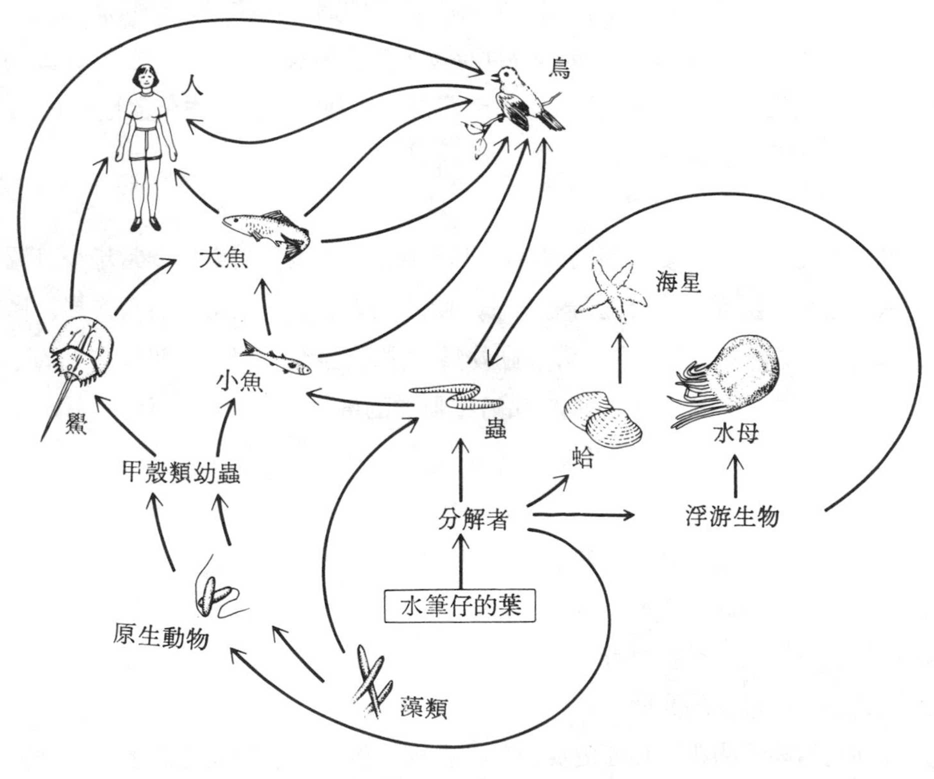

圖35-6　食物網

第四節　限制生物分布的因素

地球上有些地方太熱、太冷、太濕、太乾或其他極端因素，致使生物無法在該處生存。大多數生物甚至在適宜的環境中，也不一定生存其間，這是因爲有障礙存在，使生物無法移行至該地區，只能侷限於某些固定的地點。因此，地球上乃形成六大明顯的生物地理區，各區分別聚集若干代表性的動物和植物。

生物的生長與生殖，需要某些物質，若是環境不能供應此類物質的最低需要量，生物在該處的生長和生殖便將受到限制。某種因素過多時，也會對生物成爲限制因素。有些生物對於溫度、光線等環境因素的忍受範圍甚爲狹窄，生態學上便稱爲狹溫（或其他）生物，有些生物的忍受範圍則較大，稱爲廣溫（或其他）生物，狹溫生物，僅能忍受有限的溫度變化，能忍受較大的溫度變化者，稱爲廣溫生物。生活於南極的魚（學名 *Trematomus bernacchi*）僅能忍受 −2°C 至 2°C 間的溫度變化，實際上在 1.9°C 時卽因炎熱而衰弱得不能動彈。家蠅爲廣溫性動物，可以忍受5°C−45°C的溫度範圍。

溫度　溫度爲一項重要的限制因素，沙漠中和北極地帶的生物非常稀少，溫度不適是原因之一。生活在沙漠地帶的動物，由於天氣酷熱，大部分白天穴居，僅在晚間出來覓食。靠近北極地帶，許多動物爲了逃避酷冷的嚴寒，便埋在雪的下方蟄居，因爲雪下方的溫度較表面高，如阿拉斯加的雪地，表面溫度爲−55°C 時，雪的下面60公分處，溫度爲−7°C。

光線　光線在決定植物和動物的分布以及行爲方面都很重要。洞穴中以及深海處由於缺少光線，因此只有異營生物棲息其間。陽光是地球上能量的終極來源，但是，曝於強光下過久或是在短波光下，都會導致生物死亡；因此，動植物都有保護機制以抵抗過多或過少的光線。

光週期對植物的開花、鳥類遷徙、魚類產卵、以及鳥類和哺乳類季節性改變體色等，都有很顯著的影響，因此，有關光週期的知識，自有其經濟價值。

水分　水爲所有生物維持生命所必須的物質，也是陸生生物的限制因素。雨量的多寡、雨季的分布、濕度，以及地下水的供應，皆爲限制動植物分布的重要因素。河流或池沼中的水若是乾涸，棲於水中的魚或其他動物皆會死亡。有些沙漠中的動物掘穴而居，在地面下不但溫度較低，同時濕度較高，因此，也可藉此獲得水分。至於水分過多，對某些動物則會導致死亡。蚯蚓在大雨後，洞穴被水淹沒因而被迫離開洞穴逃至地面，因爲水中溶解的氧少，蚯蚓無法在浸水的洞中獲得足够的氧。

其他環境因素　大氣對一般陸生生物不致成爲限制因素，但是對水生環境而言，因爲水中溶解的氧量有很大變異，因此水的溶氧量，對生活其中的生物便構成限制因素。在靜止不流的池塘中，或污染的河流中，水的含氧量均十分低，因此許多生物都無法生存其中。

空氣中的二氧化碳至爲恒定，但水中溶解的二氧化碳則變異很大，過量的二氧化碳對魚及昆蟲的幼蟲可能是限制因素。水中氫的濃度即 pH 值，與二氧化碳濃度有關，因此，氫也是水生環境的重要限制因素。

動物和植物生活所需的微量元素，也可構成限制因素。例如土壤中缺少鈷或銅時，會導致植物及草食動物的疾病。其他如錳、鋅、鐵、硫等微量元素也是動植物分布的重要因素。

土壤的類型、表土的多寡及其 pH 值、多孔性、坡度及涵水性等，對許多植物而言，皆爲限制因素，間接的也影響到動物的生存；因爲植物可供動物棲身，亦可作爲避敵的場所，並供作食物。

總括而言，動物或植物能否在某一地區生存，是由物理因素即溫度、光、水、風等與生物因素間相互作用的結果。

第五節　種間的相互作用

同種生物間的相互作用已於前章討論，至於兩種不同生物間的相互作用，則可能有數種不同的方式，彼此或是競爭或是合作，其影響有的是正面的，有的爲負面。

兩種生物可能爲空間、食物、光線或逃避掠食者、疾病等而競爭。換言之，他們可能爲競爭同一生態地位而競爭，所謂生態地位 (ecological niche)，是某種生物在羣聚或生態系中的功能。競爭結果，可能其中一種生物便死亡、遷移他處，或利用不同的食物來源。

圖35-7 珍珠魚

兩種生物習慣性地生活一起，其中之一能自同伴獲得益處，另一則並未受害，這種情形，叫做片利共生 (commensalism)。片利共生在海洋中的生物尤爲普遍，例如一種小型的珍珠魚（圖35-7），棲居於海參身體後端近肛門處的消化道中（圖35-8），藉以獲得保護，但對海參並無影響。又如白鷺常追隨在牛的身旁(圖35-9)，當牛吃草時，會將草中的昆蟲驚起，白鷺乃攝食之。

兩種生物生活一起，如果彼此分離，也都能生存，這種情形稱爲初步合作 (protocorporation)。例如海葵附於寄居蟹的外殼上，可以依藉寄居蟹而快速移動身體，寄居蟹則可以海葵作爲煙幕，獲得保護，但兩者並非必定要生活一起。又如小丑魚生活在海葵的觸手間，藉以獲得保護，而小丑魚則爲海葵清除髒物（圖 35-10）。

當兩種生物生活一起，彼此均能獲利者，稱爲互利共生 (mutnalism)。最熟稔的例子，便是白蟻與其腸中的鞭毛蟲。白蟻食木屑，但本身無法消化木屑，必須藉腸內的鞭毛蟲將木屑分解，產生的養分，除供鞭毛蟲本身利用外，亦供白蟻利用。白蟻腸內若缺少這類鞭毛蟲，就會舐食其他白蟻的肛門以獲得鞭毛蟲，否則就無法

35-8　珍珠魚棲於海參體內

圖35-9　牛與白鷺

圖35-10　小丑魚與海葵

生存，而這類鞭毛蟲，也必須生活於白蟻腸中。

有時兩種生物生活一起，其中之一不受影響，但會使另一種受害，此稱片害共生（amensalism)。例如青黴菌產生的青黴素，可用以抑制其附近的細菌生長。因爲細菌與之競爭食物，細菌生長受到抑制後，青黴菌便可有較多的食物。又如沙漠中的植物稀疏彼此相距較遠，因爲沙漠中雨量少，植物的根系分布較廣，藉以獲得足够的水分。這些植物成長後，會自根部或掉落的葉釋出某種物質以抑制附近的其他植物甚至本身種子萌發而產生的幼苗生長，以防其與之競爭水分。

至於寄生蟲一寄主，以及掠食者一被食者的關係，往昔一向認爲寄主和被食者皆會受害，但就長遠的影響而言，則不一定受害嚴重，甚至可能有利。寄生蟲一寄主的關係，在初建立時，寄生蟲確是對寄主有害，但長久以後，由於天擇作用的力量，其傷害會隨之減少，否則寄主全部爲寄生蟲所殺害，則對寄生蟲本身而言，除非另覓新寄主，否則也將無法生存。至於掠食者—被食者的關係，掠食者自被食動物的族羣中，較易捕獲衰弱、有病或老邁的個體，因而有助於族羣中保持具有優良遺傳性狀的個體，故實際上對該種動物應屬有利。

第六節　羣聚消長

任何地區的羣聚常會隨著環境中物理情況的改變，而呈現有次序的變化，最後成爲穩定、成熟的羣聚，或稱顚峰羣聚（climax community)。此時的羣聚只要不受干擾，將不會再發生進一步的變化。由一個羣聚漸漸轉變爲另一羣聚，稱爲消長 (succession)，在一區域，自始至末所發生一系列的羣聚改變，稱爲消長程序（sere)。在消長程序的過程中，各階段的羣聚，不僅物種有所改變，甚至種的數目及生物量也會增加。

引起消長的終極原因相當複雜，氣候及其他物理因素固然多少有關，但一部分則由羣聚本身所導致。因爲消長程序中，各階段的羣聚其作爲都對本身利益少，而對其他種類的生物較爲有利，這種情形，一直持續到出現顚峰羣聚爲止。

生態消長的典型例子之一，是美國密西根湖 (Lake Michigan) 的沿岸（圖35-11）。當湖面逐漸變小時，岸邊便遺留下新的沙丘，這些沙丘，靠近水邊者最新，由此至原來的湖岸，沙丘逐漸老舊。最新的沙丘僅有草及昆蟲，較老的沙丘則有灌木，再老者有常綠樹，最後則有櫸樹—橡樹所形成的顚峰森林。

另一戲劇性的消長實例，始於1833年 8 月 7 日，印尼克拉卡托島的火山爆發，當時島的一部分消失不見，餘下的部分爲炙熱的火山灰所覆蓋，厚達60公尺，所有的生物皆被毀滅。一年後，該處長出少許草，並發現一隻蜘蛛；在1908年，有 302 種動物棲於島上；至1919年，增爲621 種；1934 年島上出現了森林，動物增爲 880 種。

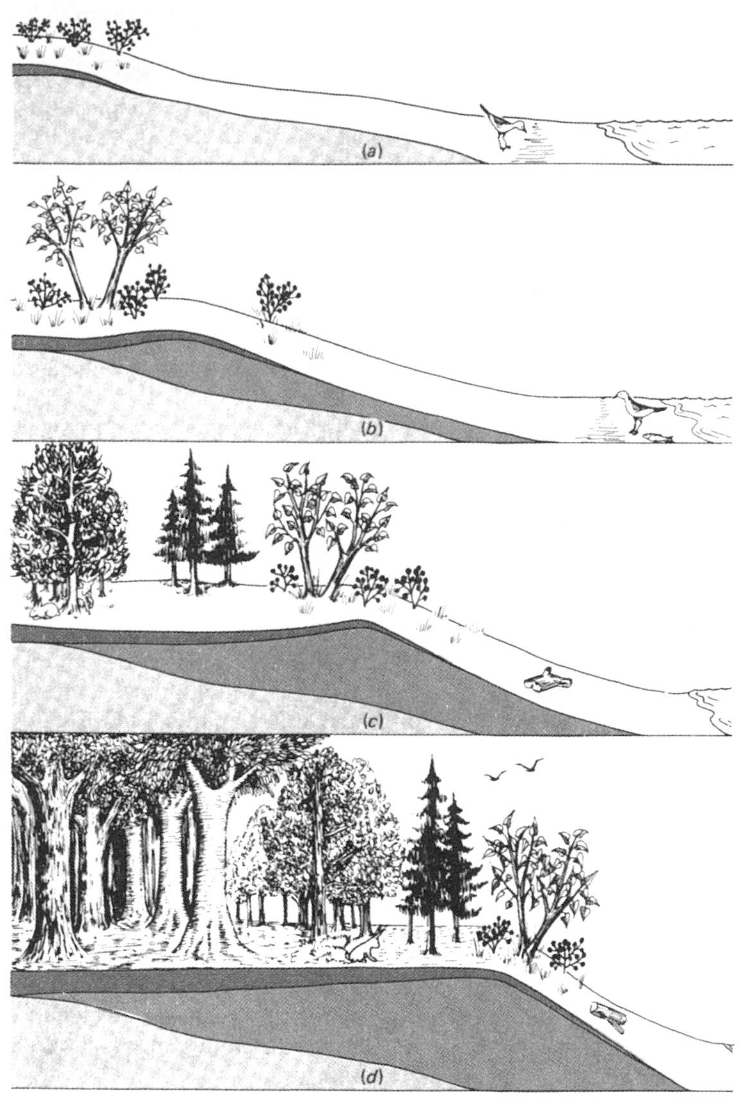

圖35-11　美國密西根湖的羣聚消長

第三十六章　族　　羣

族羣是指生活在同一地區或棲所中的同種生物。人類的族羣俗稱人口，提及人口，不免使人聯想到人口膨脹的問題。生物學家除了關心本身的問題外，也同樣的關心其他生物的族羣情況，這不僅是因爲這些生物可能會滅種，而且也涉及演化、族羣遺傳及生態系的正常功能等問題。

第一節　族羣密度

族羣具有的特徵，是族羣中的個體所付缺如的，例如個體有出生、會死亡、有性別和年齡，但卻沒有出生率、死亡率、性別比例和平均年齡等，後者則是族羣的特徵。此外，族羣尙有密度、成長等特徵。

族羣密度是指棲所中每單位面積或容積內的個體數。任何一種生物，在不同的棲所，族羣的密度會有差異。族羣密度也可能年復一年的發生變化。例如在某地區的山鷄，兩個族羣相距僅 2.5 公里，其中一處的山鷄，其族羣密度多年來並無顯著改變。另一處的山鷄族羣密度在第二年則增加一倍，以後又降至原來的密度；後來發現第二年族羣密度增加的原因是該處曾發生火災，新長出來的植物較適於山鷄食用。由此可知，族羣密度並非生物的遺傳特徵，而主由外界的因素決定；因此，決定族羣密度，可以了解外界情況對該生物的影響力。

族羣中個體數目少時，可以一個個的數；但個體數目多時，只能用其他方法來估算，例如捉放法，即捕捉——作上標記——放回族羣中——再捕捉。自族羣中捕捉若干個體，將其作上標記後放回族羣中，再捕捉同樣數目的個體，其中有多少是作上標記的，根據比例來推估整個族羣的個體數。

至於族羣中的個體，在居處的分布情形可能有三種：成羣分布（clumped

distribution)、隨意分布 (random distribution) 和均勻分布 (uniform distribution) (圖 36-1) (圖 36-2)。成羣分布的原因，可能是棲所內該地區對被食者有保護作用，被食者乃集結於此；或是土壤較適於植物生長，草食動物便齊集該處；或是由於植物種子、動物幼蟲的傳播受到限制，後代便集結一起，有時白楊樹形成

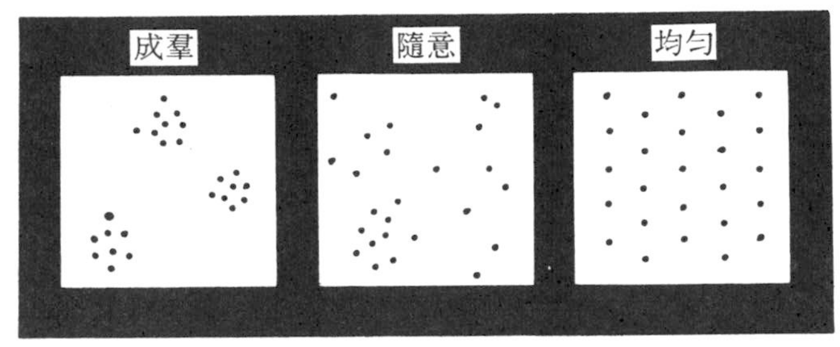

圖36-1 族羣中個體的分布方式

圖36-2 族羣中個體的分布。A. 罌粟，隨意分布，B. 沙漠中的植物均勻分布，C. 斑馬成羣分布。

的小林，很可能源自一粒種子，該種子萌芽成長後，所產生的後代形成一片小林。隨意分布較爲常見，棲所中的環境雖然各處相同，但對族羣中的個體並無吸引力，而個體亦不抗拒這種環境，因而呈隨意分布。例如生長於瓶內麵粉中的甲蟲，雖然

瓶內環境各處一致，但甲蟲卻呈隨意分布狀。均勻分布在自然界很少見，其形成原因很可能與個體間相互競爭 某些有限的資源有關。 例如沙漠中的 灌木爲了競爭水分， 會產生有毒的物質以抑制其他植 物包括本身種子萌芽而成的 幼苗在其附近生長。

第二節　族羣成長

族羣的大小可以改變，其改變與該族羣的出生率、死亡率、遷入及遷出的個數有關，即

$$族羣成長速率=\left(\begin{array}{c}出生數\\+\\遷入數\end{array}\right)-\left(\begin{array}{c}死亡數\\+\\遷出數\end{array}\right)$$

若是上式出生數加遷入數， 與死亡數＋ 遷出數相等， 則表示該族羣的大小穩定，稱爲零成長。

指數成長　實際上遷入及遷出的個體數，對族羣成長並無實質影響，族羣成長的主要因素爲出生率及死亡率。假設培養瓶內置入一個細菌，該細菌每隔30分鐘分裂一次，若是沒有細菌死亡，瓶內的細菌每隔30分鐘便會倍增， $9\frac{1}{2}$小時後 便 可 達 500,000 個，10小時便達 1,000,000個。今將族羣大小與時間的關係畫成曲線，則該曲線呈 J 字形（圖36-3 a 線）。若族羣成長涉及死亡率，假設每次個體倍增時，族羣中有35%個體死亡，此時族羣成長速率便略爲減慢，因爲在此情況下，族羣中的個體需要二小時而非30分鐘始增加一倍。族羣中的個體增至一百萬時，在時間上便需要30小時而非10小時，所繪成的曲線則仍爲 J 字形（圖36-3 b 線）

族羣成長的限制　上述的細菌，若在燒瓶中不斷加入葡萄糖供細菌爲食。最初細菌族羣呈指數成長，但很快的便會趨穩定，然後族羣變小，終至全部死亡。當族羣快速膨大，葡萄糖消耗量亦增加；當葡萄糖供應減少時，族羣成長亦受限制。實

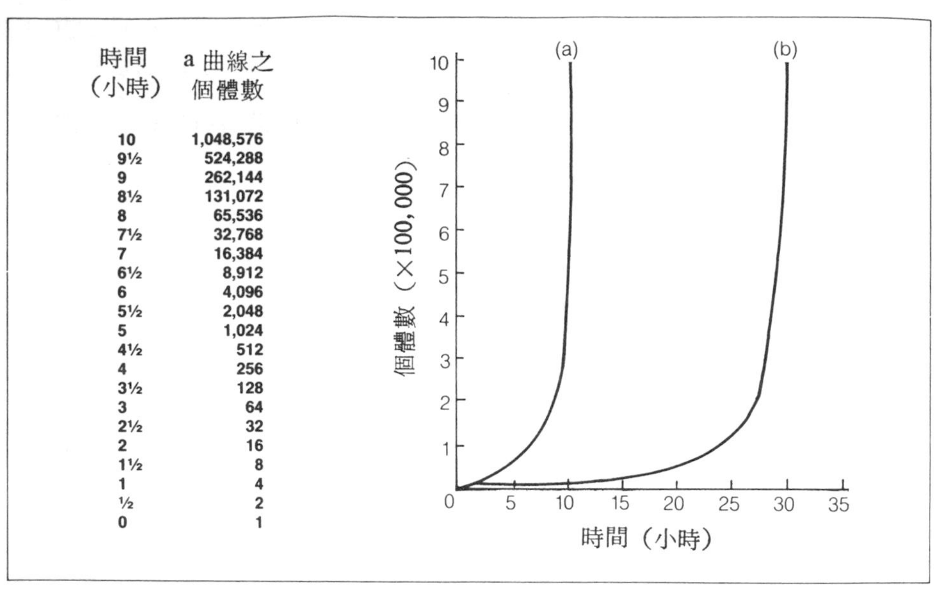

時間（小時）	a 曲線之個體數
10	1,048,576
9½	524,288
9	262,144
8½	131,072
8	65,536
7½	32,768
7	16,384
6½	8,912
6	4,096
5½	2,048
5	1,024
4½	512
4	256
3½	128
3	64
2½	32
2	16
1½	8
1	4
½	2
0	1

圖36-3　細菌族羣的成長，曲線 a 示每半小時分裂一次，呈指數成長，曲線 b 示每半小時分裂一次，但在兩次分裂間，有25%的個體死亡。

際上，任何生長所需物質，當供應減少時，都會限制族羣的成長。

實際上，培養的細菌，即使各種養分供應充裕，當開始指數增長後，數目亦會降低。因爲細菌本身產生的代謝廢物，當濃度升高時，會導致細菌死亡，除非及時將廢物移除。由此可知，限制細菌數目增多的因素很多，這些因素彼此相對的影響也頗多變異。

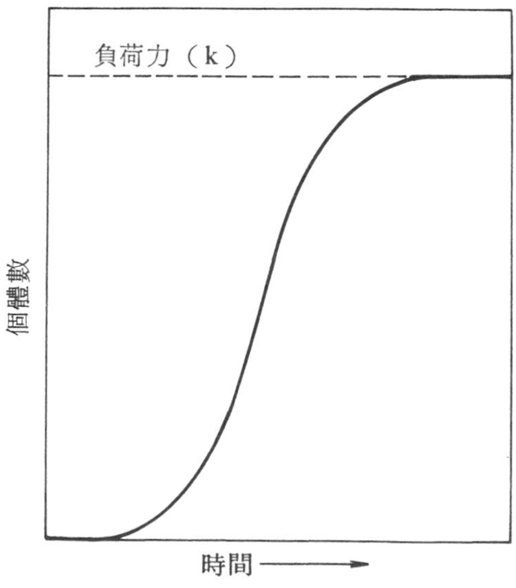

圖36-4　指數成長呈 S 形曲線

當族羣增大時，眾多的個體必須分享各種資源；當資源供應減少時，就可能降低出生率或增加死亡率，或兩種情形皆發生。若是資源供應維持不變，族羣將維持某種穩定狀態，這時稱爲環境的負荷力 (carrying capacity)。

低密度的族羣成長時，開始則很緩慢， 繼則呈指數急劇增加的對數相 (logarithmic phase)，最後由於環境阻力的增加， 生長乃形緩慢而呈平衡相，故其成長曲線呈S形，此爲族羣成長曲線之特有型式（圖36-4）。當達到環境的負荷力時，由於出生及死亡的關係，族羣大小即在此負荷力的邊緣呈小幅波動（圖36-5）。

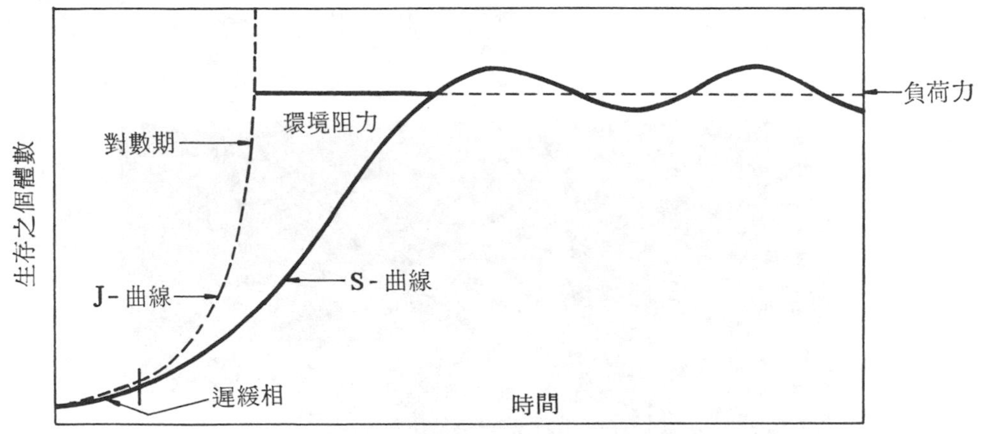

圖36-5 培養細菌時典型之成長曲線

第三節 族羣成長的限制

在自然界， 必定有限制族羣成長的因子； 不過這些因子很難斷定， 因爲這是各族羣間複雜的相互作用。 通常將限制族羣 成長的因子分爲密度—相 關限制因子 (density — dependent limiting factor) 與密度 — 不相關限制因子 (density — independent limiting factor) 兩大類。

密度—相關限制因子 當族羣密度增加時，限制族羣成長的因子如營養的供應缺乏時， 會導致出生率降低及死亡率增高、 遷出、 或兩者皆發生， 於是族羣便不再增長。 因此， 密度—相關限制因子對族羣成長有自行調節的作用， 待族羣密度降低，成長速度又可能再增高。故其作用主在維持族羣密度於某一定點。這些因子包括資源和空間的競爭、以及掠食者等。至於掠食者可爲被食者族羣密度的限制因子，至為明顯。實際上掠食者與被食者彼此常相互適應，否則兩者或兩者之一，將很快便絕跡。被食者若毫無防禦能力，或掠食者無力獲取足夠的獵物，皆會導致滅種。有時掠食者的族羣大小，會隨被食者的族羣大小而改變。最典型的例子，是雪鞋野兔與山貓的族羣密度。山貓以野兔為食，其族羣大小會隨野兔族羣而呈週期性變化（圖36-6），在野兔族羣發生波動後不久，山貓族羣便隨之發生相同的波動。這種情形似乎掠食者的族羣反受獵物族羣的控制。此種掠食者—被食者的相互作

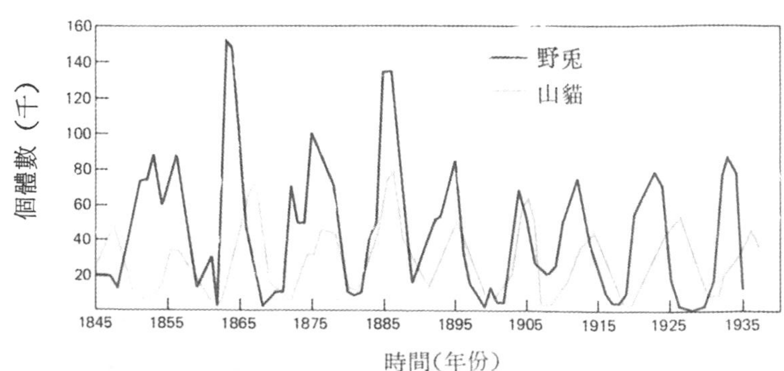

圖36-6　山貓族羣大小隨雪鞋野兔的族羣而改變

用，是很常見的事例。

第四節 人口成長

地球上人口在1986年達50億， 該 年 地球上有的國家如肯亞其人口成長率達 4%，如果以此速率繼續成長，則在十七年後，肯亞的人口便會增加一倍。相反的，地球上高度開發的國家， 人口成長率幾近於零， 如英國， 其人口若要倍增， 則需460 年。

1987年，地球人口達51億，年成長率爲1.7%（圖36-7）。1988年，新生兒達86,700,000，平均每週增加 1,700,000，每天 238,000，每小時 9,900人。由於科技的發展，人們可以設法增產糧食，使糧食產量隨人口而增加，但如此也僅能使地球上大部分地區維持最起碼的生活水平。在這種情況下，每年由於饑荒而死亡者，可能仍有一千萬至四千萬。

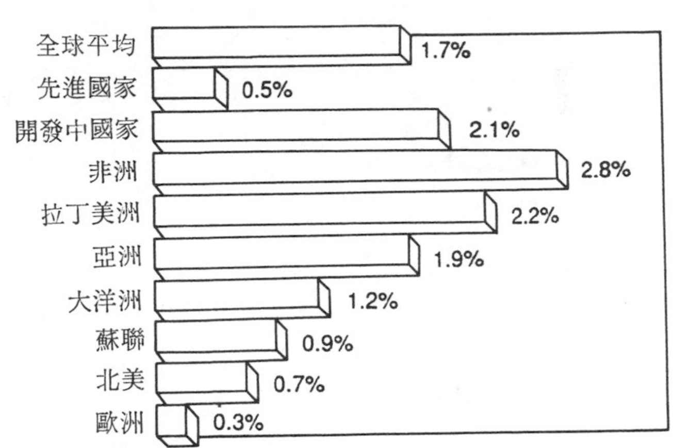

圖36-7 1987年全球各地人口成長速率

自古以來，人口的增長緩慢，但是，在最近兩個世紀卻呈直線成長。至於近兩百年來，人口成長爲何如此驚人，可能的原因爲：

第一、人們開闢新的居住環境。 人類在五萬年前， 已散布在 地球上的許多地區。但是其他動物則不可能如此迅速散布，這是因爲人類有語言可以互相溝通，彼此學習各種經驗，如取火、 建造居所、 製衣等， 因此能在短時期內擴展至新的領域。

第二、人們使環境的負荷力增加。約在一萬年前，人類自狩獵生活轉爲農牧生活而定居下來。由於灌漑方法、肥料及殺蟲劑等的發展，農作物的產量便增加，人們並豢養家畜、家禽，於是環境的負荷力增加，得以養活眾多的人口。

第三、許多限制族 羣增長的因子被驅除。農業的發展雖 然使族羣成長具有潛力，但是，由於傳染病以及衛生條件不足等原因，人類的死亡率甚高。傳染病是族羣密度一相關限制因子，因此族羣成長仍很緩慢。待人們了解細菌及病毒等病原體、疫苗及藥物等的發明，以及衛生條件的改善，傳染病乃大減，死亡率便隨之降低。

第三十七章　羣　聚

在生物學上，羣聚（community）是指生活於同一地區或棲所的各種生物族羣，這些生物彼此或多或少相互依賴。例如人及人所豢養的貓、以及貓身上的跳蚤，皆爲羣聚中的成員。羣聚中雖然包含千百種的動物和植物，但大部分並不十分相對重要，僅有少數種數（由於數目多或活動範圍廣）對羣聚特徵具有主要的控制作用。陸地上的生物羣聚中，主要種類通常是植物，因此許多陸地羣聚便以其中的顯要植物命名，例如山胡桃、松樹等。水生羣聚中，因無顯要的大型植物，通常便以其自然環境命名，如急流羣聚、沙岸羣聚等。

動物和植物都會產生大量後代，其數目常有超過環境負荷力的傾向；於是便出現強大的族羣壓力（population pressure），這種壓力會迫使個體向外擴展而至新的領域生活。但是新環境中，有時由於有掠食者、缺少食物或氣候不適等情況，因而阻止個體向該處散布。由此可知，這些情況對族羣壓力有抵消的作用。不過，這些阻止個體散布的情況也會有變動，因此，種的分布是動態而非靜態的。物種的散布也會受到地理的阻隔如海洋、山脈或沙漠等而停滯，也可由於天然的大道而通行無阻，如洲與洲之間的陸橋，可以便利物種的散布。現今地球上動植物的分布狀況，就是由於地球在過去及現今所存在的障礙及大道所締造而成的。

生態系則除了同一地區內所有的生物外，尙包括自然環境，如氣候、土壤和水分等。生態系內生物與生物間以及生物與無生物間的相互作用，則包括能量的流動以及物質的循環。

第一節　陸地棲所

地球上的陸地，可由其特有的顯要植物區分爲若干生物地理區（biogeographic

realm)。生物地理區可能爲整個的大陸，或是某一大陸的大部分地區。由於氣候或其他地理障礙將生物分隔，各地理區佔地廣大，並具有易於辨認的生物羣聚，稱爲生物相 (biome)。生物相爲一大型的生物羣聚，有其特有的植物和動物。

生物相的巔峯植物，其類別則有一定，如草類、松柏類或落葉樹。巔峯植物或種類與自然環境有關，而植物與自然環境則又決定生活其間的動物種類。由植物羣聚及其相關的動物所形成之生物相，在地球上並非連綿不斷，其生物族羣與另一相同生物相之族羣可能會有差異。例如不同的沙漠，雖然溫度、雨量皆非常相近，但細察沙漠中的生物則可能彼此有別。這些生物在遺傳上並不相關、演化上的親緣關係亦較疏遠，但外表及功能方面卻很相似。例如有些沙漠中的顯要植物爲山艾（圖37-1），有的沙漠中則以仙人掌爲顯要植物（圖37-2）；但兩者都有適應乾旱的特

圖37-1 山艾，美國內華達州沙漠中的顯要植物。

殊構造和機能。由此可知，這些生物常表現趨同演化的事例。綜上所述，可知生物相係指某一地區中生物的類別而非指某一地區。例如熱帶森林生物相，並非指某地理區域，而是指地球上所有的熱帶森林。

全球的生物領域，依氣候分爲三大生物相：冷區生物相(cold-region biome)、

溫區生物相 (temperate-region biome)以及熱區生物相(tropical-region biome);再依溫度、濕度等細分爲十多個生物相。

一、冷區生物相 冷區生物相包括凍原和針葉林, 此區具高 緯度氣候, 雨量少, 積雪厚者可達300公尺。

1. 凍原 (tundra)——包括西伯利亞、格陵蘭及北美等寒冷區, 亦包括 4,000公尺以上的高山。凍原的主要特徵是溫度低, 多天低達−56°C, 地面幾乎終年爲積雪所蓋, 只有六月時才有較多的生物活動。植物有地衣、苔類、草類、蘆葦及少數低矮的灌木(圖37-3)。生存於此間的動物有馴鹿、北極兔、北極狐、北極熊、狼及雪梟等(圖37-4)。短暫的夏季, 白晝較長, 植物生產力高, 有成羣的蚊、蠅及候鳥出現。馴鹿在凍原中常常遷徙, 因爲各地均不足以產生供其食用的植物。

圖37-2 北美洲沙漠中的巨大仙人掌

2. 北方針葉林(northern corniferous forest, boreal forest or taiga)——本區的生長季較凍原略長, 但仍是長期嚴多及積雪。顯要植物爲針葉常綠的松及針樅, 這些植物有多項耐乾旱的構造(例如葉呈針狀使面積縮小以減少水分的散失), 因而能在多季繼續行光合作用。動物中較大型者有馴鹿(多季由凍原遷徙至此)、 熊及狼等, 大多數爲身體中型 大小的種類如兔、嚙齒類及山貓等。

二、溫區生物相 溫區生物相包括濶葉林、草原及沙漠。

1. 濶葉林 (broad leaved forest)——包括溫帶落葉林(temperate deciduous

圖37-3　美國阿拉斯加凍原中的植被

A.

B.

圖37-4　凍原中的動物。A. 雪梟，B. 北極狐。

A.　　　　　　B.

圖37-5 溫帶落葉林的季節變化。A. 夏季時濃密的綠色樹葉，B. 秋天時葉的顏色改變。(參看彩色頁)

forest)和亞熱帶常綠濶葉林(broad leaved evergreen subtropical forest)(圖37-5)(圖37-6)。溫帶落葉林指北美東部及歐洲全部，植物有櫸、楓、橡、栗等，一年中有半年葉脫落。動物則有鹿、熊、松鼠及山貓等。亞熱帶常綠濶葉林則指中國華南、海南島及南大西洋海岸，其特徵爲雨量高，多夏溫差小，濕度差則大，屬於溫和的海洋氣候。植物有橡、棕櫚等，尙有許多蔓藤及攀附植物如蘭，動物則有雉、蛇及兩生類。

圖37-6 亞熱帶常綠濶葉林(參看彩色頁)

2. 草原 (grassland)——包括加拿大南部、美國中西部及我國西北、東北的草原地帶。年雨量有25～75公分，故較沙漠爲多，但仍不足以形成森林。草原中散生有灌木及喬木，這些樹木或沿河流生長。草原上的動物有野牛、斑馬及羚羊等。

3. 沙漠 (desert)——沙漠的特徵是雨量甚少，年雨量在25公分以下，白晝炎

A.

B.

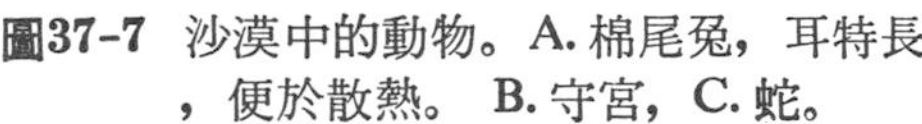

圖37-7 沙漠中的動物。A. 棉尾兔，耳特長，便於散熱。 B. 守宮，C. 蛇。

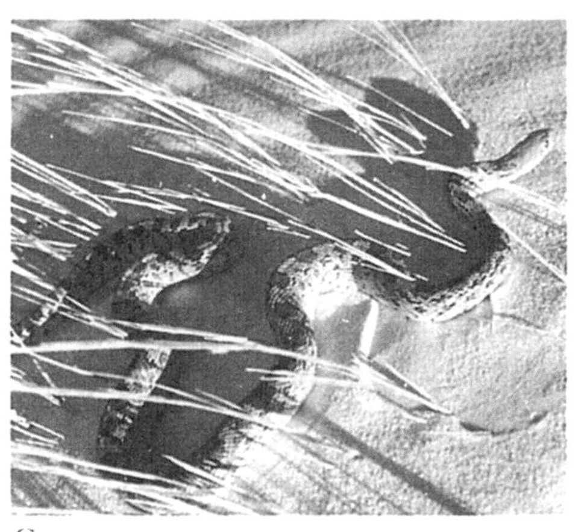

C.

熱，夜晚寒冷。依照沙漠中平均溫度的高低，又有冷沙漠及熱沙漠之分，前者如我國的戈壁沙漠，植物以山艾爲主。熱沙漠如非洲的撒哈拉沙漠，植物以仙人掌爲主。沙漠中的動物（圖37-7），由於食物來源缺乏，所以種類很少。最常見者是昆蟲和爬蟲，昆蟲具有外骨骼，爬蟲體表有鱗片或骨板，這些構造厚而不透水，可以防止水分的散失，排出固體的尿酸或濃度很高的尿液，因此能適應沙漠環境。嚙齒類如跳鼠，不需喝水而自食物中獲得水分，他們幾乎不排尿，代謝作用所產生的水，大部分又再吸收回去，重覆利用。

4. 溫帶針葉林(temperate coniferous forest)—— 分布美國西部、歐亞等溫帶區，植物以松或紅杉爲主，動物有麋鹿、山貓和松鼠等。

三、熱區生物相　此區的季節溫差非常小，但是雨量分布卻有很大的差異。

1. 熱帶森林(tropical forest)——包括熱帶雨林 (tropical rain forest)和熱帶落葉林 (tropical deciduous forest)。熱帶雨林爲近赤道的低地區域，包括馬來西亞、婆羅州、中美洲、澳洲的東北海岸、以及剛果河和亞馬遜河等河谷。雨量高達200公分以上，動植物的種類繁多，但沒有一種其數量多至足以稱爲顯要種，樹木通常大而常綠（圖37-8），構成熱帶叢林。動物有巨猿、長臂猿、食蟻獸、爬蟲類、兩生類及昆蟲（圖37-9）。熱帶落葉林分布於非澳及巴西等地，植物有鳳凰木及木棉，動物有長頸鹿及羚羊等。
2. 熱帶大原草 (savannah) ——在非洲撒哈拉沙漠與剛果盆地間有此種草原（圖37-10），此外，亦分布於南美及澳洲。年雨量達125公分，但六月至八月爲顯明的乾旱季，因此阻礙了森林的形成。動物的種類及數量繁多，有長頸鹿、印度豹 (cheetah)、 獅、土狼及斑馬等（圖 37-11），近水源處則尙有象及犀牛等。

A.

B.

C.

D.

圖37-8

熱帶雨林。A.鳥瞰，B.支持根，可固定植物體於淺而潮濕的土壤中，C.葉延長，先端尖細，可使水分迅速泌出，D.大型的附生植物，生長於樹幹和樹枝上。

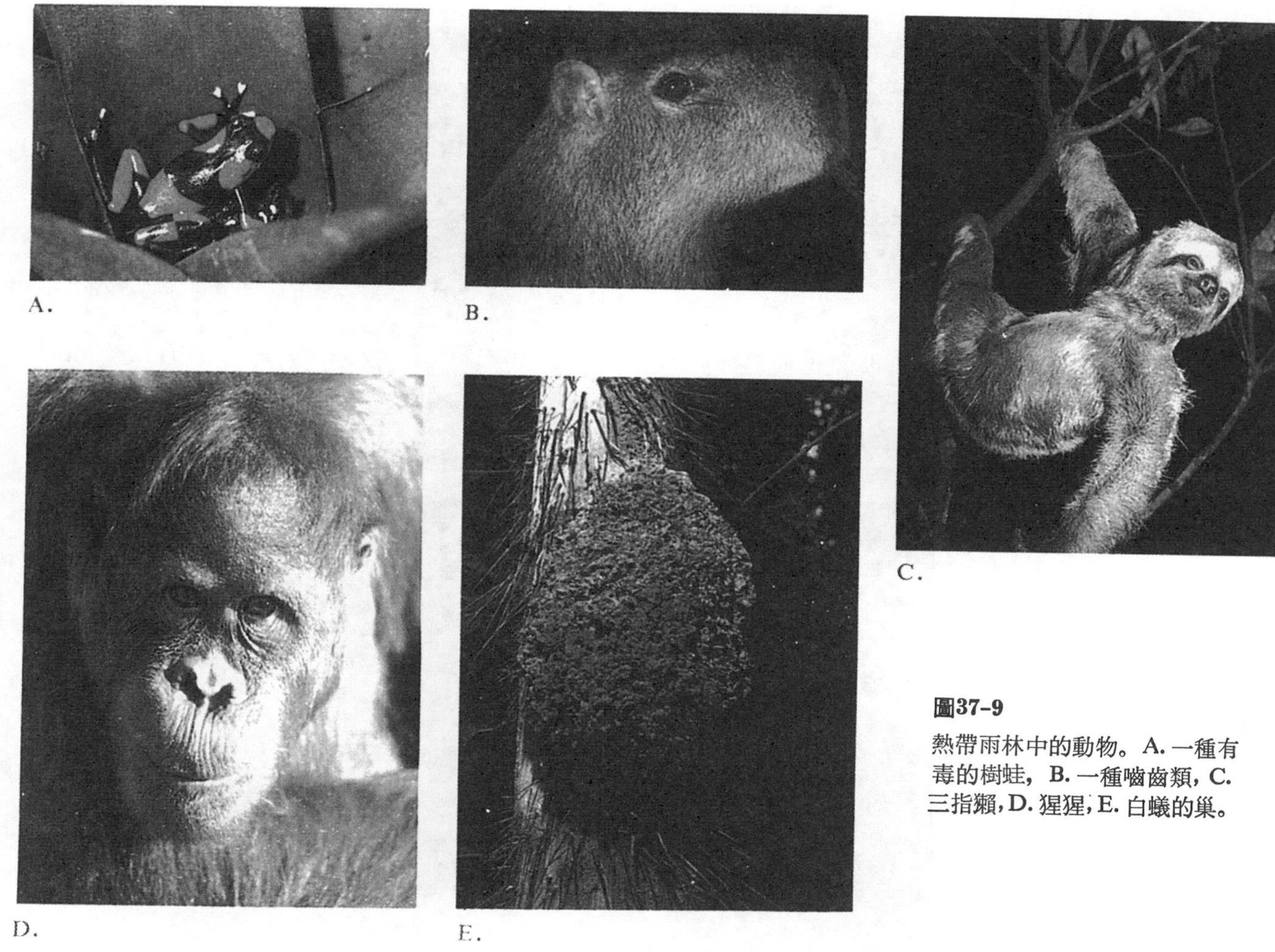

圖37-9
熱帶雨林中的動物。A.一種有毒的樹蛙，B.一種嚙齒類，C.三指獺，D.猩猩，E.白蟻的巢。

圖37-10　熱帶草原

A.

B.

C.

圖37-11

熱帶草原中的動物。**A.** 牛，**B.** 獅捕食斑馬，**C.** 土狼食獅吃 剩的食物，故爲該生態系中的清除者。

第二節　水域棲所

地球表面大部分爲水所淹蓋，海洋的面積尤廣。在水中，礦物養分是一大限制因素。大部分陸地環境的光線不虞匱乏，但水棲環境則不一樣；水會干擾光線的透入，因此行光合作用的生物只能生活於水淺光線能到達的地方。

水棲環境中的生物有三大類：浮游生物 (plankton)、游泳動物 (nekton) 及底棲生物 (benthos)。浮游生物身體微小，游泳力差，大部分隨水流而漂游，有些隨晝夜或季節在水中作垂直遷移。浮游生物分浮游植物 (phytoplankton) 和浮游動物 (zooplankton)，前者爲水中的主要生產者如藍綠藻及矽藻，後者包括原生動物、水蚤等小型甲殼類、及動物的幼蟲等。游泳動物包括大而善泳的種類，如魚、鯨及烏賊等。底棲動物常固定一處如藤壺，或埋於泥沙中，或藏於隙縫中。

海洋生物區 (marine life zone)　海洋水域覆蓋70%的地球表面，含有極豐富的生物。全球的海洋相通，因此，海洋生物的分布僅受溫度、鹽度和深度的限制。海洋各區域內，與陸地一樣各有其不同的自然條件，因此，所含的動植物也各不相同。

海洋依水的深淺而分爲近海區 (neritic zone) 和遠洋區 (oceanic zone) (圖 37-12)。近海區靠近海岸，其底部爲大陸棚 (continental shelf)。大陸棚自海岸向海中央延伸，呈輕度傾斜，所以近海區的水深大致不超過 200公尺。近海的沿岸又再分潮上區 (supratidal region) (在高潮線以上)、潮下區 (subtidal region) (在低潮線以下)、以及潮間區 (intertidal region) (介於高潮線與低潮線之間)。大陸棚邊緣其坡度突然下降，稱爲大陸斜坡 (continental slope)，於是，海底便深陷，達四千至五千公尺，此處即爲遠洋區。海水的上層有充足的陽光透入，稱爲透光區 (euphotic zone)，本區的平均深度爲 100 公尺；少數清澈的熱帶海水，透光區可延伸至海面下200公尺處。透光區下面至深約 2000 公尺處爲深海區 (bathyal zone)，再下則屬幽淵區 (abyssal zone)。

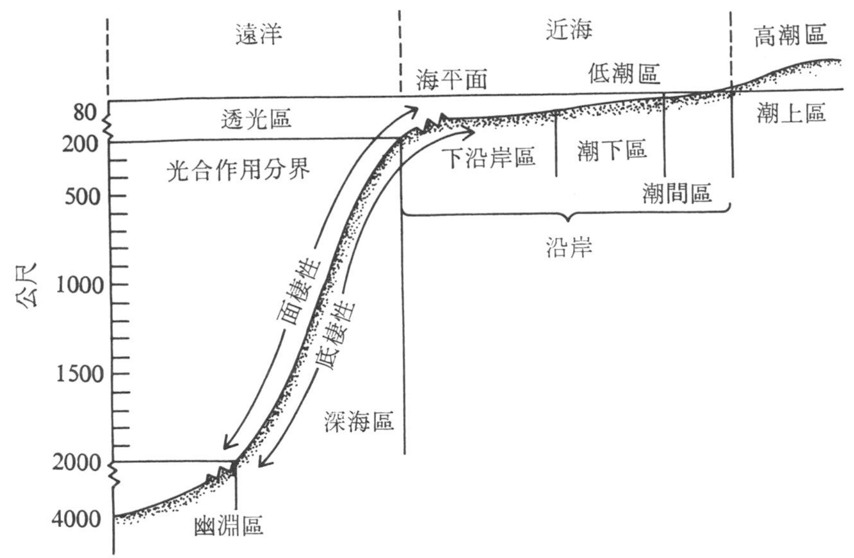

圖37-12　海洋的分區

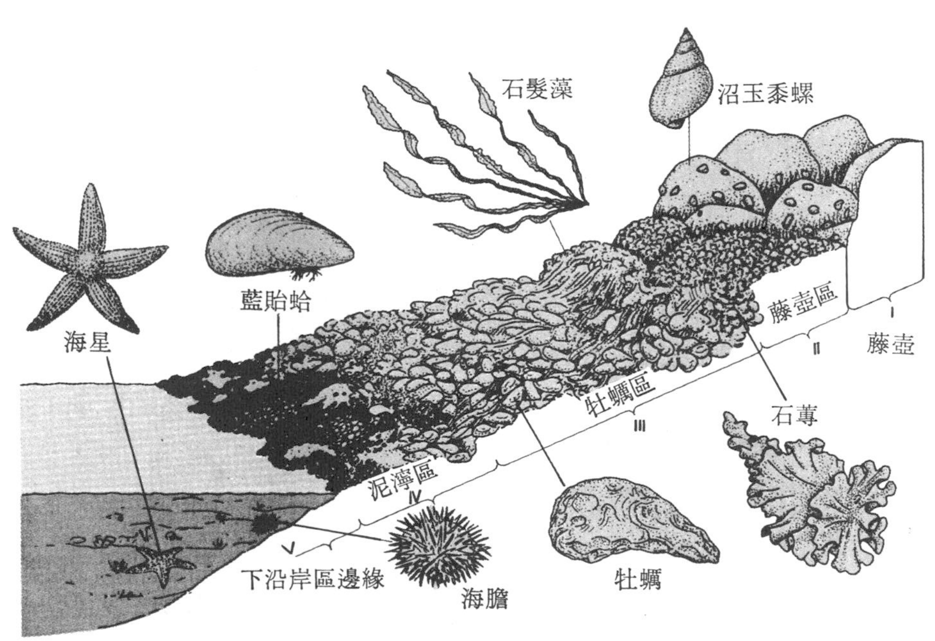

圖37-13　岩岸的生物分布

沿岸地區因地質的不同而分岩岸和沙岸。岩岸的岩石堅固，所以底質穩定，又因岩石高低不平，因此空隙很多，形成適於生物生存的環境，故有許多生物生存其間（圖 37-13），除藻類外，尚有軟體動物、節肢動物及棘皮動物等。沙岸地帶，因泥沙鬆散，易被海水沖去，故底質不穩定，此區的藻類等生產者少，因此，動物的種類也少，只有少數貝類、蟹和軟體動物等（圖37-14）。

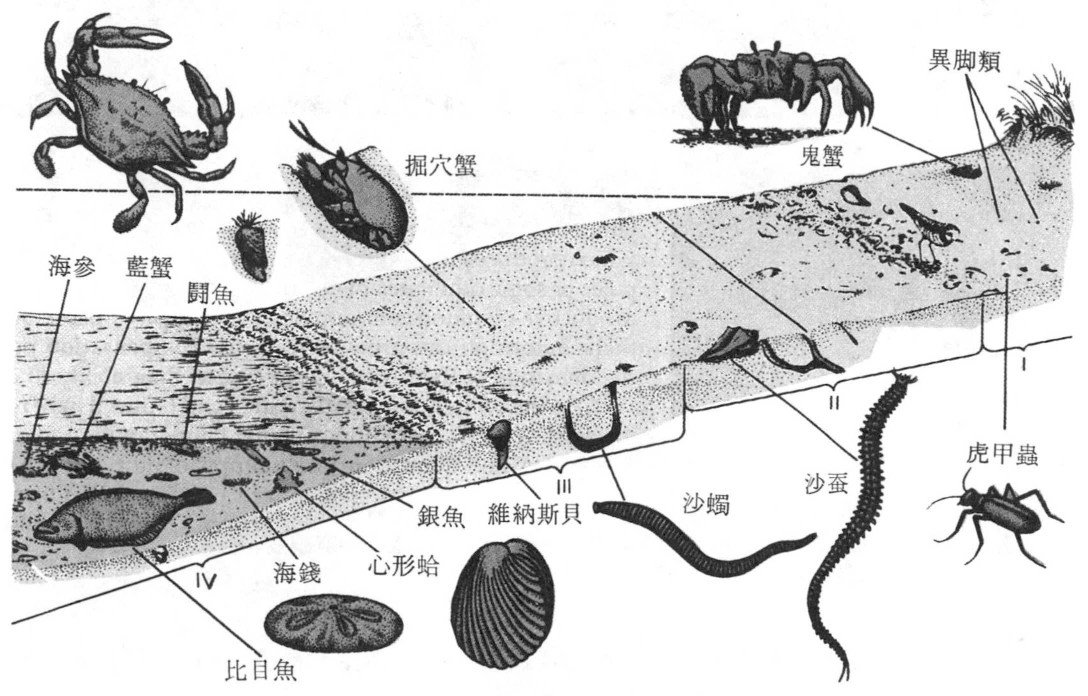

圖37-14　沙岸生物的分布

潮間區爲最適宜的生物棲所之一（圖37-15），有充裕的陽光、氧、二氧化碳和礦物質，故植物繁茂，而茂盛的植物，又可供應動物作爲食物及最佳棲所。此區的主要植物爲各種藻類，許多動物都附着或固定在海底生活，如海葵、牡蠣和藤壺等。

潮下區因爲具有植物生長所需的充足陽光和礦物質，所以亦爲族羣密集的區域，植物有單細胞藻類及較大型的海藻，動物有棘皮動物、軟體動物及魚類等。

近海區表層的海水中，自由游泳的動物有魚類、龜鼈類、海豹及鯨等，所有這些消費者的分布，都受鹽度和營養物質的影響。遠洋區的動物在數量上和種類上都

圖37-15 潮間區生物的適應方法。A. 海藻利用堅強的附着器附於岩石上，B. 昆布的附着器，C. 螺藏於岩石縫中以躲避海浪，D. 潮池中有藤壺、昆布、海葵及藍貽蛤等。

較近海區爲少。鬚鯨和齒鯨皆生活於遠洋，前者以浮游生物爲食（圖37-16)，後者以游泳動物如烏賊等爲食。至於深海中的生物，由於觀察困難，故對之了解甚少。幽淵帶的魚類，大多身體小、形狀怪異，多數具有發光器，用以照明、引誘獵物或吸引異性（圖37-17)。

淡水生物區(fresh water life zone) 淡水棲所可分靜水(standing water)與流水(running water)，前者包括湖泊、池塘及沼澤，後者包括江河、溪流及泉水。

湖泊或其他範圍大的靜水，一如海洋般的分區，（圖 37-18)，可分爲沿岸區(littoral zone)——靠近岸邊的區域，湖沼區 (limnetic zone)——離湖岸較遠的表層，以及深水區 (profundale zone)——湖沼區下方。沿岸區的水生生物最多，其

圖37-16 鬚鯨正在攝食浮游生物，圖中的海鳥在近水面處捕食被鯨所激起的魚。

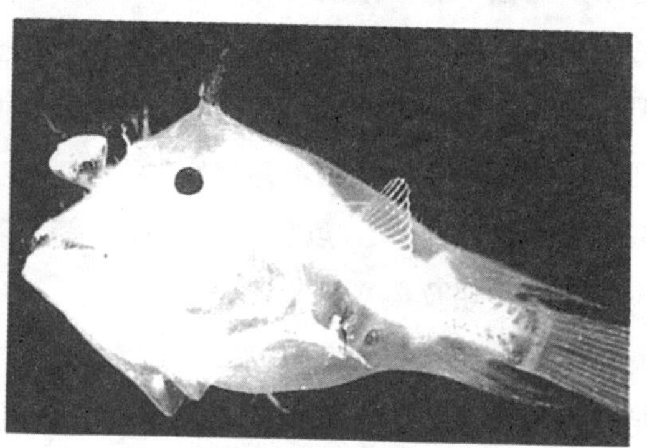

圖37-17 一種深海魚，能發光

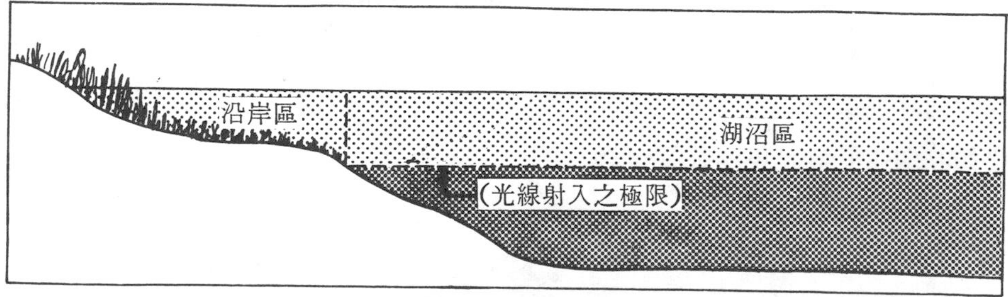

圖37-18 湖泊分區

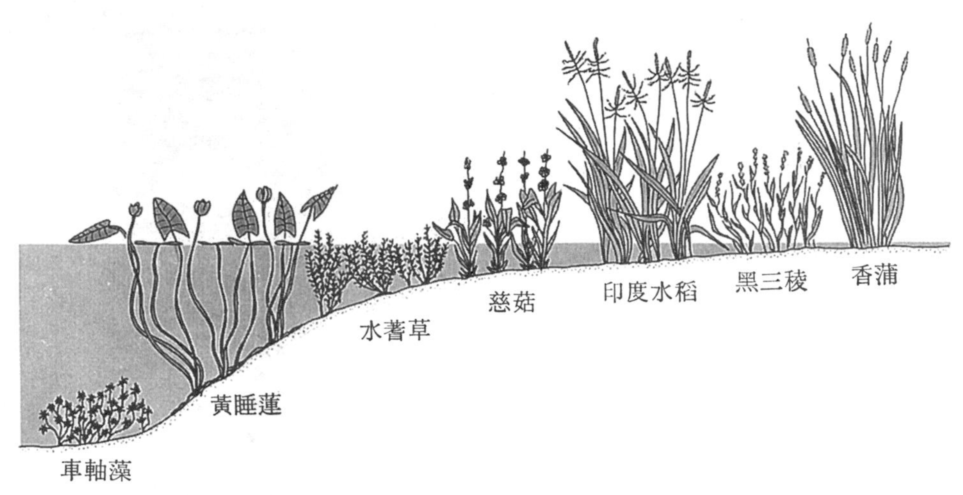

圖37-19 池塘沿岸植物的分區，注意植物分布與水深的關係。

中植物依湖泊深度自岸邊至湖中心呈階層分布(圖37-19)。在岸邊有香蒲、蘆葦及慈菇等，這些植物生長於水邊，植物體均露出水面，根部深植土中。自此向湖中心稍低處的植物，其葉漂浮水面，根埋於水底，如睡蓮。更深處的植物爲莖細而脆嫩的水草，植物體完全沒在水中，如車軸藻。沿岸區動物的數量也最多，浮游生物如水蚤、小型甲殼類等，游泳動物如昆蟲、魚類、蛇及龜鼈等。湖沼區有眼蟲、團藻等；深水區有細菌、眞菌、貝類及環節動物等。

流水與湖沼水不同處，主在流速爲其限制因子，水量及水深均不及湖水。氧氣通常極爲充足（除非發生水污染）。溪流中的水流湍急，棲息於此的動植物，通常行附着生活，或爲游泳力極強的動物，或具有其他特殊的適應方法，例如大甲溪中的梨山鮭（櫻花鈎吻鮭），體呈流線型，可以減少水的阻力。

淡水棲所變化較爲迅速，例如池塘能變爲沼澤，沼澤又被塡塞爲乾地；河流經常沖蝕河岸而改變河道，其中的動植物亦因而發生明顯的變化。由此淡水中的生物亦會如陸地生物般呈現消長的情形。

第三十八章　人類對生物圈的衝擊

生態學不僅研究動物、植物與環境間的相互作用，更要討論人類自己與環境間的關係，因爲人類對生物圈的影響至深且遠。若是要稱某種生物對地球或生態環境造成災難，則應屬人類自己。有史以來，沒有一種生物有如人類般對地球造成如此大之衝擊。在短短的數世紀內，人們已經將地球環境破壞得面目全非，並導致許多生物加速滅絕。

第一節　大氣的改變

若將地球比喻爲蘋果，則大氣層的厚度，不會超過蘋果表面所塗的一層薄臘，這一薄層大氣卻每天要接受上千公斤的污染物。由人類的觀點而言，污染物是對人類健康、活動，甚至生存皆有不良影響的物質。表38-1列舉主要的空氣污染物，包括二氧化碳、二氧化硫及一氧化氮等。

表38-1　空氣污染的主要類別

氧化碳:	一氧化碳(CO)，二氧化碳(CO_2)
氧化硫:	二氧化硫(SO_2)，三氧化硫(SO_3)
氧化氮:	一氧化氮(NO)，二氧化氮(NO_2)，一氧化二氮(笑氣N_2O)
揮發性有機化合物:	甲烷(CH_4)，苯(C_6H_6)，氟氯碳化合物 (chlorofluorocarbon CFC)
氧化光化物:	臭氧(O_3)，過氧化氫 (H_2O_2)，硝酸過氧醯(peroxyacyl nitrate PAN)
懸浮粒:	固體顆粒（塵、煤煙、石綿、鋁等），液態小滴（硫酸、油、殺蟲劑）

空氣污染 (air pollution)　空氣污染物是否隨風散布於大氣中，或是在某一時期集中於其發生的地區，端視當地的氣候及地形而定。有時污染物積儲在靠近地面的空氣中，無法隨風散布或上升，會達到危險的程度，嚴重時稱爲霧 (smog)。霧

有兩種：工業霧（industrial smog）和光煙霧（photochemical smog），兩者均發生於城市。工業霧發生在冬季濕冷的工業城市，如倫敦、紐約和芝加哥等地。這些城市使用煤作爲工廠、發電廠的燃料，煤的含硫量高，燃燒時會產生 SO_2、塵、煙、灰及少許重金屬，當風及雨無法使其散布時，可達致死濃度。工業霧在1952年曾導致倫敦死亡四千多人的空氣污染大悲劇。

光煙霧發生於氣候溫暖，位於盆地的城市，如洛杉磯。這種霧也會危害人體，主要的危害物是一氧化氮（NO, nitric oxide），係由汽車及其他車輛的內燃機產生。因爲內燃機的溫度愈高，效率也就高，故人們設法提高內燃機的溫度。而溫度升高，NO的產生速率就加快，乃造成更大的污染。NO從內燃機排出後，很快便與空氣中的氧結合，形成二氧化氮（NO_2, nitrogen dioxide）。當 NO_2 曝於陽光中，便吸收紫外線而進行光分解與光氧化反應，產生光煙霧。NO_2 是紅棕色氣體，在污染嚴重的都市上空，會呈現一片紅棕色。NO_2 會對人體造成傷害，嚴重時會致人於死。

酸性沉澱物　空氣污染物中，硫及氮的氧化物最爲危險。燃煤爲二氧化硫的主要來源，燃燒汽油爲二氧化氮的來源。由於氣候狀況，這些微小顆粒，可能在空中飄揚不久便降落地面，稱爲乾酸性沉澱（dry acid deposition）。大部分二氧化硫及二氧化氮則溶於空氣中的水分中，形成硫酸或硝酸；在他們隨雨或雪降落以前，可以被風吹送至很遠的地方，是爲濕酸性沉澱（wet acid deposition），亦卽酸雨（acid rain）。酸雨的酸性，較正常雨水高4～40 倍，會侵蝕金屬、大理石、橡膠及塑膠等，並破壞生態系。酸雨會使河流、湖泊等的水變爲酸性，導致魚類等的死亡；也可使農作物及森林受害（圖38-1）。

地球各處的土壤及其植物彼此不一樣，有些地區的土壤或植物對酸性較爲敏感；土壤呈鹼性者，可以使酸雨中和，含高濃度碳酸物的水也有助於中和雨水的酸性。

由於酸性污染物可以隨風吹送至遠處，在芬蘭、挪威、瑞典等地，空氣中的酸性沉澱物，係來自西歐及東歐等地的工業區域。風力是不會因爲國界而停止吹送的，因此，酸雨問題是全球性的。

臭氧層的破壞　地球的上空有一層臭氧層（ozone layer），臭氧層可以吸收陽

圖38-1 針葉林中的針樅受酸雨侵襲而死亡。左. 在美國, 右. 在西德。

光中大部分的紫外線。紫外線對人體有害，故臭氧層對人們提供了保護作用。自1976年以來，臭氧層卻變得稀薄，每年春季，在南極上空便出現破洞（圖38-2）。臭氧層的減退，會容較多的紫外線到達地面，如此當會引起嚴重並廣泛的後果。目前人類患皮膚癌者已快速增加，此一情況，當與紫外線的增多有關。紫外線也會降低免疫力，個體因而易受病毒感染。

至於臭氧層減退的原因，應與強烈的火山爆發，以及太陽活動的週期性改變等有關，但主要的元兇應是氟氯碳化合物（chlorofluorocarbon CFC），這種無臭的物質廣泛用作冰箱和冷氣機的冷媒，以及工業用溶劑，亦用以製造塑膠泡沫包括裝置飲料或食物的保麗龍製品。CFC 進入空氣中十分緩慢，據估計，於 1955 年至 1987年間釋出的 CFC 至今猶在空氣中緩慢上升中。

當 CFC 吸收紫外線後，即釋出氯原子，氯與臭氧作用，乃產生氧和一氧化氯(chlorine monoxide)；當一氧化氯與氧作用時，又會釋出氯原子，此氯原子復再侵襲另一臭氧分子。在此等反應中，釋出的每一個氯原子，可以使多達 10,000 個臭氧分子變爲氧。

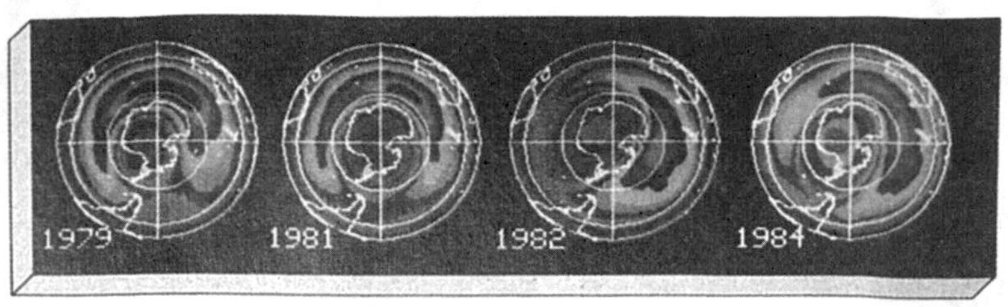

圖38-2　自1979年至1987年南極上空臭氧層破洞增大之情形，圖中1979年～1984年臭氧層最薄處用粉紅色表示，1987年臭氧層最薄處爲中央黑色部分。（參看彩色頁）

1987年在聯合國環境計劃下，許多國家同意簽訂協議：至1999年，使 CFC 的量減少一半。但目前空氣中已有的CFC，在自然過程將其中和前，會停留在空中超過一個世紀。因此，現今的人們及其子代、孫代仍將承受這些已經存在之 CFC 的毀滅性威脅。

第二節　水質的改變

地球上水的量雖然十分可觀，但是，十人中卻有二人無法獲得足够的水，他們即使有水，這些水也已被污染。地球上大部分的水爲鹹水，這些水無法飲用，也不能用以灌溉，估計一百公升的水僅有六公升可供使用。

灌溉　發展農業增加生產，是解決人口膨脹的基本方法。現今大約半數的食物，是土地經由灌溉後的產物。灌溉時，水自地下、湖泊或其他水源抽入農田，灌溉可以增加土壤的生產力，但是如果灌溉水中含有鹽分，或是土壤排水欠佳，待土壤中水分蒸發後，鹽分便積於土壤中。這些鹽分將阻礙植物的生長，減少產量甚至導至作物死亡。灌溉土地的排水不當，亦會使地下水面漸漸升高而與地面相近，導致植物根部周圍的土壤中含鹽的水分達到飽和。

地下水有多項用途，但灌溉常是最主要的。農夫們汲取多量地下水，而使地下水水面迅速下降，導致河流及地下泉流漸漸枯竭。

水污染　無足够的水是十分嚴重的問題，但水污染則使問題更形複雜。水中若含有人們使用過的廢水或動物排泄物，則常孳生病原體。農業排出的廢水有沉澱物、殺虫藥及除草劑等。工廠及發電廠的廢水含有化學物質、放射性物質及過量的熱（熱污染）。這些廢物若不謹愼妥善處理，對人類及其他生物乃至整個環境的危害，自屬十分嚴重。

第三節　土地的改變

人類開山墾地，砍伐森林等作爲，皆嚴重影響土地資源。

固體廢物　開發中國家物資缺少，丟棄的物件也很少。但先進國家的消費者，常奢侈浪費，丟棄的廢物多。因此固體廢物如空罐、紙製品、塑膠瓶等，爲數十分可觀。緊隨這種使用卽丢的心態，乃產生了垃圾問題。在自然生態環境下，物質可以循環；但丢棄的固體廢物，必須設法處理。將垃圾焚燒、掩埋或塡充山谷，皆非完善之計。積極方面，人們應一改喜新厭舊、丢棄用物的心態，減少浪費，盡量避免製造垃圾。若是能設法將這些棄物加以處理後重覆使用，則應予鼓勵。

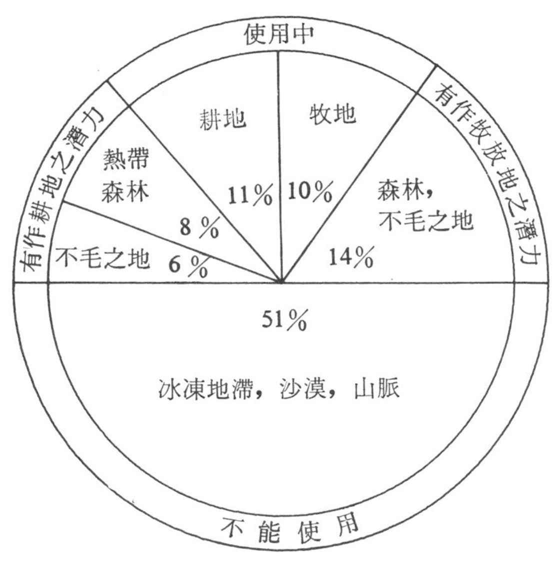

圖38-3 地球上土地之分級，若將森林改變成不毛之地加以灌漑可使之變爲耕地，但砍伐森林將會破壞森林資源，並引起嚴重的環境問題。

農業 人類除了丢棄的固體廢物污染土地外，另一傷害土地的情況是耕種。目前約21%的土地用於農業(圖38-3)，亞洲及世界其他人口密度高的地區，糧食嚴重缺乏，但在這些地區的耕地已經過度使用。這些國家用勞力耕種，並畜養動物以爲輔助。現代化的農業，則大量施肥，使用殺虫劑，並設法灌漑以提高產量；一切過程皆用機器以替代人力，產量可提高達四倍，但化費的能量及礦物資源亦頗可觀。同時使用化學肥料、殺虫劑、機器耕種、灌漑系統等，都會加速對環境的破壞。

伐林(deforestation) 除了開山墾地種植作物解決糧食問題外，自古以來，人們也砍伐森林，尤其自工業革命以來，更是以驚人速度破壞森林。人們將木材充作燃料，尤以缺乏煤炭的國家爲甚。大量的木材，也使用於建築方面及製作紙漿。許多國家雖有造林計劃，但種植的樹木並非原來的種類，因此生長情況並不佳。加之人們造林目的猶如種植農作物，僅培植單一種類的樹木。爲了強化所需要的樹種，以得到所期望的造林效果，育林專家常焚毀或砍伐不需要的樹株，導致林中的礦物養分加速流失。照顧這種人造林，也必須施肥，使用殺虫劑等。

森林的土壤猶如一大型海綿，可以吸收並儲存水分。雨水降落地面，即透入地下，植物的根自淺土中吸收水分，其餘的水分則下降至土壤深層形成地下水，或是流入河流。森林可以防止土壤被侵蝕，或防止冲積物流入河流、湖泊或水庫中。砍伐森林，尤其在險峻斜坡上的森林，會導致土壤崩塌。對森林而言，土壤的流失便是營養物的喪失，會使土壤變得貧瘠。

尤有甚者，伐林也會改變當地的雨量。熱帶森林中，50%～80%的水蒸氣是由植物行蒸散作用所釋出。若是沒有樹木，森林地區就會變得熱而乾燥，即使下雨，雨水亦自光禿的地面流失，土壤的肥沃度及濕度更是減退。最後，原來繁茂的熱帶森林，就變爲植被稀疏的草原，甚至成爲沙漠般的荒地。

廣大的森林，透過植物的光合作用，有助於環境中碳和氧的循環。樹木被砍伐後，碳即經由植物形成的CO_2 而釋至大氣中，致使大氣中 CO_2 的濃度升高。由於 CO_2 會吸收熱，因而地球表面的熱便無法向太空中散發，致使地球表面溫度升高，造成所謂溫室效應 (greenhouse effect)。

目前地球上約有半數的熱帶森林，已被開墾變爲耕地或牧地等。在巴西、印尼、墨西哥等國，情況尤爲嚴重。人們以此速度砍伐森林，大概再過數十年，現有的森林便將全部消失。

沙漠化 (desertification)　沙漠化是指草地、耕地等變爲沙漠狀，以致農作物的產量降低。過去五十年來，已有八億公頃的肥沃土地變爲沙漠。目前每年仍有不少耕地及草地在轉變之中。土地的沙漠化，主要是過度牧放或耕種所造成。例如在非洲，人們飼養過多的牛隻，便是錯誤的作爲。牛隻比該處自然生存的野生草食動物需要較多的水，牛羣爲了尋找水源，便在牧地來回走動，此舉不但踐踏了草地，而且使表土變得結實 (圖 38-4)。相反的，該地的野生草食動物則多半自所吃的草中獲得水分，故不會傷害草地。實際上，同樣的土地飼養當地的草食動物，生產的肉，要比飼養牛來得多，同時牧地不但不會被破壞，而且情況反而可以改善。

圖38-4 西非地區之熱帶草原由於過度牧放土地沙漠化

第四節 能量的輸入

隨着人口的成長，能量的消耗也急遽增加。能量消耗增多的原因，不僅是因爲人口增加，同時也由於人們過度浪費所致。例如先進國家，在氣候溫和地區，其建築物密不通風，人們在室內，捨棄宜人的微風以及溫暖的陽光，而使用耗費能量的冷氣或暖氣。

化石燃料（fossil fuel） 化石燃料是指古代植物的遺骸埋於地層中，漸漸形成煤炭、石油或天然氣。這些燃料是人們用以產生能量的主要來源（圖 38-5)，其中石油及天然氣的蘊藏量，即使人們盡量節省使用，大概到下一世紀便將耗盡，因此，必須尋找新的來源。但是開採以及運輸等的化費扣除後，淨得的能量也就相對減少。煤的蘊藏量，足供人們數世紀之用。但燃煤是空氣污染的最大元兇，大部分的煤品質低，含硫量高，燃燒時產生的SO_2將導致空氣污染或形成酸雨。此外，燃燒化石燃料，尚會產生CO_2，CO_2會增加地球的溫室效應。

核能（nuclear energy）自從1945年二次大戰在日本投下原子彈，世人皆籠罩於核能破壞力的陰影下。1950年代，倡導原子能和平用途，使人們對核能的恐懼感轉爲樂觀。核能電廠可以供人們電力，因此，在能源缺少的工業國家如法國便依靠核能發電。但核能發電所付的代價，對環境的衝擊，以及安全性等，皆是嚴重問題。

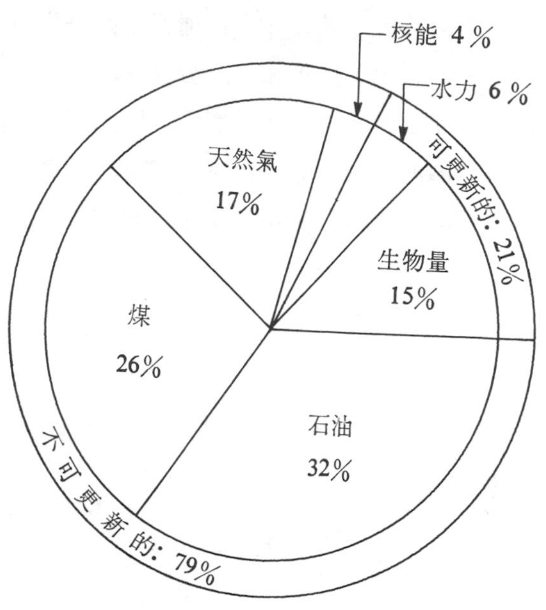

圖38-5　1986年世界可更新與不可更新的能源

建設核能電廠的費用甚高，其發電淨獲的能量便相對減低。核能電廠的建設費較之有完善防污染裝置的火力發電廠猶高。

核能發電的設施，除了費用高昂外，安全方面更是可慮。1979年，美國三哩島(Three Mile Island)核電廠的事故，人們記憶猶新。1986年蘇聯車諾比(Chernobyl)核電廠的輻射線外洩，不僅許多人立即喪命，事後數星期猶有許多人死於輻射的疾病。在全歐洲，人們至今猶恐懼於該次事變的長期後果，例如這種環境污染究竟要延續多久，由於曝露於輻射線引起癌症的危險性又如何，這些問題，人們只有從此一眞實的、世界性的經驗中去尋求答案了。

此外，核能電廠所產生的廢料又如何呢？核料燃燒後，不能如燃煤那般產生無害的灰燼，其廢料中仍含有許多新的放射性同位素。這些物質蛻變時仍會產生大量的熱。因此，必須在廠中經處理並保存數月後，才能傾倒。但是，保存期畢，廢料中餘下的同位素，仍會致生物於死亡。其中有些同位素的蛻變期長達10,000年，若是鈽（Pu）的同位素 239Pu 未曾除去，則該廢料應隔離保存一百萬年。

因此，核能電廠在使用的核料，反應爐的設計以及廢料的處理等，都在設法改善中。否則核能廠廣爲設立，而又不斷發生事故，豈非要毀滅地球。曾有人比喻，若美國及蘇聯現有兵工廠的三分之一，改用核能，發生事故的話，則將使地球上半數的人口死亡。放出的大量黑雲，將遮蔽地球的大部，使這些地區失去陽光，不但黑暗而且溫度將降至冰點以下。這種黑暗和低溫，許多動植物都將無法忍受。歷史上，三葉蟲和恐龍等的突然滅絕，科學家提出災變說。人類使用核能，如不小心謹愼，豈非將造成人爲的災變，而結束地質史上的新生代。聰明的人類，能不謹愼乎？

中西名詞索引

一　劃

乙烯 ethylene 313
乙醯膽鹼 acetylcholine 331
乙醛酸循環體 glyoxysome 43

二　劃

二疊紀 Permian Period 481
二磷酸腺苷 ADP (adenine diphosphate) 62
二倍數染色體 diploid number of chromosome 81

三　劃

三疊紀 Triassic Period 481
三磷酸腺苷 ATP (adenine triphosphote) 62
三碘甲狀腺素 T_3, triiodothyroxine 428
小腦 cerebellum 402
小孢子 microspore 224
小型葉 microphyll 219
小陰唇 labia minora 437
小動脈 arteriole 350
小枝氣管 bronchiole 376
大腦 cerebrum 399
大孢子 megaspore 224
大陰唇 labia majora 437
大陸棚 continental shelf 535
大動脈 aorta 357
大陸斜坡 continental slope 535
大幅演化 macroevolution 459
大噬細胞 macrophage 348
大核 macroncleus 194
子宮 uterus 436
子房 ovary 303
子葉 cotyledon 306
子孢子 sporozoite 198
子宮頸 cervix 437
子實體 fruit body 178
子囊果 ascocarp 207
子宮內膜 endometrium 437
子囊孢子 ascospore 207
干擾素 interferon 365
工業霧 industrial smog 542
IS因子 inseration sequence element 135
上新世 Pliocene Epoch 485
上位作用 epistasis 99
下視丘 hypothalamus 401
下大靜脈 inferior vena cava 359

四　劃

介皮魚 ostracoderm 478
天擇 natural selection 460
天南人猿 *Australopithecus* 487
月經 menstruation 437
月週期 lunar cycle 492
月經週期 menstrual cycle 438
巴爾氏體 Barr body 107
反射 reflex 396
反應素 reagin 373

片利共生 commensalism 175,210,512
片害共生 amensalism 514
分化 differentiation 445
分泌 secretion 390
分娩 labor 453
分解者 decomposer 503
分類學 taxonomy 10,155
分生孢子 conidium 178,207
分裂體腔 schizocoel 234
分散保留 dispersive 118
分解代謝（異化作用） catabolism 59
互交 reciprocal cross 91
互換 crossing over 81,102
互利共生 mutnalism 192,512
水解 hydrolysis 25
內皮 endodermis 299
內呑 endocytosis 54
內生的 endogenous 494
內皮層 gastrodermis 238
內受器 interoceptor 409
內孢子 endospore 174
內胚層 endoderm 437
內菌根 endomycorrhizae 211
內膜褶 cristae 38
內質網 endoplasmic reticulum 37
內細胞羣 inner cell mass 436
不定裂 indeterminate cleavage 234
不完全性聯遺傳 incomplete sex linkage 108
木栓質 suberin 297
木質部 xylem 219,296
木聚糖 xylan 190
中板 middle lamella 45
中柱 stele 299
中期 metaphase 76,78
中腦 midbrain 401
中體 mesosome 173
中央小窩 fovea 416
中心粒 centriole 37,41
中心體 centrosome 41
中生代 Mesozoic Era 481
中胚層 mesoderm 437
中新世 Miocene Epoch 485
中膠層 mesoglea 237
中間型遺傳 intermediate inheritance 95
中間型纖維 intermediate filament 44
中樞神經系 central nervous system CNS 393
心舒 diastole 354
心縮 systole 354
心包膜 pericardium 352
心週期 cardiac cycle 354
心搏中樞 cardiac center 355
爪哇人 Java man 486
化石 fossil 469
化受器 chemoreceptor 409
化學合成 chemosynthetic 503
切臟自衞 evisceration 268

五　劃

生長素 auxin 311
生長激素 growth hormone 421,425
生物相 biome 526
生物量 biomass 508
生物合成 biosynthesis 23,33
生物時鐘 bilogical clock 493
生物地理區 biogeographic realm 526
生產者 producer 503
生源說 biogenesis 6
生理學 physiology 10
生態系 ecosystem 503
生態學 ecology 10,503

生態地位 ecological niche 512
生殖隔離 reproductive isolation 155
古龍 archosaur 481
古生代 Palezoic Era 478
古新世 Paleocene Epoch 485
石炭紀 Carboniferous Period 480
石化作用 petrifaction 469
白血球 leucocyte 347
白血球過多症 leukemia 348
白色體 leucoplastid 40
白堊紀 Cretaceous Period 481
甲狀腺 thyroid gland 428
甲狀腺素 T_4，thyroxine 428
甲狀腺激素 thyoid hormone 420,428
甲狀腺刺激素 thyroid stimulating hormone 421
甲藻門 Phylum Pyrrophyta 183
本受器 proprioceptor 409
本能行爲 instinctive 或 innate behavoir 494
外吐 exocytosis 55
外生的 exogenous 494
外受器 exteroceptor 409
外胚層 ectoderm 437
外菌根 ectomycorrhizae 211
半月瓣 semiluna valve 353
半保留 semiconservative 118
半規管 semicircular canal 413
半衰期 half-life 471
半顯性 semidominance 95
皮孔 lenticel 297
皮層 cortex 297,387
皮脂 sebum 323
皮脂線 sebaceous gland 323
皮下脂肪 subcutaneous fat 323
四分體 tetrad 81
四倍體 tetraploid 4n 462
末期 telophase 76,78
末端肥大症 acromegaly 428
巨人症 gigantism 428
巨型葉 megaphyll 219
包皮 prepuce 435
出水孔 osculum 237
共生 symbiosis 210
印痕 imprinting 497
世代交替 alternation of generation 188
立克次菌 rickettsias 179
卡氏輪廻 Calvin cycle 67
尼安德人 Neanderthal man，*Homo sapiens neanderthalensis* 485
去極化 depolarization 396
右淋巴管 right lymph duct 360
主動運輸 active transport 53,55
代謝 metabolism 59
北京猿人 *Sinanthropus pekincensis* 486
正腎上腺素 norepinephrine，noradrenaline 420
血壓舒縮中樞 vasomotor center 417

六 劃

向性 tropism 311,492
向光性 phototropism 311
向化性 chemotropism 311
向地性 geotropism 311
向溼性 hydrotropism 312
向觸性 thigmotropism 311
自營生物 autotroph 57,503
自動免疫 active immunity 371
自律神經系 autonomic nervous system 393
自體免疫症 autoimmue disease 373
自然發生說 spontaneous generation 6
血清 serum 347
血漿 plasma 347

血小板 platelet 347
血紅素 haemoglobin 380
血纖維蛋白元 fibrinogen 347
多肽鏈 polypeptide chain 28
多型性 polymorphism 241
多效性 pleiotropy 98
多核糖體 polysome 126
多基因遺傳 polygene inheritance 100
多層扁平膜組織 stratum squamous epithelial tissue 324
同功 analogy 235
同源 homology 160,235
同卵雙生 identical twin 437
同型合子 homozygous 91
同源器官 homologous organ 466
同區物種形成 sympatric speciation 461
光反應 light reaction 66
光受器 photoreceptor 409
光周期 photoperiod 314
光煙霧 photochemical smog 542
光合作用 photosynthesis 57,64
光滑內質網 smooth endoplasmic reticulum 37
肌腹 belly 328
肌酸 creatine 331
肌小節 sarcomere 328
肌凝蛋白 myosin 330
肌動蛋白 actin 330
肌原纖維 myofibril 328
耳石 otolith 413
耳咽管 Eustachian tube 412
耳蝸管 cochlear canal 411
地衣 lichen 210
地下莖或根莖 rhizome 218
再吸收 reabsorption 389
再極化 repolarization 396
羊膜 amnion 450
羊膜腔 amniotic cavity 451
次級卵母細胞 secondary oocyte 83
次級精母細胞 secondary spermatocyte 433
全保留 conservative 118
全新世 Recent Epoch 485
全動性營養 holozoic nutrition 504
合子 zygote 85
合成代謝（同化作用） anabolism 59
老化 aging 456
肉鰭魚 lobe-finned fish 479
共價鍵 covalent bond 17
吉貝素 gibberllin 312
色素體 plastid 37,40
交叉橋 cross-bridge 330
先成說 preformation theory 445
曲肌 flexor 328
回復突變 reverse mulation 或 back mutation
舌下腺 sublingual gland 336

七 劃

吸能反應 endergonic 58
吸氣中樞 inspiratory center 381
尿道 urethra 387,434
尿道球腺 bulbourethral gland 433
尿囊 allantois 450
抑鈣素 calcitonin 420
抑制T淋巴球 suppressor T lymphocyte 367
伴細胞 companion cell 219,296
吞噬 phagocytosis 54
吞食小體 phagosome 365
吞噬作用 phagocytosis 365
肝糖 glycogen 25
肝糖分解 glycogenolysis 429
肝竇 hepatic sinus 360

肝靜脈 hepatic vein 359
肝門靜脈 hepatic portal vein 343,360
抗胰島素 glucagon 341,420
抗體免疫 antibody-mediated immunity 370
抗利尿激素 antidiuretic hormone, ADH 391,420
角膜 conea 415
角皮質 cutin 214
角質層 cuticle 214,291
卵巢 ovary 436
卵裂 cleavage 445
卵黃囊 yolk sac 450
卵圓窗 oval window 411
卵原細胞 oogonium 82
形成層 cambium 296
形態學 morphology 10
形態發生 morphogenesis 445
初級精母細胞 primary spermatocyte 82,433
初級卵母細胞 primary oocyte 83
助手T淋巴球 help T lymphocyte 367
亨氏環 loop of Henle 388
沙漠化 desertification 547
扭轉 torsion 252
社會行為 social behavoir 499
位能 potential energy 14
災變說 catastrophism 484
冷區生物相 cold-region biome 526
志留紀 Silurian Period 479
更新世 Pleistocene Epoch 485
伸肌 extensor 328

八　劃

定裂 determinate cleavage 234
定溫動物 homoiotherms 280
始生代 Archeozoic 478
始新世 Eocene Epoch 485
始祖鳥 *Archaeopteryx* 484
房室束 A-V bundle 354
房室結 atrioventricular node A-V node 354
受精 fertilization 441
受質 substrate 60
非對偶基因 nonaellele 93
非洲天南人猿 *Australopithecus africanus* 487
肺泡 alveolus 377
肺魚 lungfish 479
肺動脈 pulmonary artery 357
肺活量 vital capacity 379
性狀引入 transduction 137,166,176
性狀轉變 transformation 114,176
性染色體 sex chromosome 106
性聯遺傳 sex linkage 108
近海區 neritic zone 535
近曲小管 proximal convuluted tubule 388
刺囊 nematocyst 238
刺絲泡 trichocyst 194
孢囊 cyst 178
孢子葉 sporophyll 222
孢子體 sporophyte 189
孢子囊堆 sorus 222
胰島 islets of Langerhans 429
胰島素 insulin 341,420
胰島素原 proinsulin 421
胰泌素 secretin 340
胰蛋白酶元 trypsinogen 341
表皮 epidermis 238,291,391
表型 phenotype 91
花托 receptacle 301
花藥 anther 302
花絲 filament 302

花瓣 petal 301
花柱 style 303
花粉 pollen 225
花粉囊 pollen sac 302
花粉母細胞 pollen mother cell 303
放線菌 Actinomycetes 178
放能反應 exergonic 58
放射定年法 radioactive dating 471
呼吸作用 respiration 33,57,68
呼吸中樞 respiratory center 381
呼吸調節中樞 pneumotaxic center 382
呼氣中樞 expiratory center 382
肽聚糖 peptidoglycan 169
乳糖操縱組 lactose operon 132
抑制物 represser 132
金黃藻門 Phylum Chrysophyta 182
固著器 holdfast 189,213
免疫球蛋白 immunoglobulin 370
咀嚼器 mastax 248
孟氏第一定律 Mendels' first law 91
底棲生物 benthos 535
周鞘 pericycle 299
周圍神經系 peripheral nervous system PNS 393
空氣污染 air pollution 541
物種形成 speciation 461
兩性雜交 dihybrid cross 92
肢芽 limb bud 448
侏儸紀 Jurassic Period 481
盲點 blind spot 415
披衣菌 Chlamydias 180
枝氣管 bronchus 376
直立人 *Homo erectus* 486,487
直立猿人 *Pithecanthropus erectus* 486
易位 translocation 111
泥盆紀 Devonian Period 479
門 phylum 155
泌乳激素 prolactin 441

九 劃

前庭 vestibule 413
前庭窗 vestibular canal 411
前期 prophase 76
前寒武紀 Precambrian Period 478
前進突變 forward mutation 460
後期 anaphase 76,78
後口類 Deuterostomia 233
後成說 epigenesis 445
後生動物 Metazoa 231
後熟作用 after-ripening 306
神經元 neuron 393
神經板 neural plate 448
神經管 neural tube 448
神經褶 neural fold 448
神經溝 neural groove 448
神經鞘 neurilemma 或 cellular sheath 394
神經衝動 nerves impulse 396
神經肌肉結合點 neuromuscular junction 373
胚芽 epicotyl 306
胚芽鞘 epicotyl sheath 307
胚莖 hypocotyl 306
胚珠 ovule 303
胚根 radicle 306
胚胞 blastocyst 446
胚囊 embryo sac 303
胚外膜 extraembryonic membrance 450
胚胎誘導 embryonic induction 454
柏希尼氏體 Pacinian corpuscle 410
柏京雅系統 Purkinje system 354
柏京雅纖維 Purkinje fiber 354

胞衣 after birth 453
胞芽 gemma 218
胞飲 pinocytosis 54
胞器 organelle 36,37
胞內共生說 endosymbiotic theory 475
冠狀動脈 coronary artery 357,359
冠狀靜脈 coronary vein 359
冠脈循環 coronary circulation 359
食糜 chyme 338
食物塔 food pyramid 508
食物鏈 food chian 508
染色體 chromosome 37
染色質 chromatin 37,76
染色分體 chromatid 76
染色質體 chromatin body 107
染色體區域圖 chromosome map 103
染色體遺傳學說 chromosome theory of inheritance 101
胃蛋白酶 pepsin 61,337
胃蛋白酶元 pepsinogen 337
胃泌素 gastrin 338
胎兒 fetus 450
胎兒皮脂 vernix 452
胎盤 placenta 451
流水 running water 538
流入管 incurrent siphon 252
流出管 excurrent siphon 252
促進子 promoter 132
促生殖激素 gonadotropic hormone 421,438
促甲狀腺激素 thyroid-stimulating hormone, TSH 426
促濾泡成熟激素 follicle-stimulating hormone FSH 426,438
促腎上腺皮質激素 adrenocorticotropic hormone, ACTH 420,426
重組 recombination 103
重組 DNA recombinant DNA 134
重覆 duplication 110
重演說 recapitulation theory 467
突變 mutation 460
突變體 mutant 91
突觸 synapse 396
紅血球 erythrocyte 347
紅血球過多症 polycythemia 348
活化能 activation energy 14,59
活動區 home area 500
幽門 pylorus 338
幽淵區 abyssal zone 535
盾皮魚 placoderm 479
勃起組織 erectile tissue 435
柯蒂氏器 organ of Corti 411
柵狀組織 palisade tissue 293
虹膜 iris 415
限制酶 restriction enzyme 138
柱頭 stigma 303
迴盲瓣 ileocecal valve 344
負荷力 carrying capacity 521
扁桃腺 tonsil 360
星狀體 aster 78
祖龍 cotylosaur 480
疣足 parapodium 255
科 family 155
界 kingdom 155

十　劃

缺失 deficiency 110
缺口毘連 gap junction 48
被動免疫 passive immunity 371
被動運輸 passive transport 51
核仁 nucleolus 36
核膜 nuclear membrane 36
核質 nucleoplasm 36

核糖體 ribosome　41
核糖體 RNA rRNA, ribosomal RNA　36
消長 succession　515
消長程序 sere　515
消費者 comsumer 503
消化循環腔 gastrovascular cavity 238
原口類 Protostomia　233
原生代 Proterozoic Era 478
原生質 protoplasm　20
原生質絲 plasmodesma　47
原生質分離 plasmolysis　51
原腸胚 gastrula　467
原絲體 protonema　217
原葉體 prothallus　189,223
原血紅素環 heme ring　380
原肌凝蛋白 tropomyosin　331
脂質 lipid　26
脂肪微粒 chylomicron　344
眞皮 dermis　391
眞果 true fruit　304
眞細菌 eubacteria　177
眞溶液 true solution　19
海綿腔 spongocoel　237
海綿絲 spongin　237
海綿體 cavernous body　435
海綿組織 spongy tissue　293
脊索 notochord　448
脊髓 spinal cord　402
脊神經 spinal nerve　403
脊側交感神經節鏈 paravertebral sympathetic ganglion chain　406
紡錘絲 spindle fiber　41,76
紡錘體 spindle 41,78
紡織突 spinneret　259
浮游生物 plankton　535
浮游動物 zooplankton　535
浮游植物 phytoplankton　535
胸管 thoracic duct　360
胸膜 pleura　378
胸腺 thymus　360
胸腺素 thymosin　371
個體呼吸 organism respiration　375
個體生態學 autecology 503
氧債 oxygen debt　331
氧合血紅素 oxyhaemoglobin　380
迷路 labyrinth　412
迷齒類 labyrinthodont　479
配子體 gametophyte　189
配子囊 gametangium　202
射精管 ejaculatory duct　434
記憶細胞 memory cell　367
兼性需氣菌 facultative anaerobes　176
病毒 virus　1
脈絡膜 choroid　415
臭氧層 ozone layer　542
唐氏症 Down syndrome　144
針骨 spicule　237
草原 grassland　530
高基氏體 Golgi body　37,39
致活酶 kinase　63
凍原 tundra　527
砧骨 incus　411
倒位 inversion　111
恐龍 dianosaur　481
氣孔 stoma　292
桑椹期 morula　446
骨盤腔 pulvic cavity　436
套膜 mantle　250
帶狀體 desmosome　47

十 一 劃

基粒 basal granule　42,194

基質 stroma 64,293
基因 gene 89
基因座 locus 103
基因型 genotype 91
基因突變 gene mutation 128
基因浮動 genetic drift 460
基底膜 basilar membrane 411
假根 rhizoid 203
假果 accessory fruit 304
假導管 tracheid 219
假體腔動物 pseudocoelomate 233
細胞 cell 1,31
細胞核 nucleus 35,36
細胞質 cytoplasm 35,37
細胞板 cell plate 78
細胞壁 cell wall 45
細胞膜 cell membrene 35,45
細胞分裂 cell division 33
細胞學說 cell theory 32
細胞免疫 cell-mediated immunity 367
細胞週期 cell cycle 75
細胞呼吸 cellular respiration 68,375
細胞分裂素 cytokinin 312
細精管 seminiferous tubule 433
腎元 nephron 388
腎球 renal corpuscle 388
腎盂 renel pelvis 387
腎門 renal hilus 387
腎小球 glomerulus 388
腎上腺 adrenal gland 430
腎上腺素 epinephrine, adrenaline 420
陰唇 vulva 437
陰蒂 clitoris 437
陰道 vagina 436
陰莖 penis 435
淋巴素 lymphokine 367
淋巴球 lymphocyte 348
淋巴結 lymph node 360
動脈 artery 350
動能 kinetic energy 14
動物相 fauna 467
動情素 estrogen 438,440
專一性 specificity 53
專性嫌氣菌 obligate anaerobe 176
接合生殖 conjugation 134,176
接合孢子 zygospore 202
粗糙內質網 rough endoplasmic reticulum 37
粗壯天南人猿 *Australopithecus robustus* 487
排卵 ovulation 436
排泄 excretion 33,385
排遺作用 egestion 334
異型合子 heterozygous 91
異形孢子 heterospore 221
異營生物 heterotroph 57,503
異區物種形成 allopatric speciation 461
視丘 thalmus 401
視紫 rhodopsin 416
視網膜 retina 415
視桿細胞 rod cell 415
視錐細胞 cone cell 415
族羣 population 459,503
族羣壓力 population pressure 525
組織 tissue 1,319
組織液 tissue fluid 360
條鰭魚 ray-finned fish 479
條件反應 conditioned reflex 497
梅司納氏囊 Meissner corpuscle 410
梅克爾氏觸盤 Merkel cell 410
殺手T淋巴球 killer T lymphocyte 367
球菌 coccus 177

僞足 pseudopodium 192
莖節 stipe 189
粒線體 mitochondria 37,38
桿菌 bacillus 177
寄主 host 504
清除者 scavenger 504
痕跡器官 vestigial organ 466
乾酸性沈澱 dry acid deposition 542
習慣性適應 habituation 497
深海區 bathyal zone 535
唾液澱粉酶 salivary amylase 336
氫化皮質酮 cortisol, hydrocortison 430
野生型 wild type 91
許旺細胞 Schwann cell 394
累加作用 cumulative effect 100
密碼子 codon 123
鳥形恐龍 ornithischian 482
蛇頸龍 plesiosaur 483
魚龍 ichthyosaur 483
副睪 epididymis 433
液泡 vacuole 41
眶上隆凸 supraorbital torus 485

十二劃

絨毛 villi 339
絨毛膜 chorion 450
第三紀 Tertiary Period 485
第四紀 Quaternary Period 485
黃體 corpus luteum 440
黃體激素 progestone 438
黃體生長激素 luternizing hormone LH 426,438
菌絲 hypha 199
菌絲體 mycelium 199
菌根 mycorhizae 211
透析 dialysis 51
透光區 euphotic zone 535
透明帶 zona pellucida 439
單核球 monocyte 348
單性生殖 parthenogenesis 248
單性結果 parthenocarpy 304
單磷酸腺苷 AMP (adenine monophospchat) 63
單倍數染色體 haploid number of chromosome 81
無分離 nondisjunction 144
無生源說 abiogenesis 6
無體腔動物 acoelomate 233
雄蕊 stamen 301
雄原核 male pronucleus 441
雄球果 staminate cone 225
韌皮部 phloem 219,296
寒武紀 Cambrian Period 478
脾臟 spleen 360
極核 polar nueleus 303
極體 polar body 83
貯精囊 seminal vesicle 433
氮循環 nitrogen cycle 505
滋胚層 trophoblast 436
補密碼 anticodon 123
喉 larynx 375
集尿管 collecting duct 388
智慧人 *Homo sapiens* 487
游泳動物 nekton 535
開花素 florigen 314
階級優勢 dominance hierachy 500
費洛蒙 pheromone 262
幾丁質 chitin 25
軸突 axon 44
週日性律動 circadian rhythm 493
間腦 diencephalon 401
絲狀物 filament 42

著床 implanation 447
著絲點 centromere 76
量的遺傳 quantitative inheritance 100
腔棘魚 coelacanth 479
輻射卵裂 radial cleavage 234
等顯性 codominance 95
植物相 flora 467
鈉泵 sodium pump 391
焰細胞 flame cell 243

十 三 劃

睫狀肌 ciliary muscie 415
睫體 ciliary body 415
睪丸 testis 433
睪固酮 testosterone 433,438
溫受器 thermoreceptor 409
溫室效應 greenhouse effect 547
溫區生物相 temperate-region biome 527
試交 testcross 92
試誤學習 trial and error learning 497
微絲 microfilament 44
微管 microtubule 42
微體 microbody 42
微演化 microevolution 459
微血管 capillary 350
微血管前括約肌 precapillary sphincter 351
羣聚 community 503
羣體生態學 synecology 503
葉肉 mesophyll 293
葉狀體 thallus 189
葉綠素 chlorophyll 40,64
葉綠餅 grana 64,293
葉綠體 chloroplast 40,64
嗜中性球 neutrophil 348
嗜酸性球 eosinophil 348
嗜鹼性球 basophil 348
腸激酶 enterokinase 341
腸體腔 enterocoel 235
催產素 oxytocin 420
催乳激素 prolactin 425
溶體 lysosome 38
溶菌酶 lysozyme 164
溶膠體 sol 19
過濾 filtration 389
過氧化物酶體 peroxisome 42
腦回 convolution 399
腦垂腺 pituitary gland 425
腦神經 cranial nerve 402
腦脊液 cerebrospinal fluid 399
腦膜或脊膜 meninges 399
鼓膜 tympanic membrane 411
鼓室管 tympanic canal 411
圓形窗 round window 411
壺狀體 ampulla 414
勢力圈 territoriality 500
感應 response 5,33
裸藻門 Phylum Euglenophyta 181
溝通 communication 499
新生代 Coenozoic Era 485
奧陶紀 Ordovician Period 478
電子傳遞鏈 electron transport chain 70
暗反應 dark reaction 67
鉀泵 potassium pump 391
節律點 pacemarker 354
節前神經元 preganglionic neuron 406
節後神經元 postganglionic neuron 406
矮呆病 cretinism 428
葡萄糖皮質素 glucocorticoid 430
腮線 parotid gland 335
腭 palate 335
會厭軟骨 epiglottis 336
腱 tendon 409

十四劃

輔酶 coenzyme 61
輔因素 cofactor 61
演化 evolution 459
遠洋區 oceanic zone 535
遠曲小管 distal convuluted tubule 388
滲透 osmosis 51
滲透酶 permease 53
種 species 155
種源中心 center of origin 469
種族發生 phylogeny 467
精子 sperm 82,433
精液 semen 434
精細胞 spermatid 82,433
精原細胞 spermatogonium 433
雌蕊 pistil 302
雌原核 female pronucleus 442
碳循環 carbon cycle 504
槌骨 malleus 411
腐生 saprobic 504
腐敗 putrefaction 176
酵素 enzyme 59,60
構造基因 structural gene 132
酸雨 acid rain 542
領域 territory 500
對偶基因 allele 90
緊密毘連物 tight junction 48
需氣菌 aerobic 176
綱 Class 155
漸新世 Oligocene Epoch 485
蜥形恐龍 saurischian 482
管間細胞 interstitial cell 433
複對偶基因 multiple allele 96

十五劃

質體 plasmid 134,174,474
質膜 plasma membrane 45
潮上區 supratidal region 535
潮下區 subtidal region 535
潮間區 intertidal region 535
潮容積 tidal volume 379
線毛 pillus 134,174
誘導物 inducer 132
調節基因 regulator gene 132
齒舌 radula 250
鋏角 chelicerae 259
潛溶性細菌 lysogenic bacteria 165
頷下線 submandibular gland 335
膠體溶液 colloid 19
鞏膜 sclera 414
遷徙 migration 498
熱區生物相 tropical-region biome 527
蒸散作用 transpiration 293
漿細胞 plasma cell 370

十六劃

擔子柄 basidium 207
擔子果 basidiocarp 207
擔孢子 basidiospore 207
擔輪幼蟲 trochophore larva 250
學名 scientific name 157
學習行爲 learned behavoir 494
導管 vessel 219
導航 navigation 499
導精管 vas efferens 433
遺傳學 genetics 10,89
遺傳密碼 gentic code 122
糖酵解 glycolysis 68,331
操作子 operator 132
操縱組模式 operon model 132
器官 organ 1

器官系統 organ system 1
輸精管 vas deferens 433
輸卵管 oviduct 436
膨壓 turgor 51,309
靜水 standing water 538
澱粉 starch 25
隨意肌 voluntary muscle 327
萼片 sepal 301
閹割 castration 438
鮑氏囊 Bowman's capsule 388
噬菌體 bacteriophage 或 phage 163
輻冠 corona radiata 441
鋸體 prion 168
篩管 sieve tube 219
篩管細胞 sieve cell 296
篩板 madreporite 266
凝膠體 gel 19
橫隔 diaphragm 377
壁壓 wall pressure 51
頭結 scolex 244
機受器 mechanoreceptor 409
激素 hormone 419
盤龍 pelycosaur 481

十七劃

聯鎖 linkage 102
聯合細胞 coenocyte 186
螺旋菌 spirillum 177
螺旋體 spirochetes 179
螺旋卵裂 spiral cleavage 234
磷酸肌酸 phosphocreatine 331
磷酸化作用 phosphorylation 63
翼龍 pterosaur 481
隱性 recessive 90
聲帶 vocal cord 375
瞳孔 pupil 415
趨性 taxis 492
營養繁殖 vegetative reproduction 307
縫合線 suture 325
臨界日照 critical day length 314
膽囊收縮素 cholecystokinin CCK 340
濕酸性沈澱 wet acid depostition 542
黏液細菌 myxobacteria 或 slime bacteria 178
薄膜 pellicle 194
醛酮 aldosterone 391,431

十八劃

雙肽 dipeptide 28
雙二倍體 amphidiploid 462
雙重受精 double fertilization 303
藏卵器 oogonium 203
藏精器 antheridium 203
雜色體 chromoplast 40
濾泡 follicle 439
濾泡腔 antrum 440
濾泡細胞 follicle cell 439
轉位 transposable 135
轉錄 transcription 123
轉譯 translation 125
臍帶 umbilical cord 451
襟細胞 choanocyte 237
龜頭 glans 435

十九劃

關節炎 arthritis 430
醱酵 fermentation 72,176
離素 abscisic acid 314
離子鍵 ionic bond 17
顛峯羣聚 climax community 515
鏈架移動 frame shift 130
獸弓類 therapsid 481

霧 smog 541
礦物性皮質素 mineralocorticoid 430

二十劃

藻藍素 phycocyanin 171
藻紅素 phycoerythrin 171
藻黃素 fucoxanthin 182
藻青素 phycobilin 190
懸韌帶 suspensory ligament 415
懸浮溶液 suspension 19
釋放激素 releasing hormone 438
蠕動 peristalsis 337
竇房結 sino-atrial node, S-A node 354
鰓弧 branchial arch 448
鐙骨 stapes 411

二十一劃

屬 genus 155
攝護腺 prostate gland 433

二十二劃

鬚角 pedipalp 259
囊胚 blastula 467
囊狀膜 thylakoid 64,293
囊狀卵泡 Graafian follicle 440

二十三劃

體突變 somatic mutation 456
體神經系 somatic nervous system 393
變性 denature 61
變形體 plasmodium 190
變應原 allergin 373
變形細胞 amoebocyte 237
變溫動物 poikilotherms 277
纖維素 cellulose 25,45
髓 pith 297
髓質 medulla 387
髓鞘 myelin sheath 394
攪拌運動 mixing movement 340
顯性 dominant 90

二十七劃

鱷 crocodile 481